T0211393

So nannte man unsere Vögel früher

Peter Bertau

So nannte man
unsere Vögel früher

eine Zusammenstellung von Trivial-
und Kunstnamen heimischer Vogelarten

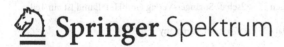
Springer Spektrum

Peter Bertau
Offenburg, Deutschland

ISBN 978-3-662-59774-3   ISBN 978-3-662-59775-0 (eBook)
https://doi.org/10.1007/978-3-662-59775-0

Die Deutsche Nationalbibliothek verzeichnet diese Publikation in der Deutschen Nationalbibliografie; detaillierte bibliografische Daten sind im Internet über http://dnb.d-nb.de abrufbar.

Springer Spektrum
© Springer-Verlag GmbH Deutschland, ein Teil von Springer Nature 2019

Gedruckt auf säurefreiem und chlorfrei gebleichtem Papier

Springer Spektrum ist ein Imprint der eingetragenen Gesellschaft Springer-Verlag GmbH, DE und ist ein Teil von Springer Nature.
Die Anschrift der Gesellschaft ist: Heidelberger Platz 3, 14197 Berlin, Germany

Inhaltsverzeichnis

Einleitung

1

Dieses Buch ist ganz anders als das parallele *„Ungewöhnliche Lexikon historischer Vogelnamen."* Im vorliegenden Werk stehen in alphabetischer Reihenfolge 550 Vogelarten (211 Singvogel- und 339 Nichtsingvogelarten). Dafür konnten knapp 26.000 vogelspezifische Trivialnamen (das sind volkstümliche und andere Namen des Vogels, wie etwa Kunstnamen) zusammengetragen werden, die den Arten direkt zugeordnet worden sind. Aus diesem Grund wurde der Buchtitel *„ So nannte man unsere Vögel früher"* gewählt. Es ist gelungen, einen großen Teil alter und sehr alter Trivialnamen zu ermitteln und zu übernehmen. Diese alten und sehr alten Trivialnamen sind in den Hauptwerken der sogenannten „Alten Autoren" (wie Gessner, Schwenckfeld, Frisch, Klein oder Pernau) veröffentlicht worden. Als „Alte Autoren" werden hier diejenigen Naturforscher bezeichnet, die im 16.–18. Jahrhundert lebten. Die Reihe beginnt mit William Turner und seinem 1544 erschienenen Buch *Turner on Birds* und endet vor der Zeit Bechsteins oder Buffons.

Die Zahl der behandelten Vogelarten entspricht ursprünglich der Artenzahl der zwölfbändigen Originalausgabe von Johann Friedrich Naumanns *Naturgeschichte der Vögel Deutschlands,* die von 1820 bis 1844 erschienen ist (dazu kamen die Nachträge von 1860). In die Neuauflage von Naumanns Werk hat man weitere Arten aufgenommen, die die Gesamtzahl der Arten von 420 auf 550 erhöhten. Herausgeber der Neuauflage, die nun *Naturgeschichte der Vögel Mitteleuropas hieß* und 1905 erschien, war Dr. Carl R. Hennicke mit einem größeren Wissenschaftler-Team.

Im vorliegenden Buch ist nachzulesen, wie man die meist heimischen und damals bekannten Vogelarten früher nannte. Eine systematische Untergliederung findet nicht statt. Bei Zitaten werden nach Möglichkeit Herkunftsnachweise gegeben. Trotz der alphabetischen Ordnung ist aus Übersichtsgründen ein Inhaltsverzeichnis erstellt worden.

Da es im 19. Jahrhundert und früher die heutige Terminologie noch nicht gab und auch heute übliche Trennungen ähnlicher Arten noch unbekannt waren, werden in diesem Werk z. B. Garten- und Waldbaumläufer überwiegend Baumläufer genannt, Sumpf- und Weidenmeise galten als Sumpfmeise oder Winter- und Sommergoldhähnchen als Goldhähnchen. Entsprechendes gilt für Fitis und Zilpzalp oder auch für den Wasserpieper (damals Anthus spinoletta), der erst Ende des 20. Jahrhunderts mit Strand-, Berg- und Pazifischem Wasserpieper neu benannt wurde. Die früheren Bechstein- und Naumanndrosseln sind z. T. schon seit Ende des 18. Jahrhunderts bekannt. Sie erhielten aber erst um das Jahr 2000 die Namen Rotkehl- und Schwarzkehldrossel, bzw. Rostflügel- und Rostschwanzdrossel.

© Springer-Verlag GmbH Deutschland, ein Teil von Springer Nature 2019
P. Bertau, *So nannte man unsere Vögel früher*, https://doi.org/10.1007/978-3-662-59775-0_1   1

Umbenennungen aus alten Namen sind bei den Nichtsingvögeln nicht so bekannt. Stellvertretend für andere seien zwei Beispiele angeführt: Der Schwarzschnabelsturmtaucher ist heute ein Atlantiksturmtaucher, die „Silbermöwe" des Mittelmeeres erhielt nach einer Phase als „Weißkopfmöwe" die Namen Mittelmeer- und Steppenmöwe (zwei Arten).

Bemerkungen zur Orthographie

Im 19. und frühen 20. Jahrhundert, die Zeit, aus der ein großer Teil der benutzten Fachliteratur stammt, unterschied sich die gängige Orthographie mitunter deutlich von der heutigen. Man schrieb „roth" statt „rot", „Thurm" statt „Turm" oder „Todt" statt „Tod". Es fällt auf, daß Alfred Brehm diese (alte) Schreibweise in seiner 2. Auflage um 1880 noch anwendete, aber nicht mehr in der 3. Auflage (ab 1890). Auch der „Naumann-Hennicke", die Neubearbeitung der berühmten *Naturgeschichte der Vögel Deutschlands* von Johann Friedrich Naumann durch ein Team um Carl Rudolf Hennicke (1905) erschien leicht „modernisiert".

Eine Möwe konnte man auch Möve oder Meve schreiben. Sie war eine weiße, weisse oder weise Möwe. Auch Doppelnamen kommen vor, für die hier „Weiße Meve", „Weis Meve" oder „Weis-Meve" stehen. Ferner: Ein Reiher war oft ein Reiger oder Reyger. Statt ü oder ä oder ö wurden die Umlaute bisweilen weggelassen. So nannte Pernau den Zilpzalp 1707 Wittwaldlein, während Zorn ihn 1743 Wittwäldlein nannte. Namen wurden mit tz geschrieben, aber auch nur mit z, wie bei -stertz oder -sterz. Ähnlich ist es bei -huhn und -hun. Rechtschreibe- und Druckfehler gibt es in den alten Büchern immer wieder. Sie wurden hierher zwar übernommen, auf die möglichen Fehler wurde aber hingewiesen.

Der vielbeachtete Suolahti hatte die Orthographie in seinem Werk sehr gezielt eingesetzt, denn neben Wörtern mit der „ss"-Schreibweise erschienen immer wieder, oft nebeneinander, solche für dasselbe Wort, die bewußt ein „ß" hatten. Es wurde darauf geachtet, Suolahtis Scheibweisen zu übernehmen.

Viele Trivialnamen sind Doppelwörter „mit Bindestrich". Sie wurden in der Regel nicht verändert. Häufig erschienen diese Doppelwörter (bei anderen Autoren) allerdings auch in der „Einwortform", welche übernommen wurde.

Hinweise zur Handhabung der Texte in diesem Buch

Jede Seite des Hauptteils ist nach einem bestimmten Muster gegliedert. In der jeweiligen Überschrift steht der heute übliche Artname des Vogels, dessen Trivialnamen im Folgenden stehen. Der deutsche Artname entspricht dem der *Artenliste der Vögel Deutschlands* von Barthel und Helbig. Zum Artbegriff gehört die in der Fachliteratur gebräuchliche wissenschaftliche Bezeichnung.

Unter dem Artnamen folgen in der linken Seitenspalte die Trivialnamen des Vogels. Die rechte Spalte beginnt (mittig) mit den Abkürzungen der Namen der Autoren, bei denen man diesen Trivialnamen finden kann. Die „Namenssymbole" beschränken sich naturgemäß auf bestimmte ausgewählte Autoren. In der „Liste der Abkürzungen der Namen der beteiligten Autoren" steht, wer sich jeweils hinter einem Symbol verbirgt.

Die Aufzählungen mehrerer Namenssymbole führen mitunter zu längeren Reihen, weil alle in Frage kommenden Autoren genannt werden. Die Reihe der Namenssymbole wurde im Bedarfsfall aus Übersichtsgründen unterbrochen, was durch jeweils 3 Punkte am Beginn der Unterbrechung und an deren Ende gekennzeichnet ist. Beispiel: Ad,Be1,Buf,Do,...   ...GesS,Krü,N,Schwf;

Immer wieder war in der rechten Spalte noch Platz, der für kurze Zusatzinformationen genutzt werden konnte. Für eine optimale Information auf kleinstem Raum wurde aber, wenn selten nötig, auch eine Ausweitung der rechten Spalte auf die Folgezeile vorgenommen: Siehe Baumläufer Seite 37.

Weitere Beispiele: In der linken Spalte (Seite 35) steht der Artname „Bartmeise". Die rechte Spalte beginnt mit vier Kürzeln: B, Be1, Buf, Krü,… . Es folgen dann die anderen 3 Kürzel …N,O3,V; die jeweils 3 Punkte zeigen an, daß eine Aufzählung getrennt wurde, daß es aber weitergeht. Abgeschlossen wird immer mit einem Semikolon. Als weitere Information steht am Ende der Zeile, daß Albin den angegebenen englischen Namen 1731 begründete.

Es folgt ein weiteres Beispiel (S. 65): Der Bluthänfling hat auch den Trivialnamen „Flachsfink" vor. Die rechte Seitenspalte beginnt mit den Namenssymbolen. Es folgen 9 von ihnen, die, wie das Beispiel zeigt, so aufgeteilt wurden:

Flachsfink	Be1,Buf,Do,Fri,…	…K,Krü,N,Suol,V;	K: Frisch T. 9.

Ganz rechts steht K: Frisch T. 9. - K bedeutet (Jakob Theodor) Klein. Klein gab in seinem Werk *Historie der Vögel, 1760* nach Möglichkeit an, welcher Maler einen Vogel gezeichnet hat, wo man also das Bild des gerade beschriebenen Vogels finden kann. Vogelmaler waren damals in vielen Fällen (Johann Leonhard) Frisch und (Eleazar) Albin. „K: Frisch T. 9" bedeutet also, daß der Flachsfink von Frisch gezeichnet wurde. Beleg ist die Tafel 9 seiner *Vorstellung der Vögel in Teutschland, 1733–1763*.

Man findet oft auch z. B. (hier für Blashahn, bei Bläßhuhn S. 55): K: Albin I, 83. Das bedeutet, daß nach Klein das Bild bei Albin, Band 1, auf Tafel 83 steht.

Weitere, in der rechten Seitenspalte mögliche Hinweise zu den Vögeln stammen vor allem aus den Bänden *Die Deutung historischer Vogelnamen* (von P. Bertau).

Was einen besonderen Reiz auch dieses Buches ausmacht: Aus der Zeit vor 1800 sind die Trivialnamen aller wesentlichen „Alten Autoren" aufgeführt! Die entsprechende Literatur über die „Alten Autoren" beginnt 1544 mit William Turners *Turner on Birds*. Bei den noch Älteren, wie Plinius, Albertus Magnus oder Konrad von Megenberg kann man auch den einen oder anderen volkstümlichen Namen finden. Diese Wissenschaftler gelten aber in diesem Zusammenhang nicht als „Alte Autoren".

Bei einigen Kürzeln steht eine Zahl: Zum Beispiel bedeutet Be1 ein früher erschienenes Werk von Bechstein als Be2. Ein weiteres Beispiel sind O1, O2, O3. Letztere Einteilung wurde vorgenommen, weil Okens Werke 1816, 1837 und 1843 erschienen sind, also aus z. T. sehr verschiedenen Zeiten stammen.

Viele Trivialnamen stammen von Bechstein und sind Kunstnamen (KN). Naumann hat etwa 70 % von ihnen übernommen. Die Kombination Be2,N (für Bechstein und Naumann) bei den Autorenkürzeln kann das mit einiger Wahrscheinlichkeit bestätigen. Viele Bechsteinnamen wurden allerdings von keinem weiteren Autor übernommen. Dazu zählen „Agesterspecht" für den Buntspecht oder „Hofhahn" und „Hofhenne" für die beiden Geschlechter des Haushuhns, aber auch „Hexer" für den Ziegenmelker. „Hexer" ist ein schönes Beispiel für einen Kunstnamen, denn Autoren wie Adelung, Krünitz oder Klein hatten schon vor Bechstein „Hexe", aber nicht „Hexer" als Trivialnamen für den Ziegenmelker angegeben.

Kurze Biografien der Autoren der zitierten Trivialnamen

Über **Johann Christoph Adelung** (1732–1806) kann man in *Neuestes gelehrtes Dresden oder Nachrichten von jetzt lebenden Dresdner Gelehrten …, 1796* von J. G. A. Kläbe lesen: „Adelung (Johann Christoph) Churfürstl. Sächsischer Hofrath …, geboren den 30. August 1734 [!] zu Spantekow, unweit Anklam in Vor-Pommern, wo sein Vater … Prediger war, ward 1759 Professor …, bis er 1787 Churfürstl. Sächs. Hofrath und Ober-Bibliothekar zu Dresden ward. Dass er sich um unsere deutsche Sprache sehr verdient gemacht hat, darf ich wohl kaum erwähnen, da seine Schriften in diesem Fache allgemein bekannt sind." Dazu folgt eine lange Liste von Veröffentlichungen. Darunter ist auch das

Werk, das Adelung bis heute berühmt gemacht hat: *Versuch eines vollständigen grammatisch-kritischen Wörterbuchs der Hochdeutschen Mundart*. Es erschien fünfbändig von 1774–1786.

Lit.: J. G. A. Kläbe, s. o., Wikipedia (28.12.2017)

Eleazar Albins (1690?–1742?, 1759?) Geburts- und Sterbejahr Albins sind unbekannt. Er starb möglicherweise um 1742, vielleicht auch erst 1759. Albin war ein englischer Naturforscher. Zu den Werken, die er selber schrieb, fertigte er auch selber die Kupferplatten und kolorierte die Drucke mit Wasserfarben. 1720 erschien z. B. *A Natural History of English Insects* (Naturgeschichte der englischen Insekten) und von 1731–1738 *A Natural History of Birds* (Naturgeschichte der Vögel). Das Buch war eines der frühesten Bücher mit genauen Darstellungen von Vögeln.

Über Albins Leben weiß man nichts. „Die tiefen sozialen Klüfte zwischen den verschiedenen Schichten der Einwohnerschaft Londons jener Jahre waren nicht dazu angetan, Einzelheiten aus dem Leben eines Mannes zu bewahren, der nicht zur feinen Welt gehörte." (Gebhardt).

Lit.: Gebhardt, Wikipedia (01.08.2017).

Johann Matthäus Bechstein (1757–1822) war Pädagoge, Forst- und Naturwissenschaftler. Nach seinem Studium in Jena (1778–1780) lehrte er ab 1785 in Schnepfenthal/Thüringen Naturwissenschaften. 1795 begründete er für Forstpraktiker und Gelehrte die „Societät für Forst- und Jagdkunde". Er verfaßte Werke für Forst- und Jagdwissenschaften, deren methodische und wissenschaftliche Grundlagen. Dafür und für seine Verdienste um die unter seiner Leitung kräftig aufblühende Akademie empfing Bechstein 1806 die Ehrendoktorwürde der Universität Erlangen und wurde 1816 zum „Geheimen Kammer- und Forstrath" ernannt. Ab 1789 (bis 1795) erschien die vierbändige *Gemeinnützige Naturgeschichte Deutschlands nach allen drey Reichen der Natur* und 1802 sein *Ornithologisches Taschenbuch von und für Deutschland* ... Mit seinen Jugendwerken (1789) hat Bechstein das seit dem Tod von J. L. Frisch (1743) fast völlig ruhende Studium der deutschen Vogelwelt neu belebt (Stresemann). Ab 1801 erschien von Bechstein eine Zweyte vermehrte und verbesserte Auflage der *Naturgeschichte*. Die 3 Vogelbände wurden 1805, 1807, 1809 veröffentlicht. Diese Zeit war auch durch eine verbreitete Neigung gekennzeichnet, Kunstnamen zu erzeugen, die Zahl der Trivialnamen nahm stark zu.

Auf **Christian Ludwig Brehms** (1787–1864) Trivialnamen wurde in dem vorliegenden Buch weitgehend verzichtet. Er war der berühmte Vogelpastor und Alfred Edmund Brehms (1829–1884) Vater, der im thüringischen Renthendorf, lebte, wo er ab 1812 als Dorfgeistlicher wirkte.

Alfred Edmund Brehm (1829–1884) ist auf dem Gebiet der Naturbeschreibung durchaus als direkter Nachfolger Okens anzusehen, der sich allerdings im Gegensatz zu Oken nicht mehr mit den immer umfangreicher werdenden Inhalten von Geologie und Botanik befaßte.

Brehm verfaßte von 1864–1869 das sechsbändige Werk *Illustrirtes Tierleben*, dessen spätere Auflagen als *Brehms Tierleben* berühmt wurden. In seinen Büchern beschrieb er eigene Forschungen und Erlebnisse in Ich-Form und verwertete auch Berichte zeitgenössischer Forschungsreisender.

Als ausgeprägter Tierkundler beschränkte sich Brehm ganz auf Tiere. Ein breites Publikum war so begeistert, daß schon 1876–1879 eine auf 10 Bände erweiterte und aktualisierte 2. Auflage erschien, der schon 1890–1893 die dritte Auflage folgte. Die Vogelbände der 2. Auflage (4–6), die 1878–1879 erschienen waren, hatte Brehm, der 1884 starb, noch selber bearbeitet.

War Oken der letzte Naturwissenschaftler in Deutschland, dem es noch gelang, die Geologie mit der Mineralogie, sowie die pflanzlichen und tierischen Lebewesen zu einem umfassenden Werk zu vereinen, war Brehm der erste, der mit einer umfassenden Beschreibung nur der Tiere den explosionsartig anwachsenden Wissenszuwachs des 19. Jahrhunderts dokumentierte.

Georges-Louis Marie Leclerc, Comte de Buffon (1707–1788) veröffentlichte ein Riesenwerk. Alleine für die Vögel brauchte der große französische Naturforscher (allerdings nach der Übersetzung ins Deutsche) 35 Bände. Die Übersetzungen, die zwischen 1772 und 1809 erschienen, waren Arbeiten von **Friedrich Heinrich Wilhelm Martini** (1729–1778) und nach dessen Tod von **Bernhard Christian Otto** (1745–1835). Otto war ein deutscher Arzt und Naturforscher, der an der Universität von Frankfurt/Oder lehrte.

George Edwards (1694–1773) war ein englischer Ornithologe. Er wird noch heute „Vater der britischen Vogelkunde" genannt. Ab 1716 bereiste er für einige Jahre Europa. Nach seiner Rückkehr nach England ging es steil aufwärts, als er seine auf den Reisen trainierten zeichnerischen Fähigkeiten weiterentwickelte. Edwards wurde zu einem bekannten Maler hervorragender naturkundlicher Bilder, die sich bald allerhöchster Nachfrage erfreuten.

Lit.: Versch. Quellen.

Johann Leonhard Frisch (1666–1743) war ein deutscher Wissenschaftler, der sich Mitte des 18. Jahrhunderts, „auch", aber nicht nur mit Ornithologie beschäftigte. Er ist heute nur noch wenig bekannt.

Das Werk, das Frisch berühmt machte, war das zweibändige *Teutsch-Lateinische Wörterbuch*, das schon zum Zeitpunkt seines Erscheinens 1741 als lexikographische Leistung von Rang galt. Von 1720–1738 erschien das 13-bändige Werk *Beschreibung von allerley Insekten in Teutschland*. Die Herausgabe der Lieferungen der *Vorstellung der Vögel in Teutschland, und beyläuffig auch einiger fremden, mit ihren natürlichen Farben* begann 1733 und wurde erst 1763, 20 Jahre nach dem Tod von J. L. Frisch von seinen beiden Söhnen Philipp Jacob und Johann Helfrich, später von seinem Enkel Johann Christoph vollendet. Beide Werke gehören zu den bedeutendsten Leistungen der deutschen Entomologie und Ornithologie des 18. Jahrhunderts.

Frischs Werk über die deutsche Ornithologie brachte zwar einen nachhaltigen Umschwung in der Erkenntnis des Vogels, laut Gebhardt (2006) hatte Frischs Wirken aber nicht genügend Stoßkraft, die Beschäftigung mit dem Leben der Vögel in Deutschland sichtbar voranzutreiben. Lit.: Versch. Quellen.

Konrad Gessner (1516–1565) war ein Schweizer Arzt, Naturforscher und Enzyklopädist. 1541 wurde er Professor der Naturwissenschaften an der Hohen Schule und ließ sich als Arzt in Zürich nieder. Von 1551 bis 1558 veröffentlichte Gessner die vierbändige Historia animalium, sein wohl bedeutendstes Werk. Es wurde postum um einen fünften Band ergänzt. Konrad Gessner starb 1565 an der Pest (Versch. Quellen).

Carl Rudolf Hennicke (1861–1941) aus Gera war Herausgeber der Neubearbeitung von Naumanns zwölfbändiger *Naturgeschichte der Vögel Deutschlands*. In deren Vorwort schrieb er: „Als Ende 1895 der Herr Verleger mich fragte, ob ich bereit sei, eine Neubearbeitung von Naumanns Naturgeschichte der Vögel Deutschlands zu übernehmen, sagte ich zunächst nur bedingt zu. … Infolgedessen wandte ich mich zunächst an eine größere Anzahl bekannter Ornithologen mit der Anfrage, ob sie mich bei der Aufgabe unterstützen wollten, und bekam zu meiner Freude von den meisten eine zusagende Antwort." An dem 1905 fertiggestellten Werk, das nun *Naturgeschichte der Vögel Mitteleuropas* hieß, hatten 26 Wissenschaftler mitgewirkt.

Hennicke lernte bei dem Ornithologen und Geologen Karl Th. Liebe. Ab 1886 studierte er in Leipzig Medizin und Naturwissenschaften. 1891 promovierte er dort und wurde Assistent an der dortigen Augen- und Ohrenklinik. 1895 trat er die Nachfolge von Karl Th. Liebe an und wurde 1912 zum Professor ernannt. Hennicke war u. a. Redakteur der *Ornithologischen Monatsschrift*.

Lit.: http://de.wikipedia.org/wiki/Carl_Richard_Hennicke, Stand 22.11.2012.

Jacob Theodor Klein (1685–1759). Zu Schwenckfelds Zeiten und noch etliche Jahrzehnte später erschienen wissenschaftliche Bücher häufig in lateinischer Sprache. So auch das 1750 erschienene *Historiae Avium Prodromus* von Jacob Theodor Klein. Klein wurde 1712 in Danzig zum Stadtsekretär gewählt. 1714 war er als residierender Sekretär der Stadt Danzig 2 Jahre am polnischen Hof in Dresden und in Polen. Er blieb ab 1716 zeitlebens in Danzig, wo er einen botanischen Garten anlegte und mit großem Erfolg begann, ein Naturalienkabinett zusammenzubringen. Klein war Mitbegründer der Danziger naturforschenden Gesellschaft, deren langjähriger Direktor er später wurde.

Klein lehnte die Arbeiten von Linné in einer 1743 Schrift zwar mit großer Schärfe ab, wurde aber von diesem nicht beachtet. Das mag etwas verwundern, denn Klein war damals wegen seiner naturkundlichen Arbeiten hoch geachtet und Mitglied verschiedener wissenschaftlicher Gesellschaften. Seine *Vorbereitung zu einer vollständigen Vögelhistorie* erschien ebenso 1760, ein Jahr nach seinem Tod, wie die *Verbesserte und vollständigere Historie der Vögel*. Letzteres Buch wurde herausgegeben von Gottfried Reyger.

Lit.: *Meyers Konv.lex.1890,9/823.* Und: *Wikipedia 22.12.2012.*

Johann Georg Krünitz (1728–1796) war Übersetzer, Autor und Herausgeber eigener Werke. Seine Arbeitsgebiete waren Natur- und Medizinwissenschaften, sowie die Ökonomie. Nach seiner Promotion (Medizin) in Frankfurt (Oder) blieb er als praktischer Arzt in Frankfurt. 1779 ging er nach Berlin, wo er weiterhin als Arzt tätig war. Neben weiteren Arbeiten begann er seine berühmte Enzyklopädie herauszugeben, betitelt mit *Oekonomische Encyclopädie oder allgemeines System der Staats- Stadt- Haus- und Landwirthschaft.* Das Werk erschien von 1773 bis 1858 in 242 Bänden und ist damit eine der umfangreichsten Enzyklopädien des deutschen Sprachraums. Als Krünitz 1796 starb, hatte er selber nur die ersten 73 Bände verfaßt. Die Arbeit am Lexikon wurde von Flörke, Korth u. a. fortgesetzt.

Lit.: Versch. Quellen.

Johann Friedrich Naumann (1780–1857) verfaßte ein in jeder Hinsicht einzigartiges Werk. Ab 1820 gab er eine umfangreiche, zwölfbändige *Naturgeschichte der Vögel Deutschlands* heraus. Obwohl diese wegen ihrer geringen Auflage sehr selten war, wurde Naumanns Naturgeschichte zum deutschen Standardwerk der wissenschaftlichen Ornithologie.

Johann Friedrich Naumann wuchs auf einem Bauerngut in Ziebigk bei Köthen/Anhalt auf und blieb dort sein ganzes Leben. Es wurde von klein auf von seinem Vater **Johann Andreas Naumann** (1744–1826) geprägt, einem begeisterten Vogelkundler.

Seine „Wunderkind"-Fähigkeiten, Naumann konnte schon mit 9 Jahren nach der Natur zeichnen, führten dazu, daß Johann Friedrich die Bilder und Kupferstiche zu seines Vaters *Naturgeschichte der Land- und Wasservögel des nördlichen Deutschlands und angränzender Länder* liefern und deshalb das Gymnasium in Dessau schon mit 15 Jahren verlassen mußte. Viele Jahre war J. F. Naumann am Werk des Vaters beteiligt: Er stellte nicht nur alle Bilder selber her, sondern erlernte sogar das Kupferstechen. Schließlich entschloß sich Johann Friedrich, ein eigenes Werk herauszugeben, über dessen Umfang er sich anfangs nicht bewußt war. Der erste Band der *Naturgeschichte der Vögel Deutschlands* erschien 1820, der 12. und letzte 1844.

Die ersten, 1820, 1822 und 1823 erschienenen Bände der *Naturgeschichte* brachten zwar keinen Verdienst, erregten aber in der Fachwelt über die Grenzen Deutschlands hinaus beträchtliches Aufsehen. Spät, aber hochverdient war die Verleihung der Ehrendoktorwürde im Jahr 1839. Zwei Jahre zuvor hatte Naumann den Titel „Anhalt Köthener Professor der Naturgeschichte" von der Herzoglichen Regierung erhalten. Naumanns Werk war für seine Zeit einmalig, zumal sehr viele seiner Vogelbeschreibungen auf eigenen Beobachtungen basierten. (Lit. vor allem Thomsens Naumann-Biographie).

Lorenz Oken (1779–1851) war Naturwissenschaftler, Mediziner und nach Schelling der führende Naturphilosoph in Deutschland. 1807 erhielt er den Ruf an die Universität Jena, wo er und Voigt bald zu möglicherweise erbitterten Konkurrenten wurden. Oken war ein begnadeter Hochschullehrer, der so packende Vorlesungen hielt, daß er immer gut gefüllte Hörsäle hatte. Vielleicht war das eine der Ursachen des Konfliktes mit Voigt. Hinzu kommt, daß Oken bei dem mächtigen Goethe im nahegelegenen Weimar wegen eines tragisch-ärgerlichen Mißverständnisses schon sehr früh in dauerhafte Ungnade gefallen war.

Als Oken 1811 Voigt, der dem botanischen Garten im großen Fürstengarten vorstand, um dessen Benutzung zu Vorlesungszwecken bat, wurde ihm das ausdrücklich untersagt. Oken konnte aber ab 1812 in den botanischen Garten der medizinischen Fakultät ausweichen.

(Quelle: Jahn, 1963, 170. Promotion, unveröffentl.).

1837 ist Okens Werk über die Vögel entstanden. Dorthin hat Oken, wie es damals üblich war, viele Trivialnamen von anderen Autoren übernommen.

Lorenz Oken hat die Universität Jena 1819 wegen seiner kritisch-wissenschaftlichen Zeitschrift „Isis" verlassen müssen und erhielt 1832, als er Professor in München war, einen Ruf zum Gründungsdirektor an die Universität Zürich. Dort entstand zwischen 1833 und 1842 die *Allgemeine Naturgeschichte für alle Stände,* das letzte wissenschaftlich Werk in deutscher Sprache, das von der Geologie über die Botanik bis zur Zoologie die gesamte belebte und unbelebte Natur umfaßte. 1843 beschloß Oken das Werk mit einem umfassenden *Bildband.*

Caspar Schwenckfeld (1563–1609) war Stadtphysicus („Stadtarzt") in Görlitz. 1603 erschien sein lateinisch geschriebenes 6-bändiges Hauptwerk *Theriodropheum Silesiae.* „Das 4. Buch behandelte die Vögel und gilt als früheste ornithologische Quelle nicht nur Schlesiens, sondern überhaupt als erste örtliche Vogelfauna der Weltliteratur." Schwenckfeld schilderte von den etwa 150 ihm bekannten heimatlichen Vogelarten „recht zutreffend Stimmen, Nest, Zahl und Farbe der Eier, Nahrung und Umweltsbedingungen." Lit.: *Gebhardt: Die Ornithologen Mitteleuropas, Reprint 2006, 332.*

Erwin Stresemann (1889–1972) war einer der größten deutschen Ornithologen des 20. Jahrhunderts. Ein besonderes Verdienst war, einem Mann wieder einen Namen gegeben zu haben, den lange Zeit so gut wie niemand kannte: Ferdinand Johann Adam Freiherr von Pernau (1660–1731), den Verfasser des 1720 erschienenen Büchleins *Angenehme Land-Lust!* (s. u.) Der Titel war verschollen, weil viele Autoren von Werken aller Art im 18. Jahrhundert gerne darauf verzichteten, ihre Namen mit zu veröffentlichen. Der vollständige Titel dieses Pernau-Werkes von 1720 lautet: *Angenehme Land-Lust! Deren man in Städten und auf dem Lande, ohne sonderbare Kosten, unschuldig geniessen kann. Oder von Unterschied/Fang/Einstellung und Abrichtung der Vögel/Samt deutlicher Erleuterung derer gegen den Zeit-Vertreib geschehenen Einwendungen, auch nöthigen Anmerkungen über Hervieux von Canarien-Vögeln/und Aitinger vom Vogelstellen.*

Stresemann äußerte sich auch über die Zeit nach Schwenckfelds bedeutendem Werk (1603): „Von ganz unbedeutenden und gelegentlichen Bemerkungen abgesehen, findet sich der landläufigen Meinung nach im deutschen Schrifttum weit über 100 Jahre lang nichts Ornithologisches." Stresemann schränkte dann aber selber die „weit über 100 Jahre" etwas ein, als er neben von Pernau auch über Johann Heinrich Zorn (1698–1748) zu sprechen kam, beide allerdings keine bekannten Wissenschaftler. Sie wären aber die „ersten wahrhaft bedeutenden Erforscher der Lebensweise europäischer Vögel" gewesen.

Hugo Suolahti (1874–1944) war ein finnischer Literaturwissenschaftler, mit dem Schwerpunkt Etymologie. Suolahti schloß sein Studium an der Universität in Helsinki 1896 ab. Dort wurde er 1901 Dozent und 1911 (bis 1941) Professor für Germanistik. 1909 veröffentlichte er seine wortgeschichtliche Untersuchung *„Die deutschen Vogelnamen",* die noch immer ein Standardwerk für Ornithologen ist. Darin konnte er sich nur allgemein auf den ihm anonymen Verfasser der *Angenehmen Landlust* beziehen, denn Erwin Stresemanns Arbeit über Pernau erschien erst 1925.

William Turner (um 1510–1568) war ein englischer Naturforscher. Sein Werk *Avium praecipuarum, quarum apud Plinium et Aristotelem mentio est, brevis et succincta historia,* das 1544 in Köln erschien, war das erste gedruckte Buch, das ausschließlich Vögeln gewidmet war. Turner lebte ab 1553 einige Jahre im Elsaß (Wikipedia 2017).

Friedrich Siegmund Voigt (1781–1850) war seit 1803 Dozent an der Universität in Jena. Er wurde nach der Schlacht bei Jena und Auerstedt 1806 auf Betreiben Goethes Nachfolger des nach Heidelberg „geflüchteten" F. J. Schelver und war auch bis 1819 Direktor des Herzoglichen Botanischen Gartens. Der 1807 zum ao. Professor ernannte F. S. Voigt hielt vor allem botanische Vorlesungen. Er korrespondierte sehr viel mit Goethe, mit dem er, wenn möglich, intensiv zusammenarbeitete. Vielleicht um Vorlesungspleiten von Voigt zu übertünchen, wurde dieser mit Goethes Hilfe 1809–1810 zu einem Forschungsaufenthalt nach Paris geschickt, wo er bei Cuvier, Lamarck u. a. arbeitete.

F. S. Voigt war Autor und Mitherausgeber vieler naturwissenschaftlicher Werke. In der umfangreichen *Naturgeschichte der drei Reiche* war Voigt 1835 Autor des Vogelbandes, Band 2 der *Speziellen Zoologie*.

Francis Willughby (1635–1672) war ein englischer Ornithologe und Ichthyologe. Er studierte u. a. am Trinity College in Cambridge, wo John Ray sein Lehrer war. Mit Ray bereiste Willughby 1662 die Westküste Englands, um brütende Seevögel zu studieren. 1663–1666 waren beide in Europa unterwegs. Getrennt wieder in England angekommen, arbeiteten sie an Veröffentlichungen der Ergebnisse ihrer Reisen, in deren Verlauf Willughby an Brustfellentzündung starb. Ray vollendete Willughbys Arbeiten und veröffentlichte 1676 die *Ornithologia libri tres*, der zwei Jahre später die englische Übersetzung folgte. Dieses Werk wird für den Beginn der wissenschaftlichen Ornithologie in Europa gehalten. Willughby war der Erste, der alle beschaulichen, moralischen und übersinnlichen (etwa alchimistischen) Betrachtungen aus seinen naturgeschichtlich-biologischen Texten als unwissenschaftlich verbannte.

Lit.: http://de.wikipedia.org/wiki/Francis_Willughby (Stand 22.11.2012 und 2008), u. a.

Johann Heinrich Zorn (1698–1748) ein evangelischer Pastor. Er schrieb 1742/1743 das zweibändige, stark von Pernau beeinflußte Werk *Petino-Theologie oder Versuch, Die Menschen durch nähere Betrachtung Der Vögel Zur Bewunderung, Liebe und Verehrung ihres mächtigsten, weissest- und gütigsten Schöpffers aufzumuntern.*

Die *Petino-Theologie* zählt als wichtiger Meilenstein der Entwicklung der Ornithologie in Deutschland. Auf Grund des Buches gilt auch Zorn als früher Wegbereiter der vergleichenden Verhaltensforschung.

Ludwig Gebhardt würdigte Zorn in seinem Buch über *Die Ornithologen Mitteleuropas*: „Dieses Verdienst blieb ihm, auch wenn mit dem Absinken der deutschen ornithologischen Wissenschaften in den Jahrzehnten nach ihm sein Werk und sein Name zunächst ins Dunkel zurücktraten."

Abkürzungen

Abk.	= Abkürzung	lothr.	= lothringisch
ahd.	= althochdeutsch	männl.	= männlich
allg.	= allgemein	meckl.	= mecklenburgisch
altd.	= altdeutsch	mndt.	= mittelniederdeutsch
angels.	= angelsächsisch	N.	= Name
arab.	= arabisch	niederdt.	= niederdeutsch
bed.	= bedeutet (Bedeutung)	niederl.	= niederländisch
bek.	= bekannt	nieders.	= niedersächsisch
bes.	= besonders, -dere	norw.	= norwegisch
betr.	= betrifft	o.Qu.	= ohne Quellenangabe

bl.	= blau	odenw.	= aus dem Odenwald
br.	= braun, braunem	Penn.	= Pennant
Buf	= Buffon	Pk	= Prachtkleid
BKl.	= Brutkleid	plattd.	= plattdeutsch, niederdeutsch
CLB	= Christian Ludwig Brehm	plur.	= Plural
dän.	= dänisch	pom.	= pommerisch
dsgl.	= desgleichen	P/Z	= Pennant/Zimmermann
Eb/Peuc	= Eber/Peucer	r.	= rot
engl.	= englisch	rel.	= relativ
estn.	= estnisch	Sandl.	= Sandläufer
F	= Floericke (nicht: F.)	Schn.	= Schnabel
F.	= Füße, Füßen	Schw	= Schwanz
Fl.	= Flügel	schw.	= schwarz (en, m)
Folg.	= Folgerung	schwed.	= schwedisch
fränk.	= fränkisch	schweiz.	= schweizerisch
Gef.	= Gefieder	sing.	= Singular
gef.	= gefärbt	Sk	= Schlichtkleid
Gesch.	= Geschichte	Sokl.	= Sommerkleid
gesch.	= gescheckt	Strandl.	= Strandläufer
gr.	= grau	T.	= Tafel
hann.	= hannoveranisch	Ü	= Übersetzung
helv.	= helvetisch, schweizerisch	UK	= Unterkiefer
holl.	= holländisch	ungew.	= ungewöhnlich
holst.	= holsteinisch	Unters.	= Unterseite
i. d. R.	= in der Regel	V.,v.	= von
isl.	= isländisch	V.	= Vogel
juv.	= jung	Var.	= Variation, Rasse
K	= Klein	versch.	= verschieden, usw.
kl.	= klein, kleiner	VN	= Volksname
KN	= Kunstname	Vork	= Vorkommen
KNB	= Kunstname nach CLB	wg.	= wegen
krain.	= krainisch (= slowen.)	weibl	= weiblich
Krü	= Krünitz	westf.	= westfälisch
lappl.	= lappländisch	Wikl.	= Winterkleid
lett.	= lettisch	zw.	= zwischen
Lit.	= Literatur		

Literaturverzeichnis

Adelung JC (1811) Grammatisch-kritisches Wörterbuch der hochdeutschen Mundart, Wien 1811. Nutzung des von der Bayerischen Staatsbibliothek ins Internet gestellten Werkes unter: mdz.bib-bvb.de/digbib/lexika/adelung

Adelung JC (1774–1786; 1793–1801) Grammatisch-kritisches Wörterbuch der Hochdeutschen Mundart, 1. Aufl. 5 Bde., 2. Aufl. Bey Johann Gottlob Immanuel Breitkopf und Compagnie, Leipzig

Albin E (1731) A Natural History of Birds, London 1731. Printed for W. Innys and R. Manby, Printers to the Royal Society, at the West-End of St. Paul's, London

Avibase im Internet: http://avibase.bsc-eoc.org/avibase

Barthel PH, Helbig AJ (2005) Artenliste der Vögel Deutschlands. Aus: Limicola, Zeitschrift für Feldornithologie 19(2)

Bechstein JM (1791–1795) Gemeinnützige Naturgeschichte Deutschlands nach allen drey Reichen. 1.–4. Band (2.–4. Vögel), 1791 (2. Bd.),1793 (3. Bd.), 1795 (4. Bd.). Leipzig, bey Siegfried Lebrecht Crusius, Leipzig

Bechstein JM (1805–1809) Gemeinnützige Naturgeschichte Deutschlands nach allen drei Reichen. 2.–4. Band (Vögel). Zweite vermehrte und verbesserte Auflage, bey Siegfried Lebrecht Crusius, Leipzig

Bechstein JM (1797) Gründliche Anweisung alle Arten von Vögeln zu fangen, einzustellen … nebst einem Anhang von Joseph Mitelli Jagdlust. Bey J. E. Monath und J. F. Kußler, Nürnberg, Altdorf

Bechstein JM (1802–1812) Ornithologisches Taschenbuch von und für Deutschland. Teil 1(1802), Teil 2 (1803), Teil 3 (1812). Bey Carl Friedrich Enoch Richter, Leipzig

Bechstein JM (1805) Kurze aber gründliche Musterung aller bisher mit Recht oder Unrecht von dem Jäger als schädlich geachteten und getödteten Thiere. In der Ettingerschen Buchhandlung, Gotha

Bernard R (1993) Vogelnamen. Aula, Wiebelsheim

Blasius JH, Baldamus E, Sturm, Fr (1860) J. A. Naumanns Naturgeschichte der Vögel Deutschlands. Fortsetzung der Nachträge, Zusätze und Verbesserungen. Dreizehnter Theil. 8. Lieferung. Schluß des ganzen Werkes. Hoffmann'sche Verlags-Buchhandlung, Stuttgart

Brehm AE (1878–1879) Brehms Thierleben, 2. Auflage, Bände 4–6, Verlag des Bibliographischen Instituts, Leipzig

Brehm AE (1891–1892) Brehms Tierleben. Herausgegeben von Prof. Dr. Puechel-Loesche. 3. Auflage, Bände 4–6 Bibliographisches Institut, Leipzig und Wien

Brehm CL (1820–1822) Beiträge zur Vögelkunde. 3 Bände, Gedruckt und verlegt von J. K. G. Waggner, Neustadt/ Orla.

Brehm CL (1823–1824) Lehrbuch der Naturgeschichte aller europäischen Vögel, 2 Bände. Bei August Schmidt, Jena

Brinkmann M (1978) Die Vogelwelt Nordwestdeutschlands. Reprint von 1933. Borgmeyer, Hildesheim

Brüll H (1964) Das Leben deutscher Greifvögel. 2. Auflage, G. Fischer Stuttgart

Buffon GLL (1772–1809) Naturgeschichte der Vögel, 35 Bände (übers. von FHW Martini, Bde. 1–6 und BC Otto Bde. 7–35). JG Traßler, Brünn, FA Schrämbl, Wien, In der Buchhandlung des Geh. Commerzien-Rath Pauli, Wien, Berlin

Carl H (1995) Die deutschen Pflanzen- und Tiernamen. Reprint, Quelle & Meyer, Heidelberg

Cranz D (1770) Historie von Grönland, 2. Auflage. In Commißion by Weidmanns Erben und Reich, Leipzig

Dathe H (1964) Einige Bemerkungen zu einheitlichen deutschen Vogelnamen. Orn. Mitt. 6/1964

Der kleine Stowasser (1971) Lateinisch-deutsches Schulwörterbuch, G. Freytag Verlag München

Dornseiff F (1959) Der deutsche Wortschatz nach Sachgruppen. 5. Auflage. De Gruyter, Berlin

Edwards G (1743) A Natural History of Birds. Printed at the College of Physicians, London

Faber F (1825–1826) Über das Leben der hochnordischen Vögel. 2 Hefte in einem Buch, Ernst Fleischer, Leipzig

Fabricius G, Hoffmann B (1923) Das älteste sächsische Verzeichnis von Vögeln, die ums Jahr 1564 auf und an der Elbe bei Meißen vorgekommen sind. Journal für Ornithologie 1/1923

Floericke C (1924) Vogelbuch. 3. Aufl. Franckh'sche Verlagshandlung Stuttgart

Frisch JL (1733–1763) Vorstellung der Vögel in Teutschland und beyläufig auch einiger Fremden. Im Internet: http://dz-srv1.sub.uni-goettingen.de, März 2007

Frisch JL (1763) Vorstellung der Vögel in Teutschland und beyläufig auch einiger Fremden. Kurtze Nachrichten zu den zwölff Classen. Berlin. http://dz-srv1.sub.uni-goettingen.de/sub/digbib/loaeder?did=D274715

Gebhard L (2006) Die Ornithlogen Mitteleuropas. Zusammenfassung der Bände 1–4. Aula, Wiebelsheim

Gessner C (1981) Vogelbuch. Horst G (Hrsg) Nachdruck der Ausgabe von 1669. Schlüter, Hannover

Göchhausen HF (1727) Notabilia Venatoris. Johann Daniel Taubers seel. Erben, Nürnberg und Altdorff

Goeze JAE (1794–1796) Europäische Fauna oder Naturgeschichte der europäischen Thiere. In: Donndorf JA (Hrsg) Band 4, 5–1. In der Weidmannischen Buchhandlung, Leipzig.

Grimm J, Grimm W (1984) Deutsches Wörterbuch. 33 Bde. dtv, München

Höfer M (1815): Etymologisches Wörterbuch der in Oberdeutschland vorzüglich aber in Oesterreich üblichen Mundart. 2 Bde. Joseph Kastner, Linz

Jahn I (1963) Geschichte der Botanik in Jena. Dissertation

Jahn I (2000) Geschichte der Biologie. Spektrum, Berlin

Jonsson L (1992) Die Vögel Europas und des Mittelmeerraumes. Kosmos, Stuttgart

Journal für Ornithologie, verschiedene Bände ab 1854

Journal für Ornithologie (1941). Einiges über deutsche Vogelnamen. Sonderheft 89(3)

Klein JT (1750) Historiae Avium Prodromus ... Lvbecae [Lübeck] apvd Ionam Schmidt

Klein JT (1760) Vorbereitung zu einer vollständigen Vögelhistorie. Bey Jonas Schmidt, Leipzig und Lübeck

Klein JT, Reyger G (Hrsg) (1760) Verbesserte und vollständigere Historie der Vögel. Bey Johann Christian Schuster, Danzig

König E (1706) Georgica Helvetica Curiosa, Eydgenossisch-Schweitzerisches Hauß-Buch, Emanuel König/ dem Ältern, Basel.

Krünitz JG (1773–1858) Ökonomisch-technologische Enzyklopädie. Elektronische Ausgabe der Universitätsbibliothek Trier: http://www.kruenitz.uni-trier.de/.

Lamm M zum (2000): Die Vogelbücher aus dem Thesaurus Picturarum. Bearb. von Kinzelbach R und Hölzinger J. Verlag Eugen Ulmer

Martens F (1675): Spitzbergische oder Groenlandische Reise Beschreibung gethan im Jahr 1671. Hamburg. Im Internet unter: www-gdz.sub.uni-goettingen.de/cgi-bin/digbib.cgi?

Megenberg, K von (1994): Das Buch der Natur (1350). 3. Nachdruck der Ausgabe Stuttgart 1861, Georg Olms Verlag

Meyer B, Wolf J (1810, 1822) Taschenbuch der deutschen Vögelkunde, 3 Bde 1810–1822, Wilmans, Frankfurt 1810 und Brönner, Frankfurt 1822

Naumann JA (1796–1803) Naturgeschichte der Land- und Wasser-Vögel. Hefte 1/1 (1796), 1/3 (1796), 1/5 (1797), 2/1 (1798), 3/1 (1799), 3/8 (1802), Band 4 (1803), auf Kosten des Verfassers, Köthen

Naumann JF (1820–1844) Johann Andreas Naumann's Naturgeschichte der Vögel Deutschlands. 12 Bde, Ernst Fleischer, Leipzig

Naumann JF, Hennicke CR (1897–1905) Naturgeschichte der Vögel Mitteleuropas. 12 Bde. Neubearb. Hennicke CR (Hrsg). Friedrich Eugen Köhler, Gera-Untermhaus

Oken L (1816) Lehrbuch der Zoologie. 2. Abtheilung. Bei August Schmid und Comp., Jena

Oken L (1837) Allgemeine Naturgeschichte für alle Stände, Bd 7. Vögel. Hoffmann' sche Verlagsbuchhandlung, Stuttgart

Oken L (1843) Allgemeine Naturgeschichte für alle Stände, Tafelband: Hier Textheft zu der Eierliste, Hoffmann' sche Verlagsbuchhandlung, Stuttgart

Pernau FA von (1702) Unterricht/ was mit dem lieblichen Geschöpff/ denen Vögeln/ auch ausser den Fang/ Nur durch die Ergründung Deren Eigenschafften/ und Zahmmachung/ oder anderer Abrichtung/ Man sich vor Lust und Zeit-Vertreib machen könne. Originalgetreuer Nachdruck 1982. Druckhaus Neue Presse Coburg

Pernau FA von (1707) Unterricht, was mit dem lieblichen Geschöpff, denen Vögeln, Auch ausser dem Fang, Nur durch die Ergründung Deren Eigenschafften und Zahmmachung Oder anderer Abrichtung, Man sich vor Lust und Zeitvertreib machen könne. In Verlag Paul Günther Pfotenhauer, Coburg

Pernau FA von (1720) Angenehme Land-Lust/ deren man in Städten und auf dem Lande, ohne sonderbare Kosten, unschuldig geniessen kan. Zufinden bey Peter Conrad Monath, Franckfurt und Leipzig

Pescheck, Christian Adolf (1787–1859) Ornithologische Notizen aus deutschen Schriftstellern des 13. Jahrhunderts. Abhandlungen der naturforschenden Gesellschaft zu Görlitz Band 6, Heft 2, 71–89. Görlitz 1853.

Schwenckfeld C (1603) Theriotropheum Silesiae in quo Animalium, hoc est Quadrupem, Reptilium, Avium, Piscium, Insectorum natura, vis et usus sex libris perstringuntur: Concinnatum et laboratum, á Casp. Schvvenckfeld Medico Hirschberg, Lignicii

Springer K (2007) De avium natura von Conrad Gessner (1516–1565). Dissertation Rostock

Straßburger Vogelbuch (1554), Ein kurtzweilig Gedicht, Straßburg 1554. Anhang in Suolahti H (1909): Die deutschen Vogelnamen, Trübner, Straßburg

Stresemann E (1941): Einiges über deutsche Vogelnamen. JfO Sonderheft

Suolahti H (1909) Die deutschen Vogelnamen. Verlag Trübner, Straßburg

Svensson L, Mullarney K, Zetterström, D (2011): Der neue Kosmos Vogelführer, 2. Aufl., Franckh-Kosmos, Stuttgart

Turner W (1544) Turner on Birds. Cambridge Reprint 1903, nach dem Buch Avium präcipuarum … Historia von William Turner 1544, reprinted 1823 von George Thackeray, Cambridge.

Voigt FS (1835) Lehrbuch der Zoologie. 2. Band. Spezielle Zoologie – Vögel. E. Schweizerbart' s Verlagshandlung, Stuttgart

Wüstnei C, Clodius G (1900) Die Vögel der Großherzogthümer Mecklenburg. Zuerst erschienen bei Opitz & Co. in Güstrow, Neuauflage 2004, BS-Verlag, Rostock

Zorn JH (1742–1743) Petino-Theologie. 2 Bde. Christian Rau, Hof-Buchdrucker, Pappenheim

Liste der Autoren, für die Kürzel verwendet wurden

In der folgenden alphabetischen Aufstellung stehen die Abkürzungssymbole der Autoren, aus deren Werken die Trivialnamen stammen. Am Zeilenanfang steht das Namenssymbol, dann folgt jeweils der Name dieses Autors mit seiner Lebenszeit, bevor – kursiv gedruckt – das verwendete Werk folgt. Für einige Wissenschaftler gibt es mehrere Symbole: 5 bei Bechstein, je 3 bei Oken und Pernau.

Ad	Adelung, Johann Christoph (1732–1806): *Grammatisch-kritisches Wörterbuch.* Um 1800
B	Brehm, Alfred Edmund (1829–1884): a) *Illustriertes Tierleben, 1. Aufllage, Bände 3 (1866) und 4 (1867)* b) *Brehms Thierleben, 2. Auflage, Bände 4–6 (1878–1879).*
Be1	Bechstein, Johann Matthäus (1757–1822): a) *Gemeinnützige Naturgeschichte Deutschlands.* *1. Auflage, 2.–4. Band, 1791–1795*
Be2	b) *Gemeinnützige Naturgeschichte Deutschlands. Zweite Auflage, 2.–4. Band 1805–1809*
Be97	c) *Gründliche Anweisung alle Arten von Vögeln zu fangen, … 1797*
Be	d) *Ornithologisches Taschenbuch, Teil 1–3, 1803–1811*
Be05	e) *Musterung aller … von dem Jäger als schädlich geachteten … Thiere, 1805*

Buf	Buffon, Georges-Louis Marie Leclerc, Comte de (1707–1788), mit Martini, Heinrich Wilhelm (1729–1778) und Otto, Bernhard Christian (1745–1835) als Übersetzer: *Naturgeschichte der Vögel*
Do	Dornseiff, Franz (1888–1960): *Der deutsche Wortschatz nach Sachgruppen.* 5. A. *1959*
Fri	Frisch, Johann Leonhard (1666–1743): *Vorstellung der Vögel in Teutschland, 1733–1763*
G	Von Göchhausen, Hermann Friedrich (1663–1735): *Notabilia Venatoris, 1731*
Ges	Gessner, Konrad (1516–1565):
GesS	a) Springer, Katharina – *De avium natura*, Dissertation 2007
GesH	b) Gessner/Horst: *Vogelbuch 1669*
GesSH	c) Mischliste aus GesS und GesH
H	Hennicke, Carl Rudolph (1861–1941): *Naturgeschichte der Vögel Mitteleuropas, 1905.*
HaSa	Hans Sachs (1494–1576). *Das Regiment der anderhalb hundert Vögel*, 1531, 145 Namen. In: Suolahti 1909, Seiten 466–472
Hö	Höfer, Matthias (1754–1826): *Etymologisches Wörterbuch der in Oberdeutschland, vorzüglich aber in Oesterreich üblichen Mundart. 2 Bände, Joseph Kastner, Linz 1815*
K	Klein, Jakob Theodor (1685–1759):
	a) *Historiae Avium Prodromus, 1750*
	b) *Vorbereitung zu einer vollständigen Vögelhistorie, 1760*
	c) *Klein/Reyger – Historie der Vögel, 1760*
Kö	König, Emanuel (1658–1731): *Georgica Helvetica curiosa, 1706*
Krü	Krünitz, Johann Georg (1728–1796): *Ökonomisch-technologische Enzyklopädie, 1773–1858*
N	Naumann, Johann Friedrich (1780–1854): *Naturgeschichte der Vögel Deutschlands, 12 Bände, 1820–1844*
O	Oken, Lorenz (1779–1851):
O1	a) *Lehrbuch der Zoologie, 1816*
O2	b) *Allgemeine Naturgeschichte für alle Stände, Band 7, 1837*
O3	c) *Tafelband, 1843: Textteil zu den Eiertafeln*
P1	Pernau, Joh. Ferd. Adam von (1660–1731): a) *Unterricht, 1702* (Titel gekürzt)
P2	b) *Unterricht, 1707* (Titel gekürzt)
P	c) *Angenehme Landlust, 1720* (Titel gekürzt)
Schwf	Schwenckfeld, Caspar (1563–1609): *Theriodropheum Silesiae, 6 Bände 1603*
StVb	Straßburger Vogelbuch: *Ein kurtzweilig gedicht … 1554.* Anhang bei Suolahti 1909
Suol	Suolahti, Hugo (1874–1944): *Die deutschen Vogelnamen, 1909*
V	Voigt, Friedrich Siegmund (1781–1850): *Lehrbuch der Zoologie, 2. Band, Vögel (1835)*
Z	Zorn, Johann Heinrich (1698–1748): *Petinotheologie Bd. 2, 1743*

Bildtafel-Autoren:

A	= Eleazar Albin	(1690?–1748?1759?)
Ed	= George Edwards	(1694–1773)
W	= Francis Willughby	(1635–1672)

Die in diesem Buch behandelten Vogelarten findet man auf folgenden Seiten

Hauptteil: Die Vogelarten mit den ihnen zugeordneten Trivialnamen

2

Adlerbussard (Buteo rufinus)

Weißschwänziger Bussard	H	Bei dunkler (von drei) Morphe.
Raubbussard	B	Soll Hausgeflügel jagen (Heuglin 1870).
Adlerbussard	B	Größter Bussard, adlerähnlich.

Adlerfregattvogel (Fregata aquila)

Fregattvogel	H
Fregattvogel	Buf
Fregatte	Buf
Meeradler	Buf
Gemeiner Fregattvogel	Buf

Alpenbraunelle (Prunella collaris)

Alpen-Braunelle	N	Name stammt von Naumann (1823).
Alpen-Grasmücke	Buf	
Alpenflüehsänger (helv.)	H	
Alpenfluevogel	O1	
Alpenflüevogel	B,Be2,N,V	Vogel lebt im steinigen Hochgebirge.
Alpengrasmücke	Be1,Buf,N	Leitname bei Buffon/Otto.
Alpenlerche	Be97,N,Suol	Auch nordische Ohrenlerche hatte den Namen.
Alpenstar	H,N	Scopoli (1770): Sturnus collaris.
Bachstelze der Alpen	Be1,Buf,N	schon 1789 bei Buffon/Otto erwähnt.
Bergrötscherle	Suol	
Bergspatz (helv.)	B,H,N	Lokal verbreitet in Appenzell.
Bergstaar	Be2	
Bergtrostel	N	Name nur bei Naumann (KN).
Bergtrostler (helv.)	H	
Bergvogel	B	Kunstname von A. Brehm (1879).
Blüemdvogel	Suol	
Bluemvogel	Suol	

© Springer-Verlag GmbH Deutschland, ein Teil von Springer Nature 2019
P. Bertau, *So nannte man unsere Vögel früher*, https://doi.org/10.1007/978-3-662-59775-0_2

Blumentridli (helv.)	H	
Blümgücker	Be97	
Blumliduteli (helv.)	H	
Blumthürlig (helv.)	H,N	Kleiner Vogel, der Blümt frißt.
Blümtlerche	B	
Blumtrittli	N	
Blumtüteli	N	
Blumtuteli (helv.)	H	
Blümtvogel	N	Blümt: Heusämchen, im Winter nahe den …
Blumtvogel (helv.)	H	… Ställen.
Blütling	B	Inhaltlich so viel wie Gadenvogel, da Vögel …
Blüttlig (helv.)	H,N	… im Winter in Matsch, Kuhfladen …
Blüttling	O1	… nach Nahrung suchen.
Fluehlerche (helv.)	H	
Flüelerche	B,Be1,N,V	Vogel hat Ähnlichkeiten mit einer Lerche.
Flüevogel	N	Vogel lebt im steinigen Hochgebirge.
Flühelerche	N	
Fluhspatz	N	Lokal verbreitet in Luzern.
Flühspatz (helv.)	H	
Fluhvogel	O1	Vogel lebt im steinigen Hochgebirge.
Flüllerche	Buf	
Gadenröteli	Suol	
Gadenvogel	B,N,Suol	Kommt im Winter zu den Gäden, Viehställen.
Gadmoogel (helv.)	H	
Halsbandstaar	Be2,N	„Halsband“: Zart-heller Fleck unter Schnabel.
Halsbandstar	H	
Jochsliper	Suol	
Paschott (helv.)	H	
Seibliächter (helv.)	H	
Spitzvogel	B	KN von A. Brehm. Vogel hat spitzen Schnabel.
Staar mit dem Halsbande	Be2,N	
Staar mit einem Halsbande	Be1	
Star mit dem Halsbande	H	
Steinlerche	B,N,V	Bodenbrüter in steinigen Gegenden.
Trittli	Suol	
Tütteli	Suol	

Alpendohle (Pyrrhocorax graculus)

Albkachel	Be2	
Albkachle	Ad	
Albkachlen	GesS	Suolahti: Von „laut lachen“, 16. Jahrhundert.
Albrapp	Ad	
Almamsel	H	
Alp-Chräje	Suol	
Alpdohle	Be2	
Alpen-Dohle	H	
Alpen-Krähe	N	Naumanns Name für Corvus pyrrhocorax.
Alpenamsel	B,O1	Gelbe Beine, Schnabel, Größe führten zu Amsel.
Alpendohle	B,N	
Alpenkrähe	Be2,H,Krü,N	

Alpenrabe	Be05,V		
Alpkachel	Be2,Buf,GesH,N		
Alpkachle	Suol		
Alpkachle	Ad		
Alpkräher	N		
Alpkray	N		
Alprabe	Ad		
Alprabe	Be2,GesH,N		
Alprapp	Be2,Buff,GesS,…;	…N,Suol	Im Schweizer Wallis.
Beene	Suol		
Beenen (rätisch)	GesS	In d. Schweiz, bei den Rätiern, auch seit 16. Jh.	
Berckdale	Suol		
Berg-Chräje	Suol		
Bergdoel	GesS		
Bergdohle	Ad,B,Be2,Buf,…	…Krü,N,O2;	Name ist Leitname bei Buffon.
Bergdol	Buf,GesS		
Bergdöl	Suol,Tu	Bergdol, bergdöl seit 16. Jahrhundert bekannt.	
Bergduhle	H		
Bergdule	N		
Bergkäfe	H		
Bergtohl (holl.)	GesH		
Bergtul	Be2,Buf,N		
Bernen	N		Name aus Beenen entstanden.
Chächty	N		Bed. etwa „Häher", ist aus Dohle herzuleiten.
Chäfi	H		
Dachl	H		
Däfi	N		
Dähe	N,O1		
Däsi	H		
Diechle	H		
Feuerkrähe	GesH		
Feuerrabe	Be,Buf,Krü,N		Übersetzung von „Pyrrho – corax".
Flüedäfi	H		
Flüekrähe	H		
Flüetäfie	N		Etwa Steindohle. Fluh: Fels, Steine, täfi: Dohle.
Flüetäfin	H		
Flüetäsi	H		
Flütäsie	B		
Gemeiner Alpenrabe	O2		
Große Amsel der Alpen	Be2,N		Gloger: Zwar amselähnlich, aber deutl. größer.
Hächti	H		
Kächli	Suol		
Krähdohle	Be2,N		
Krähendohle	Be,Krü		
Riester	N,V		Auch in Schweiz selten. Vögel kommen zu …
Ryestere	N		… Zeiten des Pflügens aus den Bergen.
Schnê-Chräje	Suol		
Schnêchächli	Suol		

Schneealpenrabe	O1	
Schneedachel	B	-dachel kommt v. dahle. Aus ahd. taha, Dohle.
Schneedachl	H	
Schneedale	Suol	
Schneedohle	H,O1	
Schneekrähe	B,Be2,N,O1	
Schneekräy	H	
Schneetahe	N,Suol	-dahle, -dohle aus ahd. taha.
Schneetahe	Suol	
Schwarzer Geist	Be,Krü	
mit feurigen Augen		
Schwarzer Rabe	Be,Krü	
Schweizer Krähe	Krü	
Schweizerdohle	Be	
Steindahe	Suol	
Steindohle	B,Be,Krü,N	
Steinhatz	Ad	
Steinhetz	Be2,Buf,O1	
Steinhetze	GesH,Suol	Zu Grunde liegt Hetze, Elster.
Steinhetzen	GesS	
Steinkrähe	Be,Krü	
Steinrabe	Be,Krü	
Steintahe	Krü	
Steinthale	Be	
Steintule	Be,Krü	
Taben (helv.)	Buf	Wäre Tahen richtig?
Täfie	N	
Täfin	H	
Tahe	GesH	Bei den Rätiern die Alpenkrähe.
Tahen	Be2,GesS,Hö,N	
Thule	H	
Waldrabe	Be,Krü	
Wilde Thole	GesH	
Wilde Tule	Suol	
Wilde Tulen	GesS	In Glarus/Schweiz: Wilde Dohlen.
Wildetul	Be2,BufN	
Winddachl	H	
Winddohle	H	

Alpenkrähe (Pyrrhocorax pyrrhocorax)

Alpenkrähe	Ad,B,Be,N	KN von A. Brehm
Alpenrabe	Be97,N,O1,V	Waldrappname
Bergdohle	Be,H	
Bergeremit	N	Waldrappname
Bergkrähe	Ad	
Dühle	H	
Eremit	B,Be97,N	Waldrappname
Eremitrabe	N	Waldrappname
Felstahnl	H	

Feuerrabe	B,Be1,Krü,N	
Gebirgsrabe	B,Be2,N	
Gemeiner Waldrabe	Be,O1	
Klausrabe	B	
Klausrapp	N	Waldrappname
Krähedohle	Buf	
Krähendohle	B,Be1,N	
Pirgkra	Suol	
Rothbeinige Krähe	Be2,N	
Scheller	Be97	Waldrappname
Schneatåcha	Suol	
Schneekräih	H	
Schwarze Krähendohle	Be2,Buf,N	
Schwarzer Geist mit feurigen Augen	Be1,Buf,K,Krü,N	
Schwarzer Rabe	Be	
Schweitzerkrähe	Krü,N	
Schweitzerrabe	Krü	
Schweitzerrabe	Hö	
Schweitzreremeit	N	Waldrappname
Schweizer Krähe	Krü	
Schweizerdohle	Be	
Schweizereremit	Be97	Waldrappname
Schweizerkrähe	Be1,Buf,N	
Schweizerrabe	Be1	
Stein-Krähe	N,H	Naumanns Name für die Alpenkrähe.
Steinalpenrabe	O1	
Steindohle	Be1,Buf,Hö,Krü,…	…N,O1,V; Name von Buffon.
Steinduhle	Be2,N	
Steinfache	N	Bed.: In felsiger Landschaft lebender Vogel.
Steinkräe	GesS	
Steinkrähe	B,Be1,Buf,V	
Steinrabe	Be2,N	
Steinrahen	GesS	
Steinrapp	N	
Steinsage	H	
Steintahe	Be2,Buf,N,Suol	Bed. Steindohle (!)
Steintahle	Be1	
Steintähn	H	Bed. Steindohle (!)
Steinthale	Krü	
Steintule	Be1,Buf	
Tåcha	Suol	
Tåglåster	Suol	
Taha	GesS,Suol	
Tahe	H	
Turmwiedehopf	B,Be97,N	Waldrappname
Waldrabe	Be,N	
Waldrapp	N	

Alpenschneehuhn (Lagopus mutus), mit **Moorschneehuhn** (Ursache: Klein u. a. frühe Autoren).
Siehe auch **Moorschneehuhn (Lagopus lagopus)**
Siehe auch **Schottisches Moorschneehuhn (Lagopus lagopus scoticus)**
Siehe auch **Schneehuhn (Lagopus lagopus + Lagopus mutus + Lagopus lagopus scoticus)**
Begründung: Taxonomische Unklarheiten bis ins 19. Jahrhundert.

Alpen-Schneehuhn	N	Alpen- bed. „alpine Zone", im N bis Tundra …
Alpenschneehuhn	B,H,O3	… wo die alpine Zone auf Meereshöhe sein kann.
Berg-Huhn	Fri	
Berghuhn	Fri,N	Von echten Alpen bis äußerster Norden.
Bergschneehuhn	B,N	
Felsenschneehuhn	B,N	
Field-Rype (norw.)	H	
Fjäll-Ripa (schwed.)	H	Moderne Bezeichnung des Alpenschneehuhns.
Gebirgrebhuhn	Hö	Ptarmigan, List of species of British …9/1852.
Griegelhahn	Fri	
Hasenfuß	K	Frisch T. 110–111.
Hasenfüßiges Waldhuhn	N	Wegen der befiederten Füße.
Isländisches Schneehuhn	O2,V	Faber (1822): Neue Art neben Norw. Schneeh.
Küsuna (finn.)	H	
Morasthuhn	O1	
Ptarmigan	Buf,N,O1	Alte engl. Bezeichnung mit vielen Synonymen.
Riepe	B,O1	Aus norw. Namen Ryper.
Rype (norw.)	Buf	
Schnee Huhn	Fri	
Schneehase	Buf	
Schneehuen	Suol	
Schneehuhn	B,Buf,Fri,K,N,…	…O1,V; K: Frisch T. 110–111.
Schneehůn	Suol	
Schneeuogel	Suol	
Schneevogel	Fri	
Schrathuhn	Fri	
Schrathůn	Suol	
Schratthuen	Suol	
Snöripa (schwed.)	H	
Stein Huhn	Fri	
Steinhuhn	Buf,Fri,N,O1,V	
Steinhůn	Suol	
Steinkräe	GesS	
Steinrahen	GesS	
Taha	GesS	
Weiß Haselhuhn	Fri	
Weißes Berghuhn	Fri	
Weißes Birkhuhn	Buf	
Weißes Haselhuhn	Buf,K	In Preußen.
Weißes Rebhuhn	Buf	
Weißes Rephuhn	N	
Weißes Waldhuhn	N	
Weißes Wildhuhn	Buf	
Weißhuhn	N,O1,V	

Wildhuen	Suol	
Wîsshuen	Suol	
Wys Räbhûn	Suol	

Alpensegler (Apus melba)

Alpen-Segler	H,N	Kein Segler, nur Kurzstrecken-Gleiter.
Alpenhäkler	B,N	Hängende Ruhehaltung.
Alpenschwalbe	B,Be1,Krü,N,V	Weiterer Vorschl. Bechsteins für den Namen.
Alpensegler	B,O1,V	Name von Meyer/Wolf eingeführt.
Barbarische Schwalbe	Be2,K,N	Barbarei etwa Nordafrika.
Bergschwalbe	B,Be2,N	
Bergspyr	B,N	
Felsensegler	B	Entstand wohl nicht vor 1821, dann häufig.
Geyr Swalbe	Tu	
Gibraltarische Schwalbe	O1	
Gibraltarschwalbe	B,Be2,K,N	Häufiger Brutvogel in Gibraltar.
Große Gibraltarschwalbe	Be1,Buf,K,Krü,N	
Große Mauerschwalbe	Buf	
Große Mauerschwalbe mit weißem Bauche	Be2,Buf,N	Unterscheidet ihn deutlich von Mauersegler.
Große Meerschwalbe mit weißem Bauch	Krü	
Große Thurmschwalbe	N	Bevorzugt hohe Türme und Felsen.
Großer Spyr	N	Uneinigkeiten! Von spitzen Flügel-/Schw.enden.
Größte Gibraltarschwalbe	Be2,N	
Größte Schwalbe	Be2,N	
Jacobin (in Savoyen)	Buf	
Münsterspyr	B	
Spanische Gibraltarschwalbe	Krü	
Spanische Schwalbe	Be2,Buf,N	
Weißbäuchige Mauerschwalbe	Be1,N	Erster Vorschlag Bechsteins für den Namen.
Alpenschwalbe	Krü	

Alpenstrandläufer (Calidris alpina)

Alpen-Strandläufer	H,N	Bechstein übersetzte Linnés Tringa alpina.
Alpenstrandläufer	B,Be1,Buf,Krü,O3	Vogel brütet in „alpiner" Zone der Tundra, …
Alpenstrandvogel	Be1,N	… der tiefliegenden Zone nördl. d. Waldgrenze.
Bergstrandläufer	B	UA: Calidris alpina schinzii.
Brauner Sandläufer	Be2,N	KN von Bechstein.
Brunette	O1	
Brünette	Be2,N	KN von Bechstein.
Brünette Schnepfe	Buf,Krü	
Cinclus	Buf	
Citronschnepfe	Be2	
Diener des Regenpfeifers	O2	Faber: „Sclave des Goldregenpfeifers".
Duiserlein	Z	
Dunlin	Be1,Buf,Krü,N,O1	Englischer Name; „dun-" ist braungraue Farbe.

Englische Becaßine	Buf	
Grieshuhn	Fri	
Gropper	N	Groppen (alt) greifen, tasten, fangen …
Gropperle	N	… Nahrunssuche im Schlick.
Gropperlein	O2	
Halbschnepflein	Be2,N,O2	Hat einige Merkmale der Schnepfe.
Halbschnepflin	O1	„Schnepfe" von ahd. für „schnabelf. Ding".
Kleiner Alpenstrandläufer	N	UA: Calidris alpina schinzii.
Kleine Meerlerche zu St. Domingo	Buf	
Kleiner Dunlin	N	UA: Calidris alpina schinzii.
Kleiner Krummschnabel	Be2,N	
Kleiner Strandläufer	Buf	
Kleinste Schnepfe	Fri	
Kleinster Schnepfensandläufer	Be2,Buf,Krü	
Knüllis	Suol	
Lappländischer Kibitz	Be1,Buf,N	Aufgrund best. Merkmale wurden auch …
		… kleine Vögel als Kiebitz bezeichnet.
Lappländischer Strandläufer	Be1,Buf,Krü,N,O1	KN von Bechstein, wäre guter dt. Name.
Lyßklicker	Buf	
Mattknittzel	Suol	
Meerlerche	Buf,N,O2	Unspezif. Name von Naumann.
Rothbrust	Be2	
Rothbrüstige Schnepfe	Be2	
Rothknittzel	Suol	
Rothknussel	Suol	
Rotknillis	Suol	
Rotknützel	Suol	
Sammethünel	Fri	
Sandhuhn	Fri	
Sandlaeufer	Fri	
Sandläufer	Be1	
Sandschnepf	Fri	
Schinz' Alpenstrandläufer	H	Calidris alpina schinzii, kleinere stabile …
Schinzischer Strandläufer	N,O3	… U.A. in Island, S-Skandiv.,
		W-Europa.
Schnepfe	Be2	
Schnepfensandläufer	N	
Schwartzfüeß	Suol	
Schwarzbrust	Be2,N	KN von Bechstein.
Seelerche	Buf	
Sonderling	Be1	
Steinbeißer	Buf	
Steinbicker	Buf	
Veränderlicher Brachvogel	Be2,N	Bechst. erzeugte mit dem Namen Wirrwarr.
Veränderlicher Strandläufer	Be,Krü,N	Meyer/Wolf 1810.
Zitronschnepfe	Buf	Otto: „An der Ostsee …"
Zwergreuter	Buf	

Amsel (Turdus merula)

Amachsel	Hö	
Amalse	Suol	
Amazl	Be1,Buf,N	Herkunftsbest. des Wortes war nicht möglich.
Amessl	Suol	
Amischl	Ma,Suol	Aus ahd. Wort amsala entstanden.
Amsala	Suol	
Amsel	Ad,B,Be1,Buf,Fri,…	…GesSH,K,Kö,Krü,N,P,Schwf,Tu,V;
Amselmeerle	Be	
Amselmerle	Ad,B,Be2,N	
Amšl	Suol	
Amsle (helv.)	H	
Amßel	N	
Amstel	Suol	
Amuksl	Suol	
Ansbel	Suol	
Anspel	Ma	Aus ahd. Wort amsala entstanden.
Bergamsel (weibl. o. juv.)	Be2,N,O1	Weibchen galten irrtümlich als eigene Art.
Birgamsel	GesH	
Brandziemer	Ad	
Braunmerle (weibl. o. juv.)	Be2,Krü,N	Alle Jungen „braun", Weibchen überwiegend.
Fichtenamsel	V	Soll i. Gebüsch, Stockamsel i. Baumstock brüten.
Gaidling	Suol	
Gälneb	H	
Geitel	Suol	
Geitlink	Suol	
Gemeine Amsel	Be,Kö,N,O1	Entstand aus ahd. Begriffen wie amsala, amsfla.
Gemeine schwarze Amsel	Z	
Gemeinschwarze Amsel	Be2,N	
Geytelinck	Suol	
Grauamsel (weibl. o. juv.)	N	Weibchen galten irrtümlich als eigene Art.
Graudrossel (weibl. o. juv.)	Be2,N	
Graue Amsel (weibl.)	Be2	
Gülnabbet	Suol	
Hagamsel	GesH	
Halbvogel	Ad	
Kohlamsel	B,Be1,N	
Kolamsel	Suol	
Lyster (holl.)	B,Be,Buf,GesH,…	…N,O1; Um 1780 üblich in Holland. 13. Jh.
Meerel (holl.)	GesSH	
Meerle	K,Schwf	Frisch T. 29.
Merdel	Suol	
Mêrel	Be,N,Suol	Merle abzuleiten von mera, allein, einsam …
Merl	Ad,GesH,Krü,Suol,Tu	… das paßt zur Amsel, eher einem Einzelgänger.
Merlaer (holl.)	Be,GesSH,N	

Merlane	N	Merle u. a. auch im Oberdt. übl. für die Amsel.
Merle	Ad,B,Be1,Buf,Hö,…	…GesS,Krü,N,O1,Suol; Erklärt Hö S. 1/25.
Merlin	GesS	
Merll	Suol	
Mierel	Suol	
Mierz-Merel	Ma	Aus ahd. Wort amsala entstanden.
Mierzmêrel	Suol	
Omaksl	Suol	
Ômaksl	Suol	
Ômeste	Suol	
Omsel	Ma	Aus ahd. Wort amsala entstanden.
Omšl	Suol	
Onšpel	Suol	
Ospel	Ma,Suol	Aus ahd. Wort amsala entstanden.
Sauschwarz	Krü	
Schwartz-Amßel	G	
Schwartzdrossel	Krü	
Schwartze Amsel	Fri,K,Schwf	
Schwartze Drossel	Z	
Schwarz-Drossel	N	
Schwarzamsel	Ad,B,Be1,Krü,N,…	…Suol,V; Schwarz „ist" schwärzer als b. Raben.
Schwarzdrossel	B,Be1,Buf,O1,V	N. setzte sich durch, trotz „Amsel".
Schwarze Amsel	Be,Buf,N	
Schwarze Amselmeerle	K	
Schwarze Drossel	Ad,K	Name um 1800 in Pommern. Frisch T. 29.
Schwazdröstle (helv.)	H	
Stackmierel	Suol	
Stockamsel (weibl. o. juv.)	B,Be2,N,O1	Stock nicht nur Wurzel-, sondern Wald.
Strackmierel	Ma	Stockwald, wo Amsel lebt
Swarte Kaudrâssel	Suol	
Swattdrossel	Suol	
Ummelše	Suol	
Unsbel	Suol	
Unspel	Ma	Aus ahd. Wort amsala entstanden.
Uspel	Suol	
Weiße Amsel	Schwf	Amsel-Mutation.
Weißgescheckte Amsel	Schwf	Amsel-Mutation.
Zemer	Ad	

Auerhuhn (Tetrao urogallus)

Alphahn	Be1,Buf,N	Vögel leben auch gerne in Gebirgswäldern.
Auer Han	Schwf	„awerhan" im 15. Jh., Schwenckfeld 1603.
Auer-Hahn	G,P	Name seit 11. Jh. bekannt. Ahd. urhano.
Auer-Huhn	Z	
Auer-Waldhuhn	N	
Auerbirkhuhn	Krü	
Auerhahn	Be2,Buf,Fri,K,Krü,…	…N,V; Frisch T. 107.
Auerhan	Buf,P,Suol	Auer- von ur, das eher wild bedeutet. …

Auerhenn	Fri	… Dann wäre Auerhahn ein Wildhahn …
Auerhenne	Be2,Krü	… und Auerhenne eine Wildhenne.
Auerhuhn	B,Be1,H,N,V	Ur- sollte aber auch Wald bed.:
		Waldhahn.
Auerhuhn	Krü	
Auerochse	K	Frisch: Name kommt von Aue …
Auerwaldhuhn	Krü,O3	KN von Meyer/Wolf.
Aur-Hahn	G	
Aurhahn	Be1,H,Krü,N	
Aurhan	GesH	
Awerhan	GesH,Suol	
Awr Han	Suol	
Berg Fasan	Schwf	
Bergfasan	B,Be1,Buf,Fri,H,…	…N,O1,K; Frisch T. 107.
Bergfasan mit geteiltem	K	-Fasan: wegen Schwanz.
Schwanze		
Berghan	GesH	
Bergvogel	Suol	
Birgfasan	Suol	
Birghan	Suol	
Boschhaan (holl.)	H	
Bramhahn	Suol	
Brom	O1	(Schweiz.) Brom waren Baumknospen.
Bromhahn	H	Brom oder Bromhuhn waren eher Birkhühner.
Bromhenne	Be2,H	
Cedron	GesS	Bei Trient.
Devi Pitele (krain.)	Be1	
Federhahn	Be1,Buf,N	Alte Männchen: Federn an der Kehle.
Glucher	O1	Nach Lock- oder/und Balzrufen.
Griegelhahn	Krü	
Griegelhenne	Krü	
Griegelhuhn	Krü	
Grigel-Han (weibl.)	Kö	
Grigelhahn	Krü	
Große Waldhenne	Be2	
Großer Berg-Phasan	Kö	
Großer Bergfasan	GesH	
Großer Griegelhahn	Hö	Erklärung bei Höfer S. 1/327.
Großer Grugelhahn	Hö	Erklärung bei Höfer S. 1/327.
Großer Hahn	H	
Großer Krugelhahn	Hö	Erklärung bei Höfer S. 1/327.
Großer Waldhahn	Be2,N	Bechstein bevorzugte „Großes Waldhuhn".
Großes Waldhuhn	Be2,N	
Großhahn	Suol	
Grügel	Suol	
Grugel Han	Schwf	
Grugelhahn	Buf	
Grügelhan	GesH	Grügeln ist heiser reden. Also von Stimme.
Gurgelhahn	Be1,Buf,N	Gurgeln von dumpfen Kehllauten beim Balzen.
Gurgelhuhn	B	

Haidhahn	O1	Name nur bei Oken: Frißt Heidekr.-Knospen.
Holzhahn	H	
Käder	O1	
Kjaeder (schwed.)	Buf	
Krugelhahn	Be1,H,N,O1	Von Krigeln: Hart ächzend atmen.
Laubhahn	Fri	
Metze	O1	Auerhuhn, um das der Hahn wirbt.
Oh-Hahn	K	
Ohhahn	K	
Ohr Han	Schwf	
Ohr-Han	Kö	
Ohrhahn	Buf,Krü	
Or-han	Buf	
Ordelhuen	Suol	
Orhan	Be1,GesSH,H,K,N	Frisch T. 107, alter Name aus Tirol.
Orhâne	Suol	
Orlihan	Suol	
Orre (altnord.-schwed.)	Ad	Jägername für Auerhähne (nicht -hennen).
Ortygometra	GesS	Nach Albertus Magnus.
Pirckhun	GesS	
Pranghahn	Suol	
Riedhahn	O1	Ried- kommt nicht von Feuchtgebiet Ried, …
Riedhuhn	B	… sondern von roden. Auch Riet-, Reut-.
Riethahn	B,Be1,Buf,N	
Röje	O1	
Schildhahn	Krü	
Schildhenne	Krü	
Schnarchhuhn	Krü	
Schwarzer Hahn der moskowitischen Berge	Buf	
Spillhahn	Be1,Buf,N	Spillbaum ist Europ. Pfaffenh., Euonymus eur.
Stolzo	Buf,GesS	Rätien, Zürich. Wegen des Aussehens.
Tetrez (slavon.)	Buf	Von Tetras, Tetrao.
Thider	O1	Aus isl. Thidra.
Tiur (norw.)	H	
Tjäder (schwed.)	H	Aus schwed. Tjäder.
Tödder (norw.)	H,O1	
Tur	O1	
Uhr-Han	Kö	
Uhrhahn	Krü	
Uhrhâne	Suol	
Urhahn	Be1,Fri,H,N,O1	
Urhan	GesH	
Urhane (dän.)	H	
Urhenne	Be2	
Urhuen	Suol	
Urhuhn	B,O2	
Urlhan	Suol	
Urogallus	GesS	
Vhrhane	Suol	

Waldhahn	Be1,Buf,N,Suol	Nach Aufenthalt und Nahrungssuche.
Waldhuhn	B	
Wilder Hahn	Be1,Buf,N	
Wilder Pfau	Be2,Buf,Hö,N	Name von Schönheit und Größe.
Wilder Puter	Be2,H,N	
Wildhuhn	Suol	

Austernfischer (Haematopus ostralegus)

Augstermann	K, Suol	1750 erschien Name bei Klein, bis 1760, s. u.
Austerdieb	B,Be1,Krü,N,V	
Austeregel	B	A. Brehm sah Verhaltensähnlichkeiten mit Igel.
Austerfischer	B,Be1,Buf,Krü,V	Name von Müller, beruht auf Irrtum, daß ...
Austerfresser	B,Be1,N	... der Vogel Austern öffnen könne.
Austermann	Be1,Buf,K,Krü,N	Kleins ehemaliger Augstermann: 1760
Austerndieb	Buf,K,Suol	Zugrunde liegt das englische „oistercatcher“.
Austernegel	B	A. Brehm 1867. Austernegel A. Brehm 1879.
Austernfänger	Buf	
Austernfischer	Buf,Krü	
Austernfresser	Buf	
Austernsammler	Buf,O1	
Austersammler	B,Be1,Buf,Krü,N	
Austerschnepfe m. widernatürl. Schnabel	Buf	
Dünnbein	Be	
Elsterschnepfe	B	
Europäischer Austerfischer	N	
Fremder Vogel	Be	
Gemeiner Austernsammler	Krü,O2	
Gemeiner Lyv	O1	Oken: Vogel ruft ähnl. quihp oder lyv.
Geschäckter Austernfischer	Be2,Buf	„Scheckung“, da 2 Farben schwarz + weiß.
Gescheckte Meerelster	N	Gefieder elsterähnlich.
Gescheckter Austerfischer	N	
Halligstorch	in Nordfriesland	Lange Flügel, rote Füße und roter Schnabel.
Heisterschnepfe	B,Be2,Buf,N	
Hochbeinige Schnepfe	Be	
Hochbeiniger Krannich	Be	
Kjeld (dän.)	H	
Langbein	Be	
Langfuß	Be	
Lüif (fries.)	H	
Lyve	Krü,O2	Name an Nordsee, nach Stimme.
Mathoen	Suol	
Meeratzel	GesH	
Meerelster	B,Be,Buf,Krü,N,V	Gefieder elsterähnlich.
Meerheister	N	Gefieder elsterähnlich.
Meerschnepff	GesH	
Riemenbein	Be	
Riemenfuß	Be	

Rothfuß	Krü	
Rothfüßel	Krü	
Rothfüßiger Austernfischer	N,O3	C. L. Brehm „sah" 3 Arten …
Rothfüßiger Riemenfuß	Be	
Schwarz und weiße Schnepfe	Be1	
Schwarze und weiße Schnepfe	Buf,N	KN von Naumann nach „Ringkragen" - ?
Seeälster	K	
See-Elster	Buf	
Seeelster	B,Be2,Buf,Krü,N	Gefieder elsterähnlich.
Seeente	Krü	
Seeheher	K	
Seehenne	Krü	
Seeschnepfe	B,Be2,Buf,N	„Schnepfe": Sumpfvogel mit langem Schnabel.
Stelzenläufer	Be	
Strand-Aelster	O2	
Strandelster	B,Be2,Buf,Krü,N	
Strandhäster	Be2,Buf,N	Gefieder elsterähnlich.
Strandheher	K	
Strandheister	Be2,Buf,N	
Strandläufer	Be	
Strandskade (dän.)	Buf,H	Pontoppidan
Tjäldur (fär. + isl.)	H	
Tjeld (dän.)	H	
Türkischer Kiwit	Suol	
Wasserelster	B,Be2,Buf,Krü,N	Gefieder elsterähnlich.

Aztekenmöwe (Larus atricilla)

Kapuzenmöve	H	
Bleigrauköpfige Möve	H	
Rothschnabel mit schwarzem Kopf	K	
Roht-Schnabel mit schwartzem Kopff	K	

Bachstelze (Motacilla alba)

Ackermann	Be2,N,Suol	Folgt pflügendem Bauern.
Ackermännchen	Ad,B,Be1,Buf,Do,…	…N,Suol,V;
Ackermännken (nieders.)	Ad	
Ackermannl	Suol	
Ackermännlein	Krü	
Ackermenneken	Suol	
Ackermere (hann.)	Ad	
Akkermantje	Suol	
Aschgraue Bachstelze	Be1	
Bach-steltz	Buf	-Stelze, steltze wegen hoher Beine.
Bachamsel	Ad	
Bachstearz	Suol	War Bachstelz gemeint?
Bachsteltz	GesH,P,Suol	
Bachsteltze	G,Schwf	Hier: Sterz von -stelze abgeleitet.

Bachstelz	Suol	
Bachstelze	Ad,B,Be1,Krü,N,…	…O3,P;
		Fri: Aus Wacksterte wurde Bachstelze.
Bachstelzer	Suol	
Bachstierzelchen	Suol	
Bachvogel	Ad	
Bagsterz	Hö	Höfer S. 1/53. Bagen = (den Sterz)
		bewegen.
Bâisterz	Suol	
Bauvogel	Anzinger,Suol	Nicht Nestbau; pflügen usw. ist bauen.
Beberschwanz	Buf	
Bebeschwanz	B,Be1,Buf,Do,N	
Bechesterze	Suol	
Begestertz	GesSH	
Begistarz	Suol	
Begisterz	Suol	
Beinstelcz	Suol	
Beinsterze	Suol	
Beisterz	Suol	
Bêkesteltje	Suol	
Bewesterz	Suol	
Beynstercz	Suol	
Blag Webstaart	Do	
Blau Ackermann	Suol	
Blaue Bachstelze	Be1,Buf,Do,N,Z	Aschgrau erscheint ähnlich blau.
Blauer Ackermann	N	
Blauliche Bachstelze	Z	Zorn brachte den Namen 1743.
Bläuliche Bachstelze	Be,N	
Blaulichte Bachstelze	Buf	
Blaustelze	B	A. Brehm verkürzte gerne Namen.
Blechsterz	Do	
Blickstät	Do	
Bockstelz	Suol	
Bômantje	Suol	
Elvekonge (dän.)	Ad	
Feldbachstelze	Krü	
Fusszstelcz	Suol	
Gemeine Bachstelze	Be1,Buf,Do,Krü,…	…N,O1;
Grag Wegstiert	Do	
Graue Bachstelze	Be1,Do,N	Juv. und Weibchen wegen grauer Wangen.
Graue und weiße Bachstelze	G	
Graue Wasserstelze	Be,N	
Graues Schwarzkehlein	Be,Be2,K,N	Schwarzer Kehlbereich. K: Frisch T. 23.
Graustelze	B	Verkürzung von A. Brehm.
Grawe Bachsteltz	GesS	
Grawe Wassersteltz	GesS	
Grawe Wassersteltze	GesH,Schwf	
Hausbachstelze	Be1,Krü,N	Nistet auch nahe Häusern.
Hausstelze	B,Do	
Hotterl	Ma,Suol	Wegen des Aufenthalts auf Äckern.

Kloster freulin	Buf	
Kloster Freulin	Schwf	
Klosterfräulein	B,Be1,Buf,Do,K,N	Gefieder erinnert an Ordenstracht.
Klosterfräuwle	GesS	
Klosterfreuwle	Suol	
Klosternonne	Be,Buf,Do,N	
Kuhstelze	Ad	
Kwickstert	Suol	
Nonne	B	Verkürzung von A. Brehm.
Pachsteltz	Suol	
Pilente	GesSH	Ist Löffelente, nicht Bachstelze.
Pillwegischen	Ad	
Pillwenken	Ad	
Pilwegichen	GesSH	Auch Lö-Ente. Adelung: Bachstelze.
Pilwenckgen	GesSH	
Pilwincken	GesH	
Plogsteert	Do,H	Plog, Ploog ist Pflug.
Plôgstert	Suol	
Pluchstert	Suol	
Qickstyärt	Suol	
Quäcksteert	Ad	
Quackstert	Hö	
Quakstert	Suol	
Quäksterz	B,Do	
Queckstaart	Be2,N	Quik-lebendig, queken – beleben.
Queckstarz	Be97	
Quêckstelz	Suol	
Queckstelze	Be2,Do,N	
Queckstertze	Schwf	
Quecksterz	Be1,Buf,N	
Quecksterze	K	Frisch T. 23.
Quêkstert	Suol	
Quêksterz	Suol	
Quick-stertz	Buf	
Quicksteert	Ad	
Quickstertz	Buf,GesSH	
Quicksterz	Buf	
Quikstert	Suol	
Quikstertz	Tu	
Quiksterz	Suol	
Schäfer (pomm.)	Do	
Schollenhoppler	Ma,Suol	Wegen des Aufenthalts auf Äckern.
Schwartzbrüstige Bachsteltze	P	
Schwartzkehligte Bachsteltze	P	
Schwarze Bachstelze	N	Trauerbachstelze ist brit. Rasse M. a. yarelli.
Schwarzkehlige Bachstelze	Be1,Do,Krü	
Schwarzkehligte Bachstelze	Buf	
Schwiehierd	N	Hütet scheinbar Schweine.
Schwienhierd	Be	
Stealtsbeinche	Suol	

Steinbachstelze	Be1,Krü,N	Leben nahe Siedlungen.
Steinberz	Suol	
Steinstelze	B,Do	Verkürzung von A. Brehm (z. B. aus Steinbachst.)
Stiftsfräulein	Be1,Buf,Do,N	
Stoarzebainche	Suol	
Swart-rögged Lungen (helgol.)	H	
Swicksteert	Ad	
Swienhüder	Do	
Trauerbachstelze	N	Rücken schwarz; M. alba yarelli.
Wächter	o.Qu.	Warnt durch laute Rufe im Flug.
Wackelschwanz	Do	
Wackelstart	Be97	
Wackelstärt	Be1,N	Bezeichnung auf Rügen.
Wacksterte	Fri	
Wacksterze	Ad	
Wagenstêrtje	Suol	
Wagsterz	Hö	Bagen, wagen = bewegen, den Sterz.
Wagtale	GesS	-tale: englisch Schwanz.
Wasser Steltz	Tu	
Wasserstels	V	Wazzerstelza alemann., schwäbisch 15. Jh.
Wassersteltz	Suol	
Wasserstelza	Suol	
Wasserstelze	B,Be1,Do,Krü,N	-stelze wegen hoher Beine.
Wasserstelzer	Suol	
Wassersterz	B,Be1,N	
Wedelschwanz	B,Be2,Buf,N	
Wegestarz	Suol	
Wegestertz	GesSH	
Wegesterz	B,Be1,Buf,N	Von wagen, sich bewegen.
Wegstelze	Do	
Weiß und schwarze Bachstelze	K	Frisch T. 23.
Weißbunte Bachstelze	Be,N	
Weiße Bachstelze	Be1,Buf,Do,Krü,… …N,O3,V;	Adultes Männchen.
Weiße und schwartze Bachstelze	Fri	
Weiße und schwarze Bachsteltze	Buf	
Weiße Wasser-steltz	Buf	
Weiße Wassersteltze	GesH,Schwf	
Weiße Wasserstelze	Be,N	
Weißstelze	B	Verkürzung von A. Brehm.
Wiebsterten	Do	
Wippenzagel	Suol	
Wippquecksterz	Suol	
Wippschwanz	B,Do,N	
Wippstaart	Be,N	
Wippstärt	Be1,N	
Wippsteert	Ad,N	
Wippstert	Suol	

Wippsterz	B,Be2,Do,N	
Wippzagel	Suol	
Wipschwanz	Be2	
Wipsteert	Be	
Wite Ackermann	Suol	
Witte Weepstirten	Be,N	Heißt: Weißer Wippschwanz.
Wöppzågel	Suol	
Wysse Bachsteltz	GesS	
Wysse Wassersteltz	GesS	

Bairdstrandläufer (Calidris bairdi)

Bairds-Strandläufer	H	

Balkanmeise (Poecile lugubris)

Früher: Trauermeise.

Trauermeise	Krü	

Bartgeier (Gypaetus barbatus)

Tu: „… the Lämmergeier"

Aaßgeyer	GesH	Nahrung Aas, 80 % aus Knochen.
Aßgyr	Suol	
Bartadler	B,Be,N,O1,Suol	Name aus Plinius – Übersetzung von 1651.
Bartfalk	B	
Bartfalke	Be,N	Flugbild ähnelt großem Falken.
Bartgeier	B,G,N	Lange Federn an Schnabelwurz.
Bartgeyer	Be,Krü	
Bartiger Geieradler	O3	
Bärtiger Geieradler	N	Vermutung: Übergang Adler – Geier.
Bärtiger Geyer	Be2,K	
Bärtiger Räuber	Be	
Berggeyer	Suol	
Condor	Buf	
Edel Ärn (Arn)	Tu	„Possibly it should be identified".
Gamsgeier	Suol	
Gämsgeyer	Suol	
Gamßgeyer	Hö	
Geieradler	B,Do,V	War Name in der Schweiz (wegen s. o.).
Gemeiner Geyer	Be1	
Gemsengeier	B,Do,N	Beute sind/waren auch Gemsen …! (s. u.).
Gemsengeyer	Be	
Gîr	Suol	
Goldbrüstiger Geyer	Be2	
Goldgeier	B,GesH,N	… Wegen der rothen Brust … (Gessner) s. u.
Goldgeyer	Be1,K,Krü	
Goldgeyr	GesS	Verwechselt Gessner mit Gänsegeier?
Goldgyr	GesS,Suol	
Greifgeier	B,Buf,N	Wurde für Fabelwesen Greif gehalten.
Greifgeyer	Buf	
Grimmer	B,Be1,N,O1,Suol	Vogel sollte zupacken können.
Hasengeyer	GesH,Suol	

Hotzgyr	Suol	
Jochgeier	B,Do,N,Suol,V	Seit 1591 belegt, aber unüblich.
Jochgeyer	Be	
Keibgeyer	GesH	
Keibgyr	Suol	
Kondor	Buf	
Kuntur	Buf	
Lämmerfresser	Suol	
Lämmergeier	B,Do,N,O1,…	Glaube: Raubt den Hirten die Lämmer.
	…Tu,V;	
Lämmergeier der Alpen	N	Fatio: Vogel größer als z. B. im Osten.
Lämmergeyer	Be1,Krü	Nahrung: Aas, Knochen, aber nicht Lämmer.
Lämmergeyer der Alpen	Be2,Buf	
Lämmergîr	Suol	
Lammerzig	Suol	
Lämmerzücker	Suol	
Maßweher	Krü	
Maßweihe	Krü	
Mosweihe	Krü	
Osgeyer	Suol	
Roßgeyer	GesH	
Roßgyr	Suol	
Schwarzkopf	Suol	
Schwarzköpfiger Geieradler	N	Junge haben dunkles Körpergefieder.
Schweitzerischer Lämmergeier	N	
Schweizer Lämmergeier	H	
Schweizerischer Lämmergeyer	Be2	
Steinbrächer	G	
Steingeyer	GesH	
Steingyr	Suol	
Weis Kopff	Suol	
Weisköpffichter Geyer	Schwf	Ältere Vögel, Geschlechter gleich.
Weisköpfichter Geyer	Suol	
Weißkopf	B,Be1,Krü,N	Kopf im Greisenalter schneeweiß.
Weißköpfiger Geier	N	
Weißköpfiger Geieradler	N	
Weißköpfiger Geyer	Be1	
Wîsskopf	Suol	

Bartkauz (Strix nebulosa)	(Die Naumann-Namen stammen aus den Nachträgen: Bd. 13/180.)	
Barteule	B,N	Am Kinn schwarzer bartartiger Fleck.
Bartkautz	N	
Bartkauz	B,H	Name von Gloger 1834.
Gestreifte Eule	O3	Gefiederpartien erscheinen streifig.
Graue Eule	N	Gefiedergrundfärbung – angeblich.
Große Eule	N	So groß wie Uhu.
Kleinaugkauz	B	Namensverkürzung von A. Brehm.
Lappländische Eule	N,O3	Seit 19. Jh. nicht mehr in Deutschland.
Lappländischer Kautz	N	
Lappländischer Kauz	N	Name von Naumann (1860, s. o.).

Lappländischer Kleinaugkauz	N	Naumann, wegen kleiner Augen.
Lappländischer Kleinaugkautz	N	
Lapplands-Kautz	N	
Lapplandseule	B,H	So hieß auch mal die Schnee-Eule.
Lapplandskauz	B	Lebt von Lappland bis Ostsibirien.
Schwarzbärtige Eule	N	

Bartmeise (Panurus biarmicus)

Bart-Rohrmeise	H,N	
Bärtige Sumpfmeise	N	
Bärtiger	Buf	Name von Buffon mißbilligt (17/115).
Bartmännchen	Be1,Do,Krü,N,V	Wegen schwarzem Gesichtsfleck.
Bartmeise	B,Be1,Buf,Krü,...	...N,O3,V;
		Albin 1731: Bearded Titmouse.
Bartrohrmeise	Do	Nach Lebensraum.
Bartsperling	Do	
Grenadier	Do	Schnurrbart wie ein Grenadier.
Indianischer Bartsperling	Be2,Buf,Fri,N	Wegen ubekannter Herkunft.
Indianischer Sperling	Be,Fri	Frisch aus: Passer barbatus indicus.
Kleinster Neuntödter	Be1,Buf,Krü,N	N: Entfernte Ähnlichk. m. Neuntöter.
Langschwanz	Do	
Persianischer Spatz	Be	Wegen unbekannter Herkunft.
Rietmeise	Be	
Rohrmeise	Be1,Do,Krü,Krü,...	...N,V;
Rohrspatz	Be	
Spitzbärtiger Langschwanz	Be1,Buf,Fri,K,... ...Krü,N;	K: Frisch T. 8.
Türkischer Spatz	Be	Wegen unbekannter Herkunft.

Baßtölpel (Morus bassana)

Basaangans (holl.)	H	
Baß-Tölpel	N	
Bassan'scher Tölpel	N	
Bassaner	Be2,Buf,K,Krü,N	K: Albin Band I, 86.
Bassaner Gans	Krü	
Bassaner Tölpel	Buf	Nach der schottischen Insel Baß (Bass Rock).
Bassaner-Gans	N	
Bassaner-Gannet	N	
Bassaner-Pelekan	Buf	
Bassaner-Pelikan	N	
Bassanergans	Be,Buf	
Bassanerpelikan	Be2	
Bassangans	Krü	
Bassanische Gans	O1	Vögel haben Gänsegröße.
Bassanischer Pelikan	Be2,N	Gefieder „weiß" wie bei Pelikan.
Bassanscher Tölpel	H	
Baßgans	Krü,V	
Dölpel	Krü	
Ganner	Be2	
Gannet	Buf,Do,Krü,N,O1	Englischer Name des Vogels.
Gemeiner Tölpel	O2	

Gennet	Buf	Waljäger: Gannet klingt wie Gent.
Gent (helg.)	Do,H	
Großer Gannet	Buf	
Hafsule (dän., schwed.)	H	Wie Sula: Schwalbe.
Havsula (isl., norw.)	H	Wie Sula: Schwalbe.
Jan von Gent (dän., holl.,	H	Name bei den Walfängern.
norw., schwed.)		
Kleiner Dölpel	Krü	
Kleiner Fischer	Krü	
Rotgans	Be2	
Rothgans	Buf,Krü,N	Wegen Baumganszuordnung (s. Ringelgans).
Schattengans	Buf	
Schotten-Gans	N	Vermutung: Art der „Schottischen Baumgänse".
Schottengans	Be2,Do,Krü	
Schottenganß	GesH	
Schottische Gans	Be2,Buf,K,Krü,N	K: Albin Band I, 86.
Schottsche Gans	K	Albin Band I, 86.
Sohle	GesS	
Soland-Gans	N	Aus Sula (s. u.) und ønd (Ente).
Solandgans	Be2,Buf,Krü	Soland seit 15. Jahrhundert belegt.
Solend	Be2,Buf,Do,Krü,N	
Solend-Gans	N	
Solendganß	GesH	
Solendguse (engl.)	GesSH	
Sooland	O1	
Sula (fär., isl., norw.)	H	Isländisch: Sula bedeutet Schwalbe.
Sulente	O1	
Tölpel	B,O1	Tölpel, weil er leicht zu erbeuten ist.
Tölpel vom Bass	N	
Tölpel von Bassan	Be2,Buf,N	
Wassertölpel	Krü	
Weiße Sule	N	Nach altem Namen: Sula alba.
Weißer Fischer	Krü	
Weißer Seerabe	B,Be2,Buf,Do,...	...Krü,N;
Weißer Tölpel	Be,Krü,N,O3,V	

Baumfalke (Falco subbuteo)

Aschfarbiger Bergfalke	Buf	
Baum Falck	Fri	Albertus Magnus 1260 „pämfalck".
Baum-Falcke	G	
Baum-Fälklein	Z	
Baumfalck	Fri,GesSH	
Baumfälckle	GesS	
Baumfälcklein	GesH	
Baumfalk	B,Buf,Krü,O1,V	
Baumfalke	Be,Buf,N,O3	
Baumfelckle	Suol	
Blaafalk (dän.)	H	
Boam-falk (helg.)	H	

Der kleine Bußhart mit rothen …	Buf	… schwarzfleckigen Schenkeln u. rothweißem Halse (langer Tr. n.).
Eigentlicher Baumfalke	Be2,N	Nicht Wanderfalke, sondern dieser.
Finkenfalk	K	
Gemeiner Baumfalke	Be1,N	
Großer Baumfalke	Be05	Bezug: Merlin.
Habicht	Be2,N	Pernau: Wegen änlicher Jagdweise.
Hacht	Be2,N,O1	Be: Hacht und Habicht synonym.
Hack	O1	Oken für Baumf., Habicht, Kornweihe.
Hechtfalke	B,Do	„Hecht-" entstand aus Hacht, Habicht.
Hellbrauner Baum-Falck	Fri	
Kleiner Bartfalk	Do	
Kleiner Baumfalke	Be2,N	Bezug: Wanderfalke.
Kleiner Bussard	Be,N	Aus Falco subbuteo (Linné 1758).
Kleiner Bußhart	Be1	
Kleiner Falcke	Schwf,Suol	
Kleiner Wanderfalk	Do	
Kleiner Wanderfalke	Be2,N	
Kleiner Weißbacken	Be,N	Auch Wanderfalke hat weiße Backen.
Laerkfalk (dän.)	H	
Lerch Fälcklin	Schwf,Suol	
Lerchen-Falke	N	
Lerchenfalk	Buf,K,Krü,Suol	Man fing mit ihm Lerchen.
Lerchenfalke	Be1,Buf,Do,H,O2	Name bis weit ins 20. Jahrhundert üblich.
Lerchenhabicht	Do	
Lerchenhacht	Be2,N	
Lerchenhächtlein	P,Suol	Pernau 1720, beinhaltet auch den Merlin.
Lerchenstößel	Suol	
Lerchenstoßer	B	
Lerchenstößer	Be2,Do,N	
Mirle	Z	
Paumfalck	Suol	
Schmerl	Be,Do,K,Krü,… …N,Z;	Zorn: „Der Weißback oder Schmerl".
Schmerlfalk	B	Verwechslungen blieben erhalten.
Schmerlfalke	Do	
Schmerlgeyer	Krü	
Schmirl	Z	In manchen Gegenden …
Schwalbenstößer	Do	
Schwarzbäckchen	Be2,Do,N	Dunkler „Bart"-streif.
Schweberle	Krü	
Schwemmer	K,Krü	
Schwimmer	K,Krü	
Sprinz	Do	Verwechslungen blieben erhalten.
Stein-Falck	Fri	
Steinfalck	Fri,GesSH	
Steinfalck mit schwarzem Barte	Fri	Merlin-Name hier eindeutig Baumfalke.
Steinfalke	Be,Buf,N	Merlin-Name für Baumfalken.

Stoothawk	Do	
Stos Fälcklin	Schwf,Suol	
Stößer	Be2,N	Schnellster heimischer Vogel.
Stoßfalk	B	
Stoßfalke	Be1,Do,N,Suol	Fängt Beute nur in sausendem Flug.
Stoßfelcklin	Suol	
Swalwenfänger	Suol	
Weißback	K,Z	
Weißbäckchen	B,Be1,Do,N	Adult mit weißen Wangen.
Weißbäcklein	Suol	
Windzirkel	Krü	

Baumläufer (Certhia familiaris)

Die Artentrennung in **Wald-** und **Gartenbaumläufer** von 1820 durch Chr. Ludwig Brehm setzte sich nur zäh durch. Auch Suolahti (1905) trennte noch nicht. Hier: **Baumläufer** für beide Arten.

Balkenleiper	Suol	
Bâmkrecher	Suol	
Bamkröffler	Suol	
Bamreffler	Suol	
Baum Heckel	Schwf	Galt lange als kleinster Specht.
Baum-Hecker	K	K: Albin Band III, 25.
Baum-Heeckel	K	K: Albin Band III, 25.
Baum-Läufferlein	Z	
Baum-Reiter	G	
Baumbicker	Ad,Suol	
Baumchlän	N	Schweiz. „chlän" ist klettern.
Baumgrasmerli	Do	
Baumgrille	Ad,B,Be2,Buf,… …Do,Hö,N;	
Baumgrylle	Be2,K,N	K: Albin Band III, 25.
Baumhackel	Be,N	
Baumhäckel	Ad,B,Be1,Do,Fri	
Baumhacker	Ad,Be1,Buf,K,Krü,V	K: Frisch T. 39; galt lange als kleinster Specht.
Baumhäcker	Fri	Siehe oben.
Baumhakel	Do	
Baumhäkel	Ad,Krü,N	Galt lange als kleinster Specht.
Baumhaker	Ad	
Baumheckel	Buf,GesS	
Baumhecker	K,GesS	K: Albin Band III, 25.
Baumheekel	K	K: Albin Band III, 25.
Baumhutscher	Do	
Baumkipperlein	Suol	
Baumkleber	Buf,Do,V	
Baumklette	Ad,Be1,Buf,Do,Hö,… …K,Krü,N,V;	-K: Albin Band III, 25.
Baumkletter	Ad,Buf,Krü	
Baumkletterer	Be2,Buf,Do,Fri	Wegen der Bewegungen am Baumstamm.
Baumkletterlein	Ad,Buf,GesH,K,… …Krü,Suol;	K: Albin Band III, 25.
Baumkletterlin (sil.)	GesS,Schwf,Suol	

Baümklettle	Suol	
Baumkrasmerli	N	Kräsen bedeutet in d. Schweiz klettern, kriechen.
Baumkraxler	Do	
Baumkrebsler	Suol	
Baumläufer	Ad,B,Be1,Buf,Fri,…	…Krü,N,O1; Klettert spiralig Stämme hoch – nur hoch.
Baumlauferl	Buf	
Baumläuferl	Buf	
Baumläuferlein	Be1,Buf,N	
Baumlauffer	Suol	
Baumlaufferlein	P	Pernau 1707, im Sinne von Certhia.
Baumläufferlein	Buf,P,Suol,Z	Pernau 1707, nicht der Kleiber!
Baumreiter	Ad,B,Be1,Buf,…	…Do,Krü,V;
Baumreuter	Be,N,Suol	„-Reuter" kommt von reiten (an der Rinde).
Baumritscher	Do	
Baumritterchen	Suol	
Baumrutscher	B,Be1,Do,N	
Baumrutter	Krü	
Baumrutter	Ad	
Baumspecht	Ad,Krü	
Baumsteiger	Ad,B,Do,Krü	
Blindchlän	GesS,Suol	
Bollbick	Suol	
Bollenbicker	Suol	
Bômlöper	Suol	
Boolafer	H	
Boomhutscher (böhm.)	H	
Boomkraxler (böhm.)	H	
Boomlooper	Do	
Boomlöper	Do	
Boomreiter (böhm.)	H	
Boomrutscher (schles.)	H	
Böschläfer	Suol	
Braun-Läufferlein	Z	
Brunnenläufer	Be1,Do,N	
Certhia	GesH	
Chlän	Suol	
Europäische Baumklette	K	K: Albin Band III, 25, Frisch T. 39.
Europäischer Baumläufer	Be1,Krü,N	Bechsteins Zeit: Noch keine Artentrennung.
Gemeiner Baumläufer	Be1,Buf,N,V	Leitname bei Bechstein 1805.
Gemeiner Baumsteiger	Be2,N	
Gemeiner grauer Baumsteiger	Be1,Buf	
Gemeiner Grauspecht	O2	
Gemeiner Grieper	O1	Grieper kommt von kriechen.
Gemeiner Klettervogel	Be1,N	Wegen der Bewegungen am Baumstamm.
Gemeines Baumlauferl	Hö	
Grau-Specht	Fri	
Graubunter Baumläufer	N	Name bei Meyer/Wolf 1810.
Grauer Baumläufer	N,O3	Naumanns Name 1826.

Grauspecht	Ad,Be1,Buf,Do,...	...Hö,K,Krü,N,O1,V; -K: Frisch T. 39.
Grieper	Do	
Grünspecht	Buf	Kein Specht, aber hackt in Rinde nach Nahrung.
Grüper	Be1,Buf,N	Grüper kommt wie Grieper von kriechen.
Haberchlänli	Suol	
Hieren-Gryll	K	K: Albin Band III, 25.
Hierengrill	Buf	
Hierengrille	Be2	
Hierengryl	Be1,K	K: Frisch T. 39.
Hierengryll	Ad	
Hierngrille	Ad	
Hirngrille	Ad,Buf,Do,H,...	...Hö,Schwf,Suol; Höfer: Fringilla serinus.
Kleiner Baumhacker	Be1,Buf,N	
Kleiner grauer Baumlauferl	Buf	
Kleiner grauer Baumsteiger	Be2,Buf,N	
Kleiner Grauspecht	O1	Kein Specht, aber hackt in Rinde nach Nahrung.
Kleinerer Grauspecht	Buf,K	K: Albin Band III, 25.
Kleines Baumlauferl	Hö	
Kleinspecht	Be1,Buf,Do,Krü,N	Kein Specht, aber hackt in Rinde nach Nahrung.
Kleinster Baum-Häcker	K	K: Albin Band III, 25.
Kleinster Baumhacker	Buf,Fri	
Kletterspachtel	Do	
Kletterspechtel	H	
Klettervogel	V	Wegen der Bewegungen am Baumstamm.
Krummschnäbeliger Baumkleber	N	
Krummschnäblicher Baumkleber	Be	
Krummschnäbliger Baumkleber	Be1	
Krüper	B,Do	Krüper kommt wie Grüper von kriechen.
Kurzzehiger Baumläufer	N	Gartenbaumläufer, v. C. L. Brehm beschrieben.
Langschnäbeliger Baumläufer	N	Nacheiszeitlich: Westl. Gartenbaumläufer ... ... 13,5 mm, östl. Waldbaumläufer 10,4 mm.
Lohrückiger Baumläufer	N	Hellrotbraun (Lohe) u. a. Brauntöne im Gefieder.
Mauerspecht	O1	
Mäusespecht	Do	
Muggenbickerli	Suol	
Paumheckel	Suol	
Ränenbicker	Suol	
Rindekleber	Buf	
Rinden-Kleber	Buf	
Rindenkläber	GesS	
Rindenkleber	B,Be1,Buf,Do,N	
Rinderkleber (!)	Schwf	
Rinnenkläber	GesS	
Rinnenkleber	GesH	
Scherzenvögelin	Suol	

Schindel-Kriecher	Z	Brütet hinter abstehender Rinde/Schindeln.
Schindelkriecher	Be1,Buf,Do,Krü,…	…N,Z;
Schopper	O1	
Sicheler	N	
Sichelschnäbler	Be2,Do,N	KN, den etliche Arten erhielten.
Sichler	Be2,Do	
Snarre	Suol	
Spitzchlänli	Suol	

Baumpieper (Anthus trivialis)
Hier **Pieper allg.** (nach Suolahti)

Baum-Pieper	N	
Baumbicker	Suol	
Baumlerche	B,Be1,Do,Krü,N	Einige Ähnlichkeiten mit Lerchen.
Baumlerchel (o-österr.)	H	
Baumpieper	B,Be2,H,O1,V	Name von Bechstein.
Baumpiper	O3	Voigt: Gesang schöner als Nachtigall.
Breinlerche	Do	
Breinvogel	Be2,Buf,Hö,N	Höfer: Weil er die Samen der Hirse liebt.
Breynvogel	Suol	
Buschlerche	B,Be1,Buf,Do,…	…Krü,N;
Buschpieper	B,Do	„-Pieper" stammt von Bechstein.
Deutscher Kanarienvogel	Do	
Feldbachstelze	Suol	
Gartenlerche	Do,N	Name von Naumann.
Gartenpieper	B	Name von Brehm 1866.
Geikerlen	Suol	Pieper allgemein.
Gereuth-Lerche	Z	Reuten ist roden.
Gereüth-Lerche	P	
Gereuthbachstelze	P	Pernau 1707.
Gereuthlerche	Be2,N,P,Suol	
Gereuthvogel	P	
Gereutlerche	Ad,Do,Krü	
Gereutstelze	Krü	
Gickerlein	GesH	
Gickerlin	GesS,Suol	Pieper allgemein.
Ginckherlin	Suol	Pieper allgemein.
Gipser	Suol	Pieper allgemein.
Gipserli	Suol	Pieper allgemein.
Gixer	Suol	Pieper allgemein.
Graw Gickerlein	Suol	
Greinerlein	Be1,Do,N,Schwf,Suol	Greinen = weinen, winseln (Stimme).
Greinlerche	Do	
Greinvögelchen	Be	
Grienuögelien	Suol	
Grienvogel	Suol	
Grienvögelchen	N	
Grienvögelein	Be2,Do,GesH,H	
Grienvögelin	GesS,Schwf	
Grillenlerche	Do,Krü,N	

Grünlerche	Do		
Grynerlin	Suol		
Guckerlein	Be1,GesH		
Guckerlin	GesS		
Gückerlin	Schwf,Suol		Pieper allgemein.
Haidelerche	Be97		
Heidelerche	Be1,N,V		Name von Bechstein.
Holzlerche	B,Be2,Do,N		Name von Bechstein.
Holzpieper	B		Name von Brehm 1866.
Isperling	Be97,Do		
Isserling	Be1		Unklar: Wiesenpieper?
Krautlerche	Ad,Be1,Do,Krü,N		Krünitz: Aus Gereut- verderbt.
Krautvogel	Ad,B,Be1,Hö,Krü,...	...N,P,Suol;	Bei Hans Sachs 1531.
Kreutlerche	Do		
Kreutvogel	Be1,N		Krünitz: Aus Gereut- verderbt.
Lehmvogel	Be2,N		Vögel brüten, wo Lehm ist.
Leimen-Vögelein	Suol		
Leimen-vögelein	Buf		
Leimenvögelein	Fri,Z		
Leimvogel	Be1,N,Suol		Vögel brüten, wo Lehm ist
Leinlerche	Do		
Leinvogel	B,Be		Wohl Druckfehler bei Be: Leimvogel
Lerchenheuschrecke	Be2		
Piep Lerche	Fri		
Pieperken	Suol		Pieper allgemein.
Pieplerche	Be1,Buf,Do,Fri,...	...Krü,N;	Name von Bechstein.
Pin Harrofs	Do		
Piplerche	Buf,Fri,Krü		
Pisperling	Be97,Krü		Sommername in Thür. wg. Gesang.
Roadhalßed Harrofs	Do		
Rothehlpieper	Do		
Schmälchen	Do		
Schmalvogel	B,Be2,Do,N		Ahd. smalfogal = klein.
Schmehlvogel	Hö		Sitzt auf Schmelern (= Gräser).
Schmelchen (steierm.)	H,Hö		
Schmelcherl	Suol		
Schmelvogel	Be1		Unklar: Wiesenpieper?
Schmelvogerl	Suol		
Schmervogel	Suol		
Schmervogel	Hö		Popowitsch wegen „Fettigkeit".
Scjmelchvogerl	Suol		
Spies Lörche (!)	Schwf		
Spies-Lörche	Suol		
Spieslerche	Be		
Spießlerche	B,Be1,Do,N,...	Suol,V;	Zu 8 Stück am Spieß gebraten.
Spipola (des Aldrovand)	Buf		
Spisslerche	N,Suol		
Spitzlerche	B,Be2,Do,N,O1		Aussehen schlank, „spitzig".
Steinfalck	GesSH		

Stöpling	Do,Schwf,Suol		
Stoppelvogel	B,Be1,Do,N,…	…Schwf,Suol;	Ist nach der Ernte auf Feldern.
Stöppling	Be2,N		
Waldbachsteltze	Suol		
Waldbachstelze	Be1,Do,N		Zorn: Bewegt Schwanz immer …
Waldgimser	Do,H		
Waldkanari	Do		
Waldlerche	Be2,Do,N		Name von Bechstein.
Waldpieper	B,Do		
Waldstelze	Krü		
Weidenlerche	Be2,Krü,N		
Weidenpieper	B,Do		Name von Brehm 1866.
Wiesenlerche	Be1,Do,N		Name von Bechstein.
Wilder Kanarienvogel	Do		
Winserlein	Suol		Pieper allgemein.
Winsler	Suol		Pieper allgemein.
Wintergrasemücke	Buf		
Winterlerche	Be1		Unklar: Wiesenpieper?
Ziepe (kärnt.)	Do,H		

Bechsteindrossel   heute **Rotkehldrossel (Turdus ruficollis)**, u. **Schwarzkehldrossel (T. atrogularis)**, siehe dort.

Bekassine (Gallinago gallinago)

Schnepfe (Sumpfschnepfe) allg. nach Suolahti **hier.**

Bäferbuk	Suol	
Becasse	Be2	
Becassine	Be2,Krü,O1,V	Franz. bécassine = kleine Waldschnepfe.
Beccasse	Suol	
Beckas	Suol	
Beckasine	Suol	
Begeisjen	Suol	
Bekasse	N	
Bekassine	B,Be1,Ma,N	Name 1867 v. A. Brehm „sanktioniert".
Brôchschnepp	Suol	(„Sumpf-")Schnepfe allg.
Bruch Schnepfe	Schwf	
Bruchschnepfe	B,Be1,Krü,N	
Bruchschnepfflein	GesH	
Bruchschnepfflin	Suol	(„Sumpf-")Schnepfe allg.
Bruchschneppe	Be	
Dobbelschnepfe	Be1	
Dobbelt Bekkasin (dän.)	H	
Doppelschnepfe	Be2,Krü,N	Ähnlich der Doppelschnepfe.
Duppelschnepfe	Be2,N	
Duppelschneppe	Be	
Fliegende Ziege	Krü	
Fürstenschnepfe	B,Be2,Do,N	Schmackhafter Vogel.
Fürstenschneppe	Be	
Gemeine Becassine	Krü	

Gemeine Bekassine	N	
Gemeine Pfuhlschnepfe	Be1	
Gemeine Schnepfe	Be2,Buf,Krü,N	Pennant: The common Snip.
Gemeine Sumpfschnepfe	N	Weit verbreitet in großen Mengen.
Grase Schnepff	Schwf	
Gräser	N	Synonym zur Sumpfschnecke.
Grasschnepfe	B,Krü,N	Im Gras der Moräste versteckt.
Grasschneppe	Be	
Graßschnepfe	Be1,Buf	
Graßschnepff	GesSH	
Großschnepfe	Krü	
Haarekenblatt	Be1,N	Von haarfeinen Federn abgeleitet.
Haarenblatt	Krü	
Haarschnepfe	B,Be2,Krü,N	Paßt besser zur Zwergschnepfe.
Haarschnepff	GesS	
Haarschneppe	Be	
Haberbock	Be1,Do,Krü,N,… …O2,Suol;	Von anord.
		„hafr" = Ziegenbock.
Habergeiß	Do,Suol	Und folgende: Von anord. „hafr" = Ziegenbock.
Habergeißlein	GesH	
Habergeißlin	Suol	
Haberlämmchen	Be1,Krü,N	
Haberschnepfe	Buf	Donars Wagen von Böcken gezogen.
Haberzicke	Do	
Haberziege	Be2,N	
Halbgräser	N	Gräser ist Doppelschnepfe.
Haowrbuck	Suol	
Harekenblatt	Be	Von haarfeinen Federn abgeleitet.
Harschnepf	GesH	
Hätscher	Do,N	Lautnachahmend.
Haverzeg	Suol	
Hawerblâr	Suol	
Hawerblarr	Suol	
Hawerblatt	H,Do	
Heer Schnepfe	Fri	Trat in Mengen, Heeren auf.
Heer Schnepff	Schwf	
Heer-Schnepfe	Buf	
Heerdschnepfe	Be1,Krü	Kein Lockvogel auf Vogelherd.
Heerdschneppe	Be	
Heerschnepfe	B,Be1,Buf,Do,Fri,… …K,Krü,N,O1,V;	Alter allg.
		Name des Vogels.
Heerschnepff	GesS	
Heersschnepfe	Buf	
Herdschnepfe	N	Von Herde, nicht von Herd.
Herrenschnepfe	B,Do,N	
Herrenschnepff	GesH	
Herrnschnepfe	Be2	„Große Herren" verspeisen sie.
Herrnschneppe	Be	
Herrschnepfe	Fri	„Große Herren" verspeisen sie.

Herschnepff	GesH	
Himelsgeiß	Schwf	
Himelsziege	Schwf	
Himmelgeiß	Suol	
Himmels Ziege	Fri	
Himmels-Geiß	Buf	
Himmels-Ziege	G	
Himmelsgeis	Be1,K,Krü,N,O1	
Himmelspferd	Krü	
Himmelsziege	Be2,Do,K,Krü,... ...N,Suol,V;	„Meckern" des fliegenden Vogels.
Hroßagaukin (isl.)	Buf	
Hudergeiß	Suol	
Huidergeiß	Suol	
Kätschbecassine	Be	
Kätschnepfe	Be2,N	
Kätschschnepfe	Be2,H,Krü,Do	Lautnachahmend
Ketschschnepfe	B	Lautnachahmend
Kleine Pfuhlschnepfe	Be1,Krü,N	Ist neben Doppelschn. gerne an Pfühlen.
Kleine Pfulschnepfe	Krü	
Kleine Waldschnepfe	Buf,Krü	
Kutschnepfe	Be2,N	Kut ist Vogeltrupp.
Mittlere Bekassine	N	Zwischen Wald- und Zwergschnepfe.
Mohrschnepfe	Krü	
Moorlamm	H,Do	
Moosschnepfe	B,Be1,Buf,Do,... ...Krü,N,P,V;	
Moosschneppe	Be	
Mosbock	Suol	
Moß-Schnepf	P,Z	
Moß-Schnepff	P	
Mosschnepfe	Krü	
Mosschnepfe	P	
Mosschnepff	P	
Moßschnepf	P	
Pegasin	Suol	
Pfuhl-Schnepffe	G	Ist gerne an Pfühlen.
Pfuhlschnepfe	Be1	
Pfuhlschnepffe	Suol	(„Sumpf-")Schnepfe allgemein.
Puhlschnepffe	Suol	(„Sumpf-")Schnepfe allgemein.
Riedgaiß	Suol	
Riedschnepfe	B,Be1,Krü,N,Suol	(„Sumpf-")Schnepfe allgemein.
Rietschnepff	GesS,Suol	
Rietschneppe	Be	
Schnepfchen	Be1,Krü,N	Bezugsvogel Doppelschnepfe.
Schnepfe	Be2,N	
Schnepffe	K	
Schnepffhun	GesS	
Schnepffhùn	Suol	(„Sumpf-")Schnepfe allgemein.
Schnepfflein	GesH	

Schnepfflin	GesS	
Schnepflein	Be2,Buf,N	Bezugsvogel Doppelschnepfe.
Schneppe	Be2,N	Aus plattdeutschen Namen.
Schnibbe	Be1,Do,Krü,N	Aus plattdeutschen Namen.
Schorrebock	H,Do	
Stickup	Be1	
Sumpfschnepfe	B,Be1,Krü,N	
Sumpfschneppe	Be	
Tschater	Do	
Vogel Caspar	Krü	
Vogel Casper	N	
Vogel Kasper	H	Gaukeleien des balzenden Männchens.
Vogel-Casper	Be2	
Wasser Hünlin	Schwf	
Wasser Schnepffe	Schwf	
Wasser-Schnepf	P	
Wasserhuenle	GesS	
Wasserhühnchen	Be1,Krü,N	
Wasserhünle	Suol	(„Sumpf-")Schnepfe allgemein.
Wasserhünlin	Suol	(„Sumpf-")Schnepfe allgemein.
Wasserschnepf	Z	
Wasserschnepfe	Be1,Buf,Krü,Ma,Suol	„Wasserschnepfe", aus dem Französ. d. 18. Jh.
Wasserschneppe	Be	

Bergbraunelle (Prunella montanella)

Berg-Braunelle	H,N	
Berg-Fluhvogel (holl.)	H	Name stammt von Naumann.
Bergfluevogel	O3	Name stammt von C. L. Brehm.
Bergflüevogel	B	
Sibirische Braunelle	N	Kunstname von Naumann.
Sibirischer Flüevogel	N	
Sibirischer Steinschmätzer	N	Wegen Augenmaske.

Bergente (Aythya marila)

Alpenente	B,N	Alpine Tundra bis Meereshöhe.
Alpente	Do	
Aschen-Aente	Buf	
Aschenente	Be2,N	Name am Bodensee (Winter), …
Aschente	B,Be1,Do	… wo sie Äschen (Fischart) jagte.
Berg-Ente	N	
Bergänte	Buf,Krü	
Bergente	B,Be1,Buf,K,…	…Krü,O1,V; Müller (1773): Brandgans.
Bergtauchente	N	N: Alle Tauchenten erhielten Zusatz: -tauch-.
Ducker	Buf	
Gezäumt Aente	Buf	
Grönländische Gans	K	
Großes Duckerl	Hö	
Isländische Bergmoorente	N	Kunstname von C. L. Brehm.
Kagolka	O1	Reisender Lepechin: Anas Marila.

Krummschnäbelige Bergmoorente	N	Kunstname von C. L. Brehm.
Lappmärkische Aente	Buf	
Loder-Aente	Buf	
Millouinan	Buf	
Moderente	Be1,N	
Mohrente	Be2,N	
Moorente	N	Moorige Gebirge in der Tundra/Waldtundra.
Muschel-Ente	O2	
Muschelente	B,Be2,Do,Krü,N	Muscheln sind Nahrung.
Perlente	H	
Rusgen	GesS	Nach Fabricius.
Ruß-Ent	GesH	
Schaufelente	B,Be1,Buf,Do,N	Schaufelförmiger Schnabel.
Schimmel	B,Be1,Buf,Do,N	Farbe soll an Pferd erinnern …
Schimmelänte	Buf	
Schimmelente	H	
Taucherpfeifente	B,Be2,N	-Pfeif- bedeutet „kleine Ente".
Unterirdische Aente	Buf	Des Scopoli.
Unterirdische Ente	Be1	
Wapte (männl.)	Krü	
Warte (männl.)	Be1,O1	Aus angelsächsisch weard für Hüter, König?
Warten (männl.)	Be97	
Weißrückige Bergmoorente	N	Kunstname von C. L. Brehm.

Bergfink (Fringilla montifringilla)

Angermannländischer Distelvogel	Be1,N	Landschaft im nördl. Mittelschweden.
Bandfink	Do	
Bärgfink	H	
Baumfink	B,Be1,Do,N	
Bechemlin	Suol	
Behemmer	Suol	
Berg-Finck	P	Wald-, kein Bergvogel.
Berg-Fink	N,Z	
Bergfinck	Buf,Fri,P,Suol	Pernau 1707.
Bergfink	Ad,B,Be1,2,Be,… …Buf,Fri,H,K,Krü,O1,Z;	K: Frisch T. 3.
Bergnachtigall	Be,N	
Bergstiglitz	Hö	In Böhmen.
Bergzeisig	Be97	
Bohämmer	Do	
Böhammer	Do	
Böhemerlein	Suol	
Böhemlein	Suol	
Böhemmer	Be2,N	
Böhmer	B,Do,N	Masseneinbruch nach Böhmen bei Kälte.
Bramley (engl.)	Ad	
Bramling (engl.)	Ad	
Buch-Finck	G	

Buchfink	Ad,B,Be1,N		Name des Bergfinks in versch. Gebieten.
Dahnfink	Do		
Dannen Finck	Schwf		
Fink	Ad		
Finkenquäker	Do		
Gåggezer	Suol		
Gägler	Be1,Buf,Do,Krü,…	…N,O1,Z;	Name nach dem Laut des Vogels.
Gäpler	Do		
Gegler	Be2,Be,Buf,Do,…	…Fri,Krü,N,Suol;	
Göckler	P		
Gogler	Ad,Be1,Be2,Be,…	…Do,F,K,Krü,N;	K: Frisch T. 3.
Gögler	Be,Buf,Krü,N		Name nach dem Laut des Vogels.
Goldfink	B,Be1,Do,Krü,N		Nach „leuchtenden" Gefiederteilen.
Goldfinke	Buf		
Gopler	Do		
Gräslein	Be97		
Harzfink	Do		
Icawetz	Be1,N		
Igawitz	Suol		
Igawitzer	Suol		
Igowitz	Suol		
Ikawetz	Do		
Jakel	Suol		
Jcawetz	Be		
Jockel	Suol		
Joggel	Suol		
Käkler	N		
Kärntnerfink	Do		
Kechler	Do		
Kegler	B,Do		
Kleiner Rotkopf	Be97		
Kleiner rotplättriger Hänfling	Be97		
Kleinerer Bramling	K		Albin Band III, 64.
Kotfink	Be1,Do		Kot ist Matsch, Modder u. ä.
Kothfink	B,Buf,Krü,N		Nahrungssuche auf Straßen, im „Kot".
Laubfink	B,Be1,Buf,Do,…	…Krü,N;	
Laubfinke	Buf		
Meerzeisig	Be97		
Mistfink	B,Be1,Buf,Do,Krü,…	…N,O1,Suol;	Wie Kotfink, auch Schimpfwort.
Nicabitz	Suol		
Nicabitz (österr.)	P		
Nickawitz	Ad,Krü,Suol		
Nigowitz	Suol		
Nigowitzer	Suol		
Nikabitz	Be1,N		Entlehnt aus tschech. „jicavec".
Nikabiz	Buf,Do,Krü		
Nikaviz	Buf,Krü		

Nikawiß	Be1,Do,N	
Nikawitz	Ad,Be,Buf,Fri,Krü	
Nikeviz	Buf,Krü	
Nikowitz	Buf,Krü	
Oienken	Buf	
Orospiza	Buf	Des Aristoteles.
Pienk	Suol	
Pienken	Be1,Krü,N	Entlehnung aus dem Slawischen.
Pineken	Do	
Pinosch (krain.)	Be1	
Quäcker	Be,Buf,Fri,Krü,P,Z	Name nach dem Laut des Vogels.
Quacker	K	Name nach dem Laut des Vogels.
Quäckfink	Be,Buf	Name nach dem etwas unangenehmen Ruf.
Quaker	Krü	
Quäker	Ad,B,Be1,Buf,Do,...	...Fri,K,Krü,Ma,N,O1,Suol;
		K: Frisch T. 3 ...
Quaker	Ad,K	
Quäkfink	Be1,N	
Quakler	Ad	
Quätschfink	B,Be1,Do,N	Name nach dem Laut des Vogels.
Queck	Be,Buf,Do,...	...Krü,N,Schwf;
Quecker	Buf,Do,G,Suol	
Queckfink	Krü	
Queker	Buf	
Quetschfink	Be,Krü	Name nach dem Laut des Vogels.
Quetschfinke	Buf	
Quieker	Do	
Quietschfink	Be1,N	Name nach dem Laut des Vogels.
Quitschfink	H	
Rotfink	Be1	
Rothfink	B,Be,Krü,N	Rote bis rötliche Gefiederteile.
Rotwert	GesS	
Rowert	Be1,Buf,Do,GesH,...	...Krü,N,O1,Suol,Tu; Tu 1544,
		v. engl. Dialekt.
Schnee Finck	Schwf	
Schneefinck	GesSH	Sein Erscheinen kündigt den Winter an.
Schneefink	Ad,Be1,Buf,Do,K,...	...Krü,Ma,N,Suol; K: Frisch T. 3.
Schwedengast	Do	
Spanske Bookfink	Suol	
Spiza	Buf	Des Aristoteles?
Stoppelfink	Ma,Suol	
Taljockel	Suol	
Tannenfink	Ad,B,Be1,Buf,...	...Do,K,Krü,N; K: Frisch T. 3:
Tannfink	H,Ma,Suol	Noch um 1900 in Schwaben.
Thannfinck	GesSH,Suol	
Thannfink	Buf	
Tschezke	Be97	
Wäckert	B,Be2,Do,N	Durch Lautnachahmung entstanden.
Wald Fincke	Schwf	

Waldfinck	GesSH,Suol		Gessners Name für den Vogel.
Waldfink	Ad,B,Be1,Buf,…	…Do,K,Krü,Ma,N;	K: Frisch T. 3.
Waldjakel	Suol		
Weidensperling	Krü		
Wickert	Be2,N,O1		Durch Lautnachahmung entstanden.
Winter Finck	Schwf		
Winterfinck	GesSH		Erscheinen kündigt Winter an.
Winterfingk	Suol		
Winterfink	Ad,B,Be1,Buf,Do,…	…K,Krü,Ma,N.	K: Frisch T. 3.
Wintsch	O1		
Wintsche	Be2,N		Von Fink.
Zahrling	Ad		
Zährling	G		
Zehrling	Ad,Be1,Buf,Fri,G,…	…Krü,N,Suol	Nach „zerrendem Geschrei".
Zerling	B,Do		
Zetscher	B,Be1,Buf,Do,…	…KrüN,O1.	Lautmalung aus poln. „czeczotka".
Zwitscherling	Be97		

Berghänfling (Carduelis flavirostris)

Arktischer Fink	Be1,N	Nordskandinavien ist europäische Heimat.
Berg-Hänfling	N	
Berghänfling	B,Be1,H,O2	Aus „Linotte de montagne" (1760).
Brauner Riset	Be,N	
Braunes Päckle	H	
Felsfink	B	Nach Lebensraum in der Tundra.
Felsfinke	N	
Gelber Henffling	K	
Gelber Quittenhänfling	Buf,K	K: Frisch T. 10.
Gelbkehliger Hänfling	Buf,Fri,K,N	K: Frisch T. 9, 10.
Gelbschnabel	B,Be,N	Alle Namen mit „gelb": Gelber Schnabel.
Gelbschnäbeliger Fink	H	
Gelbschnäblicher Fink	Be	
Gelbschnäblichter Fink	Buf	
Gelbschnäbliger Fink	N	
Gelbschnäbliger Hänfling	N	
Gemeiner grauer Hänfling	Ad,Buf	
Grauer Hänfling	Ad,Be1,Buf,K,Krü	K: Frisch T. 9.
Grauer Henffling	K	
Grauhänfling	Ad,Krü	
Greinerlein	B,N	Name aus 16. Jahrhundert aus Verwechslg.
Hanfling	Krü	
Hänfling	Ad,Fri,P	Pernau: Hänfling auch Berghänfling?
Hemplünke (nieders.)	Ad	
Henffling	K	
Quittenhänfling	Ad,Krü	
Quittenhenffling	K	
Quitter	Ad,B,Buf,Fri,Krü,…	…N,O2; Gelber Schnabel.

Steinhänfling	Ad,B,Buf,K,Krü,…	…N,P;	Nach Lebensraum in der Tundra.
Steinhenffling	K		K: Frisch T. 9.
Twite	Buf		
Viska (schwed.)	Buf		
Widden (plattdt.)	B		Widden ist Weite.

Berglaubsänger (Phylloscopus bonelli)

Berg-Laubvogel	H,N	Name von Naumann – S. Bd.13/1860, 417.
Berglaubsänger	B	Berg- und Hügelländer bis fast 2000.
Bergsänger	O3	
Bonellis Laubsänger	Do,N	Franco Bonelli (1784–1830): …
Bonellis Laubvogel	N	… Bonelli: Turiner Ornithologe.
Brauner Laubvogel	Do,N	Naumann (1860): Gefiedermerkmal.
Grü-hoaded Fliegenbitter	H	Name auf Helgoland.
Grünsteißiger Laubvogel	Do,N	Naumann (1860): Gefiedermerkmal.
Weißbauchiger Laubvogel	Do,N	Naumann (1860): Gefiedermerkmal.

Bergpieper (Anthus spinoletta) 1. Art (heute)   Bis ca 1980/1990 hießen alle **Wasserpieper**.
und Strandpieper (Anthus petrosus) 2. Art (heute)   3. Art (heute): Pazif. Wasserp.
(A. rubescens).
Pieper allg. (nach Suolahti) bei Baumpieper.

Alpenlerche	Do	
Arenpfiffer	Suol	
Bergpieper	N	Schweiz: Zu „gemeinsten" Alpenvögeln.
Braunfahle Lerche	Be	
Braunfalbe Lerche	Be2,Buf,N	Anderer Name für Florentinische Lerche.
Drecklerche	Be2,Do,N	Dreck bedeutete sumpfig, matschig.
Felsenpieper	Do,H	
Felspieper	B	
Florentinische Lerche	Be2,Buf,N	Buffon: Linné nannte sie Spinoletta.
Geikerlen	Suol	
Gipser	B,Do	Bedeutg.: In feinem hohen Ton piepsen.
Gîpserli	Suol	
Gîxer	Suol	
Grün Gickerlin	Suol	
Herdvögelchen	B,Do	Lockvogel auf Vogelherd.
Kothlerche	Be,N	Kotig: Bedeutete sumpfig, matschig.
Kotlerche	Be2,Do	
Mala Zippa	Be2,Buf	Buffon: In Kärnten, Be2: krainisch.
Meerlerche	Be	
Mohrlerche	Be2,N	Hier gebirgiges Feuchtbiotop.
Moorlerche	B,Be2,Do,N	„Lerche" wegen langer Hinterzehenkralle.
Morastlerche	Be1,Buf,Krü	Hier gebirgiges Feuchtbiotop.
Mosellerche	Be1	
Moß-Lerche	Z	Bergpieper?
Pispoletta	Buf	Buffon: Name des Bergpiepers in Italien.
Pispolette	Do	
Quina (ital.)	Buf	
Schneelerche	Do	

Schneevogel	Do	
Spinoletta	Buf	Des Ray und Willughby.
Spinolette	Do	
Spipoletta	Buf	
Strandpieper	B,H	A. Brehm (1866) Art? Rasse?
Sumpf-Lerche	Z	Bergpieper?
Sumpflerche	B,Be1,Buf,Do,… …Krü,N;	Sumpf: Hier gebirgiges Feuchtbiotop.
Uferpieper	B	
Wasser-Lerche	Z	Bergpieper?
Wasser-Pieper	N	
Wasserlerch	Suol	
Wasserlerche	B,Be2,Do,Krü,N	Hier gebirgiges Feuchtbiotop.
Wasserpieper	B,Be2,Do,H,… …Krü,O1,V;	Heute Berg- oder Strandpieper.
Wasserpiper	Krü	
Wättervögeli	Studer/Fatio	Schweizer Lokalname.
Weißler	B,Do	Von den scharfen, feinen Rufen.
Wetterpfiffer	Studer/Fatio	Schweizer Lokalname.
Wettervogel	Studer/Fatio	Schweizer Lokalname.

Beutelmeise (Remiz pendulinus)

Beutel-Rohrmeise	H,N	Brutort: Gewässerufer.
Beutelmeise	Krü	
Beutelmeise	Ad,B,Be1,Buf,… …Krü,N,O1,V;	Hat seit 13. Jh. versch. Namen.
Cotton-Vogel	Buf	Bei Gatterer.
Cottonvogel	Be1,Krü,N	Von Baumwollart des Beutelnestes.
Florentiner Meise	Buf,Krü,N	
Florentinermeise	Be1	
Grasmücke an Sümpfen	Be2,N	
Languedoksche Meise	Be2,N	
Litauischer Remiz	H	
Litthauischer Remiz	N	
Litthauischer Remizvogel	Be2	Häufig in Litauen.
Meise von Languedok	Buf	
Mounier (franz.)	GesH	
Oesterreichischer Rohrspatz	Be2,N	Name in Österreich.
Pendulin	Be1,Buf,Krü,N,O1	Variation in Frankreich und Italien …
Pendulin-Meise	Buf	… Nest pendelt.
Pendulinmeise	Be1,Krü,N	
Pendulinus	H	Pendulinusgruppe: Variationen in s. o.
Persianischer Spatz	Be2,Buf,N	
Pohlnische Beutelmeise	Be1,N	
Polnische Beutelmeise	Be2,H,Krü	
Polnische Meise	Do	
Reermesken	Ad	
Remes	Buf	
Remitz	Be1,Krü,N,O1	Alter polnisch – baltischer Name …
Remiz	Ad,B,Buf,V	… Bedeutg. römisch, welsch.

Riethmeise	Ad	
Rohrmeise	Ad	
Rohrspatz	Buf	Nach andauernden feinen Rufen.
Römischer Vogel	Buf	
Sumpfbeutelmeise	Be1,Krü,N	
Sumpfmeise	Be2,Buf,N	
Türkischer Spatz	Be2,Buf,N	
Volhinische Beutelmeise	Be2,N	
Volhynische Beutelmeise	Buf,K,N	Vollhynien ist die Südwest – Ukraine.
Weidenmeise	Buf,Krü	

Bienenfresser (Merops apiaster)

Aschgrauer Bienenfresser	Be2		
Bienenfänger	B,Be1,N		Jagt Insekten über 10 mm.
Bienenfraaß	K		K: Frisch T. 221 + 222.
Bienenfraß	B,Be1,Buf,Fri,…	…K,N;	Name 1760 bei Klein/Reyger.
Bienenfresser	B,Be2,Buf,Fri,…	…Krü,N;	Name von Frisch; aus „Bee-eater".
Bienenjäger	Do		
Bienenschwalbe	Ad		
Bienenspecht	Ad		
Bienenvogel	B,Do,Krü,N		
Bienenwolf	B,Be1,Buf,N		Name von Grünspecht übernommen.
Bieneschwalbe	Do		
Bienewolf	Do		
Cardinal	Be2,N		
Einsamer Braacher	Be1,K,N		Einsam bedeutet hier: Selten.
Europäischer Bienenfresser	N,O3		
Gelber Bienenwolf	Be2,N		
Gelbkehliger Bienenfresser	N,V		
Gelbkopf	Be2		
Gelbköpfiger Bienenfresser	Be2		
Gemeiner Bienenfresser	Be1,N		
Gemeiner Immenvogel	Be1,N,O2		
Goldkehliger Bienenfresser	N		
Goldköpfiger Bienenfresser	N		
Goldstar	Do,H		
Grünspecht	Adelung		
Heumacher	Krü		
Heumäher	Be1,Do,K,Krü,N		K: Frisch T. 221 + 222.
Heuvogel	B,Be1,Do,K,…	…Krü,N;	K: Frisch T. 221 + 222.
Imben-Wolff	K		
Imbenwolf	Buf,K		
Immenfraß	Be1,Buf,Do,…	…GesH,N;	
Immenfresser	B,O1		
Immenvogel	Do,Be97		
Immenwolf	Be1,Buf,Fri,…	…K,Krü,N,V;	K: Frisch T. 221 + 222.
Immenwolff	GesH		
Kardinal	Buf,Do,H		Augen rot (+ Füße?). Buf: Auf Malta.
Krinitz	Be2,N		

Meerschwalbe	Be2,Buf,Hö,Krü,N	Buf: Österreichisch.
Schwanzeisvogel	Be1,Do,Krü,N	Vergleich mit Eisvogel.
See Amsel	Fri	
See Schwalbe	Fri	
Seeamsel	Fri	
Seeschwalb	GesSH	
Seeschwalbe	B,Fri,Krü	Nach dem Flug.
Seeschwalm	B,Be2,Do,K,N	K: Gelbköpfiger Bienenfresser: Variation?
Spint	B,Do,O1	

Bindenkreuzschnabel (Loxia leucoptera)   Die Beschreibung in Naumanns Nachträgen stammt
von Blasius.

Bandkreuzschnabel	O2	
Weißbindenkreuzschnabel	B	
Witt-Jükkid Borrfink	H	Name auf Helgoland.
Zweibindiger Kreuzschnabel	H	Zwei breite Flügelbinden.

Birkenzeisig (Acanthis flammea)

Bergleinfink	B	Brehm: Andere Art als Bergzeisig.
Bergzeisig	B,Be1,Do,Krü,...	...N,O1,V; Brehm: Leinfink ist Bergzeisig.
Birken-Zeisig	N	
Birkenzeisig	B,H,O3	Kunstname von Naumann.
Birkenzeislein	Be,N	„Zeisig" Anfang des 13. Jh. aus tschech. ciz.
Blattzeisig	Hö	
Blattzeisl	Do,II	
Bluetschössli	Suol	
Bluthänfling	Be1	
Blutschößlein	Do,N	„Blut-" bedeutet rote Brust und Stirn.
Blutströpfle	Do,H	
Brandfink	Be,Buf	
Brandhänfling	Be2	
Cabaret	Buf	
Carminhänfling	Buf	
Citrinchen	Be1,Buf,N	
Citrinigen	Buf	
Feuerfarbiger Fink	Be	
Flachsfink	B,Be1,Buf,Do,...	...Krü,N,O1,V; Name aus Fringilla linaria.
Flachsfink mit kleinerem Kopfe	Buf	
Flachshänfling	Do,V	„Flachs-" unterscheidet von Hänfling.
Flachszeisig	B,Be2,Krü,N	Kunstname Bechsteins.
Geschößlin	Suol	
Granatzeisl	Do,H	
Grasel	Be1,Buf,Do,N,O1	Mhd. gras = Tann-/Fichten-Sprossen, Nahrung.
Gräsel	Hö,Suol	Von graß – schauerlich, wie Totenvogel.
Grasl	Hö	
Gräslein	Ad,Hö,Krü,P,Suol	Schauerl., fürchterlich, Höfer 2/249.
Gräslein	Suol	
Grässerlein	Ad,Krü	

Gräßlein	Ad,Hö,Krü,P,Suol	Pernau schließt sich Höfer nicht an.
Greßling	Suol	
Grillchen	Be1,N	
Grillgen	Buf	
Hänfling	Be2	
Hirngrille	Be1,N	
Irisk	Buf	
Iritsch	Do	
Karminhänfling	Be1,Do,Krü,N	„Karmin-" unterscheidet von Hänfling.
Karminosinirother Hänfling	Buf	
Kleiner Hänfling	Buf,Hö,O1	Bezug: Bluthänfling.
Kleiner Hänfling der Weinberge	Buf	
Kleiner Karminhänfling	Be2,Buf,N,Suol	
Kleiner rotblättiger Hänfling	Be1	
Kleiner Rothkopf	N,Krü	
Kleiner rothplattiger Hänfling	Krü,N	
Kleiner rothplättiger Hänfling	Be,Fri	
Kleiner Rotkopf	Be1,Do	
Kleiner Weinhänfling	Buf	
Krauthänfling	Be1,N	
Langschnabelleinfink	B	
Leinfink	B,Be2,Do,Krü,… …N,O1,Suol,V;	Name aus Fringilla linaria.
Leinhänfling	Do	
Leinzeisig	Do,V	Kunstname von C. L. Brehm.
Lünhänfling	Do	
Mausevogel	Be1,Buf,N	Sommer: Vogel zu Maus, Winter umgekehrt.
Mäusevogel	Buf,Do,Krü	
Meer-Zeißlein	P,Suol,Z	
Meerrotplatte	H	
Meerzeischen	Ad,Krü	
Meerzeisel	Buf,Hö,Suol	
Meerzeiserl	Suol	
Meerzeisig	Ad,B,Be,Buf,… …Do,H,Krü,N;	
Meerzeisl	H	
Meerzeislein	Be,Buf,Fri,N	
Meerzeißlein	P	
Meusevogel	Schwf,Suol	
Nesselzeischen	Do,N	Nessel-: Vogel schlüpft durch …
Nesselzeisig	Do	
Nesselzeislein	Be	
Pläckle	Do,H	
Plättle	Do	
Plättlei-Zeisig	Suol	
Plattzeisig	Hö	
Rebschößlein	Do,N	
Rotblettle	Suol	
Rothänfling	Be1,Krü,Suol	

Rothhänfling	Be,Hö	
Rothhaubiger Fink	Be	
Rothkopf	Krü	
Rothleinfink	B	Synonym zu A. Brehms Bergleinfink.
Rothplattiger Hänfling	B,Buf,Fri,Hö,K	K: Frisch T. 10.
Rothzeisel	B	Synonym zu A. Brehms Bergleinfink.
Rotplattl	H	
Rotplättle	Do	
Rotplättlein	Suol	
Rotzeisl	Do,H	
Schättchen	Be1,Do,N,O1,Suol	
Scheschke	Suol	
Scheßlin	Suol	
Schetschke	Suol	
Schitscherling	Be1,Do	
Schittscherling	Be2,N	
Schlösserle	Be1	Name noch nicht gedeutet.
Schnetz	Suol	
Schosserle	GesS	Wohl nicht von Zötscherlein.
Schösserle	Do,N,Schwf,Suol	
Schösserlein	GesH,Krü,O2	Seit 1495 als „Scheßlin" belegt.
Schössli	Suol	
Schößzerlein	Be	
Schwarzbärtchen	Ad,Be,Buf,Do,……Fri,K,Krü,N;	Kleiner schwarzer Kehlbart.
Schwarzer Hänfling	Buf	
Schwarzer Zeizig	Be2,Buf	
Stein Henffling	Schwf	
Steinhänfling	Suol	
Steinschößlein	Buf	
Steinschößling	Be1,Do,N	
Steinzeiserl	Suol	
Stockhänffling	GesH	
Stockhänfling	Be,Buf,Do	
Stockhenfling	GesS,Schwf,Suol	
Todenvogel	Be1	
Todtenvogel	Buf,Hö,N,Schwf	Kommt nur in kalten Wintern.
Totenvogel	Do,Suol	
Tschætscher	Suol	
Tschägschlich	Suol	
Tschaschke	Buf	
Tschätscher	Do	
Tschätscherling	Do	
Tschätschke	Be,N,K,Krü	K: Frisch T. 10.
Tscheckerle	Hö	Lautmalend von zwitschern.
Tschekerle	Suol	
Tscheske	Be	
Tschetscherle	Buf,GesS	Lautmalend von zwitschern.
Tschetscherlein	Suol	

Tschetschotka (russ.)	Buf	
Tschettchen	Be2,N	
Tschetzke	Ad	
Tschetzke	Buf,K,Krü,Suol	
Tschezke	Be1,Do,N	
Tschotscherl	Buf,Hö	
Tschötscherl	Be1,N	Lautmalend von zwitschern.
Tschuetscherle	GesS	
Tschütscherle	Suol	
Tschütscherlein	Be,GesH,N	
Zätscher	N	
Zetscher	Do,Suol	
Ziesk	Do	
Zischerlein	Z	
Ziserenichen	Buf,Fri	
Ziserenigen	Fri	Mark Brandenburg.
Ziserinchen	Ad,Be1,Buf,Krü,… …N,Suol;	Aus dem französischen „sizerin".
Zisevinchen	Be	
Zising	N	Mark Brandenburg.
Zisserling	Do	
Zitscherlein	Ad,Buf,Fri,K,Krü,… …O2,P;	K: Frisch T. 10.
Zitscherlin	G	
Zitscherling	G,Krü,Suol	Lautmalend von zwitschern.
Zittscherling	Be2,N	
Zitzcherlein	Be,K	
Zitzerenakin	Do	
Zizcherlein	Be1,Buf,N	
Zizeränchen	Do	
Zötscherlein	Suol	
Zötscherlein	Be1,Buf,GesH,N	
Zötscherlin	Do,Schwf,Suol	
Zschütscherlein	Be2	
Zwetscherle	Buf	
Zwitscherlein	Buf	
Zwitscherling	Be1,Do,N,O1,Suol	Lautmalend von zwitschern.

Birkhuhn (Tetrao tetrix)

Aarfugl (norw.)	H	
Barkhaun	Do	
Baumhahn	Do,H	Vögel sitzen regelmäßig auf Bäumen.
Baumhuhn	B	
Bergfasan	Buf,V	
Berghahn	Krü	
Berghan	GesH	
Berghun	Suol	
Bergvogel	Suol	
Berkhan (holl.)	H	
Bickerhan	Suol	
Birck Hahn	Fri	

Birck Han	Schwf	
Birck Henne	Fri	
Birck-Hahn	G	
Birck-Hun	K	
Birck-Wildpret	G	
Birckhan	GesH,P	
Birckhuhn	P	
Birckhun	GesS,P	
Birgfasan	Suol	
Birghan	Suol	
Birk-Waldhuhn	N	
Birkfasan	GesS	
Birkhahn	Be2,Buf,K,Krü,N	K: Frisch T. 109.
Birkhenne	Be2,Buf,Krü	
Birkhuhn	B,Be1,H,O1,V	Kein spezieller Birken – Vogel.
Birkhun	K	
Birkwaldhuhn	H,O3	Kunstname von C. L. Brehm.
Brennhahn	Be1	
Brom-Han	Kö	
Bromhan	GesH	
Bromhenn	GesS,Hö	Popowitsch: An der Grenze nach Ungarn.
Bromhun	Suol	
Brumhahn	Hö	Nach Schwenckfeld Erklärung. Höfer S. 1/122.
Brummhahn	Be2,Buf,Do,N	Nach der Stimme.
Buntes Waldhuhn	Be2	
Deutscher Fasan	Be2,N	Keine Akzeptanz für diesen Be- KN.
Feld-Auerhuhn	N	Übersetzter russischer Name.
Gabelschwänziges Waldhuhn	Be2,N	Kunstname von Bechstein, typ. Schwanzform.
Geigekhahn	Fri	
Gemeiner kleiner Auerhahn	Buf	
Grauwild (engl., weibl.)	Buf	
Gronse	K	Von Turner genannt.
Grügelhan	GesS,Suol	
Haidelhahn	N	
Haidenhuhn	N	
Haselhuhn	Buf	
Heidehahn	Buf	
Heidelhahn	Be1,Buf,H	
Heidelhuhn	H	
Inne	O1	Name von Oken konstruiert?
Kleiner Auerhahn	Be1,N	
Kleiner Berg-Phasan	Kö	
Kleiner Bergfasan	GesH	
Kleiner Griegelhahn	Hö	Erklärung Höfer S. 1/327.
Kleiner Grugelhahn	Hö	Erklärung Höfer S. 1/327.
Kleiner Krugelhahn	Hö	Erklärung Höfer S. 1/327.
Kleiner Orhan	GesSH	
Kleiner wilder Hahn	Buf	
Kleines buntes Waldhuhn	Be2	

Kleinhahn	Suol	
Kurre (weibl.)	Be1,Do,H,O1,Suol	Balzlaut wurde Kurren genannt.
Kurrhôn	Suol	
Laub Han	Schwf	
Laub-Han	Kö	
Laubhahn	Be1,Buf,Do,K,...	...Krü,N; K: Frisch T. 109.
Laubhan	GesSH,Suol	
Laubhuhn	B,Krü,O1,V	Im Laub ist Nahrung (Knospen, Blüten).
Leierschwanz	Do	
Mayen-Waldhuhn	Be2	Birkhuhn?
Mohrhahn	N	
Mohrhuhn	Be1	
Moorhahn	Do,N	Moor, Heide = Namen nach Biotop.
Moorhuhn	B,Be2	
Mooshahn	Be1,Buf,Do,N	
Mooshun	Suol	
Moshahn	Krü	
Orhan	Suol	
Orhane (dän., norw.)	H	
Orr (schwed.)	H	
Orre	O1	Name in Schweden.
Pirck-Hahn	G	
Rebhuhn	Buf	
Schildhahn	Be1,Buf,Do,N	Bezug: Mehrfarbigkeit des Gefieders.
Schildhan	Suol	
Schildhenne (weibl.)	Hö	
Schildhuhn	B,O1	
Schneemerkur	Krü	
Schwarzer Bergfasan	Buf	
Schwarzer Waldhahn	Be2,Krü,N	
Schwarzwild (engl., männl.)	Buf	
Spiegelhahn	Be2,Do,Fri,N	Weiß an Flügelbinde und Flügelbug.
Spiegelhuhn	B	
Spielhahn	Be1,Buf,Do,Fri,...	...K,Krü,N,Suol; ... Glänzende Schwanzfedern heißen Spiel.
Spielhuhn	B,O1	
Spil Han	Schwf	
Spil-Han	Kö	
Spilhan	GesSH,Suol	Strauch Euonymus europ., Knospen ...
Spillhahn	Be1,N,V	... von Europäischem Pfaffenh., Spillbaum.
Tedder	O1	Teder ist Name in Estland.
Trepel	O1	Name von Oken konstruiert?
Vere	O1	Name von Oken konstruiert?
Vrhan	Suol	

Bläßgans (Anser albifrons)

Bernakelgans	Be1	Wurde für Weibch. der Ringelgans gehalten.
Bläsgans	Buf	
Blässen-Gans	H,N	
Blässenbuntschnabel	N	Naumann: „Anser intermedius", Mittelgans.

Blässengans	Be1,Buf,Krü,O1	Pennant: white fronted Goose.
Blässensaatgans	N	Naumann: „Anser intermedius", Mittelgans.
Bläßgans	B,Be2,N	
Bruch's Saatgans	N	Naumann: „Anser intermedius", Mittelgans.
Canadische Gans	Buf	
Finmarkische Gans	Buf	
Große Blässengans	N	Naumann: „Anser intermedius", Mittelgans.
Helsinggans	B,Be2,Do,N	Wurde für Weibch. der Ringelgans gehalten.
Isländische Blässengans	N	Naumann: „Anser intermedius", Mittelgans.
Kohlgans	Do,O1	
Kolgans	Be2,N	Holländischer Name, abgeerntete Kohlfelder.
Lachende Gans	Be2,Buf,N	Name von Buffon, ohne Begründung.
Lachgans	B,Be2,Buf,Do,…	…K,Krü,N,O1; K: Edwards T. 153.
Mittel-Gans	N	Naumann: „Anser intermedius", Mittelgans.
Mittelgans	B,H	A. Brehm: Isländische Rasse.
Mittlere Blässengans	N	
Mittlere weißstirnige Gans	N	
Nordgans	Do	Vogel der Tundra im hohen Norden.
Pohlnische Gans	Buf	Kramer: Selten in Österreich …
Polnische Gans	Be2,Do,N	… aber in anderen Ländern, wie Polen.
Rootgoos	H	
Schneegans	H	
Seegans	Do,N	Unspezifisch für tundra-nördliche Meergänse.
Trappengans	N	
Trappgans	Be2,Do,H	
Weißstirnige Gans	Be2,Do,N,O3	
Wilde Nordgans	Be2,Buf,N	Brisson: Name drückt Heimat aus.

Bläßhuhn (Fulica atra)

Belch	Buf,GesH,H,Suol	Aus ahd. belihha, belihho für bleich …
Belche	Suol	
Belchen	Be2,N,Suol	… oder mhd. belchen aus ahd. pelichâ …
Belchine	Suol	
Belchinen	Buf,GesH	… ahd. pelichâ ist Wasserhuhn.
Belchmen	Buf	
Belleque	Buf	
Bellhenne	Suol	
Bläschen	Krü	
Bläsenörk	Be	
Bläsente	Suol	
Blashahn	K	Albin Band I, 83.
Blashan	Suol	
Bläshenne	Suol	
Bläslein	Krü	
Bläss (bay.)	H	
Blaß Blassing	Buf	
Bläßänte	Krü	
Blassante (kärnt.)	H	
Blassanten (kärnt.)	H	
Bläßchen	Be1,N,Suol	

Blässdüker (schlesw.-holst.)	H	
Blaße	Suol	
Blässe	N,Suol	
Blasse (bay.)	H	
Blässel	Hö	
Blässennörk	Be2,N	Bedeutet Taucher mit der Blässe.
Bläßente	Be1,Buf,Do,N,Suol	
Bläßgen	Buf	
Blaßgieker	Be1,Do,N	Aus kurzem, platzendem Ruf: pix.
Blässhendl	Do,H	Hennicke: Steiermark.
Blässhenne	N	
Blaßhuhn	Be1,Buf,N	
Bläßhuhn	B,Be1,Fri,… …N,O1,V;	
Bläßjacob (oldbg.)	Do,H	
Bläßkater	Do,H	Hennicke: Nordfriesische Inseln.
Blassl	Be,Buf,H	Hennicke: Bayerisch.
Bläßle	Do,H	Hennicke: Württembergisch.
Bläßlein	G,P,Suol	
Blassling	Be	
Bläßling	Be1,Buf,Krü,N,… …Suol,Z;	
Blephon (westf.)	H	
Blesdyker	Suol	
Blesnörx	Suol	
Bleß	Buf,GesH,Suol	
Blesshohn	Suol	
Blesshôn	Suol	
Blessing	Buf,GesH	
Bleßling	Suol	
Blessnorks (meckl.)	H	
Blestnörx	Suol	
Blisnörke (uckerm.)	H	
Bließnörke	Do	
Boelch	GesS,O2	Bölch entstand aus Belch.
Boelhene	GesS	
Bölcher	Suol	
Bölchmen	Buf	
Bölhinen	GesH	
Böll	Be2,N	
Bölle	B	
Böllhenne	Do,N	
Böllhine	Suol	
Böllhinen	GesH	
Böllhuhn	B	
Deucher	Suol	
Duckant'l (steierm.)	H	
Duckantal (oberöst.)	H	
Duckente	Suol	
Duckente (bay.)	H	
Ducker	Do	

Dyker	Suol	
Elorn	Buf	
Flohr	Suol	
Florn	GesH	
Florn	Suol	
Flußteufelchen	Be2,N	„-teufelchen" wegen schwarzer Farbe.
Gemeines Bläßhuhn	O2	
Gemeines Rohrhenndl	Hö	
Gemeines Wasserhuhn	Be1,Buf,H,N,… …O1,V;	KN um 1800.
Glänzender Rabe	Be1,K	K: Frisch T. 208.
Glänzender Wasserrabe	Be,N	
Graut Waterhönken (westf.)	H	
Großes Blaßhuhn	Be2	
Großes Bläßhuhn	Be1,N	
Großes Wasserhuhn	N	
Grote Waterhaun (westf.)	H	
Haffpâpke	Suol	
Hagelgans	Buf	
Hagelganß	GesH	
Harbull	Suol	
Heergans	Suol	
Höllsine	Suol	
Hor-Belchine	Suol	
Horbel	Be1,Buf,Do,… …G,Hö,Krü,N,Suol;	
Hurbel	B,Be2,Buf,Do,… …N,O1,Suol;	
Hürbel (schles.)	H	Hurbel u. a.: V. ahd. horwil f. Schlamm, Sumpf.
Hurdel	Suol	
Knirschel	O1	Aus der Stimme
Kohlschwarzes Blaßhuhn	Be2	
Kohlschwarzes Blä?huhn	N	
Kohlschwarzes Wasserhuhn	Be2,N	KN um 1800.
Krischäle (Oderbr.)	H	
Kritschale	Buf	
Kritschäne	Be2,Do,N	
Kritschele	Be2,Fri,N	„Kreischendes Geschrey".
Kritschene	B	
Kritschschärbe	Krü	
Kritzell	Buf	
Kut	O1	Von Kutte (schwarze Gefiederfarbe).
Lietze	B,Do,H,Suol	Brandbg., stammt aus dem Slawischen.
Markol	Suol	
Meerteufel	Be1,K,Krü,N,Suol	„-teufel" wegen schwarzer Farbe.
Mohrenhuhn	Be2,N	Von schwarz, nicht von Mohr.
Mohrenwasserhuhn	Be1,Buf,N	KN um 1800.
Mohrvogel	Krü	
Mohrwasserhuhn	Buf	
Moor (württ.)	H	
Moorhuhn	Do	
Môr	Suol	

Möre	H,O1,Suol	Name in der Schweiz und Schwaben.
Morelle	Buf	
Muttvogel	GesS	
Pâpke	Suol	
Pfaff	Buf,Do,GesH	Name seit 1666 belegt.
Pfaffe	B,Be1,Buf,…	…K,N,Schwf,Suol; K: Frisch T. 208.
Plärre	B,N	Aus bellendem Ruf.
Plärrer	Do	
Pläss (bay.)	H	
Pläßling	Suol	
Plätling	Suol	
Pleßlein	Suol	
Reck	GesS	
Rohr Henne	Schwf	
Rohr hennle	Buf	
Rohr-Henne	K,Suol	Albin Band I, 83.
Rohrhahn	Be,Buf,H,K	Frisch T. 208, Hennicke: Neusiedler See.
Rohrhendl (schles.)	H	
Rohrhenne	Be1,GesH,K,N	K: Albin Band I, 83.
Rohrhennl	Buf	
Rohrhuhn	Be2,Buf,Do,N	
Rohrhun	Suol	
Rorhennle	Suol	
Rußfarbiges Blaßhuhn	Be1	
Rußfarbiges Bläßhuhn	N	
Rußfarbiges Wasserhuhn	Be1,Buf,N	KN um 1800.
Sappen (Östl. Schl.-Holst.)	H	
Schilfhaun (westf.)	H	
Schnärper	Do	
Schwarte Waterheunken (westf.)	H	
Schwartz-taucher	Kö	
Schwartztaucher	GesH,Suol	
Schwarz Blashuhn	K	Frisch T. 208, Albin I, 83.
Schwarzer Blaßhahn	Buf	
Schwarzer Bölch	O1	
Schwarzer Kasper	Do	
Schwarzes Blaßhuhn	Be2	
Schwarzes Bläßhuhn	N	
Schwarzes Rohrhuhn	Buf,N	
Schwarzes Rohrhun	Suol	
Schwarzes Wasserhuhn	Be1,Buf,Krü,N	KN um 1800.
Schwarzes Wasserhuhn mit …	Buf	… breiten Zehenkappen (langer Trivialname).
Schwarztaucher	Buf	
See-Ente (bay.)	H	
Seeblässel	Hö	
Seeteufel	Be2,Do,N	„-teufel" wegen schwarzer Farbe.
Sorbel (Krotoschin)	H	
Taucher	Suol	

Taucherlein	Buf	
Tauchhun	Suol	
Teichhendl (steierm.)	H	
Teichhühnel (sächs.)	H	
Timphahn	Be1,Do,N	
Timphohn (Stade)	H	
Tucker (bay.)	H	
Wasserhahn	Buf	
Wasserhendl (steierm.)	H	
Wasserhuhn	B,Be2,Buf,GesH,…	…K,N; Klein 1750: Wasserhuhn für Bläßhuhn.
Wasserhun	K,Schwf	K: Albin Band I, 83, K: Frisch T. 208
Wasserrabe	Do	
Wasserteufel	Be2,K,N,Suol	„-teufel" wegen schwarzer Farbe.
Waterhaun (westf.)	H	
Waterhäun (westf.)	H	
Wäterhenneck (helgol.)	H	
Waterhennick	Do	
Waterhohn (westf.)	H	
Waterhönken (westf.)	H	
Weißbläß	O1	
Weißblaß (bay.)	H	
Weißblaß'l (steierm.)	H	
Weißbläßchen	N	
Weißblässe	Be1,Buf,Do,N	
Weißblässige Rohrhenne	N	
Weißblässiges großes Wasserhuhn	Buf,Fri	
Weißblässiges Wasserhuhn	Be,H	Hennicke: Lausitz.
Weißblässle (württ.)	H	
Welsch Wasser-Hun	GesH	
Zabbe	Do,H	Hennicke: Schleswig – Holstein.
Zapk	Buf	
Zapke	Suol	
Zapp	Be2,Buf,GesS,…	…N,O2; Wahrscheinlich lautmalend.
Zappe	GesH,Suol	
Zopp	Be2,Buf,Do,Krü,…	…N,Suol; Wahrscheinlich lautmalend.
Zoppe	B	
Zupp	Suol	

Blaßspötter (Iduna pallida)   Syn.: Hippolais pallida

Blasser Sänger	H	
Blaßspötter	B	Spötter, der nicht imitiert.
Ölbaumspötter	H	
Ramaspötter	B	Fernöstlicher Buschspötter, Hippolais caligata.

Blauelster (Cyanopica cyanus)

Blaue Elster	O3	Elster bedeutet Schreiender Zaubervogel.
Blauelster	B,H	Pallas 1776, dann erst 1840 Schinz.

Blauflügelente (Anas discors)

Graue Kriechente mit blauen Schultern	K	

Blaukehlchen (Luscinia svevica)

Blaauwborstje (holl.)	N	Weißsternig
Blaghals	Do	
Blåkelken	Suol	
Blau-Kehle	Z	
Blaubrüstchen	Do	
Blaubruster	Do	
Blaubrüstli	Suol	
Blaues Rothkehlchen	Be1,N	Weißsternig
Blauhemmelvink	Suol	
Blaukatel	Do	
Blaukehlchen	Ad,Be1,Buf,N,O1,V	Naumann: Weißsternig.
Blaukehlchen-Sänger	N	Weißsternig
Blaukehlchensänger	H	„-sänger" – Zusatz von Naumann.
Blaukehle	Buf,Z	Weißsternig
Blaukehlein	Be1,Buf,Fri,K,N	Naumann: Weißsternig.
Blaukehlein mit weißgeflecktem ...	Be2,K,N	... Brustlatze (langer Triv.name) K: Frisch T. 19.
Blaukehlige	P	
Blaukehligen	P,Suol	Pernau 1702. Gessner: Wegflecklin.
Blaukehliger Sänger	Be2,N,O3	Naumann: Weißsternig.
Blaukehliger Steinschmätzer	N	Weißsternig
Blaukehllein	Be2	
Blaukropf	Do,H,Hö,Suol	Hennicke: Weißsternig.
Blaukröpfel	Be1,Do,N,Suol	Naumann: Weißsternig.
Blaumeise	Krü	
Blaumüller	Krü	
Blauvogel	Ad	
Bläuwerli	Suol	
Bleikehlchen	Do,N	Naumann: Weißsternig.
Bleykehlchen	Be1	Blei- bedeutet blau-.
Bleymeise	Krü	
Blôbröschtchen	Suol	
Blü Hemmel-Fink	N	Naumann: Rotsternig.
Blühemmelfink	Do	
Carlsvogel	Be1,Buf	Carl ist ein schwedischer Königsname.
Dän. Blaakjaelksanger (dän.)	H	Weißsternig
Erdfleckel	Suol	
Erdwistel	Be2,N	Naumann: Weißsternig.
Erdwistling	Do	
Fleck-Kele	Suol	
Fleck-Kelîn	Suol	
Gelbsterniges Blaukehlchen	N	Naumann: Rotsternig, 13/387.
Graukehlein mit rothem Schwanz und ...	K	... langem Brustlatz (langer Trivialname), K: Frisch T. 20.

Graukehlein schwarz verbrehmt mit …	K	… halbrothem halbschwarzem Schwanze (Langer Trivialname).
Halbrothschwanz	Be2,Do,N	Naumann: Weißsternig.
Italiänische Nachtigall	Be1	
Italienische Nachtigall	N	Weißsternig
Jungfernmeise	Krü	
Karlsvogel	Do,N	„Königlich" azurblaue Farbe der Kehle.
Käsemeise	Krü	
Knechtvügelken	Suol	
Lappländisches Blaukehlchen	N	Naumann: Rotsternig, Naumann 13/387.
Mehlmeise	Krü	
Merlmeise	Krü	
Nachtigallenkönig	Do	Wegen schönem Gesang, weißsternig.
Nachtigallkönig	N	Naumann: Weißsternig.
Ostindische Nachtigall	Be1,N	Naumann: Weißsternig.
Östliches Blaukehlchen	N	Rotst., Naumann 13/387.
Pimpelmeise	Krü	
Pinelmeise	Krü	
Rothkehlchen von Gibraltar	Be2,N	Naumann: Weißsternig.
Rothschwaenzlein mit halbrothen …	Fri	… halbschwartzen Schwanz (Langer Trivialname).
Rothschwanz	Be2,N	Naumann: Weißsternig.
Rotsterniges Blaukehlchen	H	Naumann: Rotsternig, 13/387.
Säbysche Meise (Südermland)	Krü	
Schildnachtigall	Be1,Do,N	Schild: Weißer Kehlfleck.
Schwedische Wassernachtigall	Do	
Schwedisches Blaukehlchen	N	Naumann: Rotsternig, 13/387.
Sibirisches Blaukehlchen	N	Naumann: Rotsternig, 13/387.
Silbernachtigall	Do	
Silbervogel	Be2,Do,N	Naumann: Weißsternig.
Spiegelvogel	Buf,V	
Spiegelvögelchen	Be1,Do,N	Naumann: Weißsternig.
Spiegelvögelein	Fri	Weißer Flügel glänzt wie poliertes Silber.
Tundrablaukehlchen	B	A. Brehm: Rotsternig (aus schwed. Blauk.).
Wasser-Nachtigall	P	
Wassernachtigal	Be2,Buf,N,V	Naumann: Weißsternig. Brut: Feuchtbiotop.
Weckflecklein	Be1,GesH,N	Naumann: Weißsternig.
Wegfleck	Suol	
Wegflecklin	Buf,Do,GesS,Suol	Wurde auf Wegen gesehen, weißsternig.
Weidenguckerlein	Be1,Do,N	Naumann: Weißsternig.
Weißsternblaukehlchen	B	
Weißsterniges Blaukehlchen	H	Weißsternig, 13/387.
Witt Blu'-Hemmel-Fink	N	Weißsternig
Wolffsches Blaukehlchen	N	Wolff.
Wolfsches Blaukehlchen	B	Weißer Spiegel fehlt.
Zweiter Rotschwanz	N	Weißsternig
Zweyter Rotschwanz	Be2	Weißsternig

Blaumeise (Parus caeruleus)

Bennmeise	Suol	
Bienenmeise	B	
Bienmeise	Be2,Do,GesH,N	„... Darumb/weil sie Bienen frißt."
Bin Meise	Schwf	
Binmeise	Be,Buf,Suol	„... Darumb/weil sie Bienen frißt."
Blaakop (dän.)	H	
Blaameise (dän.)	H	
Blaauwmeesje (holl.)	H	
Blagmeesk	Do	
Blagmeise	Do	
Blâmeis	Suol	
Blaomeise	Suol	
Blau-Maise	Fri	
Blau-Meise	Kö,N,P	
Blau-Meisse	G,P,Z	
Blaue Meise	Be2,Buf,N	
Bläuele	Suol	
Blauhedschn	Suol	
Blauköpfel	Do	
Bläule	Do	
Blaumas	H	
Blaümeis	Suol	
Blaumeise	Ad,B,Be1,Buf,GesH... ...K,H,Krü.O1,P,V; K: Frisch T. 14.	
Blaumeislein	Buf,K	
Blaumeiß	Buf	
Blaumeißlein	GesH	
Blaumillermeise	Be	
Blaumüller	B,Be1,Buf,Do,... ...Krü,N,V;	
Blaw Meißlin	Schwf,Suol	
Blawerl	Hö	
Blawmeise	Suol	
Blawmeiß	GesS,Suol	
Blawmeseke	Suol	
Blawmeyse	Suol	
Bleimeise	Do,N	
Bleymeise	Be1,Krü	
Blöberl	Do,H	
Blobmeise	Do,H	
Bloomeise	Do	
Bloritschn	Suol	
Bümbelmeise	B,Do	
Bümpelmeise	Be2,N	Lautmalend, hell klingender Gesang.
Bymeiß	Buf	
Bymeisse	GesS	
Bymeyse	Suol	
Hampmêse	Suol	
Handmêse	Suol	
Hanfmeise	Suol	
Himmelmeis	Suol	

Himmelmeise	B,N	Blaue „Himmels"-Farbe des Vogels.
Himmelmês	Suol	
Himmelsmeise	Do	
Hundsmeise	N,Be2,Do,N	Bezeichnet das Gemeine gegenüber d. Edleren.
Jungfermeise	B,Be1,N	… Zartes, weichliches Wesen.
Jungfernmeise	Buf,Do,Krü	
Kæsemêse	Suol	
Kæsemêseke	Suol	
Käsemeischen	Buf,K,Suol	K: Frisch T. 14.
Käsemeise	Ad,Be1,Krü,N	„… Weil sie gern Käse speiset."
Käsmeise	Do	
Kudermeis	Suol	
Lohfinke	H	
Meel Meise	Schwf	
Meelmeese	Suol	
Meelmeise	K	
Meelmeiß	GesS	
Meelmeisse	GesS	
Meelmeyse	Suol	
Meelmeyß	Suol	
Mehl-Meiße	G	
Mehlmeise	Ad,B,Be1,Buf,Do,…	…Krü,N,Suol;
Mehlmeiß	Buf,GesH	Weil der Kopf wie gepudert aussieht.
Merlmeise	B,Be1,Do,Krü,N	
Müllermeise	Do	
Pimpel (holl.)	H	
Pimpel Meise	Schwf	
Pimpelmees (holl.)	H	
Pimpelmeese	Suol	
Pimpelmeise	Ad,B,Be1,Do,K,…	…Krü,N; K: Frisch T. 14.
Pimpelmeiß	Buf,GesS	Lautmalend, hell klingender Gesang.
Pimpelmeyß	Suol	
Pinelmeise	Be1,Buf,Krü,N	Bedeutet Bienenmeise.
Pirolmeise	Be97	
Pumpelmeise	Be,Do,N	Hämmern an Baumrinde: Nahrungssuche.
Pümpelmêsk	Suol	
Pynmaiß	Hans Sachs,Suol	Bedeutet Bienenmeise.
Ringelmeise	B,Be2,Do,N	Ringeln von klingeln: Stimme.
Säbysche Meise (Südermland)	Be1,Krü	
Zümbelmeise	Do	

Blaumerle (Monticola solitarius)

Blaivögeli	Suol	
Blau-Amsel	O2	
Blau-Merle	H,N	
Blauamsel	B,Be,Buf,Do,…	…Krü,N; Wurde für Drossel gehalten.
Blaudrossel	B,Do,O3	
Blaue Amsel	Buf	
Blaue Drossel	Be,N	
Blaue Gesangdrosel	Buf	

Blaue Merle	Be,Buf	Wurde für Drossel gehalten.
Blaue Steindrossel	N	
Blauer Einsiedler	Be,Do,N	
Blaumerle	B	Heißt so durch Naumann.
Blauvogel	B,Buf,N,Suol	Als „blaifögeli" aus d. 15. Jh bekannt.
Blauziemer	Ad,Do,N	Wurde für Drossel gehalten.
Blawe Steinamsel	GesS	Bewohnt keine hohen Gebirgslagen.
Blawvogel	Ad,Buf,GesS,Suol	
Bleifarbene Amsel	Buf	
Einsahme Drossel	K	
Einsame Amsel	Buf	
Einsame Drossel	Ad,Buf,K,N	Lebt einsam, unnah zu anderen Vögeln.
Einsamer Spatz	B,Do	
Einsamer Sperling	Buf,N	
Einsiedler	B	
Gebirgsamsel	B,N	Bewohnt mittlere Gebirgslagen.
Grawe Steinamsel	GesS	
Hogamsel	N	
Italienische Drossel	N	Ziemlich häufig in Oberitalien.
Kleiner Blauziemer	Be,Buf,N	
Kotamsel	GesS	
Manillische Drossel	N	Nach Vorkommen auf Philippinen.
Slegur	N	Korr.: Stegur: falsch. Richtig: Slegur.
Speendrossel	Buf	
Spreedrossel	K	
Sprehdrossel	Ad	
Stegur	N	
Steinamsel	Buf,GesS	
Steindrossel	Be	
Tiefsinnige Drossel	N	Nach dem Gesang.

Blauracke (Coracias garrulus)

Birck-Häher	P		
Birck-Heher	Fri		
Birckheher	K		
Birk	Do		Name nicht falsch.
Birken-Heher	Buf		
Birkenhäher	Krü		
Birkhäher	Krü,V		
Birkheher	Be1,Buf,Do,K,…	…N,O1,Z;	K: Frisch T. 57.
Blabarack	Krü		
Blabrack	Be1,Do,N,Suol		Belegt seit 1746.
Blagracker	Do		
Blaograok	Suol		
Blarack	G		
Blau Krähe	P		
Blau-Racke	H		
Blau-Rake	N		
Blaue Holzkrähe	Be1,Krü,N		
Blaue Kräge	N		

Blaue Krähe	Be1,Buf,Do,N,Suol	
Blaue Raake	K,Suol	K: Frisch T. 57.
Blaue Rack	Fri	
Blaue Racke	Be,Fri,N,O2,V	
Blaue Rake	Buf,Krü	
Blauer europäischer Häher	Krü	
Blauer Rabe	Be1,Do,N	
Blauer Racker	O1,Suol	
Blauhäher	Do,N	
Blaukrähe	B,Buf,Krü,P,Suol	
Blaurack	Be1,Krü,N	Blauracke 1788 bei Blumenbach.
Blauracke	O3	Racke imNamen entstand aus Ruf.
Blauracker	Suol	
Blaurak	Buf	
Blaurake	B,Krü	
Blaurock	Be1,Do,Krü,N,Suol	
Curländischer Papagei	N	
Curländischer Papagey	Be2	
Deutscher Papagei	Do,Krü,N	Nach Gefieder.
Deutscher Papagey	Be1,Buf,Schwf,K	K: Frisch T. 57.
Europäischer Racker	Be1,N	
Europäischer Raker	Buf	
Galgen Regel	Schwf	
Galgen-Regel	Buf	
Galgenrackel	Do	
Galgenräkel	Krü	
Galgenreckel	Be2,K,N	
Galgenregel	Be1,GesSH,Suol	
Galgenrekel	K	
Galgenvogel	B,Be,Do,N	Frißt Aas, siehe bei Kolkrabe.
Gals Kregel	Schwf	
Gals-Kregel	Suol	
Galskregel	Be	
Galskregl	K,Krü	
Garbenkrähe	B,Be,Buf,Do,… …Krü,N,Suol;	
Garrulus	GesS	
Gelskregel	Buf	
Gelsregel	Be1	
Gelsvogel	Be,Do,N	Gels- von gellen, Ruf.
Gemeine Racke	Be2,N	
Gemeiner Birkheher	Be97	
Goldkrähe	Krü	
Goldkrähe	B,Do,Krü	Nach Gefieder.
Golkregel	Do	
Golkvogel	B,Do	Golk bedeutet Rabe.
Grünkrähe	B,Be1,Do,Krü,… …N,Suol;	Nach Gefieder.
Halckregel	GesSH,Suol	
Halk-Regel	Buf	
Halsregel	Be1	

Halsvogel	B,Be,Do,N	
Heiden Elster	Schwf	Ohne Bindestrich.
Heiden-Elster	Buf	
Heidenälster	Krü	
Heidenelster	B,Be1,Do,GesSH,N	Nach Biotop: Heideartig, trocken.
Helk	O1	
Helkregel	Be1	
Helkvogel	B,Be,Do,N	
Hellblauer Häher	Krü	
Heydenelster	Suol	
Holtz Krae	Schwf	
Holzkrache	Be2,N	Name von Bechstein. KN?
Holzkrae	Be	
Holzkrähe	Do	
Holzkregel	Suol	
Krichel	O1	
Kriechälster	Krü	
Kriechelelster	Be1,N	Lautmalend.
Kriechelster	Do	
Krig-Elster	GesH	
Krigelelster	GesS	Eber und Peucer 1552, Stimme.
Krigelster	Suol	
Küchenelster	B,Do	Ableitung A. Brehms von Kriechelelster?
Kugel Elster	Schwf	
Kugelälster	Krü	
Kugelelster	Be1,Buf,Do,N	Wie Krigel- und Kriechelelster.
Kurländischer Papagei	H	Wegen Vorkommens v. Pommern bis Baltikum.
Kurländischer Papagey	Be	
Lederfarbiger Birkheher	Be1,Buf,N	Nach Gefieder.
Mandel Krahe	Schwf	
Mandel-Krähe	Fri,Suol	Mandel: Getreidegarbe.
Mandelhäher	Krü,N	
Mandelheher	B	
Mandelkrahe	Suol	
Mandelkrähe	B,Be1,Buf,Do,... ...Fri,K,Krü,N;	K: Frisch T. 57.
Mandelkrei	Do	
Mandeltaube	Krü	
Mantel-Krahe	G	
Mantelkrähe	O1,V	Name oft gebraucht, von Mandelkrähe.
Markolf	Krü	
Meer-Häher	Suol	
Meer-Heher	Buf	
Meergratsch	Suol	
Meerhäher	Do,GesS,Krü,P	„... Weitgehende Unkenntnis über ihn."
Meerheher	B,Be1,Hö,N	Bedeutung fremd und sporadisches Auftreten.
Nußheher	Be,N	
Plauderracker	Do	
Plauderrackervogel	Krü	
Plauderrackervogel	Be1,Krü,N	Hoffmann: Name unpassend.

Poller	Do		
Raake	Be1,N		
Rache	Be1,Buf,Do,…	…Schwf,Suol;	Seit 1603 bei Schwenckfeld.
Racher	Be,Buf,N		
Racke	Be,Krü,N,Suol		
Racker	Be1,Buf,Do,K,…	…Krü,N,Suol;	Angelehnt an Schimpfnamen „Racker".
Rackervogel	Be1,Do,Krü,N		K: Frisch T. 57.
Rak	Krü		
Rake	Be,Krü,N		
Raker	Buf,Krü		
Reckel	O1		Von Racke.
Roller	Be1,Buf,GesSH,…	…N,O1,Suol;	Seit 1541, Straßb. Vogelbuch.
Röller	GesS		Name wegen seiner Flugspiele.
Ruch	Krü		
Strasburger Krähe	Buf		
Straßburger Häher	Krü		
Straßburger Krähe	Do,Krü,N		
Strassburger Krähenspecht	H		
Straßburgerkrähe	Be1		
Straßburgischer Heher	Buf		Wohl von Vogelhandel um 1450.
Teutscher Papagey	GesH,K		
Teütscher Papagey	Suol		
Ungarischer Häher	GesS,Suol		
Ungarischer Heher	Hö		
Waitzheher	Hö		Höfer 2/247, von Weizen?
Weitzheher	Hö		Höfer 2/247, von Weizen?
Weizhäher	Suol		
Welscher Häher	GesS		
Wilde Atzel	GesH		
Wilde Goldkrähe	Be1,Buf,K,N		K: Frisch T. 57, nach Gefieder.
Wilde Holtz-Krähe	GesH		
Wilde Holtzkrae	Suol		
Wilde Holzkrae	GesS		

Bluthänfling (Carduelis cannabia)

Artje	Suol		
Artsch	Suol		
Artsche	B,Be1,Buf,Do,…	…N,Suol;	Niederdt. Bezeichnung (= die A.!).
Baumhänfling	Do		
Berghänfling	Be2,N		
Blaudartsche	Suol		
Blut-Hänfling	N		
Blutartsche	Do,H		Blut- nach Gefieder.
Blutfink	Fri		
Blutgschößle	Do,H		
Bluth Hänfling	Fri		

Bluthänfling	Ad	
Bluthänfling	B,Be1,Buf,Fri,H,…	…K,Krü,O1,V; K: Frisch T. 9.
Bluthroter Hänfling	Be	
Bluthrother Brustling	K	
Blutrother Brüstling	Be1,Buf,N	Be1: Blutroter Brüstling.
Blutrother Brüstling	Ad	
Blutthänfling	K	
Brauner Hänfling	N	
Braunhänfling	Be1,Buf,Do,N	Nach Rückengefieder.
Brüstling	Ad	
Canarienhänfling	Be2,N	
Ertsche	Suol	
Ertseke	Suol	
Fanelle	Hö	Aus Italien, dort fanello, faganello.
Fanellen	Do,H	
Flachs Fincke	Schwf	
Flachsfinck	GesS	
Flachsfink	Be1,Buf,Do,Fri,…	…K,Krü,N,Suol,V; K: Frisch T. 9.
Flachsfink	Ad	
Flachsfinke	Buf	
Flachßfinck	GesH	
Flacksfinck	K	
Flacksfinckle	Suol	
Flasfink	Suol	
Flassfinke	Suol	
Fluesfenkelchen	Suol	
Fornelle	Do,H	
Gelbbrüstiger Hänfling	Be2,N	Naumann: Seltene Variationen.
Gelber Hänfling	Be1	
Gelbhänfling	Be,Do,N	
Gemeiner Hänfling	Be1,Buf,N,O1	
Geschößle	Do	
Gintel	O1	
Gintlin	Suol	
Graahänfling	Do	
Graairisk (dän.)	H	
Grau-Iritsch	Do	
Grauartsch	Suol	
Grauatze	Do,H	
Grauer	Do	
Grauer Hänferling	N	Betrifft vor Männchen.
Grauer Hänfling	Be2,Fri,N	Frisch: juvenil, männlich.
Grauhänfling	Be,Buf,Fri,H	
Grauiritsch	Suol	
Grohenfterling	Suol	
Großer Hänfling	Be,Hö,N	Klein: Birkenzeisig.
Größerer Rothkopf	Be,N	Klein: Birkenzeisig.
Gschößle	H	
Gyntel	Be1,Buf,Do,O2,Suol	Straßburger Dialektname.
Hämperling	Do,Suol	

Hämpferling	Suol	
Hampflch (!)	Suol	
Hämpfling	Be1,Buf	
Hämpling	Do,H,Suol	Hennicke: Schwedisch.
Hämplink	Suol	
Hanefel	Suol	
Haneferl	Suol	
Hanefferl	Be1,Buf,N	In der Steiermark.
Hänfelein	Suol	
Hanfer	B,Do	
Hanferle	Do,H	
Hänferling	Do,Fri	Haneffinke (mhd.) seit 1511 belegt.
Hanffink	B,Be1,Do,Krü,… …N,Suol;	
Hanffink	Ad	
Hänffling	G,GesH,P	Hanepvinke (mnd.) seit 1511 belegt.
Hänflick	Do,H	
Hänfling	Buf,Kö,Krü,O2,… …P,Suol,V,Z;	Bedeutet „Hanfsamenfresser".
Hanfmeise	Do,H	
Hanfvogel	B,Be,Do,N	
Haniferl	Do	
Hanifl	Do,H	
Hanöferl	Suol	
Heidenhemffling	Suol	
Heidenhempfling	GesS	
Hemperling	B,Be,N,Suol	Aus Hänfling.
Hempferling	Be	
Hemplühnke	Suol	
Hemplüning	Suol	
Henffling	GesS,Schwf,Suol	
Henfling	GesS	
Henfterling	Suol	
Hennipvink (holl.)	H	
Heydenhänffling	GesH	
Irdisk	Do,H,Suol	Hennicke: Helgoländisch.
Irisk (dän., norw.)	H,Krü	
Iritsch	Suol	
Kanarienhänfling	N	
Karminhänfling	Be1,Buf	
Kneutje (holl.)	H	
Konoplänka (russ.)	Buf	
Kraut Henffling	Schwf	
Krautfink	K	K: Frisch T. 9.
Krauthänfling	Ad	
Krauthänfling	B,Be1,Buf,… …Fri,Krü,N;	Entstand aus Grauer Hänfling.
Krauthenffling	K	
Krauthenfling	GesS	
Lein-Fink	Z	
Leinfinck	GesH	

Leinfincke	Schwf	
Leinfink	Be,Buf,Do,Fri,… …N,O1;	
Leinfink	Ad	
Leinhänfling	Be1	
Lemplünke	Krü	
Lerchengeschoß	Be	
Linaria	GesS	
Lüne	Krü	Lüne ist „eigentlich" ein Haussperling.
Lünink	Krü	
Lünke	Krü	
Lynfinck	GesS,Suol	
Mehlhänfling	B,Be,Do,N	Weißliche Variationen bei Weibchen.
Quitter	Be	
Rotblattel	Do	
Rotblattl	H	
Rotbosthänfling	Do	
Rotbrüster	Be,N	
Rotbrüstiger Hänfling	Be2,N	
Rotbuster	Do	
Roter Hänfling	Be1	
Rothänfling	Be1,Do	
Rothböster	Be,N	Bedeutet Rotbrüster.
Rothbrüstel	O1	
Rothbrüster	B	
Rothbrüstiger Hänferling	N	
Rothbrüstiger Hänfling	P	
Rother Hänfling	Buf,N,P	
Rothhänfling	Ad	
Rothhänfling	B,Krü,N	
Rothkopf	B	
Rotkopf	Do	
Rotpriester	Do	
Rubin	B,Be,Do,GesH,… …N,Suol; Rubin wegen roter Stirn, Brust.	
Rubîntje	Suol	
Rübsenfink	Do,H	
Ruthänflich	H	
Saatfink	Be2,Do,H,N	Nahrung.
Schösserlein	Ad	
Schösserlein	Krü	
Schößle	Do,H	
Schößlein	Ad	
Schößlein	GesH,Krü	
Schößlin	GesS	
Schößling	Be,Do	
Schößzling	N	
Schußerl	Do,H	
Schußvogel	Do	
Schußvogerl	H	
Steinhänfling	Be,Buf,N Variation im Gebirge d. Provinz Derby, England.	

Stockhänfling	Be,Do,N	Name entstand aus brasilianischer Art.
Straßburger Hänfling	Be1	Variation oder Weibchen des Bluthänflings.
Straßburgischer Hänfling	Buf	
Tornirisk (dän., norw.)	H	
Tuckert	Do,H	
Wästrik (estn.)	Buf	
Wein-Rothhänfling	Buf	
Weinhänfling	Buf,Krü	
Weißhänfling	Be,Do,N	Weißliche Variationen bei Weibchen.
Zibeber	Do,H	
Ziegelhänffling	GesH	
Ziegelhänfling	Ad	
Zigelhemffling	Suol	
Zigelhempfling	GesS	

Bobolink (Dolichonyx oryszivorus)

Bobolink	H
Paperling	H
Reisstärling	H
Reisvogel	H
Riedvogel	H
Wandernder Reisvogel	H

Bonapartemöwe (Chroicocephalus philadelphia)

Bonarpartes Möve	H

Brachpieper (Anthus campestris)

Brach-lerche	Buf	
Brach-Lerche	Fri	
Brach-Pieper	N	
Brachbachstelze	Be2,Do,N	Von Bechstein.
Brachlerche	Ad,B,Be1,Buf,Do,… …Hö,Krü,N,V,Z;	
Brachpieper	B,Be2,Fri,H,… …O1,V;	„Brachpieper" ist KN von Bechstein.
Brachpiper	O3	
Brachspitzlerche	Do,H	
Brachstelze	B,Do	A. Brehm verkürzte Brachbachstelze.
Braunfalbe Lerche	Be1,Buf,N	
Feldbachsteltze	P	
Feldbachstelze	Be2,Krü,N	
Feldlerche	Be1,Buf,N	Noch Ende des 18. Jh. zu Lerchen gezählt.
Feldpieper	Do,H,V	
Feldstelze	B,Do,Krü	
Florentinische Lerche	Be	
Gefleckter Steinschmätzer	Do	
Gereut Lerche	Buf	
Gereuthlerche	Be2,N	Aufenthalt in jungen Schlägen.
Gereutlerche	Buf,Do,Fri,Krü	
Gickerlein	Be2,Do,N	Gicken bedeutet piepen.
Gickerlin	Buf	

Graue Bachstelze	Be1,N	
Graue Lerche	Be2,N	
Greinerlein	Be2,Do,N	Bezieht sich lautmalend auf Stimme.
Greinerlin	Buf	
Grien voegelin	Buf	
Grienvögelein	Be2,Do,N	
Guckerlein	Be1,Buf,Do,N	Gucken bedeutet wie gicken piepen.
Gückerlein	Be	
Guckerlin	Buf	
Heidelerche	Ad,Be2,N	Noch Ende d. 18.Jh. zu Lerchen gezählt.
Hüfter	B,Do	
Hüster	Be1,Do,N	
Jickerlein	Do	
Kothlerche	Be1,Buf,Hö,...	...Krü,N,P,Z; Farbe gleicht Erde.
Kotlerche	H	Bei Hennicke, Naumann original: Kothlerche.
Krautlerche	B,Be2,Buf,Do,...	...Krü,N; Kraut ist aus Gereut „verderbt".
Krautvogel	Krü	
Kreutvogel	Fri	
Löwerke	Be1	
Lürerke	Be	
Lütj Brief	Do	
Sandlerche	Do	
Spieslerche	Buf	
Spießlerche	Be2,Do,N	„... Spießweise", zu 8 Stück, verkauft.
Spinolette	Be	
Spipolette	Buf,Krü	
Steinlerche	Ad,Krü	
Stöpling	Be2,Buf	
Stoppellerche	Do	
Stoppelvogel	B,Be2,Buf,Do,N	Von Stoppelfeldern.
Stöppling	B,Do,N	
Uferlerche	Krü	
Weißbäuchige Lerche	Be2,N	
Wiesenlerche	Be97	Noch Ende des 18. Jh. zu Lerchen gezählt.
Zipplerche	Krü	

Brandgans (Tadorna tadorna)

Bargander	Tu	Bergente. Berg ist oft Düne.
Bergander (angels.)	Buf	
Bergeend (holl.)	H	
Bergente	B,Be1,Buf,Krü,N	Nistet in Kaninchenhöhlen in Dünen.
Brand-Ente	N	Gefiederteile erinnern an verbrannt.
Brandente	B,Be1,Do,H,...	...Krü,O1,V;
Brandgaas (dän.)	H	
Brandgans	B,Be1,Buf,H,O1	
Braunköpfficht Endte	Schwf	
Burroughduck	Buf	Englisch: Kaninchenente (wegen Höhlen).
Damiatische Aente	Buf	Damiat: Stadt und Gemeinde in Algerien.
Erdente	B,Do,N	

Erdgans	B,Be2,Buf,Do,… …Krü,N;	
Fager-Giäs	Buf	Norwegisch, Pontoppidan.
Fagergaas	Buf	Dänisch, Pontoppidan.
Fuchs Endte	Schwf	
Fuchsänte	Buf	
Fuchsente	Buf,Do,N,V	Früher: Vertreibt auch Füchse.
Fuchsgans	Be1,Buf,Do,Krü	
Höhlenente	B,Do,Krü,N	Nistet in Kaninchenhöhlen in Dünen.
Höhlengans	Do	
Indianische Ent	GesH	
Kaninchenente	Buf	Im Englischen.
Krachende Ente	Be2,Fri	Abgeleitet aus graben/Graben.
Kracht-Ente	Fri	
Krachtente	B,Be2,Do,Fri,… …N,V;	Gracht bedeutet Graben.
Krachtgans	B,Do,Fri,N	Andere Meing: „Krachende" Stimme.
Lochente	B,Do,N	
Lochgans	B,Be2,Buf,Do,N	
Ringelgans	Be2,Buf	
Ringgaas (norw.)	H	Bedeutung: Bunte Ente.
Scheldrak	Do,N	
Schieldrake	Buf	
Shieldrake (engl.)	H	
Vulpanser (engl.)	Buf	
Wühlente	B,Do,N	
Wühlgans	B,Be1,Buf,O1,N	Bearbeitet Erdlöcher, Höhlungen u. a.

Brandseeschwalbe (Sterna sandvicensis)

Brand-Meerschwalbe	N	
Brand-Seeschwalbe	H	
Brandmeerschwalbe	N,O3	„Brand" – kommt von Brandung.
Brandseeschwalbe	B,N	Aus Naumanns Brandmeerschwalbe.
Cap'sche Meerschwalbe	N	
Cap'sche Sandwich-Meerschwalbe	N	
Cayennische Meerschwalbe	N	Sandwich: Ort im englischen Kent.
Cayennische Sandwich-Meerschwalbe	N	
Gestreifte Seeschwalbe	Buf	
Größere Seeschwalbe	K	
Haffpicker	B,N	Im Haff ist Nahrung.
Haffzicker	Do	Druckfehler?
Kamtschatkaische Meerschwalbe	Be2,N	Name von Pennant.
Kamtschatkaische Sandwich-Meerschwalbe	N	
Kentische Meerschwalbe	Be2,Buf,N	Nach dem Ort Sandwich in Kent/England.
Kentische Sandwich-Meerschwalbe	N	
Kentische Seeschwalbe	Buf,Do	

Kerr (helgol.)	H	
Kleine stübbersche Kirke	Be2,N	Nach damaliger kleiner Ostsee-Insel Stübber.
Kleinere Stübbersche Kirke	Be1,Buf,Krü	„Kirke": Lautmalung, nach Rufen.
Meerschw. m. brandgelber Schnabelspitze	N	
Mexicanische Sandwich-Meerschwalbe	N	
Mexikanische Meerschwalbe	N	
Sandwich-Seeschwalbe	Do	
Schwarzkopf	K	Klein/Reyger – Text.
Schwarzschnäbelige Meerschwalbe	H	
Schwarzschnäblige Meerschwalbe	Be2,N	Name von Bechstein (1809).
Seeschwalbe mit brandgelber ...	N	... Schnabelspitze (langer Trivialname).
Stäbbersche Meerschwalbe	Krü	
Stübberische Seeschwalbe	Buf	
Stübbersche Meerschwalbe	Be1,Krü,N	
Stübbersche Sandwich-Meerschwalbe	N	
Taubenförmiger Fischervogel	Be	Vogel ist Fischer und ringeltaubengroß.
Taubenförmiger Fischvogel	Be2,N	
Weißgraue Meerschwalbe	N	
Weißliche Meerschwalbe	N	

Braunbauchflughuhn (Pterocles exustus)

Felsentaube	H	Von den Europäern in Indien so genannt.
Wüstenflughuhn	H	

Braunkehlchen (Saxicola rubetra)

Andere Art Großer Fliegenfänger	Fri	
Batis	Tu	„In Latin called Rubetra".
Braunellert	B,Be1,Do,Krü,N	Nach Gessner 1555: „Prunella".
Brauner Fliegenvogel	Be2,Krü,N	
Braunkehlchen	Ad,B,Be1,Buf,Krü,...	...N,O1,V; Name von Müller 1773.
Braunkehlige Bachstelze	Hö	
Braunkehlige Grasmücke	N	
Braunkehliger Fliegenvogel	Krü	
Braunkehliger Steinsänger	N	
Braunkehliger Steinschmätzer	Be1,Krü,N,V	„Schmätzer" oft der U. F. Drosseln zugeordnet.
Braunkehliger Wiesenschmätzer	H,N,O3	
Bräunlicher Fliegenvogel	Be1,N	
Bräunlichter Fliegenvogel	Buf	
Brûnbrüstli	Suol	
Brunkelken	Do	
Bürstner	Suol	

Erdvogel (helv.)	H	
Fliegenschnäpper	Ad,Be2,Buf,Krü,N	
Fliegenspießer	Ad	
Fliegenstecher	Ad,Be1,Buf,Krü,N	„Fliegenstecher": versch. kleine Sangvögel.
Fliegenstrecker	Do	
Fliegenstreckerlein	Krü	
Fliegenstreckerlein	Be1,Krü,N	Wie Fliegenstecher.
Fliegenvogel	Ad,Do	
Flugen stakerle	Buf	
Flugen stakerlin (= Fliegen-?)	Buf	
Gelbkehlchen	Be,Krü	
Gestattenschlager	Be2,N	Gestatten: Künstliche Ufer, Dämme.
Gestattenschlinger	Be1	
Gestettenschlager	Be,Hö	Höfer: Kramer 1756.
Gestettenschläger	Buf	
Grâspillo	Suol	
Grasrätsch (helv.)	H	
Graß-Mücke	G	
Graß-Röthling	P	
Großer Fliegenfänger	Z	Nach Frisch.
Grotjochen	Do	
Gstattenschläger	Do	
Jipjäppchen	Suol	
Jodek	Suol	
Kapper (helgol.)	H	
Keivilchen	Suol	
Kleiner Steenpicker	H	
Kleiner Steinpicker	Be2,Krü,N	„Großer Steinpicker": Steinschmätzer.
Kleiner Steinschmatzer	Be,Hö	
Kleiner Steinschmätzer	Ad,Be1,Buf,Krü,…...N,O1,Z;	Suolahti: Aus Stimme.
Kohlvögelchen	B,Be1,Do,Krü,… …N,V;	„Kohlvögelchen" war verbreitet.
Krautlerche	B,Be1,Do,Krü,N	
Krautvogel	Be2,Krü,N,Suol	
Krautvögelchen	Be1,H,Krü,O2	Hennicke: In der Schweiz.
Krautvöglein	Do	
Krûtvögeli	Suol	
Nässelfink	Be,Krü	
Nesselfink	Ad,Be1,Buf,Do,… …Krü,N:	
Nesselstuk	Ad	
Nettelkönig	Do	
Noesselfinke	Buf	Name (schles.) schwer deutbar.
Nosselfink	Ad,Krü	
Noßelfink	Buf	
Nösselfinke	Be1,N	Nessel: Kleines, unruhiges Mädchen.
Pestilenzvogel	Ad,Krü	
Pfaffchen	Buf	Von weitem Rücken wie braune Kutte.
Pfäffchen	Ad,Be1,Do,Hö,… …Krü,N;	
Röthling	Be1,Krü,N	

Schwarzbraunes Braunkehlchen	Be1,Buf,Krü,N	
Steenpicker	Be2,Krü,N	
Steinbeißer	Be97	
Steinflatsche	Krü	
Steinfletsch (helv.)	H	
Steinfletsche	Ad,Be1,Buf,K,... ...Krü,Suol;	K: Frisch T. 22.
Steinfletscher	N,Suol	Suolahti: Aus Stimme.
Steinfletscher	Suol	
Steingall	Ad,Krü	
Steinklatsche	Ad,Krü	
Steinpatsche	Ad,Be,Buf,Krü,N	Suolahti: Aus Stimme.
Steinpatscher	K,Suol	K: Frisch T. 22.
Steinschmack	Ad,Krü	
Steinschmatz	Ad,Krü	
Steinschmätzer	Krü	
Steinschmatzerle	Ad	
Strefmännchen	Suol	
Strimpetsche	Be1	
Todenvogel	Be1	
Todten vogel	Buf	
Todtenvogel	Ad,Be2,Buf,Krü,... ...N,O1;	
Totenvogel	H	
Totenvögelchen	Do	
Wiesenfletsch	Do	
Wiesenquitscher	Do	
Wiesensteinpicker	Do	
Wiesenvögeli (helv.)	H	
Wisegimchen	Suol	
Wisepillo	Suol	
Wisevilchen	Suol	

Braunkopfammer (Emberiza bruniceps)

Braunkehliger Ammer	H

Braunliest (Halcyon smyrnensis)

Braun-Liest	H
Krabbenstecher	H
Smyrna-Eisvogel	H

Brautente (Aix sponsa)

Amerikanische Sommerente	Be2,Buf	Amerikanische Ente, Winter in Mittelamerika.
Baumente	Be2	Brütet in Baumhöhlen.
Braut	Buf	
Braut-Ente	H,O2	
Brautente	B,Be2,Krü	Erpel so schön wie eine Braut vor der Hochzeit.
Karolinenente	B,H	Vorkommen im Staat Carolina.
Luisianische Haubenente	H	Golf von Mexico, Überwinterunggebiet.
Plümageente	Be2	
Plümagenente	Buf	

Plümente	Be2,Buf,K,O1	Plume: französisch Feder. 2 hängen v. Kopf.
Plümente aus Amerika	Be2,Buf	K: Edwards T. 101.
Schöne Zopfänte	Buf	
Sommer-Ente	O2	Siehe oben: Amerikanische Sommerente.
Sommeränte	Buf	
Sommerente	Be2,Buf,Krü	

Brillenente (Melanitta perspicillata)

Brillen-Ente	H,N	
Brillenente	B,Be1,Buf,O1	Schwarzer Schnabelfleck …
Brillentauchente	N	
Brillentrauerente	N	Weil große dunkle Ente.
Große schwarze Ente aus der Hudsonsbai	N	
Große schwarze Ente aus Hudsonbay	Be2	
Große schwarze Hudsonsänte	Buf	
Schwarze Ente	Be1,Buf,N	
Schwarze Ente mit rotem und …	Be	… gelbem Schnabel (langer Trivialname).
Schwarze Ente mit schwarzem Schnabel	Be	
Schwarze Ente mit schwarzem, …	N	… rothem oder gelbem Schnabel (langer Trivialname).
Schwarze Ente mit schwarzen, …	Be1	… roten und gelben Schnabel (langer Trivialname).
Schwarze Ente mit weißer Platte	Buf	

Brillengrasmücke (Sylvia conspicillata)

Brillengrasmücke	B	Weißer Augenring.
Brillensänger	O3	Brütet in Südeuropa, Nordafrika.

Bruchwasserläufer (Tringa glareola)
Siehe Beitrag in „Die Bedeutung historischer Vogelnamen".

Aschgrauer Strandläufer	Buf	Brisson.
Bachwasserläufer	B	
Brauner Reuter	Buf	
Bruch-Wasserläufer	N	
Bruchwasserläufer	H,O3	
Bunter Wasserläufer	Buf	
Dluit	B	Nach Erregungs- und Warnrufen.
Geelbeinlein	Be2,Buf,K	
Geelfüssel	Be2,Buf,K,Schwf	
Gefleckter Sandläufer	Be2,N,O1	
Gefleckter Strandläufer	Be2,N	
Gelbbeinlein	Be1,Buf,K	
Gelbfuß	Be2	
Gelbfüßiges Wasserhuhn	Be2	
Gelbfüßiges Meerhuhn	Be1	

Getüpfelter Sandläufer	Be,N	
Giff	Do,N,O2	Oken: „… pfeifender Ton giff …".
Grauer Wasserschnepf	Hö	Tringa ochropus.
Großer Wasserschnepf	Hö	Tringa ochropus.
Grünbeinlein	B	
Grünfüßel	B	
Kleiner punktirter Strandläufer	Be2	
Kleiner Strandläufer	N	
Kleiner Wasserläufer	O2	
Kleiner Weißarsch	Be2,N,O1	Weiße Steißfedern.
Kleiner Weißsteiß	Do	
Punktierter Strandläufer	N	
Punktirter Wasserläufer	B	
Rothes Wasserhuhn mit schwefelgelben …	Be2,Buf	… Beinen und Augenliedern (langer Trivialname).
Schmiering	Be2,Buf,K	
Schmirring	Be2,GesH,K,Schwf	Bruchwasserläufer Ochropus magnus, 22 cm.
Schmirrling	Be1	
Schwarzer Strandläufer	Buf	Belon.
Smirring	Buf	
Steingällel	B	-gal: singen, gellen.
Strandbekaßin	Buf	Pontoppidan.
Strandhühnlein	Buf	
Tüpfelwasserläufer	B	
Uferläufer-Kiwitz	Buf	
Wald-Strandläufer	N	
Wald-Wasserläufer	N	
Waldjäger	Be2,KrüN,O1	
Waldstrandläufer	Be2	
Wasserschnepfe	B	
Weißsteiß	B	

Brustbandsturmvogel (Pterodroma leucoptera)

Kurzfüßiger Sturmvogel	H

Buchfink (Fringilla coelebs)

Baukfink	Do	
Bergfink	Ad,Do	
Biergänger	Do	
Binche	GesS	
Blasser Fink	Be1	
Bo-Finke	Buf	
Bochfink (helgol.)	H	
Bofex	Suol	
Bog-Finke	Buf	
Bogfink	Be,N	Nieder-/plattdeutsch.
Bogfinke (dän.)	H	
Bookfink	Do	Nieder-/plattdeutsch.
Bootfink	Be,N	

Borfink (schwed.)	H	
Botfink	Do	
Bräutigam	O1	Nach Art des Finkenschlags.
Buch Fincke	Schwf	Von Buche, Buchecker.
Buch-Fink	N	
Buchfinck	GesSH,Suol	
Buchfink	Ad,B,Be1,Fri,K,... ...Krü,H,O1,Tu,V;	K: Frisch T. 1.
Buchfinke	Buf,Suol	Name seit 13. Jahrhundert bezeugt.
Buechtschippes	Suol	
Bunter Fink	Be1	
Buschfink	Do	
Disderet	Buf	Zuchtname
Dißdered	Kö	Zuchtname
Doideret	Kö	Zuchtname
Doppelschlag	O1	
Dorffink	Do	
Dorpfink	Be,N	
Dörpfink	Be1,N	
Döryfink	Do	
Dotterel	Buf	Zuchtname
Drausspfeifer	Be97	Zuchtname
Dreckfink	Suol	
Dreckjockel	Suol	
Edelfink	B,Do,N,V	„Wegen des guten Schlags".
Eigentlicher Fink	Be2,N	
Eigentlicher und sechsspieglicher Fink	Be	
Feink	Be2,Do,N	
Finck	Buf,G,GesSH,... ...Kö,P;	
Fincke	Schwf	
Fink	Be,Buf,Fri,H,V	Schon in westgermanischen Sprachen.
Finke	Be1,Buf,Do,N,... ...Suol,Z;	
Finkferlink	Suol	
Gartenfink	B,Be1,Buf,Do,... ...N,V;	
Gemeiner Fink	Ad,Be1,Buf,N,... ...O1,Z;	
Groß-Rollender	Kö	Zuchtname
Großrollender	Buf	Zuchtname
Gutjahr	Buf,Kö,O1	Zuchtname
Holzjockl	Do	
Holzjoggel	Suol	
Jacobifink	Be97	Zuchtname
Jopfsfink	Be97	Zuchtname
Kienöl	O1	
Klein-Rollender	Kö	Zuchtname
Kleinrollender	Buf	Zuchtname
Kneife	Buf	
Kotfink	Suol	
Küh-Dieb	Kö	Zuchtname
Kuhdieb	Buf	Zuchtname

Kwinker (holl.)	H		
Lachender	Buf,Kö		Zuchtname
Malvasier	Buf,Kö		Zuchtname
Mistfink	Suol		
Mitsoviel	Buf,Kö		Zuchtname
Musquetier	Buf		Zuchtname
Musquetierer	Kö		Zuchtname
Penkerchen	Suol		
Pfingelster	Buf		Zuchtname
Pfinkelster	Kö		Zuchtname
Pfit	Suol		
Pink	Buf		
Regenfink	Do		
Reiterfink	Do		
Reiterzu	Buf		Zuchtname
Reiterzug	O1		Nach Art des Finkenschlags.
Reitherzů	Buf,Suol		Zuchtname
Reitschier	Do		
RingelFinck	Schwf		
Ringelfink	Be1,Buf,V		Variation mit weißem Halsring.
Ritscher	Buf,Kö		Zuchtname
Rotbuchfink	Do		
Rotfinck	GesS,Suol		„Angenehmes Rostbraun" im PK.
Rothfinck	GesH		
Rotfink	Be1,Do		
Rothfink	B,Buf,N,O1		
Rothfinke	Buf		
Rotte Fincke	Schwf		
Rottefink	Be,N		
Schildfink	B,Be1,Buf,Do,…	…Krü,N;	Schild: Bunte Gefiederfarbe.
Schildfink	Suol		
Schildvink (holl.)	H		
Schinkowitz (krain.)	Be1		
Schlagfink	B,Do		Nach Finkenschlag.
Schubbe (lett.)	Buf		
Sechsspiegel	V		
Sechsspiegelichter Fink	N		
Sechsspiegeliger Fink	Be2,H	Weiße Flecken an je 3 äußeren Schwungfedern.	
Sitzaufrühl	Kö		Zuchtname
Sitzaufthul	Buf		Zuchtname
Sparbarazier	Buf,Kö		Zuchtname
Spiegelfink	Do		
Spreufink	B,Be1,Buf,Do,N		Meint weiß im Flügelgefieder.
Sprottfink	B,Do		Meint weiß im Flügelgefieder.
Stechfink	Be97		Zuchtname
Uebergehender	Buf		Zuchtname
Vierspiegelichter Fink	N		
Vierspiegeliger Fink	H		Weiß an Schwanzfedern.
Waldfink	B,Be1,Buf,…	…Do,N,V;	
Weingesang	O1		Nach Art des Finkenschlags.

Weisser Buchfincke	Schwf	Buchfink – Mutation.
Weisser Fincke	Schwf	Buchfink – Mutation.
Weißer Fink	Be1	
Weitschu	Buf	Zuchtname
Weitschuh	Kö	Zuchtname
Wetterfink	Do	
Wey	Buf	Zuchtname
Wildfeuer	Kö	Zuchtname
Wildsfeuer	Buf	Zuchtname
Wintsch	O1	Aus Fink entstanden.
Wintsche	Be1,Buf,Do,N	
Würzgebühr	Do	
Ziebender	Buf	Zuchtname – Druckfehler?
Ziehender	Kö	Zuchtname
Ziehholzjockel	Suol	
Zitzigall	Buf	Zuchtname
Zizigall	Kö	Zuchtname

Büffelkopfente (Bucephala albeola)

Büffel-Ente	H	
Büffelkopfente	Buf	
Büffelköpfige Aente	Buf	
Büffels-Kopf	K	
Büffelskopf	Buf,K	
Dickkopf	Buf	
Dickköpfige Cardinalsente	Buf	
Dickköpfige Ente	Buf	
Kleine Ente mit purpurfarbenem Kopfe	Buf	Bei Brisson.
Kleine Schellente	H	
Purpur-Köpchen mit weissen Backen	K	
Purpurköpfchen mit weißen Backen	Buf	

Bulwersturmvogel (Bulweria bulwerii)

Bulwer's Sturmvogel	H	1825 auf Madeira von Bulwer entdeckt.
Taubensturmschwalbe	B	Größe wie Turteltaube, Flügel lang.

Buntfuß-Sturmschwalbe (Oceanites oceanicus)

Buntfüßige Sturmschwalbe	H	Gelbe Schwimmhäute.
Meerläufer	B	„Hüpft" über das Wasser.

Buntspecht (Dendrocopus major)

Specht allg. von Suol siehe Schwarzspecht

Aegerspecht	GesH
Aegerstenspecht	GesS,Suol
Aegerstspecht	Buf,GesS,Suol
Aelsterspecht	Buf
Agerstspecht	N
Agesterspecht	Be

Aglasterspecht	Be2,Do,N	
Atzel-Specht	GesH	Atzel-, Agerst-, Aglaster- : Elster.
Atzelspecht	Do,GesSH,N,Suol	Dieser war Gessners Leitname.
Azelspecht	Be2	
Bamhäckl	Do,H	
Bandspecht	B,Do,N,V	Männchen: Querband am Hinterkopf.
Baum-Häckel	Z	
Baumhackel	Do	
Baumhäckel	Be1	
Baumhacker	Do	Alter Name.
Baumhäcklein	P	Pernau: Gilt für alle Spechte.
Baumhäkel	N	
Baumheckel	Z	
Baumhecklein	P	Pernau: Gilt für alle Spechte.
Baumpicker	Do	Alter Name.
Baumreiter	Do,Ma	Deutet auf Lebensweise.
Baumrutscher	Ma	Deutet auf Lebensweise.
Bollenpicker	Do,N	Knospenpicker falsch. Beeren, Nüsse!
Boomhacker	Do	
Bund-Specht	G	
Bundter Specht	Schwf	Name von Schwenckfeld 1603 vergeben.
Bunt-Specht	Fri	K: Frisch T. 36
Bunter Specht	Be,Buf,N	
Bunterspecht	GesSH	
Buntspecht	B,Be1,Buf,Krü,N,…	…O2,V; Name seit 1746 belegt.
Elster Specht	Schwf	
Elster-Specht	Suol	
Elsterspecht	Be1,Buf,GesSH,… …Krü,N,Suol,Tu;	
Elsterspecht	Be1,Buf,GesSH,N,Tu.	Seit 1544 (Turner) ist der Name belegt.
Fleckspecht	Do,H	
Gespregleter Specht	Schwf	
Gesprenckleter Specht	GesH	
Gesprenkelter Elsterspecht	K	
Gesprenkelter Specht	Be1,Do	
Gießer	Do,H	Wetterprophet: Regen.
Grase-Specht	Suol	
Grasspecht	Suol	
Großer Baumhackel	Be,N	
Großer Baumpicker	N	
Großer Buntspecht	Be1,Do,K,Krü,… …N,O1,V; Name war bis ins 20. Jh. üblich.	
Großer Rothspecht	Be,N	
Großer Schildspecht	N	
Großer schwarz- und weißbunter Specht	Krü	
Größerer Buntspecht	Buf,Krü	
Größerer gesprenkelter Specht	Be2,N	
Größerer Rothspecht	Buf,Krü	

Größerer schwarz und weißbunter Specht	Buf,Z	
Größerer Specht	Be1	
Großes Baumhäcklein	P	
Großspecht	Do	
Größter schwarz- und weißbunter ...	Be,N	... Baumhacker (langer Trivialname).
Hackespecht	Do	
Harlekin	Do	
Holtbecker	Do	
Holtbekker (helgol.)	Do,H	Bedeutung: Holzpicker.
Holtfreeter	Do,H	
Holzhacker	Ma	Deutet auf Lebensweise.
Kohlhoahn	Do,H	
Krüzvogel	Suol	
Meisenspechtlen	Suol	
Roth-Specht	G,N	Farben schwarz-weiß-rot.
Rothspecht	B,Ma	Roter Nackenfleck des Männchens.
Rotspecht	Do,H,Suol	Suolahti: Name seit 1521 belegt.
Schildhahn	Ma	Farben schwarz-weiß-rot.
Schildkrähe	Ma	Schild- bedeutet auch bunte Gefiederfarbe.
Schildspecht	B,Do,Ma	Schild- bedeutet auch bunte Gefiederfarbe.
Schiltspecht	Suol,Straßburger...	... Vogelbuch von 1554.
Schnaivogel	Do,H	Wetterprophet: Schneien.
Schwarz und weiß gefleckter Specht	Be,N	
Spechtle	GesS	
Spechtlein	GesH	
Waldspecht	Do	
Weis Specht	Schwf	
Weis-Specht	Suol	
Weißspecht	Be2,Buf,Do,K,...	...Krü,Ma; Farben schwarz-weiß-rot.
Wyßspecht	GesS,Suol	
Ziemer	Suol	
Zimmermann	Do,Ma	Deutet auf Lebensweise.

Buschspötter (Iduna caligata)

Zwerg-Sänger	H
Zwergrohrsänger	H

Chinagrünling (Carduelis sinica)

Sibirischer Grünling	H

Chukarhuhn (Alectoris chukar)

Tschukar	B	Ruft wie Hühnerglucke tschuk ...

Diademrotschwanz (Phoenicurus moussieri)

Diadem-Wiesenschwätzer	H
Moussiers Rötling	H

Dickschnabellumme (Uria lomvia)

Breitschnäbelige Lumme	H	
Breitschnäblige Lumme	N	
Brünnich'sche Lumme	N	
Brünnichs Teiste (dän. + norw.)	H	
Brünnichs-Lumme	N	
Brünnichsche Lumme	H	Morten Thrane Brünnich, dänischer Zoologe.
Dickschnabel-Lumme	H,N	Schnabel dicker, kürzer, kräftiger.
Elster-Alk (juv.)	N	Übersetzt aus Alca pica von Fabricius.
Elsteralk	Krü	
Franks-Lumme	N	Englischer Zoologe Leach: Uria francsii …
Franks'sche Lumme	N	
Frankssche Lumme	H	… Daraus entstanden die beiden Namen.
Großschnabelige Lumme	O3	
Heister-Alk (juv.)	N	Übersetzt aus Alca pica von Fabricius.
Kortnaebet teiste (dän.)	H	
Lomme	K	K: Albin Band I, 84, Klein-Text.
Mevenschnäbler	K	K: Albin Band I, 84, Klein-Text.
Mewen-Schnabel	K	Krünitz: Trottellumme hieß so.
Mewenschnabel	K	„Schnabel wie der einer Möwe".
Polarlumme	B,N	Später: Uria bruennichii + Polarlumme.
Schwarzschnabel	Krü	
Stuttnefja (isl.)	H	

Dohle (Corvus monedula)

Ack (estn.)	Buf	
Aelcke	Buf,Schwf	Aus Elke. Auch: Klas, Jakob, Jack (s. u.).
Aelke	Be1,GesS,K,…	…Krü,Suol; K: Frisch T. 67.
Älke	Ad,Do,N,Tu	Tu: In Saxon.
Alleke	Ad	
Allika (schwed.)	H	
Allike (dän.)	Buf,H	H: Dänisch.
Alpkachle (schweiz.?)	Krü	
Alprabe (schweiz.?)	Ad,Krü	
Baum Tole	Schwf	Dohle – Var?, unbekannt.
Been (schweiz.)	Ad,Krü	
Bijacke	Suol	
Bürger	Do,H	
Creutz Tale	Schwf	Dohle, mit kreuzförmig gewachsenem Schnabel.
Daachen	H	
Dache	Suol	
Däche	Ad,Suol	
Dachee	H	
Dächer	Ad,Suol	
Dachl (bayr.)	Do	
Dachlicke	Be,Be1,Do,H,N	Dach aus Taha = Dohle.
Dachlücke	B	-li(ü)cke = diminutiv: Dohlchen.
Dachne	Do	
Dåcht	Suol	
Dagerle	Do,H	Taga, taha, dahle, Dohle.

Dah	H	
Dahe	Suol	
Dahle	Ad,Buf,Do,Krü	
Dähle	H	
Dählein	Suol	
Dahlekin	Do	
Dahlken	Buf	
Dälche	Do,H	
Dale	GesS,Suol	
Dâleke	Suol	
Dalike	Buf	
Dålke	Suol	
Dalle	Do,H	
Deilche	Do,H	
Dhul	Be1,Buf,N	
Doel	Be1,Buf,Do,GesS,N	
Dohl	Suol	
Dohle	Ad,B,Be1,Buf,G,Kö,… …Krü,N,O2,P,Suol,V; Ahd. tâha, mhd. dâhele.	
Dohlen-Rabe	H,N	
Dohlenkrähe	O3	Kunstname von Gloger (um 1833)
Dohlenrabe	Do	Kunstname von Naumann.
Dol	Suol	
Döl	Tu	
Dole	GesS,P,Suol	
Domrabe	Do,H	
Doole	Be2,N	
Duchte	Do	
Duel	Suol	
Duhle	Ad,Fri,Krü,N	
Dul	Suol	
Dula	GesS	
Dule	Ad,Fri,Krü	
Důlen	Suol	
Duljäck	O1	Dul- = Dohle, -jäck = Ruf.
Dull	H	
Dullack	Suol	
Dulle	H	
Duller Jakob	Do	
Duolen	Suol	
Elke	B,Do	
Gäcke	Do,O1	Gäcken alt für schreien.
Gacke	Be1,Buf,GesS,… …Krü, Suol;	
Gaey	GesS	
Gâgg	Suol	
Gaike	Ad,Do	
Gaile	N	Aus mhd. für fröhlich, lustig, ausgelassen.
Gakke	Ad	
Galka (russ.)	Ad	

Gauch	Ad,Krü	
Gaz	H	
Geile	B,Do	
Gemeine Dohle	Be2,N,O1	
Graake (helv.)	Buf,GesS,Suol	
Graue Dohle	Be1,Buf,Fri,N	Bechstein: Spielart der Gemeinen Dohle.
Grauer Mönch	Krü	
Gwâgg	Suol	
Hannckin	Suol	
Hannekâ	Suol	
Hannekin	GesS	
Hannicke	Do	
Hannike	H	
Hans	Ma	
Hetlandskraaka (färör.)	H	
Hilka	Do,H	
Hillekahne	Do,H	
Hillekan	Suol	
Hillekane	Suol	
Holkrah	H	
Jacke	Ad	
Jacob	H	
Jake	Krü	
Jakob	Ma	
Kaa (dän., norw.)	H	
Kaaks	Do	
Kae	Ad,Krü	
Kaeje	Suol	
Kaffke	Do	
Kaike	Ad,B	
Kajack	Krü	
Kajak	Do	
Kaje (norw.)	H	
Kaken	Schwf	
Kakkreie	Ad	
Kauk	Do,H,Suol	
Kauke	Suol	
Kauken	H	
Kawka (böhm.)	Ad	
Kayke	Be1,Do,GesS,N,Suol	Aus der Stimme entstanden.
Käyke	Buf	
Kayken	Ad,Krü	
Kefka	Do	
Kerkkaauw (holl.)	H	
Klaas	Be1,Buf,Do,N	
Klaos	Suol	
Kläs	Ad,Krü	
Klas	Ad,Krü,Suol	
Klaus	Do,H	

Klauskrei	H	
Kohsa (lett.)	Buf	
Kollatz	Suol	
Kowhrna (lett.)	Buf	
Kridekrei	Do,H	
Krucke	Do,Krü	
Krukke	Ad	
Kyrkkaja (schwed.)	H	
Licke	O1	
Litauer	Suol	
Mauer Tole	Schwf	Dohle – Var?, unbekannt.
Nebeldohle	Fri	
Pann-Rotten	H	
Pannrotten	Do	
Rayke	Ad,K	
Ruchert	Ad	
Schneedahle	Be2,N	
Schneedohle	Ad,Be1,Krü,N	Bei Schnee bei Häusern und laut.
Schneegacke	Be1,Krü	
Schneegäcke	Ad,Be2,Do,Krü,N	Gäcken ist ein altes Wort für schreien.
Schneegake	N	
Schneekäke	N,Suol	
Schneekrähe	Be2,Do,N	
Schnegäke	Buf	
Schocker	O1	
Schwartze Dohle	Buf,Fri	
Schwarze Dohle	N	
Steintahe	Suol	
Taalke	Ad	
Tachele	Suol	
Taga	Suol	
Tagerl	Be2,Do,N	Kramer: In Österr. aus taha.
Tah	GesS	
Taha	Ma,Suol	Taha ahd. „Dohle" bedeutet „Schwätzer".
Tahe	Be1,Buf,GesS,…	…N,O1,Suol; …
Taher	Hö	… Um 1350 bei Konrad von Megenberg.
Täher	Hö	
Tahle	Fri	
Tahlecke	Fri	
Tahlik	Fri	
Talchen	H	
Tâle	Be,Suol	
Täle	Do	
Tâleke	H,Suol	
Talhe	GesS	
Talk	H	
Talke	Do,H	
Tâlke	Suol	
Tan	Buf	

Taolk	Suol	
Taperl	Do	
Thale	Be1,Buf,Do,K,... ...N,Schwf,Suol;	K: Frisch T. 67
Thaleche	Buf	
Thalekee	Do	
Thalicke	B,H	
Thalike	Do	
Thalk	Be1,Buf,N	
Thalke (Harz)	B,Be2,Krü,N,O1	
Thalken	Ad,Buf	
Thohle	Buf	
Thole	Ad,Be2,Do,K,Krü,N	
Thornkrei	H	
Thule	Be2,Do,N	
Thurmdohle	O1	Beliebter Aufenthaltsort.
Thurmkrähe	B,Krü,N,V	
Thurmrabe	V	Kunstname von Meyer/Wolf.
Tohlen	H	
Tole	Be1,GesH,N,Schwf	
Tolken	H	
Tschockerl	Do	
Tschoikerle	Do	
Tschokerl	Buf	
Tschokerle	B	Aus schaukelnd fliegen.
Tuhrle	Do,H	
Tul	Be1,Buf,GesS,... ...K,N,O1,Suol;	
Tula	GesS	
Tule	Ad,B,H,Schwf	
Tulla	Suol	
Turmkrähe	Be,Do,H	
Turmkrooh	H	
Turmrabe	Do,H	
Turmvögele	Do,H	
Wachtel (Krü: unerkl.)	Be1,Buf,GesS,... ...Krü,Suol;	
Weiße Tale	Schwf	Dohle – Variation.
Wrana (böhm.)	Ad	
Zschokerll	Be1,N	

Doppelschnepfe (Gallinago media)

Schnepfe (Sumpfschnepfe) allg. nach Suolahti bei Bekassine.

Bruchschnepfe	Do	Aufenthalt in Feucht- und Naßgebieten.
Doppel Schnepfe	Fri	Knapp doppelt so schwer wie Bekassine.
Doppelschnepfe	B,Be2,Buf,Fri,... ...Krü,N,V;	
Doublette	Be2,Krü,N	Auch hier ist Bekassine der Bezug.
Dreidecker	Do,H	
Dublette	Do	
Duppel-Schnepfe	Suol	
Duppelschnepfe	K	K: Albin Band I, 71.
Graseschnepfe	Suol	
Graßschnepff	Suol	

Große Becassine	O1	
Große Bekassine	Do,N	Bekassine ist sehr ähnlich.
Große Bruchschnepfe	Krü	
Große langbeinige Schnepfe	N	
Große Moorschnepfe	N,Krü	
Große Pfuhlschnepfe	Be2,Krü,N	Wie „Große Sumpfschnepfe".
Große Riedschnepfe	Krü	
Große Schnepfe	Be1,Buf,Krü,N,Suol	
Große sibirische Schnepfe	Be2,Buf,Krü,N	Lebt in Sibirien bis in die Tundra.
Große Sumpfschnepfe	H,Krü,N,O2,V	
Große und langbeinige Schnepfe	Be2	Siehe oben.
Große Wasserschnepfe	Krü	
Großer Gräser	Do,N	Von Grasschnepfe: Moorgräser.
Größere Bruchschnepfe	Be2,N	
Mittelschnepfe	B,Be1,Do,Krü,...	...N,O1,Suol; Hier: Große Waldschn. ist Bezug.
Mohrschnepfe	Krü	
Moorschnepfe	Be2	
Moosschnepfe	Be2,Buf,Fri,Krü,...	...N,Suol;
Moßschnepf	Suol	
Pfuhlschnepfe	B,Be2,N	Ein Pfuhl ist ein Feucht-/Naßgebiet.
Puhlschnepfe	N	
Regenvogel	Krü	
Ried-Schnepffe	G	
Riedschnepfe	Be2,Buf,Fri,K,...	...Krü,N; K: Name b. Frisch Scolopace major.
Stickup	B,Be2,Do,Krü,N	Flieht steil nach oben steigend.
Sumpfschnepfe	Be2,Buf,Krü,N	
Tscharker	Suol	
Wasserschnepfe	Be2,N	Gemeint sind Feuchtgebiete.
Wiesenschnepfe	Suol	

Dorngrasmücke (Sylvia communis)

Grasmücke allg. (nach Suolahti) bei Mönchsgrasmücke

Allgemeiner Dornreich	P	
Baumnachtigalle	Krü	
Braune Grasmücke	Be,Krü,N	
Braune kleine Weißkehle	Be2	
Braunflügelige Grasmücke	N	
Braunflüglige Grasmücke	Be2	
Briullengrasmücke	Do	
Deutsche Grasmücke	H	
Dorn-Grasmücke	N	Der Kunstname stammt von Naumann.
Dorngätzer (hess.)	Do	
Dorngrasmücke	B	
Dornreich	B,Be2,Krü,N,...	...P,Z; Name auch etlicher anderer Vögel.
Dornreicherl	Do,H,Hö	
Dornschmatz	Be,N	
Dornschmätzer	Be,Do,N	

Dornschmetzer (schles.)	H		
Eigentlich so genannte Grasmücke	Krü		
Erbsenvogel	Buf		
Fahle Grasmücke	Krü		
Fahle Grasmücke	Be1,Do,Fri,Krü,… …N,O1,V;		Erfogreicher KN von Frisch.
Fahle Graßmücke	Z		
Fahle Nachtigall	N		
Fahler Hecken-Schmätzer	Z		
Fahler Sänger	Be,N,O3		
Fliegenstecher	Do,H		
Gemeine Grasmücke	Be1,Krü,N,O1,V	Name i. d. R. auf Dorngrasm. beschränkt.	
Gemeiner Dornreich	Be1,N,P		
Geschwätzige Grasmücke	Be1,Krü,N		Gesang mit leisem Schwätzen.
Graa Graesmutte (dän.)	H		
Grasemische	H		
Grasemischer	Do		
Grasemucke	Be1,N		
Grasemückfohle	N		Von Bechstein so übernommen.
Grasemütsche	Be1,N		
Grashucke	Do		
Grasmückfohle	Be1		
Grasmusch (holl.)	H		
Graue Grasehitsche	Do		
Graue Grasmücke	Be1,Buf,Do,Hö,N		
Große Grasmücke	O1		
Große graue Grasmücke	Be1,N		Groß wegen kleinerer Klappergrasmücke.
Großes Müllerchen	Do		Müllerchen ist Klappergrasmücke.
Großes Weißkehlchen	Do		
Grot Kattünjer	Suol		
Haagschlüpfer	N		Hag auch Hecken, kleiner Wald mit Hecken.
Haagschlüpferli (schweiz.)	V		
Hagschlüpfer	B,Do		
Hecken-Schmätzer	Z		
Heckenschantzer	Be97		
Heckenschlupfer	H		
Heckenschmatzer	Be1		
Heckenschmätzer	Be,Do,N		
Heckenschwätzer	B		
Heckenstaudenschmatzer	H		
Hofsinger (fries.)	Do		
Im Fliegen singender Dornreich	Z		
Im Fliegen singender Heckenschmätzer	Z		
Kleine braune Weißkehle	N		
Kleine und braune Weißkehle	Be		
Kleine Weißkehle	Be1		
Kloan Singada,	H		

Kuckucksamme	Do,Suol	Hat oft Kuckucksei im Nest.
Kuckucksammer	Be1,Ma,N	Im Original: Ammer, statt Amme.
Kupfergrasmücke	Do,H	
Mohrvogel	Krü	
Nachtsänger	B,Be1,Do,Krü,N	Singt nicht nachts, erst frühmogens.
Nesselfink	Do	
Orgelhetsche (böhm.)	Do,H	
Rostgraue Grasmücke	Be1,O1	
Rostgrauer Sänger	Be	
Rote Grasmuck	H	
Schatterchen (elsäss.)	Do	
Schnepfle	Do	
Schnepfli	Be1,N	Von Schnäpper, nicht von Schnepfe.
Schnetsche (hess.)	Do	
Schwaderer	Hö	
Skogsknert	Do	
Smielentrecker (westfäl.)	Do	
Spaliervogel	Hö	
Spaliervögerl	Hö	
Sperlingsgrasmücke	Do	
Spötterl	H	
Spottvogel	Be1,N	Gesang mit Imitationen.
Staudenfahrer	Do,H	
Staudengatzer	Do	
Staudenquatscher	Do	
Staudenschwätzer	B	
Staudenvogel	H	
Staudenvögerl	Hö	
Steinfletsche	Buf	Nach Pennant.
Stoparola	Buf	Nach Aldrovand.
Torn-Graesmutte (dän.)	H	
Wahre Grasmücke	Krü	
Waldsänger	B,Be1,Buf,... ...Do,Hö,N;	Bei Buffon noch eigene Art.
Weißkätchen	Do	
Weißkehlchen	B,Buf,Krü,N,Suol	
Wüstling	Be1,N	Gemeint ist z. B. wüstes Gestrüpp.
Zaunhitscher	Do	
Zeilerspatz	Do,H	
Zeilhecke	Do,H	

Dreizehenmöwe (Rissa tridactyla)

Dreizehen-Meve	N	Hinterzehe nur angedeutet.
Dreizehen-Möve	H	
Dreizehenmöve	B	
Dreizehige Meve	N	
Dreizehige Möve	H,O3,V	
Dreizehnmöve	Do	
Dreyfingerige Meve	Be1	
Dreyfingerige Mewe	Krü	
Dreyzehige Meve	Be2,Buf	Name entstand Ende 18. Jahrhundert.

Dreyzehige Möve	O2	
Eismeve	Be2,N	
Eismöve	H	
Fischaarmeve	Be2,N	Stoßtauchen zum Fischfang.
Fischaarmöve	H	
Fischahrmeve	K	
Fischermeve	Be2,N	
Fischermöve	Do,H	
Glammet	O1	Junge Dreizehenmeve (?).
Graue Fischermeve	Be2,N	
Graue Fischermöve	H	
Hafmeve	Be1,N	Erst im Winter kommende Meeresmöwe.
Hafmewe	Krü	
Hafmöve	H	
Isländische Meve	Be1,Buf,N	Bechstein: Diese und Wintermöwe sind 2 Arten.
Isländische Mewe	Krü	
Isländische Möve	H	
Kautkegef	Be2,N	
Kitiwaka	Do	
Kittivake	Buf	
Kittiwaka	N	
Kittiwake	Krü	
Kittiwake	Be2,Buf	Kittiwake (engl.): Bechsteins Isländische Möwe.
Kutge Gehf	N	Spitzbergen, wegen Geschrei (?)
Kutgegeaf	Be2,N	
Kutgegeef	K	Vogel, der „Kot" an Raubmöwe abgibt (!)
Kutgegef	Krü	
Kutgegehef	N	
Kutgejef	Do,N	
Kuutge-Gef	K	
Lille Sölvet (dän.)	Buf	
Müüsk (helgol.)	H	
Reitse	O1	Aus isländisch Ritsa um 1820.
Rita (fär., isl.)	H	
Ritsa (isl.)	H	
Schwedische Meve	Be2,N	
Schwedische Möve	H	
Seefächer	Be2,N	Eigentlich Rotschnabel – Tropikvogel.
Seekrähe	N	Wegen Geschreis in Kolonie.
Seeschwalb	K	
Seeschwalbe	Be2,N	
Skegla-Ritur (isl.)	Buf	
Stummelmöve	B,Do	Hinterzehe nur angedeutet.
Tarrock	Be1,Krü	Tarrock (englisch): Bechsteins Wintermöwe.
Tarrok	N	
Tatarak (grönl.)	H	Grönländisch für Tarrock.
Weiße dreifingerige Möve	H	
Weiße dreyfingerige Meve	Be2,N	
Weiße Meve	Be1,K	
Weiße Mewe	Krü	

Wintermeve	Be1,N	Bechstein: Diese und Isländ. Möwe: 2 Arten.
Wintermewe	Krü	
Wintermöve	Do,H	

Dreizehenspecht (Picoides tridactylus)

Specht allg. nach Suolahti siehe Schwarzspecht

Baumhacker	B	
Baumpicker	B	
Deifingeriger Buntspecht	B	
Dreifingeriger und schäckiger Specht	Be,N	
Dreifingeriger und scheckiger Specht	H	
Dreizeh	Be,Do,N	
Dreizehen-Specht	H,N	
Dreizehenspecht	B	Eine hintere Zehe fehlt.
Dreizehiger Baumhacker	Be,N	
Dreizehiger Baumpicker	N	
Dreizehiger Buntspecht	B,Krü,N	
Dreizehiger Specht	Be,N,O3,V	
Dreyfingeriger Specht	Buf	
Dreyzee	K	
Dreyzehiger Baumhacker	Buf	
Dreyzehiger Buntspecht	O1	
Dreyzehiger Specht	Be1,Buf	
Gelbkopf	B,Do,N	Wegen des goldgelben Scheitels.
Gewässerter Buntspecht	Buf	
Goldspecht	Do,N	Wegen des goldgelben Scheitels.
Großer mexikanischer Buntspecht	Buf	
Gujanischer Specht	Buf	
Mexikanischer Grünspecht	Buf	
Nördlicher dreizehiger Specht	N	
Nördlicher dreyzehiger Specht	Be2	
Scheckiger Baumhacker	Do	
Scheckiger Buntspecht	B	
Schwarzer mexikanischer Specht	Buf	
Specht mit außerordentlichen Füßen	K	
Specht mit drey Zehen	Buf	
Starspecht	Do	
Stummelspecht	Do	
Südlicher dreyzehiger Specht	Buf	Latham für „Amerik. dreyz. Specht".

Drosselrohrsänger (Acrocephalus arundinaceus)

Bruch-Drossel	Suol			
Bruchdrossel	Ad,B,Be1,Buf,…	…Do,K,Krü,N;	Zuerst bei Klein/Reyger 1760.
Drossel-Rohrsänger	N			
Drosselartiger Sänger	N			

Drosselartiger Schilfsänger	V	Name stammt von C. L. Brehm.
Drosselrohrsänger	B,H	Adelung: … „Ist eine Art Drosseln".
Drosselsänger	O3	
Flußnachtigall	Be2,Buf,Do,Krü,N	Wegen des schönen (?!) Gesanges.
Groose Ruhrspaarling	Be	
Groote Karekiet (holl.)	H	
Groote Ruhrspaarling	Be2	Singt wie Sperling, der dauernd tschilpt.
Groote Ruhrsparling	N	
Großer Rohrsänger	N	
Großer Rohrschirf	Be,Do,N,O1	Schirfen entspricht Spatzengezwitscher.
Großer Rohrsperling	Be1,Do,N	Singt wie Sperling, der dauernd tschilpt.
Großer Rohrvogel	O2	
Großer Rohspatz	Do	
Großer Spitzkopf	N	
Jeizert	Suol	
Junco der Alten	Buf	
Karlkiek	Do	
Karrakarrakîkîk	Suol	
Karrakiet	Suol	
Karrekiek	Do	
Reetmees	Do	
Rohr-Drossel	Suol	
Rohrdrossel	Ad,B,Be1,Buf,Do,…	…K,Krü,N,O2,V; Name bei Klein/Reyger. 1760.
Rohrnachtigall	Do,H	
Rohrsänger	V	
Rohrschirf	V	
Rohrschliefer	B,Be,N	
Rohrschwätzer	Do,H	
Rohrspatz	H	
Rohrsperling	B,N,Suol	Rohrsänger allgemein.
Rohrsprosser	B,Do	
Rohrvogel	B,Be2,Buf,…	…Hö,Krü,N;
Rördrossel (dän.)	H	
Rorgeutz	Suol	
Rorgickeze	Suol	
Rorgytz	Suol	
Schilfdrossel	Be,Do,N,O1	
Schlotengatzer	B	Vogel singt im Schilf schwätzend.
Singende Rohrdrossel	Be,Buf	
Sumpfnachtigal	O1	
Sumpfnachtigall	Be1,Do,N	Wegen schönen (!) Gesanges.
Sumpfvogel	Krü	
Wasser-Nachtigall	GesH	
Wasserdornreich	Be,Krü,N	Vogel des Röhrichts.
Wasserdrossel	Krü	
Wassernachtigall	B,Be,Do,N	Wegen schönen (!) Gesanges.
Wassersänger	Krü	
Wasserweißkehle	Be,N	

Wasserzeisig	Krü	
Weiden-Drossel	Suol	
Weidendrossel	Ad,B,Be,Buf,Do,…	…K,Krü,N; And. Name für Bruchdrossel (s. o.).
Weindrossel	Be1	
Wydenspatz	Suol	

Drosseluferläufer (Actitis macularia)

Drossel-Uferläufer	H,N	
Drosseluferläufer	B	Drosselartige Flecken auf US des Pk.
Drosselwasserläufer	O3	
Gefleckte Tringa	Buf	Edwards
Gefleckte Wasseramsel	Be2,Buf,N	
Gefleckte Wasserdrossel	Be	
Gefleckter Kiebitz	Be1,Buf	
Gefleckter Strandläufer	Be2,Buf,N	
Gefleckter Strandvogel	Be1,N	
Gefleckter Uferläufer	N	
Gefleckter Wasserläufer	N	
Wasser-Drossel	Buf	Nach Brisson.
Wasserdrossel	Be2,N	Biotopbestandteil ist Wasser.

Dunkellaubsänger (Phylloscopus fuscatus)

Brauner Laubvogel	H

Dunkler Sturmtaucher (Puffinus griseus)

Dunkler oder grauer Taucher-Sturmvogel	H
Grauer Sturmvogel	Buf
Rußfarbener Sturmvogel	Buf
Rußsturmtaucher	B

Dunkler Wasserläufer (Tringa erythropus)

Braune Uferschnepfe	Be2,Buf,N	
Brauner Wasserläufer	H	
Bunte Pfuhlschnepfe	Be2,N,O1	
Bunte Uferschnepfe	Be2,N	
Cambridgische Schnepfe	Buf	
Curländische Schnepfe	Be2	Bechstein: „Herrn Besekes Curl. Schnepfe".
Dunkelbraune Schnepfe	Be1,Buf,N	
Dunkelbrauner Wasserläufer	Be2,N	Pk des Männchens fast ganz schwarz.
Dunkelfarbiger Wasserläufer	N,O3	
Engländische Schnepfe	Buf	
Gefleckte Pfuhlschnepfe	Be1,N	
Gefleckte Schnepfe	Be2,N	
Gefleckte Strandschnepfe	Be1,N,O1	
Gefleckter Wasserläufer	Be2,N	
Gewölbter Schnepf	Buf	
Gewölkte Schnepfe	Be2,N	
Graue Schnepfe (Wikl.)	Be2,N	
Graue Uferschnepfe	N	

Große rothfüßige Schnepfe	Be2,N	
Großer Rothschenkel	N	
Großer Rothschenkel	Be1,Do	Rote Beine noch Rotschenkel, Kampfläufer.
Großes Rothbeinel	Suol	
Hochbeiniger grau u. weiß ...	Fri	... und braungelben Füssen (langer Trivialname).
... marmorierter Sandlaeufer ...		
... m. rothem Unterkiefer		
Kurländische Schnepfe	Buf,N	
Langfüßiger Strandläufer	N	
Meerhähnel	B,N	Meer- ist Moor ...
Meerhuhn	B,Be1,N	... -huhn, da langbeinig.
Moorwasserläufer	B,Do,H	KN von A. Brehm.
Napoleonschnepfe	Do	
Napoleonsschnepfe	H	
Punktirte Schnepfe	Be2	
Punktirter Brachvogel	Be2	
Reuter	GesH	
Rothbeinige Pfuhlschnepfe	N	
Rotfüßler	H	
Rothbein	Be2,N	
Rothfüßler	O1	
Rothschenkel	N	Name galt für beide Arten.
Schwarzer Strandläufer	Be1,Buf	Name von Otto.
Schwarzer Wasserläufer	O2	
Schwarzschnepfe	Do	
Schwimmende Uferschnepfe	Be2,Buf,N	
Schwimmender Wasserläufer	Be2,N	Bester Schwimmer der Wasserläufer.
Schwimmschnepfe	Be,N	
Steingall	GesS	Stein und gellen.
Steingällelein	GesH	
Strandschnepfe	Be1,N	
Swart Juhlgutt (helgol.)	Do,H	
Totan	Fri	
Viertelsgrüel	B,Be2,N	- Grüel wohl aus Ruf. Viertels-: ?
Viertelsgrül	Do	
Zipter	B,Do,N	

Dünnschnabelbrachvogel (Numenius tenuirostris)

Dünnschnäbeliger Brachvogel	H	
Dünnschnäbliger Brachvogel	N	Auffallend schlanker Schnabel.
Gevlekte Wulp (holl.)	H	
Kleiner Brachvogel mit	N	Ca 40 cm Länge, deutl. kleiner als Gr. Brachv.
dünnem Schnabel		
Sichlerbrachvogel	B	

Dünnschnabelmöwe (Chroicocephalus genei)

Dünnschnäbelige Möve	H,O3	Erst 1839 beschrieben.
Milchweiße Möve	O3	Wie Lachmöwe, aber ohne Kappe.
Rosensilber-Möve	H	
Rosensilbermöve	B	Gefieder mit rosenrothem Anflug.

Eichelhäher (Garrulus glandarius)

Äckergratsch	Suol	
Baumhaetzel	GesSH	
Baumhatzel	Buf,Do,Hö,N	
Baumhätzler	Suol	
Baumhayel	Do,N	Hay = Hag: Waldvogel in Bäumen.
Baumhazel	Be1	
Blauer Holzhäher	Ad	
Blauhäher	Do	
Bräfaxter	Do,N	Über Broesexter zu (Bruch-)Waldelster.
Bräsaxter	Be2	
Broekexter (holl.)	GesH	
Broesexter	Be1,Buf	Etwa (Bruch-)Waldelster.
Brufarten	Do	
Buchelt	Do	
Buchner	Do	
Bucholt	Do	
Eichel-Häher	H	
Eichel-Heher	N	
Eichelgabsch	Do,H	
Eichelgäbsch	H	
Eichelgacksch	Do	
Eichelhabicht	Do,N	Frißt/raubt Eier und Junge.
Eichelhäher	Ad,Do,Krü,O3,V	Ahd. hehara, von heiserem Geschrei.
Eichelheher	B,Be1,H,O2	
Eichelkehr	Be1,Do,N	Wohl KN von Bechstein 1791.
Eichelkrähe	Be,Do,Krü,N	Volk verband Rufe mit Krähen, …
Eichelrabe	Be1,Do,Krü,N,V	… und/oder Raben.
Eichen Heher	Fri	
Eichenhäher	Ad,Fri,Krü	
Eichenheher	Be2,Buf,N	
Fack	Do	
Fäck	Be1,N,O1	Aus Jäck verfälscht.
Gabecht	Suol	
Gabich	Suol	
Gabsch	Do,Suol	
Gäckser	Do,N	Stimmnachahmung, wie Huhn: Ei gelegt.
Gägg	Suol	
Gäggel	Suol	
Gâgsch	Suol	
Gäpert	Do	
Gätsch	Do	
Gelwetsch	Suol	
Gemeiner Häher	O1,V	
Gemeiner Heher	Z	
Gêrenvogel	Suol	
Gertsche	Suol	
Ghiandaja	Tu	Turner 1544: „The modern italian name".
Girau	Suol	

Gögst	H	
Gräcke	H	
Gratsch	Suol	
Gurau (braband.)	GesH	
Haeher	GesS	
Haer	GesS	
Haetzel	GesS	
Haetzler	GesSH	
Häger	Ad,Krü	
Hägert	B,Be1,Do,N	Von Ruf „hieähg" oder „hiejäh".
Häher	Ad	
Häher	Ad,Buf,GesH,…	…Krü,N,P;
Hähre	Do	
Harusch	Do	
Härzel	Suol	
Hârzle	Suol	
Haßler	Be2,Do,N	
Hatzel	B,Be2,N,O1,Suol	
Hatzler	Ad,Do,K,Krü,N	K: Frisch T. 55
Hätzler	Bu,Do,N,Schwf,Suol	
Hayart	Be2,Do,N	Hay = Hag: Also Waldvogel.
Häyer	Krü	
Hazler	Be1	
Häzler	Be1	
Heerevogel	H	
Heerholt	Ma	
Heerholtz	Suol	
Heerholz	Ad,Be1,K,Krü,Ma,N	Verderbt aus Holzhäher.
Heerold	Suol	
Heger	Ad,B,Do,H,Krü,Suol	
Hehara	Ma	Ursprünglicher Name, dann „Heger", „Her".
Heher	Ad,B,Be1,Buf,Krü,…	…N,O2,P;
Heherrusch	Fri	
Hehr	N	
Hehrsch	Do	
Heier	O1	Aus Heigster: In Ostpreußen Häher.
Heigster	Suol	
Hêr	Suol	
Hêre	Suol	
Hêrengägg	Suol	
Hêrenvogel	Suol	
Herold	B,Be1,Do,N,Suol	Namensherkunft nicht gesichert.
Herolt	Ma,Suol	
Herolz	Suol	
Herr	GesH,Ma	Name entstand aus „Heger", „Her".
Herre	Do,N,Suol	
Herrengäger	Do,H	
Herrengäker	Suol	
Herrenvogel	Ad,B,Do,GesS,K,…	…Krü,O1,Schwf,Suol,V; K: Frisch T. 55.

Herrn	H	
Herrnvogel	Be,Buf,GesH,N	Aus ahd. „hëhara" für Häher.
Hetzel	Be	
Heyer	Ad,Be1,Krü,N	
Heyger	Krü	
Hezler	Do	
Hieger	Ad,Krü	
Hîkster	Suol	
Holthäk	Suol	
Holtschere	Do	
Holtscherre	Suol	
Holtschrâf	Suol	
Holtschrâg	Buf,Suol	
Holtschraof	Suol	
Holtz-Heher	Fri,Suol	
Holtz-Hejer	Fri	
Holtzscheer	Fri	
Holtzschreier	GesS,Schwf	
Holtzschreyer	Suol	
Holtzschreyer	Fri,GesH	
Holzhacker	Do,Suol	
Holzhäher	Ad,Do,Krü,V	Holz- = Wald-, -häher = -schreier.
Holzheher	Ad,B,Be1,K,…	…Krü,N,O1; K: Frisch T. 55.
Holzheister	B,Do	Aus Heigster: In Ostpreußen Häher.
Holzscher	Ad,Krü	
Holzschere	Ad	
Holzschraat	Be,Do	
Holzschrat	N	Aus Holtschrâg, Waldschreier.
Holzschreier	B,Do,Krü,N	
Holzschreyer	Ad,Be1,Buf,K,Krü	K: Frisch T. 55.
Hornvogel	Be2,N	
Horrevogel	Be1,Do,N	Wohl aus Herrenvogel entstanden.
Hykster	Suol	
Jäck	Buf,Do,GesH,N,O1	Jäck = Kurzform von Jakob, Jaques.
Jack	Suol	
Jäcke	Suol	
Jäckel	Be,N,Suol	
Jaeck	GesS	
Jagel	Hö	Von Jacob.
Jägg	H	
Jeck	N	Jäck = Kurzform von Jakob, Jaques.
Kêr	Suol	
Kêre	Suol	
Korngreggen	Suol	
Kratzelster	Do,H	
Makolwe	Suol	
Marcolfus	GesH,Schwf,Suol	Spaßmacher unter den Vögeln des Waldes.
Marcolsus	GesS	Druckfehler?
Marggraf	Buf,GesS	

Marggraff	GesH	
Margolf	B	K: Frisch T. 55.
Margraff	Suol	
Margrub	Suol	
Markelfuß	Do	
Marklof	Suol	
Markohle	Suol	
Markol	Suol	
Mârkola	Suol	
Markolf	Ad,Be1,Do,Ma,Krü,...	...N,O1,Suol; Spaßm. unter
		d. Waldvögeln ...
Markolfus	Be1,Buf,Do,K,N	... Alb. Magn.: Er ahme fremde
		Stimmen nach.
Markolius	Ad	
Markollef	Suol	
Markolwe	Suol	
Markrab	Ma	
Markward	Buf	
Markwart	Be1,Do,Ma,N,Suol	Spaßmacher unter den Vögeln des Waldes.
Marolwe	Suol	
Marquard	B,O1	
Marwolt	Ma,Suol	
Matschke	Do,N	Munter, keck, listig. Italienischer Matt ist Narr.
Mercolphus	GesS,Suol,Tu	
Moadkohlf	Suol	
Morolt	Suol	
Murkolf	B,Do	Spaßmacher unter den Vögeln des Waldes.
Nus Här	Schwf,Suol	
Nuß Hecker	Schwf	
Nuß-Heeger	G	
Nuß-Heger	G	
Nuß-Heher	Fri,G	
Nuß-Heyer	G	
Nußbeißer	Be1,Krü,N	
Nusser	H	
Nussert	H	
Nußhacker	B,Be1,Do,Krü,N	
Nußhäher	Ad,Do,Krü,V	
Nußhär	Do	
Nußhecker	Be,Buf,Do,N	
Nußheher	B,Be1,Buf,Fri,N	
Nußheikel	Do	
Nußheyer	Be,N	Aus Heigster: In Ostpreußen Häher.
Nußjack	Do	
Nußjäck	B,O1	
Nußjeck	N	Jäck = Kurzform von Jakob, Jaques.
Nusßhäer	Suol	
Präsexter	Be97	
Racker	Ad	
Richau (braband.)	GesH,Suol	

Rothgrauer Holzschreyer	Buf	
Ruch	Ad	
Schoia (krain.)	Be1	
Spiegelhäher	Do,H	
Tatu	Do	
Tschäker	Do,H	
Tschoi	Suol	
Tschoie	Suol	
Tschui	Do,H	
Wald-Heher	Z	
Waldhäher	Ad,Do,Krü,V	
Waldheher	B,Be1,Buf,K,... ...Krü,N;	K: Frisch T. 55.
Zarheher	Suol	

Eiderente (Somateria mollissima)

Ädarfugl	Krü	
Ädarvogel	H	Kommt vielleicht von isländischem Gott Ägir.
Ädurfugl	Krü	
Aedarfugl (isl.)	H	Isländischer Name ist Ædurfugl.
Aedarvogel	N	
Aederfugle (lappl.)	Buf	
Eava (fär.)	H	
Edderande	Krü	
Edderfugl (norw.)	H,Krü	
Eddergaase	Krü	
Eddergans (dän.)	Be2,Buf,Do,N	
Ederand (dän.)	H	
Ederfugl (dän.)	H,Krü	
Eider	Be1,Buf,K,Krü,... ...N,Suol;	Es gab lange keine Übersetzg. (s. o.).
Eider Gans	Suol	
Eider-Aente	Buf	
Eider-Ente	H,N	
Eiderente	B,Be2,Buf,Krü,... ...O3,V;	Name von isländischem Gott Ägir (?).
Eidergans	Be1,Buf,Do,K,... ...Krü,N,O1,V;	K: Edwards T. 98.
Eidergansente	N	
Eidervâgel	Suol	
Eidervogel	B,Be1,Buf,Do,Krü,N	
Ejder (schwed.)	H	
Eyder-Gans	Buf	
Eydergans	Buf	
Eydergansente	Be2,N	Galt als Übergang Gans – Ente.
Gemeiner Eidervogel	V	
Grönlandsente	Do	
Große Ente	Be2	
Große weiß und schwarze Ente	N	
Große weiße und schwarze Aente	Buf	
Gulaund	Buf	Wahrscheinlich Eiderente.

Gulaundänte	Buf	Wahrscheinlich Eiderente.
Helsing (männl., schwed.)	H	
Hugos	Suol	
Hurensnâbelt	Suol	
Hurn-snoabelt (helgol.)	H	
Mittek	O1	Grönländisch für „Eidervogel".
Russische Ente	Do,H	
Saint Cuthberts-Duck (engl.)	Krü	
Sankutbertsente	Do	
Skyra (weibl. schwed.)	H	
St. Cubertsente	N	Nach Cuthbert von Lindisfarne (635–687).
St. Cuthberts Aente	Buf	
St. Cuthbertsente	Be2	
St. Kutbertsente	Be1	
St. Kuthbertsente	N	
Ugpatekortok (grönl.)	H	
Weichfedrige Ente	Do	
Weiße und schwarze Ente	Be2	

Eilseeschwalbe (Sterna bergii)

Eilseeschwalbe	H	

Einfarbstar (Sturnus unicolor)

Einfarbiger Staar	N	Naumann – Nachträge 13/226.
Einfarbiger Star	H	Gefieder ist völlig ungefleckt schwarz.
Einfarbstaar	B	
Sardinischer Staar	N	
Sardinischer Star	H	Name von C. L. Brehm, 1823.
Schieferfarbiger Staar	N	
Schieferfarbiger Star	H	
Schwarzer Staar	N	
Schwarzer Star	H	
Schwarzstaar	B	

Einsiedlerdrossel (Catharus guttatus)

Einsame Drossel	N	Name von sehr schönem Gesang (?).
Einsame Zwergdrossel	N	Naumann – Nachträge: 13/273.
Einsiedlerdrossel	B	
Kleine Drossel	N	Nur Größe einer Feldlerche.
Rostschwänzige Zwergdrossel	N	
Wilsons Drossel	N	
Zwergdrossel	N	Heißt heute: „Catharus ustulatus"!
Zwergsingdrossel	N	
Zwergzippe	N	Der Singdrossel ähnlich.

Eisente (Clangula hyemalis)

Aglek (grönl.)	Buf,H	
Alfogel	Buf	Eisente (Variation).
Alvogel	Do,N	Nach schwedischem Alfägel, nach Stimme.
Angeltasche	B,Be2,Buf,Do,N	Aus alter Beschreibung der Laute. Aus …
Angeltaske (dän.)	H	… grönländischem Akterajik, lappl. Angallages.

Breitschnäbelige Eisschellente	H	3. der bes. Eisenten – Var. bei C. L. Brehm.
Breitschnäblige Eisschellente	N	
Eisänte	Krü	
Eis-Ente	H,N	
Eisente	B,Be1,Buf,Krü,...	...O2,V; Eis- = Vogel aus hohem Norden.
Eisschellente	N	Besonderer Schall singender Männchen.
Eistauchente	B,H	Taucht im Salzwasser bis 30 m tief.
Fabers Eisschellente	N	6. der bes. Eisenten – Var. bei C. L. Brehm.
Ferroe Kriechente	Buf	
Ferroeische Kriechänte	Buf	
Gadebusch	Buf	
Gadelbusch	B,Be2,Do,N	Besondere Deutung nicht gefunden.
Gadeldusch	K,Suol	
Gaulitz	Do	
Glashanick	Do	
Grau-linsk (helgol.)	H	
Graulinsk	Do	
Großschwänzige Eisschellente	N	4. der bes. Eisenten Var. bei C. L. Brehm.
Hanick	Be2,O1	
Hanik	B,Be1,Buf,Do,N	
Havelda (isl.)	Buf	
Hávella (isl.)	H	
Havlit (dän.)	H	
Isand (norw.)	H	
Islandsche Spies-Endte	Suol	
Isländer Ente	H	
Isländerente	Be2,Buf,N	Bedeutung: Hauptbrutgebiet Nordeuropa.
Isländische Eisschellente	N	1. der bes. Eisenten Var. bei C. L. Brehm.
Isländische Ente	Do	
Isländische Spießente	Be2,Buf,K,N	Bedeutung: Hauptbrutgebiet Nordeuropa.
Isländische Spießente mit langem Schwanze	Buf	
Karkeliter	Do	
Kirne	Be	
Kirre	B,Be2,Buf,N,O1	Kirre ist zutraulich, daher Ente leicht zu fangen.
Klashan	Suol	
Klaeshahn (dän.)	H	
Klashahn	Do,H	
Klashanick	Be2,N	Klas- von Klaus, -han von Johann ...
Klashanig	Do	... dagegen spricht dänisches Klaeshahn.
Klashanik	Be1,Suol	
Kleiner Pfeilschwanz	Be2,Buf,N	
Kongeke	Do	
Kotschnabel	Do	
Kurzschnabel	Be2,N	
Kurzschnäbelige Eisschellente	H	2. bes. Eisenten Var. bei C. L. Brehm.
Kurzschnäblige Eisschellente	N	
Kurzschwänzige Eisschellente	N	5. bes. Eisenten Var. bei C. L. Brehm.

Langente	B	
Langgeschwänzte Ente aus Hudsonbay	Be2,N	Be: Eisenten in Europa und Amerika versch.
Langschwanz	Be2,Do,N	Hat längsten Schwanz aller Enten.
Langschwanz aus Neuland und Island	N	
Langschwanz von Island	Be1	
Langschwanz von Neuland	Be1	
Langschwanz von Neuland und Island	Be2	
Langschwänzige Aente der Hudson-Bay	Buf	
Langschwänzige Aente von Neuland	Buf	Eisentenvariation
Langschwänzige Aente von Terre-Neuve	Buf	= Neufundland.
Nordische Schwanzente	Buf	
Nördliche Schwanzente	Be2,N	
Pfeilschwanz	Do	
Pihlstaart	B,Be2,Do,N	Niederdeutsch für Pfeilschwanz.
Pylstert	GesS	
Schremel	Do	
Schwanzente	Be2,Buf,Do,N	
Seefluder	Fri	
Seevogel	GesS	Einziger Name Gessners für Eisente.
Singschwanz	Do	
Spießschwanz	Do	
Spitzente	Buf	
Spitzschwanz	Be1,Do,N	
Spitzschwanzente	B	
Weißback	Do	
Weißback mit langem Schwanze	Be2Do,N	
Weißback mit langen Schwanzfedern	Buf	
Weißbacken mit langen Schwanzfedern	Be1	
Winter-Al	Buf	Eisente Variation.
Winterente	B,Be1,Buf,N,O1	Sie ist auch im Winter in Schweden.
Yßente	GesS	

Eismöwe (Larus hyperboreus)

Blaamagar	Buf	Norwegisch. Heißt Blaumöwe.
Blaugraue Mewe	Krü	
Burgemeister	V	
Bürgermeister	B,Be2,Buf,K,…	…Krü,N;
Burgermeister	K	Haltung aufrecht wie ein Zeichen …
Bürgermeister-Meve	N	… stolzer Würde.
Bürgermeister-Möve	H	
Bürgermeistermeve	Be2	

Bürgermeistermöve	B,Do	
Eis-Meve	N	
Eis-Möve	H	Eis- bedeutet: Vogel lebt im hohen Norden.
Eismöve	B,O3	Größte der hochnordischen Möwen.
Graubraune große Meve (juv.)	K	Albin Band II, 83 the great Gray-Gull.
Grauliche Meve	Be2,Buf,N	
Grauliche Möve	H	
Graurückige Meve	Be2,N	
Graurückige Mewe	Buf	
Graurückige Möve	H	
Große Meve	N	
Große Möve	H	
Große nordische Meve	Be,N	
Große nordische und weiße Meve	Be2	Größte der hochnord. Möwen.
Große Seemeve	Be2,N	
Große Seemöve	H	
Große weiße Meve	N	
Große weiße Möve	H	1. von drei „Arten" bei C. L. Brehm.
Große weissgraue Möve	H	
Große weißgraue Möve	N	
Große weißschwingige Meve	N	
Isskubb (helgol.)	H	
Kleine weißschwingige Möve	CLB	3. v. drei „Arten" bei Brehm, heute: Polarmöwe.
Maafur (isl.)	Buf	
Maar (isl.)	Buf	
Mittlere weißschwingige Meve	N	
Mittlere weißschwingige Möve	H	2. von drei „Arten" bei C. L. Brehm.
Nordische Möve	H	
Quitmase (norw.)	Buf	
Raukallenbeck	V	Unbewiesen: Blaufelchenfresser.
Sogenannter Bürgermeister	O2	
Täuchermeve	Be	
Tauchermeve	Be2,N	
Tauchermöve	B,Buf,H	Schlechtes, aber kraftvolles Stoßtauchen.
Weiße Meve	Be	
Weißgraue Sturmmmeve	Be2,N	
Weißgraue Sturmmöve	H	
Weißschwingige Meve	Be2,Do,N,V	

Eissturmvogel (Fulmarus glacialis)

Adventsvogel	Buf	
Eis-Mevensturmvogel	N	Leicht mit Silbermöwe zu verwechseln.
Eis-Mövensturmvogel	H	
Eismeve	Krü	
Eismöve	Buf	
Eissturmvogel	B,Buf,Krü,N,…	…O3,V; Seeleute: Trupps kündigen Sturm an.
Eistaucher	Buf	
Ember	Buf	

Embergoose (schott.)	Buf		
Fulmar	B,Buf,Do,Krü,…	…N,V;	Wegen „Trangeruchs": Stinkmöwe …
Fulmarsturmvogel	N		… bereits 1545 „Volmaren".
Fulmer	O1		
Fylungur (isl.)	H		
Glupischa	Buf		
Grauer Sturmvogel	O2		Grauere Morphe, nur im hohen Norden.
Grauer und weißer Puffin	Krü		
Grauer und weißer Puffin von der …	Buf		… Insel Saint-Kilda (langer Trivialname).
Große Nordmeve	Krü		
Große Nordmöve	Buf		
Großer Meertaucher	Buf		
Großer nordischer Taucher	Buf		
Großer Sturmvogel	Buf,Krü		
Hafhäst (schwed.)	H		
Hasthert	O1		Von norw. Havhest, Seepferd: Stimme.
Hav-Hest (norw.)	Buf		
Havhest (norw.)	H		
Heavhestur (fär.)	H		
Hymber	Buf		
Imber	Buf		
Imbrim	Buf		
Immer	Buf		
Is-Stormfugl (dän.)	H		
Malle mucke	Buf		Übersetzt: dumme Fliege. Fallen …
Mallemucke (dän.)	Buf,Do,H,Krü,N		… wie Fliegen auf tote Wale und …
Mallemugge	Buf,K,Krü		… lassen sich leicht fangen.
Mallmuck	Buf		
Seepferd	Buf,Do,Krü,N		Stimme kann pferdeähnlich sein.
Sturmvogel	Krü		
Tuglek (grönl.)	Buf		
Wintersturmvogel	N		Für C. L. Brehm „Nebenart".

Eistaucher (Gavia immer)

Adventsvogel	B,Be1,Buf,Do,…	…Krü,N;	
Brus	O1		
Bunt-Flügel	K		Gessner: Colymbus maximus.
Buntflügel	K		Gessner: Colymbus maximus.
Eis-Seetaucher	N		
Eisseetaucher	Be2		Name von Bechstein. Nationalvogel Kanadas.
Eistaucher	B,Be2,Buf,Krü,…	…N,O2;	KN 1773 von P. L. S. Müller.
Ember	Buf		
Embergans	Be,K		K: Albin Band III, 93.
Embergoose (schott.)	Buf		
Fluder	B,N,O1,Suol		Von langem Laufen zum Auffliegen.
Flunder	N		Aus Fluder: Name in Süddeutschl.
Ganner	O1		In der Schweiz für Säger verwendet.
Groot Skwarwer (helgol.)	H		

Große Halbente	Be2,N	Wegen einiger typischer Enteneigenschaften.
Große Meergans	Do	
Große Seeflunder	Be1,Krü	
Großer Eistaucher	V	
Großer Meertaucher	Be2,Buf,Krü,N	
Großer nordischer Taucher	Be2,Buf,Krü,N	
Großer Rheintaucher	N	
Großer Seefluder	Do	
Großer Seeflunder	Be2,N	
Großer Taucher	Be2,N	
Halsbandtaucher	Do	
Havimber (dän.)	H	
Himbrimi (isl.)	H	Inhaltlich gleich Immertaucher.
Himbrine	Be2,N	
Hymber (nor.)	Be2,Buf,Do,H,… …Krü,N;	Inhaltlich gleich Immertaucher.
Hymbrine	Do	
Imber (dän.)	Be1,Buf,H,N	Inhaltlich gleich Immertaucher.
Imbergans	B,Be2,Do,N	
Imberseetaucher	Be2,N	
Imbertaucher	Be2,Do	
Imbrim	Buf,Krü	
Imbrine	O1	Aus isländisch Himbrimi.
Immer (schwed.)	Be1,Buf,H,Krü,N	Vogel angeblich nie an Land, außer …
Immerlumme	Be2,N	… „immer" in der Woche vor Weihn. …
Immertaucher	B,Be1,Do,Krü,N	… die mit dem „Immersonntag" endet.
Isländischer Eistaucher	N	1. „Art" von C. L. Brehms Eistaucher – Familie.
Isländischer Seetaucher	Do	
Loom	Do	
Loon	Krü	
Lumme	Be2,N	Ist skandinavischer Seetaucher, keine Lumme.
Meergans	B,Be2,N	KN von Bechstein, nach Aufenthalt nach Brut.
Meernöhring	Be2,Do	Aus osteuropäischer Sprache für Seetaucher.
Meertaucher	H	
Mehrnöhrig	N	
Östlicher Eis-Seetaucher	H	
Polartaucher	Be2,N	Soviel wie „Zirkumpolartaucher".
Rheinschaar	O1	Wurde/wird selten am Rhein gesehen.
Riesentaucher	B,Do,N	2. „Art" von C. L. Brehms Eistaucher – Familie.
Schnurrgans	Be2,Do,N	Name in Bayern; von Fluggeräusch?
Schwarzhalsiger Seetaucher	Do,N,V	
Schwarzkehliger Ententaucher	Be2	
Schwarzköpfiger Seetaucher	Do,N	
Seeflunder	Be2,N	
Seehahn	B,Be2,N	
Seehahntaucher	Do	
Seetaucher mit dem Halsbande	Be2,N	
Skwarwer (helgol.)	H	
Studer	B,Be2,Do,N	Bedeutet: Weit hinten am Steiß sitzende Beine.
Tuglek (grönl.)	Buf	

Westlicher Eis-Seetaucher	H	
Wintertaucher	B,Do,N	3. „Art" von C. L. Brehms Eistaucher – Familie.
Zweite Halbente	K	K: Albin Band III, 93.

Eisvogel (Alcedo atthis)

Alcyon	Do	Tochter des griechischen Windgottes Aeolus.
Biekschwalve	Do	
Biekschwalwe	H	
Blauamseli	Suol	
Blaurückiger Eisvogel	N	
Blauspecht	Do,H	Specht wegen des langen Schnabels.
Eis-Vogel	P	Name hat nichts mit Eis zu tun.
Eisen-Bart	Suol	
Eisen-Gart	Suol	
Eisendart	Krü	
Eisengart	B,Buf,Do,Krü,N	
Eisenpart	Do	Kein Druckfehler.
Eiß-Vogel	G,Z	
Eissvogel	Tu	
Eißvogel	Fri,GesSH,P	
Eisvogel	B,Be2,Buf,Fri,… …Krü,N;	
Europäischer Eisvogel	Be1,Buf,K,N	K: Frisch T. 223.
Europäischer Königsfischer	Be2,N	Seine Farben sind die des Hochadels.
Eysengart	Be2	
Eysengartt	Schwf,Suol	Bedeutung Eis-Aar, wegen Jagdweise.
Eyß-Vogel	P	
Eyssengart	H	
Eyßvogel	GesH,Schwf,Suol	
Eysvogel	Schwf	
Fischdieb	Do,H	
Fischer	GesH	
Fischer-Martin	Be2,N	
Fischermartin	Do	
Fischfresser	Do,H	
Fischschnapper	Do	
Gemeiner Eisvogel	Be1,H,N,O1,V	
Golander	Krü	
Grünes Wasserhühnla	H	
Ijsenbard	Suol	
Îsanuogal	Suol	
Îsarn	Suol	
Ischvogel	Do,H	Name im Kanton Bern, 19. Jahrhundert.
Isenbart	Suol	
Îsenfogel	Suol	
Îsengart	Suol	
Îsengrîn	Suol	
Isenpart	Suol	
Isenvogel	Do	
Isvagel	Do	
Königsfischer	B,Be1,Do,GesH,… …K,N,O1,Suol;	K: Frisch T. 223.

Lasurblauer Eisvogel	N	
Liest	O1	
Martin pêcheur	Buf,Suol	
Martinsvogel	B,Do,Suol	Name alt, nicht mehr sicher deutbar.
Mattevull	Suol	
Meerfischer	GesH	
Seeschwalbe	Buf	
Seeschwalm	Schwf	Flug soll schwalbenähnlich sein.
Seeschwalme	Be2,N,Suol	
Seespecht	B,Be2,N	Specht wegen des langen Schnabels.
St.Martinsvogel	Be2,N,Suol	
Uferspecht	B,Be2,Do,Krü,N	Specht wegen des langen Schnabels.
Wasser-Hünlin	Suol	
Wasseramstel	Suol	
Wasserhähnlein	N	
Wasserhennle	Be2,Do,N	
Wasserhennlein	Buf	
Wâsserhînchen	Suol	
Wasserhüenli	Suol	
Wasserhünlein	Be2,GesH	
Wasserhünlin	Schwf	
Wassermerl	Be2,Do,N	Weil fast gleich groß wie Wasseramsel.
Wasserspecht	B,Be2,Do,Krü,…	…N,Suol; Specht wegen d. langen Schnabels.
Wasserspiecht	Suol	
Wâterhainken	Suol	
Wâterhainken	Suol	
Wendzeh	O1	Wegen fehlerhafter Zeichnung von Belon.
Yschvogel	N	Name im Kanton Bern, 19. Jahrhundert.
Ysenbart	Suol	
Ysenbort	Suol	
Ysengart	GesH,Suol	
Ysengrin	Suol	
Yserenbort	Suol	
Yshornbort	Suol	

Eleonorenfalke (Falco eleonorae)

Eleonorasfalke	H	
Eleonorenfalke	B,H	Nach sardischer Königin Eleonora (14. Jh.)
Graufalke	H	

Elfenbeinmöwe (Pagophila eburnea)

Elfenbein-Meve	N	
Elfenbein-Möve	H	
Elfenbeinmöve	B	Name von C. L. Brehm.
Elfenbeinmöwe	O3	Kein Albino: schwarze Beine, Schnabel.
Kleine weiße nordische Meve	N	
Kleine weiße nordische Möve	H	
Klippenvogel	Buf	
Raedsherr	Buf	

Rahts-Herr	K	
Rathsherr	B,N	2–5 Möwen stehen um Eisloch - …
Ratsherr	Buf,K	… Sie stehen als ob sie Rat hielten.
Ratsherr-Möve	H	
Schneemeve	N	
Schneemöve	B,H	
Schneeweiße nordische Meve	N	
Schneeweiße nordische Möve	H	
Sogenannter Rathsherr	O2	
Weiße Meve	Buf	Einheitlich schneeweißes Gefieder.
Weiße Mewe	Buf	Gefieder weißer als Elfenbein und Schnee.
Weiße Möve	Buf	
Weiße nordische Meve	N	
Weiße nordische Möve	H	

Elster (Pica pica)

Acholaster	B	
Ad	Do,H	
Adelhetz	Suol	
Adelster	Do,H	
Aegerst	Be,Buf,GesH,…	…N,O2,Suol; Gessner: Aus der Schweiz.
Aegerste	O2	Schwäbische Abwandlung und Elsaß.
Aegerts	GesS	
Aelster	Be1,Buf,Fri,…	…Krü.N,Z; Elster: „Schreiender Zaubervogel“.
Aerter	GesS	
Aetzel	Krü	
Aexter (holl.)	GesH,Krü	
Agalaster	Ad	
Agalster	Suol	
Agalstra	Ma	Name „in alter Zeit“.
Agelaster	Be,Buf,GesS,N	Name älter als 16. Jahrhundert.
Agelhetsch	Be,Do,N	Schwaben
Agelster	Suol	
Agerist	N	
Agerluster	Be1,Buf,Do,GesS,N	
Ägerschte (alem.)	Do	
Ägerst	H	
Agerst	Ad,Do,Krü	
Ägerste	Suol	
Aglaster	Do,Fri,GesSH,…	…Krü,Schwf; Tirol, Steiermark.
Aglaster	Suol	
Aglaster	Ad	
Aglester	G,Suol	
Aglister	Suol	
Aglster	Ma	Kein Fehler. So hieß sie früher, „in alter Zeit“.
Agu	Krü	
Agu (angels.)	Ad	
Akster	Suol	
Alaster	Be1,Do,N,Suol	Schlesien.

Alester	Be1,K,N	K: Frisch T. 58.
Algarde	B	
Algarte	Be1,N,Schwf	
Algaster	Ad,Be1,Buf,Do,... ...GesS,Krü,N,Schwf;	Tirol, Steiermark.
Algorte	Do,H	
Alparte	Do	
Älster	Ad,N	
Alster	B,Be,Do,K,... ...N,P,Suol;	Bayern seit 12. Jh.;
		K: Frisch T. 58.
Alsterkâdl	H,Suol	
Alsterkarl	Do	
Argerst	B,Do	
Ärter (holst.)	Ad	
Aster	Be1	
Atzel	Ad,Buf,Do,GesSH,... ...H,Kö,Krü,Suol,Tu;	Hessen
		– älter als 15. Jh.
Ätzel	Ad	
Atzle	Do,H,Schwf,Suol	
Äxter	Ad	
Azel	Be1,Fri,N Elsaß, Hessen, Schweiz – älter als 15. Jahrh.	
Diebsch	H	
Diebst	Do	
Doalaster	Do,H	
Egerste	Be1,N,O1,Schwf	Schwäbische Abwandlung.
Egester	Be1,N	Niederdeutsche Abwandlung.
Ekster	Suol	
Elster	Ad,B,Be1,Buf,... ...GesSH,Kö,H,Krü,N,Schwf,Tu,V;	
Elster-Rabe	N	
Elsterrabe	Be1,H	Elster: Grundform ahd. „ag-alstra".
Enkster	H	
Erter (westf.)	Ad	
Europäische Elster	Be,Buf,N,	
Exter (westph.,holl.)	Ad,GesH,H,Krü	
Ezester	Do	
Gakalsder	Suol	
Galster	Do,Suol	
Galsterkadel	Suol	
Gartenkrähe	Be,Do,N,V	Wegen auch siedlungsnaher Lebensweise.
Gartenrabe	B,Do,N	
Gatze	Ad	
Gemeine Aelster	K	K: Frisch T. 58.
Gemeine Elster	Be,N,O3	
Gemeiner Häher	N	Teilweise häherartiges Verhalten.
Gemeiner Heher	Be1,Buf,K,N	
Goister	Suol	
Gräckelster	Do	
Große Alaster	H	
Grückelster	Do	
Haberhätsch	H	

Haberhetsche	Do,H	
Häckster	Do	
Häger	Ad	
Häher	Krü	
Häkster	Suol	
Harrakatz (estn.)	Buf	
Hâster	Suol	
Häster	Be1,Buf,Do,N,Suol	Norddeutschland
Hätz	H,Suol	
Hätze	Ad,Do,H	
Hätzl	H	
Hatzle	Suol	
Hätzle	Suol	
Hatzler	H	
Hausälster	Ad	
Häxle	Suol	
Häxter	H	Niederdeutsche Abwandlung.
Hechster	H	
Heester	Do,H	
Heger	Ad	
Hegester (nieders.)	Ad,Krü	
Hêgster	Suol	
Heher (nieders.)	Ad,K,Krü	K: Frisch T. 58:
Heigero	Ad	
Heigster	Suol	
Heisker	Suol	
Heister	B,Be1,Do,N,... ...O1,Suol;	Noch heute in Nordfriesland.
Hesse	Be	
Heste	B,Be1,N,O1	
Hêster (nieders.)	Ad,Krü,O1,Suol	Ostfriesland bis Pommern
Hetsche	Buf,H,O1	
Hetz	Suol	
Hetze	Ad,Be,Kö,Krü,N,... ...P,Suol;	In Straßburger Vogelb. von 1554.
Heyer	Ad	
Hieger	Ad	
Hiester	Be	
Husheister	Do,H	
Hutsche	Be1,Do,N,O1	Alter Name: Am Boden sich bewegen.
Jäkster	Suol	
Jängster	Do,H	
Käckerätze	H	
Käckeretze	Do	
Kaeje	Suol	
Kaeke	Suol	
Kägersch	H,Suol	
Käkersch	Do	
Keckersch	Do,N	Von dem Keckern.
Ketsakas (lit.)	Buf	

Krückelster	N		
Langstiel	Do,H		
Nagelhetz	Suol		
Oklaster	Do,H		
Okulaster	H		
Olaster	Do		
Olester	Do,H		
Piot	Tu		
Praka (krain.)	Be1		
Sascharei	Buf		
Schackälster	Fri		
Schacke	Do		
Schackelster	Do,H		
Schagaster	Suol		
Schaggata (lett.)	Buf		
Schäkerhex	Do,H		
Schalaster	Ad,B,Be1,Buf,Fri,...	...H,Krü,N,Suol;	Anhalt bis Böhmen, Siebenb.
Schalater	Do		
Schalhäster	Do		
Schalster	Fri		
Schare	Suol		
Schätterhex	Do,H		
Schirigadl	Suol		
Scholaster	Do,H,Suol		
Schulaster	Suol		
Selpalaster	Do		
Sepalalster	Do,H		
Spachheister	Suol		
Spitzbauer	Do		
Spochheigster	Suol		
Tratschkatel	Suol		
Trillelster	Do		
Tschadel	Suol		
Tschaderer	Suol		
Tschaderkatel	Suol		
Tschôgelester	Suol		
Tschokalaster	Suol		
Wiek (lit.)	Buf		

Erddrossel (Zoothera dauma)

Alle Naumann – Namen aus Bd. 13/262.

Bergdrossel	B	Geschlossene Wälder. Aber Berge???
Bunte asiatische Drossel	N	Ural bis Südaustralien.
Bunte Drossel	N	Naumann: Bunte Drossel – „Geocichla varia".
Bunte Golddrossel	N	
Bunte japanische Drossel	N	
Gold-Troossel (helgol.)	H	
Golddrossel	N	Goldbraunes Gefieder. Federn mit ...
Große mondfleckige Drossel	N	... halbmondförmigen Federspitzen.
White's-Drossel	N	Wiss. Name von Naumann: Turdus Whitei.

Erlenzeisig (Carduelis spinus)

Angelches	Do	Wegen schönem Gesang.
Cyßken (holl.)	GesH	
Ellernvogel	Do	
Engelchen	Be1,Buf,GesH,N,…	…Suol,Tu; Tu 1543: Wg. schönem Gesang.
Erdfink	Do	
Erlen-Zeisig	N	
Erlenfinck	Suol	
Erlenfink	Ad,Be1,Buf,Do,…	…Krü,N; Name im 17. Jh. – Zugehörigkeit …
Erlenfinke	Buf	… zu Finken war schon früh bekannt.
Erlenzeisig	Be2,H,Krü,O1	Vorliebe für Erlensamen.
Erlfink	H,Krü,V	
Gael	Be2,Do,N,O1	Abgeleitet von Gelbvogel. Wohl KN.
Gaelvogel	Buf	
Gälvogel	GesS	
Geelvogel	Do	
Gelbvogel	Be2,GesH,N	„Von den Teutschen zu Löven [Flandern]".
Gemeiner Zeisig	Be1,Krü,N	
Gerstenvogel	N	Kamen zur Zeit der Gerstenreife.
Griezeisig	Do,H	
Grizeisig	H	
Grönsidsken (dän.)	H	
Grönsiska (schwed.)	H	
Grüner Hänfling	Be1,Buf,Fri,Krü,N	
Grüner schwarzplattiger Hänfling	Be,Buf,K,N	K: Frisch T. 11. Auch Name von Klein.
Grüngelbes Zeislein	Be,Buf,N	Erschien bei Zorn (1743).
Grüngelbes Zeißlein	Z	
Grünzeisig	Do	
Idel	Do	
Leinenweber	Do	
Lütt Zeischken	Do	
Poingerl	H	
Pringerl	Do	
Schuhmächerle	Do,H	
Schwarzplattiger Hänfling	Be1	
Siesken	Suol	
Sischen	Be,Do,N	„Sischen" stammt aus Friesland.
Sisgen (fries.)	GesH	
Sisik (norw.)	H	
Strumpfweber	O2	„Sein Gesang gleicht dem Schnarren …
Strumpfwirker	Do	… eines Strumpfwirkerstuhls."
Tarin	Buf	
Traupis	Buf	
Tschischek (böhm.)	Ad,Fri	
Waldhüsele	Suol	
Zaus	Do,H	

Zeis	H,Suol	
Zeischen (s-ch)	Ad,Be,Buf,Krü	
Zeischen (sch)	Ad,Be,Buf,Krü	
Zeisei	H	
Zeisel	Be,Buf,GesS,...	...N,Schwf,Suol;
Zeisele	H	„Zeisel" (belegt seit 1603) aus Alpenl.
Zeiselein	GesH	
Zeiseler	Suol	
Zeiserl	Be,Buf,Do,N	Österreichisch
Zeiserle	H	
Zeisgen	Buf,Schwf	
Zeisich	Buf,GesH,Schwf,Suol	
Zeisichen	Buf,K	K: Frisch T. 11.
Zeisig	Ad,B,Be2,Buf,Krü,...	...N,O1,Suol,V,Z;
Zeisigfink	Be1	... aus Bettelrufen dsisij oder djessij.
Zeising	Buf,N	Name kommt aus M-, N- und Ostdtschland.
Zeiske	Be2,N,Suol	„Zeiske": Schlesien, Pommern, Ostpreußen.
Zeisker	Do,H	
Zeisla	Do	
Zeisle	H	
Zeislein	Ad,Be2,Buf,Do,Fri,...	...N,Suol; „Zeislein" (belegt seit 1743).
Zeißchen	Be1,N	
Zeißig	G	
Zeißigfink	N	Zeisig: Von tschechischer Benennung čižek ...
Zeißke	Be	
Zeißle	Suol	
Zeißlein	Be1,Fri,K,Kö,...	...P,Z;
Zensle	Be,Do,H,N,...	...O1,Schwf;
Zessig	H	
Zeysich	Buf,Tu	
Zeysle	Buf,GesS	
Zickrdütsch	Suol	
Zieschen	Do	
Ziesel	Be1,Buf,Do,K,N	K: Frisch T. 11, Alpenländer 17. Jahrhundert.
Zieselein	GesH	
Ziesing	Do	
Ziesk (helgol.)	Be2,Do,H,N	
Zieske	Ad	
Ziesle	Be1,N	
Zieslein	Be2,N	
Zießchen	H,K	K: Frisch T. 11.
Zinnle	H	
Zinsel	Buf	
Zinsl	N	
Zinsle	Buf,GesS,H,Suol	
Zinßle	K	
Zinßlein	Be,GesH	
Zischen (s-ch)	Be,Buf,GesH,K,N	Name kommt aus M-, N- und Ostdtschld.

Zischen (sch)	Be	
Zîsel	Suol	
Zisele	Buf	
Zising	Be1,Buf,Fri,N,Z	Name kommt aus M-, N- und Ostdtschld.
Zîske	Suol	
Zîsle	H,Suol	
Zißchen	Be1	
Zißle	Buf,Do,H,Schwf	
Zißlin	Suol	
Zitskens (lett.)	Buf	
Ziz	Do	
Zizchen	Do	
Zyschen	Buf,GesS	
Zysele	GesS	

Falkenbussard (Buteo buteo vulpinus)   Avibase: Mäusebussard-vulpinus.

Steppenbussard	H	Alt: Buteo desertorum.

Falkenraubmöwe (Stercorarius longicaudus)

Alpenraubmöve	B	Skandinavische Gebirge sind „Alpen", alpin.
Buffonische Raubmöve	O3	
Buffonsche Raubmeve	N	„Buffonii" zuerst von Boie „beigelegt".
Falkenmeve	N	Schnell und wendig wie Falke.
Felsen-Meve	Be	
Felsenraubmeve	N	
Fjeldjo (norw.)	H	
Kjoi (isl.)	H	
Kleine lang- u. lanzettschwänzige Raubmöve	Do	
Kleine Polarmeve	N	Vogel brütet nur ausn.weise in Polargebiet.
Kleine Raubmeve	N,O3	Fängt Wühlmäuse, kleine Vögel, Insekten.
Kleine Raubmöve	H	Bei Henn. und heute: Stercoc. longicaudus.
Kleiner Labbe	Do	
Kleiner langschwänziger Strandjäger	N	„Strand" hier aus „Strunt" („Unrath", Kot), …
Kleiner langschwänziger Struntjäger	N	… R.-Möwe jagt Nahrung ab, den das Opfer …
Kleiner spitzschwänziger Strandjäger	N	… auswürgt. Frißt keinen Kot, wie Irrglaube! …
Kleiner spitzschwänziger Struntjäger	N	… „Strandjäger" bedeutet hier Struntjäger.
Kleiner Strandjäger	Do,N	
Kleiner Struntjäger	Do,N	
Kreischraubmöve	B,Do	
Kurzschnäbelige Raubmeve	H	
Kurzschnäblige Raubmeve	N	
Labbe (schwed.)	H,N	„Labbe": schwedischer Name der Raubmöwe.
Langschwänzige Raubmeve	N	

Live	N	Abgeleitet von isländisch Kive.
Lütj Skeetenjoager (helgol.)	Do,H	
Nordvogel	N	Brütet nicht so weit i. Norden wie and. R. m.
Pantoffelmöve	Do	
Rovmaage (dän.)	H	
Schwarzzehige Meve	Be	
Schwarzzehige Meve	N	
Skaiti (lappl.)	H	
Strandfalke	Do	
Struntjaeger (dän.)	H	Vogel jagt nicht nach Strunt, Kot.
Tyvmaage (dän.)	H	

Fasan (Phasianus colchicus)   Siehe **Jagdfasan.**

Feldlerche (Alauda arvensis)

Ackerlerche	Ad,Be1,Buf,Do,...	...Krü,N; „Kein Vogel ist häufiger als sie."
Adlerlerche	V	
Alaud (kelt.)	Buf	
Brachlerche	B.Be1,Buf,Do,N	Sie ist ein Vogel der offenen Landschaften.
Edellerche	Do	
Europäische Feldlerche	H	„Veldt Lerche" „zunächst" in ...
Feld-Lerche	Fri,N,P,Z	... „Ryffs Tierbuch Alberti" 1545.
Feldlerche	Ad,B,Be1,Buf,Fri,...	...K,II,Krü,O1,Schwf,V;
		K: Frisch T. 15.
Feldlewark	Do	
Gemeine Lerche	Be2,Buf,N,V	
Gesang-Lerch	GesH	
Glattköppig Lewark	Do	
Große Lerche	Be,Buf,Schwf	
Haidelerche	Be2,N	
Heid-Lerch	GesH	
Heidelerche	Buf,N	
Himmellerch	GesSH,Suol	
Himmellerche	Buf,Schwf	Weil sie in der Luft schwebend singet.
Himmellörchli	Suol	
Himmelslärka (schwed.)	H	
Himmelslerche	Ad,B,Be1,Buf,Do,...	...K,Krü,N,O2; K: Frisch T. 15.
Holtz-Lerch	GesH	
Holzlerche	Be2,Buf,N	
Korn-Lerch	Kö	Sie nisten in Kornfeldern.
Kornlerche	Ad,B,Be1,Buf,...	...Do,Fri,Krü,N,P,Suol;
Lark (schlesw.-holst.)	Do,H	
Lärche	Ad	Lerche allgemein.
Lärke	Do	
Lauditza (krain.)	Be1	
Leeuwerik (holl. u. fries.)	H	
Leeuwerk (holl.)	Krü	
Leewaark	Be1	
Leewark	N	Leewark und ähnliche Namen bedeuten Lerche.
Leewerck	Buf	

Leewercke	GesS		
Leink	Do		
Leirike (schwed.)	H		
Lerch (schlesw.-holst.)	Do,GesH,H,...	...Krü,Tu;	
Lerche	Be1,Buf,G,Krü,...	...N,P;	
Lerck	Buf		
Lerich	Buf,Krü		
Lerkur (fär.)	H		
Lewark	Krü		
Lewchen (schlesw.-holst.)	Do,H		
Lewerk (pld.)	Krü		
Lewink (schlesw.-holst.)	Do,H		
Lirche	Do		
Lörch	Do		
Lortsk	Do		
Lowark	Do		
Luftlerche	Be1,Buf,Do,N		
Lurlen	Buf		
Pardale	Be2,N	Von „pardalus": Regenpfeifer, -vogel.	
Saatlerche	Ad,B,Be1,Buf,Do,...	...Krü,N,V;	„Aufenthalt" auch auf Saatfeldern.
Sanglaerke (dän.)	H		
Sanglarke (norw.)	H		
Sanglerch	Buf,GesS		
Sanglerche	Ad,Be1,Buf,K,...	...Krü,N,Schwf;	K: Frisch T. 15.
Singelerche	Krü		
Singlerche	B,Buf,Do,Krü		
Singlewark	Do		
Sössel-Lewark (Fehmarn)	H		
Sösselewak	Do		
Stainlerch	Suol		
Steinlerch	GesS,Suol		
Taglerche	B,Be1,Do,N	Singt am Tag gefangene Lerche wirklich besser?	
Toplaerke (dän.)	H		
Veldt-Lerche	Suol		
Weglerche	Be1,Buf,N		
Weiße Lerche	Fri		
Wiesenlerche	Do,Krü		

Feldrohrsänger (Acrocephalus agricolus)

Feldrohrsänger	H

Feldschwirl (Locustella naevia)

Bachstelze	Buf	
Bunte Grasmücke	Buf	
Busch-Rohrsänger	N	
Buschgrille	B,Do	Nach Gesang und Aufenthalt.
Buschrohrsänger	B,Do,H	Naumann: Vogel liebt Gebüsch.
Buschschwirk	Do	Wohl Druckfehler
Buschschwirl	H	

Feldschwirl	B,H	Name ist lautmalend.
Gefleckte Grasmücke	Buf	
Grashüpfer	Do,N	
Graufleckige Grasmücke	Buf	
Graufleckigte Grasmücke	Buf	
Grillensänger	Do	
Heuschreckenlerche	Do,N	
Heuschreckenrohrsänger	B,N	Oft gebrauchter Name.
Heuschreckensänger	B,Be,Do,N,O3	Ruft monoton heuschreckenartig.
Heuschreckenschilfsänger	N	
Korngrille	Do	
Lerchenfarbiger Spitzkopf	N	
Lerchenspitzkopf	Do	
Olivengrüner Rohrsänger	N	
Pieperfarbiger Rohrsänger	N	
Pieplerche	N	
Schwirl	B,Do,N	Gesang: Heuschreckenähnlicher Dauerton.
Zirpender Rohrvogel	O2	

Feldsperling (Passer montanus)

Baumfink	Be1,Do,N	Nistet in Löchern hohler Bäume.
Baumspatz	Do,N	
Baumsperling	Ad,Be1,Buf,Do,Fri,...	...Hö,K,Krü,N,O2,V; K: Frisch T. 7.
Bawmsperling	Suol	
Bergfink	B	Brütet im Gebirge bis 1000 m hoch.
Bergmusch (holl.)	H	
Bergspatz	B,Do	
Bergsperling	B,Be1,Buf,Do,... ...Krü,N;	„Fring. montana" schon bei Ges 1585.
Boom-Lün	H	
Boomlün	Do	
Boommusch (holl.)	H	Mit langem U.
Boomparling	Do	
Boomspaarling	N	Aus dem mecklenburger Platt.
Braunfink	B	
Braunkopf	Do	Weinrotbraune Kopfkappe.
Braunspatz	B,Do	Spatz: Koseform aus ahd. sparo.
Braunsperling	B,Be1,Buf,Do,N	Weinrotbraune Kopfkappe.
Buschspatz	Do	
Buschsperling	Do	
Feld Sperling	Schwf	Schwenckfeld 1603: FeldSperling.
Feld-Dieb	Suol	
Feld-Sperling	N,P,Z	Schwenckf. – Feldsperling ist ältester Nachweis.
Feld-Spink	H	
Felddieb	Ad,Be1,Buf,Do,K,... ...Krü,N;	
Feldfink	Do,N	
Feldmännel	Do	
Feldmusch (holl.)	H	

Feldspaarling	N	Aus dem mecklenburger Platt.
Feldspatz	N	Brütet auch nahe landwirtsch. Flächen.
Feldsperk	N	Gesang: Sperken oder spirken.
Feldsperling	Ad,B,Be1,Buf,H,…	…Krü,O1,P,V; Ahd. sparo
		wurde zu Sperling.
Feldspink	Do	
Frick	O1	Aus Belons „Friquet" (= Feldsp.).
Fricke	N	KN von Naumann (aus Frick).
Frickespatz	Do	KN
Frickesperling	Do	KN
Gebirgssperling	Be1,Buf,Krü,N	Wahrscheinlich KN aus Bergsperling.
Gersten-Dieb	Suol	
Gerstendieb	Ad,Be1,Buf,Do,K,…	…Krü,N;
Hamburger Mauerläufer	Buf	
Hamburgischer Baumläufer	Be1	
Hamburgischer Dohmpfaffe	Buf	
Hamburgischer Gimpel	Be1,Buf	
Hamburgischer Kernbeißer	Be1	
Holtz-Muschel	G,Suol	Mit langem U gesprochen.
Holzfink	B,V	Brütet gerne in Obstbaumhöhlen.
Holzmuhschel	Do	
Holzmuschel	Ad,Be1,Buf,Hö,Krü,…	…N,O1; Mit langem U.
Holzmuschelsperling	Krü	
Holznischel	Ad,H,Krü	
Holzspatz	B,Do	„Holz-" steht für „Baum-", „Wald-".
Holzsperling	Ad,B,Be1,Buf,Do,…	…N,V; Nistet in Baumhöhlen.
Ingelsk Karkfink (helgol.)	H	
Jagelsk	Do	
Karkfinf	Do	
Kornspercken	Suol	
Leidiges Spetzel	Suol	
Mauerspatz	Suol	
Moossperling	Ad	
Moossperlingk	Suol	
Mösch	Ma	
Moß-sperck	Suol	
Mücke	Ad	
Muschel	Ad	
Muschelnischel	Ad	
Muschelspatz	Do	Muschel: Ableitg v. Mücke/Mucke = Insekt.
Muschelsperling	Ad,Be1,Buf,Krü,N	Mit langem U.
Mutschel	Ad	
Mutschelsperling	Ad	
Muyrsperling	Suol	
Nußfink	B	
Nußspatz	B,Do	
Nußsperling	B,Be2,Do,N	Nistet auch in Nußbaumhöhlen.
Riethsperling	Ad	

Ringel Spatz	Schwf		
Ringel Sperling	Schwf	Hat fast vollständiges weißes Halsband.	
Ringel-Spatz	GesH		
Ringelfink	B,Do,N	Hat fast vollständiges weißes Halsband.	
Ringelspatz	B,Buf,Do,…	…GesSH,N;	
Ringelsperling	B,Be1,Buf,Hö,…	…Krü,N;	
Ringmusch (holl.)	H		Mit langem U.
Ringsperling	Buf		
Rohrfink	B		
Rohrleps	Be,Do,N		
Rohrspatz	B,Be,Do		Gerne im hohen Rohr der Teiche.
Rohrsperlich	Do		
Rohrsperling	Ad,B,Be1,Do,Krü,…	…N,Suol,V;	Früher Name in Sachsen-Anhalt.
Rorspar	Suol		
Roth-Sperling	Z		
Rothfink	B		
Rothspatz	B		
Rothsperling	B,Buf,Hö,Krü,…	…N,Z;	
Rothvogel	Krü		
Rotspatz	Do		
Rotsperling	Be1,Do,H		
Spar	Hö		
Spatz	Ma	Koseform, v. Sparo, nach hüpfender Bewegung.	
Sperling	P		
Sperling mit dem Halsband	Be2,N		
Spuntzig	Do		
Tiegersperling	Krü		
Tschirp	Suol	Tschirp „verstehen manche als Dieb".	
Wald Sperling	Schwf		
Wald-Spatz	GesH		
Waldfink	B		
Waldspatz	B,Do,Suol		
Waldsperling	Ad,B,Be1,Buf,Do,…	…K,Krü,N;	K: Frisch T. 7.
Waldspink	Do		
Weiden Sperling	Schwf	Gerne in dicht belaubten Weidenbäumen.	
Weidenfink	B		
Weidenspatz	B,Do		
Weidensperling	Ad,B,Be1,Buf,Do,…	…Fri,K,Krü,N,Suol,V;	K: Frisch T. 7.
Wilder Sperling	Be1,Buf,G,Hö,…	…Krü,N;	Gegensatz zu Haussperling.
Wydenspatz	Suol		
Zätschker	Be		

Felsenhuhn (Alectoris babara)

Barbarisches Rothhuhn	Krü		
Felsenhuhn	Krü,O2	Bevorzugt offenes Wald- und Küstenland.	
Klippenhuhn	B		KN von A. Brehm.

Felsenkleiber (Sitta neumayer)

Felsen-Spechtmeise	H	Nistet in Höhlen und Spalten von Felsen.
Felsenkleiber	B	Felshänge bis 200 m Höhe.
Felsenspechtmeise	O3	Spechtmeise ist alter Kleibername.
Syrische Spechtmeise	H	

Felsenschwalbe (Ptyonoprogne rupestris)

Bergschwalbe	Ad,B,Do,N	Brütet bis 2000 m Höhe in Spalten …
Felsen-Schwalbe	H,N	… und Höhlungen steiler Felswände.
Felsenschwalbe	B,Be1,Buf,Krü,…	…O3,V;
Graue Felsenschwalbe	Buf,Krü,N	Nach Gefiederfarbe.
Klippenschwalbe	V	
Steinschwalbe	B,Do,Krü.N	
Felsenschwalbe	B,Be1,Krü,O3,V	KN

Felsen-/Haustaube (Columba livia)

Arent	Suol	Taube männlich.
Bauerntaube	Be,Buf	
Bauertaube	K,Krü	K: Albin Band III/42, Columba livia.
Bergtaube	Be2,N	Lebensraum auch steinige Gebirgslandschaften.
Blaue Taube	Be2,N	Bechst.: Variation verwildeter o. Straßentauben.
Blautaube	Be2,N	
Blochtaube	Be2,H	
Burzeltaube	O1	Haustaubenrasse
Chuter	Suol	Taube (männlich)
Chütin	Suol	Taube (weiblich)
Cropper	K	Haustaubenrasse
Cypersche Taube	K	Haustaubenrasse
Debber	Suol	Taube (männlich)
Diberd	Suol	Taube (männlich)
Dichtertaube	Buf	Haustaubenrasse
Diffrick	Suol	Taube (männlich)
Diwen	Suol	Taube (weiblich)
Dîwrik	Suol	Taube (männlich)
Döwwek	Suol	Taube (männlich)
Döwwerk	Suol	Taube (männlich)
Duberd	Suol	Taube (männlich)
Dubhorn	Suol	Taube (männlich)
Dübhorn	Suol	Taube (männlich)
Düffer	Suol	Taube (männlich)
Duffert	Suol	Taube (männlich)
Düffert	Suol	Taube (männlich)
Düfrick	Suol	Taube (männlich)
Düwek	Suol	Taube (männlich)
Düwerik	Suol	Taube (männlich)
Dyberd	Suol	Taube (männlich)
Einheimische Taube	Buf	
Einheimische zahme Taube	Krü	
Feld Taube	Fri	Verwilderte Haustauben.
Feld-Taube	N	

Feldflüchte	Be,Fri	Abends „Flucht" von Feldern in den Schlag.
Feldflüchter	Be,Buf,K,Krü,...	...N,Suol; K: Albin III, 42, Columba livia.
Feldrecken	Suol	Felsentaube (Haustaube).
Feldtaube	Be2,Buf,K,H,...	...Krü,O1,Suol,V; Klein: Albin III, 42, Col. livia.
Felsentaube	B,Be2,K,N,V	K: Albin Band III, 44.
Flug Taube	Schwf	
Flugtaube	Buf,Krü,Suol	Felsentaube (Haustaube).
Gehörnte Taube	Buf	Haustaubenrasse
Gemeine Feldflüchte	Be	
Gemeine Feldtaube	Be2,N	Verwilderte Haustauben.
Gemeine Taube	Be1,Buf,Krü,N	
Große Höckertaube	Buf	Haustaubenrasse
Grottentaube	B,N	Lebensraum auch steinige Gebirgs – Landsch.
Grugser	Suol	Taube (männlich).
Haubentaube	Buf,K	Haustaubenrasse
Haustaube	Be2,Buf,K,Krü,N,...	...O1,Suol,V; K: Albin III, 42, Columba livia.
Heimische Taube	K,Schwf,Suol	K: Albin Band III/42, Columba livia.
Hickse	Suol	Felsentaube (Haustaube).
Höckertaube	O1	= Pagadette, Haustaubenrasse.
Hoftaube	Buf,Krü	
Hohltaube	Be2,Buf,H,Krü	
Holländische Muscheltaube	Buf	Haustaubenrasse
Holtz-Taube	K	K: Albin Band III/42, Columba livia.
Hünerschwantz	Fri	Haustaubenrasse
Hünerschwanz	Buf	Haustaubenrasse
Hußtube	Suol	Felsentaube (Haustaube).
Indianer	O1	= Polnische Taube, Haustaubenrasse.
Jakobinertaube	Buf	Haustaubenrasse
Kappennonne	Buf	Haustaubenrasse
Karmelitertaube	Buf,O1	Haustaubenrasse
Keutter	Suol	Taube (männlich).
Kirchrecke	Suol	Felsentaube (Haustaube).
Kirchtaube	Suol	Felsentaube (Haustaube).
Klatschtaube	O1	Haustaubenrasse
Klatzschers	K	Haustaubenrasse/Sammelname.
Klippentaube	Be2,N	Lebensraum ursprünglich Felsklippen am Meer.
Kreiselschnäbler	K	Haustaubenrasse/Sammelname.
Krepper	Buf,K	Haustaubenrasse
Kropf Taube	Fri	Haustaubenrasse
Kropfer	K	Haustaubenrasse
Kropffer	K	Haustaubenrasse
Kropftaube	Buf,O1,P	Haustaubenrasse
Kropper	Buf,K	Haustaubenrasse
Kröpper	Buf	Haustaubenrasse
Kröpper-Möwchen	Fri	Haustaubenrasse
Kütter	Suol	Taube (männlich).
Kuuter	Suol	Taube (männlich).

Livia	Tu	
Loch-Taube	K	K: Albin Band III/42, Columba livia.
Lochtaube	Be2,H	
Maskentaube	Buf	Haustaubenrasse
Mevchen	Buf	Haustaubenrasse
Mohrenkropftaube	Buf	Haustaubenrasse
Mon Taube	Fri	Haustaubenrasse
Monatstaube	Buf	
Mondtaube	Buf	Haustaubenrasse
Mövchen	Buf	Haustaubenrasse
Mövchentaube	O1	Haustaubenrasse
Möventaube	Buf	Haustaubenrasse
Nonnentaube	Buf	Haustaubenrasse
Pagadette	O1	= Höckertaube, Haustaubenrasse.
Pareckentaube	Buf	Haustaubenrasse
Paruquen Taube	Fri	Haustaubenrasse
Pastetentaube	Buf,K,Krü,Suol	Haustaubenrasse
Pauer-Taube	K	Haustaubenrasse
Pauertaube	Suol	Felsentaube (Haustaube).
Pavedette	K	Haustaubenrasse
Perückentaube	Buf	Haustaubenrasse
Pfau Taube	Fri	Haustaubenrasse
Pfau-Taube	K	Haustaubenrasse
Pfauentaube	Buf,O1	Haustaubenrasse
Pfautaube	K	Haustaubenrasse
Polnische Taube	O1	= Indianer, Haustaubenrasse.
Roiller	Suol	Taube (männlich).
Römische Taube	Buf	Haustaubenrasse
Rucker	Suol	Taube (männlich).
Ruckert (männl.)	Ma,Suol	Wegen Rufen in der Triebzeit.
Ruckes	Suol	Taube (männlich).
Rûgger	Suol	Taube (männlich).
Schlag Taube	Schwf,Suol	Hörbares Flügelschlagen über Rücken.
Schlagtaube	Be2,Buf,K,Krü,N	K: Albin Band III/42, Columba livia.
Schleiertaube	O1	Haustaubenrasse
Schleyer Taube	Fri	Haustaubenrasse
Schüttelkopf	Buf	Haustaubenrasse
Schwalbentaube	Buf	Haustaubenrasse
Schwarzbändige Feldflüchte	Be	
Schweizertaube	Buf	Haustaubenrasse
Spanische Taube	Buf	Haustaubenrasse
Spocht	Suol	Felsentaube (Haustaube).
Stein-Taube	K	K: Albin Band III/42, Columba livia.
Steintaube	B,Be,N,O2,Suol	Lebensraum ursprünglich Felsklippen am Meer.
Stocktaube	K	K: Albin Band III/44.
Stubentaube	Suol	Felsentaube (Haustaube)
Taube	K,Schwf	K: Albin III/42, Col. livia und Taube allgemein.
Taubert	Suol	Taube (männlich).

Täubert	Suol	Taube (männlich).
Täubin	K	K: Albin Band III, 42, Columba livia.
Täubinn	Suol	Taube (weiblich)
Taumler	K	Haustauben-Rasse/Sammelname.
Teuber	Schwf	Taube allgemein.
Teubin	Schwf,Suol	Taube (weiblich) allgemein.
Thurmtaube	Be2,N	
Tiffert	Suol	Taube (männlich).
Tollige Haus-Ente	Fri	Hausentenrasse
Trommeltaube	O1	Haustaubenrasse
Trummel-Taube	Fri	Hausentenrasse
Trummelstaube	K	Haustaubenrasse
Trummeltaube	Buf	Haustaubenrasse
Tübene	Suol	Taube (weiblich).
Tuber (männl.)	Ma	
Tuberich	Suol	Taube (männlich).
Tubhai (männl.)	Ma	Alter Name, weist auf Zucht vor langer Zeit.
Tümmel-Taube	Fri	Haustaubenrasse
Tümmler	Buf	Haustaubenrasse
Türkische Taube	Buf,Fri,O1	Haustaubenrasse
Ufertaube	B,Be2,N	Lebensraum ursprünglich Felsklippen am Meer.
Veldböck	Suol	Felsentaube (Haustaube).
Veldtube	Suol	Felsentaube (Haustaube).
Venustaube	Buf	Haustaubenrasse
Vinago	Tu	Felsentaube?/Hohltaube?
Weiße rauchfüßige Kropftaube	Buf	Haustaubenrasse
Weißrumpfige Taube	Be2,N	
Wendetaube	Buf	Haustaubenrasse
Wilde gemeine Taube	Be	Verwilderte Haustauben.
Wilde Taube	Be1,K,N,O1	K: Albin Band III/42, Columba livia.
Zahme Taube	Be1,Buf,K,Krü,…	…N,O1,Schwf; K: Albin III, 42, Col. livia.
Zametaube	Suol	Felsentaube (Haustaube).
Zamtaub	Suol	Felsentaube (Haustaube).

Felserddrossel (Zoothera mollissima)   **Früher** Himalayadrossel, s. Naum. Bd. 13/S. 257

Himalaya-Drossel	H	
Himalayadrossel	B	Vogel lebt in Himalayaregion.
Hodgsons Misteldrossel vom Himalaya	N	Ähnelt der Misteldrossel im Gefieder.
Kleine Golddrossel	H	
Mondfleckige Drossel	N	Gefieder: Mondsichelförmige Flecken.
Weichfederdrossel	B	
Weichfederige Drossel	N	Deckfedern des Gefieders sehr weich.

Fichtenammer (Emberiza leucephalos)

Ammer Pithyornis	Buf	Alter wissenschtl. Name der Fichtenammer.
Dalmatischer Sperling	N	Seltener Wintergast in Dalmatien/Kroatien.
Fichten-Ammer	N	
Fichtenammer	B,H,O3	Bevorzugter Lebensraum: Lichter Nadelwald.
Rostbürzel	Buf	

Rothkehliger Ammer	N	
Weißköpfiger Ammer	N	„Zwillingsart" der Goldammer: Gelb ist weiß.
Weißköpfigter Ammer	Buf	
Weißscheiteliger Ammer	N	

Fichtenkreuzschnabel (Loxia curvirostra)

Borrfink (helgol.)	Do,H	
Bundte Krinisse	Schwf	
Bunter Kreuzschnabel	Be	
Bunter Krinitz	Be1	Tschechisch krivonos = Krummschnabel.
Bunter Kreutzschnabel	N	
Bunter Krinitz	N	
Christ Krinisse	Schwf	
Christkreutzschnabel	Be	Beginnt mitunter um Weihnachten mit der Brut.
Christkrinitz	Be1,N	
Christvogel	Do,Ma,Suol	Wegen Winterbrut (auch schon mal um Weihn.).
Chrützvogel	N	
Creutz-Schnabel	Z	
Creutz-Vogel	GesH	
Creutzschnabel	Kö	
Creutzvogel	Fri,Schwf,Suol,Z	
Deutscher Papagei	Do	
Deutscher Papagey	Krü	
Fichten-Kreutzschnabel	N	
Fichtenkreutzschnabel	B,Be2,H,O1,V	Nach der Nahrung.
Geelbe Krinisse	Schwf	
Gelber Kreutzschnabel	Be,N	
Gelber Krinitz	Be1,N	
Gemeine Krinisse	Schwf	
Gemeiner Kreutzschnabel	Be1,N,O1	
Graue Krinisse	Schwf	
Grauer Kreutzschnabel	Be,N	
Grauer Krinitz	Be1,N	
Grenes	Suol	
Grienitz	Be1,Buf,G,Krü,N	Tschechisch krivonos = Krummschnabel.
Grienitz-Vogel	G	
Griens	Do,H	
Grims	Suol	
Grinitz	Ad,Be1,Krü,N,Suol	
Grönitz	Be1,Buf,Krü,N	Tschechisch krivonos = Krummschnabel.
Grüms	Do	
Grünerz	Do,H	
Grünitz	Ad,Be1,Buf,Do,Fri,…	…Hö,K,Krü,N,O1,Suol; K: Frisch T. 11.
Kleiner Kreutzschnabel	Be,N,V	
Kleines Krinisse	Schwf	
Krempel	Do,H	
Kreutz-Schnabel	Z	
Kreutz-Vogel	Z	
Kreutzschnabel	Be,Buf,K,O2	K: Frisch T. 11.

Kreützschnabel	Fri		
Kreutzschnäbeliger Kernbeißer	N		
Kreutzschnäblicher Kernbeißer	Be		
Kreutzvogel	B,Be1,Buf,Do,…	…GesS,K,Ma,N;	K: Frisch T. 11.
Kreuzschnabel	Ad,Krü		
Kreuzvogel	Ad,Krü,Suol	Versuchte, Nägel aus Händen v. Chr. zu ziehen.	
Krienitz	Do		
Krimaes	H		
Krimaß	Do		
Krims	H,Suol		
Krinis	Schwf,Suol		
Krinitz	Ad,B,Be1,Buf,…	…GesS,K,Krü,N,Schwf,Suol;	
Krones	Do,H		
Krönitz	Do		
Krum-Schnabel	P		
Krumbschnabel	Suol		
Krumm-Schnabel	Z	„Krumbschnabel" bei Hans Sachs 1531.	
Krummschnabel	Ad,Be1,Buf,Do,…	…Fri,Kö,GesSH,Krü,N,Suol;	
Krumpschnabel	H		
Krumschnabel	P,Schwf		
Krünitz	Ad,Be1,Do,Krü,N,O2		Tschechisch krivonos = Krummschnabel.
Krünsch	N		Wie Krünitz.
Krützschnoabel	Suol		
Krützsnawel	Suol		
Krützvogel	Suol		
Krüzvogel	Suol		
Langschnäbeliger Kreutzvogel	N		
Lincks geschrenckte Krinisse	Schwf		
Recht geschrenckte Krinisse	Schwf		
Roter Krinitz	Be1		
Rothe Krinisse	Schwf		
Rother Kreutzschnabel	Be,N		
Rother Krinitz	N		
Schwabe	H		
Sommer Krinisse	Schwf		
Sommerkreutzschnabel	Be		
Sommerkrinitz	Be1,N	Farbwechsel Sommer – Winter.	
Tannenappelfräter	Do		
Tannenpapagei	Do,Ma,N,O1	Vorliebe für Zapfen von Fichte und Tanne.	
Tannenpapagey	Ad,Be1,Buf,…	…Krü,Suol;	
Tannenvogel	B,Be1,Buf,Do,…	…Krü,N,Suol;	Nach der Nahrung.
Teutscher Papagey	Fri		
Tritscher	N	Stubenvogel, Name nach Gesang.	
Waldpapagei	Do		
Winter Krinisse	Schwf		
Winterkreutzschnabel	Be		
Winterkrinitz	Be1,N	Farbwechsel Sommer – Winter.	
Wintervogel	Do		

Witscher	N	Stubenvogel, Name nach Gesang.
Zapfenbeißer	Be1,Buf,Do,Krü,…	…Ma,N,Suol; Liebt Zapfen
		v. Fichte u. Tanne.
Zapfennager	Krü	
Zapfennager	Be1,Buf,Do,Krü,N	

Fischadler (Pandion haliaetus)

Adler mit dem weißen Scheitel	Be	
Adler mit dem weißen Scheitel oder Wirbel	Be2	
Adler mit weißem Scheitel	N	
Äschhabich	Hö	Wegen der Schäden im Traunfluß.
Balbusard (franz.)	B,Be1,Buf,Hö,Krü	Bald-Buzzard (englisch): Kahler Kopf.
Balbussard	N	
Balbuzard	Krü	
Beinbrecher	K,Krü	
Blaafot (norw.)	H	
Blaagfoot	Do	
Blaufuß	Do,Hö	Höfer: Bei Kramer.
Blaufuß mit Fischerhosen	Be2,N	Unbefiederte Füsse: Lichtblau bis bleifarben.
Brandgeyer	Krü	
Entenadler	Be,Do,N	
Entenstößer	Be,Do,GesH,Krü,V	
Europäischer Meeradler	Be2,N	
Fisch Adler	Schwf	
Fisch Ahr	Schwf,Suol	
Fisch-Ar	Z	
Fisch-Geyer	G,Z	
Fischaar	Be1,Buf,Do,…	…Hö,Krü,N,O1,V;
Fischadler	B,Be1,GesS,K,…	…Krü,N,O2,V;
Fischahr	Be97,K	
Fischähr	Be1,N	
Fischarler	Do	
Fischarn	GesS,Suol	
Fischer	GesH	
Fischer der Antillischen Inseln	Be2	
Fischermändel	Hö	Nach Kramer.
Fischerrabe	Buf	
Fischgeier	Do,N	
Fischgeyer	Be,Hö,Krü,Suol	Schon bei Hans Sachs 1531.
Fischhabich	Hö	
Fischhabicht	Be,Do,N	
Fischraal	B	
Fischrahl	Be2,N	
Fischweih	B	
Fischweihe	Do,N	
Fischweyhe	Be	
Fiskeörn (dän., norw.)	H	
Fiskljese (schwed.)	B	
Fiskörn (schwed.)	H	

Flodörn (dän.)	B	
Flußadler	B,Be1,Buf,Do,…	…Hö,Krü,N,O1;
Grot Jochen	Do	
Karpfenadler	Do	
Karpfenheber	Do,H	
Karpfenschläger	Do	
Kleiner Adler	Be,N	Seeadler 90 cm lang, Fischadler 60 cm.
Kleiner Fischadler	Be2,N	
Kleiner Flußadler	Be,Buf	
Kleiner Meeradler	Be1,Buf,Hö,N	Buffon nannte Seeadler „Meeradler".
Kleiner Rohradler	H	
Kleiner und schäckiger Adler	Be2	
Maßwy	GesH	Maß – bedeutet Moor, -wy ist Weihe.
Meer Adler	Schwf	
Meeradler	Be1,K,Krü,N,Suol	
Meradler	GesS	
Moosweih	B,O1	
Moosweihe	Do,Krü,N	
Moosweyhe	Be	
Örn (fär.)	H	
Osprei	O1	
Osprey (engl.)	B	Bedeutet Knochenbrecher (Ossifraga).
Plumpser	Do	
Rohr Falcke	Schwf,Suol	
Rohradler	Be,N	Kunstname von Bechstein.
Rohrfalke	Be1,Buf,Do	
Russischer Adler	Be2,N	Bis Rußland verbreitet. Folge: Variation.
Schäckiger Adler	Be,N	
Scheckiger Adler	H	Rückengefieder des Jungvogels.
Seefalke	Do	
Seefalke mit Fischerhosen	Be2,N	Unterste Beinfedern sind „Fischerhosen".
Skopa (russ.)	B	
Soker	GesS	
Stoßadler	Krü	
Stoßgeyer	Krü	
Tschiftscha (lappl.)	B	
Vishärn	GesS,Suol,Tu	= Vish – ärn!
Weißbauch	B,Do,V	Name von C. L. Brehm.
Weißfuß	B	A. Brehm: Weißfuß aus Weißfußadler.
Weißfußadler	Be2,N	
Weißkopf	Be2,Krü,N	
Weißköpfiger Blaufuß	Be1,N	

Fischmöwe (Larus ichthyaetus)

Adlermöve	H	Kleptoparasitismus gegenüber Möwen.
Bürgermeister	O1	Hier irrte Oken, Bürgermeister ist die Eismöwe.
Caspische Fischmewe	Buf	
Fischermöve	B	Nahrung: Fische, Muscheln, Vögel.
Fischmewe	Buf	
Fischmöve	H	

Fischmöwe	O1	
Große Lachmewe	Buf	
Große schwarzkopfige Möve	O3	
Große Schwarzkopfmöve	H	
Größte schwarzköpfige Seemewe	Buf	Einzige Großmöwe mit schwarzem Kopf.
Martischka (russ.)	Buf	Lebt vom Schwarzen Meer bis Mittelasien.

Fitis (Phylloscopus trochilus)

Ardweißlich (böhm.)	Do,H	
Ardzeischgel	Do,H	
Ardzeisel	H	
Asilvogel	Be1,N	Jagt auch Bremsen, siehe Gessner.
Asylvogel	Do	
Backöfel (schles.)	Do,H	
Backöfelchen	B,Be2,N,Suol	Nest hat seitliches Schlupfloch.
Backofenkröffer	Suol	
Backüöfken	Suol	
Barmherzge	Do,H	Gesang klingt barmherzig – in Moll.
Baum-Laubvogel	H	
Birkenlaubsänger	Do,V	Vorkommen bis Nord-Norw., dort u. a. Birken.
Eädmügelken	Suol	
Eigentlich so genannte Graßmücke	Z	
Eigentliche Graßmücke	Z	
Erdmücklein	Suol	
Erdpipser	Do	
Fitichen	Do,N,Suol	Von den weichen sanften Tönen des Vogels.
Fiting	N,Suol	Von den weichen sanften Tönen des Vogels.
Fitingzeisig	Do	
Fitis	Be1,N	Zuerst 1793 bei Bechstein nachweisbar.
Fitis-Laubvogel	H,N	
Fitislaubsänger	B,O3	
Fitislaubvogel	Suol	
Fitiß	O1	
Fitissänger	Be2,N	
Fitting	B	
Flötenlaubvogel	Do	
Füting	Suol	
Ganggangle (bayer.)	Do,H	
Gelber Fitis	Be2	Zilpzalp war „Brauner Fitis".
Gelber Fitissänger	N	Naumanns „Korrektur", KN.
Gelbfüßiger Laubvogel	N	
Gemeiner Fitis	Be2,N	
Gemeiner Fitissänger	N	
Großer Weidenzeisig	Be1,N,O2	
Großes Weidenblatt	Do	
Kleinste Gras-mücke	Fri	
Laubvogel	Suol	
Laubvögelchen	Be1,N	Be: Wg. Rückenf. kaum unterscheidbar v. Laub.

Lütj Fliegenbitter (helgol.)	Do,H	
Maivögelchen	Do	
Mückenvogel (bayer.)	H	
Nifferl	Suol	
Oefener	Suol	
Sauerkönig	Do	
Schmidtl	B	Zilpzalp-Gesang wie in Schmiede, siehe Be.
Schmiedel (Wien)	H	
Schmittl	Be1,Do,N	Bechstein: Statt nur Zilpzalp auch Fitis.
Sommerkönig	B,Be1,Do,N	Dieser Name für Fitis vvon Be 1793 (hier KN).
Sonnenkönig	Do	
Tannenspötter (bayer.)	Do,H	
Visperl	P	
Waldlaubvogel	H	
Weidemblatt	Be2	
Weiden Zeisig	Fri	Zilpzalp?
Weiden-Zeißig	G	Laubsänger (Fitis).
Weiden-Zeißlein	P,Z	
Weidenblatt	N	Nach der Lage seines Nestes.
Weidenblättchen	B,Be2,N	Nach der Lage seines Nestes.
Weidenlaubvogel	H	N: „Weidenlaubvogel" ist Zilpzalp. KN 1823.
Weidenmücke	Ad,B,Be2,Do,N	Eine Art Grasmücken in Weidengebüschen.
Weidensänger	Krü,V	Bechstein 1802 auch für Zilpzalp.
Weidenvogel	V	
Weidenzeisig	Ad,B,Do,G,Krü,… …Suol,V;	
Weidenzeißlein	P,Suol	Weidenzeisig (G 1710), auch Zilpzalp.
Wîdenpickerli	Suol	
Wisperl	P	Lautmalender Name.
Wisperlein	Ad,B,Be1,Do,… …N,O1,P;	Lautmalender Name.
Wißperlein	P	
Wuitelen (tirol.)	Do,H	
Wuiterle	Suol	

Flußregenpfeifer (Charadrius dubius)

Regenpfeifer allg. nach Suolahti bei Sandregenpfeifer

Allerweltsvogel	Do	
Baltischer Regenpfeifer	Be2,N	Brütete als einziger Regenpfeifer im Baltikum.
Braun- und weißscheckigtes Riegerlein	Z	
Dittgen	Suol	Fluß- und Sandregenpfeifer
Dulfist	Suol	
Dütchen	Suol	Fluß- und Sandregenpfeifer
Fluß-Regenpfeifer	H,N	
Flußregenpfeifer	B,O3	
Flußschwalbe	Be2,N	Wegen Flug und Flügelform.
Geelfissel	Do,H	
Grieshennel	Do,N	„-hennel" wegen Lauffreudigkeit.
Griesläufer	B,N	Gries ist Sand, wo er sich aufhält.
Grießhennel	Be2	Name von Bechstein 1809.
Grießläufer	Be2	

Kleiner Regenpfeifer	Be2,N,O2	Pfeift er bei Regen oder „sich regen"?
Kleiner Strandpfeifer	Be2,N	Klein: Sandregenpfeifer ist größer.
Lütj Küker (helgol.)	Do,H	
Mott Hünlin	Schwf	Schwenckfeld 1603, nicht sicher.
Paketinchen	Suol	
Riegerle	GesS	Weil sie beständig ihren Schwanz „regen".
Riegerlein	GesH,H	Ochropus minor.
Riegerlin	Schwf,Suol	Weil sie beständig ihren Schwanz „regen".
Sand Regerlin	Schwf,Suol	Schwenckfeld 1603, nicht sicher.
Sandhühnchen	B,Be2,Do,N	„-hühnchen" wegen Lauffreudigkeit.
Sandkiebitz	Do	
Sandläufer	B,Be2,G,N	
Sandregerlein	H,K	Gessner: Ochropus minor.
Sandvogel	Do,H	
Schwarzbindiger Regenpfeifer	Be2,N	Naumann nach Beschreibung von Bechstein.
Seelerche	B,Be2,Do,Krü,N	Inhalt „Lerche" in nordischen Sprachen weiter.
Strandpfeifer	B,N	
Strandpfeiffer	Krü	
Tullfiß	Do,H,Schwf,Suol	
Uferlerche	Krü	
Wasser Hünlin	Schwf	Schwenckfeld 1603, nicht sicher.

Flußseeschwalbe (Sterna hirundo)

Allenbeck	Do	
Aschgraue Meerschwalbe	N	KN von Bechstein?
Aschgraue schwarzköpfige Seeschwalbe	Be	KN von Bechstein?
Aschgraue Seeschwalbe	Be2,N	KN von Bechstein?
Backer	H	
Bicker	H	
Bicker und Backer in Nordfriesland …		… für alle Seeschwalben.
Bläßling	Suol	
Europäische Meerschwalbe	Be1,Buf,Krü,N	Name bei Müller 1776.
Europäische Seeschwalbe	Buf,N	
Fischer	P	
Fischerlein	Buf,K	K: Rostro rubro.
Fischermändl	Hö	
Fischermandl	Hö	
Fischmeev	N	
Fischmeise	Be2,Do,H	
Fischmeive	N	Im Plattdeutsch Hinterpommerns.
Fischmeve	Hö	
Fluß-Meerschwalbe	H,N	
Flußmeerschwalbe	N,O3	Naumann 1819 in Okens „Isis".
Flußseeschwalbe	B,N	Name von C. L. Brehm 1831.
Gemeine Meerschwalbe	Be1,Buf,Krü,N,O2	Name des Vogels bei Bechstein.
Gemeine Schwalbenmeve	Be2,N	
Gemeine Seeschwalbe	Be2,N,V	

Gihmöve	O1	Siehe nächste Zeile.
Gihrmöve	O1	Oken: „Ihr Geschrey gleicht gihr".
Grauer Fischer	Be2,Buf,Hö,N	Fischer nach Nahrungserwerb.
Große Meerschwalbe	Be2,Buf,Hö,N	Übersetzung aus Pennant 1785.
Große Seelerche	Buf	Bei Albin.
Große Seeschw.	Be2,Buf,N	KN von Goeze/Donndorf (1796).
m. gespaltenem Schwanze		
Große Seeschwalbe	Buf,N	Vogel galt um 1800 als größte See-Schwalbe.
Größere Meerschwalbe	Buf	
Größere Meve	P	
Kasteen	Do,H	
Kirre	Do,H	
Kleine Fischmeve	Be2,N	Name (1784): Nahrg.: Kleine Oberflächenfische.
Kleine Seeschwalbe	Buf	
Kleinere Meve	Be1,N,Z	Kleiner als Larus.
Kleinere Mewe	Krü	
Krija	Do	
Kropkirne	Buf	Dänisch, Pontoppidan.
Meerrschwalm	Suol	Seeschwalbe allgemein.
Meerschwalbe	Be1,Buf,Hö,… …Krü,O1,Suol;	Seeschwalbe allgemein.
Mierschmuelef	Suol	
Pinkmeev	Do,H	
Reischmuelef	Suol	
Rheinschwalbe	Suol	
Rhinschwalm	Suol	
Rhinschwälmele	Suol	
Rhinspirel	Suol	
Rohrmeve	Be1,K,N	Klein: Frisch T. 219.
Rohrmewe	Krü	
Rohrmöve	Do	Ist gerne im Rohre auf (= falsch), …
Rohrschwalbe	B,Hö	… Verwechslung mit Lachmöve?
Rohrschwalm	Be1,Buf,Do,K,… …Krü,N;	K: Rostro rubro.
Rothfüßige Meerschwalbe	N	Name von Meyer/Wolf 1810.
Rothfüßige Seeschwalbe	N	
Sandtal	Buf	Dänisch, Pontoppidan.
Sandtärne	Buf	Dänisch, Pontoppidan.
Scheerke	O1	Von „scheren", nach Art des Fluges.
Schnirrig	O1	
Schnirring	Be2,Buf,GesSH,… …N,Suol;	Schnirren, nach der Stimme.
Schwalbenmeve	Buf	Martens (1675): Schwalben Mewe.
Schwalbenmöve	Do	
Schwartzplattige Schwalben Möwe	Fri	Name von Frisch, T. 219 (1758).
Schwarzkopf	Be1,Buf,Do,Krü,N	Name zuerst bei Klein 1760.
Schwarzköpfige Meerschwalbe	Be2,N	Name von Bechstein bevorzugt.
Schwarzköpfige Seeschwalbe	Be2,N	KN von Bechstein.
Schwarzplattige Meerschwalbe	N	
Schwarzplattige Schwalbenmeve	Be2,Buf,N	
Schwarzplattige Seeschwalbe	N	KN von Naumann.

See-Schwalbe	G	Küstenseeschwalbe?
Seekrähe	Do	
Seeschwalbe	Be1,Buf,Krü	
Sehschwalm	Suol	Seeschwalbe allgemein.
Speirer	Suol	
Speurer	Buf	
Spierer	Do	
Spießmöve	Do	
Spirer	B,Be2,Buf,GesH,…	…N,O1,Suol; - Körper schwalbenartig schlank …
Spirle	Suol	
Spyrer	GesS,Suol	… z. B. Mauersegler (Spierschwalbe).
Stirn	GesSH	
Tänner	B,Be2,Buf,N,O1	Früher norwegisch für Seeschwalbe.
Tärne	Buf,Do	Oken: Schwarz (Kappe) …
Ten	Buf	Dänisch, Pontoppidan, … desgleichen.
Tendelöh	Buf	Dänisch, Pontoppidan, … desgleichen.
Weise Fisch-Meve	Z	
Weise Fischmeve	Z	

Flußuferläufer (Actitis hypoleucus)

Bachpfeifer	Do,H	
Bäcker	GesS	
Beckasin (schwed.)	H	
Bekassinchen	Be2,N	
Bekassine	Be2,N	
Bekkasin	Buf	
Blauer Sandläufer	Be2,N	Gefiederfarbendeutung von Bechstein.
Bunter Sandläufer	Be1,N	Bunt bedeutet: Nicht einfarbig.
Duiserlein	Z	
Europäische Meerschwalbe	Krü	
Fister	O1	Bedeutung Bäcker, da weißer U-Körper, …
Fisterlein	B,Buf,Do,GesH,N	… hypoleucos heißt „unten weiß".
Fisterling	Suol	
Fluß-Uferläufer	H,N	
Flußuferläufer	B,O2	KN von Naumann.
Flußwasserläufer	O3	KN von Oken für Eiersammlung 1843.
Fysterlein	Buf,O2	Siehe Fisterlein.
Fysterlin	GesS,Suol	
Gemeine Knelle	O1	
Gemeine Meerschwalbe	Krü	
Gemeiner Sandläufer	Be1,N,O1	Name des Vogels vor etwa 1820.
Gemeiner Sandpfeifer	O1	
Gemeiner Strandläufer	Be1,Buf,N	Buffon: Pennant.
Gemeiner Uferläufer	O2	KN von Oken, statt Flußuferläufer.
Grauer Reiter	O1	
Grauer Sandläufer	Be2,N	Bechstein: Gefiederfarbe.
Graues Wasserhuhn	Be2,Buf	
Grieshahn	Suol	
Grieshähnl	Suol	

Grieshenndel	Hö	
Haarschnepfe (holl.)	Be1,N,O2	Wegen des Zwergschnepfengefieders.
Herbstschnepflein	Be2,N	Wegen Schnepfenmerkmalen.
Kleine Myrstikel	Buf	
Kleiner Myrstickel	Be2,N	Suche nach ameisenkleinen Insekten.
Kleiner Wasserläufer	Do,N	KN von Naumann.
Kleinere Mewe	Krü	
Knellesle	B,Be2,Do,N	Knellen bed. schreien: durchdringende ...
Knelleslein	O2	... Stimme des Vogels.
Knelleslin	O1	
Lerchen-Strandläufer	N	
Lerchenstrandläufer	Be2	Zur Unterscheidung von echten Schnepfen.
Leußklicker	Suol	
Leußklücker	Suol	
Lysklicher	O1	
Lysklicker	Be2,GesH,N,Suol	Stochern erinnert an Kalfatern, ...
Lyßklicker	O2	... das ist Abdichten v. Schiffsplanken ...
Lyßkliker	GesS	... Name stammt aus Straßburg/Hafen.
Lyßkücker	Do	
Meer-Strandläufer	N	
Meer-Wasserläufer	N	KN v. N, stammt von CLB für Rotschenkel.
Meerlerche	Be1,N,O1	Zur Unterscheidung von echten Schnepfen.
Meerschwalbe	Krü	
Meerstrandläufer	Be2	
Mittler Sandläufer	Be2	
Mittlerer Sandläufer	Be1,N	Groß ist z. B. der Waldwasserläufer.
Muddersneppe (dän.)	H	
Pfeiferle	B,Be2,Do,N	Vogel ist ruffreudig.
Pfisterlein	Be1,Buf,N	Siehe Fister.
Pfisterlin	Suol	
Pistor	GesS	
Purre	O1	Norwegisch für stöbern = Nahrunggsuche.
Rohrmewe	Krü	
Rohrschwalm	Krü	
Ryol	Suol	
Rysklicker	Suol	
Sandläufer	Be2,Do,N	
Sandlauferl	Hö	
Sandläuferlein	Buf	
Sandpfeifer	B,Be1,Buf,N	Pennant: Common sandpiper.
Sandpfeiffer	Buf	
Schwarzkopf	Krü	
Seelerche	Be2,N	
Seeschwalbe	Krü	
Sizchen	Suol	
Sizi	Suol	
Steinbeißer	B,Be2,Do,GesSH,N	Suchen zwischen Steinen/Geröll ...
Steinbicker	GesS,Suol	... dabei ist Wenden kleiner Steine möglich.
Steinklopfer	GesS	

Steinpicker	B,Be1,Do,GesH,N	
Steynbisser	Tu	
Strandläuferlein	Be1,Buf,N	
Strandpfeifer	Do,N	Vogel ist ruffreudig.
Strandschnepf	Hö	
Strandschnepfe	Be2,Buf,N	Wegen Schnepfenmerkmalen.
Strandsnipe (norw.)	H	
Teichstrandpfeifer	N	„Kurzzeit" – Art von C. L. Brehm.
Trillernder Strandläufer	Be2,N	Bechstein glaubte an 2 Arten (Meerstrandl.).
Trillernder Wasserläufer	Do,N	
Uferlerche	Do,H	Zur Unterscheidung von echten Schnepfen.
Virl	O1	War dänischer Name des Vogels.
Virlen	Buf	
Wasserbeccassine	O1	
Wasserbekassine	Be2,N	Wegen Schnepfenmerkmalen.
Wasserhühnchen	N	KN von Naumann.
Wasserschnepfchen	Hö	
Wasserschnepfe	Be2,Buf,N,O1	Wegen Schnepfenmerkmalen.
Wasserschwalb	GesH	
Zandlooper (holl.)	H	
Zidderchen	Suol	

Flußwasseramsel (Cinclus pallasii)

Pallasischer Wasserschmätzer	O3	Ostasien.

Gänsegeier (Gyps fulvus)

Aasgeier	B,N	Früher: Es gab Aasgeier und Raubgeier.
Aasgeyer	Buf,GesH,Krü	
Ägyptischer Aasgeier	N	Oft mit Schmutzgeier verwechselt.
Ägyptischer Erdgeier	N	
Alpengeier	B,Do,N	MW meinten 1810 Gebirge (= Alpen).
Aßgeyer	GesS,Schwf,Krü	
Aßgyr	GesS	
Bastardadler	Krü,N	Wurde mal zu Adlern, mal zu Geiern gestellt.
Bergstorch	N	Naumann: Name in Kategorie „Verwirrungen".
Braunrother Geyer	Buf	
Erdgeier	B,Do,N	Oft mit Schmutzgeier verwechselt.
Fahlgeier	B,Do	Nach weißem Kopf, Hals, Halskrause.
Ganse Ahr	Schwf,Suol	
Gänseaar	Buf	
Gänseahr	K	
Gänsegeier	B,N	Hauptname bei A. Brehm ab 1866.
Geyer	Kö	
Geyeradler	Krü	
Goldbrüstiger Geyer	Buf	
Goldgeyer	Buf	
Grauer Geyer	GesH	
Graurother Geyer	Buf	
Greif	Buf	

Grimmer	Schwf	
Hasengeyer	Buf,GesH,K	
Hasengyr	G,GesS	
Hoßgyr	GesS	
Kahlkopf	Do	
Keibgyr	GesS	Keib = Aas.
Kibgeyer	Schwf,Suol	
Kondor	Do	
Kuttengeier	Do	
Lämmergeier	H	
Mönchsadler	B,N	Rückengefieder wirkt wie helle Kutte.
Mönchsgeier	Do	Wie oben.
Osgeyer	GesS	
Perknopterusgeier	N	Oft mit Schmutzgeier verwechselt.
Rosgeyer	SchwfSuol	
Rother Geyer	Krü,O2	KN aus beiden Naumann – Namen.
Rothgelber Geier	N	Nach Gefiederteilen.
Röthlicher Geier	N	Nach Gefiederteilen.
Steingyr	GesS	
Vultur	GesS	
Weis Kopff	Schwf	
Weißkopfgeier	B,Do	
Weißköpfiger Geier	N,O3,V	Nach weißem Kopf, Hals, Halskrause.
Weißköpfiger Geyer	Krü,O2	
Wollkopfgeier	Do	

Gänsesäger (Mergus merganser)
Hier Säger allg. nach Suolahti

Aeschent	Suol	
Äschente (weibl. + juv.)	N	Weibchen aschengrau, frißt gerne Äschen.
Baumente	Do,H	
Baumgans	Do,H	
Biberänte	Buf	
Biberente	Be2,Krü	Belon: Vogel richtet in dem See …
Bibertaucher	Be1,Buf,Krü	… ähnliche Verheerungen an wie Biber.
Bieberente (weibl. + juv.)	Do,N	… aber: Biber frißt keine Fische! …
Biebertaucher (weibl. + juv.)	N	… Belon hatte also unrecht.
Bottervogel	Be1,Do,N	Nordsee: Man fängt Bodenfische, Flundern.
Braunköpfige Halbente (weibl. + juv.)	Be2,N	Halbente paßt eher zum Mittelsäger …
Braunköpfiger Tieger	Be2	… Weibchen hat braunen Federbusch …
Braunköpfiger Tiger (weibl. + juv.)	N	… Tiger nach Jagdweise.
Braunköpfiger Tilg	Buf	
Daucher	Suol	Säger allgemein.
Gan	Buf	Bodensee.
Ganner	B,Be1,Buf,Do,… …Krü,N,O1,Suol;	Von gännig (helv.) = gierig.
Gänsesäger	B,Be2,Krü,N,V	

Gänsesägetaucher	Be1,Krü,N	
Gänsetaucher	Krü	
Ganstaucher	B,Be2,Fri,N	
Ganztaucher	Do	
Gemeine Tauch-Ente	O2	
Gemeine Tauchente	Be2,Krü,N	
Gemeine Taucherente	Krü	
Gemeiner Harl	O1	
Gemeiner Säger	Be2,K,Krü,N	
Gezackter Taucher	Be,Buf,N	
Gezapfter Kneifer	Buf	
Gezopfter Kneifer	Be2,N	
Große Blauente	Z	
Große Eisente	N	Am Bodensee: Grôssi Îsent.
Große Sägeente	N	
Große Tauch-Ente	O2	
Große Tauchänte	Buf	
Große Tauchente	Be2,N	
Großer Bibertaucher	Krü	
Großer Kobeltaucher	Be2,N	„Kobel" ist (Feder-)Haube.
Großer Kolbentaucher	Krü	
Großer Kolbentäucher	Be1	Irrtum?: Name nur bei Be1.
Großer Meeracher	Hö	Vom keltischen „mer", tiefes Wasser …
Großer Merch	Hö,Suol	… das ist die See bis zum wirklichen Meer.
Großer Merrich	Hö	Höfer 2/245 + unten.
Großer Mirch	Hö	Höfer 2/245 + unten.
Großer Säger	Do,H,N,O3	
Großer Seerachen	Be2,N	
Großer Taucher	Be,Buf,N	
Großer und gezackter Taucher	Be2	
Grôssi Isent	Suol	
Haubentaucher (weibl.)	Be2,N	Wegen des Federschopfes.
Hole	Suol	
Isen-Ent	Suol	
Kariffer	Be1,Do,N,O1	Bedeutung Kneifer.
Kastanienbrauner Taucher (weibl. + juv.)	Be2,Buf,	
Kneifer	B,Be2,Buf,Do,…	…K,Krü,N,Suol;
Kneiffer	Krü	
Kronente	Suol	
Kuriffer	Be1,N	Bedeuttung Kneifer, wie Kariffer.
Langschnabel	Krü,Suol	
Langschnäbelige Halbente	H	
Langschnäblige Halbente	Be2,N	
Lottervogel	Krü	
Lûsangel	Suol	
Meerganser	Buf	Lateinisch, mergere ist untertauchen …
Meerrach	Buf,Krü,Suol	… (Höfer 2/245 + unten). Säger allgemein.
Meerrachen	B,Do,Krü,N,V	

Merch	Be1,Do,Krü,N,...	...O1,Suol;
Merg	Suol	Von mergen, merchen: untertauchen./Säger allg.
Merganser	Krü	
Merich	Suol	Säger allgemein.
Merrach (1)	Suol	Säger allgemein.
Merrach	Fri,Suol	... s. o. Großer ... (Höfer 2/245 + unten).
Merrecher	Suol	Säger allgemein.
Merrher	Suol	Säger allgemein.
Merrich	Suol	Säger allgemein.
Mirgilgen	Suol	Säger allgemein.
Mohr	Be1,Buf,Krü,O1	Kopffarbe kann schwarz erscheinen.
Muschelkönig	Be2,Do,N	Muschelfresser „schmecken nicht".
Nordvogel	Krü	
Nöringente (weibl.)	Fri	
Nörks	Krü	
Rothköpfige Stechente (weibl. + juv.)	N	
Rothköpfige Tauchergans (weibl. + juv.)	N	
Rothköpfiger Ententaucher (weibl.)	Fri	
Rotköpfige Tauchergans (weibl. + juv.)	Be1	
Sägeente	Do	
Sägegans	B,Do,H	
Säger	Krü	
Sägerente	H	
Sägerrachen	N	
Sägeschnäbler	Krü	
Sägetaucher	Buf,Krü	
Scheldracke	Be2,Fri,N	Bedeutung: Bunter entenähnlicher Vogel.
Scheltrake	Do	
Schnarr-Ganß	Z	
Schnarrgans	Be1,Buf,Do,Krü,N	Nach möglicher Stimme.
Schnebler	Suol	
Schöbbeje	Be1,Krü	
Schöbbige	Be2	
Schötbeje	Be	
Schwarzköpfige Tauchente	Fri	
See-Rache	Suol	Säger allgemein.
See-Rache mit rothen Kopf	Fri	Hier wohl wegen Gefräßigkeit.
See-Rache mit schwartzen Kopf	Fri	
See-Rachen	G	Nicht synonym zu Meerrachen (s. o.).
Seegeiß	Do,N	Name aus Stimme Junger und Weibchen.
Seekatz	Do,N	
Seerabe	Be1,Krü,N	
Seerache	Be1,Buf	
Seerache mit rothem Kopf	Buf	

Seerache mit rothen Kopf	Fri	
Seerache mit schwartzen Kopf	Fri	
Seerachen	B,Be2,Buf,Fri,… …Krü,N;	
Sogenannter Bibertaucher	Buf	
Spitzente	O1	Oken meinte wohl den langen Schnabel.
Stechente	Do	
Stichsäge	Krü	
Stichsäger	Krü	
Strab	O1	
Strabe	Krü	
Straben	Be1	
Straußtaucher	Be1,Krü,N	„Strauß" ist Federschopf.
Stücksäge	Krü	
Stücksäger	Krü	
Tauchekiebitz	Krü	
Taucher	Buf	
Tauchergans	Be1,Buf,Krü,N,O1	
Taucherkiebitz	N	Auch Kiebitz hat „Strauß".
Täucherkiebitz	Be1	Siehe eine Zeile höher.
Taucherkiwitz	Buf	Siehe zwei Zeilen höher.
Tauchersage	Be2,N	
Tauchersäge	Do,H	
Tauchgans	Fri,N	
Teucher	Suol	Säger allgemein.
Tuchelent	Suol	
Tuchent	Suol	
Vielfraß	Be1,Buf,Do,N	Eindruck bei ständig tauchenden Vögeln.
Welschänt	Buf	
Winternörks	Be1,Do,Krü,N	

Gartenbaumläufer (Certhia brachydactyla)   Siehe **Baumläufer**.

Gartengrasmücke (Sylvia borin)

Baumnachtigall	Be,Do,N	Singt auch in Kronen mittelhoher Bäume.
Dornreich	Be1,Do,N,O2	Lebt auch in dichten Hecken.
Feigenbicker	Ad	
Feigenfresser	O2	Schadet angeblich reifen Feigen.
Fliegenschnäpper	Be2,N	Unspezifisch für Insektenfresser.
Feigenschneppe	Ad	
Garten-Grasmücke	H,N	
Gartengrasmücke	B,Be1,Krü,O,V	Brütet oft in Menschennähe.
Gartensänger	O3	
Gorengrasmügg	Do	
Grasemische	Do	
Grashetsche	Do,H	Name in Böhmen.
Grashexe	B	Hexe aus hetschen, schluchzen.
Grasmücke	B,Be2,H,N	
Graue Grasmücke	Be1,Do,Krü,N,… …O1,V;	Oberseite olivbraungrau.
Graue Nachtigall	N	KN, wegen ihres Gesanges.
Grauer Sänger	Be,N,V	„Vortrefflicher Sänger" (Naumann).
Grauer Spötter	Do,H	Name bei Wien.

Grauer Spottvogel	N,V	Übernimmt auch artfremde Gesangsteile.
Graukehlchen	Do,H	
Gross singada Staudevogel	H	
Große Grasehitsche	Do	
Große weiße Grasmücke	Be,N	
Große Weißkehle	Be1,N	Groß: Zur Unterscheidung v. Klappergrasmücke.
Großer Dornreich	Be2,N	Lebt auch in dichten Hecken.
Großer Fliegenschnäpper	Be2,N	Auch hier Vergleich mit Klappergrasmücke.
Großer Haagspatz	N	
Grü Ünger	H	Ünger: Auf Helgoland die Grasmücke.
Grüngraue Weißkehle	Be,N	Möglicher Eindruck von Rückenfarbe.
Hagspatz	Do	Hag ist kleiner Wald.
Heckenschmätzer	Do	
Italiänische Grasmücke	Be,N	
Kirschfresser	Be1	
Kleine Grasmücke	Krü,O2	Andere Grasmücken sind größer.
Rostgraue Grasmücke	Be97	
Sprachmeister	Do	
Staudenquatscher	Do	
Staudenvogel	Do	
Unechte Nachtigall	Fri	
Weiße Grasmücke	Be1,N	Wegen heller Unterseite.
Weißkehle	Do,N	
Welsche Grasmücke	H,V	Sollte auch in Italien brüten.

Gartenrotschwanz (Phoenicurus phoenicurus)
Rotschwanz allg. (nach Suolahti) siehe Hausrotschwanz.

Baummisch	Suol	
Baummüsch	Suol	
Baumnachtgallen	Suol	
Baumnachtigällchen	Ma	Besserer Sänger als Haurotschwanz.
Baumnachtigällin	Suol	
Baumröteli (helv.)	H	
Baumröthlein	N	
Baumrothschwanz	B	
Baumrötling	Do	
Baumrotschwänzchen	Do	
Baumrotwadel	Do	
Bienenschnapp	Suol	
Bienenschnappe	Be2,N	„Das Röthelein isset die Bienen."
Bienenschnapper	Do	
Bläsler	Do	
Brandreuterl	Hö	
Brandröthel	Hö	
Buschrotschwänzchen	Do	
Corossel (helv.)	H	
Erizchen (lett.)	Buf	Fischer, Naturgesch. von Livland, 1778/102.
Erizkins (lett.)	Buf	
Feldrötel (helv.)	H	
Fleckkehlchen	Krü	

Flöter	Do	
Fritzchen	Be1,Do,N	Von lettischen Erizkins, E(F)rizchen? S. o.
Fritzcher	Be	
Garten-Röthling	N,P,Z	Pernau 1707.
Garten-Rothschwäntzlein	Suol	
Garten-Rothschwanz	O1	
Garten-Rothschwänzlein	Z	
Gartenröthling	Ad,Krü	
Gartenrothschwäntzlein	P	
Gartenrothschwanz	B,Fri,Krü	
Gartenrothschwänzchen	Ad,N,Krü	
Gartenrötling	Be1,Do,Fri,H	
Gartenrotschwänzchen	Be1	
Gemeines Rothschwänzchen	Be1,Krü,N	
Gemeines Rothschwänzel	O1	
Grauer Rothschwanz	N	
Graukehlein m. ganz rothem Schwanze …	K	… und langem Brustlatze (langer Trivialname!), Frisch T. 20.
Großes Rotkehlchen	Ad	
Hausröthele	Buf,K,Krü	K: Frisch T. 19
Hausröthlein	Be,N	
Hausröthling	Be2,N	
Hausrothschwänzchen	Be1,Krü,N	Be1: -rot- statt -roth-.
Hausrothschweifel	Be1,N	Be1: -rot- statt -roth-.
Hollerrötel	Suol	
Hollnachtigällin	Suol	
Hûsgütterli	Suol	
Hußröthele	GesS	
Hütik	Buf,Suol	Entstand aus dem Ruf.
Hüting	Be2,Do,N,O1,Suol	Entstand aus dem Ruf.
Immenbicker	Suol	
Immenröwer	Do	
Kaminbutzel	Suol	
Koschkelocker	Suol	
Mauer-Nachtigal	Buf	
Mauernachtigall	Be1,Krü	
Ro-ad stätjed (helgol.,weibl. + juv.)	H	
Rohtbäuchlein (!)	N	
Roth-Schwantz	G	
Rothbauch	Ad	
Rothbäuchlein	Be2,Do	
Rothbrändl	Hö	
Rothbrüstchen	Be97	
Rothbrüsteli (helv.)	H	
Rothbrüstlein	Be1,Do,Krü,N	Be1: Rot- statt Roth-.
Rother Rotschwaf	Do,H	
Rothkehlchen mit schwarzem Kinn	N	

Rothlein	Be	
Röthlein	B,Be2,N	
Röthling	B,Be1,Krü,N	Be1: Rot- statt Roth-.
Rothschwaenzlein mit gantz rothem ...	Fri	... Schwanze (langer Trivialname!).
Rothschwaenzlein mit rothgesprengter ...	Fri	... Brust (juvenil, langer Trivialname!).
Rothschwaiferl	Hö	
Rothschwäntzlein	GesH,P	
Rothschwanz	Ad,Be1,Buf,Krü,N	Be1: Rot- statt Roth-.
Rothschwänzchen	Ad,Be2,N,V	
Rothschwentzel	GesS	
Rothschwenzel	Buf	
Rothschwenzlein (weibl.)	Buf	
Rothstärt	Be1,Krü,N	Be1: Rot- statt Roth-.
Rothstert	GesS	
Rothsterz	Be2,Buf,GesS,N	Sterz ist Hinterteil.
Rothsterzchen	Be1,Do,Krü,N	Be1: Rot- statt Roth-.
Rothsterze	Krü	
Rothstiert	Do	Von Sterz.
Rothstörzchen	V	
Rothwisperl	Hö	
Rothwistlich	Do	
Rothwistling	Do	
Rothwüstling	Ad	
Rothzagel	Be2,Krü,N	Zagel ist mhd., bedeutet Schwanz.
Rothzägel	Be2,GesS,N	
Rothzagl	Do	
Rothzahl	Be2,Do,N	Zahl von Zagel, Schwanz.
Rotkehlchen mit schwarzem Kinn	Be2	
Rotstart	Do	
Rötstertz	Tu	
Rottzagel	K	Zagel ist mhd., bedeutet Schwanz.
Rotwispel	Suol	
Rütling	Do	
Saulocker	Be1,Do,K,Krü,...	...N,Suol; K: Frisch T. 19.
Saulokker	Buf	Ruf ähnlich einem Lockruf für Schweine.
Scharlachkehlchen	Ad	
Schmetzerle	Krü	
Schnepfflein	Suol	
Schwader	Do	
Schwartzkehlein	Fri	
Schwarzbauchiger Sänger	V	
Schwarzblattel	Suol	
Schwarzkehlchen	Ad,Be1,Buf,Do,Hö,...	...Krü,N,V;
Schwarzkehlein	Buf,Fri,K,Suol	K: Frisch T. 19.
Schwarzkehlige Mauer-Nachtigal	Buf	

Schwarzkehliger Sänger	Be2,N,O3	
Schwarzkehliger Steinschmätzer	N	Name von Naumann. Ähnlichkeiten.
Schwarzkehliges Rothbrüstlen	Fri	
Schwarzkehligter Sänger	Krü	
Schwarzwisperl	Hö	
Schwarzwistlich	Suol	
Seidenschwanz	Do	
Smock-heiked (helgol.,männl.)	H	
Smockkeikel	Suol	
Sommer-Rothschwanz	Buf	
Sommerrötele	Be2,Buf,Do,N	Von Gessners Summerrötele (1555).
Sommerröthele	Krü	
Sommerrothschwanz	Krü	
Stärmann-Hütik	Suol	
Steinnachtigällchen	Ma	Besserer Sänger als Haurotschwanz.
Steinröthel	Hö	
Summerrötele	GesS	
Türkische Nachtigall	Do	
Wald-Röthling	Z	Brütet in aufgelockerten Altholz- ...
Waldrothschwanz	B	... -beständen, an Waldrändern ...
Waldrothschwänzchen	Be,N	... in Parkanlagen.
Waldrothschweifel	N	
Waldrothschweifl	Be2	
Waldrotschweifel	Do	
Waldwistlich	Do	
Waldwistling	Do	Möglich: Von Stimme. Ist aber unklar.
Walrothschwänzchen	Do	
Wassernachtigall	Hö	
Weinvogel	Buf	
Weinvögele	GesS	
Weiß-kopfigtes Rothschwäntzlein	P	
Weißblässiges Rothschwäntzlein	Fri	
Weissblattel	Suol	
Weißköpfiger Röthling	Z	
Weißkopfigtes Rothschwäntzlein	P	
Weißplättchen	Do	
Weißplättel	Hö	
Wistling	Be2,Buf,Hö,N	Möglich: Von Stimme. Ist aber unklar.
Wüstlig	Suol	
Wüstling	Be2,Buf,K,Krü,... ...N,Suol;	Nicht sicher: Von Stimme?
Zâlmynich	Suol	

Gebirgsstelze (Motacilla cinerea)

Bergstelze	Do	
Frühlings-Sticherling	Buf	
Frühlingsbachstelze	Be,Buf,N	Heimzug, also Herzug, beginnt Februar–März.
Frühlingsstelze	B,Do	
Frühlingssticherling	Be,N	
Gäle Wassersteltz	GesS	
Gebirgsstelze	B	Vorkommen bis 200 m Höhe.

Gelbbrustige Bachstelze	Buf		
Gelbbrüstige Bachstelze	Be1,N		
Gelbe Bachstelze	Be2,Buf,G,N,…	…P,V,Z;	Buffon: Variation von Motacilla flava.
Gelbe Bachstelze mit der schwarzen Kehle	Be1		
Gelbe Bachstelze mit schwarzer Kehle	Be,N		
Gelbe Wassersteltz	Be,GesH,N		
Gelber Sticherling	Be1,Buf,N,Schwf		
Gelbes Ackermännchen	Be1,Do,N		
Gelbkopf	V		Vogel ist kein Gelbkopf. Verwechslung?
Gereuthlerche	Krü		
Gereuthstelze	Krü		
Gilbstelze	B,Do		
Graue Bachstelze	Be1,Buf,H,N,O1		Oberseite deutlich grau.
Grauer Sticherling	Buf		
Graugelbe Bachstelze	Do		
Gühl Lungen	Do		
Gülblabber	Suol		
Herdvögeli	Suol		
Irlie	Be97		
Irlin	B,Be1,Do,N,Schwf		Bedeutet fließen, gleiten, wie Bäche.
Irling	Buf		
Langschwänzige Bachstelze	Do		
Schwarzkehlige Bachstelze	Do		
Schwefelgelbe Bachstelze	Do,N,O3,V		
Sticherling	B		Bewegung zum Insektenfang.
Waldstelze	B,Do,Krü		Lebensraum schattig, Wald, Bach.
Wasserbachstelze	Suol		
Wassergiemer	Do,H		
Wasserstelze	B,Do		Lebt am Fließwasser.
Wedelschwanz	Do		
Winterbachstelze	N		Einige bleiben im Winter …
Winterstelze	B,Do		… Stand- oder Strichvogel und Teilzieher.

Gelbbrauenammer (Emberiza chrysophrys)

Ammer mit gelben Augenbrauen	Buf
Gelbbrauiger Ammer	o.Qu.
Goldbrauenammer	B
Goldbrauige Ammer	O3

Gelbbrauen-Laubsänger (Phylloscopus inornatus)

Gelbbrauiger Laubvogel	H
Goldhähnchen-Laubsänger	H
Straked Fliegenbitter (helgol.)	H

Gelbnasenalbatros (Thalassarche chlororhynchos)

Buntschnäbeliger Albatros	H
Grünschnabel-Albatros	H

Gelbschnabel-Sturmtaucher (Calonectris diomedea)

Gemeiner Schrappvogel	O2	Fäöer: Scharren bei Nisthöhlenbau.
Kuhls Sturmtaucher (?)	H	Johann Heinrich Kuhl, 1757–1830.
Lyr	O1	„Lyre" auf Orkneys gebräuchlich.
Wasserscheerer	O1	Schnabel „schneidet" die Wasseroberfläche.

Gelbschnabeltaucher (Gavia adamsi)

Östlicher Eis-Seetaucher	H

Gelbspötter (Hippolais icterina)

Bastard-Nachtigal	Buf	Gesang ist Mischung aus eigenen und …
Bastard-Nattergal (dän., norw.)	H	… imitierten Strophen.
Bastardnachtigall	B,Be1,N,O1,V	
Bastardnachtigalle	Krü	
Baumnachtigall	K	Dieser Spötter kann sehr schön singen.
Beccafico	Buf	
Bliederfielchen	Do	
Bliederfilchen (lux.)	H	
Dei lütt Stücke drei	Do	
Fuhrmandla (schles.)	Do,H	
Gaale Grasmücke (schles.)	H	
Garten-Laubvogel	N	
Gartenlaubvogel	B,Do,Suol	Name vor 20. Jahrhundert weit verbreitet.
Gartensänger	B,Do	Auf Bäume gegangener Rohrsänger.
Gartenspötter	H	
Geelborstje (holl.)	H	
Gelbbäuchiger Laubsänger	V	Name von C. L. Brehm (1821).
Gelbbäuchiger Laubvogel	Be2,N	
Gelbbäuchiger Rohrsänger	N	
Gelbbäuchiger Rohrsänger	H	Name wohl KN von Naumann.
Gelbbäuchiger Sänger	Be,N	
Gelbbrust	Be1,Buf,Krü,N	
Gelbbrüstchen	Do	
Gelbe Grasmücke	Be,Do,N	
Gelber Hagspatz	Do	
Gelber Laubsänger	O3	KN wohl von Oken 1843.
Gelber Laubvogel	Do,O2	
Gelber Spötter (böhm.)	H	
Gelber Spottvogel	N	Spotten: Nachahmen von Gesangsteilen.
Gelber Sticherling	Suol	
Gelber Sticherling (schles.)	Do,H	
Groot gühl Fliegenbitter	Do	
Großer Gesangzeisig	Be2,N	
Grosser Laubvogel	N	Name wohl KN von Naumann.
Großer Spötterling	Be2,N	Groß im Spotten, körperlich eher klein.
Großschnabeliger Laubsänger	V	Auch dieser Name von C. L. Brehm.
Grüngelbe Grasmücke	Be1,Buf,Krü,N	
Haagspatz	N	
Hagspatz	B	
Hochgelbe Grasmücke	K	

Ichterchen (lux.)	Do,H	
Ixlein (schles.)	Do,H	
Ixlin	Suol	
Jungfer Lieschen	Do	
Kapellenmeschter	Suol	
Lieschen Allerlei (schlesw.-holst.)	Do,H	
Lischallerlei	Suol	
Lischenallerlei	Suol	
Mehlbrust	B,Do	Brehm meinte wohl Jungvogel.
Mückenstecher	Suol	
Sänger	Be1,N	Name des Vogels Ende 18. Jh. in Thüringen.
Sänger-Laubvogel	H	
Schackrutchen	Do	
Schackruthchen	Be1,N,Suol	Name lautmalend aus Gesang entstanden.
Schakerutchen	B	
Siebestimmer (mähr.)	Do,H	
Siedenspinner	Suol	
Spötterling	B,Be1,Do,N	
Spottvogel	Be2,Do,N,Suol,V	
Spotvogel (holl.)	H	
Sprachmeister (böhm.)	Do,H,Suol	
Stichling	Suol	
Tausendkünstler	Do	
Tideritchen	N,Suol	Name lautmalend aus Gesang entstanden.
Titerinchen	Do	
Titeritchen	B,Do	
Unechte Nachtigall (schlesw.-holst.)	H	
Vetterdaft	Do	
Wullenspenner	Suol	

Gerfalke (Falco rusticolus)

Agirofalco	GesS	
Baitzfalke	N	
Baizfalke	Be2	
Balaban	Be2	
Beitzvogel	N	
Beizvogel	Be2	Jährl. Hunderte Falken aus Island-Importen.
Blaufuß	Be,N,O1	
Blaufüßiger Falke	Be,N	
Braune Lanette	Be2,N	
Brauner Geyerfalke	Be2	
Brauner Isländischer Falke	Be	
Edelfalke	Be,Do,N	
Edler Falke	Be2,N	
Europäischer Gerfalk	H	
Europäischer Girfalk	H	
Europäischer Jagdfalk	H	
Falke mit dem Halsbande	Be1	
Falki (isl.)	H	

Falkur (fär.)	H	
Französischer Würger	Be	
Geerfalke	N	
Gefleckter Isländischer Falke	Be	
Geierfalk	B	
Geierfalke	Buf,N	Bedeutet eher Edelfalke als Gierfalke.
Gemeiner Falke	Be2,N	Eher Name des häufigeren Wanderfalken.
Ger Falck	Schwf	
Gerfalck	GesSH,K,Suol	
Gerfalk (schwed.)	Be2,H,Krü,N	
Gerfalke	B,Be1,Buf,H,N	„Ger-" nicht von Gier, sondern von „edel".
Geyer	Be1	
Geyerfalk	Krü	
Geyerfalke	Be1,Buf	
Geyrfalck	Suol	
Gierfalck	GesSH,Suol	
Gierfalk	B,Be2,Buf,Krü	
Gierfalke	Be1,N	
Grönländischer Falk	Do	Helle Morphe, imposante Größe.
Grönländischer Jagdfalk	N	
Grosser Falck	Suol	
Großer Falk	Be2,Buf	
Großer Falke	Be1,N	Vogel ist größter und kraftvollster Falke.
Großer Geyerfalke	Be2	
Großer Schlachter	Be2,Do,N	Heute: Greifvogel „schlachtet" nicht.
Gyrfalck	Suol	
Gyrfalk	Be2,K,O1	
Gyrfalke	Be1,Buf	
Gyrofalco	GesSH	
Halsbandfalke	Be,N	Art unklar: Gerf., Habicht oder Mäusebussard.
Heiliger Falke	Buf	
Hierofalcho	GesS	
Hvitfalk (dän.)	H	
Isländer	Be,N	
Isländischer Falk	Do,Krü,V	
Isländischer Falke	Be,N,O2	
Isländischer Geierfalke	N	
Isländischer Gerfalk	H	
Isländischer Geyerfalke (Var.)	Be1,Buf	
Isländischer Girfalk	H	
Isländischer Jagdfalke	H	Großer oder isländischer Gerfalke.
Jagdfalke	Do,N,O3	Galt für viele Arten, besonders für Gerfaken.
Kiczor (russ.)	Buf	
Kleiner Gerfalke	H	
Kretzel (russ.)	Buf	
Labradorfalk	N	
Lanette	Be2,N	Bedeutet wie Lanner „Schlachter".
Linnés Geyerfalke	Be2	
Mausadler	Be2	

Mittel Falcke	Schwf,Suol	
Mittelfalk	Be2,Buf	Kein Bastard, sondern mittelgroße Variation.
Mittelfalke	Be1,Krü,N	
Moschowitterischer Falck	Schwf,Suol	Weiße Morphe. Gerfalke-Variation.
Neuntödter	Be2	Unrealistischer Name, enstammt …
Neuntöter	N	… verschiedenen Trivialnamen des Gerfalken.
Norwegischer Gerfalk	H	
Norwegischer Geyerfalke (Var.)	Be1,Buf	
Norwegischer Girfalk	H	
Norwegischer Jagdfalk	H	
Polarfalk	Do,N	Helle Morphe, imposante Größe.
Raubfalk	Be2	
Raubfalke	Be1,Buf,N	Gerfalken schlagen gerne Geflügel.
Reger Falck	Schwf,Suol	
Regerfalk	Be2	
Regerfalke	Be1,N	Zur Jagd auf Reiher abgerichtet.
Rievdakfalle (lappl.)	H	
Russischer Falk	Krü	
Schlechtfalke	Be	Von Schlachtfalke, eigentl. Name d. Würgfalken.
Schweimer	N	Häufiger Name für Greifvögel, …
Schweymer	Be2	… die in der Luft scheinbar …
Schwimmer	Be2,N	… unbeweglich …
Schwimmerfalke	Be,Do,N	… schweben, schwimmen.
Schwinner	Be2,N	
Skandinavischer Gerfalk	H	Dunkelgraue Morphe, öfter in Skandinavien.
Skandinavischer Girfalk	H	
Skandinavischer Jagdfalk	H	
Stephanfalk	Be2	Meiste Vögel in Irland November bis …
Stephanfalke	Be,N	… Januar. Mitte ist Stephanstag (25.12.).
Steppenfalk	Be2,H	Wohl aus Stephansfalke entstanden.
Stor Jagtfalk (norw.)	H	
Stoßfalk	GesS	
Vielfarbiger Gerfalk	H	
Wachtelfalk	Be2	
Wachtelfalke	Be,N	Zur Beize gut abgerichteter Falke.
Weißer Falck	GesH,K,O1	
Weißer Falcke	Schwf	Weiße, helle, imposante Morphe.
Weisser Falcke	Suol	Gerfalke-Variation.
Weißer Falk	Krü	
Weißer Falke	Be,Do,N	
Weißer Gerfalk	N	Großer oder isländischer Gerfalke.
Weißer Geyerfalke (Var.)	Be1,Buf	
Weißer Isländischer Falke	Be	
Weisser Jagdfalke	H	
Weißkragen	Be2	
Wolliger Falk	Be2	Von Flaumfedern des Gerfalken.
Wolliger Falke	N	
Würger	Be2,H	
Würger mit langem Schwanze	Be2	

Würgerfalk	Be2,H	
Würgerfalke	N	
Zerifalso	GesS	

Gimpel (Pyrrhula pyrrhula)

Ammer von Carlsruh (männl.)	Be2	
Blaugimpel	Do	
Blod-Finke (dän.)	Buf	
Bloedtfinck	Suol,Tu	Turner 1544.
Blôtfenke	Suol	
Bluedzapf	Suol	
Bluetfink	Suol	
Blut Fincke	Schwf	
Blut-Finck	Kö	
Blut-Fincke	G	
Blut-Fink	Buf,P,Z	Wegen der roten Unterseite.
Blut-Finke	Z	
Blutfinch	Buf	
Blûtfinck	Fri,GesSH,P,Suol	
Blutfink	Ad,B,Be1,Buf,K,…	…Krü,Ma,N,O2,V; K: Frisch T. 2.
Blutfinke	Do	
Blutfinken	Buf	
Bluthfinck	GesH	
Bluttfinck	K	
Blutzapff	Suol	
Bollbick	Suol	
Bollebick	Buf,GesS,Suol	
Bollenbeißer	B,Be1,Buf,GesSH,…	…Ma,N,Schwf;- Bollen sind Knospen.
Bollenbicker	Suol	Knospenbeißer
Bollenbîsser	Suol	Knospenbeißer
Bollenbysser	Suol	
Broinmeis	Do	
Brommeis	B	Brom (helv.) bedeutet auch Knospe. s. o.
Brommeiß	Be1,Buf,GesSH,…	…N,Suol;
Buchfink	Buf	
Bullenbeißer	Do	
Cymbel	GesH	
Daumpâpe	Suol	
Daun-Pfaffe	Buf,K	
Deitschfink	Do	
Dohmpaap	Be1	
Dohmpfaff	Buf	
Dom-Pape (dän.)	Buf	
Dom-Pfaffe	Buf	
Domherr	Ad	
Domherr	B,Be,Do,Hö,N	
Domherre	Buf	
Dompaap	N	

Dompaav	Be2	
Dômpaop	Suol	
Dômpâp	Suol	
Dompape	Ad	
Dompfaff	Ad,B,Do,Fri,Krü,…	…Ma,Suol,V; Wegen schwarzer Kappe.
Dompfaffe	Be,Buf,Krü,N	
Dompfaffen	Be1	
Dônpfaff	Suol	
Dûmpâp	Suol	
Fink	Ad	
Geldfink	Do,H	
Gelehriger Kernbeißer	Be,Do,N	
Gemeiner Gimpel	N,O1	Abgeleitet von gumpen = hüpfen.
Gemeiner Waldgimpel	Do	
Gempel	Buf	
Gicker	Be	
Gieger	H	
Gieker	Be1,Do,N	
Giger	O1	
Giker	B	Dieser und ähnliche Namen: Lautmalend.
Gimpel	Ad,B,Be1,Buf,Fri,…	…Kö,Krü,Ma,O2,P,Z;
		- P (1720): Gimpel …
		… aus Gympel. Von gumpen, hüpfen (bayer.).
Ginker	Buf	
Gol	Suol	
Goldfinch	Buf	
Goldfinck	GesSH,Suol	
Goldfink	Ad,B,Be1,Buf,Fri,…	…Ma,Krü,N,Suol;
		- Wg. zinnoberroter Unters.
Goll	GesSH,H,O2,Suol	Belegt seit 1556, bedeutet Gimpel.
Golle	Do,H	
Goller	Suol	
Goutfinck (holl.)	GesSH	
Goutvincke	Suol	
Gücker	Do,N,O2	Dieser u. ähnl. Namen: Lautmalend Guegger.
Güger	Buf,GesS	GesS: Güger, lautmalend.
Gügger	Be,GesSH,N,Suol	GesS: Guegger, lautmalend.
Gümpel	Buf,Fri,G,…	…GesSH,Krü,P,Schwf,Suol;
Gumpel	GesS	
Gumpell	Suol	
Gumpf	B,Be,Do,N	
Gumpl	Be1,Buf	
Güper	Do	
Gutfinch	Buf	
Gutfinck	GesSH	
Gympel	Buf,GesS,K,Suol	K: Frisch T. 2.
Hahle	Ad,Be1,Buf,Fri,N,O1	Wort bedeutet Gimpel. Slawisches Lehnwort.

Hail	GesSH,Suol	
Hale	B	Wort bedeutet Gimpel. Slawisches Lehnwort.
Halle	Do	
Hellschreyer	Ad,Krü,P,Suol	
Hoylen	Be,Do,N	Wort bedeutet Gimpel. Slawisches Lehnwort.
Kicker	Do,N	Dieser und ähnliche Namen: Lautmalend.
Kol	Suol	
Koller	Suol	
Laubfing (!)	Do	
Laubfink	Ad,B,Be1,Buf,Krü,N	
Lich	Do	
Liebich	Be1,Do,N,O1	
Liebig	Buf	Aus Lob von „Lobfink" entstanden.
Lobfinck	GesSH,Suol	
Loh Fincke	Schwf	„Lohfinco" (9. Jahrhundert) bedeutet Waldfink.
Loh-Fincke	Suol	
LoheFincke	Suol	
Lohfinck	K	Der Name war früher üblich ....
Lohfink	B,Be,Buf,Krü,... ...N,Suol;	- ... er bedeutet Waldfink ...
Lohfinke	Be1,Buf,Do,K	... „Früher" war vor 1720.
Lohvogel	Ad	
Looffink	Suol	
Lübich	B	Aus Lob von „Lobfink" entstanden.
Lübig	V	
Luch	Do	Aus Lob von „Lobfink" entstanden.
Lüch	Ad,B,Be1,Buf,... ...Krü,N,O1,Suol;	
		- Aus Lob v. „Lobfink" entst.
Lüff	B,Be2,Do,N,O1	Aus Lob von „Lobfink" entstanden.
Lüft	Suol	
Luftgimpel	Do	
Luh	B,Be1,Buf,N,... ...O1,Schwf,Suol;	
		- Aus Lob v. „Lobfink" entst.
Luhfinke	Do	
Lüwich	Suol	
Minchlein	Buf	
Paape	Do	
Pfaeflin	Buf	
Pfäffchen	Be1,Buf,N	Wegen schwarzer Kappe.
Pfaffe	Do	
Pfäfflein	B,Do,GesH	Wegen schwarzer Kappe.
Pfäfflin	GesS	
Pfäfflin	Suol	
Pilart (brabant.)	GesH,Suol	
Pillo	Suol	
Plattmönch	Do	
Pollenbeißer	N	Knospenfresser.
Quecker (männl.)	Buf,GesS	Nach der Stimme.
Quetsch (weibl.)	Ad,Buf,Fri,GesSH,Suol	Nach der Stimme.

Quetschfink	Be1,Buf,Do,Krü,N	
Quieschfink	Be1,N	Name korrekt.
Quietschfing (!)	Do	
Quietschfink	Buf,Krü	Nahrung Ebereschenbeeren: Quitschen.
Quitschfink	B,Krü	
Rotgimpel	Be1,Do,H	
Rotgolle	Suol	
Rotgügger	Ma,Suol	Bedeutung: Roter Pfeifer.
Roth-Gimpel	N	
Roth-Schlegel	G	
Rothbost	Do	
Rothbrüstiger Gimpel	Be2,N	Wegen der kräftig roten Unterseite.
Rothbrüstiger Kernbeißer	N,O3,V	
Rothfinck	Suol	
Rothfink	Ad,B,Be1,Buf,Do,… …Krü,N,V;	- Buchfink hieß so.
		Be1: Rotfink.
Rothgimpel	Ad,B,Buf,Krü,N	
Rothschlägel	Ad,Be,Krü	
Rothschläger	B,Be1,Do,N	Aus polnisch „snieguta", entspricht Gimpel (!).
Rothschlegel	Be2,Buf,N,Suol	
Rothvogel	Ad,B,Buf,GesH,Krü	Wegen der kräftig roten Unterseite.
Rotschläger	Be1,Do	
Rottvogel	Ad,Be,Buf,K,N,Schwf	Aus polnisch „snieguta",
		entspricht Gimpel (!)
Rotvogel	Buf,Do,Ma,GesS,Suol	Wegen der kräftig roten Unterseite.
Schniegel	Be1,Krü,N,O1	Aus polnisch „snieguta", entspricht Gimpel (!)
Schniel	Be1,N,O1	
Schnigel	B,Buf,B,Suol	Aus polnisch „snieguta", entspricht Gimpel (!)
Schnil	B,Do	Aus polnisch „snieguta", entspricht Gimpel (!)
Schwapulis (lett.)	Buf	
Schwarzer Gimpel (var.)	Buf	
Schwarzköpfiger Gimpel	N,V	
Schwarzlob	Do,H,Suol	
Smilges (lett.)	Buf	
Thum-Dechant (var.)	Buf	
Thum-Pfaffe	Buf,G	
Thumbherz	GesS	
Thumbpfaff	GesSH	
Thumdechant (var.)	Buf	
Thumherr	Be1,Buf,Do,GesH,… …K,N,Schwf,Suol;	
		- Wegen schwarzer Kappe.
Thumpfaff	Ad,Buf,GesS,K,… …N,Suol;	K: Frisch T. 2.
Thumpfaffe	Be2,Do,N,Schwf	
Tumherr	Be	
Tumpfaffe	Be	
Tumpfaffen	Be1	
Weißer Gümpel	Schwf	Gimpel-Mutation.
Weißer Thumpfaffe	Schwf	Gimpel-Mutation.
Winterammer (männl.)	Be1	

Girlitz (Serinus serinus)

Canarienzeischen	Be2	
Cini	Buf,Do,N	Schon Belon, um 1550, nannte ihn so.
Cinit	Be2,Buf,Do,N	
Ciri	Be2	
Citrinchen	Ad	
Eigentlicher Grünfink	Be2,N	
Eigentlicher Grünfinkchen	N	
Erdzeisig	Do	
Fädemle	Ad,Be1,Krü,Suol	
Fädemlein	Be2,GesH,Krü,N,O2	Entstanden aus Nahrung (Flachs, Lein).
Fädeule	Buf	= Fädemle?
Gartenzeisig	Do	
Gelbgrüner Dickschnabel	Be2,N	
Girle	Suol	
Girlin	Suol	Name Girlin 1554 in Straßb. Vogelb. belegt.
Girlitz	B,Be1,GesSH,… …Krü,N,O1;	
Girlitz-Hänfling	N	
Girlitzhänfling	Be2,Do,N	
Girlitzkernbeißer	N	Schnabel kurz und dick.
Girlitzzeisig	O3	
Goldhahn	Do	
Graszeisig	Do	
Grilisch	Do	
Grilitsch	Be2,N,O1	
Grüner Kanarienvogel	Buf ,Hö	
Grünfink	Be1,Buf,N,O1	Vogel mit gewisser Ähnlichkeit zum Grünfink.
Grünfinkchen	Be1,N	
Grylle	GesS,Suol	
Gyrle	Suol	
Hirengryll	Suol	
Hirn-Grill	P	
Hirngirl	Do	
Hirngrill	Be1,Buf,Fri,N,… …P,Suol;	„… Daß sie Grillen im Kopf haben."
Hirngrilla	Suol	
Hirngrille	Ad,Be2,Do,GesH,… …Krü,N,Suol;	Mögl. wg. grillenähnl. Gesanges.
Hirngrillen	Suol	
Hirngrillerl	Be2,Hö,N,Suol	Erklärung Höfer 2/53–54.
Hirngritterl	Do	Oder von freudig hiren – hören.
Hirngryll	Buf	Ungarisch hir – hören.
Hirngrylle	GesS,O2	
Hirngryllen	Suol	
Italiänischer Kanarienvogel	Be1,N,O1	Verhalten und Gesang ähnlich Kanarienvogel.
Italienischer Kanarienvogel	Do,H	
Kanarienzeischen	Be1,Buf,Hö,N	Girlitz, wilder Kanarienvogel, Zeisig ähnlich.
Kanarienzeisig	Do	
Kleiner Grünling	Do	

Meerzeisig	Do	
Möhrenzeisig	Do	
Nieselzeisig	Do	
Regenvogel	Do	
Rübenzeisig	Do	
Samenzeisig	Do	
Schwäderle	Suol	
Schwäderlein	Be2,GesH,Krü,N,O2	Wie Schwederle: Schwätzen.
Schwaderlein	O1	
Schwäderleinzeisig	Do	
Schwederl	Hö	Helvetisch unaufhörliche schwätzen.
Schwederle	Ad,Be1,Buf,Hö,Krü	Erklärung Höfer 2/53–54.
Schweizer Zeisig	Do	
Serin	Buf	
Serinus	Be2,N	„Serinus" (lat.): „Gelbe chinesische Seide."
Sonnenzeisig	Do	
Zschädrich	Do	
Zwerggrünling	Do	
Zwirslich	Do	

Gleitaar (Elanus caeruleus)

Blak	N	Name von Vaillant 1798, 13/129.
Bussardmilan	N	Nach Gefiederfarbe weihenähnl. - Bd. 13/129.
Falkenmilan	N	Band 13/Seite 129.
Gemeiner Falkenmilan	N	Band 13/Seite 129.
Gleitaar	B,H	Kein Adler. Gleitet mit V-förmigen Flügeln.
Milanbussard	N	Band 13/Seite 129.
Schwarzflügeliger Gleitaar	H,N	Wurde aus Gleit-er der Gleit-aar? - Bd. 13/129.
Schwarzflügliger Schwimmer	N	Gleitet in der Luft wie „Schwimmer" - 13/129.
Schwarzgeschulterter Bussard	N	N: Gleicht zwerghaftem Bussard. - Bd. 13/129.
Schwarzschultrige Kerfweihe	N	V-förm Fl.-haltg sieht wie Kerbe aus. - 13/129.
Schwarzschultriger Gleitaar	N	Band 13/Seite 129

Gluckente (Anas formosa)

Japanische Krickente	N
Pracht-Ente	N
Zierente	N

Goldammer (Emberiza citrinella)

Aemerling	K	K: Frisch T. 5.
Aemmerling	Buf,Fri,G,K,…	…Krü,Suol;
Amering	Hö	
Amerling	Hö	
Ämerze	Suol	
Ammer	Ad,Be,N	Ahd. amero, alter westgermanischer Vogelname.
Ammerchen	Ad	
Ammering	Be1,N,Suol	
Ammeritz	Be97,Suol	
Ämmerlein	Ad	
Ammerling	Do,H	

Ämmerling (fränk.)	Ad,Fri	
Amritz	Do	
Brisgoia	GesS	Breisgau?
Citrinella	Buf	
Dörpfink	Do	
Eimmerling	Suol	
Emberitz	Ad,Krü	
Embritz	Ad,Be1,Buf,GesS,K,... ...Krü,N,Schwf,Suol;	
		- K: Frisch T. 5.
Embritz	Ad	
Emerling	P,Suol	
Emmering	Be2,Buf,GesS,N Man findet immer wieder eine Verbindung ...	
Emmeritz	Ad,Buf,Do,GesSH,... ...N,Suol; ... zum Emmer. Die Vögel ...	
Emmeritze	Suol ... fressen gerne Emmer.	
Emmerling	Ad,Be1,Buf,GesS,... ...Kö,Krü,N,O1,P,Suol,V,Z;	
Gaal	Do	
Gaalammer	Be1,Buf,Do,K,N Aus Thüringen. Gaal (Geel) bedeutet Gold.	
Gaelgenfiken	GesS	
Gaelgensiken	Buf	
Gählämmerlich	H Auch hier: Geel ist gelb (gold).	
Gählgoos	Do	
Galammel	Suol	
Gälgäsk	Suol	
Gälgatsch	Suol	
Gälgensiken	Suol	
Gälgerst	Suol	
Gälgöschen	Do	
Gaul Ammer	Schwf	
Gaulammer	Be,Buf,GesSH,N,Suol Von Gaul, suchte Nähe d. Menschen	
		wg. Nahrg.
Gauleimer	Suol	
Gaulhammer	Buf,Suol	
Geäle Gäus	Suol	
Geel-Gorse	O2	
Geelammer	Do,N Geel heißt in vielen Dialekten: Gelb.	
Geelämmerich	Do	
Geele Girsch	Suol	
Geelemmerken (nieders.)	Ad,Krü	
Geelemmerle	Do	
Geelfink (nieders.)	Ad,Be,Krü,N	
Geelfinke	Be1	
Geelgans	Do	
Geelgast	Do	
Geelgerst	Be1,Buf,K,N,Schwf	
Geelgoerß	GesS	
Geelgörß	Suol	
Geelgorst	Be,Buf,GesS,Suol,Tu	
Geelgorsta	GesS	

Geelgöschchen	N	Kein Druckfehler.
Geelgöschen	Ad,Be2,Krü,N	Göschen ist Gänschen.
Geelgößchen	Be,N	Gößchen ist Gänschen.
Geelgössel	Do	
Gehlämmerlich	H	
Gehlemmerich	Do	
Gehling	Be1,Do,N	
Gel-Emeritz	Suol	
Gelbammer	Krü	
Gelbbauch	Suol	
Gelber Emmerling	Be,Buf,Krü,N,Z	
Gelbfink	Ad,Suol	
Gelbgans	Be1,Buf,Do,N	Hochdeutsch für eigentlich niederdt. Wort.
Gelbgüssel	Suol	
Gelbling	Ad	
Gelbling	Ad,Be1,Buf,Hö,K,...	...Krü,N,Schwf;
		- Hochdt. für eigentl. ndt. Wort.
Gelegors	Suol	
Gelegôs	Suol	
Gelegose	Suol	
Gelemätte	Suol	
Gelfink	Do	
Gelgâseken	Suol	
Gelgaulammer	Suol	
Gelgerst	Be97,Suol	
Gelgirsch	Suol	
Gelgösch	Suol	
Gelitz	Suol	
Gêlkomesch	Suol	
Gellgaus	Suol	
Gelogissel	Do	
Gelpfiter	Suol	
Gelwamer	Suol	
Gelwämmetli	Suol	
Gemeiner Emmerling	Be,Krü,N	
Gerst-ammer	Buf	
Gerstammer	Ad,Fri,Krü,Suol	
Gerstenvogel	Do,Suol	
Gieleker	Suol	
Gielemännchen	Suol	
Gielhännsjen	Suol	
Gilber	Suol	
Gilberig	Do,N	
Gilberisch	Suol	
Gilberischen	Suol	
Gilberschen	Be,Buf,Do,GesS,N	
Gilbling	Ad,Be,Buf,GesS,...	...Krü,N,Suol;
Gilbrätsch	Suol	
Gilbscherschen	Be2	

Gilgling	Do	
Gilwer	Suol	
Gilwerich	Suol	
Gilwertsch	Buf,GesS,Suol	
Gjähl	Do	
Gohlammer	Be2,Do,N	Golammer seit 16. Jahrhundert bekannt.
Golammer	Suol	
Gold Ammer	Schwf	Ammer: Nach Dinkeln, althochdeutsch amar.
Gold-Ammer	N	Von Eber und Peucer 1552 bezeugt.
Goldalmer	Do	
Goldâmel	Suol	
Goldammer	Ad,B,Be1,Buf,Fri,…	…H,K,Krü,Ma,O1,V,Z; K: Frisch T. 5.
Goldermännel	Do	
Goldfincke	Schwf	
Goldgänschen	Be1,Buf,N	
Goldhammer	Be,Do,GesS,Hö,N	
Golditsche	Do	
Goldjutsche	Do	
Goldmar	Ad	
Goldöæmerken	Suol	
Goldtammer	GesH	
Goldthammer	GesH	Galt bis Ende 18. Jh. als normaler Name.
Golitsche	Suol	
Golitschke	Do	
Gollammer	Do,GesS,H,Suol	Seit 15. Jahrhundert in Hessen belegt.
Gollmer	Suol	
Golmar	Suol	
Golmer	Be2,Do,N	Aus der nördlichen Pfalz.
Gorse	Be,Do,GesH,N,O1	Sichere Deutg. fehlt. (Seit Alb. Magn. bekannt).
Grinschel	Do	
Grinschling	Suol	
Grinsling	Ad,Suol	
Grintschel	H	In Sachsen-Anhalt, wegen grünlichem Rücken.
Grinzling	Fri	
Gröning	Ad	
Gröning	Be1,Do,N	Niederdeutsch, wegen grünlichem Rücken.
Gruenfink	Buf	
Gruenzling	Buf	
Gründschling	Suol	
Grünfing	K	
Grünfink	Ad	
Grünfink	Be1,Buf,Krü,N	
Grüning	Ad	
Grünling	Ad,Fri	
Grünschleng	Suol	
Grünschling (thür.)	Ad,Be1,Do,Krü,…	…N,Suol; In Thür. wg. grünlichem Rücken.
Grünsel	Do	

Grünsink	Ad		
Grünzling (märk.)	Ad,Do,Fri,Krü,…	…N,Suol;	In Brandenb. wg. grünl. Rücken.
Guelhammer	Suol		
Gultamer	Hö		
Gurse	Be,Do,GesSH,N		Sichere Deutg. fehlt. (Seit Alb. Magn. bekannt).
Hamerling	Suol		
Hämerling	Hö		Erklärt Höfer S. 1/26.
Hämmerling	Ad,Be1,Do,Fri,Krü,…	…N,V;	Von Ham, Heime, Haus (Frisch) …
Hemmerling	Ad,Buf,Krü,Suol	… oder von geheim, haimlich = zahm.	
Imbrütze	Suol		
Klütjer	Do		
Kornvogel	Suol		
Kornvogel	Be2,Buf,Do,GesS,…	…N,Suol;	- Schweiz. Ernährt sich von Getreide.
Kotvogel	Suol		
Laubfincke	Schwf		
Lemeritz	Suol		
Lemmeritz (schwäb.)	Do		
Plotzer	Suol		
Quecker	Schwf		
Quetschfincke	Schwf		
Schneegitz (schwäb.)	Do,Suol		
Sternardt	Be1,Do,N	Altslowenisch (crainisch) für Goldammer.	
Strohvogel	Do		
Vetter	Do		
Waldämmerling	Ad,Krü		
Winterlerche	Suol		

Goldfasan (Chrysolophus pictus)

Bunter Fasan	Be2	
Chinesischer Blutfasan	Be2	
Chinesischer Goldhahn	Be2	
Dreyfarbiger Fasan aus China	Be2	
Gemahlter Fasan	Be2	
Goldfasan	Be2,O2	In England Ende des 18. Jahrhunderts … … Ausgewildert.
Prächtiger Fasan	Be2	
Roter Fasan	Be2	

Goldhähnchen: Winter- (Regulus regulus) und Sommergoldhähnchen (R. ignicapillus)

Die beiden Goldhähnchenarten wurden lange als eine Art geführt. Erst C. L. Brehm hat sie um 1820 als 2 Arten beschrieben. Vorher, um 1800, hatte aber, laut österreichischer Quellen, Joseph Natterer aus Wien die Goldhähnchen als 2 Arten erkannt. Bechstein vermutete zwar 2 Arten, fand aber nur eine Ausweichlösung.

Asterhahnl	Suol	Goldhähnchen allgemein.
Aukranl	Hö	Wintergoldhähnchen
Berghahn	Ad	

Berghähnchen	Ad	
Deutscher Colibri	Be1	
Deutscher Kolibri	O1	
Europäischer Kolibri	O2	
Feuerköpfchen	B,Do	Sommergoldhähnchen
Feuerköpfiger Sänger	N	Sommergoldhähnchen
Feuerköpfiges Goldhähnchen	N,O3,V	Sommergoldhähnchen
Feuerkronsänger	B,Do	Sommergoldhähnchen
Fichtenluser	Do	Wintergoldhähnchen
Gekrönter Sänger	Be2,Do,N,V	Dornseiff: Wintergoldhähnchen.
Gekrönter Zaunkönig	Be1,N	Wintergoldhähnchen
Gekröntes Königchen	Be2,K,N	Frisch T. 24, Wintergoldhähnchen.
Gekröntes Königlein	Krü	
Gelbköpfiges Goldhähnchen	N	Wintergoldhähnchen
Gellert	Suol	Goldhähnchen allgemein.
Gemeines Goldhähnchen	N	Wintergoldhähnchen
Gold Hänlin	Schwf	
Gold Hendlin	Tu	
Gold-Hähngen	Suol	Goldhähnchen allgemein.
Gold-Hähnichen	G	
Gold-Hähnlein	P,Z	
Gold-Hänlin	Suol	Goldhähnchen allgemein.
Gold-Hännlein	P	
Goldämmerchen	Be1,Do,N	Wintergoldhähnchen
Goldemmerchen	B	
Goldgekrönter Zaunkönig	Be1	
Goldhähnchen	Ad,Be1,Krü,N,O1	
Goldhähnel	Do	Wintergoldhähnchen
Goldhahnl	Suol	Goldhähnchen allgemein.
Goldhähnlein	Ad,Hö,K,Krü	Wintergoldhähnchen
Goldhammel	N	
Goldhämmel	Do	Wintergoldhähnchen
Goldhämmelchen	N,Suol	Wintergoldhähnchen
Goldhämmerchen	N,Suol	Wintergoldhähnchen
Goldhämmerli	Suol	Goldhähnchen allgemein.
Goldhan	Suol	Goldhähnchen allgemein.
Goldhändlein	Do	Wintergoldhähnchen
Goldhäneli	Suol	Goldhähnchen allgemein.
Goldhänlein	GesH,P	
Goldhannel	Be2,N	Wintergoldhähnchen
Goldhendlein	Be2,N	Wintergoldhähnchen
Goldhendlin	Suol	Goldhähnchen allgemein.
Goldhenlein	Suol	Goldhähnchen allgemein.
Goldhenlin	GesS,Suol	
Goldhiänken	Suol	Goldhähnchen allgemein.
Goldköpfchen	B,Do	Sommergoldhähnchen
Goldkronhähnchen	B	Sommergoldhähnchen
Goldpiepchen	Do	Wintergoldhähnchen
Goldsträußlein	Do	Wintergoldhähnchen

Goldvögelchen	B,Do	Wintergoldhähnchen
Goldvögelein	Be2,N	Wintergoldhähnchen
Guldstangerl	Suol	Goldhähnchen allgemein.
Haubenkönig	Ad,B,Be1,Do,Hö,N	Dornseiff, Höfer: Wintergoldhähnchen
Haubenzaunkönig	Be1,Do,N	Wintergoldhähnchen
König der Vögel	Be2,N	Wintergoldhähnchen
Königlein	Be1,Do,GesH,Krü,N	Wintergoldhähnchen
Königlen	Be2	
Kralitsch (krain.)	Be1	
Kronvögelchen	B	
Lütj Müüsk	Do	Wintergoldhähnchen
Meisenkönig	Do,H	Wintergoldhähnchen
Ochsen Euglin	Schwf	
Ochsen-Aeuglein	K	Wintergoldhähnchen
Ochsenauge	Hö	Wintergoldhähnchen
Ochsenäuglein	Be1,Do,GesH,N	Dornseiff: Wintergoldhähnchen
Ochseneugle	Suol	Goldhähnchen allgemein.
Ochsseneugle	GesS	
Orangeköpfchen	Do	Sommergoldhähnchen
Parra	Be2,Do,GesH,N	Parva: Kleiner Vogel; Dornseiff: Wintergoldh.
Piepmeischen	Do	Wintergoldhähnchen
Rubingekrönter Zaunkönig	Be1,N	Sommergoldhähnchen
Rubinkrönlein	Do	Sommergoldhähnchen
Safrangoldhähnchen	B	
Safranköpfchen	Do	Wintergoldhähnchen
Safranköpfiges Goldhähnchen	N,V	Wintergoldhähnchen
Sommer-Zaun König	Fri	Sommergoldhähnchen
Sommergoldhähnchen	B	Sommergoldhähnchen
Sommerkönig	Ad	
Sommerkönig	B,Be2,Do,Hö,… …K,Krü,N,Suol;	- Sommergoldhähnchen
Sommerzaunkönig	Ad,Be1,K,Krü,N	Sommergoldhähnchen
Sträußchen	Ad,Be2,N	Wintergoldhähnchen
Sträußchenkönigin	Do	Wintergoldhähnchen
Sträußlein	Be1,GesH,N	Wintergoldhähnchen
Sträußlin	Do	Wintergoldhähnchen
Streuslein	K	Wintergoldhähnchen
Streuslin	Schwf	
Strueßle	GesS	
Strüssle	Suol	Goldhähnchen allgemein.
Tan Meislin	Schwf	
Tannenluser	Do	Wintergoldhähnchen
Tannenmäuslein	Be1,N	
Tannenmeise	Ad	
Tannenmeislein	Do	Wintergoldhähnchen
Tannmeißlein	GesH	
Teutscher Kolibri	Suol	Goldhähnchen allgemein.
Thannmeisle	GesS	
Thannmeißle	Suol	Goldhähnchen allgemein.

Thannmeißlein	GesH	
Tyrannchen	Ad,K,Krü	Sommergoldhähnchen
Wald-Zinslin	Schwf,Suol	Goldhähnchen allgemein.
Waldmeißle	GesS	
Waldmeißlein	GesH	
Waldzeischen	Ad	
Waldzeisig	Ad,Krü	
Waldzeislein	Be1,Do,N	Wintergoldhähnchen
Waldzeißlein	GesH	
Waldzinßle	GesS	
Weidenmeise	Be1,Krü,N	Wintergoldhähnchen
Weidenzeisig	Ad,Hö,Krü	Wintergoldhähnchen
Weidenzeislein	Be1,N	
Wintergoldhähnchen	B	Wintergoldhähnchen
Winterkönig	Krü	
Zaunkönig	Be2,N,O2	
Zaunkönig mit der goldenen Krone	K	Wintergoldhähnchen
Zaunschlupfer	O1	
Zaunschlüpferlein	Be	
Zaunschlüpflein	Be1,N	
Zilzelperle	GesS	
Zißelperte	Krü	
Ziszelberte	Do,N	Wintergoldhähnchen
Ziszelperte	Be1	
Zizelperlein	GesH	
Ztosihtawek (böhm.)	Be1	

Goldhähnchenlaubsänger (Phylloscopus proregulus)

Goldhähnchen-Laubvogel	H	
Goldhähnchenlaubsänger	B	Ähnlich, oft vergesellsch. mit Goldhhähnchen.

Goldregenpfeifer (Pluvialis apricaria)

Regenpfeifer allg. nach Suolahti bei Sandregenpfeifer

Ackervogel	B,Be2,Buf,N	Nach Vorkommen in Deutschland.
Alwargrin	Do	
Braackvogel	Buf	
Braakvogel	Be2,N	Vielleicht von Brache, vielleicht von Drossel.
Brachhammel	Be	
Brachhenndl	Hö	Nach Kramer..
Brachhennel	B,Buf,N	
Brachhennl	Be1,Krü	
Brachhuhn	Do,Suol	
Brachhühnchen	B	
Brachvogel	B,Buf,Do,Schwf,… …Suol,Z;	Name etlicher Limikolen.
Brakvagel	Suol	
Dittchen	B,Be1,Do,Krü,… …N,O1;	Name aus dem Vogelruf.
Dürten	Be2,Do,N	
Dütchen	Buf	Name aus dem Vogelruf.

Düte	Be1	
Düten	Krü	
Fastenschlaicher	H	Naumann: Vogel sehr zart und wohlschmeckend.
Fastenschleicher	Do	
Fastenschleier	B,N	
Fastenschleyer	Be1,Krü	
Fastenschlier	H	-Schlier bedeutet lecken, naschen.
Feldläufer	B,Be1,Buf,Krü,N	Nach Vorkommen in Deutschland.
Fifitzköppel	Suol	
Fleckigtes Wasserhuhn	Buf	
Fleiter	Suol	
Gefleckter Brachvogel	Fri	
Gelbe Alwargin	H	
Gemeiner Brachvogel	Be97,N,O1	
Gemeiner großer Brachvogel	Be	
Gemeiner Regenpfeifer	Be2,Krü,N	Volksglaube: Kündigt mit Pfeifen Regen an.
Gemeiner Regenpfeiffer	Buf	
Gold-Regenpfeifer	Buf,H,N	
Golddüte	N,O1	„Gold-" soll von Mornell unterscheiden.
Goldgrüner Regenpfeifer	Be1,Buf,Krü,N	Nach Farbeindruck bei versch. Beleuchtung.
Goldkiebitz	B,Do,H	
Goldregenpfeifer	B,Be1,Buf,N,...	...O3,V; Name aus England 1787 übersetzt.
Goldregenpfeiffer	Buf,Krü	
Goldregenvogel	Be1,Krü	
Goldschnepf	Hö	
Goldschnepfe	Suol	
Goldthüte	B	
Goldtüte	Do	
Grillvogel	B,Be1,Buf,Do,...	...Krü,N,O1; „Grille" wohl aus Triel.
Großer Brachvogel	Be1,Buf,Krü,...	...N,Schwf;
Großer Goldregenpfeiffer	Be1,Krü	Früher: Die Unterart Charadrius pluvialis major.
Großer Regenpfeifer	Be2	
Grüner Regenpfeifer	Be	
Grüner Brachvogel	N	
Grüner Gybitz	Buf,K	
Grüner Kibitz	Buf,Krü	
Grüner Kiebitz	Be2,N	
Grüner Kybitz	Fri,K	K: Frisch T. 216.
Grüner Pardel	Krü	
Grüner Regenpfeifer	Be1,N	Nach Farbeindruck bei versch. Beleuchtungen.
Grüner Regenpfeiffer	Buf,Krü	
Grüner Regenvogel	Hö	
Grüner Taucher	Buf	
Grünes Dütchen	Krü,O2	Name aus dem Vogelruf.
Gyfitz Köpel	Suol	
Haidenpfeifer	Be1,Buf,N,O1	
Heidenpfeifer	B,Do,H,Krü	Brut in nordischen Tundren, Mooren, Heiden.

Hüderling (fries.)	H	
Keilhaken	Do	
Keylhaken	Be1,Krü	
Kleiner Brachvogel	Be1,Buf,Krü,N	Unterart
Kleiner Goldregenpfeifer	Be1,Buf	
Kleiner Goldregenpfeiffer	Krü	Früher: Die Unterart Charadrius pluvialis minor.
Kleiner Regenpfeifer	Be2	
Köpel	Suol	
Köpffle	Suol	
Mittler Brachvogel	Be,N	
Mittler Regenpfeifer	Be2	
Mittlerer Brachvogel	Be1,Krü,N	
Pardel	Be1,Buf,K,Krü,… …N,O1;	Pardalos (griech.): Regenpfeifer.
Pardervogel	B,Be1,Buf,Krü,N	
Pfeifschnepfe	Do	
Pluuier	Suol	
Pluvier	Kö,P2,Suol	
Pulros	B,Be2,Buf,K,… …Krü,N,O1,Schwf,Suol;	- K: Frisch T. 216.
Pulroß	Buf,GesH	Von lateinisch pluvia, Regen.
Pülroß	Suol	
Puluier	GesH,Suol	
Pulurer	Suol	
Pulver	Tu	
Pulvier	Buf,K,Krü,… …Schwf,Suol;	
Pülvier	K	K: Frisch T. 216.
Rechter Brachvogel	Buf,Fri	
Rechter Regenpfeifer	Buf	
Regenpfeiffer	Buf	
Reinkoppel	Suol	
Saat-Hun	G	
Saathuhn	Be2,KrüN	
Saathun	Krü	
Saatvogel	B,Be2,Do,N,O1	Nach Vorkommen in Deutschl.
Schwarzgelber Ackervogel	Be1,Buf,Krü,N	
Schwarzkehliger Ackervogel	Buf	
See Taube	Schwf	
See-Taube	Suol	
Seetaube	Be2,Buf,Do,H,N	
Strandpfeifer	Be2,N	
Strandpfeiffer	Buf	
Sumpfläufer	Be2,N	
Thutvogel	Buf	
Thütvogel	B,N	Name aus dem Vogelruf.
Tütche	B	
Tüte	Do,Suol	Auch allgemein für Regenpfeifer.
Tütvogel	Be2,Krü	
Weiker	Krü	
Welster	Do	

Grasläufer (Tryngites subruficollis)

Falbstrandläufer	H	
Grasstrandläufer	B,N	Ausnahmegast aus Nordamerika.
Rötlicher Uferläufer	H	
Vieillots Uferläufer	H	

Grauammer (Miliaria calandra)

Baumlerche	Be1,Buf,N	Singt manchmal von Spitze einer Weide …
Boomlewark	Do	… Name trotzdem unpassend.
Brasler	Buf	Schluß der Gesangsstrophe wie …
Braßler	B,Be1,Hö,N,O1	… prasseln, rasseln (s. Höfer 1/107).
Dick Trien	Do	
Dicke Diert	Do	
Dickkopf	Do	
Dikke-Diert (helgol.)	H	
Doppelter Gilberig	N	Meint gelb (Bezug Goldammer) … !
Doppelter Grünschling	Be1,N	Rücken soll grau-grünlich sein … !
Emmerling	N	Seit 1552 bekannt (Eber/Peucer).
Fettammer	Do	
Gassenkieper	Do	
Gassenknieper	B	Wohl Konstrukt von A. Brehm 1879.
Gemeiner Ammer	Be1,N	
Gerg-Vogel	Buf	Gergeln: Hörbare Böttcherarbeit …
Gergvogel	Be1,Do,N	… ähnlich Strumpfwirker, von Stimme.
Gerst-Hammer	Buf	
Gerstammer	Be1,Buf,N,O1	Frißt öfter als andere Ammern Gerste.
Gerstenammer	B,Be1,Do,Krü,N	
Gersthammer	Be1,GesSH,N,… …Schwf,Suol,Tu;	- Name von Turner 1544.
Gerstling	B,Be1,Buf,N,Schwf,… …Suol:	Schles. Name v. Schwenckfeld (1603).
Gerstvogel	Be1,Do,N,Schwf,… …Suol;	Schles. Name v. Schwenckfeld (1603).
Grau-Ammer	N	
Grauammer	B,Be,H,O1,V	Größte Ammer. Ohne besondere Feldkennz.
Graue Ammer	Buf	
Graue große Ammer	Buf	
Graueammer	Fri	
Grauer Ammer	Be,Buf,K,N	K: Frisch T. 6.
Grauer Emmeritz	Be,N	
Grauer großer Ammer	Buf	
Grauer Ortolan	Be,Do,N	Grauer Vogel, schmeckt ähnlich dem Ortolan.
Große Ammer	V	
Große lerchenfarbene Ammer	Buf	
Große Lerchenfarbene Knustknipper	Buf	
Großer Ammer	Be1,Do,K,N	K: Frisch T. 6.
Großer grauer Ammer	Be2,N	
Großer lerchenfarbener Ammer	Be1,N	Name von Halle (1760).
Großerammer	Buf	

Hirsenammer	B,Be,Do,N	Falscher Eindruck: Vogel frißt …
Hirsevogel	Buf	… keine (sehr wenig?) Hirse.
Kerust	B,Do	Wohl Konstrukt von A. Brehm 1879, …
Klitscher	B,Do	… Namen kommen vor 1879 nicht vor.
Knipper	B,Be,Buf,Do,…	…K,N,Suol; K: Frisch T. 6.
Knust	Buf,Do,Fri,K,…	…N,Suol; Knust ist eine „kleine dicke Person."
Knuster	O1	
Knustknipper	Be1,Buf,Do,N	Stimme wie knipps oder zicks.
Kornlerche	Be1,Buf,N	Otto: Name unpassend.
Kornquaker	Do,N	Vogel singt auch von der Spitze …
Kornquarker	B	… einer Getreidepflanze.
Krautvogel	Do	
Lerchenammer	B,Do,H	
Miliaria	GesH	
Ortolan	Be1,Buf,N	Guter Ortolan-Ersatz für Mahlzeiten.
Punctirte Ammer	Hö	
Strumpfweber	Be1,Do,N	„… Hörte ich das Schwirren des …
Strumpfwirker	B,Do,Krü,Suol,V	… Strumpfwebstuhls." Nach Stimme.
Trillerjahn	Do	
Weberammer	Do	
Weiße Emmeritz	Schwf	„Mit einem weißen Bauch" (GesH).
Weiße-emmeriz	Buf	
Weißer Emmeritz	Be1,N	
Welscher Ammer	Do	
Welscher Goldammer	Be1,Buf,N,Schwf,Suol	Nach Schwenckfeld ist Vogel zugewandert.
Wiesenammer	B,Be1,Do,N	Name von Naumann nach Lebensraum.
Wilder Spatz	GesH	
Winterammer	B,Do,N	Konsequente Benennung erst durch Naumann.
Winterling	B,Do	Ammer, die wie Ortolan schmeckt …
Winterortolan	Be,Do,N	… und im Winter nicht fortzieht.
Wysse Emberitz	Suol	

Grau-/vor allem Hausgans (Anser anser)

Bauerngans	Be1,Buf	
Bille	Suol	
Blaue Gans	Do	
Deutsche Gans	N	C. L. Brehm unterschied 2 „Arten".
Die Tott (pomm.)	Do	
Gäber (männl.)	Suol	
Gacke	Suol	
Gäke	Suol	
Gânast	Suol	
Gânaus	Suol	
Ganauser (männl.)	Suol	
Gander (männl.)	Suol	
Gann (männl.)	Suol	
Ganner (männl.)	Suol	
Gans	Be1,Buf,Schwf	Hausgans

Gansch	Suol	
Ganschich	Suol	
Gänselin	Schwf	Hausgans (juv.).
Ganser	Buf,Do,Schwf	Hausgans (männl.).
Ganserich	Buf,Schwf	Hausgans (männl.).
Gänserich	Do	
Gansläret (weibl.)	Suol	
Ganslere (weibl.)	Suol	
Ganß	GesS	
Gante	Suol	
Ganter	Do	
Gantz	Suol	
Gäred (männl.)	Suol	
Gauß (helv.)	GesS	
Gemeine Gans	Buf,O1,V	
Gemeine Hausgans	Be1,Buf	
Gemeine wilde Gans	Be	
Gensch	Suol	
Ginsel (juv.)	Suol	
Gischel (juv.)	Suol	
Gössel	Do	
Gössel (juv.)	Suol	
Gragel-Goos (nieders.)	Buf	
Grau-Gans	H,N	Sehr alter Name, schon bei Albertus Magnus.
Graue Gans	Be2,Buf,N	
Graugans	B,Be2,Fri,Krü,…	…O3,V;
Grave Gans	Buf	
Grawe Gans	Schwf	
Groot-grü Guss (helgol.)	N	
Große Gans	Do	
Große graue Gans	Be2,Buf,N	
Große Graugans	Be,N	
Große wilde Gans	Be2,N	
Gruschel	Suol	
Gûniss	Suol	
Gunz	Suol	
Guß (fries.)	GesS	
Hagelgans	Be2,Do,Fri,N,Suol	Erscheinen war Vorzeichen strenger Kälte.
Halegans	Suol	Graugans, Saatgans
Halgans	Suol	Graugans, Saatgans
Haus-Gans	K	
Hausgans	Be1,Buf	
Heckgans	B,Be2,Do,N	Geheck: Nest voller (Jung-)Vögel.
Heimische Gans	Be2,Buf,N	
Heise	Suol	
Holgans	Suol	Graugans, Saatgans
Huck	Suol	
Hulegans	Suol	
Hulle	Suol	

Hürle (juv.)	Suol	
Hussel	Suol	
Jessel (juv.)	Suol	
Kuppengans (var.)	Be2	
Lichtgans	Buf	
Martinsgans	Be1,Buf,K	K: Frisch T. 157.
Märzgans	B,Be2,Do,N	Frühe Rückkehr aus dem Süden.
Merzgans	Be	
Nordische Graugans	N	C. L. Brehm unterschied 2 „Arten".
Pauer-Ganz	K	
Schlackergaus	Suol	Graugans, Saatgans
Schnee-Gans	O2	
Schnee-Ganß	Kö	
Schneegans	Be1,Buf,Fri,Krü,N	Waren Künder strenger Winter.
Schneeganß	Suol	Graugans, Saatgans
Seegans (Var.)	Be2	
Sleckergâs	Suol	Graugans, Saatgans
Sommergans	Do	
Stammgans	B,Do,N	Stammform der Hausgans.
Usele (juv.)	Suol	
Wilde	Do	
Wilde Gans	Be1,Buf,G,K,Krü,N,… …O1,P,Schwf,V;	K: Frisch T. 155; Graugans
Wilde Gans mit graubraunen Federn	Be2,Buf,N	
Wilde Ganß	G,Kö,Z	Gegen-„stück" zur Zahmen Gans.
Wilde gemeine Gans	Be2,N	
Wildgans	B,N,Suol	Graugans, Saatgans.
Wullah	Be1	
Wulle	Suol	
Wullewulle	Do	
Zahme Gans	Be1,Fri,K	K: Frisch T. 157, Hausgans.
Zahme Ganß	GesH	
Zame Gans	Schwf	Hausgans

Graukopfalbatros (Diomedea chrysostoma)

Gelbfirstiger Albatros (?)	H	

Graukopfmöwe (Chroicocephalus cirrocephalus)

Graukopfmöwe	H	Küstenvogel bis nördl. Mauretanien …
Graukopfige Möve	O3	… Prachtkleid mit mittelgrauer Kapuze.

Grauortolan (Emberiza caesia)

Grauer Ortolan	H	
Grauköpfiger Ammer	H	
Rostammer	B,H	Name bis Mitte 20. Jh., nach Gefiederfärbung.

Graureiher (Ardea cinerea)

Aschenfarbener Reger	Schwf	
Aschenfarbener Reiger	GesH	
Aschfarbener Reigel	Buf	

Aschfarbener Reiher	Hö	Höfer: Wurde als „Ardea cinerea" ...
		... für weiblich gehalten, siehe Blauer Reiher.
Aschfarbener Reyger	Buf	
Aschfarbiger Reyger	K	K: Frisch T. 198.
Aschfarbner Reiher	Krü	
Aschgrauer Reiher (juv.)	N,V	Jungvogel, auch Bläulichter Reiher.
Aschgrauer Reyer	Be2	
Bergreiher	Be2,Do,N	Schweiz hatte Reiher-Kolonien in den Bergen.
Blauer Reiger	Kö	
Blauer Reiher	Buf,Hö,N	Höfer: Wurde als „Ardea maior" für ...
		... männl. gehalten, siehe Aschfarbener Reiher.
Blauer Reiher (Var.)	Krü	
Blauer Reyer	Be2	
Blauer Reyger	Buf,K	K: Frisch T. 198
Bläulicher Reiher	Be2,N	Damit war Jungvogel gemeint.
Bläulichter Reiher	N	
Blauschwarzer Reyger	K	
Blawer Reger	Schwf	
Blawer Reiger	GesS	
Eigel	O1	Auch Aigel, in oberdeutschen Mundarten.
Fisch-Reiger	Z	
Fisch-Reiher	G,N	Wartet oft stundenlang im Gewässer ...
Fischaar	Suol	... jagt aber auf Wiesen Insekten und ...
Fischhäher	Krü	... kleine Wirbeltiere.
Fischreiger	Buf	
Fischreiher	B,Be1,Buf,Krü,...	...N,O1,Suol,V;
Gahrnis	O1	Name aus Garnette, einer Frauenhaube?
Gehäubter Reiher	Be2,N	Federn des Ober- und Hinterkopfs.
Gemeiner Reiger	Buf,Fri	
Gemeiner Reiger mit schwarzer Blässe	Fri	
Gemeiner Reiher (juv.)	Be1,Buf,Fri,Krü,N,O1	
Gemeiner weißbunter Reyer	Be2	
Giriks	Suol	
Goargans	Do,H	Nur Naumann-Hennicke als Quelle.
Graue Rohrdummel	Be	
Grauer aschfarbiger Reiher	Be	
Grauer Reigel	Schwf	
Grauer Reiger	GesH,Kö,Krü	
Grauer Reiger mit weißer Blässe	Fri	
Grauer Reiher	Be1,Buf,Krü,N	Bei Bechst. anfangs Weibchen oder Jungvogel.
Grauer Reiher mit dem Federbusche	Buf	
Grauer Reyger	Buf,K	K: Frisch T. 198.
Grauwer Reiger	GesS	
Grawer Reigel (juv.)	Be2,Buf,N	
Greger	Suol	Reiher allgemein.
Gröger	Suol	Reiher allgemein.
Großer Kammreiher	Be1,N	Haube kann auch Kamm genannt werden.
Großer Reiher	Be1,Buf,N	Bei Be anfangs altes Männchen.

Heergans	Be2,Buf,Fri,K,... ...Krü,N,O1;	Aus Horgans, ...
Heerganß	Suol	... Sumpfgans entstanden?
Heigaro	Suol	Reiher allgemein.
Herrgans (1)	Schwf	Reiher allgemein, auch Graureiher.
Herrgans (2)	Do,Fri,K,N,Suol	K: Frisch T. 198.
Horgans	Suol	Reiher allgemein.
Kammreiger	Krü	
Kammreiher	Do,Krü	
Ragel	Suol	Reiher allgemein.
Rager	Do,N	
Ranger	O1	
Rarg (fries.)	Buf	
Reer	Suol	Reiher allgemein.
Reger	K,Schwf	K: Frisch T. 198., Reiher allgemein.
Reggel	O1	
Reier	Suol	Reiher allgemein.
Reigel	B,Buf,Do,K,... ...N,Suol;	K: Frisch T. 198.
Reiger	Schwf	Schwf: Reiher allgemein.
		Rel. alter Name, ...
Reiger	Be1,Buf,GesH,N,... ...Suol,Z;	... schon um 1350 bei
		K. von ...
Reihel	Buf,K	... Megenberg nachzuweisen.
Reiher	Be1,Buf,N,Schwf	Reiher allgemein.
Reiher mit weißer Platte	Be2,N	Name stammt von Frisch 1763.
Reyer	Be1,N	Seit dem 16. Jahrhundert belegt.
Reyger	Tu	
Reyger mit weißer Platte	Fri	
Rheinreiher	Be1,Do,N	Noch nicht ausgefärbter Jungvogel.
Schalach	O1	Hebräische Bezeichnung für Graureiher.
Scheißregel	Suol	
Scheißreger	Suol	
Scheißrekel	Suol	
Scheper	O1	Mhd. für Kapuze. Hier Federbusch des Reihers.
Schildreiher	Be2,Do,N	Unklar: Kommt „Schild-" von schallen?
Schit'edreiher	Do,N	
Schitterei	Suol	
Schittrei	Suol	
Schittreiher	Be	
Schüttreer	Suol	
Schüttreiher	Do,N	
Schwarzer Reyger	K	
Türkischer Reiher	Be2,N	Erwies sich als adulter Graureiher. Schien groß.
Ungehäubter Reiher (juv.)	Be2,N	Bei Jungvögeln ist Haube kaum zu sehen.
Weißbunter Reiher (juv.)	Be,N	

Grauschnäpper (Muscicapa striata)

Beiefrösser	Suol	
Braunfahle Grasmücke mit weißlich ...	K	... Gesaumten Federn (langer Trivialname).
Braunfahle Grasmücke mit weißlich ...	Fri	... Geseumten Federn (langer Trivialname).

Europäischer Fliegenfänger	Be2	
Fleegenschnapper	H	
Fleigensnepper	Suol	
Fliegen-Schnepper	G	
Fliegenfänger	B,Be,N	Leben nur von Insekten.
Fliegenschnäperl	Suol	
Fliegenschnäpfer	Be1,N	15. Jh. in Glosse: ficedula = fliege, sneppe.
Fliegenschnapper	H	
Fliegenschnäpper	B	A. Brehm verkürzte Grauer Fliegenschnäpper.
Fliegenschnapperl	Suol	
Fliegenschnaps	Do	
Fliegenschnepper	Suol	
Fliegenspießer	Suol	
Fliegenstecher	Do,Schwf,Suol	
Gartenfliegenschnäpper	Do	
Gefleckter Fliegenfänger	Be1,H,Krü,N,..	...O3,V; Vor allem stark gefleckter Jungvogel.
Gefleckter Fliegenschnäpper	O1	
Gestreifter europäischer Fliegenfänger	Be,N	Name nur bei Bechst. (1802), Naum. übernahm.
Gestreifter Fliegenfänger	Be2,Buf	
Graa Fluesnapper (dän., norw.)	H	
Graag Fleigensnäpper	Do	
Graag Hüting	Be1,N,Suol	= Graues Rotschwänzchen (mecklenburgisch).
Graubrauner Fliegenfänger	Be,N	Nach Gefieder.
Grauer Fliegenfänger	Be,N,Suol	
Grauer Fliegenschnäpper	Do,N,O2,V	Dathe verkürzte Namen 1932 zu Grauschnäpper.
Grauer gestreifter Fliegenschnäpper	Buf	Bezeichnung von Otto 1788 bei Buf-Übersetzg.
Grauer Hütick	Be2,N	Wurde auch als „hüte dich“, als ...
Grauer Hutick	Be	... Warnung für die Jungen gedeutet.
Grauer Hütik	Be1,Buf	Lautmalend wegen hütick-tick.
Grauer Hüting	O1	
Grauer Hüttik	Do	
Graufliegenfänger	B	A. Brehm: Verkürzung aus Grauer Fl.-Fänger.
Graugestreifter Fliegenfänger	Be,N	
Graugestreifter Fliegenschnäpper	Be,N	
Großer Fliegenfänger	Be,N	Er erscheint minimal größer als and. Fl.fänger.
Großer Fliegenschnäpper	Be2,Be,N,V	Zusätzl. vergrößert der dicke Kopf den Eindruck.
Gruschotele	Do	
Grüschotele	H	
Hauß-Schmätzer	Z	
Hausschmätzer	Be1,Buf	
Hausschwätzer	Do	
Husfründ	Do	
Hüss-Besküts (helgol.)	H	
Hüßbeskütsk	Do	
Hütick	B	
Hüting	Do	
Kotfink	Be,Do,H	Fängt Insekten nahe „Kot“ (Dreck), Abfällen.

Kothfink	B,N	
Mückenfänger	B,Do,H,Suol	In vielen Gegenden: Fliegen heißen …
Muckenschnapper	H	… „Mücken" oder/und „Mucken".
Mückenschnapper	H	
Mückenstecher	Do,GesH,Schwf,Suol	
Muckenstecher	Suol	
Muggen-Chlöpfer	Suol	
Müggenschnapper	H	
Muggensnapper	Suol	
Muggenstecher	Suol	
Nesselfink	B,Be,Do,N	Wohl aus Nosselfink (schles.) entstanden …
Nesselfinke	Be1,Buf,Krü	Nosselfink, Pestilenzvogel: K: Frisch T. 22.
Nosselfink	K	… Begriff aber nicht sicher deutbar (Suol.)
Pestilenzvogel	B,Be1,Buf,Do,…	…K,Krü,N; Der Vogel sollte …
Pestvogel	Krü	… Krankheit und Tod ankündigen.
Piepsvogel	Be1,Krü	
Pipsvogel	Be2,Do,N	Nach meist unauffälliger, einfacher Stimme.
Regenpieper	B,Do,H	Vogel war kein Regenankündiger.
Schlappfittich	Do	
Schnefflein	GesH	
Schnepfflein	Suol	
Schnepfflin	Suol	
Schureck	Do	„Schelmchen" vom polnischen „szurek" oder …
Schurek	B,N,Suol	… „Bienenfänger" vom russischen „stsurka".
Sneppe	Suol	
Spiesfink	Be	Am Spieß gebraten und spießweise verkauft, …
Spießfink	B,Be2,Do,N	… auf einen Spieß paßten etwa 8 Vögel.
Staudenschnapper	Ad	
Sticherling	Do,Schwf,Suol	
Todenvogel	Be1	K: Frisch T. 22.
Todtenvogel	B,Be2,Buf,K,N	Vogel sollte Krankheit und Tod ankündigen.
Totenvogel	Do	
Totenvögelchen	H	
Tûnsinger	Suol	
Vliegenvanger (holl.)	H	
Wüstling	GesH	

Grauspecht (Picus canus)

Spechte allg. von Suolahti siehe Schwarzspecht

Berggrünspecht	B,Do,N	Bei Sympatrie mit dem Grünspecht lebt der …
		… Grauspecht mehr im Mittelgebirge.
Erdspecht	Do	
Graaspette (dän.,norw.)	N	
Grasspecht	Do	
Grau-Specht	N	Während und nach der Eiszeit aus gemeinsamer
		Grünsp.-/Grauspecht - Population entstanden
Grauer Norwegischer Baumhacker mit …	Be	… schwarzem Halsbändchen (langer Trivialname).
Grauer norwegischer Baumhacker mit …	N	… schwarzem Bändchen (langer Trivialname).

Grauer Specht	O2	
Graugrüner Specht	B,N	
Graukopf	B,Be,Buf,Do,N	Zur näheren Beschreibg. des Grauspechts.
Grauköpfiger Grünspecht	Be,K,Krü,N	Otto hielt Grausp. für jungen Grünsp.
Grauköpfiger Specht	B,Be,Buf,N	Name von Bechstein (1802).
Grauköpfigter Grünspecht	Buf	
Grauspecht	B,Be,H,O3,V	Name wurde C. L. Brehm (1823) zugeschrieben.
Grüner norwegischer Baumhacker mit …	Buf	… schwarzem Halsbändchen (langer Trivialname).
Grüngrauer Specht	B,N	
Grünspecht mit gelbem Steiß	Be,K,N	Vor Gmelins Zeit 1788 waren alle Grünspechte.
Kleiner Ameisenspecht	Do	
Kleiner Grünspecht	N	Auch zur näheren Beschreibung d. Grauspechts.
Norwegischer Grünspecht	B,Buf	Brosson (1760): Picus viridis norvegicus.
Norwegischer Specht	Be,Do,N	Vork. in Südskand., aber nicht südlich davon.
Zimmermann	Do	

Grausturmvogel (Procellaria cinerea)

Grauer Sturmvogel	O3	

Großer Brachvogel (Numenius arquata)

Bogenschnabliche Schnepf	Fri	
Braachvogel	K	Klein: Dabei auch Sichler, Bienenfr., Wiedehopf.
Brach-Vogel	K,Z	Oft war Bracher allg. Name von Zugvögeln.
Brachamsel	GesS	
Bracher	B,Be2,Do,Krü,N	Bei Klein ein Geschlecht, die Arquatae.
Brachhuhn	B,Be1,Buf,GesS,N	Name bezieht sich auf die unbefiederten Beine.
Brachhun	GesH,Schwf	
Brachschnepf	Hö,Suol	Höfer: Nach Kramer.
Brachschnepfe	B,Be1,Buf,Do,N	-Schnepfe bezieht sich auf langen Schnabel.
Brachvogel	B,Be1,Buf,…	…GesSH,Krü,N; K: Albin I, 79.
Braunschnäbelige Schnepfe	H	
Braunschnäblige Schnepfe	Be1,N	Schnabel verfärbt sich zu bräunl. – hornfarben.
Deutscher Braacher	K	K: Albin I, 79.
Deutscher Bracher	Be2,N	Für Klein (1750) nur Numenius arquata.
Doppelschnepfe	B,Be1,Buf,N,O1,V	Hat sich lange als Brachv.-Hauptname gehalten.
Eigentlicher Brachvogel	O1	Oken meinte nur diese spezielle Art.
Fasten-Schlier	G	Leckerer Braten zur Fastenzeit, in der die …
Fastenschlier	Be1,Do,Krü,N	… Gr. Brachv. gejagt wurden; guter Geschmack.
Fastenschlyer	Suol	
Fastenvogel	Suol	
Feldmäher	B,Do	Wegen des sensenartigen Schnabels.
Feldschnepf	Hö	
Feldschnepfe	B,N	Aus Feldmäher entstanden?
Geißvogel	Buf,N,Schwf	Aus Stimme abzuleiten.
Geisvogel	B,Be1,H	
Gemeiner Brachvogel	Be2,N	Name existierte vor Be's Aufnahme vor 1796.

Gemeiner Goisser	Hö	Goisser: Vögel an Wassergüssen, s. Hö 1/305.
Gemeiner Grüel	O1	
Gewittervogel	B,Be1,Buf,Do,N,Suol	Name bei Halle, galt als Wetterprophet.
Gießvogel	Suol	
Giloch	Be1,Buf,N,Schwf,Suol	Aus Stimme abzuleiten.
Gîtvogel	Suol	
Goisar	Be1	
Goiser	Be2,Do,N,O1,Suol	Aus Stimme abzuleiten.
Goisser	Hö	
Greny	Buf	„Auf dem Konstanzer See".
Groot Reintüter	Do,H	
Große Brachschnepfe	Krü,N	Früher Hauptname für den Großen Brachvogel.
Grosse Krumschnaeblichte Schnaepf	Fri	
Große Wasserschnepfe	Be2,N	Für J. Andreas Naumann der Große Brachvogel.
Großer Bracher	Buf	
Großer Brachvogel	Be,Buf,GesH,H,…	…O3,Schwf,V; - Dieser N. nicht b. Klein.
Großer Brachvogel (2)	N	Auch Gold- ,Kieb.regenpf. u. Triel hatten den N.
Großer Feldmäher	Be2,K,N,Suol	K: Albin I, 79. Wg. sensenartigen Schnabels.
Großer Grüel	O2	
Großer Keilhaken	N	Hacken mit dem Schnabel, wie mit Werkzeug.
Großer Kielhaken	N	Wohl synonym zu Keilhaken.
Großer Kurlei	O1	Verdeutscht aus engl. curlew.
Grüel	Be2,Krü,N,Suol	Aus Stimme abzuleiten.
Gruser	N	
Grüser	O2,Suol	Aus Stimme abzuleiten.
Grüy	GesH,Suol	
Güloch	Do	
Güthvogel	Be1,N	Aus Stimme abzuleiten.
Gütvogel	N,Suol	
Haidschnepf	Hö	Höfer: Nach Kramer.
Haidschnepfe	Suol	
Hanikens (holl.)	GesH	
Heidenschnepfe	Suol	
Heilhacker	Suol	
Himmel Geiß	Schwf	
Himmelsgeis	Be1,N,O1	Adelung: Wetterprophet, wie Regenvogel.
Jutvogel	Be2,N	
Jütvogel	Be2,Do,N,O1,Suol	Aus Stimme abzuleiten.
Kaiserschnepfe	Do,H	
Kehlhaken	O1	Kehlhaken entstand aus Keilhaken.
Keilhaaken	Be	
Keilhacke	Fri,Suol	Hacken mit dem Schnabel, wie mit Werkzeug.
Keilhacken	G	
Keilhaken	B,Do,Krü,N,…	…O2,Suol; Wegen des gekrümmten Schnabels.
Keylhacken	Suol	
Kieloch	B	
Königsschnepfe	Do,H	
Kornschnepfe	B,Buf,N	Nahrung des „Vogels der Brache".

Krônschnepfe	Be1,Do,N,Suol	Kranichschnepfe, aus mndt. Kron = Kranich.
Krônsnepp	Suol	
Krummschnabel	Be1,Buf	
Krummschnäblige Schnepfe	Be2,N	Name für Brachvögel und Sichler.
Kurlen	GesS	
Kurlu	GesS	
Louis	N,Suol	Aus „tloüg", „tluig" machten Schweizer Louis.
Moosgrille	Suol	
Numenius	Buf	
Regen-Vogel	GesH	Galt als sicherer Wetterprophet.
Regengülp	Suol	
Regenuogel	Suol	
Regenvogel	B,Be2,Buf,Do…	…GesSH,K,N; - K: Albin Band I, 79.
Regenvogel	Suol	
Regenwolf	N	-wolf aus „schrill schreiender vogel" abzuleiten.
Regenwölp	Be2,N,Suol	-wölp aus „schrill schreiender vogel" abzuleiten.
Regenworp	Be1,N	
Regenwulp	Be1,N	
Regenwulz	Do	
Rosenrotpunktierte Doppelschnepfe	Be1	Bechstein: Variation.
Saathun	G	
Schneppekinek	Suol	
Schrye (fries.)	GesH	
Seebecaßine	Buf	
Sichelschnepfe	H,V	Wegen des sensenartigen Schnabels.
Sichler	K,Suol	K: Albin Band I, 79.
Sichlerschnepfe	Do	
Teutscher Braacher (K: Albin I, 79)	K	Klein meinte 1750 damit nur Numenius arqu.
Tütewelle	Suol	
Tütewelp	Suol	
Weiße Doppelschnepfe	Be1	Bechstein: Variation.
Wettergeisvogel	Be	Galt als sicherer Wetterprophet.
Wetteruogel	Suol	
Wettervogel	B,Be1,Buf,…	…GesSH,K,N,Suol; K: Albin I, 79.
Windgeisvogel	Be	
Winduogel	Suol	
Windvogel	B,Be1,Buf,…	…GesSH,K,N; K: Albin Band I, 79.
Wölp	O2	-wölp u. a. aus „schrill schreiender vogel" …
Wörp	O1	… abzuleiten; gehen auf angelsächs. hwilpe für …
Wulp	O1	… Regenpfeifer und Schnepfen zurück …

Großer Knutt (Calidris tenuirostris)

Japanischer Kanut-Strandläufer	H
Japanese Knot (engl.)	H

Großer Sturmtaucher (Puffinus gravis)

Großer Sturmtaucher	H
Wasserscherer	B

Großtrappe (Otis tarda)

Acker Trappe	Schwf	Von Herbst bis Frühjahr auf flachen weiten …
Ackertrapp	Fri,GesSH,Suol	… Getreidegebieten, wie z. B.
		in Brandenburg.
Ackertrappe	Be1,Buf,Do,K,…	…Krü,N;
Bistarda	GesS	
Europäischer Strauß	Fri	Was für Afrika d. Strauß, ist d. Trappe f. Europa.
Gemeine Trappe	Buf,Krü,O1	K: Frisch T. 106, Albin Band III/38.
Gemeiner Trappe	Be1,N	Maskulinum noch in der 1. Hälfte 20. Jh.
Gemeiner Trappen	Be	
Groß-Trappe	N	Das Wort „Trappe" ist slawischen Ursprungs.
Große Trappe	Be,Krü,V	„Trappe" fehlt i. d. dtschen Sprache vor 1200.
Großer Trapp	O1	
Großer Trappe	Be1,N,O3	Maskulinum noch in der 1. Hälfte 20. Jh.
Großtrappe	B,H	
Saathun	G	
Strauß europäischer	Fri	
Tarda	GesS	
Teutscher Strauß	Fri	
Träp	Tu	
Trap Ganss	Tu	
Trape	P	
Trapgans	K	K: Frisch T. 106, Albin Band III/38.
Trapganß	Suol	
Trapp	Buf,Do,Fri,…	…G,GesH,Suol;
Trapp Gans	Schwf	Feldgeflügel etwa von der Größe einer Gans.
Trapp-Ganß	Kö	
Trappe	Be2,Buf,G,	N,P,Schwf. - Pernau: Trappe allgemein.
Trappgans	B,Be1,Buf,…	…Do,Fri,Krü,N;
Trappganß	GesSH	
Trapphahn	Buf,Do,Krü	
Trapphenne	Buf,Krü	
Trapphuhn	Buf	
Trappvogel	Do	

Grünfink (Carduelis chloris)

Dickschnäbler	Do	
Düte	Ad	
Gelber Dickschnabel	Buf	
Gelber Dickschnäbler	K	
Gelber Hänfling	Be	
Gelbfink	Suol	
Gelbhänfling	Be1,N	
Greßling	GesSH	
Grinitz	Krü	
Grinsling	Krü	
Grinzling	B,Be1,Buf,N	Mancher Ost-Dialekt spricht ü wie i.
Gröling	H	
Grön-Iritsch	Do,H	Plattdeutsch in Schleswig-Holstein.
Grönhämperling	Suol	

Grönhämpling	Suol	
Gröning	Krü	
Grönnig	B	Platt-(nieder-)deutsch für grün.
Grönnitz	Do	
Grönschwanz	Suol	
Grönzeisig	Do	
Grönzick	Do	
Grööling	N	
Gröönling	Be	Auch von grün.
Gröönschwanz	Be,N	„Schwanchel" wurde falsch als Schwanz übers.
Grün-Fink	Z	
Grün-Hänfling	N	
Grün-Vogel	K	
Gründling	Be1,Buf,N	Name in Kärnten.
Grüne Fincke	Schwf	
Grüner	Do	
Grüner Dickschnabel	N	
Grüner Dickschnäbler	Be1,Buf,K,N	
Grüner Hänfling	Be1,Buf,N	
Grüner Henffling	Schwf	
Grüner Kernbeißer	Be,Do,N,V	Im 18. Jh. noch oft zu Kernbeißern geordnet.
Grünesen	B,Do	
Grünfinck	Suol	
Grünfinck	Buf,GesSH	
Grünfink	Ad,B,Be1,Buf,Fri,...	...K,Krü,N,O1,Tu,V; - K: Frisch T. 2.
Grünfinke	Buf	
Grüngelber Dickschnäbler	Be1,Buf,K,N	K: Frisch T. 2. - Klein: Wegen d. Schnabels.
Grüngelber Fink	Be2,Buf,N	
Grüngelber Finke	Be1	
Grüngelber Rapp-Fink	Be	
Grünhanferl	B,Do	
Grünhänfling	Ad,Do,H,Krü,N	Fressen im Spätjahr gerne Hanf.
Grüning	Krü	
Grünitz	Do,Krü	
Grünling	Ad,B,Be1,Buf,Do,...	...Fri,G,GesSH,K,N,O1,P,V,Z;
Grünlinger	GesSH	
Grünschling	Ad,Krü	
Grünschwantz	Fri	„Schwanchel" wurde falsch zum lautmalenden ...
Grünschwanz	Ad,Be1,Buf,Do,Fri,...	...Krü,N,Suol; ... Schwanz verdeutscht.
Grünsel	Do	
Grünvogel	Ad,B,Be1,Buf,Do,...	...K,Krü,N,Schwf;
Grünzling	Buf,Do,Krü	
Gunsche	Do	
Gütvogel	Ad	
Hanfvogel	B	Früher echte Schädlinge durch Masseneinfall.
Hirsch Finck	Schwf	Ohne Bindestrich
Hirsch-Finck	K	
Hirschfink	Ad,Do,Krü	

Hirschvogel	Do,Ma,Schwf,Suol	Weil er Hirsesamen liebt.
Hirsefink	Ad,Buf,Krü	
Hirsenfink	Be,Do,N	Auch beliebte Nahrung.
Hirsenfinke	Be1	
Hirsenvogel	B,Do,GesH	
Hirsevogel	Ad,Buf,Krü	
Hirsfinke	Buf	
Hirßfink	GesS	
Hirßuogel	Suol	
Hirßvogel	K	
Hirsvogel	Be1,Buf,N	
Hutvogel	Do	
Kirschfink	Buf	
Kirsfincke	Tu	Englisch 16. Jahrhundert: Grenefinche.
Kirßfinck	GesS	
Klütjer (helgol.)	Do,H	
Kort Gühl	Do,H	
Kotvogel	Do	
Kurvogel	Be2,Krü	
Kuttvogel	Buf,GesSH,Suol	Möglich: Von d. Stimme oder v. els. Schwarm.
Küttvogel	Ad,Be,Krü	Kütt ist elsässisches Jägerwort für Schwarm.
Kutvogel	Ad,B,Be1,Buf,Do,…	…K,Krü,N;
Quuntsch	Suol	
Quuntscher	Do	
Rapffinck	K	= Rapsfink?
Rapffink	Krü	
Rapfink	Be2,Buf,N	Rapa (ital.) bedeutet Rübe. Rapfink also kein …
Rappfinck	Suol	… Rapssamen-, sondern Rübsamenfresser.
Rappfinck	GesSH,Suol	
Rappfink	Ad,B,Do	
Rapsfink	Do	
Römischer Zeisig	Do,N	Häufig und sehr schön singend in Südeuropa.
Schaunsch	B,Do,	
Schaunz	B,Do	
Schwangsel	Buf	
Schwanis	Do	
Schwaniß	Be1,N	
Schwanitz	Buf,O1	Dieser und viele ähnliche dieser Namen …
Schwaniz	Be97	… beziehen sich auf die Stimme.
Schwanschel	Ad,Be1,Do,Fri,G,…	…Krü,N,Suol;
Schwansel	Krü	
Schwanz	Suol	
Schwanzel	Buf	
Schwanzka	Be1,N	
Schwanzke	Buf,Do	
Schwoinz	Be,Do	
Schwonetz	Be1,Fri,N	Heißt böhmisch „Schelle". Der Name kommt … … also auch von der Stimme.

Schwonez (boehm.)	Buf		
Schwunitz	Ad,Fri,Krü		Aus der wendischen Sprache.
Schwunsch	B,Be,Ma,N,Suol		Aus dem Polnischen.
Schwunsche	Be1,N		
Schwunschhänfling	N		Bedeutet „Grün(fink)hänfling".
Schwuntz	Suol		
Schwunz	Be1,Buf,N,O1,Suol		
Stockfink	Do		
Swunsch	Suol		
Tüte	Ad		
Tutter	B,Be1,Buf,Do,...	...GesSH,N,O1,Suol;	V. Eigelb, meint Gefieder.
Tyrolt	Buf		
Wälscher Hänfling	Be1		
Welcher(!) Hanfling	Do		
Welscher Hänfling	Be,Buf,N		Unstete Lebensweise. „Welsch" hier: In ...
Welscher Henffling	Schwf,Suol		... vielen Gebieten vorkommend.
Wendischer Schwunitz	Ad		
Wohnitz	Ad		
Wohnütz	Ad,Be,Krü		
Wonitz	B,Do,Suol		Erscheint schon 1531 bei Hans Sachs.
Wörgel	Hö		Erklärung bei Hö 3/306.
Ziesk	Do		
Zschwunschig	Suol		
Zvonek (tschech.)	H		
Zwunschig	Do		
Zwuntsche	Be1,Buf,Do,N,O1		

Grünlaubsänger (Phylloscopus trochloides)

Grüner Laubvogel	H	

Grünschenkel (Tringa nebularia)

Bellende Uferschnepfe	Be2,Buf	
Beller	Buf	
Bunte Uferschnepfe	Bc2,Buf,Krü,N	Gefieder dieser „Uferschnepfe" ist weißbunt.
Bunter Wasserläufer	Be2,N	Bechstein veränderte Ottos Strandläufer.
Deutscher Glut	Buf	
Eigentliche Pfuhlschnepfe	Be2,N,O1	Wenig spezifisch; für Lebensraum (Sümpfe ...).
Glout	Buf	
Glut	Suol	
Gluten	Suol	
Gluthuhn	Buf	
Glutt	B,Buf,Do,...	...GesSH,H; VN.
Glutte	Suol	Name vielleicht von (langer?) Zunge.
Graue Pfuhlschnepfe	Be2,N	Wenig spezifisch; für Lebensraum (Sümpfe ...).
Graue Uferschnepfe	Buf	
Graufüßiger Züger	N	Junge graugrünbeinig, sonst s. Großer Züger.
Große graue Pfuhlschnepfe	Be2,Krü,N	Wenig spezifisch; für Lebensraum (Sümpfe ...).
Große graue Pfulschnepfe	Buf	
Große Pfuhlschnepfe	Be1,N,O2	Wenig spezifisch; für Lebensraum (Sümpfe ...).

Großer Wasserläufer	Do	
Großer Züger	N	Wegen leicht aufwärts gebogenem Schnabel.
Grünbein	Be1,Buf,Do,Krü,…	…N,O1;
Grünbeinlein	Fri,Suol	
Grünfüßel	H,Suol	
Grünfüßiger Wasserläufer	Be2,N	
Grünschenkel	B,Buf,N	Einziger Limikole mit dieser Beinfarbe.
Heller Wasserläufer	Do,O2	Oken verkürzte (folgenden) Naum.-Namen.
Hellfarbiger Wasserläufer	N,O3	Naumann wg. d. auffallenden hellen Prachtkleid.
Hemick	Do	
Henik	Be2,O2	
Hennick	B	
Hennik	N	Bei den Vogelfängern um Halle.
Jûliut	Suol	
Kleine Pfuhlschnepfe	Be2	
Mackbiliß	Suol	
Matkrillis	Suol	
Mattknillis	Do,Fri,H,Suol	
Meerhuhn	Be1,Buf,Do,Krü,N	Sehr allg. für Limikolen ohne Schwimmlappen.
Pfeifender Wasserläufer	N	C. L. Brehm: (Unter-)Art des Grünschenkels.
Pfeifendes Meerhuhn	Buf	
Pfeifschnepfe	Be2,Do,N	Name von Otto.
Pfeilschnepfe	Buf	
Pfuhlschnepfe	Be2,N	„Pfuhlschnepfe" wurde für viele Vögel benutzt.
Regenschnepfe	B,Be1,Buf,Krü,… …N,O1;	Best. Rufe: Wetter wechselt zu Regen.
Sandschnepfe	Do,H	
Sluten	Suol	
Strand-Wasserläufer	N	Resultat einer weiteren Bechstein-Beschreibung.
Strandschnepfe	Be2,N	Kein spez. Grünsch.-Name. Eher f. all. Zuordng.
Strandwasserläufer	Be2,H	
Sumpfschnepfe	O1	Beide Namen sind synonyme Begriffe …
Uferschnepfe	N	… zu Pfuhlschnepfe.
Viertelsgrüel	H,O1	Name entst. aus Stimme u. Größe (zu Brachv.).
Wasserschnepfe	Do,H	
Weißsteißige Uferschnepfe	N	Gut zu sehen beim fliegenden Vogel.
Witt Juhlgutt	Do	
Züger	Do	

Grünspecht (Picus viridis)

Specht allg. nach Suolahti siehe Schwarzspecht

Ameisenspecht	Do	Erstrebte Nahrung.
Baumbicker	Suol	
Baumhacker	V	Schon im mhd. als „poumheckel" belegt.
Bienenwolf	Suol	
Boomhauer	H	Plattdeutsch.
Craspecht	Tu	
Erdspecht	Do	
Gemeiner Grünspecht	B,Be2,N	

Goißvogel	Hö	Erklärung Höfer 1/306.
Goller	Krü	
Grase Specht	Schwf	
Grasespecht	K	K: Frisch T. 35.
Grasspecht	Be,Do,N,Tu,V	Sucht Nahrung am Boden, auf Wiesen.
Graßspecht	Be1	
Greunspecht	Do	Plattdeutsch.
Grosser Baumhacker	Hö	Wenig aussagend, da Nahrung vom Boden.
Großer Grünspecht	B,Be2,N	Gessner nannte ihn 1557 Grünspecht.
Grün Specht	Schwf	Durch Isolation in Eiszeit entstanden; mit …
Grün-Specht	Fri,G,N,Z	… der anderen Art, Grauspecht, heute Sympatrie.
Grüner Baumhacker	Be2,Do,N	Bedeutet „nur" Grünspecht (s. o.).
Grüner Baumhacker mit rother Haube	Be2,N	
Grüner Baumhacker mit rother Platte	Buf	
Grüner Holzhacker	Do	
Grüner Specht	Be2,N	
Grünnigel	Suol	
Grünspecht	B,Be1,Buf,GesH,…	…K,Krü,N,O1,P,Tu,V,Z;
		- K: Frisch T. 35.
Hohlkrähe	Do,H	
Holzhauer	B,Be2,N	
Imb-Wolff	Suol	
Immenwolf	Do,Suol	
Immenwulf	Suol	
Irspecht	Do	
Kleiner Baumhacker	B	
Regenvogel	Buf,Do,H,Krü	Buffon: In England.
Saunigel	Suol	
Schreiheister	Suol	
Specht	Suol	
Wieherspecht	B,Do,Suol	Lachend – wiehernder Ruf.
Windracker	Suol	
Zimmermann	B,Be1,Do,N	Wegen Klopfens beim Höhlenbau am Stamm.

Grünwaldsänger (Dendroica virens)

Grüner Waldsänger	H	

Gryllteiste (Cepphus grylle)

Ducktaube	Krü	
Eis-Grylllumme	N	Stammt von C. L. Behm.
Grilllumme	B	Balzende Männch. rufen wie Grillen sipp-sipp-.
Grönländische Gans	Be	
Grönländische Lumme	Be2,N	KN von Bechst., Hinweis auf Lebensraum.
Grönländische Seetaube	Fri	
Grönländische Taube	B,Be1,Fri,Krü,…	…N,O1;
Grönländische Taubenlumme	N	
Grönländischer Lumme	Be2	
Grönländischer Taucher	Fri	

Größere grönländische Taube	Krü,O2	Okens Name für den Vogel (1837).
Gryll-Lumme	Do,N,V	Vogel zählte sehr lange zu Lummen.
Gryll-Taucher	Do	
Gryll-Teiste	N	Grylle: Lautmalender Ursprung wahrscheinlich.
Grylltaube	Be1	
Grylllumme	Krü	
Grylltaucher	Be2,N	Kunstname Bechsteins.
Gryllteiste	H	
Kahjuhr-Vogel	N	Bezeichng. von Naumann wegen ihres Pfeifens.
Kahjuhrvogel	Be2	
Kajuhrvogel	Do	
Kernekongojuk (grönl.)	H	
Kleine Lumme	N,O3	KN von Naumann, Hinweis auf Größe.
Nordische Grylllumme	N	Stammt von C. L. Brehm.
Nordöstliche Grylllumme	N	Stammt von C. L. Brehm.
Per drikker (dän., norw.)	H	
Rotjer (helgol.)	Do,H	
Schwarzbunte Taucherente	Be2,N	Schwarzbunt hier: schwarz-weiß + rote Beine.
Schwarze Grönländische Taube	Be2,N	Naumann: „Grönländische …" sind klein.
Schwarze grönländische Taubenlumme	N	
Schwarze Lumme	Do,N	Bechst. (1809) nach Latham Black Guillemot.
Schwarze Stechente	Be2,N	A. Brehm verkürzte Namen 1879 zu Stechente.
Schwarzer Alk	O2	Oken: „Theiste sind Alken."
Schwarzer Alke	Krü	
Schwarzer Gilm	O1	Gilm abzuleiten aus Guillemot.
Schwarzer Lumme	Be2	
Schwarzes Taucherhuhn	Be2,N	Schwarzes Taucherhuhn statt Taucherhuhn.
Schwarzes Täucherhuhn	Be1	
See Taube	Fri	Paar ist sehr zärtlich, „turtelt".
Seetaube	B,Be1,Fri,K,…	…Krü,N; K: Albin I, 85, Edwards T. 50.
Stechente	B,Do	Hat langen, geraden, spitzen Schnabel.
Taube	K	K: Albin Band I, 85.
Taubenlumme	Do,N	KN: Taubenlumme wg. Größe (Naum.?).
Taucherhuhn	H	
Taucherschwalbe	Krü	
Tauchertaube	B,N,O1	Galten auf Spitzbergen als schöne Vögel.
Täuchertaube	Be1	Tauchen bis zum Gewässergrund nach Nahrg.
Teista (isl.)	H	1. Verwendg. im Deutschen: Walbaum 1778.
Teiste (dän., norw., schwed.)	B,Do,N	Naum. hat Teiste eingef., aber nicht gebildet.
Teisti (fär.)	H	
Teistukofa (isl.)	H	
Weißlicher Lumme (var.)?	Be2	
Weißliches Taucherhuhn (var.)?	Be2	

Habicht (Accipiter gentilis)

Aar	H	
Adelicher Habicht (weibl.)	Schwf	Größer als Terzel
Ahr	Be2,KrüN	
Asch	Hö	

Baizfalke	Be2	
Brauner Taubengeier	N	
Brauner Taubengeyer	Be1	
Bussardskollege	Be2	
Dauwenhawk	Suol	
Doppelsperber	B,Be2,Do,N	Habicht-W. „doppelt so groß" wie Sperber-M.
Dunckeler Hünergeyer	Fri	
Dunckeler kleinerer Geyer	Fri	
Dunkler Hühnergeier (juv.)	N	Rücken bei juv. braun.
Dunkler Hühnergeyer	Be2	Dsgl.
Duwenhawk	Do	
Dûwenstöæter	Suol	
Edelfalke	Be2	
Edler Falke	Be1	Habicht bekommt abgerichtet diesen Namen.
Eichvogel	B,Be,Do,Krü,N	Auf Eiche wird mitunter gerne gehorstet.
Falke	Be2	
Fang-Vogel	K	
Fasanenmeister	Do	
Feld-Hüner-Fänger	Z	
Gänsehabicht	Be1,K	Klein: In England.
Gefleckter Hühnerfalke (juv.)	Be1,N	Jungvogel hat gefleckte Brust.
Geflügelter Teufel	Suol	
Gemeiner deutscher Falke	Be2	Bekommt abgerichtet den Namen „Edler Falke".
Gemeiner Falk	O1	
Gemeiner Gänsehabicht	Be2,N	Englisch Goshawk. Nur junge Gänse möglich.
Gemeiner Habicht	O1	Germanischer Ursprung. Bedeutung: Greifer.
Gemeiner Taubenhabicht	Be2,N	
Gose-Aar	Suol	
Großer Gänsehabicht	Be,N	
Großer gepfeilter Falck	Fri,N	Nach dem langen Schwanz.
Großer gesperberter Falck	Fri,N	„Gesperbert" ist das typische Adultengefieder.
Großer grau gesperberter Falke	Be,N	
Großer Habicht	Be1,Buf,Schwf	
Großer Sperber	Be2	
Großer Stießert	Do	
Großer Stockhabicht	Suol	
Großer Stößer	Do	
Großer Taubenhabicht	Be2,N	
Größter gepfeilter Falk	Buf	
Größter gepfeilter Falke (juv.)	Be1	
Grot Hawke	Do	
Haavk	Krü	
Hab ich	K	
Hab' ich	Be2,N	
Habachel	Suol	
Habbicht	Z	
Habch	GesS	
Habeche	Krü	
Habich	Fri,GesSH,Kö,…	…Krü,Schwf;
Habicht	B,Be1,Buf,Fri,G,…	…GesSH,K,Krü,Ma,N,Schwf,V;

Habichtgeyer	Krü	Habicht: Alter germ. Name: Greifen, zupacken.
Habig	Be2,N	
Habigt	Fri	Sehr alter Name, bekam erst im 15. Jh. das t.
Hacht	Be2,Do,Krü,N	
Hachtfalk	B	
Hachtvogel	B	
Hack	O1	Germanische Wurzeln, wie Habicht – Greifer.
Haebche	Krü	
Haebchle	GesS	
Hafkin (holl.)	GesSH	
Halb Habich (männl.?)	Schwf	
Hapch	GesH,K,N,Schwf	
Happich	Be2,N	
Hapsch	N	
Hapspuger (helv.)	GesS	
Hasenstößer	Do	
Haßen-Fänger	Z	
Havik	Krü	
Havik (holl.)	GesH	
Haweye	Fri	
Hawke (fland.)	GesS	
Heller Hüner-Geyer	Fri	
Hengerdeif	Suol	
Hennengîr	Suol	
Hennenrabli	Suol	
Heunerhawk	Do	
Hobie (fland.)	GesS	
Höhnerhaff	H	
Höhnerhawk	Suol	
Howik	Do	
Hüenergîr	Suol	
Hüenerräuber	Suol	
Hüenervogel	Suol	
Hühner-Habicht	N	
Hühnerdieb	Do,Ma	
Hühnerfalke (juv.)	B,Be1,Do,N	Adelung: Rohrweihe.
Hühnerfresser	Suol	
Hühnergeier (juv.)	B,N,Suol	
Hühnergeyer	Be1	
Hühnerhabicht	B,Be1,H,O1,V	Viele Irrtümer über angebliche Mordlust u. a.
Hühnerstößer	Do	
Hühnerweihe (juv.)	Do,N	
Hühnerweyhe (juv.)	Be	Adelung: Rohrweihe.
Hüner-Fänger	Z	
Hüner-Habicht	G	
Isländer	Be2	
Jagdadler	Be2	
Klein Habicht (männl.?)	Schwf	
Krewelberger (helv.)	GesS	
Langschwanz	B,Do	

Mittel Habicht (männl.?)	Schwf	
Pfeilfalk	B	Nach dem langen Schwanz.
Pfeilfalke	Do	
Rebhühnerstößer	Do	
Rephühnerstoßer	N	Konnten beträchtl. Teil der Beute ausmachen.
Rotelgeyr	GesS	
Schneeweißer Habicht	Schwf	
Schwalben-Schwantz	G	
Schwarzbrauner Habigt	Fri	
Schwärzlicher Falk mit pfeilförmigen ...	Buf	... Flecken.
Schwärzlicher Falke mit pfeilförmigen ...	Be1	... Flecken (juv.).
Sperberfalk	B,Be2,Do,N	„Gesperbert" ist das typische Adultengefieder.
Sperberfalke	N	
Sperwer (weibl.?)	Tu	Tu: Schlägt Tauben, Rebhühner und größ. Vögel.
Stechvogel (juv.)	B,Do,N	
Sternfalk	Be1	
Sternfalke	Buf,N	
Stießer	Suol	
Stock Ahr	Schwf,Suol	Name seit 1603, stammt aus Schlesien.
Stockaar	Be1,H	„Stock" bedeutet Wald.
Stockahr	Buf,K	
Stockfalk	B,Do,V	
Stockfalke	Be1,N	
Stockhabicht	P	
Stößel	Do,Suol	
Stößer	Suol	
Stoßert	Do	
Stößervogel	B	Überraschungsjäger, fängt durch „Stoßen".
Stossfalk	Suol	
Stoßfalk	Do,Suol	Schneller, wendiger Angriff nach Anpirschen.
Stoßgeier	Suol	
Stoßgyr	GesS	
Stoßvogel	Suol	
Tärz	Krü	
Tauben Falck	Schwf	
Tauben-Fänger	Z	Tauben werden am meisten geschlagen.
Taubenaar	Do	
Taubenfalck	Suol	
Taubenfalk	B,Be1,K,Krü,V	Kein Habicht sucht gezielt nach Tauben ...
Taubenfalke	Be,Buf,N	... es gilt immer „Angebot und Nachfrage".
Taubengeier	Do,N	
Taubengeyer	Be1,Buf,Krü	So nannten Buffon/Otto den Habicht.
Taubenhabicht	Be1,Buf,Krü,O3,...	...P,V;
Taubenhacht	Krü	
Taubenstessl	Suol	
Taubenstößer	Do,V	
Tercellin (männl.)	Schwf	
Tûbengîr	Suol	

Voll Habicht (weibl.)	Schwf
Weye	Fri
Wye	Fri

Habichtsadler (Hieraaetus fasciatus)

Bonellis Adler	H
Bonellischer Adler	O3
Habichtsadler	B,H

Habichtskauz (Strix uralensis)

Europäische Habichtseule	Be	
Falkeneule	K	
Geyereule	K	Nicht sicher. Name von Klein.
Große braune Tageule	N	Jagt im Winter nachts und in Dämmerung.
Große Habichtseule	Be,N	
Große Tageule	H	Tagaktiv zur Jungenaufzucht und bei str. Frost.
Große Waldeule	H	Zweitgrößter mitteleuropäischer Eulenvogel.
Großer Habichtskauz	H	Aggressiv, angriffsber. auch gegen Menschen.
Habergeis	B	Keine Einigkeit: Ruf manchmal ähnlich Ziege.
Habichts-Eule	N	Name von Meyer und Wolf 1810.
Habichtseule	B,K,H,O2	Größe und Jagdmethode ähnlich dem Habicht.
Haburgeis	Do,H	
Langschwänzige Eule	H	
Langschwänzige Eule aus Sibirien	N	Langer Schwanz ist Kennzeichen der Eule.
Sibirische Tageule	H	Name einer vermuteten Varietät.
Slaguggla (schwed.)	Svensson et al.	„Angreifende Eule".
Sperber-Eule	O1	
Ural-Eule	H	
Uraleule	B,Do	Pallas beschrieb 1771 den Vogel …
Uralhabichtseule	N	… erstmals im Ural.
Uralische Habichtseule	H	
Uralkauz	Do	
Uralsche Eule	N	

Häherkuckuck (Clamator glandarius)

Afrikanischer Guckguk	Buf	Parasitiert vorwiegend bei kleinen Vögeln.
Andalusischer Kuckuck	N	In Europa: Iber. Halbinsel, Italien, Süd-Frankr.
Gezopfter schwarz und weißer Guckguck	Buf	
Großer gefleckter Guckguck	Buf	Von englisch „Great Spotted Cuckoo".
Großer gefleckter Kuckuck	N	Oberflügel und Oberseite sind auffallend …
Großer gefleckter Kukuk	Buf	… gefleckt und machen Vogel unverwechselbar.
Häherkuckuck	O3	Stimmfreudiger Vogel „lärmt" wie ein Häher.
Heher-Kuckuk	N	„Kuckuck" wegen Verwandtschaft mit …
Heherkuckuck	N	… dem heimischen Kuckuck.
Kukuk von Andalusien	Buf	
Langschwänziger Kuckuck	N	Schwanz wirkt länger als er ist.
Straußkuckuck	H	
Straußkukuk	B,N,V	Vogel hat Federbusch auf dem Kopf.

Hakengimpel (Pinicola enucleator)

Canadischer Kernbeißer	Be,N	Buffon wegen des Schnabels. „Grosbec de Can."
Fichten-Gimpel	N	Naumanns Leitname (Band 4, 1824).
Fichtendickschnabel	Be1,N	
Fichtengimpel	Do,H	„Gimpel" von hüpfen abgeleitet.
Fichtenhacker	B,Be1,Do,N	
Fichtenkernbeißer	Be1,Do,Krü,N,O1	Leitname in Bechsteins Erstausgabe (1795).
Finnischer Dickschnabel	Do	
Finnischer Dohmpfaffe	Be1	Vögel sind/waren in Finnland häufig.
Finnischer Dompfaff	Do	
Finnischer Dompfaffe	N	
Finnischer Papagei	Do,N	Name ausgefärbter Männchen.
Finnischer Papagey	Be	
Finscher	B	A. Brehm verkürzte Finnischer.
Finscherpapagei	B	
Fintscherpapagei	Do	
Großer Kernbeißer	O2	
Großer Kernfresser	Be1,N	
Großer Kreutzschnabel	N	
Großer Kreutzvogel	N	
Großer Kreuzschnabel	Be,H	
Großer Kreuzvogel	H	
Großer pomeranzenfarbiger Kernbeißer	N	Verfärbt sich im Käfig zu pomeranzengelb.
Großer pomeranzenfarbiger und ...	Be,N	... rother Kernbeißer (langer Trivialname).
Großer pommeranzenfarbiger Kernbeißer	Be2	
Großer roter Kernbeißer	Be2	Frißt Knospen. Er ist kein Kern-zer-beißer.
Großer Rothschwanz	N	
Großer Rotschwanz	Be,Do,H	
Größter Dickschnabel	Be,N	
Größter Europäischer Dickschnabel	Be2,N	Naumann: „europäisch" klein geschrieben.
Haakenkreuzschnabel	Be2	Leitname in Bechsteins 2. Ausgabe (1807).
Hakenfink	B,Do,N	Einziger heimischer Fink mit Hakenschnabel.
Hakengimpel	B,N,O1	Oberschnabel hakig übergebogen.
Hakenkernbeißer	B,N	Auch Meyer/Wolf hatten diesen Leitnamen.
Hakenkreutzschnabel	N	
Hakenkreuzschnabel	B,Do,H	
Hartschnabel	B,Be,Do,N	
Kanadischer Kernbeisser	H	Kanada, Alaska mit eigenen Unterarten.
Kernfresser	Be1,Do,N	
Krabbenfresser	B	
Krappenfresser	Be,N	Leitname von Müller (1773). Krappe ...
Kräppenfresser	Do	... Werkzeug der Büchsenmacher.
Nachtwache	Be2,Do,N	„Natewatta" (schwed.): Singt nachts angenehm.
Paradiesvogel	Suol	

Pariser Papagei	Do	
Parisvogel	B,Be1,Do,Krü,N	Entstand wohl als Paradiesvogel in Preußen.
Roter Kernbeißer	H	Farbe d. Männchens in d. Natur (nicht Käfig).
Talbit	Be,Do,N,O1	Tall (schwed.): Föhre, deren Samen er frißt.
Talbitar	Be2,Do,N	

Halbringschnäpper (Ficedula semitorquata)

Halbringschnäpper	H	

Halsbandfrankolin (Francolinus francolinus)

Attagen	B	
Cyprisches Rebhuhn	K	
Francolin	Buf,Krü	Name aus alt-italienischem francolino.
Frankel	O2	Hat breites rotbraunes Halsband.
Frankolin	B,Krü,O2	Frankoline sind Rebhuhnverwandte.
Frankolin-Huhn	V	
Frankolinfeldhuhn	O3	Meyer 1822 (Wiss. Name 1766 von Linné).
Indianisches Huhn	Buf	War Staatsvogel des ind. Bundesstaates Haryana.
Indianisches Rebhuhn	Buf	
Indianisches Repphuhn	Krü	
Rothes Haselhun	K	Klein: Lagopus altera.
Rothes Holzhun	K	Klein: Lagopus altera.
Wiesenrepphuhn	Krü	
Zyprisches Rebhuhn	Buf	
Zyprisches Repphuhn	Krü	

Halsbandschnäpper (Ficedula albicollis)

Fliegenfänger mit dem Halsbande	Be1,N	Breites weißes Nackenband, sonst sehr …
Fliegenschnäpper mit dem Halsbande	Be	… dem Trauerschnäpper ähnlich.
Grauer Fliegenschnäpper mit zwei …	N	… weißen Flügelflecken.
Halsbandfliegenfänger	B,Krü,N	
Halsbandfliegenschäpper	Do	
Kragenschnäpper	Do,O2	Vom weißen Halsband.
Schwarzflügeliger Fliegenfänger	N	Siehe 13/245.
Schwarzköpfiger Fliegenfänger	N	
Weißhalsiger Fliegenfänger	N,O3,V	
Weißhalsiger Fliegenschnäpper	Do	
Weißkehliger Fliegenschnäpper	Do	
Wüstling	Do	

Haselhuhn (Bonasa bonasia)

Alpenschneehuhn	Do	
Attagen (lat.)	Fri,GesSH,Krü,Tu	Turner: „Possibly Bonasa sylvestris".
Bellonisches Rebhuhn	Buf	
Berghühnle	Do	
Berhühnle	H	
Birck-Hun	Kö	Kein Irrtum.

Bonosa	GesS	Nach Alb. Magnus. Bedeutung „Guter Braten".
Buchenhenn	Do,H	
Buntes Waldhuhn	Be1	
Europäisches Haselhuhn	N	
Felsenhaselhuhn	N	C. L. Brehm sah 2 Arten (s. u. Waldhuhn) …
Frankolin	GesS	
Gebirgrebhuhn	Hö	Höfer: Attagen, Österr. Akad. Bd. 51/1865.
Gemeines Haselhuhn	Krü	
Hasel-Hun	G,Kö	Althochdeutsch hasilhuon.
Haselhahn	Be2,N	Wälder Haselbüschen werden bevorzugt.
Haselhenne	Be2,N	
Haselhinkel (weibl.)	Be2,Do,N	Aus -hünkel, s. d. Vergleich m. Birk- u. Auerh.
Haselhuhn	B,Be1,Buf,Fri,…	…K,Krü,N,O1,P,V; - K: Frisch T. 112.
Haselhun	GesSH,P	
Haselhünke	O1	Hünkel ist junges Huhn. Hier aber „kleines" H.
Haselwaldhuhn	N,O3	
Haselwildpret	Be,Buf	
Hasenhuhn	Suol	
Hassel Hun	K	
Hassel-Huhn	Z	
Hasselhun	K	
Hasselhuhn	Krü	
Hjärpe	Do,N	Schwedisch für Haselhuhn, …
Hjerpe (schwed.)	H	… norw. für Haselhuhn, aus „jarpr" für braun …
Jaerpe (dän., norw.)	H	… altnordisch Jarpe bedeutet Haselhuhn.
Jerpe	Be1,N,O1	
Kleines buntes Waldhuhn	Be1	
Morehen	GesS	
Parnisse	Ad	
Pernise	Ad	Nach ital. Pernice, Feldhuhn (dem Rothuhn).
Rothhuhn	Buf,Krü,N	Im Gegensatz zu nordischen Haselhühnern …
Rothuhn	Be1,Do,H	… sind deutsche u. a. mit Rot lebhafter gefärbt.
Rotthuhn	B,Be,K,Krü,N,Suol	„Rot"- Namen ab 1603 belegt. K: Frisch T. 112.
Schwarzkehliges Waldhuhn	Be2,N,V	Leitname von Bechstein 1802.
Sigelhuhn	Krü	
Waldhaselhuhn	N	… Nur Naumann übernahm Namen (s. Feldh.).
Waldhuhn	Do	
Waldhühnle	Do,H	
Wälsches Repphuhn	Ad	Name in Schweizer Alpen, aschgrau, roter Kopf.
Zarpe	Do,H	

Haubenlerche (Galerida cristata)

Baumlerche	Buf	
Bürle	Do	
Butschlerche	Suol	
Calender	Ad	
Cochevis	Buf	
Copera	GesH,Tu	Nach Turner: Name in Deutschland.
Coqvillade	Be2	

Dachlerche	Do	
Drecklerche	Do	
Dunglerche	Do	
Edellerche	N	Name im Kanton Basel um 1815 (Schinz).
Galander	Ad,Krü	
Galender	Ad	
Gehaubte Lerche	Buf	
Gehörnte Lerche	Be2,Buf	
Gewellte Lerche	Be2	
Große Lerche	Be2,Buf	
Große und gehörnte Lerche	N	
Haidelerche	N,Krü	
Häubel-Lerch	GesH	
Haubelerche	K	K: Frisch T. 15.
Haubellerche	Buf	
Häubellerche	Ad,Be1,Krü,N	Häubel ist Haube.
Hauben-Lerche	N	Größer als Feldlerche, spitze Federhaube.
Haubenlerch	GesS	
Haubenkobbellerche	Suol	
Haubenlerche	Ad,B,Be1,Buf,H,...	...Krü,O1,V; - Federhaube auch zusgel. sichtb.
Hauslerche	B,Be1,Do,H	Unklar, ob Haubenlerche, angebl. Bienenfeind.
Hauwelleierchen	Suol	
Heide-Lerche	Fri	Name mehrerer Lerchen- und Pieperarten.
Heidelerche	Be1,Buf,N	Heide- hier: Offenes, karges Gelände ...
Heidlerch	Be1,N	... breite Straßen, Exerzierplätze, Sandgruben.
Heubellerch	Buf,GesS,Suol	
Heubellerche	Do,K,Krü,Schwf	
Hollenlerche	Do	
Hollerche	Buf,Fri	Hollenlerche, Hollerche ist Haubenlerche.
Hublerche	Do	
Hupplerche	N	Hupp ist Haube, Hupplerche in Schweiz.
Kalanderlerche	Buf	
Kammlerche	B,Be2,Buf,Do,N	Kamm ist Haube.
Kapplerche	Suol	
Kleine Lulu	Buf	
Kobel-Lerch	GesH	Kobel ist Federhaube.
Kobellerch	Buf	
Kobellerche	Ad,Be1,Buf,K,...	...Krü,N,Schwf,Suol; K: Frisch T. 15.
Kopflerche (sächs.)	H	
Kopplerche (sächs.)	Do,H	
Kothlerche	Ad,B,Buf,Hö,K,...	...Krü,N,Suol,V; K: Frisch T. 15.
Kothmönch	N,Krü	Kot/Koth: Matsch, Modder.
Köthmünch	Ad	
Kothmünch	Buf,Hö	Höfer 2/158.
Kothvogel	Ad,Krü	
Kotlerche	Be2,Do,H	
Kotmönch	Be1,Do,H	-Mönch, weil sie gewöhnl. alleine erscheint.
Kottlerch	Be2,Buf	

Kottlerche	Schwf	
Kottmünch	Suol	
Kuppenlerche	N	Name stammt aus Thüringen
Kupplerche	Do	
Lehringe	Do	
Lerch	Buf	
Lerche von Brie	Buf	
Lurle	Be97	
Lürle	Be1,Buf,N,Schwf	Ist Heidelerche. „Ihre Stimme ist Lü, lü."
Mistlerche (sächs., thür., schles.)	Do,H	
Poll-Lerch (schles.-holst.)	H	
Pollerche (pldt.)	Krü	
Pollewark (pldt.)	Krü	
Polllerche	Do	
Provenzalische Lerche	Be2	
Rostflügel	Krü	
Rotlerche (hess.)	Do,H	
Saatlerche	Be2	
Salatlerche	Do,H	Brütet auch in Gärten unter größeren …
Sallatlerche	Be1,N	… Pflanzen wie Salat, Stauden.
Saulerche	Do	
Schietlarch	Do	
Schopflerche	B,Be1,Buf,N,V	Schopf ist Haube.
Schoster von Giewitz	Do	
Schubslerche	Suol	
Schupslerche	Be2,Do,N	Schups ist Haube, Schupslerche in Preußen.
Spitzkopf	Suol	
Spitznickel	Suol	
Straßenlerche	Do	
Strassenräuber	Suol	
Sträußchenlerche (sächs.)	Do,H	
Sträußellerche (sächs.)	H	
Straußlerche	Do	
Stutzlerche	Do	
Tolllerche	Do	
Töpellewark	Do	
Toplârk	Suol	
Topp-Levchen (schles.-holst.)	H	
Töppellârk	Suol	
Töppellerch (pldt.)	Be1,Krü,N	
Töppellerche (pldt.)	Do,Krü	Töppellark (niederdeutsch) bed. Haubenlerche.
Töppellewark (pldt.)	Krü	
Töppelwak	Do	
Topplevchen	Do	
Waeglerch	Buf	
Wäglerche	GesS,Suol	Gessner (1555, 1585) für Weglerche.
Wald-Lerch	GesH	
Weg-Lerch	GesH	Gessner/Horst 1669.
Wegeheubellerche	Buf	

Wegelerche	Ad,Be1,Buf,Do,K,...	...Krü,N,Schwf; - K: Frisch T. 15.
Weglerche	B,Krü,O2,V	In Dörfern auf Wegen und Plätzen.
Weinlerche	Be2,Buf,Do,Krü,N	Einige der Vögel fressen mitunter Trauben.
Zobellerche	Do,B	Wahrsch. Druckfehler (Z = K), Grimm/Grimm.
Zopflerche	Be2,Buf,Do,Krü,N	Name bei Buffon/Otto. Zopf ist Haube.

Haubenmeise (Parus cristatus)

Gensdarmle	Do	
Haidenmeise	Be97	
Häubelmaise	Fri	Häubel, Heubel ist Haube.
Haubelmeise	Ad,Be1,Buf,K,...	...Krü,N;
Häubelmeise	Ad,B,Do	
Häubelmeißlein	GesH	
Hauben-Meise	N	
Haubenmaise	Buf,Fri	
Haubenmeise	Ad,B,Be1,Buf,H,K,...	...Krü,O1,V; K: Frisch T. 14
Heidelmeise	Ad,Be	
Heiden Meise	Schwf	Lebensraum: Wälder mit Heideanteil.
Heidenmaise	Buf	
Heidenmays	Suol	
Heidenmeis	Buf	
Heidenmeise	Ad,B,Be1,Buf,Do,...	...K,Krü,N; - K: Frisch T. 14.
Heubel Meise	Schwf	
Heubelmeise	Be2,Buf,N	
Heubelmeiß	GesS,Suol	
Heybelmais	Suol	
Heydenmeiß	GesS	
Heydenmeißlein	GesH	
Hollenmeise	Do	
Hörnelmeise	H	
Hörnermeese	H	
Hörnermeise	B,Be1,H,Krü,N	Federbusch soll aussehen wie ein Horn.
Huppmeisi	Suol	
Kobel Meise	Kö,Schwf	Kobel ist Federschopf.
Kobelmaise	Buf,Fri	
Kobelmeise	Ad,B,Be1,Buf,Do,...	...K,Krü,N,O2; - K: Frisch T. 14.
Kobelmeiß	GesS,Suol	
Kobelmeißlein	GesH	
Koppelmeise	H	
Koppelmeyse	Suol	
Koppenmeise	N	
Koppermeise	Do	
Koppmeese	Do	
Koppmeise	Suol,V	
Kupfmeise	Be1,Buf,Do,Krü,N	
Kupmeise	Be2,N	
Kupp-Meise	Suol	
Kupp-Meisse	G	

Kuppenmeise	Be2,Do,N,V	Kupp ist Haube.
Kuppmeise	Ad,B,Be1,Buf,Krü,N	
Meisenkönig	B,Be2,Do,N	… Die einzige Meise mit einer „Krone".
Pollmeesch	Do,H	
Puppmaise	Hö	Schopf ist Haube.
Schleiermeise	Krü	
Schleyermeise	Ad	
Schopf-Meise	P	
Schopf-Meiße	P,Z	
Schopfmaise	Fri	
Schopfmeise	Ad,B,Be1,Buf,Do,…	…K,Krü,N,P,Suol; - K: Frisch T. 14.
Schöpfmeise	Krü	
Spitzmeise	Do	
Straus Meislin	Schwf	
Strausmeise	Be,Buf,K	Strauß ist Schopf, Haube.
Strausmeislein	Buf	
Strausmeislin	Suol	
Straußmaise	Fri	
Straußmeise	Ad,B,Be1,Do,…	…Krü,N;
Straußmeißlein	GesH	
Strußmeißlin	GesS,Suol	
Stützelmeise	Do	
Tollmeise	Do	
Topmeise (dän.)	Buf	Top ist Federbüschel auf dem Kopf (niederdt.)
Topmeseke	Suol	
Töppelmeesk	Do	Bedeutet Haubenmeise.
Toppelmeesken	Be2,N	
Toppmeesch	Do,H	
Tschaupmoas	Suol	
Wachholdermeise	Buf	In England.
Waldhuppeli	Suol	
Zippelmeise	Do,H	

Haubentaucher (Podiceps cristatus)
Hier Lappentaucher allg. nach Suolahti

Aersvoet	Suol	Lappentaucher (allgemein).
Arschfuß	Krü	
Arschfuß	Do,Fri,Krü	Schon im 16. Jahrhundert holl. Arsevoet.
Arse Fot	Fri	Name in Holland.
Arsfoot	Suol	Lappentaucher (allgemein).
Bekappter Taucher	Be,N	
Bekappter und gehörnter Taucher	Be2,Buf,Fri,K	K: Frisch T. 183, Albin Band I, 81.
Blitzvogel	B,Do,N	Vogel kann „blitzschnell" tauchen.
Burrhahn	Fri,Suol	
Deuchel	B,Buf,Do,N	Bedeutet Taucher.
Düchel	Do,N,V	
Duckantel	Suol	Lappentaucher (allgemein).
Duckänten	Hö	

Duckente	Suol	Lappentaucher (allgemein).
Duckerl	Hö	
Duckhengchen	Suol	Lappentaucher (allgemein).
Duecchel (helv.)	GesS	Bedeutet Taucher.
Ein Taucher	K	K: Albin Band I, 81.
Ein Teucher	K	K: Albin Band I, 81.
Erztaucher	B,Be1,Buf,…	…Do,N,V; - Taucher im Winterkl. (Müller).
Fluder	B,Do,GesH,N	„Flattern": Laufen bei Auffliegen.
Gaafart	Suol	
Gafart	Suol	
Ganner	O1	Bedeutet „unersättlicher Fresser" (helv.).
Gehaubter Steißfuß	N,O3	Beine weit hinten.
Gehäubter Steißfuß	Be2,Krü,V	
Gehaubter Taucher	Buf	
Gehörnter Seehahn	Be,Buf,Do,Fri,…	…Krü,N; - hahn wegen ständiger Kämpfe.
Gehörnter Steißfuß	Krü	
Gehörnter Taucher	Be,Buf,N	
Gemeines Taucherlein	Buf	
Gezopfter Taucher	Buf,Krü	
Gosser Kobel Teucher	Schwf	
Grebe	O1,Suol	Ursprung könnte „webra", Biber sein.
Greben	Do	Heutiger engl. Name „Great Crested Grebe".
Greber	Suol	
Gref	Suol	
Greve	Be1,Do,N	
Groot Siedn (helgol.)	H	
Große Grebe	Buf	
Großer Arschfuß	Be1,N	
Großer bekappter Taucher	Be2	
Großer gehaubter Taucher	Be1,Buf,N	
Großer gehäubter Taucher	Be2	
Großer gehörnter Taucher	Be2	
Großer Haubensteißfuß	Be1,Buf,Krü,N	
Großer Haubentaucher	Be1,Buf,N,O1	Titelname Bechsteins in Erstausgabe 1791.
Großer Kabeltaucher	Krü	
Grosser Kobel Teucher	Suol	
Grosser Kobel-Zeucher	K	K: Albin Band I, 81.
Großer Kobeltaucher	Be1,K,N	K: Frisch T. 83.
Großer Kobelzeucher	K	K: Albin Band I, 81.
Großer Kragentaucher	Be2,N	
Großer Lappentaucher	Do,N	Die Zehen haben „Schwimmlappen".
Großer Taucher mit braungelbem …	N	… Kibitzschopfe (langer Trivialname).
Großer Taucher mit braungelbem …	Be2,H,Krü	… Kiebitzschopfe (langer Trivialname).
Großer Taucher mit braungelben …	Buf	… Kiwitzschopfe (langer Trivialname).
Großer Taucher ohne herabhängenden …	Buf	… Schopf (langer Trivialname).

Großhaubiger Steißfuß	N	Steißfuß wird zunehmend durch Taucher ersetzt.
Großkappiger Seehahn	Be,Krü,N	Name wegen ständiger Kämpfe, wie bei Hahn.
Großkappiger und gehörnter Seehahn	Be2	
Großkappigte Seehähne	Buf	
Haubensteißfuß	B	Haube besteht aus verlängerten Scheitelferdern.
Haubentaucher	B,Buf,H,Krü,…	…O2,V;
Hengst	O1	Wegen Geschreies, siehe Ruech.
Horchel	Buf,Fri	
Hörcke	Fri	
Horcke	Fri	
Horntaucher	B	Horn ist Federhaube.
Hürchele	Fri	
Jârsvitj	Suol	Lappentaucher (allgemein).
Kappentaucher	B,Do,N	
Kappiger Taucher	Buf	Kappe ist Federhaube.
Kobeltaucher	B,Do	Kobel ist Federhaube.
Kobelzeucher	Krü	
Kosebart	Suol	
Kragentaucher	B,Do	Auch im Prachtkl. die abspreizbare Halskrause.
Kronentaucher	Do,N,Suol	
Krontaucher	H	Kron(e) ist Federhaube.
Langhals	Suol	
Langhans	H	
Lorch	B,Be2,Buf,Krü,N	Lautmalung.
Meerachen	Krü	
Meerhase	B,Be2,Do,N	Auch von mergus – Taucher.
Meerrachen	B,Be1,N,O1	Kommt wie Merch von mergus – Taucher.
Merch	B,Be1,Do,K,…	…N,O1,Schwf; - K: Albin I, 81, N. bei Schwf.
Mittlerer Seehahn	Fri	Name wegen ständiger Kämpfe, wie bei Hahn.
Mummeltäucher	Suol	
Nericke	Do,N	
Nerike	B,Be2,O1	Aus slawischem Dialekt, bedeutet „Ohriger".
Noricke	Buf,Do,Fri,N	Fri: Lappentaucher (allgemein).
Nöricke	Fri,Suol	Fri + Suol: Lappentaucher (allgemein).
Norike	Be2	
Nörike	Fri	Vielleicht aus polnisch „nurkowie", Taucher.
Nöring	Buf,Fri,Suol	Fri + Suol: Lappentaucher (allgemein).
Norke	Fri,Suol	Fri + Suol: Lappentaucher (allgemein).
Nörke	Buf	Vielleicht aus polnisch „nurkowie", Taucher.
Oehrigen	Fri	
Oehrlein	Fri	
Öhriger	Fri	
Ohriger	Fri	
Öhrlein	Fri	
Örike	Fri	
Ötzer	Do,H	

Patscherl	Suol	Lappentaucher (allgemein).
Rheindüchel	N	Rhein bedeutet hier Fließgewässer.
Rohatsch	Do,H	
Rothals	Suol	
Rûch	Suol	Lappentaucher (allgemein).
Rûchen	Suol	Lappentaucher (allgemein).
Ruech	O1,Suol	Wegen seines „fürchterlichen" Geschreies …
Rug	B,Do,N	… bei Wetterwechsel, Lautmalung.
Rûggelen	Suol	Lappentaucher (allgemein).
Rurch	Do,N	Wie Ruech, Rug.
Schlagbahn	Krü	
Schlaghahn	B,Be1,Do,N	Bestimmte Kopfbewegungen bei der Balz.
Schlichtköpffiger großer Taucher	K	K: Albin Band I, 81.
Seedeüchel	Suol	Lappentaucher (allgemein).
SeeDeüchel	Baldner	Baldners Vogelbuch 1666.
Seedrache	B,Do,N	KN v. C. L. Brehm, Bedeutung wie Seeteufel.
SeeDüchel	Baldner	Baldners Vogelbuch 1666.
Seeflutter	Baldner	Baldners Vogelbuch 1666.
Seehahn	B,Fri	Name synonym zu Strauß-, Kobeltaucher.
Seetäuchel	Fri	
Seeteufel	B,Be2,Buf,Fri,Krü,… …N,Suol;	Etymolog. Umbildg. aus SeeDeüchel.
Slaüghan	H	Wie Schlaghahn.
Spießgans	H	
Steißfuß	Be1,Suol	Name bis in jüngste Zeit verbreitet.
Steussfuss	Suol	Lappentaucher (allgemein).
Straus Teucher	Schwf,Suol	Straus, Strauß ist Federhaube.
Straus-Zaucher	K	K: Albin Band Band I, 81.
Straußtaucher	B,Be1,Do,K,Krü,N	K: Frisch T. 183.
Straußzaucher	Krü	
Tauchel	Fri	
Täuchel	Fri,GesH	
Taucher	Buf,Fri,G,Z	
Taucher mit dem Schopfe	Be2,Buf,N	
Tauchertlein	Buf	
Tauchhuhn	Fri	
Teucher	Schwf	
Tuecchel (helv.)	GesS	
Tunker	Do	
Tuuker	Be2,N	Bedeutung ist Taucher (niederdeutsch).
Wasser-Huhn	G	
Wasserdeuchel	Ryff 1545,Suol	Deuchel bedeutet Taucher. Lappent. (allgemein).
Wasserhuhn	Fri	
Work	B,Be2,Buf,Do,N,O1	Lautmalung.
Works	Be2,Buf,N	
Zorch	Be1,Do,Krü,N,O1	Name in Thüringen (Lautmalung).

Hausente (Anas platyrhynchos)   Siehe **Stockente**.

Hausgans (Anser anser)   Siehe **Grau-/Hausgans**.

Haushuhn (Gallus gallus)

Biberlein	Suol	Haushuhn (juv.)
Bibi	Suol	Haushuhn (juv.)
Bippele	Suol	Haushuhn (juv.)
Bippi	Suol	Haushuhn (juv.)
Bittele	Suol	Haushuhn (weibl.)
Bruthenne	Suol	Haushuhn(weibl.)
Deiselein	Suol	Haushuhn (juv.)
Dickelchen	Suol	Haushuhn (juv.)
Didelein	Suol	Haushuhn (juv.)
Dikdik	Suol	Haushuhn (juv.)
Disselein	Suol	Haushuhn (weibl.)
Duttle	Suol	Haushuhn (juv.)
Englischer Hahn/Henne	Fri	Haushuhnrasse.
Gäker (männl.)	O1	Durch Lautmalung aus Ruf des Hahns.
Gaushenne (weibl.)	O1	„Gauzer" war Kläffer, Schreier … Gackern.
Gemeines Haushuhn	Be1	
Gemeines Hauß-Hun	P	
Gemeines Kammhuhn	Be2	
Gickel (männl.)	Do,O1	Über Gigel (schles.) lautmalend aus Ruf.
Gickelhahn	Be2,Suol	Haushuhn (männl.)
Gigerigig	Suol	Haushuhn (männl.)
Gigkerigki	Suol	Haushuhn (männl.)
Gikel	Suol	Haushuhn (männl.)
Gippel	Suol	Haushuhn (juv.)
Glucke	Do,Suol	Haushuhn (weibl.)
Gluckhenne	Suol	Haushuhn (weibl.)
Gluckhenne (2) brütend und Junge führend	O1	Lautmalung.
Gluggeren	Suol	Haushuhn (weibl.)
Glutsch	Suol	Haushuhn (weibl.)
Gluxeri	Suol	Haushuhn (weibl.)
Gockel	Do,Suol	Haushuhn (männl.)
Göcker	Be2,Suol	Haushuhn (männl.)
Gockler	Suol	Haushuhn (männl.)
Gogai	Suol	Haushuhn (männl.)
Goksch	Suol	Haushuhn (männl.)
Gückel	GesH,Suol	Haushuhn (männl.)
Guckelhan	Suol	Haushuhn (männl.)
Gugelhan	Suol	Haushuhn (männl.)
Güggehü	Suol	Haushuhn (männl.)
Güggel	Suol	Haushuhn (männl.)
Güggelhan	Suol	Haushuhn (männl.)
Guglar	Suol	Haushuhn (männl.)
Güker	Suol	Haushuhn (männl.)
Gûl	GesH,Suol	Haushuhn (männl.)

Gülle (helv.)	Do	
Guller (männl.)	O1,Suol	Aus Lockruf entstanden.
Gulli	Suol	Haushuhn (männl.)
Gulligû	Suol	Haushuhn (männl.)
Hahn	Be2,Do	Hahn bedeutete im Persischen „Herr" …
Han	GesH,Schwf	… heute wird Name eher als „Sänger" gedeutet.
Hän (männl.)	Tu	
Haugerl	Suol	Haushuhn (juv.)
Haus Hahn	Fri	
Haus Han	Schwf	
Haushahn (männl.)	Buf,Fri,K,O1	K: Frisch T. 127–137.
Haushan	Be2	
Haushenne	Be2,Fri	
Haushuhn	Fri,O1	
Haußhan	GesH	
Hen (weibl.)	Tu	
Henkel	Suol	Haushuhn (juv.)
Henne	Be2,Buf,Do	
Hinkel	Do,Suol	Haushuhn (juv.)
Hofhahn	Be2	
Hofhenne	Be2	
Hön	Tu	In Saxon.
Hönkelchen	Suol	Haushuhn (juv.)
Hüendli	Suol	Haushuhn (juv.)
Hüenle	Suol	Haushuhn (juv.)
Huhn	Be2,O1	
Hünkel	Suol	Haushuhn (juv.)
Jarzel	Suol	Haushuhn (weibl.)
Junghenn	Suol	Haushuhn (juv.)
Kambibele (hess.)	Do	
Kapaun	Buf,Do	
Kaphahn	Buf	= Kapaun.
Kapphahn	Do	
Kichel (juv.)	O1	Aus Küchel, Küchlein für junges Hühnchen.
Kikeriki	Do	
Kichen	Suol	Haushuhn (juv.)
Kickerihan	Suol	Haushuhn (männl.)
Kikerhan	Suol	Haushuhn (männl.)
Kleiner Hahn mit rauchen Füssen	Fri	Haushuhnrasse.
Kleines Huhn mit rauchen Füssen	Fri	Haushuhnrasse.
Klucke	Suol	Haushuhn (weibl.)
Klut Hahn/Henne	Fri	Haushuhnrasse.
Kokesch	Suol	Haushuhn (männl.)
Kräher	K	K: Frisch T. 127–137.
Krähhahn	Be2	
Krup Hahn/Henne	Fri	Haushuhnrasse.
Krute (weibl.)	Be2	
Küchelchen	Be2	
Küchen	Be2,Suol	Haushuhn (juv.)

Küchlein	Be2,Buf	
Kükelhan	Suol	Haushuhn (männl.)
Küken	Be2,Do,Suol	Haushuhn (juv.)
Kukeriku	Suol	Haushuhn (männl.)
Leggehaun	Suol	Haushuhn (weibl.)
Leggeri	Suol	Haushuhn (weibl.)
Legghenne	Suol	Haushuhn (weibl.)
Lüffchen	Suol	Haushuhn (juv.)
Mertzhenne	Suol	Haushuhn (juv.)
Mistkratzele (bad.)	Do	
Nachtwächter	Buf,K	K: Frisch T. 127–137.
Pillchen	Suol	Haushuhn (juv.)
Pipi	Do	
Pippel (juv.)	O1	„Piependes Küchlein".
Pisele	Suol	Haushuhn (juv.)
Pöll	Suol	Haushuhn (weibl.)
Pulle	Suol	Haushuhn (weibl.)
Pullein	Suol	Haushuhn (juv.)
Puserl	Suol	Haushuhn (juv.)
Put	Suol	Haushuhn (weibl.)
Puthühnchen	Suol	Haushuhn (juv.)
Putt	Suol	Haushuhn (weibl.)
Puttchen	Suol	Haushuhn (juv.)
Putte	Suol	Haushuhn (weibl.)
Putte (2)	Suol	Haushuhn (juv.)
Puttel	Suol	Haushuhn (juv.)
Putthahn	Suol	Haushuhn (männl.)
Putthuhn	Suol	Haushuhn (weibl)
Puttputt	Do	
Schillele	Suol	Haushuhn (juv)
Schippchen	Do,Suol	Haushuhn (juv.)
Schipser	Suol	Haushuhn (juv.)
Straubige Henne	Fri	Haushuhnrasse.
Tickelkn	Suol	Haushuhn (juv.)
Tschüpperle	Suol	Haushuhn (juv.)
Tût	Suol	Haushuhn (juv.)
Tütje	Suol	Haushuhn (juv.)
Woiserl	Suol	Haushuhn (juv.)
Wuserl	Suol	Haushuhn (juv.)
Zahmes Huhn	K	K: Frisch T. 127–137.

Hausrotschwanz (Phoenicurus ochruros)

Hier auch **Rotschwanz allgemein** (nach Suolahti).

Bachstelze	Buf	
Baumröteli	Suol	Rotschwanz allgemein.
Bienenschnapp	Do	
Blauer Rothschwanz	N	Bechstein: In Thüringen würde man …
Blauer Rotschwanz	Be1,Do,H	… „Schwarzer und Blauer Rotschwanz sagen."
Brandelein	Suol	

Branderl	Do,Suol	
Brandreiterl	Suol	
Brandvogel	H,Ma,Suol	Gekränktes Rotschw. bringt Feuer aufs Haus.
Brandzeiserl	Suol	
Brantele	Suol	
Branter	Suol	
Dachgrätzer	Ma,Suol	Nach der Gangart.
Dachröteli	Ma,Suol	Rotschwanz allgemein.
Dachspatz	Suol	
Fleckkehlchen	Ad	
Fleckkehlein mit	K	K 60, 147.
silberstückenen Brustlatz		
Frühhupp	Do	
Gartenrotschwänzchen	Be	
Gartenschwarzkehlchen	Be2,N	
Haus Rötele	Schwf	
Haus Rothschwäntzigen	P	
Haus-Röthling	N,P	
Hausrötele	Be1,N	Ohne th.
Hausröteli	Ma	
Hausröthel	Krü	
Hausröthele	GesS,H	
Hausröthling	B,N	
Hausrothschwäntzlein	P	
Hausrothschwanz	B,Be2,Krü,N	Aufenthalt nahe Häusern.
Hausrothschwänzchen	Krü,N,V	
Hausrothwadel	Do	
Hausrötling	Do	
Hausrotschwänzchen	Be1	
Hauß-Röthelein	GesH	„Dieser wird ein HaußRöthelein genennet."
Hauß-Rothling	Z	
Hauß-Röthling	Z	
Hauß-Rothschwänzgen	P	Pernau 1716.
Hauß-Rothschwänzlein	Z	
Huserle	Suol	Rotschwanz allgemein.
Hûsröteli	Suol	
Husrôterle	Suol	Rotschwanz allgemein.
Husrôtschwänzele	Suol	Rotschwanz allgemein.
Hussel	Suol	Rotschwanz allgemein.
Hußrötele	GesS,Suol	Rotschwanz allgemein.
Hüting	B,Be2,Do,N	Entstand aus dem Ruf.
Jochbrantel	Do	
Kätschrötele	GesS	
Lochbrüter	Do	
Marvogel	Suol	
Mauernachtigall	Ad,Do	
Nachtrothschwanz	Do,N	Vogel ist auch nachtaktiv.
Pechrothschwanz	Do,N	
Prantvogel	Suol	

Quabbelarsch	Do	
Rad swenseken	Suol	Rotschwanz allgemein.
Rêkelti	Suol	Rotschwanz allgemein.
Rêkli	Suol	Rotschwanz allgemein.
Roatschwänzele	Suol	Rotschwanz allgemein.
Roatvogl	Suol	Rotschwanz allgemein.
Rôdstert	Suol	Rotschwanz allgemein.
Rodzael	Suol	Rotschwanz allgemein.
Rodzelche	Suol	Rotschwanz allgemein.
Rohtschwäntzlein mit einer schwartzen ...	K	... Mittelfeder (langer Trivialname).
Rohtschwäntzlein mit roht gesprengter ...	K	... Brust (langer Trivialname).. K 60/147, Fri T. 20.
Rökle	Suol	Rotschwanz allgemein.
Rootstertken	Suol	Rotschwanz allgemein.
Rôstert	Suol	Rotschwanz allgemein.
Rotbrändelein	Suol	
Rotdacheli	Suol	Rotschwanz allgemein.
Rötele	Suol	Rotschwanz allgemein.
Röthling	Krü,N	Name vom roten Schwanz.
Rothschwaenzlein mit einer schwartzen ...	Fri	... Mittelfeder, weiblich (langer Trivialname).
Rothschwantz	Buf	
Rothschwäntzlein (1)	GesH	Rothschwentzlin schon im Straßb. Vogelb. 1554.
Rothschwäntzlein (2)	Suol	Rotschwanz allgemein.
Rothschwanz	Ad,Be2,Buf,N,O2	
Rothschwänzchen	Ad,Be2,Buf,N	
Rothschwänzel	Krü,O1	
Rothschwenzel	Buf	
Rothstertz	GesH	
Rothsterz	B,Be2,N	Sterz ist Hinterteil.
Rothstiert	Be2,Do,N	
Rothüserli	Suol	Rotschwanz allgemein.
Rôthuserli	Suol	Rotschwanz allgemein.
Rothwispel	Do	
Rothwüstling	Ad	
Rothzagel	Ad,B,Be2,GesH,......N,Schwf;	-Mhd.: Zagel ist Schwanz.
Rothzägel	Be2	
Rothzahl	Ad,Be2,N	Kommt von Zagel.
Rötling	Be1	Name vom roten Schwanz.
Rotschertz	Suol	Rotschwanz allgemein.
Rotschwaferl	Suol	Rotschwanz allgemein.
Rôtschwänzel	Suol	Rotschwanz allgemein.
Rôtschwanzer	Suol	Rotschwanz allgemein.
Rôtschwänzle	Suol	Rotschwanz allgemein.
Rotschweiferl	Suol	Rotschwanz allgemein.
Rotschwentzel	Suol	Rotschwanz allgemein.
Rotschwentzlin	Suol	Rotschwanz allgemein.
Rotschwenzlein	Suol	Rotschwanz allgemein.

Rotstert	Suol	Rotschwanz allgemein.
Rotstertz	Suol	Rotschwanz allgemein.
Rötstertz	Suol	Rotschwanz allgemein.
Rotstertzlein	Suol	Rotschwanz allgemein.
Rottele	B	
Röttele	Do	
Rottschwanz	Schwf,Suol	Rotschwanz allgemein.
Rotzägel	Suol	Rotschwanz allgemein.
Rotzarel	Do	
Rotzügel	Do	
Rotzzagel	N	Nur bei Naumann 1823. Bedeutet Schwanz.
Rudsderze	Suol	Rotschwanz allgemein.
Rußvogel	Ma,Suol	Wegen des schwarzen Gefieders.
Rutsterz	Do	
Sauhocker	Do	Von Saulocker.
Saulecker	Be2,N	Von Saulocker.
Saulocker	Be2,K,N	Ruf ähnlich einem Lockruf für Schweine.
Schmätzerle	Ad	
Schwarzbauchiger Sänger	O3	
Schwarzbäuchiger Sänger	Be2,N	
Schwarzbäuchiger Steinschmätzer	N	Ähnlichkeit mit Steinschmätzer.
Schwarzbäuchigter Sänger	Krü	
Schwarzbrüstchen	B,Be2,Do,N,V	
Schwarzer Rothschwanz	Krü,N	Mit th, Rothschwanz: Bei Naumann (Original).
Schwarzer Rotschwanz	Be1,Do,H	Ohne th, also Rotschwanz: Neuflage.
Schwarzer und blauer Rotschwanz	Be	
Schwarzkehlchen	Be1,Do,Krü,N	
Schwarzkehlige Mauernachtigall	Be1	
Schwarzpisber	Do	
Schwarzwadel	Do	
Schwarzwisperl	Hö	
Schwarzwistlich	Do	
Schwarzwistling	Do	Möglich, aber unklar: Von der Stimme.
Sommer Röthele	Schwf	
Sommer-Röthelein	GesH	
Sommerrothele	Be	
Sommerrothschwanz	B	
Sommerrottele	Be2,N	
Stadt-Röthling	P	
Stadt-Rothschwäntzlein	P	
Stadtröthling	Ad,Do,Krü,N	
Stadtrothschwäntzlein	P	
Stadtrothschwanz	B,Be2,N	
Stadtrothschwänzchen	N	
Stadtrötling	Be1	
Stadtrotschwänzchen	Be1	
Steinrothschwanz	B,Be2	Vogel war ursprünglich Felsbewohner.

Steinrothschwänzchen	N	
Summerrötele	Suol	Rotschwanz allgemein.
Swart Smokheited (helgol.)	H	
Swisdeck	H	
Swisdek	Do	
Waldrothschwanz	Be2	Paßt nur zum Gartenrotschwanz.
Waldrothschwänzchen	Be,N	
Waldrothschweif	N	
Waldrothschweifl	Krü	
Waldrotschweif	Be1	Paßt nur zum Gartenrotschwanz.
Winterrötele	Suol	Rotschwanz allgemein.
Wisperl	Hö	
Wistling	B,Be1,Krü,N,V	Möglich, aber unklar: Von der Stimme.
Wüstling	Do,Schwf	Möglich, aber unklar: Von der Stimme.
Wynuögele	Suol	Rotschwanz allgemein.
Zalroden	Suol	Rotschwanz allgemein.

Haussperling (Passer domesticus)

Baumsperling	Ad	
Bergsperling (Var.)	Ad	
Bölink	Do	
Dachlünk	Do	
Dachpeter	Ma	
Dachscheißer	Do,Ma,Suol	
Dachspatz	Do	
Dachsperling	Do	
Dacklünk	Suol	
Dacklüün	o.Qu.	Wie Lüning, der „Lärmende".
Dackpeter	Do,Suol	
Debbert	Suol	
Dieb	B,Be2,N	Lautnachahmung stand Pate für den Begriff.
Dorfsperling	Be	
Essenspatz	Do	
Essensperling	Do	
Faulspatz	Do	
Faulsperling	B,Be2,Do,N	Vogel galt als faul und gefräßig.
Felddieb	Be1,Buf,Do,Krü,N	Name wegen Schäden an der Gerste im Feld.
Gemeiner Haussperling	Buf	Germ.-ahd. sparo wurde zu mhd. spar, dann …
Gemeiner Sperling	Be2,K,Krü,N	… zu sparlink. Sparo evtl. vom Hüpfen d. V.
Gerstendieb	Be1,Buf,Do,Krü,N	Liebt wie Feldsperling die Gerste.
Gierjalk	Do	
Girlitz	Do	
Grasmisch	Suol	
Haisfink	H	
Haus-Sperling	N	In Dt. Rückg. d. Brutpaare von 14 auf 6 Mio.
Hausdieb	Be1,Buf,Do,Krü,N	Wg. ihrer großen Trupps wurden sie Problem.
Hausfack	Do	
Hausfink	B,Be,Do,N	Übersetzung von Fringilla domestica.

Hauß-Spar	GesH	
Hauß-Sperling	G,P,Z	
Hausspar	Be	
Hausspatz	Buf,Krü,N	Übersetzung von Passer domesticus.
Haussperling	Ad,B,Be1,Buf,H,…	…K,Krü,P,O1,V; - Leitname bei Buffon/Otto.
Hofspatz	Do	
Hofsperling	B,Be1,Buf,Do,…	…Krü,N - Seit 1779 bekannt, = Haussperling.
Holzmutschel	Krü	
Hüling	Suol	
Husfink	H	
Huslünk	Do,H	
Huspe	Ma	Aus Hessen, bedeutet Haussperling.
Hussparling	Do	
Italienischer Sperling (Var.)	Krü	
Jadeker	Suol	
Jipper (Hann.)	Do	
Jochen	Do	
Johanndriest	Do	
Jud	Suol	
Karkfink (helgol.)	H	
Kernwerfer	Do	
Kollitsch	Do	
Kolsch (Anhalt)	Do	
Korn-Werffer	Suol	
Kornbuck (Hann.)	Do	
Kornspatz	Do	
Kornsperling	Ad,B,Be1,Buf,K,…	…Krü,N; - Siehe Kornwerfer.
Kornwerfer	Be1,Buf,K,Krü,N	Spatz frißt nicht, er „spritzt" die Körner weg.
Korrefräter	Suol	
Krabetz (krain.)	Be1	
Lênk	Suol	
Leps	B,Be1,Do,N,O1	Lautmalend? Oder „Schalkheit" (aus Lepigkeit).
Lüning	B,Be1,Do,…	…GesSH,N; Lüning ist der „Lärmende".
Liulink	Suol	
Lüling	Suol	
Lüne	Ad,Krü	
Lüning	Krü,Suol	
Lüningk	Tu	
Lünink	Ad,Suol	
Lünk	Suol	Wie Lüning, der „Lärmende".
Lünke	Ad,Krü	
Lünning (sächs.)	Krü	
Lüntje	o.Qu.	Wie Lüning, der „Lärmende".
Mistfack	Do	
Mistfink	B,Do,N	Durchsuchte Pferdeäpfel nach Nahrung.

Mosch	Suol	
Mösch	Do,Ma,Suol	
Mösche	Suol	
Möschemännchen	Suol	
Mossche (holl.)	GesH	
Muosche	Tu	
Musch	Do,Suol	
Musch-Lünk	Suol	
Musche	Suol	
Müsche	GesS,Suol,Tu	
Muschel	Ad,Krü	
Mutschel	Krü	
Pasters Jochen	Do	
Rauchkaspar	Do	
Rauchspatz	Do	
Rauchsperling	B,Do,N	Nistete in alten Nestern nahe Feuerstellen.
Rohrsperling	Ad	
Sberke	Suol	
Scherphans	Ma,Suol	
Schgengs	Do	
Schrupp	Suol	
Schruppe	Suol	
Siercher-Dieb	Suol	
Spaarling	N	Regionalname, z. B. Preußen, Pommern.
Spar	Be,Do,GesSH,…	…Hö,N,O1;
Spardeif	Suol	
Spark	Do	
Sparkâz	Suol	
Sparling	B,Suol	Regionalname, z. B. Niedersachsen.
Sparlink	Suol	
Sparo	Ma	Sparo, ahd., nach hüpfender Bewegungsart.
Spatz	Ad,B,Be1,Buf,…	…GesSH,K,Krü,N,O1,Schwf,Suol,Tu,V,Z;
Spätz	Tu	Spatz ist Koseform aus sparo.
Spatzenmännel	Suol	
Spatzg (sächs.)	Suol	Kein Druckfehler.
Spatzich	Suol	
Spatzker	Do	
Speicherdieb	Be1,Buf,Do,K,…	…Krü,N; K: Frisch T. 8.
Speichersperling	Buf,K	„Speicherdieb" (s. o.) galt zurecht als Schädling.
Sperg	Do,Schwf	
Sperk	Ad,B,Be,GesS,N,…	…O1,Suol; - Sehr alt, ist „sperch" vorgerman.?
Sperlich	Do	
Sperling	Be1,Buf,GesH,…	…N,O2,Schwf,Suol,V; - Von germ.-ahd. sparo.
Sperlingk	GesS,Tu	Turner: In Saxon.
Sperlink	Suol	
Sperr	B,Do	
Spetzerich	Suol	

Spetzert	Suol	
Spier	Ad	
Spirch	Do	
Spirk	Ad,Suol	
Spirrwatz	Suol	
Spitzboov	Do	
Sporck	GesH	
Spork	Ad	
Spörk	Ad	
Spratjen (Hann.)	Do	
Sprole	Do	
Spunsk	Suol	
Spurr (nor.)	Ad	
Spyr	Ad	
Stratenbengel	Do	
Tschech	Suol	
Tschirp	Suol	Tschirp „verstehen manche als Dieb".
Weisser Sperling	Schwf	Haussperling-Mutation.
Wiesensperling	Ad	
Zwilch	Suol	
Zwulg	Suol	

Haustaube: Siehe Felsen/-Haustaube

Heckenbraunelle (Prunella modularis)

Back-Kuhrn Fink (helgol.)	H		
Bastardnachtigall	Be1,Buf,N		Unpassender Name von Bechstein.
Baumnachtigall	Ad,Buf,O1,V		Singt in Hecken oder Bäumen +/− schön.
Baumnachtigalle	Krü		
Bergnachtigall	Be2,N		Name von Bechstein nicht gut gewählt.
Blaukehlchen	Be2,N		Wort stammt von Bechstein (1807).
Bleikehlchen	B,Do,N		Wegen graubrauner Teile des Gefieders.
Bleikehlchen mit gefleckten Augen	Be,N		
Bleykehlchen	Ad,Be1,Buf,Krü		
Bleykehlchen mit gefleckten Augen	Be1,Buf		
Bleykehlchen mit gelbgefleckten Augen	K		K: Albin Band III, 59.
Bloschösser	Suol		
Braun fleckige Grasmücke	Fri		
Braun gefleckte Grasmücke	Hö		Hö: Bei Frisch.
Braune Grasmücke	Be2,Krü		
Braunel	O1		
Braunelchen	Be1,N,Suol		
Braunellchen	Ad,Buf,K		K: Frisch T. 22.
Braunelle	Ad,B,Be1,Krü,N,…	…P,Suol,V;	- „Prunellen" seit 16. Jh. bekannt.
Braunellein	Krü,P,Suol,Z		
Braunellgrasmücke	N		

Braunellichen	Be1,N	
Brauner Fliegenstecher	Be1,Buf,Krü,N	Naumann: Art frißt Kleininsekten.
Braunfleckige Grasemucke	Krü	
Braunfleckige Grasmücke	Buf,Krü	
Braungefleckte Grasmücke	Be1,Buf,K	K: Frisch T. 21.
Braunkehlchen	Be	
Braunröthlich bunter Fliegenvogel	Buf,N	Naumann: Art frißt Kleininsekten.
Braunrötlich bunter Fliegenvogel	Be1	
Brunellchen	Ad,Be2,Do,N	
Brunelle	Ad,Buf,H,O2	
Brunellichen	Buf	
Eisenkrämer	Be2,Do,N	KN von Bechstein, nach Buffon – Text.
Eisensperling	Be2,Buf,Do,Krü,N	Järnsparf (schwed.) übersetzt, wegen grauer, ...
Eisenvogel	N	... im Winter angeblich verstärkter Graufärbung.
Falkensperling	Be2,Buf,N	Übersetzter Brisson-Name, eher unpassend.
Fliegenfresser	Buf	
Fliegenschnepper	Ad	
Gesanggrasemücke	Be1	
Gesanggrasmücke	Buf,Krü,N	
Grasmücke	Ad	
Grasmusch	Tu	
Grassmusch	Tu	
Graufahle Gesanggrasmücke	Be2	Zu Motacillen gehörten im 18. Jh. Braunellen, ...
Graufahle Grasmücke	N	Grasmücken, Nachtigallen u. a.
Graukehlchen	Ad,Be2,Do,Krü,N	Zur Unterscheidg. von Rot-, Schwarz-, Blauk.
Großer Zaunkönig	Be2,Do,N	Oken: Vogel hat Ähnl. m. Zaunkönig: Großer Z.
Großer Zaunschleifer	Be	-Schleifer richtig?
Großer Zaunschliefer	Be1,Be,Krü,N	-Schliefer ist Schlüpfer. Größen: 14:10 cm.
Großes Dornreicherl	Hö	
Hecken-Braunelle	N	Naum. erweiterte das ältere Wort Braunelle zu ...
Heckenbraunelle	B,H	... Heckenbr. (nach Heckenflüev. v. Meyer?).
Heckenflüevogel	N	
Heckennachtigall	Do	
Heckenspatz	Be97	
Heckensperling	Buf,Do,Krü,N	
Heidpiper	Suol	
Herdvögeli (helv.)	H,Suol	
Iserling	Suol	
Isserling	B,Be2,Do,...	...N,O1,V; Nach lautem „Ißri!" – Oder v. Eisen?
Koelmussh	Tu	
Krauthänfling	Ad,Be1,Buf,Hö,... ...Krü,N;	Suchen am Kraut Insekten.
Krauthänfling	Krü	
Lässig	H	
Mohrvögelein	Fri	

Moorgrasmücke	Do	
Moorvögelchen	Ad	
Muggebicker	Suol	
Piepvugel	Suol	
Praunellen	Suol	
Prunell	Buf,Krü	
Prunell-Grasmücke	Buf	
Prunelle	Do,GesH,Krü,N	Aus ahd./mhd. Wort brûn für braunes Gefieder.
Pruneller	Be1,Buf	
Prunellerl	Be	
Prunellert	N	
Prunellgrasmücke	Be1,N	Im 18. Jh. waren Grasm. u. Braun. Motacillen.
Russerl	Do	
Schieferbrüstchen	Do	
Schieferbrüstiger Fluevogel	O3	Fluhe, Flüe usw. stehen für Fels, Felswand.
Schieferbrüstiger Flüevogel	V	Namen mit Flüevogel waren im 18. Jh. selten.
Schieferbrüstiger Sänger	Be2,N,V	
Schön singende Bachstelze	N	Linné hatte den Vogel 1758 zu den …
Schönsingende Bachstelze	Be1,Buf,H	… Motacillen gestellt.
Spanier	Be1,N	Vögel, die nur bis Spanien zogen. Regional.
Speckspanier	Be2,Do,N	Fett – wohlschmeckendes Fleisch im Herbst.
Spitzlerche	Ad	
Strauchgrasmücke	Be2,Buf,Do,N	Übersetzter Brisson-Name (1760).
Strohkratzer	Krü	
Strohkratzer	Be2,Buf,Do,Krü,N	Nahrungssuche unter Strohhalmen bei Kälte.
Tilling	Be2,Do,N	
Titling	GesH,O1	Lautmalung. Neben hedge-sparrow. N. in Engld.
Waldflüevogel	B	
Waldspatz	H	
Wilder Sperling	Be1,Buf,Krü,N	In Italien wegen Ähnlichkeit zum Sperling.
Wintergrasmücke	N,Krü	Nach Buffon: Sie bleibt im Winter (Frankreich).
Winternachtigall	Be1,Buf,Do,N	Name in einigen franz. Regionen, nach Gesang.
Winternachtigalle	Krü	
Wollentramper	Be1,Do,N	
Zärde	Be2,N	
Zaunschliefer	Buf,Do,H,Krü	
Zaunsperling	Be1,Buf,Do,Krü,N	In Engl. wg. Ähnl. mit Sperling: hedge-sparrow.
Zerte	Be2,Do,N,O1	

Heckensänger (Cercotrichas galactotes)

Baumnachtigall	B,H	Name von A. Brehm.
Ménétries Rohrsänger	N	Men. beschrieb um 1830 den Vogel in d. Türkei.
Nachtigallartiger Heckensänger	N	Ähnelt Nachtigall: Lebensweise, Größe, Gestalt.
Östliche Baumnachtigall	H	
Östlicher Heckensänger	H	
Rostfarbiger Rohrsänger	N	Name nur bei Naumann, 13/398.

Rostfarbiger Sänger	N	Bürzel und Schwanz sind rostbraun.
Rostrothe Drossel	N	
Röthlicher Sänger	N,O3	
Westlicher Heckensänger	H	

Heidelerche (Lullula arboea)

Baum-Lerch	GesH	„Baumlerche" ist seit 1545 belegt.
Baumlerch	Buf,Suol	Der Vogel setzt sich auf Bäume, …
		… was andere Lerchen nicht tun würden.
Baumlerche	Ad,B,Be1,Buf,…	…Do,Fri,GesS,Krü,N,O2,Schwf,V;
Berglerche	Buf,Do	
Boomlewark	Do	
Böschklûtert	Suol	
Böschleierchen	Suol	
Brachläufer	Ad	
Brachlerche	Ad,Krü	
Buschlerche	B,Be1,Do,N	
Dölllerche	Be2,Do,N	
Dudellerche	Do	
Dull-Lerche	O2	
Dulllerche	Be1,B,Do,N	Auch Dullerche (z. B. Be1).
Dülllerche	Be	
Erdsperling	Ad	
Feldlerche	Ad	
Galander	Ad,Krü	
Gereuthlerche	Be1,Buf,Do,N	„Reuten" ist roden, urbar machen.
Glander	Ad	
Haide-Lerche	N	
Haidelerche	Be97	
Heid Lerch	Tu	Nach Turner eine Haubenlerchen-Variation (!).
Heide-Lerche	G,Z	Hat Namen von Heide, Wald, wo sie lebt.
Heide-Waldlerche	Buf	
Heidelerche	Ad,B,Be1,Buf,Fri,…	…K,Krü,N,O2,Schwf,V;
		- K: Albin I, 42.
Heidenachtigall	B,Do,N	Sehr schöner Gesang über Monate.
Heidlerch	GesS	
Hethlerk	GesS	Heth-Heide?
Heyd-Lerch	Kö	In Mitteldeutschland seit 1544 belegt.
Heyd-Lerche	P	
Heydel-Lerche	P	
Heydellerch	Suol	
Heydlerch	Suol	
Heydlerche	P	
Holtzlerch	Krü,Suol	
Holzlerche	Ad,B,Be1,Do,Fri,…	…N,V; Synonym zu
		Baumlerche.
Hoper	GesH	
Karbellerche	Do	
Kleine gehaubte Lerch	GesH	
Kleine Haubenlerche	Buf	Wg. kleinen Federschopfes auch Mittellerche …

Kleine Schopflerche	Buf	… Schopf von mittlerer Größe.
Kleine Zopflerche	Be1,Buf	
Kleiner Federschopf	Albin	Albin Band 1, 42.
Knobellerche	Ad,Be2,N	Geschmack nach Feldknoblauch.
Kobellerch	Buf	
Kobellerche	GesS	
Krautlerche	Ad	
Krautvogel	Ad	
Krautvögelchen	Krü	
Lehringe	Do	
Lerch (kärnt.)	Do,H	
Liedellerche (sächs.)	Do,H	
Lüdellerche	Do	Lautnachahmend.
Ludellerche	Hö	Höfer 2/223.
Ludlerche	Buf	
Lüdlerche	Be2,Do,N	Vom weich-flötenden „Jodeln", …
Lüdudellerche	Do	
Lülerche	Be2,N	… das als „lüllüllullull" empfunden wurde.
Lull-Lerche	O2	
Lulllerche	B,Be2,Do,N	Auch Lullerche (wie bei A. Brehm).
Lülllerche	Be	
Lulu	Buf,Krü	
Lurlen	GesS,Suol	
Mittellerche	Ad,Be1,Buf,K,Krü,…	…N,Schwf,Suol; K: Albin Band I, 42.
Nifferl	Hö	
Pfeiflerche	Ad	
Piddl	Do	
Rifferl	Hö	Richtig ist Nifferl?
Robel-Lerch	GesH	Richtiger: Kobel- ?
Saatlerche	Ad	
Säglerch	Suol	
Sanglerch	GesS,Suol	
Sanglerche	Ad	
Schleierlerche	Do,V	Überaugenstreifen wirken wie Schleier.
Schmervogel	Be1,Buf,N,V	„Schmervogel wg. d. Fettigkeit" (Höfer 1815).
Schneevogel	Do	
Spießlerche	Ad,Krü	
Steinlerch	Buf,GesH	Wohngebiet kann auch felsig, steinig sein.
Steinlerche	Ad,Be1,Do,GesS,K,…	…Krü,N,Schwf; K: Albin I, 42.
Waldlerch	Suol	
Waldlerch	GesS	Seit 16. Jh., engl. noch heute: woodlark.
Waldlerche	Ad,B,Be1,Buf,Do,…	…K,Krü,N,O1,Schwf,V; - K: Albin I, 42.
Waldnachtigall	B,Be2,Do,Krü,N	Sehr schöner Gesang über Monate.
Waldt Lerch	GesS	
Wieselerche	K	K: Albin Band I, 42.
Wiesenlerche	Ad	
Wiesensperling	Ad	
Wilde Lerch	GesS	
Wilde Lerk	Tu	Nach Turner eine Haubenlerchen-Variation.

Wimser	Hö	
Wisser	Hö	
Wutzellerche	Hö	Wutzeln: Ausdruck ihres lallenden Gesanges.

Heiliger Ibis (Threskiornis aethiopicus)

Ächter ägyptischer Ibis der Alten	O1	
Abu-Hannes	O1	

Helmperlhuhn (Numida meleagris)

Aegyptisches Huhn	Be1	
Afrikanisches Huhn	Be1,Buf,Fri,Krü,Suol	
Ägyptisches Huhn	Krü	
Akang	O1	
Barbarisches Huhn	Be1	Barbarei: Nord-Afrika westliches Ägypten.
Betröpfeltes Huhn	Buf	Oken: „Voll von weißen Perldupfen."
Fremder wilder Hahn aus Afrika ...	Buf	... oder Barbarien.
Fremdes Huhn	Be1	Ausschließlich in Afrika verbreitet.
Gemeines Perlhuhn	B,Be1,Krü,O1,V	Gefieder „voll von weißen Perldupfen" (Oken).
Guineische Henne	Suol	
Guineisches Huhn	Be1	
Hornperlhuhn	o.Qu.	Zum knöch. Helm könnte man auch Horn sagen.
Huhn aus Guinea	Buf	Guinea: Westafrika.
Huhn aus Jerusalem	Be1	Name steigerte den Wert des „Huhns".
Huhn von Mecca	Krü	
Huhn von Mekka	Be1	Christen lockten damit Muselmanen.
Jerusalemisches Huhn	Krü	
Knarrhuhn (fälschl.)	Be1	
Knorrhuhn (fälschl.)	Be1	
Lybisches Huhn	Be1	Arabisches Land in Nordafrika.
Markgravisches Perlhuhn (Var.)	Buf	Mark war Grenzprovinz. Bedeutung fremd?
Mauritanisches Huhn	Be1	Maurit.: Staat in NW-Afrika (Atlantik).
Meleagris	Buf,Fri	Meleager: Figur griechischer Sagen.
Numidischer Hahn	Buf	Numidien heute Algerien u. Marokko.
Numidisches Huhn	Be1,Krü	
Pagati (krain.)	Be1	
Perl Huhn	Fri	
Perlhuhn	Buf,Fri,K,Krü,Suol	K: Frisch T. 126.
Perlhun	Be2	
Perlin	Be1,Suol	
Pharaohuhn	Be1,Krü	
Pharaonshuhn	Suol	
Pintad	O1	
Quetel	O1	
Schäckigtes Huhn	Buf	
Scheckhaun	Suol	
Schwarzbuntes Perlhuhn	Krü	
Tunes	GesS	
Tunisches Huhn	Be1	Tunesien liegt östlich von Algerien.

Heringsmöwe (Larus fuscus)

Braun und geschuppte Mewe (juv.)	K	K: Larus fuscus.
Braune Meve (juv.)	Be2,Buf,N	Jugendkleid.
Braune Mewe (juv.)	Krü	
Braune Möve	Buf	Jugendkleid.
Braunfleckige Möve (juv.)	Do	Jugendkleid.
Braungeschuppte Meve (juv.)	K	Jugendkleid.
Bürgermeister	Be1,Krü,N,O1	Laut Martens (1665) die Eismöwe.
Gefleckte Meve (juv.)	Be2,N	
Gelbfüßige Meve	Be,N	Adulte Möwen haben gelbe Beine, dagegen …
Gelbfüßige Möve	Do	… sind sie bei der größ. Mantelmöwe fleischf.
Graubraune Meve	Buf	
Graubraune Mewe	Buf	
Große braune Meve (juv.)	Be2,N	Typ. Jugendkleid, vorherrschend braunfleckig.
Große graue Meve (juv.)	Buf,N	
Große Graumeve	Be1	Bei einigen Rassen ist Rücken nicht schwarz, …
Große Graumewe	Krü	
Große Graumöve	Buf	… sondern grau bis graublau.
Große Haff Möwe	Fri	Möwe erscheint erst im Winter an der Küste.
Große Haffmeve	N	
Große Haffmöve	Do	
Große Haffmöwe	Fri	Möwe erscheint erst im Winter an der Küste.
Große Hafmeve	Be1,Buf	
Große Hafmewe	Krü	
Große Hafmoewe	Buf	Möwe erscheint erst im Winter an der Küste.
Große Heringsmeve	N	
Größeste graue Meve	K	Bezug: Mantelmöwe („Schwarzmantel").
Größte Graumeve	Be2	Möwen aus Island und Nordrußland sind …
Graue Fischmöve	H	… oberseits im Pk schiefergrau.
Größte Graumöve	Buf	
Häringsmewe	Buf,Krü	„Heeringsmöve": Schon bei Halle (1760).
Häringsmöve	O2,V	Aber Stresem.: Aus Herring Gull 1785 Pennant.
Herings-Meve	N	„Sie ist so gefräßig, daß sie eine große Menge …
Heringsmeve	Be2,Buf	… Fische verschlingt, obgleich sie von den …
Heringsmew	Suol	
Heringsmöve	B,Buf,O3	… Fischern oft erschlagen wird." (Voigt 1835).
Kleine Heringsmeve	Be2,N	Die große Heringsmöwe war die Mantelmöwe.
Kleine Mantelmeve	N	Die große Mantelmöwe war die Mantelmöwe.
Kleine Mantelmöve	Suol	
Kleiner Schwarzmantel	Do,N	Der große Schwarzm. war die Mantelmöwe.
Korallenmöve	Do	
Meve	Buf	
Ratsherr	Be2,Do,N	Laut Martens (1665) die Elfenbeinmöwe.
Schur	O1	Okens Name für einige Möwen (1816). Sonst??
Schwarzrückige weiße Häringsmewe	Buf	
Tattarok (grönl.)	Buf	
Weiße, oben weißbläuliche, Häringsmewe	Buf	

Höckerschwan (Cygnus olor)

Albus	GesS
Elb	Buf,GesSH
Elbis	Fri,Suol
Elbisch	Fri
Elbs	Buf,Do,GesSH,Suol
Elbsch	Suol
Elbsch (sächs.)	Buf,Fri
Elbus	GesS
Eloisch (sächs.)	Buf
Frank	Fri
Franki (berl.)	Do
Gemeiner Schwan	Be1,Krü,N,O1 „Svanr" ist anord., alt, gemeint war Singschwan.
Höckerschwan	B,Be2,N,O1,V Schon in Antike (Griechenl., Rom) bekannt.
Höker-Schwan	N
Kaspischer Schwan	Do
Oelb (sächs.)	Buf,GesH,Schwf
Oelbs	Schwf
Oelbsch	Buf
Ölb	Do,GesS,H
Ölbs	Fri,H,Suol
Ölbsch	GesS
Ölps	Fri
Ölpsch	Fri
Rotschnäbliger Schwan	Do
Schnabelschwan	Buf,Krü
Schwaan	G
Schwan	Be1,Buf,Fri,GesH,... ...Kö,Krü,N,Schwf,Z;
Schwane	G
Schwanente	Be1,N Schwäne sind die größten Entenvögel.
Schwangans	Buf,K,Krü K: Frisch T. 152.
Schwarznasiger Schwan	Do
Schwarzstirniger Schwan	Be2,N Schwarzer Stirnhöcker.
Schwarzstirniger u. rothschnäbel. Schwan	N
Singschwan	Krü
Stummer Schwan	Be1,Do,Krü,N,... ...O1,V; Brutzeit: Fast trompetende Rufe.
Swan	Suol
Swän	Tu
Swoan	Do,H
Wilder Schwan	Krü
Wildschwan	Do
Zahmer Schwan	Be1,Buf,Do,G,... ...N,O1,V,Z;
Zahmer Schwane	Z

Hohltaube (Columba oenas)

Bergtaube	Be1,Krü,N Naumann: „Uneigentlich".
Blau Taube	Fri
Blaue Holztaube	Be1,Fri,N
Blautaube	B,Be1,Do,Hö,Krü,... ...N,V; Nach Gefieder.
Blawe Taube	Schwf

Bloch-Daube	Kö	Von elsässischem Ploch.
Blochtaube	Be1,Fri,Krü,N	Von els. Ploch, Baumstamm (Höhlenbrüter).
Blocktaube	B,Be1,Fri,Krü,N	Von elsässischem Ploch.
Böocktaube	Do	
Feldflüchter	H	
Feldtaube	Krü	
Felsentaube	Krü	
Felstaube	Be1,Do,N	Naumann: „Uneigentlich".
Haortaube	Suol	
Harttaube	Suol	
Hoartaube	H	
Hohl-Taube	G,N	Name schon aus althochdeutscher Zeit belegt.
Hohltaube	B,Be1,GesS,…	…Krü,N,P,V,Z;
Hol Taube	Schwf	
Holdûwe	Suol	
Holltaube	Suol	
Holtaub	Suol	
Holtaube	P	
Holtz Taube	Fri	Name schon aus althochdeutscher Zeit belegt.
Holtz-Daube	Kö	
Holtztaube	GesSH,Krü,Tu	Vogel brütet im Holz, in Baumhöhlen.
Holztaube	Be1,K,N,O1,V	K: Frisch T. 139.
Hueldauf	Suol	
Hültaub	Suol	
Kleine blaue Holztaube	N	Nach Gefieder.
Kleine Holztaube	Be1,Do,Fri,N	
Kleine wilde Taube	GesSH,O1	
Kleine Wildtaube	Do	
Kohltaube	Krü	
Kohltaube	Be2,Krü,N	Wegen einiger schwarzer (kohl-)Gefiederteile.
Kol Taube	Schwf	
Lochtaube	B,Be1,Fri,GesH,Krü,N	Vogel nistet in Baumhöhlen.
Lochtub	Suol	
Lochtube	GesS	
Lütt Hosduw	Do	
Plochtaube	Fri	Elsässisches Ploch bedeutet Baumstamm.
Stammtaube	Krü	
Steintaube	Fri,Krü	
Stocktaube	Krü	
Vinago	Tu	„Aristoteles-Name". Hohltaube? Felsentaube?
Waldtaube	Be1,Do,Krü,N	
Wilde Daube	Kö	Lebte wild, nicht auf dem Hof.
Wilde Taube	Be97,Krü,Schwf,V	Lebte wild, nicht auf dem Hof.
Wildtaube	H	

Indianermeise (Baeolophus bicolor)

Zweifarbige Meise	O3

Isabellsteinschmätzer (Oenanthe isabellina)

Isabellfarbiger Steinschmätzer	H

Isabellwürger (Lanius isabellinus)

Isabellfarbiger Würger	H	

Italiensperling (Passer italiae)

Bergsperling – Italiensperling?	K	Buffon 1790, Band 10/233.
Italiänischer Sperling	Buf,O2	1837 als eigene Art beschrieben von Vieillot.
Närrischer Sperling	Buf	
Rothkopfsperling	B	

Jagdfasan (Phasianus colchicus)

Bazant	Krü	
Böhmischer Fasan	Do,N	Name der „Spielart" von Naumann.
Brauner Fasan	N	Name der „Spielart" von Naumann.
Bunter und weißer Fasan	K	K: Frisch T. 123–125.
Buschfasan	H	
Edel-Fasan	H	
Edelfasan	B,Do,H	Fasan wurde lange Zeit so genannt.
Fasahn	K	
Fasan	Buf,Fri,GesH,…	…Krü,N,Schwf,Z;
Fasanvogel	Krü	
Fasanenvogel	Do	
Fasant	Krü	
Fasen	Fri	
Fashan	Suol	
Fashuhn	Suol	
Fasshan	Suol	
Fasian	Fri,H,Krü,Tu	Kam in ältest. Zeiten v. Fluß Phasis in Kolchis.
Fazyan (poln.)	Krü	
Gemeiner Fasan	K,N,O1,V	K: Frisch T. 123–125.
Goldfasan	N	Naumann: Name hier „unrichtig"!
Kupferfasan	Do,H	
Pasian	Schwf	
Phasan	Buf,Kö,Krü,N,P	Kolchis liegt Georgien, der Phasis heißt Rioni.
Phasanenvogel	N	
Phasant	N	Englisch: Pheasant.
Phasian	Do	
Ringfasan	o.Qu.	Seit 16. Jh. in S-Europa heimisch, heute überall.
Weissbunter Fasan	Fri	
Wilder Fasan	H,O3	

Jungfernkranich (Anthropoides virgo)

Ballettänzer	Buf	Buf: Nach Plinius.
Fräulein aus Numidien	Buf,K,Krü,N	K: Albin Band III, 83.
Gaukler	Buf,Krü,O1	Buf: Nach Aristoteles.
Jungfer aus Numidien	Buf,V	Besonderer Gang wie ein „Frauenzimmer."
Jungfern-Kranich	N	
Jungfernkranich	B,N,O3	
Kommödiant	Buf	Buf: Nach Aristoteles.
Nachahmer des Menschen	Buf	Buf: Nach Athaeneus.

Numidische Jungfer	Buf,Krü,N,O1	Numidien ist histor. Landschaft in Nordafrika.
Numidischer Kranich	Krü,N	
Operette	Buf	
Opernkranich	Buf	
Operntänzer	Buf	Buf: Plinius, zitiert von Halle S. 521.
Pantomimist	Buf	Buf: Nach Plinius.
Possenmacher	Krü	
Querky	O1	Eigenartige, sonderbare Tänze u. a.
Schauspieler	Buf	Buffon: Nach Aristoteles.
Schmarozzer	Buf	Buffon: Plinius, zitiert von Halle S. 521.
Tänzer	Buf,Krü	Buffon: Nach Plinius.

Kaiseradler (Aquila heliaca)

Goldadler	N,O2	Naumann – Original: Trivialname.
Großer Adler	Krü	
Hasenadler	K	
Kaiseradler	B,H	Gefiederzeichnungen edler als bei Steinadler.
Kaiserlicher Adler	N	
Königs-Adler	N	Synonym zu Kaiseradler.
Königsadler	B,Do,H,Krü,O3	Name auch wg. „Tyranney" gegen and. Vögel.
Kurzschwänziger Steinadler	N	Rel. kürzerer Schw. (Steinadler) fällt kaum auf.
Landadler	Krü	
Schwartz brauner Adler	Fri	
Schwarzer Adler	Do,K,N	Seit 1552. Alter Kaiseradl. dunkl. als Steinadler.
Sonnenadler	N	Übersetzung des wiss. Namens.
Steinadler	Krü	
Sternadler	Krü	

Kalanderlerche (Melanocorypha calandra)

Calander	Be,N	Mhd. galander um 1200 aus afrz. calandre.
Calander-Lerche	Be	
Calanderlerche	Krü,N,O2	
Calandra	K	Adelung: Name von Gal, gallen (Gesang).
Galander	Buf,GesSH,Ma	Name aus mittelalterlichem Frankreich.
Große Lerche	Be,Buf,Krü,N	Größte europ. Lerchenart (auch Haubenlerche).
Große Ringlerche	Buf	„Ring": Zwei schwarze Halsflecken.
Kalander	Buf,GesSH,H	
Kalander-Lerche	N	
Kalanderlerche	B,Buf,H,Krü,O1	
Kalandra	GesS	
Kalandra Lerche	K	
Kalandralerche	Buf	
Ringlerche	Be,Krü,N,O2	
Sibirische und mongolische Lerche	N	Kalanderl. ist Vogel warmer Länder. Sib.: falsch.

Kammbläßhuhn (Fulica cristata)

Kammbläßhuhn	B	

Kampfläufer (Philomachus pugnax)

Begine (weibl.)	Be1,Do,N	Hinweis auf schlichtes weibliches Gefieder.
Braun und gelbbunter Sandlaeufer mit ...	Fri	... gelben Füßen (weiblich)?
Braunshahn	Do	
Brausehahn	B,Be1,Buf,Krü,N	Männchen machen brausendes Geräusch.
Brausekohlschnepfe	Be2,Do,N	Die Vögel mit schwarzem Kragen.
Braushahn	Buf,Fri,K,Krü,Suol	Schwedischer Name des Kampfläufers.
Brauskopfschnepfe	Buf,Krü	
Bruchhahn	B,Do,N	Von dem Biotop Bruch.
Bruhshahn	Be,Buf	
Brushahn	Krü	
Bruunskopper	Buf	
Bruushöhn (helg.)	Do	
Burrhahn	B,Be2,Buf,Do,N	Schnurrend fliegen; oder: von empören, toben.
Englischer Strandläufer (juv.)	Be2,Do,N	Junge sind roströtlich, rostbräunlich.
Gemeiner Kampfhahn	O2	
Grasschnepfe	Suol	
Greenwichscher Strandläufer (juv)	Be2,Buf	Buf: Name von Otto.
Großer Seevogel	Be2,N	
Hauß-Teuffel	K,Suol	Name stammt vor allem von Käfigvögeln.
Hausteufel	B,Be1,Buf,Do,Fri... ...K,Krü,N;	- Synonym zu Brausehahn (pom.).
Hausteufelchen	Krü	
Heidehuhn	Be1,Do,Krü,N	Name des Gebietes, wo die Vögel sich aufhalten.
Heydhun	P	
Kampf Hänlein	K,Suol	Name schon 1750 bei Klein.
Kämpfender Strandläufer	Be2,Krü,N	Name von Bechstein (1809).
Kämpfer	Be2	
Kämpfer Streitvogel	N	
Kampfhahn	B,Be1,Buf,Do,... ...Krü,N,O1,V;	- Kampflust, stolzes Verhalten.
Kampfhähnchen	Krü	
Kampfhähnlein	Buf,Fri,K	
Kampfhun	Suol	
Kampfläufer	B,Krü	
Kampfschnepfe	Do,V	Bis etwa 1925 Heinroths Name.
Kampfstrandläufer	Be2,N,O3	
Kemperkens (belg.)	Krü	
Kimpfer	Be	
Kleiner Seevogel (weibl.)	Be2,N	
Kludderhahn	Do,H	Durchnäßter, kluddernatter Boden (Arena).
Kollerhahn	B,Be2,H	Vom Federkragen. Collar ist engl. für Kragen.
Kollerhuhn	N	
Krösler	Be2,Do,O1,N	Krös ist „gefälteter Kragen".

Krößler	Buf,Hö	Höfer 2/175.
Kullerhahn	Do	
Mattknitzel	Suol	
Mömck	Do	
Mönnck	N	Mönch. Nach schwarzen Gefiederteilen (Kopf).
Mönnick	Be1,Krü,N	
Pfauteufel	B	„-teufel" aus d. Zeit, als m. Kämpfe negativ sah.
Purrhahn	V	Stoßen, stochern, aber auch: reizen, ärgern.
Renomist	Be1,Krü,N,O1,V	Angeber, Prahler: Verhalten der Männchen.
Renommist	Do	
Rotbeiniger Kiebitz (juv.)	Be1	
Rothbeiniger Kibitz	Buf	Buffon (Band 27–1797): Name von Otto.
Rothbeiniger Strandläufer	Buf	Buffon (Band 27–1797): Name von Otto.
Rothbeinlein	Buf	Buffon (Band 27–1797): Name von Otto.
Rothgefleckter Strandläufer (juv.)	Be2,N	Junge werden wg. bes. Färbung oft nicht erkannt.
Ruchhalshahn	Suol	
Ruff	O1	Von aufstellbarer Federhalskrause. Aus England.
Seepfau	Be1,Do,Krü,N	Stellt Kragen auf wie Pfau den Schwanz.
Seeteufel	B	„-teufel" aus d. Zeit, als m. Kämpfe negativ sah.
Strahlschnepfe	Do	
Stralschnepfe	Be2,N	Kämpfe waren lange negativ beurteilt, daher …
Stralschneppe (dän.)	Buf	… Strahl, Stral, strahlig: unartig, böse, verflucht.
Strandläufer von Greenwich (juv.)	Be2,N	Junge werden wg. bes. Färbung oft nicht erkannt.
Straushahn	N	
Straußhahn	B,Be2,Do,Krü	Von Strauß – Kampf, Streit.
Streit-Schnepfe	Fri	Streit: Es handelt sich um Turnierkämpfe.
Streitbarer Vogel	GesH	Keine Beschädigungskämpfe.
Streithahn	Be2,Buf,Do,Krü,N	
Streithuhn	Be1,Buf,N	Weibch. streiten nicht. Dennoch Name v. Adelg.
Streithun	Suol	
Streitschnepf	Fri,Suol	
Streitschnepfe	Be2,Buf,Do,Krü,N,V	
Streitstrandläufer	N	Meyer: Auch „zahme" Vögel streiten dauernd.
Streitvogel	B,Be1,Buf,Krü	
Struthuhn	Be2,N	Strut: Angelsächsisch für „sumpfiger Boden".
Struußhahn	Be1	
Tanztaube	Be2,DoN	Balzender Kampfläufer.
Vielfarbiger Kampfläufer	N	Alle Männchen zeigen Mai/Juni individ. Färbg.
Wandmecher	Suol	
Zweikämpfer	Krü	

Kanadagans (Branta canadensis)

Canadische Ente	Buf	
Canadische Gans	Buf,O2	Gefangenschaftsflüchtling.
Kanadenser Gans	Buf	Seit Mitte 17. Jahrhundert in England.
Kanadensergans	K	
Schwanengans	B	18./19. Jh. Schwanengans – Anas cygnoides.
Wilde canadische Gans	Buf	„Gemeine" wilde Gans in Nordamerika.

Kanarengirlitz (Serinus canaria)

Canari	P	
Canarie Vogel	Fri	Früher üblicher Name des Vogels.
Canarie-Vogel	P	
Canarien Vogel	Schwf	
Canarien Zeisle	Schwf	
Canarien-Spatz	Kö	
Canarien-Vogel	Suol,Z	
Canarien-Zeisle	Suol	
Canarienhänfling	Be2	
Canariensperling	Be1,K	K: Frisch T. 12.
Canarienvogel	Ad,Be1,K,P,Suol	K: Frisch T. 12.
Canarievogel	Kö	Schreibweise ok.
Canario (span.)	B	In Spanien und Portugal üblicher Name.
Canarischer Sperling	Be2	
Canarivogel	Suol	
Citrongelber Canarie Vogel	Fri	Abb. der Gelben Kan.v. entstanden vor 1600.
Gelbgrüner Dickschnabel	Buf	
Goldvögelchen	GesS	
Holländer	Do	
Kalummer	Suol	
Kalummer-Vauhl	Suol	
Kanâlfôkl	Suol	
Kanali	Suol	
Kanâljen	Suol	
Kanaljenvogel	Suol	
Kanânefæjele	Suol	
Kanari	Suol	
Kanaria (weibl.)	Do	
Kanarienfink	Be1	
Kanariensperling	Buf	
Kanarienvogel	Buf,GesS,O1,V	Lebt auf den Kanaren, Madeira, Azoren.
Kanario (männl.)	Do	
Kanarischer Sperling	Buf	
Kardinali	Suol	
Kardinalvogel	Suol	
Kardinarienvogel	Suol	
Karnarivogel	Suol	
Trompeter	Do	
Wilder Kanarienvogel	B	
Zucker Vogel	Schwf,Suol	Zuckerrohranbau Kanaren 15. Jahrhundert.
Zuckervogel	Ad,Be1,Buf,Do,V	
		… „Man sagte, daß sie Zuckerrohr lieben …
Zuckervögelchen	Be2	… und weil sie Zucker in Mengen verzehren …
Zuckervögele	Suol	
Zuckervögele	GesS,Suol	… können." Lauenburger Taschenb. von 1784.

Kappenammer (Emberiza melanocephala)

Kappen-Ammer	N	Männchen hat schwarze Kappe.
Kappenammer	B,Buf,H	
Königsammer	B,H	Der farbenprächtige Vogel ist der König
Ortolankönig	B,H	Name von A. Brehm wg. prächtigen Gefieders.
Prachtammer	B	Wegen kräftiger Gefiederfarben.
Schwarzkappige Merle	N	Vogel wurde Tanagra melanictera genannt (!) …
Schwarzkappiger Ammer	N	… Dieser Name war Naumanns Antwort darauf.
Schwarzkopfige Ammer	O3,V	
Schwarzköpfiger Ammer	N	Männchen hat schwarze Kappe …
Schwarzköpfiger Goldammer	N	… und leuchtend goldgelbe Brust.
Schwarzköpfigter Ammer	Buf	

Kappensäger (Lophodytes cucullatus)

Hauben-Säger	H

Kapsturmvogel (Daption capense)

Kaptaube	H

Karmingimpel (Carpodacus erythrinus)

Brandfink	B,Be,Do,N	Leitname Bechsteins (1802).
Brandhänfling	Be2,N	Leitname Bechsteins (1807).
Carminkernbeißer	O3	1 v. 6 Loxia-Arten im Ordnungssystem v. Oken.
Feuerfarbiger Fink	Be,N	
Gintel	GesH	
Gyntel	GesS	
Karmin-Gimpel	N	KN von Naumann.
Karminfink	Do	
Karmingimpel	B,H	Brust, Kopf, Bürzel sind leuchtend karminrot.
Karminhänfling	B,Do,N	
Karminköpfiger Fink	N	Name stammt von Meyer (um 1810).
Rosenfink (schwed.)	H	Name in Schweden.
Rosengimpel	Do	
Rothäubiger Fink	Be1,H	Leitname Bechsteins (1795).
Rothhaubiger Fink	Be,N	
Rotzeisig	Do	
Schwarzer Hänfling	Be2,N	Name von Hennicke – Team aussortiert.
Schwarzer Zeisig	Be2,N	Name von Hennicke – Team aussortiert.
Schwedischer Rosenfink	H	
Tuti (Hindu)	B	Indischer Name, bei A. Brehm (1879).
Wiggügel	GesS	

Katzenvogel (Dumetella carolinensis)

Katzenvogel	B,H

Keilschwanz-Regenpfeifer (Charadrius vociferus)

Kildihr	Be2
Kildir	Be,Buf
Killdihr	Be
Langgeschwänzter Kiebitz	Be2
Langgeschwänzter Kybitz	K

Langgeschwänzter Mornell	Be2,Buf	
Langschwänziger Kiebitz	Be	
Schreiender Regenpfeifer	Be,Buf	
Schreier	Be	
Schreikibiz	Buf	
Schreikiebitz	Be	
Schreyender Regenpfeifer	Be1	
Schreyer	Be2,Buf	
Schwanzkiebitz	Be2	
Schwanzkiwitz	Be	
Schwarzkragen	Buf	

Kernbeißer (Coccothraustes coccothraustes)

Boilenbeißer	Krü	
Bollebick	GesS,Krü,Suol	Bollen sind Knospen.
Bollenbeißer	B,Be1,N,Schwf	
Bollenpick	Be,Do,N	
Bollenpicker	GesH	
Brauner Kernbeißer	Be1,Buf,N	
Brauner Steinbeißer	Ad,Be2,Fri,K,Krü,N	K: Frisch T. 4.
Buchfink	Be1,N	Gefiederfarben wurden als ähnlich gesehen.
Bullenbeißer	Do	
Buschfinke	Be	
Chirsichlepfer	Suol	
Dickkopf	Do	
Dickmaul	Fri,Suol	
Dickschnäbcl	B,Be1,Buf,Do,...	...K,Krü,N,Suol,V;
Dickschnabel	Ad	
Elfke	Do	
Fichtenhacker	Ad,Be1,Buf,Krü,N	Fichtensamen werden nicht gehackt.
Finkenkönig	B,Be2,Do,Krü,N	„Wegen seiner vorzüglichen Größe" (Krünitz).
Gemeiner Kernbeißer	Be1,N,O1	
Großschnabel	Krü	
Gügger	GesS	
Hirßfinck	GesS	
Kaarnbicker	Be1,N	Aus dem Plattdeutschen für Kern-„hacker".
Karnbieter	Do	Plattdeutsch: Kernbeißer.
Kasseberfinck	Suol	
Kerenbeißer	Suol	
Kern-Beiß	P	
Kern-Beißer	G,Z	Knackt „Steine", verzehrt den Kern darin.
Kernbeiß	GesS,H,P,Suol	
Kernbeißer	Ad,B,Be1,Buf,Fri,...	...GesSH,K,Krü,N,O2,V,Z; - K: Frisch T. 4.
Kernbeyßer	Suol	
Kernhacker	Be2,N	
Kernknacker	Do,N	
Kernschneller	Ad	
Kiässenknäpper	Suol	

Kirchfinck	GesS	
Kirchfincke	Suol	
Kirnbieter	Do	
Kirsch Fincke	Schwf	
Kirsch Leske	Schwf	
Kirsch-Fink	Z	
Kirsch-Finke	Z	
Kirsch-Kernbeißer	Be2,N	Bechsteins und Naumanns Leitname.
Kirschbeißer	Krü	
Kirschbeißer	Ad,Be1,N	Über „kernbeyss" bis 15. Jh. zurückverfolgbar.
Kirschenfink	Buf	
Kirschenknäpper	Suol	
Kirschenknipper	H	
Kirschenknupper	Suol	
Kirschenröver	Do	
Kirschenschneller	Be1,Buf,GesSH,H	Mit Schnellen ist knackender Schnabel gemeint.
Kirschfinck	GesSH	Alter Name; v. Temminck zu Finken gestellt.
Kirschfincke	Suol	
Kirschfink	Ad,B,Be1,Buf,Do,...	...Fri,K,Krü,N,O1,V; K: Frisch T. 4.
Kirschfinke	Be	
Kirschhacker	Be1,Buf,Krü,N	Kernbeißer beißter, er hackt aber nicht.
Kirschkernbeißer	B,Be2,H,Krü,...	...O3,V;
Kirschklöpfer	Do,N	
Kirschknacker	B,Do,N	
Kirschknäpper	Be1,Buf,Z	
Kirschknepper	Buf,Krü,Suol	Von niederdeutsch kneppen, knallen.
Kirschknöpper	Do,N	
Kirschlasig	Do	
Kirschleske	Ad,Be1,Buf,K,...	...Krü,N;
KirschLeske	Suol	
Kirschneller	K	
Kirschpicker	Do,H	
Kirschschneller	Ad,B,Buf,Krü,N,...	...Schwf,Suol;
Kirschvogel	Do,N	Vogel frißt kein Fruchtfleisch der Kirschen.
Kirsenklepfer	Suol	
Kirsenkleppe	Suol	
Kirsenklepperi	Suol	
Kirseschneller	Suol	
Kirsfincke	Suol	
Kirßfinck	GesS,Suol	
Klapper	Be97	
Klepper	Ad,B,Be1,Buf,Do,...	...GesSH,K,Krü,N,O1,Schwf,Suol;
Knacker	Do	
Knäpper	Buf	
Knepper	Buf	
Kreuzvogel	Ad	
Laschke	Suol	
Laske	Do,H	

Lasken	H	
Lässig	Do,H	
Leschke	O1	Namen aus schles. Dialekt. Sind dem Tschech. ...
Leske	B,Be2,N,Schwf	... (dlesk) u. Poln. (klesk) entlehnt: Knallen.
Lessig	H	
Lessing	Do,H	
Lesske	Suol	
Lysblicker	B,Be2,N	„Steinbeißer", wie aus anderen Gründen so ...
Lysklicker	Do,Krü,Schwf,Suol	... genannter Flußregenpfeifer.
Nußbeißer	B,Be1,Buf,Do,N	
Nußpicker	Krü	
Schirpis (lett.)	Buf	
Steckneck (schwed.)	Buf	
Steenknacker	Do	
Steinbeißer	Ad,B,Be1,Buf,Do,...	...GesH,Krü,N,Schwf;
Steinbicker	Ad	
Steinbisser	Suol	
Steinbysser	GesS,Suol	
Steinfink	Ad,Krü	
Steinknipper	Suol	
Zapfennager	Krü	

Kiebitz (Vanellus vanellus)

Bêbich	Suol	
Bewittig	Suol	
Bigitz	Buf	
Blaugrüner Gyfitz	Buf	
Boebich	Suol	
Boewittig	Suol	
Cziczik	Buf	
Dix-huit	Buf	
Feld-Pfau	Suol	
Feldpfau	B,Be1,Do,K,...	...Krü,N; K: Frisch T. 213.
Feldphau	Buf	Wegen der schönen bunten Federn u. d. Zopfes.
Fifitz	Suol	
Fijfitz	Suol	
Gavi-Gavi	Krü	
Gehaubter Kiebitz	O3	KN von Oken.
Gehäubter Kiebitz	Be2,N,V	KN von Bechstein.
Geibitz	Hö,Suol	
Geibitzel	Hö	
Geijfitz	Suol	
Geißvogel	Krü,N	Wg. seines Geschreyes wurde V. auch Geißv., ...
Geisvogel	B,Be1,Do	... Himmelsgeiß oder Himmelsziege genannt.
Gemeiner Kibitz	Krü,N	Fast alle folgenden Namen entstanden nach Ruf.
Gemeiner Kiebitz	Be1,Krü,O1,V	
Gemeiner Kybitz	K	K: Frisch T. 213.
Gemeiner Kybiz	Buf	
Geubitz	Suol	

Gewitz	Suol	
Gibitz	Be1,Buf,Krü,N,P	
Gibiz	Suol	
Gifitz	Suol	
Gifix	Suol	
Giwitz	Buf	
Giwix	Suol	
Gübich	Be97	
Guibitz	Do	
Gybitz	K,Schwf,Suol	K: Frisch T. 213.
Gybytz	GesSH	
Gyfitz	Be2,Buf,Do,… …GesSH,Kö,N,Schwf,Suol;	
Gyfytz	Buf	
Gysitz	Be1,H,K,Krü	
Gyuitt	GesS	
Gyvitt	GesH	
Gywitt	Schwf,Suol	
Gywitz	Buf	
Higitzen	GesS	
Himmelgeiß	Buf	
Himmelsgeiß	Krü	
Himmelsziege	Krü	
Kewitsch	Suol	
Kibit	N	
Kibitz	Be2,Buf,Fri,G,… …Krü,O2;	
Kibiz	Be1	
Kiebisch	Buf	
Kiebit	Krü	
Kiebith	Be1,N	
Kiebitz	B,Buf,Krü,N	
Kiebiz	Buf	
Kievitz	Be1,N	
Kiewit	Fri,Krü	
Kiewitt	Do	
Kiewitz	Krü,N	
Kifitz	Krü	
Kisitz	Be1	
Kivitz	Krü	
Kiwit	H,Suol	
Kiwitt	Krü	
Kiwitz	Buf	
Kiwiz	Suol	
Kiwüt	B,H	
Kliwit	Suol	
Kübitz	Be1,Krü	
Kühbitz	Be2,N	
Künit (fries.)	H	
Kuuitz	GesS	
Kybit	Krü	

Kybitz	Be1,Buf,Fri,K,… …Krü,N,Suol,Z;	
Kybiz	Buf	
Kyfitz	Buf	
Kynütz	GesH	
Kyvitta	Krü	
Kyvitz	Krü	
Kywit	Krü,Tu	
Kywitz	Buf,N	
Mornel	K	K: Frisch T. 213.
Pardel	Be2,Do,K,N,Suol	Aus mittellateinischem pardalus, Regenpfeifer.
Peiwek	Suol	
Peterwitzel	Suol	
Piedewitt	Do	
Piewitz	Do,Suol	
Piwek	Suol	
Piwitsch	Suol	
Püewitz	Suol	
Püwik	Suol	
Riedschnepfe	Be2,Do,N	Dieser und folgender Name sind KN von Be.
Riedstrandläufer	B,Be2,N	Eigentlich ist große Schnepfe damit gemeint.
Seegall	Krü	
Sifitz	Suol	
Teutscher Pfau	Fri	
Tifitteke	Suol	
Tifittik	Suol	
Wanne	Kö	
Wilder Pfau	Kö	
Ziefitz	Be2,N	Auch die folgenden Begriffe: Nach Ruf.
Ziehfittich	Suol	
Ziesitz	Do	
Zifitz	Be97	
Zifitzen	Be,N	
Zisitz	Be1	
Zisitzen	Be2	
Ziwik	Suol	
Zweiel	GesH,Suol	
Zweyel	Krü	

Kiebitzregenpfeifer (Pluvialis squatarola)

Regenpfeifer allg. nach Suolahti bei Sandregenpfeifer

Bononischer Kibitz	Buf	
Brach Amsel	Krü,Schwf,Suol	
Brachamsel	B,Be1,Do,N,O1	Hier kann wohl „Zugvogel" gelten.
Brachvogel	Be2,Buf,N	Buffon: Brachvogel, so in Pommern genannt.
Braun und weiß gefleckter Strandläufer	Be2,N	KN von Bechstein.
Braun- und weißgefleckter Strandläufer	Buf	

Braungefleckter Strandvogel	Be1,N	KN von Bechstein.
Bunte Schnepfe	Be2,Buf,N	Schwarz-weiß war auch damals schon bunt.
Bunter Kiebitz	Be2,Buf	
Bunter Kiwitz	Buf	
Bunter Strandläufer	Be	
Buntschnepfe	Do	
Dolken	Buf	Buffon: Pontoppidan.
Floytetyten	Buf	Buffon: Pontoppidan.
Gefleckter Kibitz	N	
Gefleckter Kiebitz	Be2,H	
Geschäckter Regenpfeifer	O2	
Gestreifter Kibitz	N	
Gestreifter Kiebitz	Be2,H	
Grauer Strandläufer	Be1,N	KN von Bechstein.
Grauer (grünfüßiger) Strandläufer	N	KN von Bechstein.
Grauer Gifitz	Buf	
Grauer grünfüßiger Strandläufer	Be2,Buf,N	
Grauer Gysitz	K	
Grauer Kibitz	Buf,Krü,O1,N	Kiebitz waren früher auch etliche andere Arten.
Grauer Kiebitz	Be1,H	Grau- besserer(?) Name (Grey Plover).
Grauer Kybitz	Buf,K	K: Frisch T. 215, Albin Band I, 76.
Grauer Pardel	Be,Buf,K,Krü	K: Frisch T. 215.
Grauer Pulros	N	Entstand aus dem franz. „pluvier" für …
Grauer Pulroß	Be2,Buf	… Regenpfeifer. Bereits 1531 bei Hans Sachs.
Grauer Regenpfeifer	Be2,Buf,N	Buffon: Belon.
Grauer Strandläufer	Be1,Buf,O1	
Grawer Gyfitz	Schwf,Suol	
Grosser Brachvogel	Be,Schwf,Suol	
Kaulkopf	B,Be2,Do,N	Wohl wg. d. großen Kopfes, liebev. v. Kohlkopf.
Keulkopf	Be2,Buf	
Kiebitzregenpfeifer	B,H	Kein wichtiges gemeins. Merkmal mit Kiebitz.
Kühlkop	Buf	
Meer-Regenpfeifer	Buf	
Nordischer Kibitzregenpfeifer	N	
Pardel	Buf,K	
Parder	Be1,Buf,Krü,N,O1	Klein/Reyger: „… aus mittellateinischem …
Parderstrandläufer	B,Be2,N	… pardalus für Regenpfeifer."
Porder(!)	Buf	
Scheck	B,Be2,Buf,Do,N	Wegen der schwarz-weißen Scheckung.
Schwarzbäuchiger Kiebitz	Be2	Bechsteins Artbezeichnung 1802 und 1809 …
Schwarzbauchiger Kiebitz	O3	… daraus machte Oken diesen KN.
Schwarzbunter Kibitz	N	
Schwarzbunter Kiebitz	Be2,H	
Schweitzer Kiwitz	Buf	
Schweitzer Strandläufer	Buf	Müller (1760): „Er hält sich in Thälern der …

Schweitzerischer Kibitz	Buf	... Schweiz auf."
Schweitzerischer Kybitz	Buf	
Schweitzerischer Strandläufer	Buf	
Schweitzerscher Kibitz	Buf	
Schweizerischer Kibitz	N	
Schweizerischer Kiebitz	Be2,H	Bechstein (1809) kritisierte Existenz d. Namens.
Schweizerischer Strandläufer	Be2	
Schweizerkibitz	N	Naumann verkürzte Müllers Namen.
Schweizerkiebitz	B,Be2,Do,H	
Silberfarbener Regenpfeifer	Be2,N	
Silberfarbiger Regenpfeiffer	Buf	
Silberfarbner Regenpfeifer	N	
Silberkiebitz	Do	
Squatarola (ital.)	Buf	A. Brehm: N. v. „stummelhafter Daumenwarze".
Witt Welster (helgol.)	Do,H	

Kiefernkreuzschnabel (Loxia pytyopsittacus)

Föhrenkreuzschnabel	H	Föhren sind Kiefern. Waldkiefer = Waldföhre.
Groot Borrfink	H	Name auf Helgoland.
Große Krinisse	Schwf	
Großer Kreutzschnabel	N,O1,V	Wirkt massiger, obwohl er nur ca 1 cm größer ...
Großer Kreuzschnabel	Be,H	... als der Fichtenkreuzschnabel ist.
Großer Krinis	Suol	
Großer Krummschnabel	Be,Buf	
Großschnäbeliger Kernbeißer	N	Größerer Schnabel wichtig für Kiefernzapfen.
Kiefern-Kreuzschnabel	N	Bevorzugt Biotope mit hohem Kiefernanteil.
Kiefernkreuzschnabel	O1,V	
Kiefernkreuzschnabel	B,Be2	
Kiefernpapagei	N	Farben und Bewegungen bei Klettern wurden ...
Kiefernpapagey	Be2	... mit denen bei Papageien verglichen.
Kieferpapagei	B	
Krummschnabel	B,Be,N	Als Krumbschn. für Fi-Kr-schn. bei Hans Sachs.
Krünitz	V	Aus dem Tschech., bedeutet Krummschnabel.
Kurzschnäbeliger Kreutzvogel	N	Schnabel ist nicht kürzer als b. Fichtenkr. (s. o.).
Kurzschnäbeliger Kreuzvogel	H	
Roß-Krinis	Suol	
Roß Krinisse	Schwf	
Roßgrünling	O1	
Roßkrinitz	B,Be2,N	Bed. Großer Krinitz, also Kiefernkreuzschnabel.
Scheerenschnäbliger Kernbeißer	Be2	Ober- und Unterschnabel über Kreuz, um ...
Scheerenschnäbeliger Kernbeißer	N	Zapfen besser aufbrechen zu können.
Scherenschnäblicher Kernbeißer	Be	Schreibweise so richtig.
Tannenpapagei	B,N	„Lässet sich gern auf Tannenbäumen finden." ...
Tannenpapagey	Be	... Das trifft aber **nicht** für diesen Vogel zu.
Welscher Kreutzschnabel	N,V	Für die Vorfahren waren Kreuzschnäbel ...
Welscher Kreuzschnabel	H	... fremd, ausländisch, daher welsch.

Klappergrasmücke (Sylvia curruca)

Grasmücke allg. (nach Suolahti) bei Mönchsgrasmücke

Arfenbieter (schlesw.-holst.)	Do,H	
Baumnachtigal	K	K: Frisch T. 21.
Blaue Grasmücke	Ad,Be1,Hö,N	Höfer: Bei Kramer.
Blauköpfle (bayer.)	Do,H	Blaugrau im Gefieder wird oft blau genannt.
Böschgrâtsch	Suol	
Canevarola	Buf	Buffon: Nach Aldrovant.
Dorndreher	Ad	
Dornreicherl (bei Linz)	H	Vögel leben in dichten Gebüschen.
Eiserling	Do	
Erbsenvogel	Buf	
Fahlgelbe Grasmücke	K	K: Frisch T. 21.
Gemeine Grasmücke	Be	
Geschwätzige Grasmücke	Be1,Buf,Hö,Krü,...	...N,O1; Weil sie lange leise singt.
Geschwätziger Sänger	Be,N	
Grasmück	Buf	
Grasmücke	K	K: Frisch T. 21.
Grasmückfohle	Buf	
Graue Grasmücke	Buf,Hö	
Hagspatzel	Do	
Hanffeigenfresser	Buf	Buffon: Nach Olina.
Heckegrâtsch	Suol	
Heckengrasmücke	Be1	
Heckenschlupfer (bayer.)	Do,H	
Heckenschmätzer	Ad,Do	
Heckenschwätzer	Hö	
Heckenspringer	Ad	
Heckenvogel	Ad	
Heckenwenzel	Ad	
Heckenwitwe	Ad	
Heckerchen	Suol	
Holzgrasmücke	Do	
Holzgrasmücke (steierm.)	H	
Jadekerchen	Suol	
Jâkchen	Suol	
Klappergrasmücke	B,Be,N,V	Nach leisem Vorgesang folgt lauteres Klappern.
Klappernachtigall	Do,N	Nach angenehmem Gesang. KN von Naumann.
Klappersänger	Do	
Kleine geschwätzige Grasmücke	Be2,N	
Kleine graue Grasmücke	Be1,N	Name soll von Dorngrasmücke unterscheiden.
Kleine Hetsche (böhm.)	Do,H	
Kleine weiße Grasmücke	Be,N	Name soll von Gartengrasmücke unterscheiden.
Kleine Weißkehle	Be2,N	Weiße bis weißliche Kehle.
Kleiner Dorngreul	Be1,Do,N	Alter Name, übersetzt etwa „Dornkräher".
Kleiner Dornkräll	Hö	Höfer: Bei Kramer.
Kleiner Dornreich	Be1,Do,N	
Kleiner Fliegenschnäpper	Be1,N	Unspezifisch, da viele Vögel Insekten fangen.

Kleiner Haagspatz	N	Großer Haagspatz ist die Gartengrasmücke.
Kleiner Orpheus	Do	
Kleiner Waldsänger	N	Biotopbezogener Name.
Kleines Weißkehlchen	N	Weiße bis weißliche Kehle.
Kleingeschwätzige Grasmücke	Be	
Krukan	Buf	
Liedler (bayer.)	B,Do,H	Nach dem angenehmen Gesang.
Lille Hetsche (böhm.)	H	
Müller	Suol	
Müllerchen	B,Be1,Krü,N,…	…O1,V; „ Schreyt gewöhnlich klap, klap, und …
Müllergrasmücke	Do	… hat daher d. Namen Müllerchen bekommen."
Müllerl (bei Innsbruck)	H,Suol	
Müllerlein	B	
Plappergrasmücke	Do	
Schnepfli	Buf	
Schwarze oder braune Grasmücke	Buf	
Schwätzer	Do	
Spötter	B	
Spötterl (bayer.)	Do,H	Vogel ist kein Spötter (der imitiert).
Spottvögelchen	Be,N	
Steinfletsche	Be1,N	Auch bei Bechstein.
Steinpatsche	Be1,N	Auch bei Bechstein.
Tard	Suol	
Titling	Buf	Buffon: Nach Turner.
Tuddelgrâtsch	Suol	
Waldsänger	Be1,Do	
Weißbartel	Be	
Weißbärtel	Be97,Do,Hö	Höfer: Bei Kramer.
Weißbartl	Be1,N	Weiße bis weißliche Kehle.
Weißblattel	Do	
Weissblattl (bei Wien)	H	
Weißkätel	Do	
Weißkehlchen	Be1,Do,Krü,N,…	…O2,V; Weiße bis weißliche Kehle.
Weißkehle	Krü	
Weißmüller	Be1,Do,N	Naum: Müllerchen, von mehligen Gefiederteil.
Wüstling	Buf	
Zaun-Grasmücke	N	
Zaungrasmücke	B,Do,H,Suol	Alter Name; Biotop: Zäune, Gebüsch u. a.
Zaunsänger	O3	Biotopbezogener Name.

Kleiber (Sitta europaea)

Altes Weib (böhm.)	Do,H	
Aschgrauer Specht	Buf,K	
Barleß (krain.)	Be1	
Baum-Chlän	Suol	
Baumhackel (Steierm.)	H	
Baumhacker	B,Be2,Buf,Krü,N	

Baumhäcker	GesH	
Baumhecker	GesS,Schwf	
Baumklähn	Do,N	
Baumkleber	Suol	
Baumkleiber	Krü,V	Nestöffnung in Baumloch wird hingeklebt.
Baumklette	N	
Baumkletterlein	Be2,Buf,Krü,N	
Baumkricher	Krü	
Baumkriecher	Buf	
Baummeise	Buf	
Baumpicker	Ad,B,Be1,Buf,...	...Do,N,O1,V;
Baumpicker mit schwarzem Kopfe	K	
Baumreiter	Krü,V	
Baumreuter	B,Be2,N	
Baumritter	B,Be2,Do,N	
Baumrutscher	B,Be2,Do,N	
Blau-Specht	Fri,Z	Leitname bei: Zorn, Buffon, Pernau.
Blaue Spechtmeise	Be1,N,O3	
Blauer Baumreuter	N	
Blauer Schuster (kärnt.)	Do,H	
Blaues Spechtlein	P	
Bläulicher Kleiber	N	
Bläulichter Specht	K	
Blaulutz	Do	
Blauplattel	Do	
Blauspecht	Ad,B,Be1,Buf,Do,...	...G,Hö,K,Krü,N,P,Suol,V;
		- K: Frisch T. 39.
Blauspechtlein	GesH	
Blaw Specht	Schwf	Name war weit verbreitet. Meint das Gefieder.
Blaw-Specht	Suol	
Blawspechtie	Krü	
Blawspechtle	Buf,GesS,Suol	
Blindchlaen	Be2,Buf	Kleiber „kriecht" einem Blinden gleich ...
Blindchlän	Do,N	
Blindschlaen	Krü	
Bloer Tschokrich (böhm.)	Do,H	
Bloospecht (schles.)	H	
Boomklever (holl.)	H	
Boomlis (böhm.)	H	
Boomlist	Do	
Boorotscher (böhm.)	H	
Bopper-Chlän	Suol	
Boummeise	Suol	
Butschok (russ.)	Buf	Buffon: Gmelin der Ältere: Oechslein.
Chlaen	Buf,Krü	Bedeutet klettern, Vogel scheint zu kleben.
Chläm	GesS	
Chlän	B,Fri,GesSH,Suol	Gessners Name für den Kleiber.
Chleiber	Suol	
Chlun	Hö	

Claen	O2	
Dän. Spetmeise (dän.)	H	
Düttchen	Do	
Duttchen (böhm.)	Do,H	
Europäische Spechtmeise	Be,N	
Europäischer Blauspecht	Be,N	
Europäischer Kleiber	Be,N	
Europäischer Sittvogel	Be1,N	
Gabich	GesS	
Gagelak (böhm.)	Do,H	
Gelbbäuchiger Kleiber	N	
Gemeine Spechtmeise	Be1,N	„Weil diese Vögel an den Bäumen in die Höhe …
Gemeiner Grauspecht	Be,N	… steigen, werden sie den Spechten zugezählet."
Gemeiner Kleiber	Be2,N,O2	
Gottler	B	Wahrsch. aus Schweiz, Schwaben u. lautmalend.
Grauspecht	Be1,Buf,Krü,O1	Picus cinereus hieß er bei Gessner.
Großer Baumkletter	Be	
Großer Baumkletterer	Be2,Buf,H,N,Schwf	
Großer Baumläufer	Buf	
Größte Meise	Be1	
Größte spechtartige Meise	N	Klein: Die größte M. Sitta parus maximus est.
Größte und spechtartige Meise	Be2	
Höllenjaggl	Suol	
Holzhacker	B,Be1,Buf,Do,…	Krü,N; Betr. Nahrungssuche, nicht Höhlenbau.
Klaber	Be1,Buf,Krü,N	Dialektname aus der Gegend um Nürnberg.
Kläber	Be97,GesS,Suol	
Klähn	N	
Klauber	Be,Do,N	
Klayber	Suol	
Kleber	Be,Do,GesH,N	
Kleber-Blauspecht	Buf	
Kleberblauspecht	Be1,Do,N	
Klebermaiß	Suol	
Klehner	P2	„Klenen" bedeutet kleben und klettern.
Kleiber	B,Be1,Buf,…	…Krü,N,O1,V,Z; Von ahd. kleiben = kleben.
Klener (österr.)	B,Buf,Do,N,…	…O1,P,Suol;
Kletter	Be1	
Kottler	Be1,Buf,GesSH,…	…Krü,N,Suol; Lautmalend, CH, Schwaben.
Maispecht	B,Buf,Do,N	
Maloidjetel (russ.)	Buf	Buf: Gmelin der Ältere: Kleiner Specht.
Maurerspecht	Buf,Krü	
Mayspecht	Be1,Krü	
Mey Specht	Schwf	
Meys-Specht	Suol	
Meyspecht	Buf,GesSH,Suol,Tu	Meinte z. B. Turner Mai- o. Meisenspecht?
Nöddehakker (dän.)	H	
Nödwaeke (norw.)	H	

Nötebiter	Suol	
Nötväcka (schwed.)	H	
Nusbickel	Suol	
Nushacker	Suol	
Nushaer	Suol	
Nushäkker	Suol,Tu	
Nußbickel	Be2,Buf,Krü,N,Suol	Kleiber fressen gerne Fichtensamen, ...
Nußbicker	Buf,Kö,Suol	... Eicheln, Bucheckern, ...
Nußhacker	Ad,Be1,Buf,Do,... ...Krü,N;	... Haselnüsse.
Nußhäcker	GesH	
Nußhaer	Be2,Krü,N	
Nußhauer	Buf	
Nußpicker	Do,GesH,Krü,... ...N,Suol;	
Nusszbicker	GesS	
Nusszbickl	GesS	
Nusszhacker	GesS	
Nusszhäcker	GesS	
Nusszhäher	GesS	Verwechslg. m. Tannenhäher unwahrscheinlich.
Quicksterz	Buf,Do,Krü	
Rendeklæter	Suol	
Renneklæter	Suol	
Rindenkleber	Fri,Suol	
Rindenkleberli	Suol	
Rinnenkläber	Suol	
Rückwärtslöper	Do	
Sautreiber (böhm.)	Do,H	
Schmalzbettler (Tirol)	Do,H,Suol	
Schwarzplättl (schles.)	H	
Sitelle	Buf	Buffon schaffte neuen Namen, nach Sitta.
Sittvogel	Do	
Sliepuschka (russ.)	Buf	Buffon: Gmelin der Ältere : Dummer Blinder.
Spechtartige Blaumeise	Be2,N	
Spechtartige Meise	Be1,Buf,K	K: Frisch T. 39.
Spechtmeise	Ad,B,Be,Buf,Krü,... ...N,O1;	Zorn (1743): Kleiber ist kein Specht.
Thödler (schweiz.)	Fri	
Titiler	Hö	Höfer: Nach Ruf, Hö 2/142
Todler	N	Wahrsch. aus Schweiz, Schwaben u. lautmalend.
Tödter	Suol	
Tottler	B,Be1,Buf,Do,... ...GesSH,Krü,N,O2,Suol;	
Wandschopper	Do,H	

Kleiner Schlammläufer (Limnodromus griseus)

Graue Strandläufer-Schnepfe	H
Schnepfenlimose	H
Schnepfenläufer	H

Kleiner Sturmtaucher (Puffinus baroli)

Afrikanischer kleiner Sturmtaucher	H
Schwärzlicher Sturmvogel	Buf

Kleines Sumpfhuhn (Porzana parva) + Zwergsumpfhuhn (Porzana pusilla)
Genaueres in: Die Bedeutung historischer Vogelnamen, Band 1, ab Seite 365

Kleiner Heckenschnarrer	N	Kleines Sumpfhuhn bei Naumann.
Kleiner Wasserralle	Be1,N	Kleines Sumpfhuhn bei Naumann.
Kleines Meerhuhn	Be2,N	Kleines Sumpfhuhn bei Naumann.
Kleiner Sumpfschnerz	Krü	
Kleines Rohrhuhn	Do,Krü,N,O3	Kleines Sumpfhuhn bei Naumann.
Kleines Sumpfhuhn	N	
Kleines Wasserhühnchen	Be1,Krü,N	Kleines Sumpfhuhn bei Naumann.
Kleines-Sumpfhuhn	N	Kleines Sumpfhuhn bei Naumann.
Moorhühnchen	N	Kleines Sumpfhuhn bei Naumann.
Motthühnchen	Do,H	
Sammethühnchen	Z	Kleines Sumpfhuhn?
Sumpfschnerz	Be2,Do,N	Kleines Sumpfhuhn bei Naumann.
Taurische Ralle	Buf	Tauern: Alter Name der Krim, Krimgebirge.
Taurischer Ralle	Be2,N	Kleines Sumpfhuhn bei Naumann.

Kleinspecht (Dendrocopus minor)
Spechte allg. nach Suolahti siehe Schwarzspecht

Baumlauferl	Hö	
Baumpicker	B	
Bund-Specht	G	
Buntspecht	B,Ma	Farben schwarz – weiß – rot.
Elsterspecht	Be	
Erdspecht	Be2,N	Sucht am Boden, Stauden, Büschen zu fressen.
Gartenspecht	Do,H	
Grasespecht	Do	
Grasspecht	B,Be1,Buf,Krü,… …N,O1,V;	Er „springt" Ameisen im Gras nach.
Grösser Baumlauferl	Hö	
Großspecht	Buf	Druckfehler? = Graßspecht?
Harlekinspecht	B,Be,Do,N	Wegen „possierlichem" Verhalten.
Husarenspecht	Do	
Klein Bundter Specht	Schwf	
Klein-Specht	N	KN Kleinspecht stammt von Naumann.
Kleiner Baumhacker	B,Do,Hö	-hacker betrifft die Nahrungssuche, wie …
Kleiner Baumpicker	Do,N	… auch der -picker.
Kleiner Baumspecht	Be,N	Alle Spechte halten sich auf Bäumen auf.
Kleiner Bund-Specht	G	
Kleiner bunter Specht	Buf	K: Frisch T. 37.
Kleiner Buntspecht	Be1,Buf,K,Krü,… …N,O1,V;	Name stammt von Otto.
Kleiner gesprenkelter Specht	Be2,N	Farben sind schwarz und weiß, deshalb „bunt".
Kleiner Rothspecht	Be,N	
Kleiner Schildspecht	N	
Kleinerer Bunt-Specht	Fri	
Kleinerer Grau-Specht	Fri	
Kleinspecht	B,H	Mit 15 cm etwa so lang wie ein Sperling.
Kleinste Art von dem schwarz- und …	Buf	… weißbunten Specht (langer Trivialname).

Kleinster schwartz und weißflecklichter …	P	… Specht (langer Trivialname).
Kleinster schwarz und weiß geschäckter …	Be,N	… Baumhacker (langer Trivialname).
Kleinster schwarz und weiß gescheckter …	H	… Baumhacker (langer Trivialname).
Kleinster schwarz- und weißbunter Specht	Krü,Z	
Kleinster Specht	Be,N,Z	
Kleinstes Baumhäcklein	P	
Roth-Specht	G	Von der roten Scheitelmitte des Männchens.
Rothspecht	B,Ma	Farben schwarz-weiß-rot.
Schildamsel	Ma	Schild- ist bunt. Farben schwarz – weiß – rot.
Schildhahn	Ma	Schild- ist bunt. Farben schwarz – weiß – rot.
Schildkrähe	Ma	Schild- ist bunt. Farben schwarz – weiß – rot.
Schildspecht	B,Do,Ma	Schild (= Flecken) hier: Buntes Gefieder.
Spechtl	Buf	
Sperlingsspecht	B,Be2,Do,Krü,N	
Weißspecht	Ma	Farben schwarz – weiß – rot.
Zwergspecht	Do	

Knäkente (Anas querquedula)

Bergente	Be1,Krü,N	Brüten maximal 550 m hoch.
Bernen	Fri	Frisch: Knäk-/Krickente.
Biekelchen	Be2	
Biekilchen	Be1,Krü	
Birckelchen	Be1	
Birckelgen	Fri	
Birkelchen	Be2	
Bisamente	N	Fleisch hat moschusartigen Beigeschmack.
Bisamentli	Suol	
Brennen	Fri	Frisch: Knäk-/Krickente.
Bunthalsige Ente	N	
Bunthälsige Ente	Be2	Von Bechstein, nicht unbedingt passend.
Cercelle	Krü	
Cercerelle	Krü	
Circia	O1	
Crackasona (holl.)	GesH	
Crak kasona (plattdt.)	Buf	
Erackasona	GesS	Niederdeutsch, unklar.
Franz-Ente	Buf	
Garganell	O1	Ital. Ursprung, soll lautmalender Herkunft sein.
Gemeine Kriechänte	Buf	
Gemeine Kriechente	Krü	
Grauentchen (weibl.)	Be2,O1	Betraf die Zirzente. Graues Prachtkl. b. Weibch.
Große Krickente	Do	
Große Kriekente	Be2	Scheinbares Kriechen wegen rel. kurzer Beine.
Große Krückente	N	Knäkente etwas größer als Krickente.
Große Trasselente	N	Erreicht fast Drosselgröße. Baldner: Dressel.
Großkrickente	Suol	

Halbanten	Hö	
Halbente	B,Be2,Do,N,O1	Hat ungefähr die halbe Größe d. normalen Ente.
Halbentlein	H	
Karnelle	Krü,Suol	
Karnull	Suol	
Kerckentlein	Fri	Frisch: Knäk-/Krickente.
Kerkentlein	Buf	
Kernel	Krü,Suol	
Kernell (els.)	Buf,Do,GesSH,…	…N,Suol; Bei Straßburg, seit 1554 …
Kernelle	Be2,O1	… belegt; nach rätschender Stimme.
Kläfeli	B,N,V	Schweiz. Wahrscheinlich auch lautmalend.
Kleffeli	Do	
Kleine Kricke	Be1	
Kleine Kriechente	Be97	
Kleine Kriekente	Be2	
Kleinente	Fri	Frisch: Knäk-/Krickente
Knackente	Buf	
Knäckente	Krü	
Knäk-Ente	N	
Knäkente	B,Be1,Buf,H,O1	Name entstand aus Elementen des Rufs.
Knäkkriekente	N	Teil von C. L. Brehms eigener Systematik.
Knärrente	N	Stimme hölzern schnarrend.
Krautente	Do	Nester von Krautpflanzen umgeben.
Krecke	Fri	
Krickente	Be2,Buf,Krü	
Kriechen	Krü	
Kriechente	Be2,Buf,Fri,N	Frisch: Knäk-/Krickente.
Kriechentlein	Fri	Frisch: Knäk-/Krickente.
Krieck	N	
Krieckente	Fri	Scheinbares Kriechen wegen rel. kurzer Beine.
Kriekente	Be2	
Krikand (nieders.)	Buf	
Krikänte	Buf	
Krikee	Fri	
Krückente	Be,N	Scheinbares Kriechen wegen rel. kurzer Beine.
Kruckentle	Fri	Frisch: Knäk-/Krickente.
Kruckentlein	Fri	
Krüzele	B,Do,N	Evtl. Zufallsübertragung von Zwergsäger.
Maikreck	Suol	
Maikrick	Suol	
Marentlein	Buf	
Märzen-Ante	Hö	
Merzenänte	Hö	
Mittelentlein	H	
Ratscherle	Do,H	
Regerl	Suol	
Regerlente	Suol	
Rothals	Krü	

Rothälschen	Be97	Name von Bechstein 1791.
Rothente	Krü	
Rothhälslein	Be1,Krü,N	Wangen und Hals sind rotbraun.
Rothkopf	Krü	
Sarcel	O1	Name hat lautmalende Ursprünge.
Sarcella (ital.)	Buf	
Sarcelle	Krü	
Sarcelli	N	
Schäckchen	Be1	
Schäckente	B,Be2,N	Betrifft uneinheitliches Gefieder.
Schackente	O1	
Schäckig Endtlin	Be	
Schäckiges Entlein	Be2,N	
Scharratzel	Suol	
Scheckente	Do,H	
Scheckige Krickente	Buf	
Scheckiges Entlein	H	
Scheckigt-endtlin	Buf	Betrifft uneinheitliches Gefieder.
Schmalente	Fri	Frisch: Knäk-/Krickente.
Schmielente	B,Be2,N	Frißt angeblich Binsen = Schmielen.
Schnärente	Be2	
Schnärrente	B,Be,Do,N	Stimme hölzern schnarrend.
Sommerhalbente	B,Be1,Buf,N,O1	Hier Zirzente (Buf: A. circia) gemeint:
Sommerkriekente	Be2,N	„Sie meiden kältere Gegenden."
Sprenglicht-endte	Buf	
Sprenkliche Ente	N	Betrifft uneinheitliches Gefieder.
Sprenklige Ente	Be2,H	
Thiele	O1	Aus englisch teal, Bedeutung: Kleine Ente.
Trasselente	B,Do	Erreicht fast Drosselgröße. Baldner: Dressel.
Vig Dressel	Suol	
Wachtelentchen	Be2,O1	Betraf die Zirzente. Weibch. hatte Wachtelfarbe.
Weißmergele	Do	
Weissmergle	H	
Winter-Halbente	Buf,N	Diesen Namen hatte nur die Knäkente: …
Winterhalbänte	Hö	… „Sie bleibt das ganze Jahr da, streicht von …
Winterhalbente	Be1,Buf,Krü	November bis März" zu offenen Gewässern.
Wöbke	Krü	
Zirk-Ente	O1	
Zirpente	Do	
Zirzel	O1	Dieser und ähnliche Namen sind lautmalend.
Zirzentchen	O1	Bis ins 19. Jh. war „Anas circia" die „3. Art."
Zirzente	B,Be1,Krü,N	„Mehr Ähnlichkeit hat sie mit der Knäkente."

Knutt (Calidris canutus)

Aschgraue Schnepfe	Be2,N	Naumann übernahm KN von Bechstein.
Aschgrauer Strandläufer (juv.)	Be1,Buf	Buffon: Name von Otto.
Aschgrauer Strandvogel	N	Aschgrau ist das Winterkleid.
Aschgraues Wasserhuhn	N	
Braun und weiss-bunter Sandlaeufer mit …	Fri	… grünlichen Füßen (langer Trivialname).

Braunhähnlein (juv.)	Krü	
Canutsvogel	Be,Buf	Keine Verbindung zu Dänen-König Knut!
Canutvogel	Fri,O2	Latein. canutus bedeutet grau. Wegen Gefieder.
Dunkelfarbiger Strandvogel	Be2	
Gefleckter Sandläufer (juv.)	Buf,Krü	
Gefleckter Strandläufer (juv.)	Krü	
Gemeiner Sandläufer	Krü	
Gemeiner Sandläufer	Be2,Buf,Krü	
Gemeiner Strandläufer	Krü	
Getüpfelter Sandläufer (juv.)	Krü	
Getüpfelter Strandläufer (juv.)	Buf,Krü	Wegen der Sandstrände, wo er zu finden ist.
Grauer Sanderling	O2	Gefieder erscheint mitunter bräunlich-grau.
Grauer Sandläufer	Buf	Ähnlich kurzbeinig – plump wie der Sanderling.
Graues Wasserhuhn	Be1,O1	
Graues Wasserhuhn mit acht Zähnen …	Be,Buf	… an der Zunge (langer Trivialname).
Greálingur (fär.)	H	
Große rothbrüstige Schnepfe	Be,N	Naumann übernahm KN von Bechstein.
Großer Krummschnabel	N	
Grosser rotbauchiger Strandläufer	H	Strandläufer, weil Knutt auf dem Zug immer …
Großer rothbauchiger Strandläufer	N	… am Wasserrand zu finden ist.
Grüner Strandläufer	Be1,Krü	
Grüner Strandvogel	Be1	
Holzschnepfe	Be2	
Isländischer Strandläufer	N,O3	C. L. Brehm hielt Island für Knutt-Heimat.
Islands strandvibe (norw.)	H	
Islandsk Strandlöber (dän.)	H	Wegen der Sandstrände, wo er zu finden ist.
Isländsk strandvipa (schwed.)	H	
Kajok (grönl.)	H	Name in Grönland um 1800.
Kanoet-Strandlooper (holl.)	H	
Kanuts Strandläufer	Be	
Kanutsstrandläufer	Be2	
Kanutsstrandvogel	Be1	
Kanutsvogel	B,Be1,Buf,N,O1	Siehe Canutsvogel.
Knitzel	Suol	
Knot	O1	Alter germ. Vogeln., König Knut – Theorie = f.
Knützel	Suol	
Mattknillis	GesS	Straßburg.
Olivenfarbener Strandläufer	Be2,Buf	
Olivenfarbiger Strandläufer	Krü	
Raudbrystingur (isl.)	H	
Rödsneppe (dän.)	H	
Rostfarbiger Strandläufer	N	Wegen der Sandstrände, wo er zu finden ist.
Rostrother Strandläufer	N	Nach sommerlichem Prachtkleid.
Roststrandläufer	B	Verkürzter Name von A. Brehm.
Rothbrauner Strandläufer	Be,N	Pk: Kopf und U-Seite ziegelrot – satt rostbraun.
Sanderling	Krü	
Waldschnepfe	Be2,Krü	

Kohlmeise (Parus major)

Bienenmeise	Do,H
Bimeise	Do
Bimeiserl	H
Brand Meise	Schwf „Brantmeyse" schon im Straßb. Vogelb. v. 1541.
Brandele	Suol
Brandmeise	B,Be1,Buf,Krü,… …N,K,V; K: Frisch T. 13.
Brandmeiß	GesH
Brandtmeiß	GesS
Brantmeyse	Suol
Brautmeise	Do
Feilschmied	Do
Finkenmeise	Be1,Krü,N,Suol Wegen kräftigem, finkenähnlichem „Pink".
Finkmeise	Ad,B,Buf,Do,Krü,V
Frühlingsglöckchen	Do
Geelmeesch	Do
Gelbmeise	Suol
Gelmeesch	H
Grasmeise	B,Be1,Do,Krü,N
Groot Rollows (helgol.)	H
Grosmeise	Be
Große Kohlmeise	Ad,Be2,N
Große Meise	Ad,Be,Buf,Do,GesH,… …K,Schwf,V;
Große schwarze Meise	Be1,Buf,Krü,N
Große Waldmeise	Be2,N
Großmeise	B,Be2,Buf,N
Größte schwarze Meise	Be
Immenmeise	Do
Kiek in't Ei	Do
Kîk-int-Ei	Suol
Kohl-Maise	Fri
Kohl-Meise	Kö,N,P Kohlschwarz, wie angebrannt.
Kohl-Meiße	G,P,Z Zorn schrieb: „Meisse."
Kohlenmeise	Buf
Kohlhahn	Do
Kohlmaise	Fri
Kohlmann	Suol
Kohlmeesch	Do,H
Kohlmeise	Ad,B,Be1,Buf,… …Fri,K,Krü,N,O1,P,V; - K: Frisch T. 13.
Kol Meise	Schwf
Kollmeise	Be2,Do,N
Kolmays	Suol
Kolmeise	Suol
Kolmeiß	GesSH,Suol „Kolmeis" aus dem 15. Jahrhundert überliefert.
Kolmeyse	Suol
Kölmeyse	Suol,Tu
Meisefink	Buf
Meisenfink	Be1,Do,Krü,N Der Name wurde in Dtschld. kaum gebraucht.
Meisköhler	Suol
Pick-Meiße	G

Pickmeise	Ad,B,Be1,Buf,Do,…	…Krü,N,Suol;	Vom emsigen Pickverhalten.
Pimpelmeise	Do		
Pinkhahn	Do		
Pinkmeise	Do		Nach den Rufen.
Pumpelmeise	Do		
Rollmeise	Do		
Sägefeiler	Do		
Schiet in't Hei	Do		
Schinkendêw	Suol		
Schinkenmeise	B,Be1,Buf,Do,…	…Krü,N;	Ihr Ruf ist Schinkendieb (zi-zi-tä).
Schlosserhahn	Do		
Schlossermeise	Do		
Schmidetseasch	Suol		
Schwarzköpfchen	Do		
Schwarzmeise	Be1,Buf,Krü,N		Für alle Meisen mit schwarzem Kopf o. Kappe.
Sibirische Meise (Var.)	O3		
Snitza (krain.)	Be1		
Spechtmeise	Be		
Speckmeise	B,Be1,Buf,Do,…	…Krü,N;	„Spiki": altnordischer … … Name der Meise, nach spik – Speck.
Spiegel Meise	Schwf		Hat 2 Spiegel: Die weißen Wangenflecken.
Spiegelmaise	Fri		
Spiegelmaiß	GesS		
Spiegelmeise	Ad,B,Be1,Buf,…	…Do,K,Krü,N,Suol;	K: Frisch T. 13.
Spiegelmeiß	GesH,Suol		
Spigelmays	Suol		
Spiki	Suol		Altnordischer Name der Meise. Nach Suol 155.
Spinndicke	Suol		
Spitzeschar	Suol		
Talghacker	Suol		
Talglicker	Do		
Talgmeise	B,Do,N		
Talgmöske	Suol		
Tallibieter	Do,H		
Tallimöschen	Do,H		Preuß. Ausdruck für Talgmeise: Talgmöske.
Waldmeise	Do		
Zipfelsgerg	Do		

Kolbenente (Netta rufina)

Aschgraue Ente	Be2		Kolbenente?
Bismatente	B,N,V		
Bismuthente	O1		
Brandente	Be2,K,Krü,N		„Brand-" meist schwarz, aber auch rot.
Brandt Endte	Schwf		
Brandt-ente	Buf		
Braune Ente	K		
Bundente	Buf		

Buntente	Krü	
Einsame Ente	Be2,Buf,Krü,N	Diese Ente ist gesellig.
Gehaubte Pfeifente	N	KN von Naumann. „Pfeif-" ist hier falsch.
Gehäubte Pfeifente	V	„Pfeif-" ist hier falsch.
Gelbkopfente	B	
Gelbschopf	Be2,Buf,K,Krü,N	Rostfarben statt gelb ist besser.
Gelbschups	Krü	
Gelbschups mit einem Federbusche	Be2,Buf	
Gelbschups mit Federbusch	N	Name stammt von Klein. Schups ist Schopf.
Graue Ente	Be2	Kolbenente?
Grosse See-Ente mit rotem gehaubten …	H	… Kopfe (langer Trivialname)..
Große Seeente mit gehäubtem …	Buf	… rothem Kopfe (langer Trivialname)..
Große Seeente mit rotem gehäubten Kopfe	Be2	
Große Seeente mit rothem gehaubten Kopfe	N	
Karminente	B,Be2,Buf,Krü,N	Karmin ist leuchtend roter Farbstoff.
Kolben-Ente	N	Großer, rostfarben – fuchsroter, …
Kolbenente	B,Be2,Buf,…	…Krü,N,O1,V. - … kolbenähnl. Kopf.
Kolbentauchente	N	KN von Naumann mit Zusatz „-tauch-".
Königsente	H	
Rothbuschente	B	
Rothbuschige Ente	Be2,N	
Rothhals	Krü	
Rothhaubige Pfeifänte	Buf	Leitname bei Buffon/Otto.
Rothhäubige Pfeifente	Krü	
Rothkopf	Krü	
Rothkopfente	B,Be2,Buf,Krü,N	Name nicht eindeutig, gilt z. T. auch für …
Rothköpfige Ente	Be2,N	… andere Enten wie Knäk- u. Tafelente.
Rothköpfige Haubenente	Be2,N,V	
Rott Hals	Schwf	
Rott Kopff	Schwf	
Rotthals	Be2,Buf,K,N	
Rottkopf	Be2,Buf,K,N	
Schwärzliche Ente	Be2	
Türkische Ente	Be2,N	Türkisch bedeutete: Aus fremdem Ländern …

Kolkrabe (Corvus corax)

Aasrabe	B,Be1,Buf,Krü,N	Raben und Krähen sind wichtige Aasfresser.
Aaß-Rabe	Z	
Aasvogel	Do	
Chrapp	Suol	
Colgrave	Be1,N	
Corracke	GesS	
Edelrabe	Do	War wegen edlen Aussehens Heilbringer der …
Edelraben	B	… Römer, aber auch nordischer Götterbote.
Eigentlicher Rabe	Be,N	Damit meinte man ausdrücklich keine Krähen.
Gâgg	Suol	

Gâgger	Suol	
Gâk	Do,Suol	
Gâke	Suol	
Gâkgâk	Suol	
Galgenrabe	Suol	
Galgenvogel	B,Do,O1,Suol,V	Wartet an Richtstätten und auf Schlachtfeldern.
Gemeine Krähe	Be,N	KN von Bechstein. Blieb in Literatur unbeachtet.
Gemeiner Rabe	Be1,Buf,K,N,O1	Viele Krähen werden als Raben bezeichnet, ...
Gemeiner schwarzer Rabe	Be2,Buf,N	... was mit diesem Begriff nicht möglich ist.
Golck-Rabe	G	
Goldrabe	Ad,B,Buf,Do,N,... ...Suol,V;	Wetterau. Gefieder glänzt in d. Sonne.
Golker	B,Be2,Do,N	Name schließt schwarze Krähen aus.
Golkrabe	Ad,Be1,Krü,Suol	
Golrabe	Be1	
Grapp	Suol	
Groot Roab	H	
Große Krähe	Be,Do,H,N,O3	
Großer Aasrabe	Be2,Do,N	
Großer Galgenvogel	Be1,K,N	K: Frisch T. 63.
Großer Rabe	Be,N	
Größter Galgenvogel	Krü	
Größter Rabe	Be1,Buf,Krü,N	
Gugâgger	Suol	
Hansel	Suol	
Hansgâk	Suol	
Jakob	Ma	Menschenname, weil er sich leicht zähmen ließ.
Jochrabe	Do,H,Suol	
Kake	Suol	
Keipp-Rapp	Suol	
Kielrabe	B,Be1,Do,N	Kiel-, Keil-: Meint die typ. Schwanzform.
Kielrapp	Do	
Kluncker-Râve	Suol	
Klunkrâv	H,Suol	
Klunkrov	Do	
Kob	Suol	
Kohlkrapp	Do	
Kohlrabe	Ad,Be,Do,N,Suol,V	
Kohlrapp	Do	
Kol Rabe	Schwf	
Kol-Rabe	Suol	
Kolckrabe	Fri,GesS,Suol	Schon 1555 bei Gessner.
Kolcrave	Buf	
Koliger Rabe	Fri	
Kolikrabe	Fri	
Kolk	Do	
Kolk-Rabe	N	

Kolkrabe	Ad,B,Be1,Buf,Krü,... ...N,O1,V;	Kolk- von kohl, verkohlt: schwarz.
Kolkraue	Be,N	
Kolkrave	Be1,N	
Kolkrâwe	Suol	
Kolrabe	Fri	
Kolrappe	H	
Kolschwartzer Rabe	Fri	
Kop	Suol	
Kopp	Suol	
Korak	Do	
Kosak	Do	
Krack	Suol	
Krake	Do,H	
Kräke	Suol	
Krapp	Suol	
Kruk	Do,H	
Kueb	Suol	
Kulckrave	Suol	
Kulkrabe	Be1,N,Suol	
Plâgvogel	Do,Suol	
Quâke	Suol	
Quäker	Suol	
Raab	B,Be1,N	
Rab	Ad,B,Be1,Fri,... ...GesSH,N,P;	Findet man in Namen „Hraban".
Rabe	Ad,Be1,Buf,Fri,... ...GesH,K,Krü,N,Schwf,Tu,V,Z;	
Rahm	Ad,Krü	
Ram	Ma	Findet man „Wolfram" wieder.
Ramm	Do,Suol	
Rapp	Ad,B,Be1,Do,Fri,... ...GesS,Krü,N,Schwf,Suol;	
Rappenkeib	Suol	
Raue	B,Be,N	Dieser u. alle ähnl. Namen vom ahd. „hraban" ...
Rauhe	Do	... etwa 6. Jh., dann mhd. raben oder raven, ...
Rav	Do	... auch „rabe" mit vielen Abänderungen in ...
Rave	Ad,B,Be1,Buf,GesS,... ...Krü,N;	... Ländern und Landschaften.
Raven	Tu	
Raw	Do	
Râwe	Suol	
Rob	Do,H	
Röke (nieders.)	Ad	
Rook (nieders.)	Ad,H	
Schaak	Suol	
Schwartzer Raabe	Kö	
Schwarzer Galgenvogel	Krü	
Schwarzer Rabe	Be1,N	Pleonasmus: Alle Raben sind schwarz.
Steinrabe	B,Be1,Buf,Do,N	Paßt nicht so gut zum Raben wie zu Alpendohle.

Velch Oru (krain.)	Be1	
Volkrabe	B,Be2,Do,N	
Waldrabe	Do	
Weißer Rabe	Schwf	Nur bei Schwf. Wohl Mutation, „Corvus albus".
Wotansvogel	Do	

Korallenmöwe (Larus audouini)

Audouinsmöve	O3	Benannt nach frz. Zool. Audouin (1797–1841).
Korallen-Möve	H	
Rötelsilbermöve	H	Vogel etwas kleiner als Silbermöwe.
Röthelsilbermöve	B	Brehm: Gefiederteile im So zart morgenrot.

Kormoran (Phalacrocorax carbo)

Aalgans	GesS	
Aalschlucker	GesS	
Aalscholver	Suol	
Aelgueß	GesS	Aelgueß und Aelgüß: 2 verschiedene Namen.
Aelgüß	GesS,Suol	
Ahlkreye	H	
Baclan	Buf	
Baumente	Suol	
Baumgans	Suol	
Baumscharbe	B,N	CLB – „Art", in Dänem. bis Deutschl. zu finden.
Bisamvogel	Be2,Do,Fri,N	Wegen d. starken Bisam-(Moschus-)Geruchs.
Cormaran	Buf	
Cormarin	Buf	
Cormoran	Buf,Krü	
Cormorant	Fri,Suol	
Dauss	GesS	
Dücher	Tu	
Eisscharbe	B,N	CLB – „Art", Grönldand bis Färöer.
Feucht Ars	Schwf,Suol	
Feuchtars	Buf,K	K: Frisch T. 87.
Feuchtarsch	Be1,Do,Krü,N	
Feuchtarß	GesS	Albertus Magnus.
Gänstaucher	Do	
Gemeine Scharbe	Krü,V	
Großer Cormoran	O2	
Großer schwarzer Seerabe	Be2,Buf,Krü,N	
Großer schwarzer Taucher	K	
Großer Seerabe	Be2,N	
Gulo	GesS	
Haldenente	B,Do,N	Halden: Wasserstellen bis 100 m Tauchtiefe.
Kahler Rabe	Buf	
Kahlrabe	Be2,Buf	
Klewff-Skwarwer (helgol.)	H	Name korrekt.
Kohlschwarzer Pelikan	Be1,Krü,N	
Kormoran	B,Be1,Buf,Ma,…	…Krü,N,O1; Seerabe, Scharbe, aus dem …
Kormoran-Pelikan	N	

Kormoran-Scharbe	N	… Französischen des 18. Jahrhunderts.
Kormoranpelikan	Be2	
Kormoranscharbe	H,O3	Meyer & Wolf 1810, später CLB – „Art".
Kornrabe	Be	
Kropftaucher	Krü	
Louvva	GesH	
Meer-Rab	GesH	
Morfer	Be2	
Morfex	Buf,Do,N	Bedeutung (vor 1400): Großer Wasservogel.
Netzescharb	Suol	
Netzescharb (helv.)	GesS	
Pelekan	N	
Pelikan	Be2,Buf,N	
Scalucher	Be2,Buf,GesH	Dieser und etliche folgenden Namen …
Scaluer	Be2,Buf	… sind lautmalend u. gehen auf eine …
Scalueren	Suol	
Scalver	GesH	… Vorform des Wortes Scharbe zurück.
Scarb	Buf	
Schag	O1	Meint die Haube des Kormorans.
Schalochorn	Schwf	„Qvasi ein Schlucker".
Schalucher	B,Be2,Buf,Do,N,O1	
Schalucheren	Suol	
Schaluchhoern	Be2	
Schaluchhorn	N,Suol	
Schaluchorn	Be1,GesSH,Krü	= Schlucker, Albertus Magnus.
Scharb	Be1,Buf,Fri,Krü,…	…N,O1; Siehe unter Scalucher
		und folgende.
Scharbe	Buf,Do,Krü,N,Suol	
Scharbus	GesS	Zürich.
Schlingrabe	K	
Schlucker	Be1,Buf,Do,Fri,…	…GesS,H,K,Krü,N,Suol; K: Frisch T. 187.
Scholfer	GesH	
Scholucher	Buf,Suol	Siehe unter Scalucher und folgende.
Scholucheren (holl.)	GesH	
Scholucherscharb	Fri	
Scholver	B,Be2,Buf,…	…GesS,N,O1; - S. unter Scalucher
		und folgende.
Schuluer	Be2,Buf,N	
Schulueren	Suol	
Schulver	Be2,Buf,GesSH,N	Alb. Magnus (13. Jh.): Scalver,
		Schulver u. a.
Schwartzer Ganstaucher	Fri	
Schwarzer Cormorant	Fri	
Schwarzer Gänstaucher	Be2,N	
Schwarzer Pelekan	Buf	
Schwarzer Pelikan	Be1,Do,Krü,N	
Schwarzer Wasserrabe	Be2,Buf,N	
Schwemmerganß (niederdt.)	GesS,Suol	
Scolucherez (holl.)	GesH,Suol	

Scolver (holl.)	GesH	
See Rabe	Schwf,Suol	
See-rabe	Buf	
See-Rabe	Fri	
See-Wasserrabe	N	
Seerabe	B,Be1,Buf,Fri,… …Do,K,Krü,N,O1; - K: Frisch T. 187.	
Seestorch	Krü	
Seewasser-Rabe	K	
Seewasserrabe	Be2,Buf,Krü	
Sinischer Vogel	GesH	
Skalucher	N	Siehe unter Scalucher u. folgende.
Skaluer	N	
Skalver	Be2,Buf,N	Siehe unter Scalucher und folgende.
Skarbe	Buf	Siehe unter Scalucher und folgende.
Stolucherez	Be2,Buf,N	Alter niederländischer Name.
Tauch-Ent	GesH	
Täucher	GesH	
Tauchreiher	Krü	
Teufel	GesS	
Tuyker (holl.)	GesH	
Vielfraß	Be2,Do,Fri,N,Suol	
Vuchtars	Suol	
Vuchtarß	GesS	
Wasser Rabe	Schwf	
Wasser-rabe	Buf	
Wasser-Rabe	GesH	
Wasserrabe	B,Be1,Buf,Do,… …K,Krü,N,V; K: Frisch T. 187.	

Kornweihe (Circus cyaneus)

Aschfarbener Falke mit weißem, …	Be2,Buf,N	… schwarzgewürfelten Schwanze (langer Trivialname).
Aschfarbiger Würger	Buf	
Aschgrauer Falke mit weissem, …	H	… schwarzgewürfelten Schwanze (langer Trivialname).
Baues Geyerle	Be1	
Blaue Weyhe	Be2	Bei Buffon findet man eine Kornweihe, …
Blaue Weihe	Do,N	… bei der vor allem die Farbe Blau vorherrscht …
Blauer Falke	Be1,N	Linné hatte 1766 den Vogel Circus cyaneus …
Blauer Habicht	Be1,Do,N	… genannt, bez. auf die männl. Gefiederfarbe..
Blauer Kornvogel (männl.)	N	
Blaues Geierchen	N	
Blaues Geyerchen	Be2	
Blaufalk	B,Do	
Blaufalke	Be2,N	
Blauhabicht	B	Gekürzter Name! Habicht wg. Gefiederzeichng.
Blauklemmer	Do,H	
Blauvogel	B,Be2,Do,N	
Blauweih	B	
Bleifalk	Do	
Bleifalke	N	

Bleyfalck mit gewürffeltem Schwantz	K	K: Albin Band III, 3.
Bleyfalk	K,Krü	K: Albin Band III, 3. Name bei Klein/Reyger.
Bleyfalke	Buf,Be1	
Bleyfalke mit gewürfeltem ...	Be2	... Schwanze (langer – weiblicher – Trivialname).
Blu boark (helgol.)	H	
Böhmischer Mäusehabicht	Be1	
Circus	GesH	Hier: Weihe allgemein.
Falke mit einem Ring um den ...	N	... Schwanz (langer – weiblicher – Trivialname).
Falke mit einem Ringe um den ...	Be1,H	... Schwanz (langer – weiblicher – Trivialname).
Feldhühnerfalke	Be1	
Gelbschnabel (weibl.)	Be2,Buf	
Getraide(!)-Weyhe	Be	
Getreideweihe	Do	
Grau-weisser Falck (weibl.)	Fri	
Grau-weisser Geyer (weibl.)	Fri	
Grauweißer Geyer	Be1,Buf,N	
Hack	O1	Nur von Oken verwendet. Von Hacht = Habicht?
Halbweih	B,O1	Vogel kleiner als viele andere Greifvögel.
Halbweihe	B,Do,Krü,N,V	
Halbweyhe	Be2,Buf	
Hühnerdieb	B2,Do,N	Oft waren nicht Haus- sondern Feldhühner ...
Hühnerfalke (weibl.)	Be1,N	... gemeint, besonders Rebhühner, aber auch ...
Hühnerhabicht	Be2	... Wachteln und Lerchen.
Jean-le-blanc	Buf	
Kleine Getraideweihe	N	Kleine Getre(a)ideweihe war bei Naumann ...
Kleine Getraideweyhe	Be2	... und Bechstein die männliche Kornweihe.
Kleine Getreideweihe	H	
Kleine Halbweihe	N	Männchen um 450g leichter als Weibchen.
Kleine Weihe (weibl.)	N	Bezugsvogel ist hier die Rohrweihe.
Kleine Weyhe (weibl.)	Be1	
Kleiner Hühnerhabicht	N	
Kleiner Mäusehabicht	N	Kornw. jagt nicht viele Mäuse – N: Kleiner M.
Kleiner Rohrgeier (weibl.)	N	Weibchen der Kornweihe sind sind kleiner ...
Kleiner Rohrgeyer (weibl.)	Be2	... und schlanker als die der Rohrweihe.
Kleiner Spitzgeier	N	N: Flügelspitzen erreichen Schwanzende nie.
Kleiner Spitzgeyer	Be1	Be: Flügel erreichen Schwanzspitze.
Kleiner Weih	O1	
Korn-Weihe	N	Bodenbrüter baut Horst gerne auf Kornfeld.
Kornvogel (weibl.)	B,Be1,Do,N	
Kornweih	B,O1	
Kornweihe	B,Krü,N,V	
Kornweyhe	Be2	Name 1802 von Bechstein.
Lanette	Do	
Lerchengeier (weibl.)	N	Fälschliche Bezeichng, „weil dies ein Name ...
Lerchengeyer (weibl.)	Be2,Buf,Krü	... von andern Raubvögeln ist." (Bechstein).
Martinsvogel	B,Do	
Mäusehabicht	Be2	Kornweihe jagt nicht so viele Mäuse.
Mehlvogel (männl.)	B,Be2,Do,N	Bezieht sich auf mehlfarbige Gefiederteile.

Mehlweihe	B,Do	
Milane (weibl.)	Be2,N	Bechst.: Name auf weibl. Kornweihe beschränkt.
Müllerweihe	Do	
Revierjäger	Do	
Ringelfalk	B,K,Krü,O1	Schwierig!: Männchen sollen Weiß am Hals …
Ringelfalke (weibl.)	Be1,Buf,Do,K,N	… haben, Flecken wie Ring.
		Bechstein und …
Ringelgeier (weibl.)	Do,N	… Naumann: Betrifft auch Weibchen.
Ringelgeyer (weibl.)	Be1	
Ringelschwanz (weibl.)	B,Be2,Do,N	
Ringelweih	O2	Weibchen hat Schwanzring. Das betrifft die …
Ringschwanz	Be1,Buf	… voranstehenden Namen nur teilweise.
Rubetarius (männl.)	Tu	Rubetum: Brombeergesträuch.
Schwarzflügel	Be1,Do,N	Schwarze Flügelspitzen. Auch bei and. Weihen.
Schwarzschwinger	Be2,N	
Sperberartiger Fischgeyer	Buf	
Spitzgeier	B,Do	Flügel erreichen Schwanzspitze. S. o.: Kl. Spg.
St.Martin	Be1,Buf,N,O1	Sehr alter Name schon bei Belon (16. Jh.). …
St.Martin der Große	Buf	… Bezug evtl. blaues Gefieder des ad. Männch.
Steingeier (weibl.)	B,Do,N	Weibchen: Weißer als „edelsteinähnlich" …
Steingeyer (weibl.)	Be2,Buf	… auffallender Bürzelfleck.
Stothaft	Do	
Weiße Weyhe	Be1,Do,N	Von weitem sehen einige Männchen weiß aus.
Weisser Falck (männl.)	Fri	
Weißer Falke	Be2,N	Von weitem sehen einige Männchen weiß aus.
Weisser Geyer (männl.)	Fri	
Weißer Hans	Buf	
Weißer Kornvogel (männl.)	N	Von weitem sehen einige Männchen weiß aus.
Weißer Sperber	Be2,N	
Weißfalk	B	
Weißfalke	Be2,Do,N	
Weißfleck (weibl.)	B,Do,N	
Weißgeschwänzter Adler	Buf	Scopoli
Weißkopf (weibl.)	Be2,Buf	
Weißschwanz	Buf	Beide Geschlechter haben auf Bürzel weißen …
Weißschwänziger Falke (weibl.)	Be1,N	… Fleck, auffallender bei Weibchen.
Weißschwänziger Ritter	Buf	
Weißsperber	B,Do	Von weitem sehen einige Männchen weiß aus.
Weißweih	B	
Witt Hawk	Do	
Wittkittel	Do	
Würgender Falke	Buf	

Krabbentaucher (Alle alle)

Alkekonge (norw.)	H
Alkekung (schwed.)	H
Alkenkönig	Do
Alkenlumme	Do

Alle	Krü,O1	Wahrscheinlich von der Stimme abzuleiten.
Eis-Krabbentaucher	N	Name von C. L. Brehm (1824).
Eiskrabbentaucher	Krü	
Eisvogel	Be2,N	Walfischfänger: Vogel kündigt Treibeis an.
Grönländische Seetaube	Krü	
Grönländische Taube	Be2,O1	
Grönländischer Alk	Be2	
Grönländischer Seetaucher	Krü	
Guillemot (franz., engl.)	Krü	
Haftirdill (isl.)	H	
Kleine Alkenlumme	N	
Kleine grönländische Taube	N	
Kleine Krabbenlumme	N	
Kleine Lumme	N	
Kleine Seetaube	Do,N	
Kleiner Alk	Be2,Krü,N,O1	KN von Bechstein (1803).
Kleiner grönländischer Alk	N	KN von Naumann (1844).
Kleiner Krabbentaucher	N	Starengroß, kleinste Lumme der West-Paläarktis.
Kleiner nordischer Alk	Be2,N	
Kleiner Papageitaucher	N	Vor 1800 waren Papageitaucher, Tordalk, …
Kleiner Papageytaucher	Be2	… Krabbent. u. Riesenalk „Papageytaucher".
Kleiner schwarz und weißer Taucher	N	Pk: Schwarz, Unterseite weiß.
Kleiner Taucher	Be2	
Kleinere grönländische Taube	Krü,O2	
Krabbenlumme	Do	Nahrung: Schwarmbildende Planktonkrebse, …
Krabbentaucher	B,Krü,V	… im Volksmund Krabben.
Lille Krabbedykker (dän.)	H	
Lütj Dogger (helgol.)	Do,H	
Murre	Be2,Do,N	Name umschreibt verschiedene Lautäußerungen.
Peder Drikker (norw.)	H,N	D. h. Peter der Trinker.
Peter der Taucher	Be2	
Peter Drikker	Do	Vogel nickt b. Schwimmen als wolle er trinken.
Peter Dyker	Be2	
Rotetetchen	Krü	
Rotges	Be2,N	
Rothgans	Krü	
Rotje	Krü	
Rotjes	Krü	
Rottchen	K,Krü,O1	
Rotter	Be2,Do,N	
Rottetetche	K	
Rottetetchen	K	„Seine Stimme ist Rottet tet tet tet tet." (Klein).
Rottgans	Krü	
Rottge	K	
Schwarzer und weißer Taucher	Be2	
Seeelster	Krü	
Seehenne	Krü	

Seetaube	Be2,Krü	
Seetaube aus Grönland	Krü	
Taube aus Grönland	K	
Trollvogel	Be2,Do,N	Trollen: „Eine Art widerwärtiges Geschrey."
Zwerg-Krabbentaucher	N	Starengroß, kleinste Lumme d. West-Paläarktis.
Zwergalk	Do	
Zwerglumme	Do,O3	Meyer (1822): Vogel ist Uria, keine Alca.

Kragenente (Histrionicus histrionicus)

Amerikanische Kragentauchente	N	KN für Kragenente von C. L. Brehm: -tauch-.
Braune Aente	Buf	
Braune Kriechente mit weißen Kopffedern	Be1	
Buntköpfige Ente (weibl.)	Be2,Buf,N	Nach Gefieder.
Dunkle und gefleckte Ente	Be2,Buf,N	Nach Gefieder.
Halsbandänte von Terre neuve	Buf	
Hanswurstente	B	Hanswurst ist Synonym für Harlekin.
Harlekin	Be1,Buf,N	Wegen der bunten Gefiederfarben.
Harlekinente	B,N	
Isländische Kragentauchente	N	KN für Kragenente von C. L. Brehm: -tauch-.
Kleine braun und weiße Ente (weibl.)	Be2,N	Nach Gefieder.
Kragen-Ente	N	Weißer Halsring sieht aus wie Kragen.
Kragenente	B,Be1,Buf,Krü,...	...N,O1,V;
Kragentauchente	N	KN für Kragenente von C. L. Brehm: -tauch-.
Lättente	B,O1	„Lätt-" kommt wahrsch. von „lützel" für klein.
Lättentlein	N	
Lord	Buf,O2	Name in Nordamerika, wo sie selten ist.
Narrenente	B	Narr hier ist Synonym für Harlekin.
Plümente (männl.)	Be1,Buf,Krü	
Scheckige Ente	Be1,Buf,N	Nach Gefieder.
Strom-Ente	O2	Faber: „Sie brüten immer an reißenden ...
Stromente	Krü,N	... Flüssen, nie an stehenden Gewässern."
Tornoviarsuk (grönl.)	Buf	
Zwerchente (weibl.)	Be	
Zwergente (weibl.)	Be1,N,O1	Sie sind Europas kleinste Meerestauchenten.

Krähenscharbe (Phalacrocorax aristotelis)

Bisamvogel	Fri	Wegen d. starken Bisam-(Moschus-)Geruchs.
Brauner Ganstaucher	Be2,Fri,N	Vögel wurden wegen Größe als Gänse aufgefaßt.
Cormorant	Fri	
Dohle mit Schwimmfüßen	Buf	
Dücher	Tu	
Gehaubte Scharbe	N	Herbst bis nach Winter hat Vogel Haube.
Gemeiner Wasserrabe	Be2,N	
Grüne Scharbe	N	Wegen metallischen Glanzes des Gefieders.
Grüner Kormoran	N	Muß Scharbe sein, da Korm. – Gef. nicht glänzt.
Haubenkormoran	Krü	

Haubenscharbe	B,N,O3	Vom Herbst bis nach d. Winter hat Vogel Haube.
Kleiner Cormoran	Buf,O2	
Kleiner Kormoran	Be2,Buf,Krü,N	
Krähen-Pelikan	N	
Krähen-Scharbe	N	
Krähenpelikan	Be1,Krü	
Krähenscharbe	B,N,O3	
Krop-Taucher	Fri	
Kropfente	B,Be2,Fri,N	Bezug: Kropfgröße des Kormorans.
Kropftaucher	B,Be2,Fri,N	Bezug: Kropfgröße des Kormorans.
Kropfvogel	Fri	Bezug: Kropfgröße des Kormorans.
Kurzschwänzige Scharbe	N	
Nigald	O1	Name steht für d. „einfältigen, dummen" Vögel.
Raben-Pelikan	N	
Rabenpelikan	Be2	
Sackente	B,Be2,Fri,N	Bezug: Kropfgröße des Kormorans.
Scalver	Fri	
Scharb	Fri	
Schlucker	Be2,Buf,N	
Schopfscharbe	B	Vom Herbst bis nach d. Winter hat Vogel Haube.
Schwimmkrähe	B,Be2,Buf,Krü,N	
See-Wasserrabe	N	
Seehäher	Be2,Buf,Krü,N	Zur Unterscheidung von Seerabe (Kormoran).
Seeheher	Be1,K,Krü	K: Frisch T. 188.
Seekrähe	B,Be1,Buf,K,… …Krü,N;	K: Frisch T. 188.
Seerab	Fri	
Seerabe	Krü	
Seescharbe	B	
Seewasserrabe	Be2,Buf	
Shag	Buf	
Shagg	Buf	
Skarv	N	Aus anordisch „skarfr", woraus Scharbe wurde.
Wasserkrähe	B,Be2,N	
Wasserrabe	Be1,Buf,Krü,N,O1	
Zopfscharbe	B	Vom Herbst bis nach d. Winter hat Vogel Haube.

Kranich (Grus grus)

Afrikanischer gekrönter Kranich	Fri	
Balearischer gekrönter Kranich	Fri	
Brauner Caykranich	Fri	
Crainisch	Be1	
Cranch	Krü	
Crano	Krü	
Gemeiner Kranich	Be1,Krü,N,O1,V	Ahd. kranuh u. mhd. kranech bed. „heiser rufen."
Grauer Kranich	Be2,K,KrüN	K: Frisch T. 194; früher allg. Name des Vogels.
Kornsammler	Buf	
Krahn	Krü	

Krân	Buf,GesH,O1,… …Schwf,Suol;	- Landsmannschaftl., mundartl.
Krän	Tu	
Kranch	Be1,Buf,Do,GesH,N	Kranich ist alter indogermanischer Vogelname.
Krâne	Buf,Krü,Suol	
Krânek	Suol	
Kranich	B,Be2,Buf,Fri,… …GesH,Kö,N,P,Schwf,Z;	
Kränich	Tu	
Kranich von Gambia	Fri	
Kranig	Be1,Do,N	
Krannich	Be2,Do,N	
Kraun	Suol	
Kreon	Be2,Do,N,Suol	
Krohn	Krü,Suol	
Kron	o.Qu.	Landsmannschaftlich, mundartlich.
Kronbermisch	Buf	
Krônsnepp	Suol	
Kronvogel von Whidah	Fri	
Krûkrâne	Suol	
Krûnekrâne	Suol	
Krunike	o.Qu.	Landsmannschaftlich, mundartlich.
Kry	O1	Auch dieser Name ist lautmalend.
Kryc	Buf,GesH	
Kuorga (lappl.)	H	
Kurki (finn.)	H	
Scherian	Be1,Do,N,O1	1791 bei Bechst., nur spekulat. erklärbar.
Schnitter	Buf	
Schwarzgrauer gemeiner Kranich	Be2,N	Frischgemauserter Kranich ist aschgrau und … … dunkelt nach.
Seepfau	Fri	
Tran	O1	Lautmalend, krähen, schreyen (Krünitz).
Trana (schwed.)	H	
Trane (dän. u. norw.)	H	
Treani (fär.)	H	
Tsuri	Be2,Do,N	In Japan heißen alle Kraniche „Tsuru".
Weißer Kranich	Be2,N	Gemeint ist wahrscheinlich der Schneekranich.

Krauskopfpelikan (Pelecanus crispus)

Frisierter Pelikan	H	Kopf- und Halsfedern erscheinen deutlich …
Frisirter Pelekan	N	… gekräuselt. Erweckt Eindruck von Frisiertheit.
Grosse Kropfgans	H	In den großen Kehlsack passen 1 kg Fische.
Krauser Pelekan	N	
Krauser Pelikan	H	
Krauskopfige Kropfgans	O3	Zuordnung zu Gänsen blieb im Namen erhalten.
Krausköpfiger Pelekan	N	
Krausköpfiger Pelikan	H	
Riesenpelekan	N	Größte Art der Gattung Pelecanus.
Riesenpelikan	H	Schon Gessner beschrieb den Vogel.
Schopfpelekan	B	

Krickente (Anas crecca)

Attelingand (dän.)	Buf	
Biekelchen	Be1	
Biekilchen	K	K: Frisch T. 173, 175, 176.
Binkelchen	Be97	
Birch-Ilge	Suol	
Birckilchen	H	
Birckilgen	GesSH,H,Schwf,Suol	Gessner: Anas circia,
		Schwenckfeld: Zirzente.
Birilchen	Do	
Birkilgen	Buf	Buffon: Anas circia.
Bisamente	Be2,N	Fleisch hat moschusartigen Beigeschmack.
Braune Kriechente	K	K: Beym Gesner, Abartung.
Brunkoepficht endtlin (weibl.)	Buf	
Bunte Kriechente	K	K: Beym Gesner, Abartung.
Cercella	GesS	
Cercerella	GesS	
Drasselente	Suol	
Dressel	Suol	
Drossel	Be2,Buf,N	Fast so groß wie große Drossel.
Drüssel	Suol	
Duckente	H	
Fränkische Kriekente	Be2	Varietät der Krick- oder Knäkente?
Fränkische Kriechente	Be2,Buf,K,N	Bei Adelung und Klein: Knäkente.
Franzente	B,Be2,Buf,Do,...	...K,N; K: Albin Band I, 100, Knäkente.
Fuchs Endte	Suol	
Gemeine Kriech-Endte	K	
Gemeine Kriechänte	Buf	
Gemeine Kriechente	Be2,K,N	
Gemeine Kriegente	K	
Gemeine Kriekente	Be2,Buf	
Gemeine Krück-Endte	K	
Gemeine Krückente	K	
Grau Endelein	K	
Grau Entelein	K	K: Frisch T. 173, 175, 176.
Grau-Entlein	GesH	
Grauentchen (weibl.)	Be1,N	
Grauentlein	Do,Fri	
Grauwentle	Suol	
Graventlein	Buf	
Graw Endtlin	Schwf	Schwenckfeld: Zirzente.
Graw-endtlin	Buf	Buffon: A. circia.
Graw-entlin	Buf	
Grawendtle	GesS	
Griesantel	Do	
Griesente	Suol	
Griesentlein	H	
Griessantel	H	
Griessanterl	H	

Große Kriechente	Be2	
Große Kriekente	Be2	
Halbant'n	H	
Halbente	Do,H	Hat ungefähr die halbe Größe der norm. Ente.
Halbentle	H	
Halbentlein	H	
Heid-Krick	H	
Karnel	Be1,H	
Karnell	Be97	
Karnellchen	H	
Karnellen	Be1	
Kernel	Schwf	Schwenckfeld: Knäkente.
Kernel	K	K: Frisch T. 173, 175, 176.
Kernella	GesS	
Kernelle	Be2	
Klein-Ent	GesH	
Kleine Ente	V	
Kleine Krickente	H	
Kleine Kriechänte	Buf	
Kleine Kriechente	Be2,Buf,N	
Kleine Kriekente	Be2,N	
Kleine Krückente	N	Scheinbares Kriechen wegen rel. kurzer Beine.
Kleine Mittelente	Be2	
Kleine Rögerl	H	
Kleine Stockente	Be2	
Kleine Trasselente	Do,N	Erreicht fast Drosselgröße. Baldner: Dressel.
Kleine Wilant'n	H	
Kleine wilde Ente	Be2,H	
Kleine wilde Pille	H	
Kleineent	Buf	
Kleinente	B,Be2,Do,GesS,… …N,Suol;	
Kleines Trässele	H	
Kornelle	H	
Kotantel	H	
Kothanten	Hö	Koth ist Moor, Sumpf.
Kreke	Suol	
Kreutzente	N,O1	
Kreuzente	B,Be2,Do,N	Evtl. Zufallsübertragung von Zwergsäger.
Kriachente	Do	
Krichendte	GesS	Scheinbares Kriechen wegen rel. kurzer Beine.
Krichentlein	GesS,Suol	Heute: Name ist lautmalend.
Krickaant	H	
Krickaen	H	Sprich: a-en!
Krickännerk	Suol	
Krickäntken	H	
Kricke	B,Be1,Do,N,Suol	Küste: Kleine Enten sind Krikken.
Krickente	B,Krü,N,O3	Teils von Kriechen, teils von Stimme abgeleitet.
Krickerl	H	
Krickiantken	H	

Kriech Endlin	Schwf	
Kriech-Entlein	GesH	
Kriechänte	Krü	
Kriechen	Be1,N	
Kriechente	B,Be1,Buf,K,...	...N,O1,V; K: Frisch T. 173, 175, 176 ...
Kriechentlein	Buf,H	... Buffon: Anas circia.
Krieck-Ente	Fri	Scheinbares Kriechen wegen rel. kurzer Beine.
Krieckente	Be,Fri	
Krieg Endlin	Schwf	
Krieg-Endte	K	
Krieg-ente	Buf	
Kriekänte	Krü	
Krieke	Krü	
Kriekente	Be1,Buf,N,O1,V	Heute: Name ist lautmalend.
Krig-Entlein	GesH	
Krikand (dän.)	Buf	
Krikente	Be1,Buf,Krü	
Krikke	Krü	
Krück Endtle	Schwf	
Krück Endtlin	Schwf,Suol	
Krück-Ente	N	Scheinbares Kriechen wegen rel. kurzer Beine.
Kruck-Entlein	GesH	
Krückaent	H	
Kruckendtle	GesS	
Kruckentle	Suol	
Kruckentlein	Be2,Buf	
Krugelente	B,Be2,N	
Krugente	B,Be1,N	Eventuell lautmalenden Ursprungs.
Kruk-entle	Buf	
Krükente	B	
Krûpânt	Suol	
Krupelente	Do	
Kruppente	Do	
Krützel	O1	Eventuell Zufallsübertragung von Zwergsäger.
Krüzele	H	
Kugelente	H	
Lettentli	Suol	
Mergle	Do,H	
Mirgilgen	Suol	
Morillono	GesS	
Mour-entle (helv.)	Buf	
Muerentle	GesS	
Mur-Entlein	GesH	
Murentle	Suol	
Murentlein	Be2,Buf,Do,Fri,N	Mur bedeutet Sumpfland.
Perlänte	Hö	Höfer 2/158.
Pfeiferle	Do,H	
Pipkreck	Suol	
Querquedula	GesS	Lautmalend aus Nachahmung der Stockente.

Ratscher	H	
Ratscherl	H	
Regerl	H	
Rögerl	H	
Rohthälßlein	K	Klein: Knäkente.
Rothälslein	Be2	Name von Bechstein 1791; Kopf und …
Rothhälslein	Buf	… Vorderhals sind kastanienbraun.
Sarcella	GesS	Name hat lautmalende Ursprünge.
Schackig Entlein	Be	
Schäckig Entlein	Be2	
Schapsente	B,Be2,Buf,N,O1	Meint den schönen Kopf des Männchens.
Scharente	Do,H	
Scheckicht Endtlin	Schwf	
Scheckig Entlein	Be1	Betrifft uneinheitliches Gefieder.
Scheckig Entlein (2)	Be1,K	K: Frisch T. 173, 175, 176.
Schmahlente	Krü	
Schmal-Endte	G	
Schmalänte	Krü	
Schmalente	Be2	
Schmiel-Ente	Fri	
Schmielente	Be2,Do,Fri,Krü,N	Frißt angeblich Binsen = Schmielen.
Schnarrente	H	
Schöne Rögerl	H	
Schwarzmergle	H	
Socke	B,Be2,Buf,Do,…	…GesSH,N,O1,Suol; - Alter Name
		f. Knäkente.
Soeke (helv.)	Buf	
Sommerhalbente	Be2,Buf,Krü,N	Hier Zirzente (Buffon: Anas circia)
		gemeint: …
Sommerkriechänte	Buf	… „Sie meiden kältere Gegenden."
Sommerkriechente	Krü	
Sor-Entlein	GesH	
Sorente	O1	Sor – bedeutet Sumpf.
Sorentle (helv.)	Buf,GesS,Suol	
Sorentlein	Be2,Buf,Do,N	
Spiegel-Entlein	Fri	
Spiegelente	B,Be1,Fri,N,V	Wegen des Flügelspiegels.
Sprenglich Endlein	K	
Sprenglicht Endte	Schwf	
Sprenklicht Entlein	K	
Stockentlein	H	
Teeling (holl.)	GesH	
Tele	Tu	Turner: Querquedula crecca.
Teling (fries.)	GesS	
Thiele	O1	Aus englischem „teal", bedeutet kleine Ente.
Trassel	H	Siehe Troessel.
Troessel	Buf	Erreicht fast Drosselgröße. Baldner: Dressel.
Troeßlen	GesS	
Trösel	B,Be2,Buf,Do,…	…GesH,N,O1;

Trößlein	Suol	
Trößlen	Suol	
Uart	Do,H	
Wachtelentchen	N	Graues Weibchen wurde von Jägern so genannt.
Wachtelente	B,Do	
Wilde Pille	DoH,	
Wiselgen	Suol	
Wöbke	Be1,Krü,O1	Name um Hamburg. Wilde Ente, Wildente.
Wöcke	Do,H	
Zwergente	Do,H	

Kronenlaubsänger (Phylloscopus coronatus)

Gehäubter Laubvogel	H

Kuckuck (Cuculus canorus)

Aschgrauer Kuckuck	Do	
Aschgrauer Kuckucksbote	N	
Aschgrauer Kuckuk	N	
Aschgrauer Kukuck	Be1	
Aschgrauer Kukuk	N	
Brauner Kuckuk	Be2,N	
Brauner Kukuk	Buf	
Braunroter Kuckuk	Be2	
Braunrother Kuckuk	N	
Europäischer Kuckuck	Do,N	
Europäischer Kuckuk	N	
Europäischer Kukuck	Be1	
Europäischer Kukuk	Buf,N	
Frühlingsvogel	Suol	
Gauch	B,Be,Do,GesS,… …Ma,Krü,N	Alter N. d. Vogels, weit verbreitet.
Gemeiner europäischer Guckguck	Krü	
Gemeiner europäischer Kukuk	Buf	
Gemeiner Gukguck	O1	
Gemeiner Kuckuck	K,O3	K: Frisch T. 40
Gemeiner Kuckuk	Buf	
Gemeiner Kukuck	Be1,N	
Gemeiner Kukuk	V	
Gouch	Suol	„Fremder Pflegesohn"?, auch Narr, Dummkopf.
Guckar	Buf	Im Laufe d. Zeit haben sich zu versch. Zeiten …
Guckauch	Do,K,Schf	… und Gegenden viele Namens – Var. gebildet.
Guckaug	Be1,Buf,N	
Gucke	Do	
Gucker	Be,Buf,Do,GesSH,… …K,N,Schwf,Suol; - K: Frisch T. 40.
Guckezer	Suol	
Guckgauch	Suol	
Guckgu	Be1,Buf,P	
Guckguck	Be1,GesH,Kö,Krü	
Guckguk	Buf,Fri,N	1743 in der Petinotheologie von Zorn.

Guckitzer	Suol		
Guckufer	Be1,Do,K,N		
Guckug	K		K: Frisch T. 40.
Guckuser	Be2		
Guczgäuch	Suol		
Gugauck	Be1,Buf,N		
Gugckuser	Suol		
Gugekufer	GesS		
Guggauch	Buf,GesSH,Krü		
Gugger	Krü		
Guggouch	Suol		
Guggu	Suol		
Gugguck	Buf		
Guggus	Suol		
Gugitzer	Hö		
Gugku	Suol		
Gugkuser	Buf		
Guguck	Suol,Z		
Gugug	Be1,Buf,Do,N		Oft in Schwaben.
Gukguk	N		
Gukker	Be1		
Gutzgauch	Be,Do,GesS,Ma,…	…N,Suol;	Name häufig im 15./16. Jahrhundert.
Kocckock	GesS		
Kocküük	GesS		
Kuckkuck	G		
Kuckuck	Fri,Ma,N,Schwf,Z	Lautmalend, nicht alt, vorher Gauch.	
Kuckuk	Be2,Buf		
Kukauza (krain.)	Be1		
Kukkuck	Tu		
Kukkuk	Buf,GesS		
Kukuk	B,Buf,Krü		
Ostervogel	Suol		
Rothbrauner Kuckuk	N	Wenige Proz. d. Weibch. haben rotbr. Gefieder.	
Rothbrauner Kukuck	Be1		
Rothbrauner Kukuk	Buf		
Rother Kuckuk	Be2,N		
Singender Kuckuck	Do	Übersetzung von Cuculus canorus (s. o.).	
Singender Kuckucksbote	N	Ruf des Kuckuks wurde u. wird Singen genannt.	
Singender Kuckuk	N		
Singender Kukuck	Be1		
Singender Kukuk	N		
Vogelstössel	Suol		
Vogelstösser	Suol		
Waldlump	Do		

Kuhreiher (Bubulcus ibis)

Kuhreiher	B	Kaum von Wasser abhängig. Lebt nahe Rindern.
Rosträthliche Reiher	O3	Name bezieht sich auf das Prachtkleid.

Kuhstärling (Molothrus ater)

Cassins Kuhvogel	H	

Kurzfangsperber (Accipiter brevipes)

Kurzfangsperber	B	Mittelzehe deutlich kürzer als lange Sperberzehe.
Kurzzehiger Sperber	H	
Zwerghabicht	H	Soll Habicht ähnlicher sein als Sperber.

Kurzschnabelgans (Anser brachyrhyncus)

Kurzschnabelgans	H	
Kuzschnabelige Gans	H,O3	
Rotfußgans	H	
Kleine Rietgans	Wikipedia	

Kurzzehenlerche (Calandrella brachydactyla)

Gesellschaftslerche	B,H	Außerh. Brutz. in Scharen v. 100–10.000 Vögeln.
Isabell-Lerche	N	Hartert änderte Namen in Kurzzehenlerche.
Kalandrelle	B	Gesang teilweise dem der Kalanderl. ähnlich.
Kurzzehige Lerche	N,O3	Zehen und Nägel sind relativ kurz.
Stummellerche	B	A. Brehm führte sie nicht als eigene Art.

Küstenseeschwalbe (Sterna paradisaea)

Arctische Meerschwalbe	N	Zieht 35–40.000 km in antarkt. Winterquatier.
Arctische Seeschwalbe	N	Kein Tier d. Welt verfügt über mehr Tageslicht.
Arktische Meerschwalbe	H	KN von Meyer 1822.
Arktische Seeschwalbe	Do,H	
Backer	H	
Böspicker	H	
Bößpicker	N	Wegen der Aggression der Vögel.
Bößzicker	Do	
Kirren	H	
Kirrmeve	K	
Küsten-Meerschwalbe	N	Die Art wurde erst Anfang des 19. Jahrhunderts …
		… von der Art Flußseeschwalbe unterschieden.
Küstenmeerschwalbe	H,O3	Brütet an arktischen Küsten.
Küstenseeschwalbe	B	A. Brehm änderte den Namen in Kü-Seeschw.
Langschwänzige Meerschwalbe	N	
Langschwänzige Seeschwalbe	N	C. L. Brehm.
Nordische Meerschwalbe	N	
Nordische Seeschwalbe	Do,N	KN von C. L. Brehm.
Schwartzkopff	K	K: Hirundo marina major.
Silberfarbene Meerschwalbe	N	
Silberfarbene Seeschwalbe	N	
Silbergraue Meerschwalbe	N	
Silbergraue Seeschwalbe	Do,N	C. L. Brehm bevorzugte diesen KN.

Lachmöwe (Chroicocephalus ridibundus)

Albuken	Suol	
Alenbock	GesH	Am Bodensee: Blaufelchenfänger.
Alenbok	Buf	

Alenbuck	Suol	
Alkenbock	GesS	
Allenböck	Do	
Aschfarbene Fischmeve	Be2	
Aschgraue Fischmeve	N	
Aschgraue Fischmöve	H	
Aschgraue Meve	Be1	
Aschgraue Mewe	Krü	
Braunkopf	Be2,Do,K,N	K: Albin Band II, 86.
Braunkopff	K	K: Albin Band II, 86.
Braunköpfige Lachmeve	Be2,N	
Braunköpfige Lachmöve	H	
Brodholi	Suol	
Fisch Ahr	Schwf,Suol	
Fischer	Be2,Suol	
Fischmeve	Be2,N	Wegen ihres Fischfanges in Flachwässern.
Fischmöve	Do,H	
Gemeine Fischmeve	Be	
Gemeine graue Fischmeve	Be	
Gemeine graue Meve	Be2,N	
Gemeine graue Möve	H	
Gemeine graue Seemeve	Be	
Gemeine Lachmöve	N	
Gemeine Meve	Be2	
Gemeine Möve	O1,V	Sie ist gemein, Vorkommen auf Nordhalbkugel.
Gemeine Seemeve	Be	
Gieritz	o.Qu.	Vom Geschrei des Vogels.
Giriz	Suol	
Girlitz	Suol	
Graue Meve	Be2,N	
Graue Meve mit dem Mohrenkopf	Be2,N	
Graue Möve	H	
Graue Möve mit dem Mohrenkopf	H	
Grauer Fischer	Buf	
Grauliche Meve	Be2	
Grawer Meerschwalm	Schwf,Suol	
Große aschgraue Meve	Be1,Buf	
Große aschgraue Mewe	Krü	
Große graue Meve	Be2,N	KN, Naumann übernahm ihn von Bechstein.
Grosse graue Möve	H	
Große Lachmeve	Be2	Lachmöwe ist größer als Lachsseschwalbe (s. d.).
Große Lachmöve	N	
Große Seekrähe	Be1,N	Hauptlockton ist kreischendes Kriäh.
Große Seeschwalbe	Be1,Krü,N	
Große und rothköpfige Seeschwalbe	Be2	
Großer Seeschwabe	Buf	Kein Druckfehler.

Großer Seeschwalm	H,N,Schwf,Suol	
Größte graue Meve	Be1	
Größte graue Mewe	Krü	
Gyritz	B,Do,N	Vom Geschrei des Vogels.
Haffmöve	Do,Suol	
Holbrod	B,Buf,GesS,N	Von „Holt Brot" im strengen Winter (Zürich).
Holbrot	GesSH,Suol	
Holbrůder	Buf,GesH,Suol	
Holbruoder	GesS	
Hollbruder	Suol	
Hutmeve	N	C. L. Brehm: Name des Vogels am Kattegat.
Hutmöve	Do,H	
Hutschwalbenmeve	N	Ein Name C. L. Brehms für die Lachmöwe.
Hutschwalbenmöve	H	
Kabel (fries.)	GesH	
Kapuzinermeve	N	
Kapuzinermöve	H,O3	
Kirmewen	Buf	
Kirrmöve	Do,Suol	
Kleine aschfarbene Meve	Be1	
Kleine aschfarbene Mewe	Krü	
Kleine aschfarbene Möve	Buf	
Kleine aschgraue Meve	Be2,N	KN, Naumann übernahm ihn von Bechstein.
Kleine aschgraue Mewe	Buf	„Larus cinerarius", aber b. Naum.: L. ridibundus.
Kleine aschgraue Möve	H	
Kleine bunte Meve	Be2,N	
Kleine bunte Möve	H	
Kleine graue Meve	Be2,N	
Kleine graue Mewe	Buf	Brisson.
Kleine graue Möve	H	
Kleine Meve	Be2,N	Die Große Meve ist z. B. die Sturmmöwe.
Kleine Möve	H	
Kleiner Allenbock	O1	Am Bodensee: Blaufelchenfänger.
Kleinere graue Meve	N	KN, Naumann übernahm ihn von Bechstein.
Kleinere graue Möve	H	
Kleinere Meve	Be2,N	Die Größere Meve ist z. B. die Sturmmöwe.
Kleinere Möve	H	
Lach-Meve	N	Name von „lachen" abgeleitet.
Lachmeve	Be2	
Lachmewe	Buf	
Lachmööw (helgol.)	H	
Lachmöve	B,H,Krü,O1,V	
Lachschwalbenmöve	N	Ein Name C. L. Brehms für die Lachmeve.
Maihwa (eigentl. f. Möve)	Ma	Alb. Magnus: Maihwa kommt von Stimme.
Meb	GesSH,Suol	Gessner: Möwe allgemein.
Meerganß	GesH	Gessner: Möwe allgemein.
Meerschwalbe	GesH	Gessner: Möwe allgemein.
Mêlhafter	Suol	
Meue	GesH	Gessner: Möwe allgemein.
Meve	Suol	Möwe allgemein.

Mew	GesH,Suol	Gessner: Möwe allgemein.
Mewb	Suol	Möwe allgemein.
Mewe	Suol	Möwe allgemein.
Meyvogel	Fri	Lachmöwe/Fluß-/Sumpfseeschwalben.
Meywe (altd.)	Fri	Lachmöwe/Fluß-/Sumpfseeschwalben.
Mieß	GesSH	
Mieuwe	Suol	Möwe allgemein.
Mohrenkopf	Krü	
Mohrenkopf	B,Be1,Do,Krü,N	Kapuze ist dunkelbraun.
Möve	Suol	Möwe allgemein.
Pfaff	Do,N,Suol	„Schwarzer" Kopf im Pk der Altvögel.
Rhein-Meve	Z	
RheinMeve	Suol	
Rheinseeschwalbe	Z	
Rohtköpffiger Seeschwalm	K	K: Albin Band II, 86.
Rotbein	Do	
Rotfüssige Lachmöve	H	
Rôtgans	Suol	
Rothbein	Be2,Buf,N	
Rothfüßige Lachmeve	Be2,N	Einzige heimische Möwe mit roten Beinen.
Rothfüßige Lachmewe	Buf	Brisson.
Rothfüßige Mewe	Buf	
Rothfüßige Möve	V	
Rothköpfige Seeschwalbe	N	
Rothköpfiger Seeschwalm	Be,N	
Rothschnabel mit braunem Kopf	N	Braun wird oft als schwarz empfunden.
Rothschnabel mit schwarzem Kopf	N	Der Kopf ist dunkelbraun.
Rothschnabel mit schwarzem Kopfe	Krü	
Rotköpfichter Seeschwalbe	Schwf	Schwenckfeld 1603, nicht sicher.
Rotköpfige Seeschwalbe	H	
Rotköpfiger Seeschwalm	H	
Rotschnabel	Do	
Rotschnabel mit braunem Kopf	H	
Rotschnabel mit schwarzem Kopf	Be1	
Schwarzköpfige Lachmeve	Be1,N	
Schwarzköpfige Lachmöve	H	
Schwarzköpfige Lachmöwe	Krü	
Schwarzköpfige Meve	Be2,N	Bechsteins Hauptname für den Vogel.
Schwarzköpfige Mewe	Buf	
Schwarzköpfige Möve	N	
See Meb	Suol	Möwe allgemein.
See-Meve	Suol,Z	
See-Möve	Suol	Möwe allgemein.
Seekrähe	B,Be2,Do,Krü,… …N,Suol;	Wegen der Stimme.
Seemähbe	Suol	Möwe allgemein.
Seemeve	Be2,N	

Seemöve	H	
Speckmeve	Be2,N	Fraßen Schlachtabfälle in strengen Wintern.
Speckmöve	Do,H	
Swartkopp	H	
Tattaret	Buf	
Weise Meve	Z	
Weiße Meermeben	Buf	
Weiße Seeschwalbe	Suol	
Weißer Seeschwalbe	Schwf	
Weißgraue Fischmeve	Be	
Weißgraue Meve	Be2,N	
Weißgraue Möve	H	
Weißgraue Seemeve	Be	

Lachseeschwalbe (Gelochelidon nilotica)

Ackerlachseeschwalbe	N	Siehe einige Zeilen weiter.
Ackermeerschwalbe	Do	
Ackerseeschwalbe	B	Terrestrische Nahrungsquellen, kaum Watt.
Amerikanische Lachseeschwalbe	N	Amer., Balth., Ackerl. u. Südl. L.seeschw. -alle …
Balthische Lachseeschwalbe	N	… s. o./s. u. stammen von C. L. Brehm für seine
Baltische Lachseeschwalbe	H	… Variationen der Lachseeschwalbe.
Baltische Seeschwalbe	Do	
Dickschnäbelige Meerschwalbe	H	
Dickschnäbelige Seeschwalbe	H	
Dickschnäblige Meerschwalbe	N	
Dickschnäblige Seeschwalbe	N	
Dickschnäblige Seeschwalbe	Do	
Englische Meerschwalbe	N	C. L. Brehm u. Temminck: Unglückliche …
Englische Seeschwalbe	Do,N,O3	… Benennung, da in England nur Ausnahmen.
Kleine Lachmeve	N	Der Lachmöwe ähnliches „Geschrei" …
Kleine Lachmöve	Do,H	… brachte C. L. Brehm auf diesen Namen.
Lach-Meerschwalbe	N	
Lachmeerschwalbe	H	
Lachseeschwalbe	B,N	Heute: Lachende zweisilbige „käwä"-Rufe.
Lunkerr	Do	
Lunn-Kerr (helgol.)	H	
Mevenschnäblige Meerschwalbe	N	
Mevenschnäblige Seeschwalbe	N	
Mövenschnäbelige Meerschwalbe	H	
Mövenschnäbelige Seeschwalbe	H	
Spinnenmeerschwalbe	Do,N	Terrestrische Nahrungsquellen, das Watt kaum.
Spinnenseeschwalbe	B	
Südliche Lachseeschwalbe	N	Bezeichn. s. o. für Amerik. Lachseeschwalbe.

Lachtaube (Streptopelia roseogrisea)

Einheimische Turteltaube	Be1,Krü
Gemeine Turteltaube	Be1,Krü
Gichttaube	Krü

Indianisch Turtur Teublin	Schwf	
Indianische Turteltaub	GesH	
Indianisches Täublein	Be1	
Indianisches Turteltäubchen	Krü	
Indianisches Turteltäublein	Be2	
Kleine Schamoataube	Krü	
Lach Taube	Fri	Nicht oder kaum größer als Turteltaube.
Lach-Taub	GesH	Im 16. Jh. nicht oder kaum bekannt (Gessner).
Lachende Taube	Krü	
Lachendes Teublin	Schwf	
Lachtaube	Be1,K,Krü,O1,P,V	K: Frisch T. 141.
Loch-Taube	P	
Rothslauftaube	Krü	
Stubentaube	Krü	
Türckisch Teublin	Schwf	
Türkisches Täubchen	Krü	
Türkisches Täublein	Be1	
Turteltaube mit dem schwarzen Halsbande	Be1	
Turteltaube mit schwarzem Halsbande	Krü	
Vogeltaube	Krü	

Lannerfalke (Falco biarmicus)

Are in Sweime	Hö	Bedeutet Schwimmer.
Blafuß	GesS	Name richtig, bedeutet aber Blaufuß.
Feldeggsfalk	B	Schlegel 1841: „Falco Feldeggi", nach ...
Feldeggsfalke	H	... österr. Naturf. Chr. Feldegg (1780–1845).
Französischer Falk	Hö	Französisch Faucon lanier, Italienisch Lanario.
Französischer Würger	Buf	
Großer Weißbacke	Krü	
Großer Schlachter	Buf,K	
Mausadler	Buf	
Schlachter	Krü	
Schmeymer	Buf	Bedeutet Schwimmer. Der Falke kann so ...
Schweimer	Hö	... segeln, daß ein „Schwimmer"-Eindruck ...
Schwimmer	Buf,Hö	... entsteht (s. Turmfalke).
Swimern	Buf	
Wollichter Falk	Hö	

Lapplandmeise (Poecile cinctus)

Lappländische Sumpfmeise	H	In Birken-, Nadel-Birkenwäldern circumpolar.
Sibirische Meise	O3	Buffon 1768 vergab den Namen.
Indianische Meiß	GesH	
Lasur-Meise	N	Offens. lange vor Erstbeschr. in Lit. bekannt.
Lasurblaue Meise	Be2,N	Abb.(!) war Aldrovand vor 1600 bekannt.
Lasurmeise	B,Be2,N,O3	Pallas beschrieb d. Vogel 1770: Porzellanmeise.
Porzellanmeise	Do	
Prinzchen	Be2	Laut Buffon hat Lepechin über die ...
Prinzchenmeise	Do,N	... Schönheit der Federn geschrieben.

Säbische Meise	Be,N	Auf Landgut Säby (südl.Ostschweden) wurde …
Säbysche Meise	Buf	… Vogelpräparat gefunden, von Buffon genutzt.
Spucknäpfchen	Do	

Lasurmeise (Cyanistes cyanus)

Große blaue Meise	Be2,N	
Hellblaue Meise	Be2,N	Hier gleichbedeutend mit lasurblau.

Laufhühnchen (Turnix sylvatica)

Mondförmig geflecktes Laufhuhn	O3	Nach Gefiederfärbung an den Seiten.
Schnelles Laufhuhn	O3	Läuft beim Fliehen ohne zu fliegen.

Löffelente (Anas clypeata)

Amerikanische Ente mit breitem Schnabel	Buf	
Aufgeworfener Breitschnabel	Be2,K,N	K: Frisch T. 161–163.
Aufgeworfener Breitschnabel aus Amerika	Buf	
Aufgeworfener Breitschnäbler	Be,Buf,N	
Blauflügelente	Do	
Blauflügelige Löffelente	H	
Blauflügliche Löffelente	N	
Braune Löffel Ente	Fri	
Breit-schnabel	Buf	K: Frisch T. 161–163.
Breitschnabel	Be1,Buf,Fri,GesH…	…K,Krü,N,O1,Schwf,Suol;
Breitschnabelente	B	Beispiel einer Namensverkürzung v. A. Brehm.
Breitschnabelige wilde Ente	N	
Breitschnabelkopf	Be2,N	
Breitschnäblichte Wild Endtle	Schwf	Name von Gessner 1555.
Breitschnäblige Ente	Buf	
Breitschnäblige wilde Ente	Be2	Bechstein änderte Gessners Namen.
Breyt Schnäbelin	Suol	
Deutscher Pelikan	Be1,Do,Krü,N,O1	Naumann: Nicht Pelekan.
Eisente (männl., Hochzeitskleid)	H	
Fasanenente	H	
Fliegen Endtle	Schwf,Suol	
Fliegenänte	Krü	
Fliegenente	B,Be2,Buf,Do,N	Soll, über das Wasser fliegend, Insekten fangen.
Fliegenentel	Buf,K	
Gemeine Löffelente	Be2,N	
Große breitschnabelige Löffelente	H	D. „kleine breitschn. Löffelente" ist d. Knäkente.
Große breitschnäblige Ente	Be2	
Große breitschnablige Löffelente	N	
Großer Breitschnabel	Be2,Buf,GesH,N	
Großschnabel	Do	

Langkragen	Krü	
Langschnabel	Do	
Langschnabelige Löffelente	H	
Läpelent	H	
Lepelgans	Be2,Buf,K,N	Enten wurden lange Zeit auch Gans genannt.
Lepelsnut	H	Snut, Schnute: Mund, Schnabel
Leppelschnute	Be1,N	Lepel (Leppel) ist niederdeutsch für Löffel.
Löffel endtle	Buf	K: Frisch T. 161–163.
Löffel Endtle	Schwf	Fabricius 1564: Löffelente.
Löffel Ente mit rothgelben Bauch	Fri	
Löffel Ente mit weißen Bauch	Fri	
Löffel-Ente	Buf,N	Großer Schnabel ist lang u. sehr breit.
Löffelänte	Buf,Krü	
Löffelente	B,Be1,Buf,Fri,K,...	...Krü,N,O1,V; K: Frisch T. 161–163.
Löffelente mit rothgelbem Bauch	Be,N	
Löffelente mit rothgelbem oder ...	Be2,N	... weißem Bauch (langer Trivialname).
Löffelente mit weißem Bauch	Be,N	
Löffelgans	Krü	
Löppelgans	Do	
Löppelschnute	Do	
Mackente	Krü	
Mackentel	K	
Mohränte	Krü	
Moorente	Do,Be2	
Moosente	Be2,Do,N	
Morente	Be,Buf,K	
Mos Endtle	Schwf	
Mos-Endtle	Buf	
Mück Endtle	Schwf,Suol	Die Enten seihen die Wasseroberfläche nach ...
Mück-Endtle	Buf	... Nahrung ab und gründeln auch, aber wenig.
Mückänte	Krü	
Mückenente	B,Be2,Do,N	S-Dtschld.: Auch Fliegen sind Mücken (Mugge).
Mückente	Krü	
Mückentel	Buf	
Muggent	Suol	
Muggente	Be2,Buf,Do,K,N	Bedeutet Fliegenente. Gessner: Anas muscaria.
Mukkent	Buf	
Mur Endtle	Schwf	
Mur-Endtle	Buf	
Murente	Be2,Do,N	Mur ist Moor, Sumpf.
Murentel	Buf,K	
Räschen	B,Be2,N	Räsch ist etwa Hartes, Rauhes.
Räschenkopf	Be2,N	
Räsgenkopf	Be	
Rätsch-Ente	O2	Hat ein schnarrendes Geschrey, daher Rätsch-E.

Resienkopf	Do	
Rothbrüstige Löffelänte	Buf	
Rüfgen	Fri	
Rüschen	Be	
Schall Endtle	Schwf,Suol	Gessner hatte wohl die Schellente gemeint.
Schall-ente	Buf	
Schallänte	Krü	
Schallente	Be2,Buf,Do,K,... ...Krü,N;	K: Frisch T. 161–163.
Schellent	Suol	
Schellente	Be2,Buf,Krü,N	
Schild Endtle	Schwf,Suol	
Schild Ente	Fri	Breiter Schnabel wird mit Schild verglichen.
Schild-endte	Buf	
Schild-Ent	GesH	
Schildente	B,Be1,Buf,Fri,... ...K,Krü,N;	K: Frisch T. 161–163.
Schilt-ent	Buf	
Schiltente	GesS,Suol	
Schlub (fries.)	GesS	
Schovler	O1	Oken: Meinte er „Ente in schönem Federkld?"
Seefasan	B,Be1,Do,Krü,N	Wegen des schönen Prachtkleides.
Sloppen	Do,H	
Slub (fries.)	GesSH	
Slupo (fries.)	GesS	
Spadelente	Buf	
Spatelänte	Krü	
Spatelente	Be2,Do,N	Wegen Schnabelform.
Stockänte	Krü	
Stockente	Be2,N	Weil sie in Kopfweiden brüten mag.
Stokkente	Buf	
Taeschenmul	Buf,GesS	Mul ist Maul.
Taschenmaul	B,Be1,Buf,Do,Fri, ...GesH,K,N,O1;	- K: Frisch T. 161–163.
Taschenmul	Suol	
Tempatlohoak	Buf	
Treibente	Fri	

Löffler (Platalea leucorodia)

Fauser	GesS	Eilen, rennen. Typische Nahrungss. d. Löfflers.
Ganz weißer Löffler mit einer Haube ...	Buf	... auf dem Kopfe (langer Trivialname).
Gemeiner Löffelreiher	Be2,N,O2	
Lebler	Do	
Leffler	Buf,GesH	
Lefler	GesS,Krü,Tu	
Lepler	Be2,Buf,GesH,N	Friesisch – niederdeutsch für Löffler.
Löffel	GesS	Der Schnabel sieht wie ein langer Löffel aus.
Löffel Ganss	Tu	Große Wasservögel waren Ente oder Gans.
Löffel Reiger	Buf	
Löffelgans	B,Be1,Buf,Fri,... ...K,Krü,N;	K: Frisch T. 200–201.
LöffelGans	Schwf	
Löffelganß	GesSH	Gessner fand Namen bei Turner (s. o.).

Löffelreiger mit glatten Schnabel	Fri		
Löffelreiger mit hubbrigen Schnabel	Fri		
Löffelreiher	B,Be2,Buf,Do,…	…Krü,N;	Vogel hat Größe eines Silberreihers.
Löffelreyger	Fri		
Löffler	B,Be1,Buf,GesSH,…	…Krü,N,O1,Schwf;	
Löfler	Fri		
Palette	Do,N		Wort ist aus dem alten ital. Namen für …
Pallette	Be2		… den Löffler „Palettuni" entstanden.
Pelecan	GesH,Schwf		
Pelekan	Buf		
Pelikan	Be1,Krü,N		
Schaufler	Be2,Do,N		Der Vogel schaufelt nicht.
Schauler	Be		
Schuffler	Buf,N		
Schufler	B,Be2,Buf,…	…Do,GesS,N;	- Der Vogel schaufelt nicht.
Spatelgans	B,Be1,Do,Krü,N		
Weißer Löffelreiher	Be1,Buf,N		Bei Bechstein 1793.
Weißer Löffler	H		Nahrungss.: Hin u. Herpendeln des Kopfes.
Weißer Löffler	Be2,Buf,K,N,O3		K: Frisch T. 200–201. Bei Bechst. 1803.
Weißer Schuffel	O1		Der Vogel schaufelt nicht.
Weißer Spatelreiher	V		

Madeira-Wellenläufer (Oceanodroma castro)

Harcourts gabelschw. Schwalbensturmv.	H		

Mandarinente (Aix galericulata)

Chinesische Kragenente	V		Wohl wegen des Pk, aber weit hergeholt.
Mandarin-Ente	O2		Chines. Beamte hatten früher orangegelb …
Mandarinen-Ente	V		… in der Amtstracht.
Mandarinenente	H		Enten stammen aus Ostasien.

Mantelmöwe (Larus marinus)

Befleckte Meve	Buf		
Braun und weiß geschäckte Mewe	Buf		Typisches braunfleckiges Jugendkleid.
Bunte Sturmmeve	Be2,N		
Bunte Sturmmöve	H		Typisches braunfleckiges Jugendkleid.
Falkenmöve	B,Do		Faber (1822): Möwe ist falkenähnl. Räuber.
Fischmeve	Be1		Der Fischanteil an der Nahrung der Möwe …
Fischmewe	Krü		
Fischmöve	B,Do		… liegt bei 40 %. Auch Kleptoparasitismus.
Gänsemöve	Do		
Gefleckte große Falkenmeve (juv.)	Be2,N		S. „Falkenmöve".
Gefleckte grosse Falkenmöve (juv.)	H		Typisches braunfleckiges Jugendkleid.
Gefleckte Meve	Be1		

Gefleckte Mewe	Buf,Krü	
Graubraune große Meve	Be1,Buf	
Graubraune große Mewe (juv.)	Krü	
Graue Fischermeve	Be2	
Graue Fischermöve	Buf	Otto: Name kommt ihr nicht zu.
Graue Fischmeve	N	
Graue Fischmöve	H	
Groot grü Kubb (helgol.)	H	
Große Falkmöwe	Buf	Beschuldigung auf Island: Tötet Lämmer.
Große Fischmeve	N	
Grosse Fischmöve	H	
Große graubraune Meve (juv.)	Be2,N	Mantelmöwen werden erst im vierten …
Grosse graubraune Möve (juv.)	H	… Lebensjahr geschlechtsreif.
Große Heringsmeve	Be2,N	Heringsmöwe (55 cm) und Mantelmöwe …
Grosse Heringsmöve	H	… (70 cm) werden leicht verwechselt.
Große Seemeve	Be2,N	
Große Seemewe	Buf	
Große Seemöve	Buf,Do,H	Halle (1760) vergab diesen Namen.
Großer Schwarzmantel	Do,N	Mantelmöwe ist größer als Heringsmöwe.
Größeste bunte Meve	K	K: Frisch T. 218, Albin Band III, 94.
Größte bunte Meve (juv.)	Be1,Buf,N	
Größte bunte Mewe	Krü	
Grösste bunte Möve (juv.)	H	
Haffstrut	Do	
Heringsmeve	Be2	
Mantel-Meve	N	Mantel: Schwarze Flügeldecken und Rücken.
Manteldräger (helgol.)	H	
Mantelmeve	Be1,Buf	Gatterer (1785) brachte Namen als Synonym, …
Mantelmewe	Krü	
Mantelmöve	B,H,O1,V	… aber Bechstein (1791) war Namengeber.
Meermewe	Buf	
Oberbürgermeister	Do	
Riesenmeve	N	Für C. L. Brehm waren individuelle …
Riesenmöve	B,Do,H	… Größenuntersch. Anlaß zur Artendefinition.
Schwarzmantel	B,N	Mantel: Schwarze Flügeldecken und Rücken.
Schwarzrückige Meve	Be2	
Schwarzrückige Mewe	Buf	
Seemeve	Be1,Buf,N	
Seemewe	Krü	
Seemöve	H	
Seeschwalbe	Buf	Otto: Name kommt ihr nicht zu.
Wagel	B,Do,N,O1	Name in Cornwall.
Weiße Möve	Buf	Otto: Name kommt ihr nicht zu.

Mariskenrohrsänger (Acrocephalus melanopogon)

Alle Naumann – Namen (N) stammen aus den Naumann – Nachträgen (1860), Bd. 13, S. 456.

Kastanienbrauner Rohrsänger	N	Rostfarbenes Rückengefieder.
Kleiner Schilf-Rohrsänger	N	Teichrohrsänger-ähnlicher Gesang.
Schwarzbärtiger Rohrsänger	N	Schmaler schwarzer Bartstreif (Svensson).

Schwarzbärtiger Sänger	O3	Naumann: Zügel.
Tamarisken-Rohrsänger	N	Wo Vogel lebt, wachsen Tamarisken (Süden).
Tamariskenrohrsänger	B	Tamarisken: Geringe Bedeutung für den Vogel.

Marmelente (Marmaronetta angustirostris)

Marmelente	H

Maskengrasmücke (Sylvia rueppelli)

Maskengrasmücke	B	
Rüppell'scher Sänger	O3	Rüpell: 3 Forschgsreisen n. Afr. zw. 1822 u. -50.
Stelzengrasmücke	B	

Maskenstelze (Motacilla flava feldegg oder Motacilla personata)   Avibase 01.08.2018

Aschköpfige Schafstelze	H
Feldeggs Schafstelze	H
Grauköpfige Schafstelze	H

Maskenwürger (Lanius nubicus)

Maskenwürger	B	Südeuropa. So groß wie Neuntöter.

Mauerläufer (Tichodroma muraria)

Alpen-Mauerklette	N	Klettert nur an unebenen senkrechten Wänden.
Alpenklette	Do	Auf ebenem Grund hüpft er meist.
Alpenmauerklette	Do	Name stammt von Naumann.
Alpenmauerläufer	Suol	Kunstvolles Nest in Felsspalten.
Alpenrose	Do	Wegen der prachtvollen roten Flügeldecken.
Alpenspecht	B,Do,N	Hängt an Felsen wie Specht am Baum.
Bergspecht	Buf	
Chlän	Suol	
Felsenläufer	Do	
Fliegende Alpenrose	o.Qu.	Wegen der prachtvollen roten Flügeldecken.
Fluehchlän	Suol	
Gemeiner Mauerspecht	O2	
Grauspecht	Buff,K	Graues Rückengefieder.
Karminspecht	Do	
Klättenspecht	GesS,Suol	
Kleiner Baumläufer	Be1,Buf,N	Illiger (1811): Tichodroma, nicht Certhia.
Kleiner schöner Baumläufer	Be	
Kletten Specht	Schwf	Name wohl sehr alt, älter als 1603 (Schwf).
Kletten-Specht	Kö	„Klette" kommt von klettern, nicht v. kleben.
Klettenspecht	Buf	
Kletterspecht	Be1,Buf,GesH,...	...N,V;
Mauer Specht	Schwf	
Mauerbaumläufer	Be,N	Name bei Bechstein: Certhia muraria.
Mauerchlän	N	
Mauerklän	Do	
Mauerklette	Be1,Do,Krü,N,...	...O2,V;
Mauerklettenvogel	Krü	
Mauerklettervogel	Be1,N	Klettert niemals abwärts wie Kleiber.
Mauerläufer	B,Be1,Buf,Krü,N	Brütet an Felswänden in 1000–3000 m Höhe.
Mauerspecht	Ad,B,Be1,Buf,Hö,...	...Krü,N,Suol,V;

Maur-Specht	Kö	
Maurspecht	GesH	Gessner: Picus muralis. Picus ist Specht.
Mûrchlän	Suol	
Mur Specht	Schwf	
Murspecht	Be1,Buf,GesS,…	…Suol,N; Mur ist Mauer.
Rostflügelige Klette	Do	
Rostflügelige Mauerklette	Do	
Rotflügel	Do	
Rothflügelige Mauerklette	N	
Rothflügeliger Mauerläufer	N,O3	
Schöner Baumläufer	N	
Spinnenfänger	Buf	In England.
Todenvogel	Be	Angebliches Nisten in Hirnschädeln in …
Todtenvogel	Be1,Buf,N,V	… Beinhäusern beschrieb Kramer 1756.
Totenvogel	H	

Mauersegler (Apus apus)

Feuerschwalbe	B,Be1,Do,N	Vogel ist schwarz – wie verbrannt.
Geierschwalbe	B,Do,N,Suol	
Gemeine Mauerschwalbe	Be1,N	Lange Zeit wurden die Segler zu den …
Gemeine Thurmschwalbe	N	… Schwalben gestellt.
Ger-schwalb	Buf	
Gerschwalb	Be2,GesSH,N	
Gerschwalbe	Do,Suol	
Gerschwalm	Suol	
Geyerschwalb	GesH	Seit 1544 belegt. Im Straßb.Vb. (1554) findet …
Geyerschwalbe	Be1,Buf,Krü	… man Gerschwalbe u. 1581 holländ. Name …
Geyr-schwalb	Buf	… „Ghierswaluwe", das Suolahti aufgriff, …
Geyrschwalb	GesS	… „gieren" u. schrilles Geschrei d. V. folgerte.
Geyrschwalbe	Suol	
Gîrschwalwe	Suol	
Große Mauerschwalbe	Be2,N	Name galt, bis man Segler nicht mehr für …
Große Schwalbe	Z	… Schwalben hielt, letztere sind deutl. kleiner.
Große schwartz-braune schwalbe	Buf	
Große schwarzbraune Schwalbe	Fri	
Große Thurmschwalbe	Hö,N	Adelung (1801): „Vielleicht ist sie mit der …
Große Thurn(!)schwalbe	Buf	… Mauerschwalbe einerley." (!)
Große Turmschwalbe	Be2	
Huda urnik (krain.)	Be2	
Kirch Swalbe	Tu	Übernachten in Kirchen, brüten an Kirchen.
Kirch-spier-schwalbe	Buf	
Kirchenschwalbe	Do	Segler sind keine Schwalben. Brüten im …
Kirchschwalbe	Be2,Buf,Krü,N	… Gemäuer der Türme und Kirchen.
Kreuzschwalbe	Do	
Kriechschwalbe	Be1	
Krîtswalwe	Suol	
Laiendecker	Ma	Bedeutet Dachdecker.
Langflügelige und Größte Schwalbe	Fri	

Langflüglige und große schwalbe	Buf	
Lêendecker	Suol	
Mauer-Schwalbe	Z	Scopoli 1777: Apus.
Mauer-Segler	N	Kein im Aufwind Segeln wie Storch.
Mauerhäkler	B,Do,N	Kurze Beine, scharfe Krallen …
Mauerschwalbe	B,Be1,Buf,Hö,K,…	…Krü,N,O1,Suol,V; - K: Frisch T. 17.
Mauersegler	B,H,O3,V	Flügelschlag- u. lange Gleitphasen wechseln.
Mawerspyren	GesS	
Muerswälk	Do	
Mûerswålken	Suol	
Münsterspyre	Suol	
Muttergottesvogel	Ma	Name in der Steiermark
Peerdschwalken	N	Meckl. „Pferdeschwalbe". Insektenjagende …
Peerdschwälken	Be2	… Schwalben (Segler?) auf Pferdekoppeln.
Peersschwalken	Do	
Pierschwalbe	Be2,Do,Fri,N	Aus Spierschwalbe entstanden.
Pîrswålken	Suol	
Quiekschwalbe	Do,N	
Rainschwalbe	Fri	
Raubschwalbe	Do,N,Suol	
Rauchschwalbe	N,Suol	Fälschlich in vielen Gegenden Deutschlands.
Reinschwalbe	P	
Rhein-Schwalbe	Kö,P	
Rheinschwalbe	P	
Riesenschwalbe	Do	
Schornsteinfeger	Do	
Schwarze Mauerschwalbe	Buf,Krü	
Sickschwalbe	Do	
Speiche	Suol	
Speier	N,Suol	
Speiren	Suol	
Speirer	Suol	
Speyer	Be1,Buf,N	
Speyerl	P	
Speyerschwalb	Be2	
Spiere	Fri,Ma	„Spire" aus 15. Jh. belegt. Deutung schwierig.
Spierschwalbe	Krü	Vogel: Im M.A. nach d. langen spitzen Flügeln.
Spierschwalbe	Fri,Hö,Krü,N	Lange Flügel- u. Schwanzspitzen.
Spierschwälken	Be	Turmspitzen, die Vogel umfliegt?
Spierschwalken	Be2,Do,N	„Spir": Klangbild des Rufes?
Spîerswålken	Suol	
Spir	Suol	
Spîre	Suol	
Spirel	Suol	
Spirle	Suol	
Spirschwalbe	Be2,Buf,K,N,Suol	K: Frisch T. 17.
Spirsuale	Suol	
Spîrswålken	Suol	
Spurschwalbe	Be1,Do,N	

Spürschwalbe	Be1,Buf,Krü,N	
Spyr	GesSH,N	
Spyr-schwalbe	Buf	
Spyre	O2	
Spyren	Buf,GesS	
Spyrn	Do	
Spyrschwalb	GesH	
Spyrschwalbe	B,Be,Buf,GesS,Krü	
Spyrswalecke	Suol	
Stanschwalbe	N	
Stein-Schwalbe	Z	Brütet in Mauern; Klein: Hirundo muraria.
Steinschwalbe	B,Be1,Buf,...	...K,Krü,N,Suol,V,Z; K: Frisch T. 17.
Stenswålken	Suol	
Thierkater	N	Älterer Name, lokal begrenzt, Bedeutg.??
Thieswalwe	Suol	
Thurmschwalbe	B,Buf,Krü,N,...	...O2,V;
Thurmsegler	B,N	
Tierkater	Do	
Tônswalw	Suol	
Torenschwälk	Do	Schwalk ist niederdeutsch für Schwalbe.
Turmschwalbe	Be2,Do,Suol	
Tûrnswålken	Suol	
Waterswalecke	Suol	
Zugschwalbe	Suol	

Maurenspecht (Dendrocopus numidicus)   (In NW-Afrika statt Buntspecht)

Maurenspecht	H	Nur in der Neuaufl.vom „Naumann" (4, 284).

Mäusebussard (Buteo buteo)

Aar	H	
Bott-ühl (helgol.)	H	
Bottühl	Do	
Braukwieh	Do	
Braun-Fahler Geyer	Fri	
Braune Weyhe	Be2	
Brauner Falke	Be2	
Brauner gemeiner Falke	Be2	
Brauner Mäuseaar	N	CLB: Bussard mit sehr großer Farbenvielfalt.
Braunfahler Geyer	Be2	
Brobuxe	Suol	
Brobuxen	GesS	Feder-Hose, Schifferhose. Typisch für Bussard.
Brookwieh	Do	
Brûchhabicht	Suol	
Brûchhafke	Suol	
Bunter Mäuseaar	N	CLB: Bussard mit sehr großer Farbenvielfalt.
Bus Ahr	Schwf,Suol	
Busaar	B	
Busahrn	GesH,Suol	
Busam	Suol	
Busant	GesS,Suol	Oberdeutsch für Buse, Bussard (Adelung).

Busard	Krü	
Buse	GesS,O1,Suol	Altfranz. für Bussard, aber auch Katze??
Bushard	Be2,GesH,N,…	…Schwf,Suol;
Bushard mit Fischerhosen	Buf	Bezeichnung von Albertus Magnus.
Busharda	Suol	
Bushart	Be1	Durch Falkner aus Frankr. nach Dtschl. gek.
Bushartfalk	Be1	
Bushartfalke	Be,N	KN von Bechstein.
Bushen	Suol	
Buspart	Ad	Oberdeutschland.
Bußaar	Be2,Do,Krü,N	
Bußahrn	GesS	
Bussant	Suol	
Bussard	Be1,GesS,Ma,N,Suol	Franz. Busard: Aus Buse
		(Katze?) u. Aar.
Bussard mit Fischerhosen	Be2,N	Brobuxe ist bruoch, Bruch, Moor: Bruchvogel.
Bussart	GesS	
Bussert	Suol	
Bußfahrn	Ad,Krü	Oberdeutschland.
Bußhard	B,Buf,GesH,Krü	„Bußaar", auch „Bußhard" ist alt
		u. liegt der …
Bußhart	GesS,K	mittellat. Busio zu Grunde. Namen soll er v. …
Bußhen	GesS	… Schreien und Busen (Blasen) haben. (Adelg.).
Buzaard	N	Naumann: Wahrscheinlich Dialektname.
Büzaard	Be2	
Ehmkes Bussard	N	Falken-Buss. Buteo Zimmermannae (Ehmke).
Enten-Stosser	Fri	Falsche Benennung von Frisch.
Falkenbussard	N	U-Art Buteo buteo vulpinus.
Fisch Ahr	Schwf,Suol	
Fischknecht	Schwf,Suol	
Frau von Zimmermanns Bussard	N	Falken-Buss. Buteo Zimmermannae (Ehmke).
Froschgeyer	P,Krü,Suol	
Gänse Aar	Fri	
Geier	Do,H	
Gemeine Weihe	N	
Gemeine Weyhe	Be2	
Gemeiner Bus-Aar	O2	
Gemeiner Bußaar	O1	
Gemeiner Bussard	Be,N,V	
Gemeiner Falke	Be2	
Gemeiner Jagdadler	Be2	
Gemeiner Mäusefalk	N	
Gemeiner und glattbeiniger Mäusefalk	Be2	
Glattbeiniger Bussard	N	Das bedeutet: Lauf (Mittelfuß) unbefiedert.
Glattbeiniger Mäusefalk	N	
Großer Habich	Hö	
Grosser Mausgeier	H	
Habich	H	

Hak	Do	
Hakstocker	Do,H	
Howik	Do	
Howike	H	
Hühnerhabicht	Be2,N	Soll ausnahmsw. auf Hühner stoßen: = falsch.
Hühnervogel	Do,H	
Hyei	GesS	Nach dem Ruf.
Kaine (krain.)	Be1	
Katzenadler	Do	
Maßhuw	GesH	
Maßwey	GesH	
Mausbußaar	O1	
Mäuse-Bussard	N	
Mause-Falck	Suol	
Mause-Geyer	Suol	
Mäuse-Geyer	G	Göchh. 1731. Adelg.: Mit Mäuseaar „einerley".
Mäuseaar	B,Be,Do,Ma,…	…Krü,N;
Mäusebussard	B,Be,Krü,N,…	…O3,V;
Mäusefalk	B,K,Krü,N,V	Adelg.: Der Vogel ist Falkenart, die nicht zur …
Mausefalke	Buf	… Jagd gebraucht wird u. sich v. Mäusen ernährt.
Mäusefalke	Be1,Do	
Mäusegeier	B,Do,N	
Mausegeier	Be05	
Mäusegeyer	Be2,Krü	
Mäusehabicht	B,Be,Do,Krü,N	Adelung: Identisch mit Mäuse-Falk
		u. M-geier.
Mauser	B,Be,Do,Krü,…	…N,Suol; Bussard ist Mäusefänger.
Mäusevogel	Be2,N	
Mäusewächter	Be,Krü	
Mäuseweihe	N	
Mäuseweyhe	Be	
Mausfalk	O1	
Mausgeier	Do,H	
Mausgeierl	Suol	
Mauß-Ar	Z	
Meuß Ahr	Schwf,Suol	
Moosweihe	Do,V	In diesem Fall kommt Moos von Maus.
Mosgeyer	Krü	
Mûsebickeler	Suol	
Mûsekibbese	Suol	
Muser	Suol	
Müsjäger	Do	Mausjäger
Müsser	GesS	Mauser
Nordrussischer Bussard	N	Falken-Bussard Buteo buteo vulpinus.
Oellrick	Suol	
Oernefalk (dän.)	Buf	
Ollrick	Suol	
Rohr Ahr	Schwf,Suol	

Röthelweyhe	Be	
Rundschwanz	Do,H	
Rüttelweih	B	Ähnlich dem Turmfalken „steht" er in der Luft.
Rüttelweihe	Do,N	
Rüttelweyh	GesS	
Rüttelweyhe	Be1,Buf	
Schlangenfresser	Be,Do,N	Rept. u. Amph. machen etwa 10 % d. Beute aus.
Schmeymer	GesS	
Schneegeier	H	
Schwartzbrauner Habigt	Fri	
Schwarzbrauner Habicht	Fri	
Schwarzer Mäuseaar	N	CLB: Bussard mit sehr großer Farbenvielfalt.
Schwemmer	Suol	
Schweymer	Suol	
Schwimmer	Suol	
Stein Adler	Fri	Falsche Benennung von Frisch. Aber …
Steinadler	Be,Fri,N	… Bechstein, dann Naum. übernahmen.
Steppenbussard	B	Heute Adlerbussard, eigene Art.
Stockaar	V	Stock ist Wald. Bussard lebt nicht im Wald.
Stockhabich	Hö	
Stockmüser	Suol	
Stößer	Do	
Sumpfweihe	N	
Sumpfweyhe	Be1,Buf	
Sumpfwieh	Do	
Taubenhacht	Krü	
Unkenfresser	B,Be1,Do,Krü,N	„Unken" sind in Thüringen Ringelnattern.
Waldbussard	Do,H	Bussard lebt am Waldrand, nicht im Wald.
Waldgeier	B,Do,Krü,N	
Waldgeyer	Be1,Buf,Hö	
Waldweyhe	Be	
Wasservogel	B,Be1,Do,N	Für Ringelnattern muß er nahe ans Wasser.
Weihe	N	
Weißer Bussard	Be2,V	Nordischer Mäusebussard, kommt im Winter.
Weißer Falke	Be2	Entspricht Nordischem Mäusebussard.
Weißer Mäuseaar	N	CLB: Bussard mit sehr großer Farbenvielfalt.
Weißer Mauser	Be2	Nordischer Mäusebussard-Variation? …
Weißköpfiger Adler	Be1	… Fraglich.
Weißlicher Bussard	Be2	Nordischer Mäusebussard-Variation?
Weyhe	Be1	

Meerstrandläufer (Calidris maritima)

Blauer Sandläufer	Be	
Bunter Sandläufer	Be	
Felsenstrandläufer	B	Meyer (1822) war mit Boie einer Meinung.
Gestreifter Kiebitz	Be2	
Gestreifter Reiter	O1	Übersetzt: Tringa striata von Bechstein.
Gestreifter Reuter	Be2	
Gestreifter Strandläufer	Be2	Läuft am Strand der Wasserfront nach.

Grauer Sandläufer	Be	
Haarschnepfe	Be	
Isländischer Strandläufer (Var.)	Be2	
Kanelk (helgol.)	H	
Kleiner gestreifter Strandläufer (Var.)	Be2	
Klippenstrandläufer	Boie (1819)	
Lysklicker	Be	
Meerlerche	Be	
Meerpfeifer	Buf	Name von Otto.
Meerstrandläufer	Be	Boie (1819): Klippenstrandl. = besserer Name.
Mittlerer Sandläufer	Be	
Schwärzlicher Sanderling	O2	CLB beschrieb Schlichtkleid als dunkler.
See-Strandläufer	N	Schließlich Naumanns Namens-Vorschlag.
Seestrandläufer	B,H,O3	
Steinpicker	Be	
Stranderle	Buf	Name von Otto
Violetter Sanderling	O2	CLB: Farbeindruck des Sk-Rückengefieders.

Mehlschwalbe (Delichon urbica)

Äußere Hausschwalbe	Be2,Buf,Fri,N	Innere: Rauchschw.
Bergschwalbe	Buf,GesS,Krü	
Bergschwalben	Suol	
Bleckarsch	Hö	Von blecken – scheinen (weiß …).
Blekarsch	Suol	
Dachschwalbe	B,Be2,Buf,Do,…	…Krü,N,Suol; - Nest an best. Stellen am Haus.
Dorfschwalbe	Be1,Buf,Krü,N	Schon seit langem Kulturfolger.
Drecksteier	Suol	
Fensterschwalbe	Ad,B,Be1,Buf,…	…Do,K,Krü,N,O2,Suol,V; - K: Frisch T. 17.
Finterschwölk	Do	
Giebel-Schwalbe	Buf	Nest ist am Haus an bestimmten Stellen.
Giebelschwalbe	Ad,B,Be1,Do,K,…	…Krü,N; K: Frisch T. 17.
Haus-Schwalbe	Buf,Fri,N	Nest an bestimmten Stellen am Haus.
Hauß-Schwalbe	Z	
Hausschwalbe	Ad,Be1,Fri,Do,H,…	…K,Krü,O1,V; - K: Frisch T. 17.
Heubellerch	Suol	
Huda urnik (krain.)	Be1	
Husschwölk	Do	
Husswälk	Do	
Kirchenschwalbe	Do	
Kirchenspyre	GesS	
Kirchschwalb	GesH	
Kirchschwalbe	B,Be2,Buf,Krü,…	…N,Suol; Nest an Kirchen – wie am Haus.
Kirchswalbe	Suol	
Kleiner Speyer	Hö	
Kothschwalbe	Hö	
Laimschwalbe	Hö,K	
Landschwalbe	Be1,Buf,Krü,N	Schon seit langem Kulturfolger.

Laubenschwalbe	B,Be2,Buf,Do,…	…Krü,N,Suol;	Nest an Häusern an best. Stellen.
Lehmschwalbe	Krü		
Lehmschwalbe	Ad,B,Be2,Do,…	…Krü,N;	Verwendet Lehm zum Nestbau.
Leimschwalbe	B,Be1,Buf,K,…	…N,Suol;	K: Frisch T. 17. Leim ist Lehm.
Mauer-Schwalbe	GesH		
Mauerschwalbe	Hö,Krü		Höfer 3/126.
Maur-Schwalbe	Kö		
Maurerschwalbe	Do		
Mehlschwalbe	B,Be1,Buf,Krü,…	…N,O1,V;	U-seite u. Bürzel weiß wie Mehl.
Münsterschwalbe	GesS		
Münsterspyr	Be2,GesH,N		
Münsterspyre	GesS,Suol		
Munsterspyren	Krü		
Murschwalbe	Buf,GesS,Krü,Suol		
Murspyr	Be2,GesH,N		
Murspyre	GesS		
Murspyren	Buf,Krü		
Muttergottesvogel	Suol		Name in Schlesien: Vogel auf jedem Bauernhof.
Plickstertz	Suol		
Rheinschwalbe	GesS		
Ritscherschwalbe	Do		
Schmelche	Suol		
Schmelcherl	Suol		
Schmielber	Suol		Schwalbe allgemein.
Schmirbel	Suol		Schwalbe allgemein.
Schmollef	Suol		Schwalbe allgemein.
Schmorbel	Suol		Schwalbe allgemein.
Schmuelmesch	Suol		Schwalbe allgemein.
Schmuerwel	Suol		Schwalbe allgemein.
Schmurbel	Suol		Schwalbe allgemein.
Schwabelchen	Suol		Schwalbe allgemein.
Schwalbe mit dem weißen Bürzel	Be2,Buf		
Schwalbe mit weißem Bürzel	N		
Schwalm	Ad,Suol		Schwalbe allgemein.
Schwölk	Do		
Scwäfelk	Suol		Schwalbe allgemein.
Speier	Suol		
Speyerl	Be1,Buf,Hö		Höfer: Bei Kramer.
Spiekschwalbe	Do		
Spier	Buf		
Spier-Schwalbe	Z		
Spierschwalbe	Buf,Fri,Krü		Frisch: „Wegen ihres Geschreys."
Spirck-schwalbe	Buf		
SpîreMuspyre	Suol		
Spirkschwalbe	Be1,Buf Do,Fri,…	…Krü,N;	- Wie Spierschwalbe, aber älteres Wort.

Spirschwalbe	Suol	
Spyrschwalbe	Be2,Buf,N,O1	Schwer deutbar, siehe Mauersegler.
Stadtschwalbe	B,Buf,Do,Fri,…	…Krü,O2,Suol; - Schon alter Kulturfolger.
Stênswalwe	Suol	
Steuerling	Buf,Krü,Z	
Steyr	Suol	
Swäælke	Suol	Schwalbe allgemein.
Swale	Suol	Schwalbe allgemein.
Swalewe	Suol	Schwalbe allgemein.
Swalk	Do	
Swälk	Do	
Swalke	Suol	Schwalbe allgemein.
Swallig	Suol	Schwalbe allgemein.
Swalwe	Suol	Schwalbe allgemein.
Sweigelk	Suol	Schwalbe allgemein.
Swöægelke	Suol	Schwalbe allgemein.
Swöwelk	Do	
Thurmschwalbe	Hö	Höfer 3/126.
Weißärschel	Hö,Suol	Bei Popowitsch.
Weißbauchige Schwalbe	P,Z	
Weißbauchigte Schwalbe	P	
Weißbürzel	Hö	
Weißspyr	Be2,Do,GesH,N	Siehe Spyrschwalbe.
Wittswolk	Do,H	
Wysse Spyre	GesS,Suol	
Wyssespyren	Buf,Krü	
Zweyte Hausschwalbe	Buf	

Meisengimpel (Uragus sibiricus)

Langschwänziger Kernbeißer	O3	Name von C. L. Brehm (1823).

Merlin (Falco columbarius)

Blaafalk (dän.)	H	
Blaufalk	Do,V	Meyer/Wolf (1810): Falco caesius.
Blaufalke	N	„B. alten Männchen ist Schnabel hellblau." (N).
Calotchenfalck	K	Siehe unten bei K.
Dvaergfalk (norw.)	H	
Dvärgfalk (schwed.)	H	
Europäischer Schmerl	Be,N	
Gigri	Do	
Hünerdieb	Buf	
Kalotchenfalck	K	Kalottchen ist Käppchen für den kahlen Scheitel.
Kalotchenfalk	Buf	Merlin hat blaues Käppchen.
Kleiner Falk	Krü	
Kleiner Falke	Buf	
Kleiner Lerchenstoßer	B	
Kleiner Lerchenstößer	Do,N	
Kleiner Rotfalke	Be1	
Kleiner Rothfalke	N	Vorder-, Unterseite d. Männch. in Orangetönen.
Kleiner Sperber	Be1,Do,N	Bechstein: „Er heißt noch Kleiner Sperber …" !

Kleinster Rother Falck	Fri	
Kleinster rother Falke	Be2	
Lerchen-Zuchtmeister	G	
Lütj-falk (helgol.)	H	
Merle	Krü	
Merlin	B,Be1,Krü,N	Legende: Merlin mächtigster Zauberer der Welt.
Merlin-Falke	N	
Merlinadler	Be2,N	
Merlinfalk	Suol	
Merlinfalke	N,O3	Ordnungsname um und nach 1800.
Merlinhabicht	B	
Mirle	GesS	
Mirlein	GesH	
Myrle	Be,Buf,Do,N,…	…Schwf,Suol;
Pämfalck	Suol	Merlin x „Hoverfalke" (Hf: S. Wanderfalke).
Schmerl	B,Be1,Buf,G,…	…Krü,N,Suol,V,Z;
Schmerlchen	Krü	
Schmerle	GesS,Krü	
Schmerlein	Do,Krü	
Schmerlgeyer	Krü	
Schmerlin	Suol	
Schmerling	Buf,O2	
Schmierl	O1	
Schmierlein	Be1,Buf,K,Krü,…	…N,Suol; Bei Hans Sachs 1531.
Schmirl	Suol	
Schmirle	Suol	
Schmirlein	GesS	
Schmirlin	Suol	
Smerl	Tu	
Smerla	GesS	
Smerle	Krü	
Smerlin	Suol	Ein alter deutscher Merlinname, seit 11. Jh. bek.
Smerlus	GesS	
Smiril (fär.)	H	
Smirill (isl.)	B,Do,H	
Smirl	Suol	Ein alter deutscher Merlinname, seit 11. Jh. bek.
Smirle	GesS	
Smirlein	GesH	
Smirli	Suol	Ein alter deutscher Merlinname, seit 11. Jh. bek.
Smyrle	Schwf,Suol	Bei Schwf neben Myrle und Smyrlin.
Smyrlin	Buf,Schwf	Siehe Smyrle
Spatzenfalk	Do	
Sperber	Buf,K	
Sperber mit dem weißgelben Nackenring	Be2	Falsch. Besser wäre z. B. rostorange.
Sperber mit weißem Nackenring	N	Da irrte Naumann.
Sperber mit weißgelbem Nackenring	Be	Falsch. Besser wäre z. B. rostorange.

Sprenzchen	Be,N	
Sprinz	N	
Steinadler	Be2	
Steinfalk	B,Do,O1	Übersetzg. v. Linnés „Falco lithofalco" (1758).
Steinfalke	Be2,N	
Steinhabicht	Be2,N	Be übernahm als Art von Buf, trotz Zweifeln.
Stenfalk (dän. u. norw. u. schwed.)	H	
Zwerg-Falke	O2	
Zwergfalk	B,Do,O1,V	KN von Bechstein für den kleinsten …
Zwergfalke	Be1,N	… europäischen Falken.
Zwerghabicht	B,Be,N	KN von Bechstein, als Hauptname genutzt.
Zyrenzchen	Do	

Misteldrossel (Turdus viscivorus)
Drossel allg. (Suolahti) hier

Bleifarbene Drossel	Be,N	Diesen Begriff gibt es nur bei Be und N.
Bleyfarbene Drossel	Be2	
Brâchfogal	Suol	
Brachvogel	Be1,Buf,Hö,Krü,…	…N,Suol; Hö: Nach Blumenbach/Göttg.
Brackvogel	Be1,Krü,N	Aus mhd. Zeit: Bedeutet turdus noch …
Brâkvagel	Suol	… heute in ndt. Landschaften die Misteldrossel.
Brakvogel	Do	Begriff schwer erklärbar, da Quellen fehlen.
Dobbelt Kramsfugl (dän.)	Buf	Krammsv.: Drossel mit gesprenk. Gefieder.
Doppeldrosel	Do	
Doppelter Krammsvogel	N	Doppelt, weil Misteldr. deutlich größer ist als …
Doppelter Kramtsvogel	Be	… Wacholderdr., der der Name Kramtsv. gehört.
Doppelter Schneekader	Be2,N	
Drassel	Suol	Drossel allgemein.
Drausel	Suol	Drossel allgemein.
Drausele	Suol	Drossel allgemein.
Draussel	Suol	Drossel allgemein.
Droschel	Suol	Drossel allgemein.
Droschele	Suol	Drossel allgemein.
Drosdel	Suol	Drossel allgemein.
Drossel	Tu	
Drostel	Suol	Drossel allgemein.
Drostl	Suol	Drossel allgemein.
Drostle	Suol	Drossel allgemein.
Drouschel	Suol	Drossel allgemein.
Druschel	Suol	Drossel allgemein.
Drustel	Suol	Drossel allgemein.
Durd (helv.)	H	
Durstel	Tu	
Gemeiner Krammetsvogel	Be2,Buf,N	Drosseln mit gesprenkeltem Gefieder.
Gemeiner Kramtsvogel	Be	
Graue Misteldrossel	Krü	
Großdrossel	Do	
Große Drossel	Be1,Buf,Krü,N	Sie ist die größte heimische Drossel.

Große Misteldrossel	Krü	
Großer Krammetsvogel	Be1,Do,Krü,N	
Großer Krammtsvogel	Be2	
Großvogel	Krü	
Kaudrassel	Suol	
Klebbeerenfresser	Do	
Kramatsvogel	Ma	Ahd. kranawitu – Wacholder
Krambsvogel	Buf	
Krammersvogel	Ad	
Krammetsvogel	Ad,Buf,Krü	Drosseln mit gesprenkeltem Gefieder.
Kramsvogel	Ad	
Mattschinsch (lett.)	Buf	
Miestelziemer	Buf	
Mistel Ziemer	Schwf	
Mistel-Drossel	N	Wenn möglich, frißt sie Mistelbeeren, lebt …
Mistel-Drostel	Fri	… im Sommer aber auch animalisch.
Misteldrossel	Ad,B,Be1,Buf,H,… …K,Krü,O1,V;	K: Frisch T. 25.
Misteler	Suol	
Mistelfinch	GesS	
Mistelfinck	GesH,Suol	Gessner bezeugt Namen für Schweiz (1555).
Mistelfink	Be1,Krü,N	
Mistelziemer	Ad,B,Be1,Buf,… …K,Krü,N;	
Mistler	Ad,B,Be1,Buf,Fri…	
	…GesSH,H,K,Kö,Krü,N,P,Schwf,Suol,Z;	
Mitzler	Suol	
Polver	GesS	
Reckholdervogel	Ad	
Reckholter	Suol	
Reckholterdrostel	Suol	
Sangdruschel	Suol	Drossel allgemein.
Schacke	Do	
Scharre	Be1,Krü,N	
Schnaar	Be,Krü,N	Name ist lautmalend: Laut, hart schnärrend.
Schnaarziemer	Be2	Viele d. folgenden Namen sind lautmalend.
Schnarr	Suol,V	Name ist lautmalend: Laut, hart schnärrend.
Schnarrdrossel	Ad,Be1,Buf,Do,… …K,Krü,N;	Text: Wie 1 Zeile höher.
Schnarre	Ad,Be1,Buf,Do,Fri,… …H,K,Krü,N,O2,Schwf,Suol,V;	
Schnärre	Be,Buf,Do,N,Suol	Stimme ist laut, hart, schnärrend.
Schnarrer	Ad,Suol	
Schnarrezer	Suol	
Schnärrziemer	N	
Schnarrziemer	Be1,Do,Krü,N	
Schneekader	Be	Ring- und Misteldrossel in Bayern u. Schwaben.
Schneekater	B,Do	Auf höheren Bergen war es die „Ringelamsel".
Schneer	Be	
Schnerf	Ad	
Schnerr	B	Name ist lautmalend: Laut, hart schnärrend.
Schnerre	Be1,Buf,K,Krü,N,… …Schwf,Suol;	Stimme ist laut, hart, schnärrend.

Schnerrer	Be1,Buf,GesSH,…	…Krü,N,Suol;	Stimme ist laut, hart, schnärrend.
Snarker (helgol.)	H,Suol		
Troschel	Suol		Drossel allgemein.
Trostel	Suol		Drossel allgemein.
Tröstle	Suol		Drossel allgemein.
Weckolderziemer	Suol		
Weingaerdsdrossel	Tu		
Zahrer	Ad,O1		Hier ist volltönender Gesang gemeint.
Zämel	Ad		
Zämer	Ad		
Zämmel	Ad		
Zarer	Be1,Buf,Krü,N,Suol		Hier ist volltönender Gesang gemeint.
Zarheher	Suol		
Zaritzer	Be1,Buf,Do,Krü,N		Name ist lautmalend.
Zarizer	B		
Zarrer	Suol		
Zärrer	Suol		
Zarrezer	Suol		
Zeher	Be1,Buf,Krü,N		Hier ist volltönender Gesang gemeint.
Zehner	N		Hier ist volltönender Gesang gemeint.
Zehrer	B,Be1,Do,Fri,…	…Krü,N	Hier: Volltönender Gesang gemeint.
Zeimer	Suol		
Zeiner	Suol		
Zemer	Suol		
Zemer	Ad		
Zerrer	Ad,Be1,Buf,GesSH,…	…N,Suol	Name ist lautmalend.
Zeumer	Be2,N,Suol		
Ziemer (1)	Ad,Be1,Buf,H,K,Krü,…	…N,O1,Suol,V;	Seit 1482 als „zemer" bek.
Ziemer (2)	Schwf	Schwf: 3 Drosseln: Wachdr., Singdr., Rotdr.	
Ziering	Be1,Buf,GesSH,…	…Krü,N,Suol;	Zu Stamm: Laut schreien.
Zierling	B,Do,N		Zu Stamm: Laut schreien.
Zimmel	Ad		
Zimmer	Ad,Suol		
Zirrer	Krü		
Zorrer	Krü		
Zwitzer	Be97		

Mittelmeer-Raubwürger (Lanius meridionalis), alt   Heute: Iberienraubwürger

Hesperidenwürger	B,H
Südlicher Raub-Würger	H

Mittelmeer-Steinschmätzer (Oenanthe hispanica)

Zwei Morphen, auch als Arten bezeichnete Formen sind der Balkansteinschmätzer (O. hispanica melanoleuca), S-Italien, Balkan bis in den Nahen Osten und der Maurensteinschmätzer (O. hispanica hipanica), NW-Afrika, Iberien, N-Italien.

Gilbsteinschmätzer	B	
Ohrensteinschmätzer	B,H	Oenanthe h. hispanica, hellkehlige Morphe.
Rostgelber Steinschmätzer	N	Oenanthe hispanica hispanica.

Röthelsteinschmätzer	B	
Röthlicher Steinschmätzer	N	Oenanthe hispanica hispanica.
Röthlicher Weißschwanz	N	Oenanthe hispanica hispanica.
Schwarzkehliger gelber Steinschmätzer	N	Oenanthe hispanica hispanica.
Schwarzöhriger Steinschmätzer	O3	Hellkehl. Morphe.
Weißlicher Steinschmätzer	N,O3	Oenanthe h. hispanica, schw.-kehl. Morphe.
Weißrückiger Weißschwanz	N	Oenanthe hispanica hispanica.

Mittelmeermöwe – Larus michahellis
hier **zusammen mit der Steppenmöwe**, früher Weißkopfmöwe

Graumantelmöve	B	

Mittelmeersturmtaucher (Puffinus yelkouan)

Mittelländischer Taucher-Sturmvogel	H	
Mittelmeersturmtaucher	B	Als „Puffinus Kuhli" zuerst 1879 bei A. Brehm.

Mittelsäger (Mergus serrator)

Braunköpfiger Meerrachen	Be1,N	Braunköpfig sind Junge und Weibchen.
Bunter Meerrachen	Be1,Buf,N	„Bunt" ist das Pk des Männchens.
Bunter und schwarzer Meerrachen	Be2	„Schwarz" ist der Kopf des Männchens.
Fisch Treiber	Schwf,Suol	Sägerarten bei Schwf nicht getrennt.
Fischreiher	Krü	
Fischtreiber	B,Be1,Do,N	Scharen v. Mi-sägern treiben Fische in Buchten.
Gemeiner Säger	Be,Buf,N	Name von Bechstein 1803.
Gemeiner Seerachen	Be2,N	
Gemeiner und gezopfter Säger	Be2	
Gezopfte Tauchente	Krü	
Gezopfter Knefer	Be2	Kneifer bedeutet festhalten. Knefer = Kneifer.
Gezopfter Kneifer	K,N	K: Edwards T. 95, Albin Band I, 87.
Gezopfter Meerrachen	N	
Gezopfter Säger	Be1,Buf,Krü,N,O1	
Gezopfter Sägetaucher	Krü	
Große geschäckte Ente	Be2	Mit Scheckung ist das abwechselnde …
Große geschckte Aente	Buf	… Schwarzweiß des Prachtgefieders gemeint.
Große Gescheckte Endte	Schwf	
Große gescheckte Ente	N	
Große langschnäblichte …	Schwf	… gescheckte Straus Endte (langer Trivialname).
Großer rothbrüstiger Taucher	Be2,N	
Großer Täucher	Be	
Großer Teucher	Schwf	Sägerarten bei Schwf nicht getrennt.
Größerer rothbrüstiger Taucher	Be2,Buf,N	
Halsbandsäger	Do	
Haubensäger	Do	
Kleiner Merch	Suol	
Kneiffer	Krü	
Langschnabel	Be1,Buf,Do,…	…GesSH,Krü,N,Schwf,Suol;
Langschnäbelige Halbente	N	Eindeutige Benennung des Mittelsägers. …

Langschnäbeliger Säger	N,V	… Das gilt auch f. alle folgenden Langschnäbler.
Langschnabeliger Säger	O3	
Langschnäbeliger Seerachen	N	
Langschnäblichter Taucher	K	K: Willughby.
Langschnäblige Halbente	Be2,N	Langschn.: Vogel ist Säger, Halb- betr. Größe.
Langschnäbliger Harl	O1	Oken: „Harl huppé" eingedeutscht.
Langschnäbliger Meerrachen	Buf	
Langschnäbliger Säger	Be1,Buf,Do,Krü	
Langschnäbliger Sägetaucher	Krü	
Langschnäbliger Seerachen	Be2,Buf,N	
Langschnäbliger und wahrer Sägetaucher	Krü	
Mantelhalbente	Be	
Meerachen	Be1	
Meerrach	K	K: Albin Band I, 87.
Meerrachen	Be,Buf,Krü,N,…	…O1,V; Von Merch. „Gefräßiger Taucher."
Meerracker	O1	Aus Meerrachen gebildet.
Mergus	Buf	
Mittelente	Z	
Mittelsäger	B	
Mittle Tauchente	O1	
Mittlere Tauchente	Be2,N,O2	
Mittlerer Säger	N	Steht in der Größe zw. Gänse- und Zwergsäger.
Moß-Kolben	Z	
Nörks	B,Be1,Krü,N,O1	Bedeutet Taucher. Aus dem Slawischen.
Prack	O1	
Rache	Be,Schwf,Suol	Sägerarten bei Schwenckfeld nicht getrennt.
Rotbrüstiger und gezopfter Säger	Be2	
Rothbrüstige Tauchente	Be2,N	
Rothbrüstiger Säger	N	
Rother Teucher	GesS	
Sägatzel	O1	Name am Bodensee: Gefieder ähnl. Elstern.
Sägeente	N	Ordnungsname bei Naumann.
Säger	Krü	
Sägeschnäbler	B,Be1,Buf,Krü,N	Linné hätte diesen Na. gerne als Hauptnamen.
Sägetaucher	Buf	
Scharbege	Be1,Krü	
Scharbeje	Be2,Do,N	„… Ein der Scharbe verwandter Wasservogel."
Schelver	O1	
Schlichente	B,Be2,Do,N	Kein Fehler, heißt Schlicht- , besser Schlucht-. …
Schlichtänte	Buf	… Abzul. v. mhd. „slûchen", schlucken …
Schlichtendte	Schwf	… Druckf. b. Schwf. Richtig: Schluchtente.
Schlichtente	Krü,Suol	
Schluchente	B,Be2,N	
Schlucht-Ent	GesH	Abzuleiten von mhd. „slûchen", schlucken.
Schluchtente	Do,GesS,Suol	
Schnebler	Suol	

Schrabe	O1	
Schreckvogel	Be1,Krü	
Schwarz und weißer Säger	Buf	Buffon: Von Brisson.
Schwarzer Meerrachen	Be1,Buf,N	
Schwarzer rothbrüstiger Taucher	Be2	
Schwarzer Säger	Buf	Buffon: Von Brisson.
Schwarzer Taucher	Buf	
Schwarzer Täucher	Be	
Schwarzer Teucher	Schwf	Sägerarten bei Schwenckfeld nicht getrennt.
Schwarzkopf	V	
Schwarzmanteliger Säger	Buf	
Seekatz	N	
Seekatze	B,O1	Oken: Name „verdorben" aus Sägatzel.
Seerachen	Buf,N	… von seiner Gefräßigkeit … (Adelung).
Skräkke (dän.)	Buf	
Spießente	H	
Spießer	DoH,	
Stechente	N	Krünitz: Schnabel ähnelt Stechsäge.
Stichsäge	Krü	
Stichsäger	Krü	
Stücksäge	Krü	
Stücksäger	Krü	
Tauch Endte	Schwf	Sägerarten bei Schwenckfeld nicht getrennt.
Tauchente	Be1,Krü,N,V	
Taucher	Buf	
Taucher mit der rothen Brust	Buf	
Tauchergans	Buf,N	Da kleiner als Gans, Zusatz Taucher-.
Täuchergans	Be2	
Taucherkiebitz	B,Krü,N	Bei alten Namen findet man bei bezopften V. …
Taucherkiewitz	Be2,Buf	… Hinweise auf andere bezopfte Vögel.
Teucher	Schwf	Schwenckfeld: Säger allgemein.
Togand (dän.)	Buf	
Trybvogel	Suol	
Wahrer Sägetaucher	Be1,N	Wegen häufiger Verwechslungen dieser Name.
Wahrer Seetaucher	Be2	
Weiße Tauchänte	Buf	Krünitz nannte den Vogel „Weiße Tauchänte" …
Weiße Tauchente	Krü	
Weiße Tuch Endte	Schwf	… und „Weißlicher Taucher", weil Mittelsäger …
Weißlicher Taucher	Be2,Buf,Krü,N	… den geringsten Weißanteil im Gefieder haben.
Wieselchen	Buf	
Zopfsäger	Do	

Mittelspecht (Dendrocopus medius)
Spechte allg. nach Suolahti siehe Schwarzspecht

Aegarstspecht	Be2,N	Wegen der schwarz-weißen Gef.-Hauptfarben.
Aegastspecht	B	
Aegerstspecht	Be	

Ägarstspecht	N	
Agastspecht	Do	
Bund-Specht	G	Vogel nicht einfarbig, sondern „bunt".
Elsterspecht	B,Be1,Buf,Do,… …Krü,N;	Elster- = Gesprenkelter Specht, folgt:
Gesprenkelter Specht	Be,N	Wegen der schwarz-weißen Gef.-Hauptfarben.
Hackespecht	B,Do,H	KN von A. Brehm.
Halbrothspecht	B,Do,N	KN von A. Brehm. Halb ist „kleiner".
Kleiner Baumhackel	Be	
Kleiner Baumhacker	Be2,N,V	Selten so bezeichnet. In der Kombination …
Kleiner bunter Specht	Be,N	… Buntspecht/Mittelspecht ist er der kleine.
Kleiner bunter und gesprenkelter Specht	Be2,N	
Kleiner Schildspecht	B,N	Schild bedeutet bunte Gefiederfarben.
Kleiner schwarz- und weißbunter …	Be2,Buf,Krü	… Baumhacker (langer Trivialname).
Kleiner schwarz und weißbunter und …	Be	… haariger Baumhacker (langer Trivialname).
Kleiner schwarz- und weißbunter Specht	Z	
Kleiner schwarz- und weißbunter und …	N	… haariger Baumhacker (langer Trivialname).
Kleiner schwarz- und weißbunter und …	Be2,N	… haariger Baumhacker (langer Trivialname).
Kleiner Specht	Be2	
Kleinerer Specht	Be1,N	
Kleinschildspecht	Do	
Mittel-Specht	N	Körperlänge zwischen Bunt- und Kleinspecht.
Mittelspecht	B,Be,H	Wird/wurde oft für jungen Buntspecht gehalten.
Mittelstes Baumhäcklein	P	
Mittler Baumpicker	N	
Mittler Buntspecht	Be,O1	
Mittler Rotspecht	Be	
Mittlerer Baumhacker	N	
Mittlerer Baumpicker	H	
Mittlerer Buntspecht	Be1,Buf,Krü,N,… …O2,V;	
Mittlerer Rothspecht	N	Steht zwischen Bunt- und Kleinspecht.
Mittlerer Rotspecht	Do,H	
Roth-Specht	G	Farben schwarz – weiß – rot.
Rotspecht	Ma	Farben schwarz – weiß – rot.
Rothaariger Specht	Do,H	Die Scheitelfedern sind an den Enden …
Rothhaariger Specht	N	… haarartig zerschlissen. Können „Holle" bilden.
Schildamsel	Ma	Schild- ist bunt. Farben schwarz – weiß – rot.
Schildhahn	Ma	Schild- ist bunt. Farben schwarz – weiß – rot.
Schildkrähe	Do,Ma	Schild- ist bunt. Farben schwarz – weiß – rot.
Weißbuntspecht	B,Do,N	
Weißspecht	Be1,Buf,Ma,N,… …O2,V;	War lange Hauptname vieler Autoren.
Ziemer	Do	Als Trivialname hier eher unwahrscheinlich.

Mohrenlerche (Melanocorypha yeltoniensis)

Mohrenlerche	B,H	Männchen hat schwarzes Gefieder.
Schwarze Lerche	O3	
Schwarze Steppenlerche	Buf	
Tatarenlerche	B	Verbreitet zwischen Wolga und Mittel-/Ostasien.
Tatarische Lerche	Buf	Diese u. Yelton. Lerche (s. u.) wohl nur Variet.
Veränderliche Lerche	Buf	
Yeltonische Lerche	Buf	Wurde am Yeltonischen See, M-Asien, entdeckt.

Mönchsgeier (Aegypius monachus)

Aasgeier	O1	
Achboba	O1	
Arrian	Be2	Arrian (95–175): Röm. Politiker, Philosoph, …
Arriangeier	N	… Histor., Prokonsul in Südspanien.
Aschenfarbener Geyer	GesH	
Aschfarbiger Geyer	Krü	
Aschgrauer Geier	N	„Grauer Geier ist unpassend." C. L. Brehm. …
Aschgrauer Geier	Be	… Das gilt auch für diesen Namen.
Brauner Geier	N	
Brauner Geier	Be	
Gemeiner Geier	N,O1	Bechsteins Benennung für so seltenen Vogel …
Gemeiner Geyer	Be,Buf	… sei unschicklich. Ist nicht gemein.
Geyer	Be2	
Geyerkönig	Buf,K,Krü	
Geyerkönig mit dem Ritterbande	Buf	
Geyerritter	Buf	
Graue Weyhe	Buf	
Grauer Geier	N,O1,V	„Grauer Geier ist unpassend." C. L. Brehm.
Grauer Geyer	Be,Buf,Krü,O2	
Großer Geier	N	Der Bartgeier ist zwar deutlich größer, aber …
Großer Geyer	Be,Buf,O1	… nicht schwerer: Ca. 6 kg zu 9–10 kg.
Großer gemeiner Geyer	Buf,Krü	Buffons Hauptname.
Kahlkopf	Be2,N	Kopf ohne Federn.
Kleiner Geier	O1	
König der Geyer	Buf,K	
Kuttengeier	B,H	Dunkelbraunes Gefieder: Mönchskutte.
Kuttengeyer	Buf,K,Krü	
Mönch	Buf,K,Krü	
Mönchsgeier	B,N,V	Gefieder und Halskrause erinnern an Mönch.
Mönchsgeyer	Buf	
Pyrenäischer Adler	Be2,N	Nur in Spanien deutliche. Zunahme der Art.
Racham (arab.)	Buf	
Rachamach	O1	
Rocham (arab.)	Buf	
Sacker	O1	
Schwarzer Geyer	Krü	
Sonnengeyer	K,Krü	
Weißer Geier	O1	

Mönchsgrasmücke (Sylvia atricapilla)

Hier **Grasmücke allg.** (nach Suolahti)

Afternachtigall	Be1,Buf,Do,N	Bedeutung: Unechte Nachtigall.
Baumfink	Be,Do,N	Von Bechstein übernommen.
Baumgrasmücke	Do	
Braune Grasmücke	Do	
Braunköpfichter Dornreich	P	
Braunköpfiger Mönch	Krü	
Braunköpfigter Mönch	P	
Braunplattige Grasmücke	Buf	
Buchfink	Be,N	Von Bechstein übernommen.
Buschstatzger	Suol	Grasmücke allgemein.
Cardinal (weibl.)	K	K: Frisch T. 23.
Cardinälchen (weibl.)	Be2	„Beförderg." viell. wegen des schönen Gesanges.
Dompfaff	Hö	
Dorngätzer	Suol	Grasmücke allgemein.
Dornreich	Krü	
Dragge	Suol	Grasmücke allgemein.
Flötenschläger	Do	
Gras-mückl	Buf	
Gras-Spatz	K	K: Frisch T. 23.
Grase-spatz	Buf	
Grasemücke	Schwf,Suol	Grasmücke allgemein.
Grasemüsche	Schwf	Grasmücke allgemein.
Grasespatz	Do,Schwf	
Grashetsche	Suol	Grasmücke allgemein.
Grashitsche	Suol	Grasmücke allgemein.
Grashucke	Suol	Grasmücke allgemein.
Grasmisch	Suol	Grasmücke allgemein.
Grasmuck	Suol	Grasmücke allgemein.
Grasmückchen	Be1,Buf,N	Grasmücke allgemein.
Grasmücke	N	Grasmücke allgemein.
Grasmücklein	Suol	Grasmücke allgemein.
Grasmügg	Suol	Grasmücke allgemein.
Grasmuklen	Suol,Tu	Grasmücke allgemein.
Grasmüsch	Suol	Grasmücke allgemein.
Grasmuscha	Suol	Grasmücke allgemein.
Grasmuß	Ad	Grasmücke allgemein.
Graßmuck mit dem schwarzen Kopff	GesS	
Graßmuckle	GesS	
Grasspatz	Ad,Be1,Buf,Hö,N,Suol	Von Bechstein übernommen.
Grassperling	Ad	
Grasvink	Suol	Grasmücke allgemein.
Grawische	Suol	Grasmücke allgemein.
Griel	Ad	Grasmücke allgemein.
Heckenkrüper	Suol	Grasmücke allgemein.
Heckenschmätzerle	Suol	Grasmücke allgemein.
Heckenstöæterken	Suol	Grasmücke allgemein.

Hêdmucke	Suol	Grasmücke allgemein.
Hofsinger	Suol	Grasmücke allgemein.
Jüntele	Suol	
Kardinälchen	B,Be1,Buf,Do,N	„Beförderg." viell. wegen
		d. schönen Gesanges.
Kerschgagele	Suol	Grasmücke allgemein.
Kleiner Mönch	Be1,Buf,N	Wegen d. Kopfkappe, b. Mönch d. Ordenskappe.
Klostervogel	Do	
Klosterwenzel	B,Be1,Buf,Do,...	...K,N,O1,Suol; -K: Frisch T. 23.
Mauskopf	B,Be2,Do,N,Suol	Name schon aus 17. Jahrhundert bekannt.
Meisenkönig	Ad,P	
Meisenmönch	Ad	
Meisenmünch	Do,H	
Mohrenkopf	Ad,B,Be1,Buf,Do,N	
Mönch	Ad,B,Be1,Buf,Do,...	...K,Krü,N,P,Suol,V;
		- Verbreiteter Name.
Mönch mit dem schwarzen Ober-Kopf	Z	
Mönch mit der braunen Platte (weibl.)	Buf	
Mönch mit der röthlich-braunen Platte	Z	Weiblicher Vogel
Mönch mit der schwartzen Platte (männl.)	Fri	
Mönch mit der schwarzen Platte (männl.)	Buf	
Mönch mit einer röthlichen Platte (weibl.)	Buf,Fri	
Mönch mit rother Platte (weibl.)	Be2	
Mönch mit röthlicher Platte (weibl.)	Buf,Z	
Mönch mit schwarzer Platte (männl.)	Buf,Be2,Z	
Mönch mit schwarzer und rother Platte	Be,N	Betrifft beide Geschlechter.
Mönch-Grasmücke	N	Erst Naumann machte aus Mönch die ...
Mönchgrasmücke	H	... Mönchgrasmücke (ohne s).
Mönchlein	Be,Buf,Do,N	
Mönchsgrasmücke	B	
Mönchswenzel	B	Wenzel ist böhm. Nat.-Heiliger, ermordet 929.
Münch	P	
Münch mit der schwarzen Platte	K	K: Frisch T. 23.
Münch mit röthlicher Platte	K	K: Frisch T. 23.
Münchlein	GesSH,Suol	
Münchlin	Schwf	
Murrmeise	Be1,Do,N	Von Bechstein übernommen.
Nonne	Do	
Nonnengrasmücke	Do	

Pfaff	Be1,Do,N	
Plattel	Do	
Plattenkopf	Be1,N	
Plattenmönch	Be1,N	
Plattmönch	Do,N,O1,Suol	Name in Sachsen-Anhalt.
Rebjüntele	Suol	
Rostkappe (weibl.)	N	Siehe Bd. 13/411.
Rostscheitelige Mönch-Grasmücke (weibl.)	N	Siehe Bd. 13/411.
Röthlicher Mönch (weibl.)	Z	Wurde oft als 2. Art gesehen, auch v. Zorn.
Rothscheitelige Grasmücke (weibl.)	N	Siehe Bd. 13/411.
Rothscheiteliger Mönch (weibl.)	N	Siehe Bd. 13/411.
Schmetsche	Suol	Grasmücke allgemein.
Schwalbengrasmücke	Do	
Schwartz-kopffigter Dornreich	P	
Schwartze Grasmücke	K	
Schwartzkopf	K	
Schwartzkopff	GesSH	
Schwartzköpfiger Dornreich	P	
Schwartzkopichter Dornreich	P	
Schwarzblattl	Buf,Suol	Name in Böhmen, neben Mönch u. Plattmönch.
Schwarzblättli	Suol	
Schwarzchopf	Suol	
Schwarze Grasmücke	Be	
Schwarzer Mönch	Z	
Schwarzkäppchen	Ad,Be1,Buf	
Schwarzkappe	B,Be1,Buf,Do,N	
Schwarzkopf	Ad,B,Be1,Buf,Do,… …K,Krü,N,O2,Suol,V; -K: Frisch T. 23	
Schwarzkopff	Schwf	Dieser Name existierte schon bei Gessner (s. o.).
Schwarzkopfichter Dornreich	P	
Schwarzköpfige Grasmücke	Be1,Buf,N	Bechsteins Hauptname für den Vogel 1807.
Schwarzköpfige Nachtigall	N,O2	„Singt sehr manchfaltig u. flötenartig." (Oken).
Schwarzköpfiger Sänger	Be,N,V	Von Bechstein im Ornith. Taschenb. 1802.
Schwarzkuppe	Be,Do,N	
Schwarzplättchen	Ad,B,Be,Do,N	
Schwarzplatte	Be1,Buf,N	
Schwarzplättel	Suol	
Schwarzplattige Grasmücke	Be,Buf,N	Hauptname bei Buffon/Otto.
Schwarzplattigter Mönch	Z	
Schwarzplättl	Be,N	
Schwarzscheitelige Grasmücke	V	C. L. Brehms Hauptname für den Vogel 1823.
Schwarzscheiteliger Sänger	O3	
Schwarzschulterige Mönch-Grasmücke	H	1905: „Sylvia atricapilla var. Heinekeni".
Smielenstrieper	Suol	Grasmücke allgemein.
Smielentrecker	Suol	Grasmücke allgemein.
Staudenweltscher	Suol	Grasmücke allgemein.
Swattköppken	Suol	

Swattplättchen	Suol	
Thumpfaffe	Be2,N	Thum- ist von Dom abgeleitet.
Weißköpfige Grasmücke	Be1	
Weißköpfiger Dornreich	Be1	
Weißstirnige Grasmücke	Be1	

Moorente (Aythya nyroca)

Aegyptische Kriechänte	Buf	
Afrikanische Ente	Buf	
Aschgraue(?) Ente	N	Fragezeichen von Naumann.
Brandänte	Buf	
Brandente	Be2,N,O1	Gefiederfarben sehen „verbrannt" aus.
Brandtüchel	Do,H	
Brandt Endte	Suol	
Brandtüchel-Ente	H	
Brandtüchel-Entlein	H	
Braunente	Do	
Braunentlein	H	
Braunkopf	Be2,Do,Krü,N,O2	Prachtkleid ist kastanienbraun, Rücken dunkler.
Braunkopfente	B	
Braunköpfige Ente	Be	
Don-Ente	N	Erstbeschr. der SW-russ. Ente 1770 in Petersb.
Donente	B,Be2,Do	KN von Bechst., nach Fluß Don (SW-Rußland).
Gattairänte	Buf	
Gropper	O1	„Groppen" heißt fangen, s. Alpenstrandläufer.
Großes Duckerl	Hö	
Kleine Brandänte	Buf	
Kleine Knollente	H	
Kleiner Rothhals	Suol	
Kleinster Rothhals	N	
Merrer	H	
Mierente	Do,H	
Moderente	B,Be2,Do,Fri,N	Wie Moorente.
Moor-Ente	N	
Mooränte	Buf	Brütet in moorähnlichen Gebieten, m. kleinen …
Moorente	B,Be2,H	… offenen Wasserflächen.
Möörle	H	
Morente	Fri,K	K: Frisch T. 170.
Morgente	H	
Mur-Ente	Fri	
Murente	B,Be2,Fri,N	Wie Moorente.
Mürle	Do	
Nyraka	Buf	
Nyroka-Ente	N	Güldenstädt 1770: Nyroca nyroca.
Nyroko-Ente	Buf	Russ. „nyrók" bedeutet Tauchente.
Rorbrust	H	
Rostbraune Ente	Buf	
Rothbraune Ente	Buf	

Rothals	Suol	
Rothe Ente	Buf	
Rothköpfige Ente	Be,N	Wurde auch als Variat. der Tafelente angesehen.
Rotkopf	H	
Rotköpflein	H	
Rott Hals	Suol	
Rott Kopf	Suol	
Schwarzente	H	
Sumpfente	Be2,Do,Fri,N	Bechst. (noch 1809): Ente ist Var. d. Tafelente.
Weißauge	Be2,Do,N	
Weißaugenente	B	
Weißaugige Ente	V	
Weißäugige Ente	Be2,N,O1	Männchen haben weiße Iris.
Weißäugige kleine braune Ente	Be2,N	
Weißäugige Moorente	N	

Moorschneehuhn (Lagopus lagopus)
Siehe auch Alpenschneehuhn (Lagopus mutus)
Siehe auch Schottisches Moorschneehuhn (Lagopus lagopus scoticus)

Dal-rype (norw.)	H	
Dalripa (schwed.)	H	Name in Schweden.
Ellernhuhn	Do	
Grouse	Do	
Hasenfuß	Do	
Moor-Schneehuhn	N	Vogel lebt in Tundra Skandiv., N-Asiens mit …
Moorhuhn	B	… Sümpfen, Mooren, off. Waldgeb., Heidefl.
Moorschneehuhn	H,O2	Sumpfige Tundra ist lange verschneit.
Morasthuhn	B,V	
Morastschneehuhn	Do,N	
Morastwaldhuhn	N	
Riepe	B,O1	Aus norwegischem Namen Ryper.
Schneehuhn	N	
Schottenhuhn	Do	
Skov-rype (norw.)	H	
Talschneehuhn	Do	„Dieses Schneehuhn ist kein Gebirgsvogel."
Thalschneehuhn	B,N	„Dal-rype" übersetzt ist „Talschneehuhn".
Thalhuhn	o.Qu.	
Vennhuhn	Do	
Weidenhuhn	B	
Weidenschneehuhn	Do,N	
Weißes Birkhuhn	Do,N	„Weißes Birkhuhn": Größer, Variation.?
Weißes Haselhuhn	Do,K,N	Hasel- u. Moor – Schneeh. sind etwa gleich groß.
Weißes Hasselhuhn	Suol	Moorschneehuhn
Weißes Morasthuhn	N	
Weißes Rebhuhn	Do	
Weißes Rephuhn	N	
Weißes Waldhuhn	Do,N	
Weißhuhn	B,N	
Wildes Rephuhn	N	Lebt weit weg vom Menschen, entg. Rebhuhn.

Mornellregenpfeifer (Charadrius morinellus)

Bergschnepfe	Do,H	
Bierschnepfe	Do,H	
Brachvogel	Be2,Buf,N	Bedeutet Zugvogel, der erst spät im Brutgeb. ist.
Citronenvogel	Be2,Buf,Krü,N	In Anlehnung an Pomeranzenvogel.
Citronvogel	B	
Ditgen	G	
Dotterel (engl.)	K	Gleicht inhaltlich „Mornell".
Dotterl	O1	
Dumme Düte	O1	
Dummer Regenpfeifer	Be2,Do,N,V	„Dumm" war früher: Ohne Angst, zutraulich.
Dupperl	O1	Wort bedeutet Narr, Tölpel.
Dütchen	Be2,N	Name aus der Stimme entstanden.
Düttchen	Do,N	Rufe sind zarte „düt" oder „tüt".
Engelländer	Buf	Müller, Variation.
Engelländisches Mornellchen	Buf	Brisson, Variation.
Englischer Mornell (Var.)	Be1,Krü	
Gelbes Dütchen	Krü,O2	Gelb: Oken meinte wohl Bauch-Brustfarbe.
Grauer Mornell	Buf,K,Krü	Klein: Variation – „Englischer Mornell".
Hauptdummer Gybitz	Buf,K	Wegen Zutraulichkeit leicht zu schießen.
Hauptdummer Gybytz	Be2,N	
Hauptdummer Kibitz	Krü	
Kleine Schwarzbrust	Be2,N	
Kleiner Brachvogel	Be2,Buf,Do,N,O1	
Kleiner Schwarzbrust	Be	KN, von schwarzem Bauch nahe Schwanz.
Lahne	Krü	
Lapplandischer Regenpfeifer	N	Charaktervogel Lapplands, dort Name „Lahol".
Lappländischer Regenpfeifer	Be2,Buf	
Morinell	B,Be1,Buf,Krü,N	Lat. „morio", Narr und griech „moritos", Tor.
Morinellchen	Buf	
Morinelle	Be2,K,Krü,N	„Morinelle, diesen Nahmen führen …
Morinelus	Krü	… verschiedene Vögel, welche mit den …
Mornelgybitz	Buf,K	… Kibitzen Ähnlkeit haben."
Mornell	B,Be1,Buf,K,Krü…	…N,O1,V; - K: Albin II, 61, 62, Edwards 141.
Mornell-Regenpfeifer	N	Name „Mornell" stammt von Klein, 1750.
Mornellchen	Be1,Do,Krü,N	
Mornellkibitz	Krü	
Mornellkiebitz	Do	
Mornellkybitz	Be2,N	
Mornellregenpfeifer	Be2,Krü	
Pomeranzenvogel	B,Buf,Krü,N	Vogel hat rostfabenen Fleck auf Bauch u. Brust.
Pommeranzenvogel	Be2,Do	
Possenreißer	B,Be1,Buf,Do,Krü,N	Aussehen u. einige Verhaltensw. ersch. possierl.
Rauphähnel	Do	
Sandhuhn (helgol.)	Do,H	
Schneeamsel	H	
Sibirischer Hahn	Buf	Lepechin: Sibirskoi Petuschock.

Sibirischer Regenpfeifer	Be2,Buf,Do,N	Rasse, in Sibirien gefunden. Unterschiede in ...
Sibirisches Morinellchen	Buf	... Gefiederfarben. Lepechin.
Steintüter	Do,H	
Tartar	Buf	
Tatarischer Morinell	Buf	Pallas
Tatarischer Regenpfeifer	Be2,N	Weitere Variation des Mornells.
Zitronenvogel	Do,N	Name mit Z ist richtig.

Moschusente (Cairina moschata)

Barbarische Ente	Be2	
Bisam-Ente	Buf	Wg. ihrer Größe (70–80 cm lang, Stockente ...
Bisamänte	Buf	... bis 60 cm) beliebter Fleischlieferant, der ...
Bisamente	Be1,Buf,O1,V	... aber Moschusgeruch hat (Bürzeldrüse).
Brasilische Ente	Be2	Kommt in Brasilien wild vor.
Canard de Barbarie	Buf	
Ente aus der Barbarey	Buf	
Frembde Endte	K,Schwf,Suol	Die folgenden Namen sind fast alle ...
Fremde Ente	Buf	... inhaltlich gleich mit „Fremde Ente".
Guineische Ente	Be2	
Indianische Ent	GesH	
Indianische Ente	Be1	
Indianischer Endrach	Buf,Schwf,Suol	
Indianischer Entrach	Buf	
Indiansche Endrach	K	
Kairische Ente	Be2	
Kaitische Ente	Be1	
Libysche Ente	Be1	
Lybische Ente	Buf	
Moschusente	Be2,Buf,K	
Moskowitische Ente	Be2,Buf	
Moskowitische Kammente	Be2	
Turcksche Endte	K	
Türckisch Endte	Schwf	
Türkisch Endte	Buf,Suol	
Türkische Ente	Be2,Buf,K,O1	

Nachtigall (Luscinia megarhynchos)

Au-vogel	Buf	
Auennachtigall	Buf	Sprosser, nach Kramers Artenentdeckung.
Bergnachtigall	Be1,Do,Krü,N	Vogelsteller benennen sie nach ihrem Aufenthalt.
Bliedermännchen	Suol	
Därrling	Suol	
Dörling	Ad,B,Buf,Do,K,Krü,...	...Schwf,Suol; K: Frisch T. 21.
Dorling	Be2,N,O1	„Dorl", Kreisel – trillernder Gesang.
Dörrling	Ad	
Echte Waldnachtigall	Do	
Gartennachtigal	Be1,Do	

Gartennachtigall	N	Vogelsteller benennen sie nach ihrem Aufenthalt.
Gemeine Nachtigall	Be1,N	
Kleine Nachtigal	Buf,K,Schwf	K: Frisch T. 21.
Kleine Nachtigall	Be,Buf,N	Nachtigall ist kleiner als Sprosser.
Kleine(r) Nachtigall	Do	
Kuckuckswirt	GesS	
Nachtegael	Suol	
Nachtegal	GesS,Suol	
Nachtegalle	Suol	
Nachtgäl	Tu	
Nachtigal	Buf,O1,P	Ahd. „nahtagala", Nachtsängerin.
Nachtigall	B,Be1,Buf,G,…	…GesH,Kö,Ma,N,P,V,Z; …
		… Ahd. nahtagala, Nachtsänger.
Nachtigall	Fri	Bei **Fri:** Nachtigall + Sprosser.
Nachtigall-Sänger	N	Naumann: Zusatz „Sänger" für alle „Erdsänger".
Nachtigalle	Krü,Schwf	
Nachtigallsänger	H	
Nachtphilomele	Buf	Sprosser, nach Halle 1760.
Nachtsänger	Krü,O3	„… welche immer vor u. nach M.-nacht singen."
Nachtspinkerier	Do	
Nachtvogel	Krü	
Nahtagala	Suol	
Nahtegal (schwäb.)	Ad,Krü	
Philomele	Be1,Do,Krü,N	Beruht auf Gesch. aus d. griech. Mythologie.
Polnische Nachtigall	Be2	Sprosser, der größer als die Nachtigall ist.
Repetiervogel	Krü,O2	„… welche nur zuweilen nachts …" singen.
Rossignole (franz.)	Krü	
Rote Nachtigall	Do,H	
Rothgelbe Grasmücke	Be,N	Nachtigall ist am Schwanz ungefleckt …
Rothvogel	Ad,Buf,Fri,K,Hö,Krü,…	…N,Suol; … rostbeige („rot"),
		Sprosser heller.
Rotvogel	Be1,Do	K: Frisch T. 21.
Sächsische Nachtigall	Be,N	Gemeint: Nachtigall, nicht der Sprosser.
Schlagende Grasmücke	Be2,N	Bechsteins Hauptname, neben Nachtigall.
Schlanz (krain.)	Be1	
Schlauz (krain.)	Be2	
Singerinn	Krü	
Tageschläger	Ad,K,Krü	K: Frisch T. 21
Tagnachtigall	Be1,Do,N	Schlägt mehr am Tage.
Tagphilomele	Buf,Krü	Nachtigall, nach Halle 1760.
Tagschläger	Be,Buf,Suol	
Tagvogel	Be97	
Waldnachtigall	Be,N	Kramer 1756: Nachtig. u. Spr. = versch. Arten.
Waldvogel	Be,N	Name unpräzise, galt aber nur für Nachtigall.
Wassernachtigall	Be1,Do,H,Krü	Vogelsteller benennen sie nach
		ihrem Aufenthalt.
Wedel schwanz	Buf	
Weiße Nachtigall	Buf	Variation, vorwiegend in Zuchten.

Nachtreiher (Nycticorax nycticorax)

Aschgrauer Reiger mit 3 Nackenfedern	Fri	Name auf Tafel 203 von Frisch.
Aschgrauer Reiger mit drei Nackenfedern	Buf	
Aschgrauer Reiher mit drei weißen ...	N	... Nackenfedern (langer Trivialname).
Aschgrauer Reiher mit drey Nackenfedern	Be2,Buf	
Aschgrauer Reyger	Fri	
Bihorey	O1	Von Butor (franz. für Rohrdommel) abgeleitet.
Bundter Reger	Schwf,Suol	Wegen verschiedener Gefiederfarben.
Bunter Reiher	Krü	
Bunter Reiher (juv.)	Be1,H	Gefieder dunkelbraun-gelblich, hell gefleckt ...
Bunter Reyer	Buf	Adulten-Gefieder: Grautöne und schwarz.
Bunter Reyger	Buf,K	K: Frisch T. 203.
Focke	B,Be1,Do,Krü,N,...	...O1,Schwf,Suol,V;
Focken	Buf,K	K: Frisch T. 203.
Focker	K,Krü,O1,Schwf,Suol	Drei flatternde Schmuckfedern am Kopf.
Gardenscher Reiher (Var.)	Be2	
Gefleckter Reiher (juv.)	Be1,N	Juv. vor der ersten Mauser (Bechst.: 1793).
Geschäckter Reiher (Var.)	Be2	Juv. vor der ersten Mauser (Bechst.: 1809).
Graue Rohrdommel	Do	
Grauer Reiher (Var.)	Be2,(H),N	Bechstein meinte Variation, nicht Jungvogel.
Grauer und schwarzer Reiher	Be2	
Kleiner Reiher	G	
Nachreiher	Buf	
Nacht Rabe	Schwf	K: Frisch T. 203. Vogel ist kein Rabe, VN.
Nacht Ram	Suol	
Nacht Reyger	Suol	
Nacht-Reyger	K	
Nächtliche Rohrdommel	N	Be oder N sahen Ähnlichkeiten Rohrdommeln.
Nachtra	Tu	Nahtraam (ahd.) „saugt zenacht die geissen."
Nachtrab	Be97,GesS,Tu	
Nachtrabe	B,Be1,Buf,Do,Fri,...	...GesSH,K,Krü,N,Suol,V;
Nachtram	Be2,Buf,GesSH,...	...K,Krü,N,Schwf,Tu;
Nachtrap	Tu	
Nachtrauen	GesS	
Nachtreiher	B,Be1,Krü,N,O1,V	Vögel vorwiegend nacht- und dämmerungsaktiv.
Nachtreyger	K	
Nachtrohrdommel	V	
Nachtschreier	Krü	
Naghtrauen	Tu	
Ostindischer Reiher	Buf	
Puacker	O1	Name entstand durch Lautmalung.
Quaakreiher	Be2,N	Nach lautem, weitschallenden Ruf.
Quackreiher	Be1,Buf,Hö,O1,V	Siehe Quaakreiher.

Quakreiher	B,Krü	Siehe Quaakreiher.
Quarker	Do	Siehe Quaakreiher.
Rother Reger	Buf	Schwenckfeld.
Rothgelber Krabbenfresser	Buf	Ardea badia.
Sandreger	Buf	
Schild Reger	Schwf	„Schild" in d. Bed. v. Flecken kann b. Vögeln. …
Schildreger	Suol	… „bunte" Gef.farbe bezeichnen. Hier aber …
Schildreger	Be2,N,Suol	… einheitl. schwarzes Kopf – Rückengefieder.
Schildreiher	B,Be1,Do,N,…	…O1,V;
Schildreyer	Buf	
Schildreyger	K	K: Frisch T. 203.
Schwartzer Reiger	Fri	Adulten-Gefieder: Grautöne und schwarz.
Schwarzer Reger	Schwf	
Schwarzer Reiher (juv.)	Be1,Buf,N	Jugendkleid hat kein Schwarz. S. unter „bunt".
Spitzpumpe	Krü	
Türkischer Reiger	Buf	
Türkischer Reiher	Krü	

Nebelkrähe (Corvus cornix)

Aaskrähe	Be1,Do,N	Lange gebrauchter N. f. Nebel- u. Rabenkrähe.
Aaskrai	Buf	
Aaskrei	Do	
Aaskroche	Do	
Aassack	Do	
Aschgraue Krähe	Ad	
Assack	Do,H	
Ast-Krae	Buf	Viell. aus Aster, Aglaster (Elster) entstanden.
Astkrähe	Be1,Krü,N	Viell. aus Ast = Holz abzuleiten. S. u.
Bundte Krähe	GesH	Gefieder nicht einfarbig. Gilt auch für Folgende.
Bundtekräe	GesS,Suol	
Bunte Krahe	Be2	
Bunte Krähe	Be1,N	Gefieder nicht einfarbig.
Buntekrae	Buf	
Buntrauck	Do,H	
Gaake	Do	
Gaakkrahe	H	
Gaakkrähe	Do	
Gake	H	
Gauch	Krü	
Gemeine Krähe	Be,Buf,N,O1	Was eher die Rabenkrähe.
Graag Krei	Do	
Graubunte Krahe	Be,N	Gefieder nicht einfarbig.
Graubunte Krähe	Be1,Buf,K,Krü	K: Frisch T. 65.
Graue bunte Krähe	K	Gefieder nicht einfarbig.
Graue Kraehe	Fri	
Graue Krähe	Be1,Buf,Krü,N,O1	Wegen des vielen Graus im Gefieder.
Graue Krahe	Be2	
Grauekrae	Buf	
Grauer Krährabe	Be1,N	Zusatz -rabe erfolgte um 1800–1830.

Grauer Rabe	N	Name schon bei Scopoli 1770.
Grauer Rave	Be1,Do,N	
Graukrähe	Do	
Grauliche Krähe	G	
Graumantel	Be,Do,N	Kommt von Grau im Gefieder, nicht v. Mandel.
Graurücken	Be,Do,N	
Grohe	Do	
Haubenkrähe	O1	Schwarzer Kopf wie Haube, Kapuze.
Herbstkrähe	Krü	„… Weil sie sich dann sehen lässet."
Herpstkräe	Suol	
Holzkrae	Buf	Im Holz (hier: lichte Wälder) wird gebrütet.
Holzkrähe	Be1,Do,Krü,N	Name auch bei Schwarzsp., Blauracke, Tannenh.
Kräe	Fri	„Scheinet von ihrem Geschrey herzukommen."
Kräge	Be1,Do,N	Name aus Dänemark.
Krah	N	Krah, Krahe stammt aus Niedersachsen.
Krähe	Be1,Buf,Fri,N,Z	Verbreiterter „Ruf" – Name für den Vogel.
Krahne	Do	
Krai	Buf	
Krake	Do	
Kranveitel	Be	
Kranveitl	Be1	
Krautveitel	Be97	
Kreih	Do,H	
Kro-e	H	
Kroche	Do	
Kroe	Do,H	
Kroh	Do	
Luderkrah	Do,N	
Luderkrähe	Be2,Do,N	Luder ist Aas.
Mantelkrähe	Be2,Buf,Do,Krü,N	Kommt v. Grau im Gefieder, nicht v. Mandel.
Meereskrähe	GesS	
Meerkrähe	Krü	
Mehlrabe	Be1,Buf,Do,Hö,N	Name an der Saale.
Nabelkrähe	P	
Nabelkraye	N	Kraye: Alter niederländischer Name für Krähe.
Nabelkreye	Be	
Naebelkräe	GesS	
Nawelrawen	Suol	
Nebel Kraehe	Fri	Wegen des vielen Graus im Gefieder.
Nebel-Krahe	P	
Nebel-Rabe	N	Zusatz „-rabe" erfolgte um 1800–1830.
Nebelkra	Suol	
Nebelkrae	Buf,Suol	
Nebelkraha	Stresemann	„… stammt von der Hl. Hildegard um 1150."
Nebelkrähe	Ad,B,Be1,Buf,…	…GesSH,K,Krü,N,O1,P,V,Z; K: Frisch T. 65.
Nebelkrapp	Do	

Nebelkraye	Be2,H,Schwf	
Nebelrabe	Do,H	
Pundterkrae	Buf	
Pundterkräe	GesS,Suol	
Rab	Do,H	
Sattelkrahe	H	
Sattelkrähe	Be1,Do,Krü,N	Sattel ist der graue Rücken.
Schildkrae	Buf	
Schildkrahe	H	
Schildkrähe	Ad,Be1,Do,Krü,N	Schild ist der graue Rücken.
Schildrabe	Ad,Krü	
Schilt Krahe	Schwf,Suol	
Schiltkrae	Suol	
Schiltkräe	GesS	Seit Eber und Peucer 1552 bezeugt.
Schneekrähe	Be2,Do,N	Krähe des Nordens kommt auch in den Süden.
Schwedische Krähe	Do	
Starbvogel	Do,H	
Tager	Do,H	
Todtenkrähe	Hö	
Toten-Krooh	H	
Totenkrähe	Do	
Totenkrooh	Do	
Urana (krain.)	Be1	
Wasserkrähe	Krü	
Winter Krahe	Schwf	
Winterkrae	Buf,Suol	
Winterkrahe	Be2,H,N	
Winterkrähe	Be1,Do,GesS,Krü,N	Krähe des Nordens kommt auch in den Süden.
Winterkreie	H	
Winterkrey	StVb,Suol	Name im Straßburger Vogelbuch von 1554.

Neuntöter (Lanius collurio)
Hier: Würger allg. (nach Suolahti).

Alsterweigl	H,Suol	
Alterweigl	Do	Name ist richtig.
Aschfarbener kleiner Neuntödter	Be2	
Aschfarbner Neuntödter	Be	
Atzelneunmörder	Do,H	
Bergälster	Ad	
Blaukopf	Do,H,Ma,Suol	Nach seinem großen, grauen Kopf.
Blauköpfiger Würger	Be1,N	Kopf des Männchens ist aschgrau/blau.
Brauner Neuntöter	H	
Breitarsch	Do	
Bunter Würger	Be2,N	Sind alle Würger, wegen versch. Gefiederfarben.
Buntjäckel (hann.)	Do	
Buschälster	Suol	Neuntöter und Würger allgemein.
Däondreiher	Suol	Neuntöter und Würger allgemein.

Dårnexter	Suol	Neuntöter und Würger allgemein.
Dickkopf	Ad,B,Do,H,Ma	Nach seinem großen, grauen Kopf.
Dickkopp-Nägnmörder	Suol	Neuntöter und Würger allgemein.
Dickschädel	Ma,Suol	Nach seinem großen, grauen Kopf.
Doarndral	H	
Doarnrale	Suol	Neuntöter und Würger allgemein.
Doarntral	Suol	Neuntöter und Würger allgemein.
Dorendreer	Suol	Neuntöter und Würger allgemein.
Dornägerste	Suol	Neuntöter und Würger allgemein.
Dorndraher	H	
Dorndräher	Suol	Neuntöter und Würger allgemein.
Dorndrall	Do,H	
Dorndraller	Suol	Neuntöter und Würger allgemein.
Dorndrechsler	B,Be1,Buf,Krü,N,Z	Stammt v. ahd. „dorndrâil", also sehr alt.
Dorndreckeler	Suol	Neuntöter und Würger allgemein.
Dorndreher	Suol	Neuntöter und Würger allgemein.
Dorndreher	Ad	
Dorndreher	Ad,B,Be1,Ma,Krü,N,…	…O1,Suol,V; Spießt Beute auf spitze Dornen.
Dorndrejer	Suol	Neuntöter und Würger allgemein.
Dorndrewer	Suol	Neuntöter und Würger allgemein.
Dorndröscherl	Suol	Neuntöter und Würger allgemein.
Dorngansl	Do,H,Suol	Neuntöter und Würger allgemein. .
Dorngreuel	B,Be1,N,Suol	Etwa: Beute stirbt an/auf Dornen.
Dorngreul	Do	
Dornhacker	H	
Dornhäher	Do,N,Suol	Wg. des Geschreies aus Büschen Häher genannt.
Dornheher	B,Be,N	
Dornhitsche	Suol	
Dornkræl	Suol	Neuntöter und Würger allgemein.
Dornkralle	Do,H	
Dornkratzer	Hö,Krü	
Dornkrätzer	GesH	
Dornkreul	Ad	
Dornracher	Do,N	
Dornreich	Ad,B,Do,Suol	Der Vogel lebt und brütet in Dornhecken.
Dornreicher	Hö,Suol	Erkl. Hö S. 1/161; Neuntöter und Würger allg.
Dornreiher	Suol	Neuntöter und Würger allgemein.
Dornstecher	Do,H	
Dorntraber	Buf	
Dornträher	GesH	
Dorntrail	Suol	Neuntöter und Würger allgemein.
Dorntreiber	Suol	Neuntöter und Würger allgemein.
Dorntreischerl	Suol	Neuntöter und Würger allgemein.
Dorntreter	B,Be1,Buf,Do,…	…Krü,N; Vogel lebt und brütet in Dornhecken.
Dorntretter	Z	
Drechsler	Krü	

Eigentlicher Spießer	Be2,N	Abscheulicher Feind kleiner Singvögel.
Eintöter	Suol	Neuntöter und Würger allgemein.
Finkenbeißer	Be,Do,Hö,N	Frißt/spießt auf auch Finkenvögel.
Gartenkrengel	Suol	Neuntöter und Würger allgemein.
Grigelalster	Suol	Neuntöter und Würger allgemein.
Großer Dornreich	Be1,N	
Großer Dornreicher (männl.)	Hö	
Großkopf	Do	
Hackenkralle	Do,H	
Haingrinklich	Do	
Henker	Ma	Spießt getötete Tiere auf Dornen auf.
Kaddigheister	Suol	Neuntöter und Würger allgemein.
Käferfresser	Do,H	
Kleiner aschfarbener Neuntödter	N	Kopf des Männchens ist aschgrau/blau.
Kleiner bunter Warkengel	Be1,Buf,N	
Kleiner bunter Würgengel	Be1,Buf,N	Bunt sind Würger, wg. versch. Gefiederfarben.
Kleiner bunter Würger	Be1,Be	Bunt sind Würger, wg. versch. Gefiederfarben.
Kleiner Neun-Tödter	G	
Kleiner Neuntöder	Be1	
Kleiner Neuntödter	Be,Krü,Z	
Kleiner roter Neuntöter	H	
Kleiner rother Neuntödter	Be2,N	Das Rückengefieder ist rotbraun.
Kleiner Stecher	Suol	
Kleiner Wahnkrengel	Be,N	
Kleiner Würger	Be2,N	Verglichen mit Raubwürger: Kleiner Würger.
Kleinerer Neuntödter	Z	
Kleinster Würger	Be,N	Vergleich mit Raub- und Schwarzstirnwürger: …
		… Der Neuntöter ist der kleinste Würger.
Kleinster bunter Würger	Buf	
Krengel	Suol	Neuntöter und Würger allgemein.
Kruckälster	Ad	
Krückälster	Suol	Neuntöter und Würger allgemein.
Leimêrder	Suol	Neuntöter und Würger allgemein.
Mandelbrauner Millwürger	Be1,N	Möglich: Neuntöter – soviel wie Vielwürger.
Millwürger	B,Do,Krü	Möglich: Soviel wie Vielwürger.
Mittlerer Dorngreil	H	
Nägenmürer	Do	
Nägnmörer	Suol	Neuntöter und Würger allgemein.
Neegendöter	Do	
Negendöder	Suol	Neuntöter und Würger allgemein.
Nêgendöter	Suol	Neuntöter und Würger allgemein.
Nêgenmarder	Suol	Neuntöter und Würger allgemein.
Negenmörder (nieders.)	Ad,Suol	Neuntöter und Würger allgemein.
Negenmürer	Suol	Neuntöter und Würger allgemein.
Negn'mürer	H	
Neimêrder	Suol	Neuntöter und Würger allgemein.
Neststörer	Do	
Neun Mörder	Schwf	Spießt (bis 9?) Stück Beute auf Dornen.

Neun-Tödter	G	
Neunmörder	Ad,B,H,Ma,Suol	Spießt (bis 9?) Stück Beute auf Dornen.
Neuntödter	Ad,B,Krü,P,N	
Neunwürger	N	Spießt (bis 9?) Stück Beute auf Dornen.
Niögenmåner	Suol	Neuntöter und Würger allgemein.
Niögenmårder	Suol	Neuntöter und Würger allgemein.
Nuin-mûrder	Suol	Neuntöter und Würger allgemein.
Nünemörder	Suol	Neuntöter und Würger allgemein.
Nünmörder	Suol	Neuntöter und Würger allgemein.
Nüntöder	Suol	Neuntöter und Würger allgemein.
Nüntöter	Suol	Neuntöter und Würger allgemein.
Ochsenkopf	Do	
Quark	Do,H	
Quarkringel	B	Diese Namen gehören zur Gruppe Warkengel.
Quarkvogel	Do,H	(Warc-gengil ist umherstreich. böser Geist).
Quorkringel	H	
Rabraker (hann.)	Ad	
Rådbråker	Suol	Neuntöter und Würger allgemein.
Radbrecher	Do,H	
Radbreker	Suol	Neuntöter und Würger allgemein.
Radebrecher	Ma	Ahmt fremde Vogelstimmen nach.
Rimörder	Suol	Neuntöter und Würger allgemein.
Road-rögged Verwoahrfink (helgol.)	H	
Rohrspatz	Suol	Neuntöter und Rotkopfwürger
Rohsperling	K,Suol	Neuntöter und Rotkopfwürger
Rotgrauer kleinster Würger	Be1,Buf	Gefiederhauptfarben und Vergleichsgröße.
Rotgrauer Würger	Be,H	
Rothe Kothalster (männl.)	Hö	
Rothe Speralster	Hö	
Rothgrauer Würger	N	Rücken rot, Kopf graublau. KN
Rothrückiger Neuntödter	V	Der Rücken ist braunrot.
Rothrückiger Würger	N,O3,V	Der Rücken ist braunrot.
Rotrückiger Würger	Be,Do,Suol	
Schäcker	Do	
Schäckerdickkopf	Be2,Do,N	
Schäckicher Würger	Be	
Schäckichter Würger	Be1,Buf	
Schäckiger Würger	N	
Scheckiger Würger	Do,N	Brustgefieder des Jugendkleides.
Schilfdornreich	Suol	
Singender Rohrwrangel	Be1,Buf,K,N	Naumann 1822, Band 2/S. 30f.
Singender Rohrwürger	Be1,Buf,N	
Singwürger	B,Do	Leiser Gesang mit Imitationen.
Spar-alster	Suol	Neuntöter und Würger allgemein.
Speralster	Suol	Neuntöter und Würger allgemein.
Sperrgalster	Suol	Neuntöter und Würger allgemein.
Spêt-Wörgel	Suol	Neuntöter und Würger allgemein.
Spießer	B,Do	Abscheulicher Feind kleiner Singvögel (B).
Spottvogel	Do	Wegen der Imitationen im Gesang.

Sprockheister	Suol	Neuntöter und Würger allgemein.
Staudenkratzer	Do	
Staudenral	Do,H	
Staudentratzer	H	
Staudervögerl	H	
Stegemörder	Do,H	
Steinfletscher	Suol	
Strangkatze	Do,H	
Stromkatze	Do,H	
Thornkretzer	Suol	Neuntöter und Würger allgemein.
Thornträer	Suol	Neuntöter und Würger allgemein.
Todtengreuel	B	Etwa: Beute stirbt an/auf Dornen.
Totengräuel	Suol	Neuntöter und Würger allgemein.
Totengräul	H	
Ülenmörder	Suol	Neuntöter und Würger allgemein.
Wagengänger	Do,H	
Wagenkrengel	Suol	Neuntöter und Würger allgemein.
Wagenkrinklich	Do,H	
Waldhäher	Suol	Neuntöter und Würger allgemein.
Waldherr	K,Suol	Neuntöter und Würger allgemein.
Waldt Herr	Schwf	
Waldt Höher	Schwf	
Wan Krengel	Schwf	
Wankrengel	Suol	Neuntöter und Würger allgemein.
War Krengel	Schwf	Seit 16. Jh. belegt.
War-Krengel	Suol	Neuntöter und Würger allgemein.
Warkengel	Be,Do,GesSH,Ma,…	…N,Suol; Neuntöter und Würger allgem.
Warkvogel	B	Oder: Varäger – Umherstreichender Fe[m]dling?
Wartenkrengel	Suol	Neuntöter und Würger allgemein.
Welsche Ad	H	
Welsche Elster	Do	
Werckkengel	Suol	Neuntöter und Würger allgemein.
Wergel	Ma	Kleiner Wolf.
Werkengel	GesSH,Suol	Neuntöter und Würger allgemein.
Wildälster	Suol	Neuntöter und Würger allgemein.
Woahngrängeln	H	
Wölgerhod	Suol	Neuntöter und Würger allgemein.
Wörgengel	Suol	Neuntöter und Würger allgemein.
Wörgl	Suol	Neuntöter und Würger allgemein.
Wurg Engel	Schwf	
Wurg-Engel	Suol	Neuntöter und Würger allgemein.
Würgeengel	Ad	
Würgengel	Ad,Do,K	Warc-gengil ist umherstreich. böser Geist.
Würger	Ad	

Nilgans (Alopochen aegyptiacus)

Aegyptische Gans	Buf	
Ägyptische Ente	N	
Ägyptische Entengans	N	Name bei Naumann.

Ägyptische Gans	N,O3,V	
Ägyptische Gansente	N	
Bunte Ente	Be2,N	Man hat die Nilgans wegen ihrer [bunten] …
Bunte Gans	N	… Schönheit auf Teichen gehalten.
Egyptische Gans	Buf	
Fuchsgans	N	Griech. Gattgsn. – Alopochen bed. Fuchsgans.
Große Tauchente	Be2	
Nilgans	B,Buf,Krü,O2	

Noddiseeschwalbe (Anous stolidus)

Gemeiner Noddi	H	

Nonnensteinschmätzer (Oenanthe pleschanka)

Nonnensteinschmätzer	B	Schwarz – weiß und weiße „Haube".
Schäckiger Steinschmätzer	O3	Schwarz – weiß b. Männchen, Weibchen – Sk …
Scheckiger Steinschmätzer	H	… u. – Pk haben wechselnde Hellbrauntöne.

Odinshühnchen (Phalaropus lobatus)

Aschgrauer Phalaropus	Buf	
Bastardwasserhuhn	Be2,N	
Braune Wasserdrossel	O1	
Brauner Strandläufer	Buf	Name von Otto.
Braunes Rohrhuhn	Be2,Buf,N	Rohrhuhn wegen bläßhuhnähnlicher Füße.
Braunes Waserhuhn	Be2,N	
Buntes Wasserhuhn	Buf	
Eisengraue Wasserdrossel	Buf	… Wasserhühnerpfoten.
mit …		
Eiskibitz	N,O1	
Eiskiebitz	Be2,Buf,Do,H	Müller (1773) zu „Tringa Hyperborea".
Eiskybitz	Buf	
Englisches Wasserhuhn	Buf	
Gegitterter Phalaropus	Buf	
Gegitterter Strandläufer	Buf	
Gemeiner Wassertreter	Be2,N	
Grauer Lappenfuß	N	Füße (Schwimmhäute) zw. Ente und Taucher.
Grauer Phalarope	Buf	
Grauer Phalaropus	Buf	
Grauer Wassertreter	Do,N,O2	
Graues Bastardwasserhuhn	Buf	
Kleiner Wassertreter	Do,N	
Litte	O1	Name auf Helgoland: Der Kleine.
Lütj Swummer-Stennik (helgol.)	H	
Möglitz	O1	Alt- u. norw. f. eher Thorshühnchen als Odinsh.
Nordischer Strandläufer	Be2,Buf,N	„… die in Gestalt den Strandläufern ähnl. sind."
Nordwestvogel	Buf	
Odinshenne	Do	„Odinshenne": übersetzt aus Odinshani (isl.).
Odinshenne der Isländer	B	Odin war höchster germanischer Gott.
Phalarope	Buf	
Roter Wassertreter	Be2,N	

Rothalsiger Wassertreter	Be,Do,N	Wegen rötlichbrauner Halspartien.
Rothe Wasserdrossel	Be2,N	
Rothes Bastardwasserhuhn	Buf	
Rothhälsiger Wassertreter	Be2,N	
Schmalschnäbeliger Wassertreter	H	
Schmalschnäbliger Wassertreter	N	
Schwimmender Strandläufer	Be2,N	„Sie sind wahre Schwimmvögel …" (Faber).
Schwimmlerche	Do	
Schwimmschnepfe	Be2,Do,N	
Schwimmstrandläufer	Do	
Seeschnepfe	Buf	
Smaelle-Lot	Buf	
Spitzschnäbeliger Wassertreter	H	
Spitzschnäbliger Wassertreter	Be2,N	
Strandläufer mit belappten Zehen	Be2,N	
Sturmsegler	Buf	
Wasserdrossel	Be2,Buf,Do,N	
Wasserhuhn-Kiwitz	Buf	
Wasserhuhnähnlicher Strandläufer	Be2,N	Otto: Thors-, Naumann: Odinshühnchen.
Wasserlerche	Do	
Wassertreter	B,Do	

Ohrengeier (Torgos tracheliotus)

Ohrgeier	O3	Hautfalte: Eindruck von Ohrlappen.

Ohrenlerche (Eremophila alpestris)

Alpenlerche	B,Be1,N,V	Nordische „Gebirge" haben alpinen Charakter.
Amerikanische Lerche	Be1	
Berg-Lerche	N	Hält sich auf Anhöhen in Küstennähe auf.
Berglerche	Ad,B,Be1,Buf,H,…	…Krü,O1;
Carolinerlerche	Be	
Doppellerche	Ad	
Gelbartige Lerche	Be	
Gelbbärtige amerikanische Lerche	K	Holoarktisch vorkommender Brutvogel.
Gelbbartige Lerche	Buf,K	
Gelbbärtige Lerche	Be1,N,Krü	
Gelbbärtige Lerche aus Virginien …	N	… und Canada (langer Trivialname).
Gelbbärtige Lerche aus Virginia …	Buf,N	… und Karolina (langer Trivialname).
Gelbbartige Lerche aus Virginien …	Be1	… und Carolina (langer Trivialname).
Gelbbartige nordische Schneelerche	Be2,Buf	
Gelbbbärtige nordische Schneelerche	K,N	

Gelbe bartige nordische Schneelerche	Be1	
Gelbkopfige Lerche	Buf,Krü	
Gelbköpfige Lerche	Be1,N	Gesicht u. Kehle sind hellgelblich.
Geohrte Lerche	K	K: Frisch T. 16.
Glockenvogel	N	Name in Lappl., wegen klarer, sanfter Stimme.
Hornlerche	B	Federohren wurden auch Hörner genannt.
Küstenlerche	B	Der englische Name ist „Shore-Lark", zurecht.
Nordische Schneelerche	Be	
Priestergürtel	Be2,Buf,N	Name von breitem schwarzem Kehlband.
Schnee-Lerche	Fri	Bei Kälte u. Schnee kommt Vogel nach M-Eur.
Schneelerche	Ad,Be1,Buf,Fri,…	…Krü,N,O1;
Schneevogel	V	Siehe Schneelerche.
Sibirische Berglerche	Be1,N	
Sibirische Lerche	Be2,Buf	
Sibirische oder virginische Lerche	N	
Tungusische Lerche	K	K: Frisch T. 16.
Türkische Lerche	Be1,Buf	
Uferlerche	Be1,Buf,Krü,N	Synonym zu Küstenlerche.
Virginische Lerche	Be1,Buf,Krü	
Wilde zweyschopfige Alpenlerche	Be2	
Wilde zweischopfige Alpenlerche	N	Pk: Schwarzes Stirnband „endet" in Federohren.
Winterlerche	Be1,Krü,N,V	Wenn in Deutschland, dann im Winter.

Ohrentaucher (Podiceps auritus)

Arctischer Lappentaucher	N	Siehe Nördlicher Ohrentaucher.
Arctischer Steißfuß	N	Siehe Nördlicher Ohrentaucher.
Arctischer Taucher	N	Siehe Nördlicher Ohrentaucher.
Arktischer Steißfuß	H,O3	
Arktischer Taucher	H	
Bunter Ohrentaucher	Krü,O2	Gerade das Vorderende des Vogels ist sehr bunt.
Dachentlein	Be2	
Doppeltaucher	Buf	
Duchentlein	Be2,O1	„Tauchentlein", um 1800 noch Zwergtaucher.
Duckänten	Hö	
Duckerl	Hö	
Dunkelbrauer Taucher	Be	
Dunkelbrauner Steißfuß (juv.)	Be,Buf,N	Von Bechstein nicht zweifelsfrei erkannt, …
Dunkelbrauner Taucher (juv.)	Be1,Buf,N	… was auch für diesen gilt.
Gehörnter Lappentaucher	Do,N	Siehe Geöhrter Steißfuß.
Gehörnter Steißfuß	Be2,N	Siehe Geöhrter Steißfuß.
Gehörnter Taucher	Be2,N,V	Siehe Geöhrter Steißfuß.
Geöhrter Steißfuß	O3	Die auffälligen Ohrbüschel waren namengebend.
Geöhrter Taucher	Be2,O1	Dasselbe gilt hier.
Großöhrige Taucherente	Be2	Siehe Geöhrter Steißfuß.
Hornsteißfuß	B,Do	
Horntaucher	Do	
Käferente	Be2	

Kleiner gehörnter Taucher	Be,Buf,Krü	
Kleiner kappiger Taucher	Buf	Colymbus cristatus minor Brisson.
Kleiner Kronentaucher	N	Bezug: Größerer Haubentaucher.
Kleiner Krontaucher	Do	
Kleiner Taucher	Be2,Buf	
Meerdrehhals	Be1,Krü	
Nordischer Steißfuß	N	Siehe Nördlicher Ohrentaucher.
Nordischer Taucher	Do,N	Siehe Nördlicher Ohrentaucher.
Nördlicher Ohrentaucher	Krü,O2	Der Taucher lebt im nördl. Europa u. Asien.
Ohrenruech	O1	
Ohrensteißfuß	Be2,Do	KN von Bechstein 1809.
Ohrentaucher	Be1,Buf,Krü	Am schwarzen Kopf sind gelbrote Ohrbüschel.
Ötzer	Do,H	
Rothhals	Be	
Rothhalsiger Taucher	N	Rotbrauner Hals ist ein Kennzeichen.
Rothhälsiger Taucher	Be2	
Schwarz und weißer Taucher (juv.)	Be2,N	Name zur Kennzeichnung wenig geeignet.
Schwarzbrauner Steißfuß (juv.)	Be2,N	Jungvogel
Schwarzbrauner Taucher (juv.)	Be2,N	Jungvogel
Schwarzer und weißer Taucher	Buf	Name zur Kennzeichnung wenig geeignet.
Schwarzes und weißes Wasserhuhn	Buf	
Schwärzlicher Taucher	Buf,Krü	
Schwarztäucherlein	Be2	
Täuchervogel	Krü	

Olivenspötter (Hippolais olivetorum)

Olivenrohrsänger	H	V. bevorzugt ausgedehnte, lichte Olivenhaine.
Olivensänger	O3	Spöttertypische Gesang-Eigenschaft fehlt.
Olivenspötter	B,H	Gesang: Unmelod. durchdringendes Geschrei.

Orpheusgrasmücke (Sylvia hortensis)

Meistersänger	B,N,V	„… ragt doch ihr Gesang durch Reichhaltigkeit …
Orpheusgrasmücke	N	… der Tongebilde und Herrlichkeit d. Klanges …
Orpheussänger	N	… über die musikalischen Darbietungen nicht …
Sänger-Grasmücke	N	… nur der anderen Grasmücken, sondern aller …
Sängergrasmücke	H	… Singvögel hinaus" (Gloger 1834).
Südliche Grasmücke	Krü,O2	Der Vogel brütet im südl. Europa und nur in …
Südlicher Sänger	O3	… Ausnahmefällen in Mitteleuropa.

Orpheusspötter (Hippolais polyglotta)

Kurzflügeliger Gartenspötter	H	
Sänger-Laubvogel	H	
Sprachmeister	B	Vogelname wegen Spötter-Fähigkeiten.

Ortolan (Emberiza hortulana)

Ammer	Buf	
Ammer von Karlsruh	Be1	Ortolan (juv.)?, Zaunammer (weibl.)?
Ammerling	Be,N	Gemästete Ortulane und/oder Goldammern.
Ba(a)denscher Ammer	Be1	Ortolan (juv.)?, Zaunammer (weibl.)?

Baadensche olivenfarbige Ammer	Buf	Ortolan (juv.)?
Brachamsel	Be1,Buf,Do,N	
Dick Trien	Do	Wurde von 20–28 g auf bis über 50 g gemästet.
Feldammer	B,Be,Do,N	Vogel liebt offene Landschaften.
Fettammer	Ad,B,Be1,Buf,...	...Do,Fri,K,Krü,N,O2,V; - s. Dick Trien.
Gartenammer	B,Be1,Buf,Do,...	...Krü,N,O1,Soul,V;
Gärtner	B,Be2,Do	
Gerstenammer	Do	
Gewittervogel	Krü	
Goldammer	Be1,N	Wurden gemästet und als Ortolan verkauft.
Grünzling	B,Be,Do,N	Gemeint ist wohl eher die Goldammer.
Heckengrünling	B,Be1,Buf,Do,N	Könnte Bastard mit Grün- oder and. Finken sein.
Hirsevogel	Buf,Krü	
Hortolan	Be2,Do,N	Naumann: Hortolan, – bedeutet Gärtner.
Hortulan	Ad,Be97,Fri,N,...	...P,Suol; Naumann: Hortulan, bed. Gärtner.
Hutvogel	Do	
Juckvogel	Be97	
Jutvogel	B,Be1,Do,N	
Kaßfinke	Do	
Klitscher	Do	
Kornfink	Be1,Buf,N	
Kornfinke	Do	
Orgelan	Do	
Ortolahn	Buf,Suol	Der Name kommt vom lat. hortus, Garten ...
Ortolan	Ad,B,Be1,Buf,...	...Fri,K,Krü,N,O1,V; - K: Frisch T. 5 ...
Ortulahn	Be1,N	... deshalb wurde er in Deutschld. lange Zeit ...
Ortulan	Buf	... als Gartenammer bezeichnet.
Regenvogel	Krü	
Sommerammer	B,Do,N	Ortolan bei Joh. Andreas Naumann, bei ...
Sommerortolan	N	Joh. Friedr. Naumann hieß er wie hier steht.
Sommervogel	Do	
Tikkerassien	Do	
Trossel	Buf,N	
Trosselamsel	Do	
Trostel	Be1	
Ulan	Do	
Urtlan	B,H	Wohl neuere KN von Brehm, die erst in ...
Urtulan	Do	... der 2. Auflage erschienen und auf ...
Utlan	B,Do,H	... Ortolan zurückgehen.
Weinvogel	O2	Frißt Trauben, deshalb in Burgund: „Vinette".
Welscher Gilbling	GesH	
Wendische Goldammer	Do	
Windsche	B,Buf,Do,N	Windsche ist wendisch, Hinweis auf ...
Windsche Goldammer	Buf	... SE-Europa, wo der Ortolan lebt.
Windschen	Be1	
Zaunammer (weibl.)?	Buf	

Papageitaucher (Fratercula arctica)

Alike	Be2,N	Wahsch. aus Alk entstanden. Sollte größer sein.
Alk	Be2,N	Nord. Tauchvogel aus der Fam. der Alcidae.
Allike	Be	S. o.
Arktischer Alk	Be2,N	Bes. Hinweis auf bevorzugten Lebensraum.
Arktischer Lund	N	Naumann: Arktischer Lund (Lunda arctica).
Brüderchen	B,Do,N	Caius (ca. 1550) scherzh. Fratercula = Brüd.
Buttelnase	Be2,Do,K,N	K: Albin II, 78 + 79. Aus engl. „bottlenose", …
Buttelstampfe	B,Do	… „Branntweinnase". Alte Namen.
Duäfk (grönl.)	H	
Eislarventaucher	O3	Mormon glacialis des C. L. Brehm.
Europäischer Larventaucher	N	KN von C. L. Brehm.
Gemeiner Alk	N,O2	
Gemeiner graukehliger Alk	Be2	
Gemeiner graukehliger Papageytaucher	Be2	
Gemeiner Papageitaucher	N	Papageitaucher
Goldkopf	B,Be2,Do,N	Schnabel hat goldene – gelbe – gelbrote Zonen.
Graukehliger Alk	N	KN von C. L. Brehm.
Graukehliger Larventaucher	N	Siehe Graukehliger Papageitaucher.
Graukehliger Papageitaucher	N	Halsansatz mehr oder weniger schiefergrau.
Großer nordischer Taucher	Be2	
Larve	N	Hier: Larve = Maske. Gemeint: Schnabel.
Larventaucher	Do,Krü,N	Illigers dt. Name für seine Gattung Mormon.
Lund	B,Do,N,O1,V	Gehört zur Gattung Fratercula.
Lunda	N	Naumann vergab Gattungsnamen Lunda.
Lunde	Be2	
Lundvogel	N	Name wohl deutlich vor 1800 entstanden.
Lunne	N	Wie Lundvogel.
Meer-Atzel	GesH	
Meerpapagei	Do	
Mönch	Do,N	Caius (ca. 1550) scherzh. Fratercula = Mönch.
Mormon	Krü	
Mormone	Do	
Nordischer Alk	Be2,N,O1	Nicht sehr origineller KN von Bechstein.
Nordischer Larventaucher	N	Mormon fratercula des C. L. Brehm.
Nordischer Taucher	N	
Papagaitaucher	N	
Papageitaucher	H,V	Wegen des großen bunten Schnabels.
Papageyänte	Krü	
Papageytaucher	Be2,Krü,O2	Siehe Papageitaucher.
Pflugschaarnase	Be2	
Pflugscharnase	B,Do,N	Pflugschar ist Schneide des Pfluges.
Polaralk	Krü	
Polarente	B,Be2,Do,N	
Puffin	Be2,N	Name aus 14. Jh. Cornwall. Wurde für …
Puffing	O1	… verschiedene nordische Vögel verwendet.
Scheermesserschnabel	Be2	
Scheerschnabel	Be	

Schermesserschnabel	N	Schnabel scharfkantig, wie Schermesser.
Scherschnabel	Krü	
See-Papagey	Fri	Siehe Papageitaucher.
See-Taucher	Fri	
Seeänte	Krü	
Seeelster	Be2,Krü,N	Gefieder ist schwarz und weiß.
Seepapagei	Do,N,O1	Siehe Papageitaucher.
Seepapagey	Be2,Fri,K,Krü	K: Albin Band II, 78 + 79.
Seetaucher	Fri	
Stumpfnase	N	
Stumpfscharnase	Do	
Sumpfnase	Be	Stumpfnase bedeutet „eingedrückte" Nase.
Taucherente	N	
Wasserscheerschnabel	Be2	
Wasserscherschnabel	B,N	
Wasserschnabel	Be	Wort aus der Arktischen Zoologie von Pennant.
Weißback	Be2,K,N	K: Albin Band II, 78 + 79.
Weißlack	Do	

Pazifikpieper – Anthus rubescens

Nordamerikanischer Wasser-Pieper	H	

Petschorapieper (Anthus gustavi)

Petschora-Pieper	H	
Seebohms Pieper	H	

Pfeifente (Anas penelope)

Auf dem Baume sitzende pfeifende Ente	K	Klein: Ray S. 192
Blas Endte	Schwf,Suol	Ist etwas am Gefieder „blaß"?
Blässel-Ante	Hö	Nach Frisch: Blaßente – Pfeifente.
Bläßente	B,Be2,Do,N	Unklar: Muß blaß Blässe bedeuten?
Bless-Ente	Fri	
Brandänte	Hö	
Brandente	Krü	
Brandente	Be2,Buf,Do,Krü,N	Rot (wie schwarz) wirkt „verbrannt".
Braune Ente	K	
Braunente	Do,H	
Doppelkricke	Do,H	
Eisänte mit weißer Platte	Hö	
Eisente mit weißer Platte	Be2,N	Ungeklärt, wie Bechstein zu dem Namen kam.
Eißente mit weißer Platte	Buf	
Feuer-Ante	Hö	
Feueränte	Hö	
Gemeine Pfeifente	Be2,N	Siehe „Pfeif-Endte".
Grasente	H	
Kupferente	Do,H	
Middelschlagaen (sprich a-en)	H	
Mittelene	Be2,N	Bezeichn. Mittelente für V. selten, trotz Frisch.

Mittelente mit rotfahler Brust	Fri	Mittlere Entengröße.
Mittler Rothhals	N	Paßt zu Erpel im Sk.
Moorkrick	Suol	
Penelope	Be2,Do,K,N	Ratlosigk. über Bedeutg.
		d. Namens verbreitet …
Penelopeente	Be2,N	… Lösg.: Die Vögel hatten ins Meer geworfene …
Penelopenänte	Krü	… Penelope (später Gattin d. Odysseus) gerettet.
Penelops	Buf	
Perlente	Do,H	
Pfeif-Endte	G	Charakteristischer lauter Glissandopfiff, …
Pfeif-Ente	N	… kurze,klare reine Rufe, die ineinandergleiten.
Pfeif-ente	Buf	
Pfeifant'n	H	
Pfeifänte	Buf	
Pfeifent	Buf	
Pfeifente	B,Be1,Buf,K,…	…Krü,N,O1,V;
Pfeifer	H	
Pfeiff Endtlin	Schwf,Suol	
Pfeiff-Ent	GesH	
Piepäne	Be2,Do,N	Niederdeutsch für Pfeifente.
Piepant	H	
Piepente	Be2,Do,N	Niederdeutsch für Pfeifente.
Plas Endte	Schwf,Suol	
Polnische Ratscheln	H	
Polnische Ratschen	Do	
Rotbrustente	Do	
Rothalsente	Do	
Rothbrüstige Mittel-Ente	Fri	
Rothbrüstige Mittelente	Be2,Fri,N	
Rothente	B,Be2,Do,N	Die ganze Ente im Sk wirkt als Rotente.
Rothhals	Be2,Buf,Krü,N	Name nicht zur Kennz. geeignet, da and. Arten.
Rothmohr	O1	VN am Bodensee. Brut in Feucht-Tundra.
Rotkopf	H	
Rotmohr	Do	
Rotmoor	H	
Rottkopf	H	
Schmal-Ende	Suol	
Schmale	Suol	
Schmälendte	Schwf	
Schmänte	Be97	
Schmei	Suol	
Schmeigen	Suol	
Schmelichen	Schwf,Suol	
Schmey	Buf	
Schmia	H	
Schmiele	Suol	
Schmilendte	Schwf	
Schmilente	Suol	
Schmüente	Do,N	„Kleinente", im Vergl. zu Stockente. Engl – fries.

Schmünte	B,Be1,Do,N,O1	… Entstehung. Name wanderte rheinaufwärts.
Schmyhe	Straßb. Vb.	- von 1554.
Schmyhen	Suol	
Schwarzschwänzige Ente	Be2	Pfeifente (juv.)?
See-Elster	Fri,N	
Seeälster	Fri	
Seeelster	Be2,Fri	
Smeant	Suol	
Smenn	H	
Smênt	Suol	
Smente	H	
Sminke	H	
Smunt	H	
Speck-Endte	G	… und andere Entenarten an Fett und …
Speck-Ente	Buf,Suol	… Wohlgeschmack übertrifft (Adelung).
Speckänte	Buf,Krü	
Speckente	B,Be1,Do,N	Naum.: Fleisch schmeckt sehr gut, zart, mürbe.
Weißbauch	Suol	
Weißstirn	Do,N	Konsequente Entwickl., ist aber Blässe richtig?
Wigene	Tu	Mareca penelope.
Wigeon (engl.)	K	
Wiisstirn	Studer/Fatio	Name aus 17. Jahrhundert bekannt.
Wilde oder singende Ente	K	Elfte wilde Ente des Schwenckfeld.
Wischplante	Do,H	
Wisplantn	H	

Pfuhlschnepfe (Limosa lapponica)

Früher 2 Arten vermutet: **Rostgelbe Uferschn. (L. Meyeri) und Rostrothe Uferschnepfe (L. lapponica).**

Barker	K	K: Albin Band II, 71.
Blaufuß	Be2	
Dickfüßiger Wasserläufer	Be2,N	Naumann: Jungvogel.
Fuchsrote Uferschnepfe	Krü	
Fuchsrothe Uferschnepfe	Be2,Buf,N	
Gacker	Be2	
Gäcker m. aufwärts gekrümmtem Schnabel	Be2	Gäckern bedeutet u. a. „schreien".
Gäcker mit aufwärts gebogenem Schnabel	N	
Gecker	Be	
Geiskopfschnepfe	B,Be2,Krü,N	
Geißkopfschnepfe	Be2	
Gelbbrust	N	Naumann: Rostgelbe Uferschnepfe (L. Meyeri).
Gemeine Pfuhlschnepfe	Be2,Krü	
Graue Ostdüte	N	Stammt aus der norddtsch. Jägersprache.
Graue Uferschnepfe	Be2,N	Variation, die Otto als Art sah. Heute erledigt.
Grauer Wasserläufer	Be2	
Grillvogel	Be2	
Große graue Ostdüte	N	Naumann: Rostgelbe Uferschnepfe (L. Meyeri).

Große Pfuhlschnepfe	Be2	
Größte Pfuhlschnepfe	Be2	
Grü Marling (helgol.)	H	Junger Vogel.
Kleine Pfuhlschnepfe	Be97	
Kleine rothe Uferschnepfe	N	
Kleine rothgelbe Uferschnepfe	Be2,N	Große rothgelbe U.: Limosa limosa (Bechst.).
Kleiner Keilhaken	Be2	
Lappländische Schnepfe	Be2,Krü,N	Brütet in weitläufigen Mooren Lapplands.
Lappländische Uferschnepfe	Buf	Von L. limosa durch Nadelwaldgürtel getrennt.
Lappländischer Schnepf	Buf	
Lappländischer Wasserläufer	Be2,N	
Meerhünlein	GesH	
Meyers Sumpfläufer	N	Naumann: Rostgelbe Uferschnepfe (L. Meyeri).
Meyersche Limose	N	Naumann: Rostgelbe Uferschnepfe (L. Meyeri).
Meyerscher Sumpfwader	N	Naumann: Rostgelbe Uferschnepfe (L. Meyeri).
Pfuhlschnepfe	B,Be2	
Pfulschnepff	GesSH,Suol	
Polschnep	GesS,Suol	
Polschnepff	GesH	
Regenschnepfe	Be2	
Regenvogel	Be2	
Road Marlig (helgol.)	H	Alter Vogel.
Robberhöne (dän.)	Buf	
Rostgelbe Limose	N	Naumann: Rostgelbe Uferschnepfe (L. Meyeri).
Rostgelbe Uferschnepfe	N	Naumann: Rostgelbe Uferschnepfe (L. Meyeri).
Rostgelber Sumpfläufer	N	Naumann: Rostgelbe Uferschnepfe (L. Meyeri).
Rostrothe Limose	N	Naumann: 2 Arten. Siehe ganz oben.
Rostrother Sumpfläufer	N,O3	KN von C. L. Brehm.
Rostroter Sumpfwater	H	
Rostrother Wasserläufer	N	KN von Naumann.
Rostrothe Uferschnepfe	N	
Rostrother Sumpfwader	N	
Rote Pfulschnepfe	Krü	
Rothbrust	N	
Rothbrüstiges Wasserhuhn	Be2,N	
Rothe Ostdüte	N	Kommen ab August aus „Osten" zu uns.
Rothe Pfuhlschnepfe	Be2,N	
Rother Geißkopf	Krü	
Rother Wasserläufer	Be2,N	
Rotgebrüstetes Haselhuhn	Be2	
Rothbrüstiges Haselhuhn	Buf	
Rothbrüstiges Wasserhuhn	Buf,Krü,N	
Rothgebrüstetes Haselhuhn	Krü	
Rothe Pfulschnepfe	Buf,N	
Rothe Uferschnepfe	O2	
Rother Wasserläufer	N	
Seeschnepfe	B,Be2	
Sumpfwader	B	Brehm: L. lapponica, nicht auch L. limosa.
Uferschnepfe	Be2	

Pharaonenziegenmelker (Caprimulgus aegypticus)

Ägyptische Nachtschwalbe	H
Ägyptischer Tagschläfer	H
Ägyptischer Ziegenmelker	H
Helle Nachtschwalbe	H
Heller Ziegenmelker	H
Sandfarbene Nachtschwalbe	H
Sandfarbener Ziegenmelker	H

Pieperwaldsänger (Seiurus aurocapilla)

Pipersänger	O3

Pirol (Oriolus oriolus)

Beerhold	K,O1,Schwf,Suol		Beerenholer.
Beerholdt	Do		
Beerold	Be,N		
Berolft	B		
Bier-Eule	H		
Bier-Hohler	Suol		
Bieresel	B,Be1,Buf,Do,…		…Krü,N;
Biereule	Do,Suol		
Bierhahn	Do,Suol		
Bierhohler	Ad,Fri,Krü	„Hast du gesoffen, zahl auch." Lautmalend.	
Bierhol	Do,Suol		
Bierhold	Be1,K,N,Suol		K: Frisch T. 31.
Bierholdt	Buf,Krü		
Bierhole	Do		Name ist richtig
Bierholer	Krü		
Bierholf	Be1,Buf,Krü,N		
Bierholt	Do,Schwf,Suol		
Bierole	Be1,Buf,Krü,N		
Bierolff	GesSH,K,Schwf,Suol	Entstand um 1550, nach „pruoder Piro".	
Bieroller	Suol		
Birole	Ad		
Birolf	Ad		
Birolff	Suol	Entstand um 1550, nach „pruoder Piro".	
Birolt	Ad		
Brhel (böhm.)	Ad		
Bruder Berolf	Krü,Suol		
Bruder Berolff	GesS,Ma		Aus Frankfurter Gebiet
Bruder Berolft	Be1,Do,N	Entstand um 1550, nach „pruoder Piro".	
Bruder Bierolff	Suol		
Bruder Birolff	Suol		
Bruder Byrolf	Do		
Bruder Hiltrof	Fri	Entstand um 1480, nach „pruoder Piro".	
Bruder Hiltroff	Suol		
Bruder Hultrof	Ad,Krü		
Bruder Weihrauch	Do		
Bruder Wyrauch	N		
Bülau	Be1,Buf,Krü,N,…	…O1,Suol;	Entstand aus hellflötenden Rufen.

Bulaw	Ad	
Bülaw (meckl.)	Krü	
Büloon-Vagel	Be	
Büloon-Vogel	N	Entstand aus den hellen flötenden Rufen.
Bülow	B,Be1,Buf,...	...H,Krü,N,Suol,V;
Bülowvogel (pom.)	Krü	
Byrol	Ad,Krü	
Byrole	Hö	
Byrolf	Be,N	
Byrolt	Ad,Buf,GesSH,...	...Krü,Suol; Entst. ca. 1550 aus „pruoder Piro".
Byros	Ad	
Chloreus	GesH	
Chlorian	Be	
Chlorion	Be2,GesH,N	
Clorision	Do	
Eigentlicher Pirol	Be2,N	
Feigenfresser	Be2,Do,Krü,N,V	In wärmeren Ländern frißt er auch Feigen.
Fiaus	Hö	In Italien: vireone, vireo, Hö S. 1/214.
Fihaus	Hö	In Italien: vireone, vireo, Hö S. 1/214.
Flautenbülow	Do	
Füerhak	Do	
Füerhaken	Do	
Fürhaken	H	
Galbula	GesH	
Galbulavogel	Be,Do,N	Wohl soviel wie Glanzvogel, Grüngelber Vogel.
Gälgroß	GesH	
Galgulo	GesH	
Gelamsel	Suol	
Gelbe Drossel	Fri	
Gelbe Kirschdrossel	Be,Buf,Krü,N	
Gelbe Rake	Be,Do,N	KN von Bechstein 1802.
Gelbling	B,Be1,Buf,..	...Do,Krü,N,O1;
Gelbvogel	Be1,Do,Krü,N	
Geldmerle	Be	Name: kein Fehler: Geld- aus Goldmerle ?
Gemeine Pyrole	Be1	
Gemeiner Bülau	O1	Entstand aus den hellen flötenden Rufen.
Gemeiner Pirol	Be1,N,O2	Leitname bei Bechstein ab 1791.
Gerolf (hess.)	Ad,GesH,Krü	
Gerolff	GesS,Suol	Entstand um 1550, nach „pruoder Piro".
Gerolft	Be1,Buf,N	
Gielfincke	GesH	
Goißvogel	Do,H	
Gold Meerle	Schwf	Die schöne gelbe Gefiederfarbe ...
Gold-Amsel	Z	Golddrossel gemeinster u. bekanntester Name.
Goldamschel	H	
Goldamsel	Ad,B,Be1,Buf,Do,...	...Krü,N,O1,Suol,V;
Golddrossel	Ad,B,Be1,Buf,Do,...	...Hö,K,Krü,N,V; K: Frisch T. 31.
Goldmeerle	K	
Goldmêrel	Suol	Noch heute in Luxemburg: Goldmêrel.

Goldmerle	Ad,Be1,Buf,GesS,...	...Krü,N,Suol;
Goldracke	Do	
Goldschmeazr	Suol	
Goldtmerle	GesH	
Goliath	Suol	
Gottesvogel	B,Do,H	Name v. A. Brehm – wegen Schönheit?
Gugelfahraas	Do	
Gugelfahraus	Be1,Hö,Krü,N	Bedeutg.: Pirol, Pfingstvogel.
Gugelfiaus	Ad	
Gugelfihaus	Hö	In Italien: vireone, vireo, Hö S. 1/214
Gugelfiraus	Krü	
Gugelfliehauf	Suol	
Gugelfrühauf	Suol	
Gugelfyhaus	Suol	
Gugelsiehaus	Do	
Gugelüberdichhab	Suol	
Gugelvieraus	Suol	
Guglawa	Do,H	
Gugler	Do,H,Suol	
Guglfrühauf	Do	
Guglvierhaus	H	
Gugvieraus	Do	
Guldomaschel	Do,H	
Gutmerle	Be1,Buf,Do,Krü,N	War weit und lange verbreitet – aber Bedeutg.??
Herr von Bülau	Suol	
Herr von Bülow	Do	
Hindvogel	Suol	
Iwolga (russ.)	Buf	
Junker Bülow	Suol	
Kaiservogel	Do,H	
Karschafugl	Do	
Karschavugl	H	
Karsvogel	Suol	
Kersenriefe	Be1	„... darum weil er reiffe Kirschen isset."
Kersenrife	Buf,GesSH,Krü,...	...N,Suol,Tu; Name bed. „Kirschenreife(r)".
Kirsch-Pirol	N	Naumanns Leitname.
Kirsch-Vogel	P	Pirol lebt v. Insekten und Würmern, er frißt ...
Kirschdieb	Be1,Do,Krü,N	... aber begierig Kirschen, Feigen, Erbsen, u. a.
Kirschdrossel	Be1,Buf,Do,Krü,N	Durch Anhacken fast aller Kirschen verderben ...
Kirschendieb	Buf	... 2 Vögel pro Tag die Früchte eines gut ...
Kirschenspecht	Do	... tragenden Kirschbaums (Buffon/Otto).
Kirschhold	Ad	
Kirschholder	Krü	
Kirschholdt	Be1,Buf,Do,Krü,...	...N,Schwf,Suol;
Kirschholf	Be,N	
Kirschpirol	Do,N	

Kirschvogel	Ad,B,Be1,Buf,Do,Fri,...	...G,K,Krü,N,P,Suol,V;
		K: Frisch T. 31.
Kirsenrife (um Köln)	Ad,Krü	
Kirssfuegel	Suol	
Koch von Kulau	Ma	
Koch von Külau	Suol	
Koch von Kulo	Do	
Krischan	Do	
Kückebülow	Do	
Kugelfiehaus	Do	
Kugelfihaus	N	
Kugelfiraus	Ad,Krü	
Kugelsi(fi?)haus	Be	Kugelfihaus ist korrekt.
Loriot	Fri,GesS,Krü	Nach der Stimme? – Nach griech. Chlorion?
Olimerle	Be1,Buf,GesS,Krü	Verkürzte „Olimerle" kannte
		schon Gessner.
Olivenmerle	Be2,Do,N	Rückengefieder Junge und Weibchen.
Orio	GesS	
Pfeifholder	Do,Krü,N	Prophezeit mit Flöten angeblich Regen.
Pfeifjolder	Be	Pfeifholder ist korrekt.
Pfingstdrossel	Do	Oft ist schon Pfingsten, wenn er zurückkommt.
Pfingstvogel	Ad,B,Be1,Buf,Do,...	...Fri,Krü,N,O1,Suol,V;
Pinkestvôgel	Suol	
Pîrholer	Suol	
Pirol	B,Be,Buf,Krü,N,...	...O1,V; K.v.Megenb. um 1350:
		Lautmalend, ...
Pirold	Be1,Buf,Do,N	... liebevoll: „pruoder Piro". Ältere Qu. unbek.
Piroler	H	
Pirolt	Ad,Krü	
Pirr-Eule	H	KN aus spätem 19. Jh. Stark abgewandelt aus ...
Pirreule	B,Do	... „Bierholer" (Pîrholer in Sachsen).
Pruoder Piro	Suol	
Pruoter Piro	Ma	Bruder Petrus, deutet auf den Papst.
Pülow	Do	
Pyrale	Ad,Krü	
Pyrohl	Suol	
Pyrol	Be1,Buf,Krü,Z	
Pyrold	Buf,Fri,Krü	
Pyrolf	Ad	
Pyrolt	Ad,Be1Buf,	
Regenkatte	Suol	Laute der jungen Vögel wurden mit ...
Regenkatze	B,Be1,Do,Krü,N	... Katzenmiauen verglichen(!).
Regenvogel	Do,H	
Schult von Tülau	Suol	
Schultzen von Milo	Fri	
Schulz von Bülau	Be	Einer dieser Namen war Vorlage für andere, ...
Schulz von Bülow	Be2,N	... die alle als Lautmalung entstanden und ..
Schulz von Milo	B,Be1,N	... regionalspezifisch sind.
Schulz von Milow	Buf	

Schulz von Prierow	Do	
Schulz von Tharau	Suol	
Schulz von Therau	Be2,N	
Schulz von Thierau	Suol	
Schulz von Thurau	Do	
Schulze Bülow	Do	
Schulze von Milo	Ad,Suol	
Schulze von Milow (Mittelmark)	Krü	
Sommerdrossel	Be1,Do,Krü,N	Er verläßt Deutschld. schon im Sommer/Aug.
Steinamsel (!)	Ad	
Tirolk	Do	
Tyrolf	Ad,Krü	
Tyrolk	Be,N	
Tyrolt	Be1,Buf,GesSH,Krü,...	...Ma,Suol; Lautmalg. Als Tyrolt bei H. Sachs.
Vagel Bülo	Suol	
Vetter Loriott	Do	
Viaus	Hö	In Italien: Vireone, vireo, Hö S. 1/214.
Vidual	Buf,Krü	
Viduel	Be1,N	
Viraus	Hö	In Italien: Vireone, vireo, Hö S. 1/214
Vôgel Bülo	Suol	
Vogel Bülow	Do	
Vogel für Haus	H	
Vogel fürs Haus	Do	
Vogel Püloh	Be1,N	Entstand aus den hellen flötenden Rufen.
Vogel vom Haus	Do,H	
Vogel-Bülow	H	
Vogelbierhaus	Do	
Vogelfiraus	Ad	
Vogelspötter	Ad,Krü	
Vogelstrauß (österr.)	Krü	
Wäwala	Do	
Wedewael	GesS	
Wedewäl	Suol	
Weidewall	Krü	
Weidwail	Suol,Tu	
Weidwall	Be1,Buf,Krü,N	
Weihrauch	Ad,B,Be1,Fri,Krü,...	...N,O1,V; Verfälscht aus Wyrock entst. 18. Jh.
Weihrauchsvogel	Be1,Do,N	
Weihrauchvogel	Ad,Buf,Krü	
Weindrossel	H	
Werchvogel	Do,H	
Weyrauch	G	
Weyrauch-Vogel	Suol	
Widdewal	Buf,GesH,Krü	
Wîdewâl	B,Fri,O2,Suol	Name in Ostfriesld. Etwas jünger als witewal.

Widewalch	Suol	
Widewall (helv.)	Be,Buf,Krü,N	Regionale Umbildung nach dem 13. Jh.
Widewoal	Suol	
Widwal	GesSH	
Widwel	Kö	
Widwol	GesS,Kö	
Wiederwalch	Be,N	
Wiedewal	Fri	
Wiedewall	Be1,Do,N	
Wiedewol	Fri,Suol	
Wiedwalch	O1	Regionale Umbildung nach dem 13. Jh.
Wiegelwagel	Suol	
Wigelwagel	Do,H	
Wiggügel	Ma,Suol	Sehr alter Pirolname aus Frankfurter Gebiet.
Wilewal	Suol	
Windewall	Be	
Wioddewal	GesS	
Wit-Gückel	Suol	
Witewal	Ma,Suol	Mhd. etwa aus 13. Jh. Ält. überl. Name d. Pirols.
Withewall	Buf,Krü	
Wittelwalsch	Be1	
Wittewal	Ad,GesH	
Wittewalch	Ad,Be,Buf,GesS,...	...Krü,N,Suol; – Ges: 16. Jh. in d. Schweiz.
Wittewald	Be1,Buf,Do,Krü,...	...N,Suol; Preuß. Name. Jünger als witewal.
Wittewale	Do,Schwf	
Witthewal	K	K: Frisch T. 31.
Witthewale	K	
Witwald	P	
Witwaldlein	Suol	
Witwell	Be1,N	
Witwol	Buf,Krü,Suol	
Wyrock	Fri	
Wyrok	Ad,Krü	
Zierolf	Suol	

Polarmöwe (Larus glaucoides)

Kleine weißschwingige Meve	N	Name von C. L. Brehm. Vogel hat ganz weiße ...
Kleine weißschwingige Möve	H	... Handschwingen.
Kleine weißschwingige Stoßmeve	N	Naumann fügte Fähigkeit zum Stoßtauchen ...
Kleine weißschwingige Stossmöve	H	... obigem Namen hinzu.
Lütj Isskubb (helgol.)	H	
Polar-Meve	N	Name für diesen Vogel von Naumann.
Polarmöve	B,H,O3	Hochnordischer Vogel, brütet in Grönland.
Weißschwingenmöve	B	A. Brehm verkürzte Naumanns Namen.

Prachteiderente (Somateria spectabilis)

Aente von der Hudsonbay	Buf	Von Brisson.
Buckelschnäbeliger Eidervogel	H	Korallenroter Schnabel ist etwas kürzer, …
Buckelschnäbliger Eidervogel	N	… kleiner und breiter als bei Eiderente.
Bunte Ente	Buf	
Buntkopf	Buf	
Ente mit dem grauen Kopfe	Buf	
Grauköpfige Aente	Buf	Name von Edwards.
Grauköpfige Ente	Buf	
Grauköpfige Ente aus der Hudsonbay	Buf	
Grönländische Eidergans	Buf	
Grünköpfige Gans	Buf	
Hav-Orre (lappl.)	Buf	
Höckerschnäbeliger Eidervogel	Buf	
Kingalik	Buf	Bei Crantz.
Königs-Eider	O2	„Eider-" ist vogelspezifisch u. nicht übersetzbar.
Königseiderente	B,N	Isl. Sage: Sehr alte Männchen der Eiderente …
Königseidergans	N	… bekommen eine rote Krone auf den Scheitel …
Königsente	N	… und waren dan der Ædarkóngr, Eiderkönig.
Königsgans	Buf,N,O1	
Kurzschnäbelige Eidertauchente	H	
Kurzschnäblige Eidertauchente	N	Name von C. L. Brehm.
Pracht-Ente	N	
Prachteiderente	N	Prachtkleid besonders schön.
Prachteidergans	N	
Prachtente	N,O3	
Pukkelnebbede Edderfugl	Buf	Bei Fabricius.

Prachtfregattvogel (Fregata magnificens)

Adlerpelikan	Be2	
Fregatte	Be2	Wegen seines schnellen Fluges hatte er …
Fregattpelikan	Be2	… versch. Namen, wie Große Seeschwalbe, …
Fregattvogel	Be,BB	… auch Kriegsschiffvogel (Krünitz 1778).
Fregatvogel	Be2	
Gemeiner Fregatvogel	Be2	
Kleine Schere	H	Auf Kuba „Tigerilla", Kleine Schere (Schwanz).
Kriegsmann	O2	Raubt Menschen den Fisch (Man of war bird).
Meeradler	Be2	
Schneider	O2	Schwanz tiefgegabelt, scherenartig.
Schwarzer Fragattvogel	Be2	
Sturmvogel	Be2	

Prachttaucher (Gavia arctica)

Aalraw	Do,H	
Amerikanischer Taucher	Be2,N	
Bunte Tauchänte	Buf	
Bunte Tauchente	Be2,Krü,N	Auffallende Farben schwarz, weiß und grau.
Doppelter Schrömer	Do,H	

Duntergans	K	
Fensterflügel	Do	
Gesprenkelter Lom	Do	
Gestreifte Halbänte	Buf	Kein großer Taucher ist so auffällig ...
Gestreifte Halbente	Be2,Do,N	... gestreift wie der Polartaucher
Gösling	Tu	Turner: Allgemein für Hochseetaucher.
Großer nördlicher Taucher	Be2,Buf,N	
Großer Polartaucher	N	Nach C. L. Brehm; sollte größte Var. sein.
Großer Seetaucher	Be2,Buf,N	Wohl relativ junger (KN-)Name (GD,1796).
Himbrine	Be,Buf	
Hymber	Be,Buf	Adventsvogel, „Immertaucher". S. Eistaucher.
Kleiner Taucher aus der Nordsee	Be2,Buf,N	Otto hätte Nordmeer übersetzen sollen.
Lomme	Be1,Do,N	
Loom (lappl.)	Buf	
Lumb	Be2,N	
Lumbe	Be1	
Lumme	Be1,Buf,N	
Lump	Do	
Lumpe	Be2,N	
Lund	Be1	
Meergans	Do	
Meertaucher	H	
Mittlerer Polartaucher	N	Name von Naumann, gibt Größe an.
Nordischer Seehahn	Buf,Krü	
Ostseetaucher	Do,N	Soll im Winter auf der Ostsee erscheinen.
Polar Halbente	K	Name bei Klein 1760.
Polar-Aente	Buf	
Polar-Seetaucher	N	Naumanns Name.
Polaränte	Krü	
Polarente	Be1,Do,Krü,N	Vorläufer von Polartaucher (Müller 1773).
Polarhalbente	Be2,N	
Polarlumme	Be2,Do,N	
Polarseetaucher	N	
Polartaucher	B,Be1,Krü,N,O2,V	Name bis weit ins 20. Jh. üblich. KN v. Be 1803.
Schwarz und weiß gesprenkelte Lome	Krü	
Schwarz und weiß gesprenkelte Lumme	Krü	
Schwarz und weiß gesprenkelter Lom ...	Buf	... mit dem Halsbande (langer Trivialname).
Schwarz und weißgesprenkelter Lom	Be2,N	Hals und Brustseiten schwarz gestreift.
Schwarzkehlige Taucherente	Be2,N	Pk: Kehle und Vorderhals schwarz.
Schwarzkehliger Taucher	Krü	
Schwarzkehliger Meertaucher	Krü	
Schwarzkehliger Seetaucher	Be2,Krü,N	
Schwarzkehliger Taucher	Be1,Do,N,O2,V	Pk: Kehle und Vorderhals schwarz.

Seebull	Do,H	
Seefluder	GesS	
Seegans	Do	
Seehahn	Be2,Buf,N	
Seehahntaucher	Be2,Buf,Do,N	
Seetaucher	Krü	
Streifvagel	Suol	
Sturmvogel	H	
Swarwer (helgol.)	H	
Taucheränte	Buf	
Unbekannter Taucher (juv.)	Be1,Buf	Bechsteins Colymbus ignotus.
Vierte Halbente	K	K: Edwards T. 146.
Weißzehiger Taucher (juv.)	Be2	
Zweyte Halbente	Be1	

Prärie-Goldregenpfeifer (Pluvialis dominica)

Amerikanischer Goldregenpfeifer	H
Asiatischer Regenpfeifer	H
Kleiner Goldregenpfeifer	H
Tundra-Regenpfiefer	H
Virginischer Goldregenpfeifer	H

Prärieläufer (Bartramia longicauda)

Bartrams-Uferläufer	N	Naumann: Uferläufer. Oken: Wasserläufer …
Bartramswasserläufer	O3	… Bartram war ein amerikanischer Botaniker.
Feldregenpfeifer	H	Aus dem amerikanischen „Field Plover“.
Grasregenpfeifer	H	Vorliebe für Grasland.
Graswasserläufer	H	
Hochlandpfeifer	H	
Hochlandregenpfeifer	H	Aus dem amerikanischen „Upland plover“.
Hochlandwasserläufer	H	A. Brehms Name: Actiturus longicaudus.
Langschwänziger Strandläufer	N	Bechstein hatte 1812 „Tringa longicauda“ …
Langschwänziger Uferläufer	N	… vorgeschlagen, was Temmminck ablehnte. …
Langschwänziger Wasserläufer	N	… Die Namen entstammen dem Disput.
Prärietäubchen	H	Aus dem amerikanischen „Prairie pigeon“.

Provencegrasmücke (Sylvia undata)

Bachstelze	Buf	
Pitchou	Buf	
Provence-Grasmücke	H	Vogel lebt in Küstengebieten des westlichen …
Provencesänger	B	Mittelmeeres und Südengland (!).
Provenzalischer Sänger	O3	
Schlüpfgrasmücke	B	Wegen Huschen und Schlüpfen bei Gefahr.

Purpurhuhn (Porphyrio porphyrio)

Europäisches Sultanshuhn	Krü	
Hyacinthblaues Sultanshuhn	O3	Vogel ist indigoblau, nicht purpurfarben.
Persisches blaues Huhn	Buf	
Porphyrion	Buf	Viell. entstand „purpur-“ aus steter Abwandlgg …
Purpurfarbenes Wasserhuhn	Buf	… des wissenschaftlichen Namens „porphyrio“.
Purpurhuhn	B,Buf	In Mitteleuropa Gafangenschaftsflüchtling.

Purpurralle	Buf,K	
Purpurvogel	Buf,GesH,Krü	Leicht purpurfarbener Glanz bei best. Beleuchtg.
Rheinvogel	Krü	
Sultan	Buf	Name wegen des schönen Gefieders.
Sultanshenne	Buf,O2	
Sultanshuhn	Buf,Krü,O1	Name mit Purpurhuhn gleichwertig.
Talev	O1	Name gehört eigentl. ostafrikan. Art (Talève).
Violettes Meerhuhn	Buf	
Violettes Wasserhuhn	Buf	

Purpurreiher (Ardea purpurea)

Bergreiher	B,Be1,Krü,N	Er ziehe gern in gebirgige Sümpfe – angeblich.
Brauner Raiger	Hö	
Brauner Reiher	Do	
Braunreiher	B,N	KN von Naumann für Jungvogel.
Braunrother Reiher	Be1,N	Bechstein (1793): „Junges Männche gemeynt."
Caspischer Reiher	N	Bechstein (1809): Gmelin meint einjährig.
Gehaubter Purpurreiher	Be2,N	Scheitel ist schwarz mit Federbusch, mit …
Gehäubter Purpurreiher	Be	… 2 herabhängenden bis 14 cm langen Federn.
Glattköpfiger Purpurreiher	Be1,N	Bechstein (1793): Jungvogel.
Graugelber Reiher (juv.)	Be2,N	
Graugelblicher Reiher	Be1	
Grosser Rohr-Reiger	GesH	
Kaspischer Reiher	H	S. Caspischer Reiher.
Purpur-Reiher	N	Kein Purpur, sondern Dunkel- bis Rotbraun …
Purpurfarbener Reiher	Buf,N	… Oberseite und Flügeldecken sind grau.
Purpurfarbiger Reiher	Buf	
Purpurfarbiger Reiher mit dem Federbusch	Buf	Brisson.
Purpurfarbner Reiher	Be2	
Purpurreiher	B,Be1,Buf,H,…	…Krü,O1;
Purpurreiher mit dem Zopfe	Buf	
Rodter Reger	Schwf	
Roter Reiher	Do,H	C. L. Brehms Bezeichng für den Purpurreiher.
Sandreger	Schwf,Suol	
Zimmetreiher	B,Do	Heller gefärbte Jungreiher.
Zimmtreiger	N	A. Brehm veränderte Namen in Zimmetreiher.

Rabenkrähe (Corvus corone)

Aaskrähe	Be1,Do,N	Fressen begierig Aas.
Bunte Kraehe	Fri	Evtentuell Nebelkrähe (Bechstein 1793/637).
Der kleinere ganz schwarze Rabe	Buf	
Feldkrähe	Be,N	
Feldrabe	Be2,Do,Krü,N	
Gake	Do,Suol	
Gauch	Krü	
Gemeine Krähe	Be,N,O2	
Gemeiner Feldrabe	Be	

Gemeiner Rabe	Be2,Buf,N	Vogel wurde öfter Krähe als Rabe genannt.
Grâgg	H,Suol	
Hauskrähe	Be1,Do,Krü,N	War nur Rabenkrähe. Gewisse Vertrautheit.
Haußkräe	GesS	Als „Hußkräe" bei Gessner *Hist. avium*.
Hoppdekrôe	Suol	
Huppelkrah	Suol	
Hußkräe	Suol	
Kleine Krähe	Be2,N	Nebelkrähe wirkt oft größer.
Kleiner Feldrabe	Be	
Kleiner Rabe	Be1,G,V	Bezug ist hier der Kolkrabe.
Kleinerer ganz schwarzer Rabe	Z	
Krä	Buf	
Krabbe	Do	
Krache	Do,H	
Krack	Do,H	
Krade	Be2,Do,N,O1	Regionalname für die Rabenkrähe.
Kräe	GesSH	Regionaln. für Rabenkr. schon 1585 b. Gessner.
Krae	Tu	
Kraeg	Tu	
Krag	Suol	
Krage	Suol	
Kräge	Do,N	Regionalname für die Rabenkrähe.
Krah	Do,H	
Krahe	Be1,GesS	Regionalname für die Rabenkrähe.
Krähe	Be1,G,GesH,… N,P,V;	Germanische Sprache: Ahd. kraja, …
Krähen-Rabe	N	… mhd. kra(w)e. Alle Namen lautmalend.
Krähenrabe	Do,H,O3	KN von Meyer/Wolf.
Krährabe	Be,N	KN von Bechstein.
Kraja	Ma	Aus dem Althochdeutschen.
Krake	Suol	
Krame	Do	
Kraohn	H	
Krapp	Do,H	
Krappe	H	
Kratte	Be1	
Kräye	GesS	Regionaln. für Rabenkr. schon 1585 b. Gessner.
Kraye (holl.)	GesH,N	Regionalname für die Rabenkrähe.
Kreiahlke	Suol	
Kreye	Do	
Kroah	Do	
Kroe	Do,H	
Krupe	Do	
Mittelrabe	Be,Do,Krü,N	Kleiner als Kolkrabe, größer als Dohle.
Oru (krain.)	Be1	
Poangratsche	Suol	
Quaag	N	
Quäcker	Suol	Name im Elsaß.
Quake	Do,N	Name auch f. Kolkr. „im badischen Oberlande."
Quäker	Suol	Name auch für Kolkrabe, im Elsaß.

Rab	Do,H	
Rabe	Be1,N,Z	Ähnlichkeiten im Verhalten, Farbe, Bau.
Rabenkrähe	Ad,B,Be1,Buf,…	…K,GesS,Krü,N,O1,V; KN von Klein 1750.
Rack	Do	
Raubkrähe	Ad,Do	
Ruck	Do	
Scheckige Kraehe	Fri	Eventuell Nebelkrähe (Bechstein 1793 S. 637).
Schwartrauk	H	
Schwartzkrae	Suol	
Schwarze Hauskrähe	Be	
Schwarze Krähe	Be1,Buf,K,Krü,N	Name für Raben- und Saatkrähe.
Schwarze Raubkrähe	Be,Krü,N	Nesträuber (Eier und Junge).
Schwarzer Feldrabe	Be	
Schwarzer Krähenrabe	N	KN von Bechstein.
Schwarzer Krährabe	Be1	
Schwarzer Rabe	Be1,Buf,N	Schon im 18. Jh. bek., aber kaum verwendet.
Schwarzkräe	GesS	
Schwarzkrähe	Buf,Do,Krü	
Schwertrauk	Do	
Swart Kreih	H	
Tagen	H	
Tayen	Do	
Tschoie	Suol	
Weiße Krahe	Schwf	Krähe-Mutation, „Cornix candida".
Zwart Krei	Do	

Rackelhuhn oder Mittelwaldhuhn (Tetrao medius – aus: Tetrao tetrix x urogallus)

Afterauerhuhn	Be2,Buf,N	Bedeutet „unechtes" Auerhuhn.
Auerbirkhuhn	Be1,Buf,N	Bechstein 1793, gelungener Name.
Bastardauerhahn	Do	Hybrid aus Kreuzung von Auer- und Birkhuhn.
Bastardauerhuhn	Be1,N	Meist Bastard aus Birkhahn und Auerhenne.
Bastardwaldhuhn	Be1,N	Bechstein 1793, gelungener Name.
Bastartauerhahn	Buf	
Feldauerhuhn	N	Rußland: Vogel hieß dort wie das Birkhuhn.
Mittel-Waldhuhn	N	
Mittelhuhn	B	
Mittelwaldhuhn	Do,H,O3	In äußeren Erscheinungen zwischen denen …
Mittleres Waldhuhn	N	… der Eltern. Verhalten aber mehr auerhuhnähnl.
Mittles Waldhuhn	V	
Rackelhahn	Krü,O2,V	Stimme ist „heiseres Gemurkse".
Rackelhanar (schwed.)	N	Name stammt von Naumann.
Rackelhane(schwed.)	Buf	
Rackelhuhn	B,N,O2	Von schwedisch rakkla = räuspern.
Schnarchhuhn	Be1,Do,H	Aus bestimmten Stimmelementen entstanden.
Schnarchuhn	Buf	

Rallenreiher (Ardeola ralloides)

Brauner Reiher	O2	Schlicht- und Jugendkleid oberseits graubraun.
Gelbbraunes Reigerchen	N	
Gelbbraunes Reigergen	Be2,O2	Oberseite, Hals- und Brustseiten hell ockergelb.

Gelbe Rohrdommel	N	Gewisse Ähnlichkeit mit Zwergdommel.
Gelber Krabbenfresser	Buf	Ardea comata.
Grüngelber Reiher	Buf	
Kastanienbrauner Reiher	Be1,Krü,N	
Kastanienfarbiger Krabbenfresser	Buf	
Kecker Reiher	N	
Kleine Mosskuh	H	
Kleine Rohrdommel	Buf	Ardea Marsigli.
Kleiner Reiher	Be1,N	Mit etwa 45 cm ca. halb so groß wie Graureiher.
Krabbenfresser	Buf	Für Buf alle Arten der Rallenrassen weltweit.
Kühner Reiher	Be2,N	Wirkt gegen Feinde beherzt und kühn.
Mähnenreiher	B,N	
Malackischer Reiher	Be2	
Poseganischer Reiher	N	Posegan war/ist Bezirk in Slawonien (Kroat.).
Poseganscher Reiher	Be2	Bechstein: Variation aus dem Osten Kroatiens.
Quajot	Buf	Aldrovand
Quajotta	Buf	Aldrovand
Rallenreiher	B,Be1,Krü,N,O1	Rallenähnliche Stimme, versteckt in Sümpfen.
Rallenrohrdommel	N	Mögliche Übersetzung von Ardea ralloides.
Rothfüßiger Reiher	Be2,Buf	
Schopf-Reiher	N	Brutkleid: bis 14 cm lange Schopffedern.
Schopfreiher	B,H,O3	
Schwack	O1	Das Wort ist aus „Squacko-" entstanden.
Schwarz und weiß gehaubter ...	Buf	... italiänischer Reiher (langer Trivialname).
Sguacco	Buf	Ardea comata.
Squackoreiher	Be2,N	Engl. Squacco heron, ital. Sgarza ciufetto.
Squajotta	Buf	... ist der Rallenreiher bei Buffon.
Squajottareiher (Var.)	Be2,N	Engl. Squojotta heron, Swabian Bittern.
Squakko-Reiher	Be1	
Tranquebarische Krabbenreiher	Be2	

Raubseeschwalbe (Hydroprogne caspia)

Balthische Raubseeschwalbe	N	C. L. Brehm: Bewohnt Ostsee, kaum Pomm.
Caspische Kirke	Buf	
Caspische Meerschwalbe	Be,Buf,O2	Ottos Name für seine Entdeckung.
Caspische Seeschwalbe	Buf	
Groot Kerr (helgol.)	Do,H	
Große Haffbacke	Do	
Große Kirke von Stübber	Buf	Erster Name v. Otto nach d. Fund auf Stubber.
Große Meerschwalbe	Be2,N	Bechsteins Name in der Zweitaufl. 1809.
Große Schwalbenmöve	N	KN nur bei Naumann. Nicht gebräuchlich.
Große Stübbersche Kirke	Be1,Krü,N	Kirke ist Synonym zu Seeschwalbe.
Grossschnabelige Meerschwalbe	H	
Großschnablige Meerschwalbe	N	
Größte Seeschwalbe	N	KN nur bei Naumann. Nicht gebräuchlich.
Grote Haffbacker	H	In Nordfriesland heißen alle ...
Grote Haffbicker	H	... Seeschwalben Backer oder Bicker
Kaspische Meerschwalbe	Be1,Buf,Krü,N,O3	Bechsteins Name in der Erstauflage 1791.

Kaspische Raubseeschwalbe	N	C. L. Brehm: Bewohnt Kaspisches Meer.
Kaspische Seeschwalbe	N	
Kreischmeve	Be1,N	Erhielt Namen wegen wilder Rufe.
Kreischmewe	Krü	
Kreischmöve	Do,H	
Raub-Meerschwalbe	N	Name wohl nicht wegen Nahrung entstanden.
Raubmeerschwalbe	H	
Raubseeschwalbe	B	KN von C. L. Brehm 1831.
Schillingsche Raubseeschwalbe	N	C. L. Brehm: Auf Inseln in Nord- und Ostsee.
Schreyende Meerschwalbe	O2	Ohrenbetäubend laut ist es in Kolonien.
Tiarenk	Do,H	
Wimmermeve	Be1,N	Wegen der Stimme. Besser: Kreischmöwe.
Wimmermewe	Krü	
Wimmermöve	B,Do,H	

Raubwürger (Lanius excubitor),
Wurde zeitweilig auch **Grauwürger** und **Nördlicher Raubwürger (Lanius excubitor)** genannt.
Schnelle Fortschritte in der neuen Systematik ab 2018. Deshalb: Die folgenden Namen gehören
zu dem bisherigen Begriff **Raubwürger**.
Würger allg. (nach Suolahti) siehe Neuntöter.

Abdecker	B,Be2,Do,N	Rupfen der Beute ist scheinbares Abdecken.
Afterfalke	Do,Suol	
Aschenfarben Dornträher	GesH	
Aschfarbiger Neuntödter	Be,N	
Aschfärbiger Neuntödter	Z	
Aschfarbiger Würger	Be1,Buf,Hö,N	
Atzelneunmörder	H	
Berg-Aelster	Fri	Leitname bei Frisch. Bleibt unerklärt.
Berg-Agelaster	Do	
Bergälster	Ad,Krü,O1	Oken meint, wegen schwankenden Fluges.
Bergelster	B,Be,Do,Krü,…	…N,V;
Birkkrähe	Do	
Blauer Neuntöder	Be1	
Blauer Neuntödter	Be,N	
Blauer Neuntöter	Do,N	
Bläulicher Ottervogel	Be,N	Wegen Gefieders. Name paßt nicht zu Raubw.
Brägenbieter	Do	
Brägenbiter	H	
Busch-Agelaster	Do	
Buschälster	Hö	
Buschelster	B,Be1,Buf,Do,N	Elster wegen des langen Schwanzes u. d. Farbe.
Buschfalk	B,Do	
Buschfalke	Be,N	Raubw. ist Wartenjäger, schlägt Beute am Boden.
Bußjäg	Do,H	
Dorendreer	GesS	„Würger", weitere Zuordnung nicht möglich.
Dorndrechsler	Ad	
Dorndreher	GesSH,Krü	„Würger", weitere Zuordnung nicht möglich.
Dornkrällen	Hö	Erklärung bei Höfer 1/161.

Dornkratzer	Ad	
Dornkrätzer	GesH,Do	
Dornspießer	Do	
Drillelster	H	
Finkenbeißer	H	
Gebüschfalke	Be1,N	
Gemeiner Neuntöder	Be1	
Gemeiner Neuntödter	Be,N	
Gemeiner Neuntöter	H,Krü	
Gemeiner Würger	Be,Krü,N	
Grauer großer Afterfalke	Be1	
Griegelelster	Be1,N	
Groser Nuenmoerder	GesS	
Großer blauer Würger	Be1,N	
Großer bunter Dorndreher	Krü	
Großer bunter Neuntödter	Ad,Krü	
Großer Dickkopf	Do	
Großer Dorndreher	Be,Do,N	Käfer u. „Vögelein" werden auf Dorn gespießt.
Großer Europäischer Neuntöder	Be1	KN von Bechstein 1791.
Großer Europäischer Neuntödter	Be,Buf,N	Naumann: „Europäisch" kleingeschrieben.
Großer europäischer Neuntöter	H	
Großer grauer Afterfalke	N	Großer grauer „falscher Falke".
Großer grauer Würger	Be1,N,V	Leitname bei Bechstein.
Großer Grauwürger	Do	
Großer Nägenmürer	Do	
Großer Neun-Tödter	G,Z	Göchhausen 1731. Zorn 1743.
Großer Neunmörder	GesH	
Großer Neuntödter	O2,P,V,Z	1702 bei Pernau.
Großer Neuntöter	Be97,Do	Er tötet durch Schnabelhiebe oder Nackenbiß.
Großer Würger	N,O3,Suol	Größter heimischer Würger.
Großer Würger von Algier	H	Hennicke: „Lanius algeriensis".
Grösserer Neuntödter	Fri	
Größester Aschgrauer	K	Lanius cinereus major.
Größester Neuntödter	K	K: Frisch T. 59.
Größter aschgrauer Würgengel	Buf	
Größter europäischer Neuntödter	N,Be	Bechst. verbesserte 1802 „großer" in „größter".
Größter europäischer Neuntöter	H	
Größter Neuntödter	Be	
Grot Neg'nmürer	H	
Handwerk	Suol	
Häzenbarrenkönig	Do	
Häzenkönig	Do	
Isländsch Neg'nmürer	H	
Kothalster	Hö	Erklärung bei Höfer 2/157
Kraastecher	Do,H	
Kraus-Agelaster	Do	
Krauselster	B,Be1,Do,N	
Krick-Agelaster	Do	

Krickälster	Hö	
Krickelster	Be1,Do,H	
Kriegelälster	Hö	
Kriegelelster	B	
Kriegs-Aelster	O2	„… beständig mit anderen Vögeln herumzankt."
Kriegs-Agelaster	Do	
Kriegselster	Do	
Kriekelster	B,Be,N	
Kringalster	H	
Kruck-Agelaster	Do	
Krück-Elster	G	
Kruckälster	Ad,Be1,Do,Hö,Krü,N	Schnabel vorne leicht gebogen, Adelung.
Krückälster	Krü	
Kruckelster	N	
Krückelster	Be1,Buf,H,Krü	
Luckatze	Do	
Masenkönig	Do,H	
Meisenkönig	H	
Metzcher	Be2,N	
Metzger	B,Do	Lanius heißt übersetzt Metzger.
Moasnkönig	H	
Molliceps	Tu	Kernbeißer bei Krü, Bekassine bei Aristoteles.
Negenmarten	H	
Neun Mürder	Tu	Neun: Vorstellg., daß V. 9 Beutetiere aufspießt.
Neunmörder	Be1,Buf,GesH,Krü,N	Er tötet durch Schnabelhiebe oder Nackenbiß.
Neuntödter	Ad,Buf,GesH,Krü,O1,P	Stammt als Nüntöder von Gessner (1555).
Nuenmoerder	GesS	„Würger", weitere Zuordnung …
Nuentöder	GesS	… nicht möglich.
Nuin Mürder	Tu	
Ottervogel	B,Do	Übers. der engl. „Adder-bird" (bei Buf/Mart).
Quargringel	Ad,Fri	
Rabraker	Ad	
Radbraker	Do,H	
Radbrecher	H	
Raubwürger	B	
Scharfrichter	Do	
Schätterhäz	Do	
Schätterhetz	H	
Schlächter	Do	
Schwarzer und weißer großer Neuntödter	P	
Spanische Galster	H	
Spanische Moasn	H	
Spanischer Dorndrall	H	
Spanischer Dorndreher	H	

Spatzenstecher	Do,H	
Sper-Agelaster	Do	
Speralster	Be1,Do,H,Hö	
Sperelster	N	
Sperrelster	V	
Spiegel-Agelaster	Do	
Spiegelelster	Do	
Spottvogel	Hö,Suol	Gute Erklärung: Hö 3/156.
Stein-Agelaster	Do	
Steinelster	Do,N	
Strankkatze	H	
Strauch-Agelaster	Do	
Strauchelster	Be,Do,Fri,N	
Strauß-Agelaster	Do	
Straußelster	B,Do	Strauß- bed. Kampf, Streit. Paßt zum Raubw.
Südlicher Würger	O3	(Heute: Südliche Art Lanius meridionalis).
Thornkraser	Be,Do,N	
Thornkrätzer	Be1,GesS,N	Gessner: „Würger". Weitere Zuordn. nicht mögl.
Thornkretzer	Buf	
Thornträer	GesS	„Würger", weitere Zuordnung nicht möglich.
Thorntraser	Buf	
Wachender Würgvogel	Be1,N	Excubitor im wiss. Namen bedeutet Wächter.
Wächter	B,Be,Buf,Do,…	…N,Suol; Warnt vor Greifv.,
		lautes „Geschrey".
Wahrvogel	B,Do	
Walathee	Be1,Buf	
Waldathee	Be	
Waldather	Be2,N	Besser: Waldatter, Attervogel; s. o. Ottervogel.
Waldhaer	GesS	Raubwürger/(Schwarzstirnwürger).
Waldhäher	GesH,N	Wegen des Geschreies.
Waldhahn	Krü	
Waldheher	Be,N	
Waldherr	B,Be,Do,GesSH,N	Aus Häher. Namen nur für Neunt.
		und Raubw. …
Wan-Krengel	N	Bedeutet etwa Räuberchen, Kleiner Räuber.
Wankrengel	Be,Do	Krengel von Engel abzuleiten.
War-Krungel	N	Krungel von Engel abzuleiten.
Wargengel	Be,Fri	
Warkengel	Be1,Buf	Seit dem 16. Jahrhundert belegt.
Warkrengel	Be	
Warkrungel	Be2	Bedeutet etwa Räuberchen, Kleiner Räuber.
Warvogel	Be,N	
Wehrvogel	B	
Wergel	Suol	
Werkengel	GesH	
Wild-Agelaster	Do	Wild im Namen bedeute unecht, uneigentlich.
Wild-Elster	G	
Wilde Elster	N,V	
Wildälster	Ad	
Wildelster	B,Be,Buf,Do,…	…Krü,N;

Wilder Elster	Be1	
Wildkater	Do	
Wildwald	B,Be1,Do,N	
Winter-Kriekelster	N	
Winterkrieckelster	Do	
Winterkriekelster	Be2	
Worgengel	Be2,N	
Workrungel	Do	
Würgengel	B,Be1,Buf,Do,N	Er tötet durch Schnabelhiebe oder Nackenbiß.
Würger	Ad,Krü	
Würgvogel	B,Do	Würg- von ahd. warc-, Räuber.
Zwergel	Suol	
Zwergl	H	

Rauchschwalbe (Hirundo rustica)

Schwalbe allg. (nach Suolahti) siehe Mehlschwalbe.

Bauernschwalbe	Ad,B,Be1,Buf,Do,...	...K,Krü,N;	K: Frisch T. 18.	
Bauerschwalbe	Buf	Dichteste Besiedlung in bäuerl. geprägten Orten.		
Baurenschwalbe	K			
Blutschwalbe	B,Do,Hö,N,Suol	Rotbraune Stirn und Kehlfleck.		
Brücheschwalbe	Be2,Do,N	Nur bei Bechstein u. (übernommen) Naumann.		
Brückenschwalbe	K	Bei Klein/Reyger, bleibt ohne Deutung.		
Dorfschwalbe	Fri,Do,O2	Name, weil Vögel sich im Dorf in Häusern aufh.		
Dreckschwalbe	Do			
Edelschwalbe	Do			
Fensterschwalbe	Be2,Buf,N			
Feuerschwalbe	B,Be1,Buf,Do,...	...Krü,N;	Nistet gerne in Rauchfängen.	
Gabelschwalbe	Do,Krü,Suol			
Gemeine Hausschwalbe	Be2,N			
Gemeine Schwalbe	Buf,Krü			
Gewöhnliche Hausschwalbe	Be,N	Nistete in Ställen, Scheunen, Küchen.		
Gibelschwalbe	Krü			
Giebelschwalbe	Be2,Krü,N			
Gübel Schwalbe	Schwf			
Gübelschwalbe	Suol			
Gübelschwalm	Do			
Haus Schwalbe	Schwf			
Haus-Schwalbe	P			
Hauß-Schwalbe	Buf,GesH,Kö,P,Z			
Hausschwalbe	Be2,Buf,Krü,N,...	...Suol,Z;	Nistet in Ställen, Scheunen, Küchen.	
Haußschwalb	Suol			
Haußschwalm	GesS,Suol			
Hußschwalm	Suol			
Innere Hausschwalbe	Be2,Fri,N	Äußere: Mehlschwalbe		
Innere Schwalbe	Buf	Bevorzugt das Innere der Gebäude.		
Küchen-Schwalbe	Suol			
Küchenschwalbe	Ad,B,Be1,Buf,Do,...	...K,Krü,N,V;	K: Fri T. 18; s. Rauch-Schwalbe.	

Kuhschwalbe	Do	
Landschwalbe	B	
Laustaza (krain.)	Be1	
Lehmschwalbe	Be2,Do,Krü,N	Nester werden mit Lehm gebaut.
Leimenschwalbe	Be2,N	Leim(en) bedeutet Lehm.
Leimschwalbe	Buf	Name galt eigentlich mehr der Mehlschwalbe.
Mauerschwalbe	Buf,Krü	
Mawrschwalbe	Suol	
Paurenschwalbe	K	Druckfehler? Bauren – ?
Paurerschwalbe	Suol	
Rauch-Schwalbe	N	Nistete in großen Küchen nahe am Rauch.
Rauchschwalbe	Ad,B,Be1,Buf,Fri,…	…K,H,Krü,O1,V; - K: Frisch T. 18.
Rauchschwalm	Suol	
Rookschwälk	Do	
Rookswolk	H	
Rötelschwalbe	Do	
Rußschwalbe	Do	
Scheunenschwalbe	Buf,Krü	
Schlotschwalbe	B,Be2,Do,N	Nistet auch in großen Kaminen.
Schornsteinschwalbe	Be2,Do,N	Nistete in großen Küchen nahe am Rauch.
Schwalb	GesSH,Tu	
Schwalbe	Buf,Fri,GesSH	
Schwalbe innerhalb der Häuser	Buf	
Schwälke	Do	
Schwalm	Ad,Be2,GesSH,N	Früher gleichbedeutend m. Schwalbe allgemein.
Schwalmel	Do	
Singende Schwalbe	P	
Spalkel	Suol	
Spatel	Suol	
Speik	Suol	
Spießschwalbe	Do,V	Tief eingegabelter Schwanz, äußere Federn …
Stachelschwalbe	B,Be1,Buf,Do,Krü,N	… sind auch für diesen Namen verantwortlich.
Stadtschwalbe	Krü,N	
Stallschwalbe	B,Be1,Buf,N	
Stechschwalbe	Ad,B,Be1,N,O1,V	Wegen schnellen dahinstechenden Fluges.
Stubenschwalbe	Do	
Swale	GesS,Tu	„In Saxon“.
Swaluwe (holl.)	GesH	
Swalwe	GesS	
Swoalk	Do	

Rauhfußbussard (Buteo lagopus)

Europäischer Rauhfußfalke	Be,N	Gleichbedeutend mit Rauhfüßiger Bussard.
Gelbbrauner Geyer mit weißem Kopf	Fri	
Graasfalk	O1	Tundra eher gras- als waldbestanden.
Graufalk	B	
Graufalke	Be2,Do,N	Kaltgrauer Gesamt-Eindruck des Gefieders.

Große braune Weihe	N	
Hak	H	Von Habicht. Bedeutung „Greifer".
Howike	H	Jagt angebl. auch junge Gänse. (Hule – Gans).
Isländischer Mauser	N	In Island kommt Rauhfuß-Bussard nicht vor.
Kleiner Adler	Be1,N	Bechstein (1791): Einige Ähnlichkeiten.
Mäusefalke	Be,N	Gleichbedeutend mit Rauhfüßigem Bussard.
Mäusegeier	N	
Mäusegeyer	Be	Gleichbedeutend mit Rauhfüßigem Bussard.
Mäusehabicht	Be,N	Gleichbedeutend mit Rauhfüßigem Bussard.
Moosgeier	B,Do,N	Soll sich gerne Sümpfen (Moos) aufhalten, …
Moosgeyer	Be1	… das paßt aber eher zum Mäusebussard.
Mosgeyer	Krü	
Nebelgeier	B,Do	Kaltgrauer Gesamt-Eindruck des Gefieders.
Norwegischer Falke	Be2,N	Regelmäßiger Wi-Gast aus Nordskandinavien.
Österreichischer Falke	Be2,N	Überwintert eher in Österreich als in Deutschld.
Rauchfuß	Be1,Do,Fri,N,O2	
Rauchfußbussard	B,N	Leitname bei Naumann und Brehm.
Rauchfüßiger Bussard	N,V	
Rauchfüßiger Falke	Krü,N	Gleichbedeutend mit Rauhfüßiger Bussard.
Raufbeiniger Bussard	N	
Rauhbeinige Weihe	Do,N	Gleichbedeutend mit Rauhfüßiger Bussard.
Rauhbeinige Wcyhe	Be	
Rauhbeiniger Bussard	Be	
Rauhbeiniger Falke	Be1,N	Leitname von Bechstein in Erstauflage 1791.
Rauhbeiniger Mäusefalke	Be,N	Gleichbedeutend mit „Rauhfüßiger Bussard".
Rauhfuß	Be	
Rauhfuß-Bussard	N	Beine sind pelzartig befiedert. – Wiss. Name …
Rauhfüßiger Bußaar	O1	… Lagopus – Hasenfuß bedeutet dasselbe.
Rauhfüßiger Bussard	Be2,O3	
Rauhfüßiger Falke	Be2	
Rauhfüßiger Kauz	Be05	
Rauhfüßiger Mauser	N	
Revierfalke	Be2,N	„Reviert", wenn er kreisend nach Beute sucht.
Scheerengeier	N	
Scheerengeyer	Be1	Bechst. brachte Namen 1791, dann nicht mehr …
Scherengeier	B	… Dennoch übernahm u. verbesserte A. Brehm.
Schneeaar	B,Do,N,V	Kündigt als Wi-Gast angebl. Schnee u. Kälte an.
Schneebussard	Do	
Schneegeier	B,Do,N,Suol	Kündigt als Wi-Gast angebl. Schnee u. Kälte an.
Steinadler	N	Nicht bekannt, woher Naumann d. Namen hatte.
Weihe	N	
Weyhe	Be,Buf	„Der Weyhe" war Überschrift v. Buf zu d. Vogel.

Rauhfußkauz (Aegolius funereus)

Fichtenkauz	Do	
Katzenlocker (steierm.)	Do,H	
Kleiner rauchfüßiger Kautz	N	„Großer Kauz" waren Waldkauz u. Sperbereule.
Kleiner rauchfüssiger Kauz	H	Steinkauz auch klein, aber ohne „Rauchfüße".
Kleiner Waldkautz	N	Nach KN sollte V. kleiner Waldk. sein. Nicht gut.
Kleiner Waldkauz	Do,H	

Langschwänziges Käutzchen	N	Daran gut zu untersch. von kugeligem Steinkauz.
Langschwänziges Käuzchen	Do,H	
Langschwanzkauz	Do	
Nachtkauz	Do	
Rauchfüßiger Kautz	Be,N,V	„Rauch" ist altdt. Bezeichnung für Pelz.
Rauchfüßiger Kauz	H,O2	Stark befiederte Läufe haben auch andere …
Rauchfußkauz	By	… Eulen, nicht aber der gleichgroße Steinkauz.
Rauhfüßiger Kautz	Be2	Füße und Zehen mit dunenartigen Federn.
Tengmalms-Kautz	N	P. G. Tengmalm (schwed.) verbesserte …
Tengmalms-Kauz	O1	… Linnés Eulen-Klassif. Nach ihm wird …
Tengmalmseule	O3	… der Vogel in Engld. „Tengmalm's Owl" …
Tengmalmskauz	Do	… (neben Boreal Owl) genannt.

Rebhuhn (Perdix perdix)

Ackerhuhn	Krü	
Berghuhn	Be1,Krü,N	
Bergrebhuhn	Be1	
Bergrepphuhn	Krü	
Damascener Rebhuhn (var.)	Buf	Auch: Damaszener Rebhuhn
Feld-Hun	Kö	
Feldhaun	Suol	
Feldhuen	Suol	
Feldhuhn	B,Be1,Buf,Do,… …K,Krü,N,V,Z;	K: Frisch T. 114
Feldhun	GesH	
Feldhünkel	Suol	
Gemeines Feldhuhn	Be2	Bechsteins Leitname (1809).
Gemeines Rebhuhn	Be1,Buf,K,H	K: Frisch T. 114.
Gemeines Rephuhn	N	
Graues Feldhuhn	N	Aus ahd. „felthuon", seit 11. Jahrhundert bek.
Graues kleines Rebhuhn	Fri	
Graues Rebhuhn	Be1,Buf,P	
Graues Rephuhn	N	Grau ist vorherrschende männl.Gefiederfarbe.
Grauweißes Rebhuhn (var.)	Buf	
Hohn	Do	
Kleines Feldhuhn	Krü	
Kleines graues Rebhuhn (var.)	Buf	
Kleines graues Streichrebhuhn (var.)	Buf	
Perdrys (holl.)	GesH	
Pernise	GesS	
Räbhuen	GesS	
Rabhuhn	Be2,Fri	
Räbhuhn	Be1,Buf,N	
Rädhuhn	N	
Raphön	Tu	
Rapphaun	Do	
Raubhaun	Do	
Raubhuhn	Do	
Reb-Feldhuhn	N	Naumanns Leitname (1833).
Reb-Hun	Kö	

Rebfeldhuhn	H,O3	Name war bis ins 20. Jh. am Rhein üblich.	
Rebhenndl	Hö		
Rebhuhn	B,Be2,Fri,P,…	…V,Z;	Name ist schwer zu deuten.
			Vielleicht …
Rebhun	G,GesH,P	… von rapp, rasch, heftig. Würde zu …	
Rebrufhuhn	Krü	… aufgeschreckten Rebhühnern passen.	
Rep-Feldhuhn	N		
Rephuhn	Buf,K,N		
Repphuhn	Be1,Do,Krü,N,…	…O1,V;	
Rufhuhn	Be1,Buf,Do,N	Abends sind Locktöne der Henne zu hören …	
Schwartz braunes Rebhuhn	Fri		
Väldhuen	GesS		
Veldhoen (holl.)	GesH		
Velt hön	Tu		
Weißes Rebhuhn (Var.)	Buf,Fri	Fri: „Farbe ist nicht weiß, sondern braungrau …"	
Wildhuhn	Be1,Buf,Do,Krü,N		Früher waren alle Arten
			v. „Tetrao" Wildhühner.

Regenbrachvogel (Numenius phaeopus)

Blaubeerfus	Be	Füße: bläulich- bis grünlichgrau.	
Blaubeerschnepfe	B,Be1,Buf,Do,N	Vogel frißt gerne Blau-(Heidel-)beeren.	
Blaubeinschnepfe	N	Füße: Bläulich- bis grünlichgrau.	
Blaufus	Be		
Blaufuß	Be1,Do,N		
Brachhuhn	Buf		
Brachvogel	Buf		
Brachvogel die kleinere Art	Fri		
Brachvogel mit blaugrauen Füßen	Buf		
Gäcker (mit unterwärts gekrümmten …	N	… Schnabel) (langer Trialname). Klammer ist von Naum.	
Gäcker mit unterwärts gekehrtem Schnabel	Be2		
Gäcker mit unterwärts gekrümmtcm …	Be,Do,H	… Schnabel (langer Trialname). – Nach den Rufen.	
Goisser	Fri		
Grüel	Krü		
Güßvogel	Hö	Ein Regenvogel.	
Güsvogel	B,Be1,N	Wie Güthvogel.	
Gusvogel	Be2		
Güthvogel	B,Be1,N	„Von seinem Geschreye, das Güt, Güt lautet."	
Halbgrüel	B,Be2,N,O1	Aus Angstrufen entstanden. Halb- bed. klein.	
Halbgrül	Do		
Halblouis	N	Aus Rufen „tlouüg" oder „tluig" entstand Louis.	
Jütvogel	B,Be2,N	„Von seinem Geschreye, das Güt, Güt lautet."	
Keilhacke	Fri	Vielleicht wegen der Schnabelform.	
Kleine Brachschnepfe	Krü		
Kleine Kronschnepfe	Do,H		
Kleine Regenschnepfe	Do		
Kleiner Bracher	Be2,Buf,K,N	Deutlich kleiner als Großer Brachvogel.	

Kleiner Brachvogel	Be2,Buf,Do,GesH,…	…N,Schwf,Suol,V; Bei Gessner 1555.
Kleiner Gewittervogel	Be2,N	Wurde als sicherer Wetterprophet angesehen.
Kleiner Goisser	Hö	
Kleiner Grüel	O2	Wahrscheinl. aus Angstrufen entstanden.
Kleiner Ibis	Buf	Edwards
Kleiner Kehlhaken	O1	
Kleiner Keilhaaken	Be	Deutungsversuche schwanken zwischen …
Kleiner Keilhacke	Fri	Schnabelform, Lautmalerei, Ursprung …
Kleiner Keilhaken	Be2,Do,N	… Aus dem Sanskrit.
Kleiner Regenwolp	Buf	
Krummschnäbliche Schnepf	Fri	
Krumschnaebeliche Schnepfe	Fri	
Kücker	B,Do,N	Entstand aus Lautgebung des Vogels.
Lütj Reintüter	Do,H	Rein- bedeutet Regen- .
Mattenhühnlein	Krü	
Mitlerer Bracher	H	
Mittelbrachvogel	B	
Mittelgrüel	O1	
Mittler Bracher	Be2,N	
Mittler Brachvogel	Be,N	
Mittlerer Brachvogel	Be1,H	
Moorschnepfe	Be2,Buf,N	
Moosschnepfe	Be2,N	
Motthühnlein	Krü	
Phaeopus	Be1	
Regen-Brachvogel	N	KN von Meyer/Wolf (1810).
Regenbrachschnepfe	Be2,N	Wurde als sicherer Wetterprophet angesehen.
Regenbrachvogel	B,H,O3,V	Ad: Soll Regen durch bes. Geschrey anzeigen.
Regenschnepfe	B	
Regenvogel	B,Be1,Buf,Fri,…	…GesSH,Krü,N,O1; Bei Gessner 1555.
Regenvogel die kleinere Art	Fri	
Regenwolf	N	
Regenworp	Be1,N	Von angels. hwilpe: „Schrill schreiender Vogel“.
Regenwulp	Be1,N	Wie Regenworp.
Saatvogel	Be1,N	Weist auf Vogel der Brache hin.
Tarangolo	GesS	
Türkische Schnepf	Be1	
Türkischer Goise	Be1	
Weidvogel	Be1	
Wettervogel	Be1,Krü,N	Wurde als sicherer Wetterprophet angesehen.
Whimbrel (engl.)	K	
Wimberl	O1	Nach englischem Namen „Whimbrel“.
Wimbrel	Buf	
Wimgrell	Do	
Wimprell	Be2,N	Nach englischem Namen „Whimbrel“.
Windvogel	Be2,Buf,N	Wurde als sicherer Wetterprophet angesehen.
Wirchelen	Suol	
Wirhelen	B,Be2,N,O1	Aus unbek. schwäb. Dialektwort, Bodensee.

Reiherente (Aythya fuligula)

Alpenente	Do	
Aschente	Do	
Braune Haubenente mit schwarzem …	Buf	… Kopfe Schnabel und Füßen (langer Trialname).
Braunköpfige Ante (weibl.)	Hö	
Breitschnabel	Buf	
Buschente	B	
Buschige Ente	Be2,N	Busch bedeutet Federbusch.
Buschige oder kammige kriechende …	Buf	… Straußente (langer Trialname).
Dyker (dän.)	Buf	
Eisengraue Ente	Buf	
Europäische Haubenente	Be1,Buf,N	Müller (1773) zur Abgrenzung von ausl. Enten.
Fresacke	Be	
Fresake	B,Be2,Do,N	Name bedeutet Schopfträger. Von frisieren.
Freseke	Be1	
Gemeine Haubenente	Be2,N,O1	
Glaucio	GesH	
Haubenänte	Buf	
Haubenente	B,Be1,Do,N,V	
Haubenente mit weißem Unterleibe, …	Buf	… rothbraunem Kopfe und Halse (langer Trialname).
Haubenente von Staatenland	Buf	
Kammige kriechende Straußente	Be2	Naumann machte daraus 2 Namen.
Kammige Straußente	N	Kamm bedeutet Federbusch.
Kiebitzente	Do,H	
Kleine Haubenente	Be1,N	
Kleine Strausänte	Buf	
Kleine Straußänte	Buf	
Kleine Tauchente	Be1,N	Mittlere und große Tauchenten sind die Säger.
Kobelent	Suol	
Kobilke	Suol	
Kohlente	Suol	
Kriechende Straußente	N	
Krukkop (dän.)	Buf	
Kuppenente	B,Be2,Do,N	Kuppe bedeutet Federbusch.
Lepel-ganz	Buf	
Löffelente	Buf	
Moderente	Be2,Do,N	
Moor Endte	Suol	
Moor-Endte	K	K: Albin Band I, 95
Moorente	Be2,Buf,K,N	K: Frisch T. 171, Name von Klein.
Morillon	Buf	Belon
Muhrendt	Suol	
Muhrvogel	Suol	
Murente	Be2,N	Mhd. muor bedeutet Sumpf.
Muschelente	Do	
Pfeifente	Be1,N	

Porzellanschnecke (männchl.alt)	Do,H	
Reiger	B	
Reiger-ente	Buf	
Reiger-Ente	Fri	Name stammt von Frisch.
Reigerente	Be2,Do,Fri,N	Ursprünglicher Name dieser Ente.
Reiher-Ente	N	Federbusch erinnert an Reiher
Reiherente	B,Be2,Krü,N,… …O1,V;	
Reihermoorente	B,N	Name von C. L. Brehm.
Reihertauchente	B,N	
Ringente	Buf	
Rûsgen	Buf,Suol	
Rüsgen	Buf	
Rusigte Ente	Buf	
Ruß-Ente	O2	
Rußente	Krü	
Rußfarbige Ente	Be1,N	KN von Bechstein.
Rußige Ente	Be2,N	KN von Bechstein.
Scheel-ent	Buf	
Schellente	N	
Schild-ent	Buf	
Schimmelente	Do	
Schliefente	B,Do,N Schliefen: schlüpfen, gleiten – Die Ente an Land.	
Schopfente	B,Be2,Buf,N	
Schupsente	B,Be2,Buf,Do,N	
Schwartze Schupsente mit	K	… Unterleib (langer Trialname!).
weißem …		K: Albin Band I, 95
Schwartztüchel	Do	
Schwarze Ente	Be2,Buf,N	KN von Bechstein.
Schwarze Schopfente	Be2,Buf,K,N	Frisch T. 171, Albin Band I, 95
Schwarze See-Ente mit	N	… und weißem Flügelstrich (langer Trialname,
Federbusch …		schlechter KN).
Schwarze See-Ente, m. dem	Buf	… und weißem Flügelstriche (langer Trialname,
Federbusche …		schlechter KN).
Schwarze Seeente mit dem	Be2	… und weißen Flügelstriche (langer Trialname,
Federbusch …		schlechter KN).
Schwarzkopf	Be2,Buf,Do,N	
Schwarztüchel (juv. + weibl.)	H	
Skel-endt	Buf	
Spatelente	Buf	
Strausente	Be1	
Strauß Endt	GesS	
Strauss-Ente	Fri,O2	Name stammt von Frisch; nach Federschopf.
Straußänte	Buf	
Straußente	B,Be2,Do,Krü,N	
Straussmoor	N	
Strûssentli	Suol	
Strûssmor	Suol	
Voll-Ent	GesH	
Vollent	Suol	

Vollente	GesS	
Woll-ente	Buf	
Wollente	Be1	
Zopfente	B,Do,N	

Rennvogel (Cursorius cursor)

Europäischer Läufer	Be,N	Übers. von Lathams Cursorius europaeus 1790.
Europäischer Rennvogel	N,O3	Naumann 1834: „Läufer" zu „Rennvogel".
Französischer Läufer	Be	Übers. von Gmelin/Linné 1789, die Vogel ...
Französischer Regenpfeifer	Buf,N	... für in Frankr. lebend hielten: Char. gallicus.
Gelbröthlicher Wüstenläufer	N	KN von Naumann
Isabellfarbiger Läufer	Be,N	Übers. von Meyer/W. 1810: Curs. isabellinus.
Kindertäuscher	B,H	Kinder, die ihn fangen wollen ...
Krummschnäbeliger Regenpfeifer	N	KN von Naumann.
Rennvogel	B	
Schneller Regenpfeifer	Buf	
Wüstenläufer	B	Brehms Name für den Vogel ...
Wüstenrennvogel	B	Wegen des wüstenartigen Lebensraums.

Riesenalk (Alca impennis)
ausgestorben, ausführliche Abhandlung: Naumann 12/169 ff.

Brillenalk	B,N
Flugloser Alk	N
Geiervogel	V
Großer Alk	N,O3,V
Großer Papagaitaucher	N
Kurzflügeliger Papagaitaucher	N
Kurzflügeliger Alk	N
Riesen-Alk	N
Riesenalk	B

Riesensturmvogel (Macronectes [giganteus oder halli])
Heute 2 Arten: **Südlicher Riesensturmvogel** – Macronectes giganteus (alt: Ossifraga)
                Nördlicher Riesensturmvogel – Macronectes halli
Hier gelten die alten Namen von vor der Artenaufspaltung.

Großer Sturmvogel	Buf	Lebt von Antarktis bis südlicher Wendekreis.
Größter Sturmvogel	Buf	
Knochenbrecher	Buf	
Riesensturmvogel	Buf,H	
Riesenvogel	Buf	Länge 90 cm, Spannweite 213 cm.
Sehr großer Sturmvogel	Buf	

Ringdrossel (Turdus torquatus)
Drossel allg. (Suolahti) bei Misteldrossel

Alpenamsel	Do	
Beerenamsel	Do	
Berg-Amsel	Kö,Z	Zorn: „Weil sie nur großen Gebürgen hecket."
Bergamsel	Ad,B,Be1,Buf,...	...Fri,N,Suol;
Bergdrossel	Ad,Do	
Bergmerle	Ad	

Birckamsel	GesS		
Birg Amsel	Schwf		
Birgamsel	GesSH,Suol		Berg, Gebirge.
Blau-Amsel	GesH		
Burgamsel	Suol		
Dianenamsel	Ad,B,Be1,Buf,...	...Do,N;	Diana: Alter N. f. Silber.
			Ring „silbern".
Erdamsel	B,Be2,N		Erdnester nur oberhalb d. Waldgrenze.
Gebirgamsel	Ad,Fri		
Hag Amsel	Schwf		
Hagamsel	Suol		
Halbvogel	Ad		
Jochköppl	Do		
Krâchmierel	Suol		
Kragenamsel	Ma		
Kragendrossel	Do		
Krametsmerle	GesS		
Krammetsmerle	Be2,Buf,Do,N	Gefieder mit Flecken. „Amsel": ohne Flecken.	
Kranzamsel	Do,Suol		
Krigelt	Do		
Kureramsel	Be2,Buf,GesS,N,Suol		Gessner 1585: Am meisten bei
			d. Stadt Chur.
Meer Amsel	Schwf		Gebirgsvogel in der Ebene Fremdling.
Meer-Amsel	P		Seit 1631 bekannter Name.
Meer-Amßel	G		Leitname bei Göchhausen 1727.
Meer-Drussel	GesH		
Meeramsel	Ad,B,Be1,Buf,Do,...	...Krü,N,Suol,V;	
Meerdrossel	Ad,K,Krü		K: Frisch T. 30.
Meerrosdrossel	K		
Meertzische Druessel	Suol		
Meertzischedrussel	GesS		
Mertz-Ambsel	Suol		
Officierkragen	Be2		
Offizierkragen	Buf,Do,N		Ring wurde so genannt.
Pirckamsel	Suol		
Pirgamsel	Suol		
Reimêrel	Suol		
Ring Amsel	Schwf		
Ring-Amsel	Kö		
Ring-Drossel	N		Hat weißen Halbmond auf der Brust.
Ringamsel	Ad,B,Be1,Buf,Fri,...	...GesSH,N,O1,Suol;	
Ringdrossel	Ad,B,Be1,Buf,H,...	...K,Krü,V;	K: Frisch T. 30.
Ringel-Amsel	Fri,Kö		
Ringelamsel	Ad,Buf,Fri,H,Krü		
Ringeldrossel	Ad,K		
Ringmerle	Be1,Buf,Do,N		
Ringtrost	Be,N		Trost ist sehr altes Wort für Drossel.
Rohrdrossel	Do		

Rosdrossel	K	K: Frisch T. 30.
Roß Amsel	Schwf	
Roßamsel	Be,Buf,Do,GesSH,Suol	Gessner: Vogel durchsucht Pferdemist.
Roßamsel	Suol	
Roßdrossel	Be,N	
Rostdrossel	B,Do	„Rost-" ist aus „Roß-" entstanden.
Schild-Amsel	O2	
Schildamsel	Ad,Be1,Buf,Krü,N,...	...Suol,V; Schwarz mit weißem Brustring.
Schilddrossel	Ad,B,Be,Buf,Fri,N	
Schildröstle (helv.)	H	
Schnee Amsel	Schwf	
Schneeamschel	Suol	
Schneeamsel	Be,Buf,Do,Ma,Suol	Kündet Schnee an: Amseln in Tälern.
Schneedrossel	Ad,B,Be,Do,K,...	...Krü,N,V; K: Frisch T. 30.
Schneekater	Ma,Suol	Deutet auf Mädchennamen Katharina.
Schneekatter	Suol	
See-Amsel	P	
Seeamsel	Ad,B,Be1,Krü,N,...	...P,Suol; Seit 1631 bek. N.: Fremder Vogel.
Seedrossel	Ad	
Singmerle	Do,N	Singt laut-wehmütig in gleichen Strophen.
Stabziemer	B,Be,Do,N	
Stein Amsel	Schwf	
Stein-Amßel	G	
Steinamsel	Ad,Buf,GesSH,Suol	Stein bedeutet Gebirge.
Stickamsel	Do	
Stockamsel	Be1,N,V	Stock bedeutet Wald.
Stockziemer	Ad,B,Be1,Buf,Do,...	...Krü,N;
Strauchamsel	B,Be2,Do,N	Brütet in über 200 m Höhe in Gebüschen ...
Trooßl	Do	
Waldamsel	Ad,Be2,Buf,Fri,...	...GesSH,Krü,N,Suol; In Gebirgswäldern.
Weiß Schneekater	Suol	
Winteramsel	Do	

Ringelgans (Branta bernicla)
S. auch bei **Weißwangengans (Branta leucopsis)**

Baum-Endtle	Buf,Suol	
Baumgans	Be1,Buf,Fri,K,...	...Krü,N;
Baumgansente	Be2,N	
Bernache	Buf	Bei Belon u. a., zeitweise auch bei Willughby.
Bernache cravant (franz.)	H	
Bernakel	Buf	
Bernakelgans	Be	
Bernaklegans	Krü	
Bernicla	GesH	
Berniclen	Buf	

Bernikel	Be2.N,O1	
Bernikel-Gans	Buf	
Bernikelgans	Be2,Do,N	
Brandgans	Buf,Fri,N	
Branta	GesH	
Brantgans	Do,Suol	
Brentgans	Be1,Buf,K,Krü,…	…N,O1;
Bronkgans	B	In der trüben Zeit überwintern die Gänse.
Cravant (franz.)	Be2,Buf,H,N	Übersetzt Grauente (Gessner).
Grauente	Be2,N	Farbe der Ringelgans, außer schwarz.
Grauente Bronk	Do	
Halbgans	Fri	
Helsingagaas (fär.)	H	
Horragaas	N	Weist auf Brutplätze in der arktischen Tundra.
Horragans	Be2,Do	
Hrota (isl.)	Be2,Buf,H,N	Von der Stimme. Isl. Name der Rothgans.
Karakas	Do	
Kasarka (russ.)	H	
Klostergans	B,Be2,Buf,Do,N	KN v. Be. V. ist Weißwangen-, nicht Ringelgans.
Kravant	Do	
Meeränte mit dem Halsbande	Buf	Bei Belon.
Meergans	Be2,Do,N	Leben an salzigen Gewässern, Meer.
Mönch	Be2,N	KN v. Be. V. ist Weißwangen-, nicht Ringelgans.
Mönchsgans	Do	
Nonnengans	Be2,Buf,N	Nonnengans ist Weißw.gans, nicht Ringelgans.
Oie cravant (franz.)	H	
Raaggans	Do	
Radgaas (dän.)	Be2,H,N	Dän. Name der Rothgans.
Raigaas (dän.)	H	
Rattgans	H	Von den Rufen „rrrott, rrrott, rrrott, tet, tet, tet."
Reyhengaas	Be2,N	Weist auf Brutplätze in der arktischen Tundra.
Ringel-Gans	N	Müller 1773 entlehnte Namen aus Holland.
Ringelgans	B,Be1,Buf,Fri,…	…Krü,N,O1;
Ringelmeergans	N	Seitliche Halsflecken erscheinen wie Ring.
Rotgans (holl.)	Be2,Buf,H,N,…	…O1,Suol;
Rotges (verderbt)	Be1,Krü,N,Suol	„Verderbt" aus Rothgans.
Rotgesgans	Be,Krü	„Geschrei" ist rott, rott, … s. o.
Rötgôs	Suol	
Rothgans	Be2,Buf,Krü,N	Von den Rufen „rrrott, rrrott, rrrott, tet, tet, tet."
Rotjes	Be1,Do,Krü,N	„Verderbt" aus Rothgans.
Rotjesgans	Be,Krü	
Rottgans	B,Do,Krü,N	Von den Rufen „rrrott, rrrott, rrrott, tet, tet, tet."
Rottgoos	H	
Rottgôs	Suol	
Schottische Baumganß	Suol	
Schottische Gans	Be2,Buf,Krü,N	

Ringeltaube (Columba palumbus)

Ataub	Suol	
Blautaube	H	
Blochtaub	GesH	
Blochtaube	B,Be2,Do,N,Suol	Von elsäss. Ploch, Baumstamm, wo Nest ist.
Blockstaube	Krü	
Böschdauf	Suol	
Burrtaube	Suol	
Dekdauf	Suol	
Gemeine Taube	Be2	
Gemeine wilde Taube	Be2,N	KN Bechstein 1807: „Gemeine" wilde Taube.
Gewöhnliche Taube	Be	
Gewöhnliche wilde Taube	Be2,N	KN Bechstein 1807: „Gewöhnl." wilde Taube.
Grinnik (krain.)	Be1	
Griunik (krain.)	Be2	
Groß Holtztaub	GesSH	
Groß Holtztub	Suol	
Große Holztaube	Be1,Fri,Krü,N,V	Kein Höhlenbrüter wie „Kleine" Holztaube.
Große Taube	Be2	
Große Waldtaube	Do	
Große wilde Taube	Be1,N	KN Bechstein 1795: „Große" wilde Taube.
Holtz Taube	Schwf	
Holztaube	B,Be2,Fri,Do,...	...N,Suol;
Kohltaube	B,Be2,Do,Krü,N	Wegen dunkler Gefiederteile.
Kreistaube	Suol	
Krießduve (fland.)	GesS	
Kühtaube	H	
Kuhtaube	Do	
Loch Taube	Schwf	
Lochtaub	GesS	
Palumbes	Tu	Bei Aristoteles.
Pfundtaube	Do,H	
Phatta	Tu	Aus dem Griechischen.
Ploch-Taube	K	K: Frisch T. 138. Von elsäss. Ploch, Baumstamm.
Plochtaube	Be1,Buf,Fri,...	...GesS,Krü,Schwf;
Plochtub	Suol	
Rengeldauf	Suol	
Ringel Taube	Fri,Schwf,Tu	2 weiße Halsflecken machen Ringeindruck.
Ringel-Daube	Kö	
Ringel-Taube	G,N	
Ringelduw	Do	
Ringeldûwe	Suol	
Ringeltaub	GesSH	
Ringeltaube	B,Be1,Buf,Fri,...	...GesS,H,K,Krü,O1,P,V,Z;
		K: Frisch T. 138.
Ringeltub	Suol	
Ringtaube	Be1,Buf,Krü,N	
Ruckstaube	Krü	
Schecktaube	Krü	

Schildtaube	Krü	
Schlagtaub	GesSH,Krü	
Schlagtaube	Be1,Buf,Fri,N,V	Waldtaube. Von Schlag, Wald.
Schlägtaube	P	
Waldtaube	B,Be2,Krü,N	Ringel- und Hohltaube, nicht zahm.
Waldtaubee	Fri	
Wilde Taube	Be,O1,P,Schwf	Ringel- und Hohltaube, nicht zahm.
Wildtaube	B,Be1,Buf,Do,N	
Wilduw	Do	

Rohrammer (Emberiza schoeniclus)

Auspatz	Hö	
Gavotte	Buf	
Leislünink	Suol	
Leps	O1	Bedeutet Spatz.
Lothringischer Ortolan	Buf	
Meer-spatz	Buf	1756 bei Kramer. Synonym zu Rohrspatz.
Meerspatz	Be1,Do,Hö,N	An Rohrammer gebundener Name.
Moos-Emmerling	Buf	
Moosämmerling	Ad	
Moosemmerling	Be1,Buf,Do,Krü,N	
Moossperling	Ad,B,Do,Krü	
Mos-Emmerling	P	
Mosammerling	Krü	
Mosämmerling	Krü	
Mosmerling	Do	„Lebt in morastigen und sumpfigen Gegenden."
Moß-Emmerling	P,Suol,Z	Schon 1702 b. Pernau. Nach Lebensr. Sumpf.
Moßemmerling	Buf	
Mossperling	Krü	
Muschelnischel	Ad,Krü	
Muschelsperling	Ad	
Mutschelsperling	Ad,Krü	
Niezer	Do	
Reidmuess	Buf	Turner.
Reidmûß	Suol	
Reithsperling	B	Nach Lebensraum.
Reitlünink	Suol	
Reitmaise	Buf,Krü	
Reitmeise	Be,N	
Reitsperling	Do	
Reydt Mûss	Tu	
Rhorammer	Buf	
Rhorgeutz	GesS	
Rhorgytz	GesS	
Rhorspar	GesS	
Rhorspatz	StrVb	Findet man im Straßburger Vogelbuch 1554.
Rhorspätzle	GesS	
Rhorsperling	GesS,Suol	1552 bei Eber und Peucer.
Riedmeise	Be2,Do,N,O1	Aus „reidmeuss" von Turner. Eher Sumpfmeise.
Riedspatz	StVb,Suol	Name aus dem Elsaß.

Riedsperling	B,Do	Nach Lebensraum.
Riedt-meiss	Buf	
Riethsperling	Ad,Krü	
Ringelsperling	Do	
Rohr spar	Buf	
Rohr Sperrling	Schwf	Gessner 1585:Passer harundinaceus.
Rohr-Ammer	N	Nach Lebensraum.
Rohr-ammering	Buf	
Rohr-Emmerling	P,Z	
Rohr-spatzle	Buf	
Rohrammer	B,Be1,Buf,H,...	...Krü,O1,V; Name nach Lebensraum.
Rohrammerling	Be1,Do,N	Anderer Name, vor 1800 entstanden, für Ammer.
Rohrdrossel	Be,Do,N	
Rohremmerling	Buf,Do,Krü	
Rohrgytz	GesH	
Rohrleps	B,Be1,Do,N	Bedeutet Rohrspatz.
Rohrleschspatz	B,Do	Bedeutet ebenfalls Rohrspatz.
Rohrs-spar	Buf	
Rohrs-sperling	Buf	Gefieder, aber nicht Verhalten ähnlich Sperling.
Rohrspaarling	Be,N	
Rohrspar	Be1,GesH,N,Schwf	Gessner: Schweizerischer Name.
Rohrspatz	Ad,B,Be,Do,GesH,...	...Krü,N,Suol; Angebl. mitunter laut wie Spatz.
Rohrspätzlein	GesH	
Rohrspatzlin	Be,Buf,N,Schwf	
Rohrsperling	Ad,B,Be1,Buf,Do,...	...GesH,Krü,N,O1,Suol;
Rohrwrangel	Ad	
Rorspar	Suol	
Roter Ammer	Be1,Do,N,Z	Zorn: Gefieder mit Braun u. Röthlichem.
Schiebchen	B,Be1,Do,N	Verbreitete Namen, J.A. Naum. ... Verbindung
Schiebichen	Be,N,O1	... zu schwarzen Holunderbeeren?
Schilfschmätzer	Be2,Buf,Krü	Rohrammer u. Rohrsänger.
Schilfschnitzer	Be1	
Schilfschwätzer	B,Be,Do,N	KN. Singt viel im Schilf. Wohl erst Ende 18. Jh.
Schilfsperling	Do,N	
Schilfvogel	B,Be1,Buf,Do,N	Nach Lebensraum.
Schwarzkehl	Do	
Sperlingsammer	Be1,Buf,Do,N,V	Winterkleid soll dem d. Sperlings ähneln.
Wassersperling	B,Be1,Buf,Do,...	...Krü,N; „Passer aquatico", 16. Jh. in Italien.
Weidemösch	Suol	
Weidenspatz	GesH	
Widen-spatz	Buf	
Wrangel	Ad	
Wydenspatz	GesS	

Rohrdommel (Botaurus stellaris)

Bitor	O1	Turner 1544: „Pittour".
Bittern	O1,Tu	Moderner engl. Name für Rohrdommel.
Bittour	GesS	

Brellochs	Suol	
Bull	Do	
Bullpump	Do,H	
Bummreigel	Suol	
Buttour	GesS	
Chuevogel	Suol	
Dampfhorn	Fri	
Dickhälsiger Reiher	Be2,N	
Domphorn (holl.)	GesSH,Suol	
Dompshorn	GesS,Suol	
Eerpump	Do,H	
Erdbil	Krü	
Erdbill	K	K: Albin I, 68. Name: Synonym zu Moosochse.
Erdbull	Be1,Buf,Fri,K,… …Krü,N; Name: Synonym zu Moosochse.	
Erdbüll (österr.)	GesSH,Suol	K: Albin Band I, 68. Auch Erdbuell.
Faul	B	Wurde laut einer Fabel vor Zeiten von einem …
Faule	Be2,GesH,N	… Knecht zum Vogel verändert.
Fluder	Do,H	
Freesmarker	Do	
Freesmarker Bull	H	
Gemeiner Rohrdommel	Be2,N	
Gors	O1	Beziehg zw. Gors (Gras) u. Schilf (Rohrd. dort)?
Große Rohrdommel	Be2,Buf,Fri,N,O3	
Großer Rohrdommel	Be	
Gruseriopa	Buf	Jonston, S. 345.
Hartyhel	Krü	
Harvogel	Suol	
Horatupil	Krü	
Hordommel	Krü	
Hordump	Suol	
Horotubil	Krü	
Horotumbel	Krü	
Horotumbil	Suol	
Hortikel	B,Do,H	Ahd. horotumbil u. mhd. hortubel bedeuten …
Hortumpel	Fri,O1	… Rohrdommel. Mhd. „hor" ist schmutzig, …
Hortybel	GesS	… schlammig.
Hortybell	GesH	Name im 16. Jahrhundert geläufig.
Hortybil	Suol	
Hortyhel	Be1,N	
Ibrum	B	Lautes Brummen „üprump, I-prump, hu hu".
Ikrum	Krü,Suol	
Iprump	Be2,Buf,DoKrü,…	…N,O1,Suol;
Kropfvogel	Krü	
Kuhe	K	K: Albin Band I, 68.
Kuhreiher	B,H	
Lohrrind	Be2,N	
Lorind	Kö	Lo-Rind am Bodensee, Kehle wie Blasebalg.
Lorkind	Fri	
Lorrind	Be,GesSH,Krü,… …O1,Suol;	Lorrind von lyen …

Losrind	Buf,Krü		... Lyen heißt brüllen.
Maasochse	Be		
Maßkŭ	Suol		
Maßkuh	GesS		
Meer-Rind	Buf		
Meerrind	Be1,GesSH,K,...	...Krü,Suol;	K: Albin Band I, 68.
Mohr	GesS		
Moorochse	B,Be2,N		
Moorrind	N		
Moos Kuh	Schwf		
Moos Ochse	Schwf		
Moos-kuw	Buf		Jonston, S. 345.
Moos-Ochs	K		K: Albin Band I, 68.
Moosgais	H		
Mooskrähe	B,Be1,Krü		Besser: Moorschreier.
Mooskŭ	Suol		
Mooskuh	Be2,Buf,Krü,N,O1		
Moosochs	Suol		
Moosochse	B,Be1,H,K,Krü		K: Albin Band I, 68.
Moosreigel	Be2,K,Krü,N		K: Albin Band I, 68.
Moosreiher	B,Be1,N		
Moosrigel	Be1,K		K: Frisch T. 205, Albin Band I, 68.
Moosrind	Be2,N		
Moosstier	V		
Morrind	Suol		
Mos Reigel	Schwf		
Moskrähe	Krü		
Moskuh	Krü		
Mosreigel	K		K: Albin Band I, 68.
Mosreiher	Krü		
Moß-Reiger	GesH		
Moßkuh	GesSH		
Moßküh	Suol		
Moßochs	Buf,GesS		
Moßraiger	Suol		
Moßreigel	Suol		
Moßreiger	GesS		
Mossreiher	Do		
Muspel	Ad,Krü		
Nachtrabe	Suol		
Ocnus	GesH		
Pickart	GesSH,Krü,O1,Suol		„Weil er Menschen u. Tieren i. d. Augen pickt."
Pittouer	Suol		
Pittour	GesS		
Radom	Suol		
Raitrumper	Do		
Rârdum	Suol		
Rârigdum	Suol		

Redump	Suol		
Reidommel	Suol		
Reihdommel	GesS		
Reit-Rumper	H		
Reitdump	Suol		
Reitrumper	Do		
Reydommel	Fri		
Rhordumel	Suol		
Rhorpfuß	Suol		
Ridump	H		
Riedochse	B,Do		
Rindochse	H		
Rindreiher	B,H		
Roddump	Suol		
Rohr Drummel	Schwf		
Rohr Reigel	Schwf		
Rohr Trumm	Schwf		
Rohr-Dommel	G		
Rohr-reiger	Kö		
Rohr-Sperling	G,P		
Rohrbombe	N		
Rohrbrüller	B,Be1,Do,Krü,N,		Erstmals 1780 bei Popowitsch.
Rohrbrummer	H		
Rohrdommel	B,Be1,Buf,Fri,...	...Kö,K,Krü,N,O1,V;	- K: Frisch T. 205.
Rohrdommelreiher	N		
Rohrdrommel	Krü		
Rohrdrum	Krü		
Rohrdrummel	K,Suol		K: Albin Band I, 68.
Rohrdrump	Suol		
Rohrdummel	N,P,Suol		
Rohrdump	Be2,Buf,GesH,...		...Krü,N;
Rohrküh	Fri		
Rohrpampe	Krü		
Rohrpompe	Be1,K,Suol		K: Frisch T. 205, Albin Band I, 68.
Rohrpump	B		
Rohrpumpe	N		
Rohrreigel	K		K: Frisch T. 205, Albin Band I, 68.
Rohrreiger	GesH		
Rohrreiher	N,Krü		
Rohrreyger	Fri		
Rohrtrum	K		K: Albin Band I, 68.
Rohrtrumm	GesH		
Rohrtrummel	Be1,Do,Fri,K,...	...Krü,N;	K: Frisch T. 205, Albin Band I, 68.
Rohrtuba	GesS		
Rôrchue	Suol		
Rôrdum	Suol		
Rordummel	GesS,Suol		
Rordump	GesS,Suol		
Rordumpf	Suol		

Rordumpff	GesS	
Rôrmuni	Suol	
Rorreigel	GesS,Suol	
Rorstork	Suol	
Rortrum	Buf,Krü	
Rortrumm	GesS,Suol	
Rosdam	Suol	
Rosdumpf	Buf,Krü	
Roßdam	GesS	
Roßdumpf	Krü	
Roßreigel	Buf,Krü	
Ruhrdump	Be2,N	
Rûrdump	Suol	
Rûrdunk	Suol	
Sterngucker	Do,H	
Sumpfcapaun	O2	Hat von allen „Reihern" das beste Fleisch.
Taucherschwan	Krü	
Urkind	Fri	
Urrind	Be,GesSH,Krü	Name bei den Älteren, auch bei Gessner.
Urwind	Be97	
Usrind	Be1,N	Bechstein 1791. Wember: Brüllochse.
Vrrind	Suol	
Wasserochs	Be1,Buf,GesS,...	...Krü,Suol;
Wasserochse	B,Be2,Do,N	

Rohrschwirl (Locustella luscinoides)
Hinweise: Naumanns Nachträge (Band 13) von 1860.

Großer Heuschreckensänger	N	13/474 Größter heimischer Schwirl.
Italienischer Heuschreckensänger	Do,N	13/474 Name f. Erstbeschreiber Savi aus Pisa.
Nachtigall-Rohrsänger	H	
Nachtigallartiger Weidensänger	N	13/474 KN von Naumann.
Nachtigallfarbiger Piepersänger	N	13/474 KN von Naumann.
Nachtigallfarbiger Rohrsänger	N	Ähnlichkeit mit Nachtigall im Aussehen.
Nachtigallrohrsänger	B,Do	Einer der Leitnamen bei A. Brehm.
Nachtigallschwirl	Do,H	
Rohrschwirl	B	Gesang ist endloses insektenartiges Schwirren.
Weiden-Rohrsänger	N	13/474 Name von Naumann, „Wohnort".
Nachtigallfarbiger Rohrsänger	N	13/474.
Weidenrohrsänger	Do	
Weidensänger	O3	Name von Oken 1843 nach Erstbeschr. 1824.

Rohrweihe (Circus aeruginosus)
Milane und Weihen bei Rotmilan

Bastardfalke	Be2,N	Deutg. von Bechst., aber Naumann: Rohrweihe.
Brand-Geyer	Fri	Name von Frisch (Nachfahre?) 1773.
Brandfalk	B	Wohl KN von A. Brehm.
Brandfalke	Be1,N	
Brandgeier	Fri,N	
Brandgeyer	Be1,Krü	Gehört laut Bechst. zu seiner Var. Sumpfweyhe.
Brandweih	B	Von A. Brehm vereinfacht.

Brandweihe	Do,N	Bechstein: Falco rufus.
Brandweyhe	Be	Bechstein vermutete Variation. Rufus ist rot.
Braun Geyer	Suol	
Braune Sumpfweyhe	Be2	
Brauner Fischgeier	N	
Brauner Fischgeyer	Be2	Gehört laut Bechst. zu seiner Var. Sumpfweyhe.
Brauner Geyer (weibl.)	Be1,K,N	
Brauner Rohrgeyer	Be1,Buf	
Brauner Rohrvogel	N	Naumann für weiblichen Vogel.
Braungeyer (weibl.)	K	
Buntrostiger Falke (juv.)	Be1,Buf,K,N	Name von Klein/Reyger. Bechst.: Jungvogel.
Bussard	Be,N	Frankreich: Eine Weihe hieß allgemein Busard.
Bußard	O1	
Eierdieb	Do	
Endten-Adler	Suol	
Entengeier	Do,N	
Entengeyer	Be1,Buf	Erbeutet auch junge Enten.
Entenstösser	Suol	
Fisch-Geyer	Fri	Man hielt Vogel fälschlich für einen Fischfänger.
Fischaar	Be1,H	
Fischahr (weibl.)	K,N	
Fischer	G,Suol	
Fischfalke	Do	
Fischgeier	Do,N	
Fischgeyer	Be1,Buf	
Fischvogel	Do	
Frostweih	B	Kommt aus Süden, wenn es noch kalt ist.
Frostweihe	Do	
Goldgeyer	Krü	
Graue Weihe (männl.)	K	
Grauer Geier	N	
Grauer Geyer (männl.)	K	
Grauschwanz	Be,Do,N	Bechstein vermutete Variation.
Großer Weih	O1	Rohrweihe ist größte deutsche Weihe.
Großer würgender Geyer	Buf	
Hühnergeier	N	
Hühnergeyer	Be,Buf	Bechstein: „… Weil sie auf Feldhühner stößt.“
Hühnerweihe	N	Müller 1773: „… Raubet die Hühner.“ …
Hühnerweyhe	Be1,Buf	Bechstein: „… Weil sie auf Feldhühner stößt.“
Lung-beaned hoafk (helgol.)	H	
Lungbaned Hoafk	Do	
Masshuw	Suol	
Maßweher	Krü	
Maßweihe	Krü	
Masswy	G,Suol	
Mauser (oder eine Art Mauser)	N	
Mittler würgender Geyer	Buf	
Moor-Buzzard	Pennant	
Moorweihe	Do	

Moosweih	B	Wohl KN von A. Brehm.
Moosweihe	Do,N	
Moosweyhe	Be1	Ende des 18. Jh. bei thüringischen Jägern.
Mörenteufel	O2	Bodensee: Bläßhühner hießen Mören.
Mosfalk	B	Wohl KN von A. Brehm.
Mosgeier	B	Wohl KN von A. Brehm.
Mosswy	Suol	
Mosweih	B	Wohl KN von A. Brehm.
Mosweihe	Krü	
Reitklemmer	Do,H	
Rohr Falck	Schwf	
Rohr Falck	Suol	
Rohr-Weihe	N	
Rohrfalk	B	Von A. Brehm vereinfacht.
Rohrfalke	Be,Do,N	Gehört laut Bechst. zu seiner Var. Sumpfweyhe.
Rohrgeier	B,Do,N	Gehört laut Bechst. zu seiner Var. Sumpfweyhe.
Rohrgeyer	Be	
Rohrvogel	B,Be2,Do,N	Bechst. übernahm Namen 1805 für Rohrweihe.
Rohrweih	B	Von A. Brehm vereinfacht.
Rohrweihe	B,Krü,N,O3,V	Stresemann: Name stammt von Bechstein.
Rohrweyhe	Be2	
Rostfalk	B	
Rostfalke	Do	
Rostgeier	B	Nicht bei Bechstein. „Zutat" A. Brehms?
Rostige Weihe	Be1,Buf,N	Bechstein: Falco aeroginosus = „kupferrostig".
Rostiger Falke	Be1,N	Gehört laut Bechst. zu seiner Var. Sumpfweyhe.
Rostweih	O1	Oken: Falco aeroginosus.
Rostweihe	Do,Krü,N	
Rostweye	Z	
Rostweyhe	Be1	Bechsteins 1. Name für den Vogel 1791.
Rote Weihe	N	Naumann: Rote, nicht Rothe.
Rötelwy	Suol	
Rothe Weyhe	Be2,Buf	Gehört laut Bechst. zu seiner Var. Wasserweyhe.
Röthlicher Fischgeier	N	
Röthlicher Fischgeyer	Be2,Buf	Gehört laut Bechst. zu seiner Var. Wasserweyhe.
Rotweihe	Do	
Schilffalk	B	Wohl KN von A. Brehm.
Schilfgeier	B	Wohl KN von A. Brehm.
Schilfweih	B	Von A. Brehm vereinfacht.
Schilfweihe	Do,N	
Schilfweyhe	Be2	Sollte Art sein. Aber Bechstein: Max. Variation.
Schwartzbrauner Fisch-Geyer mit …	Fri	… gelbem Kopf (langer Trivialname).
Sumpfbussard	B,Be1,Do,Krü,N	Rohrweihe bei Pennant Moor-Buzzard.
Sumpffalk	B	Wohl KN von A. Brehm.
Sumpfgeier	B	Wohl KN von A. Brehm.
Sumpfrostweihe	V	Biotop und Farbe sollten in einen Namen.
Sumpfweih	B,O1	
Sumpfweihe	Do,Krü,N	

Sumpfweyhe	Buf,Be2	Bechst. vergab 1805 biotopbezogenen Namen.
Wasserfalk	B,Krü	
Wasserfalke	Be1,Buf,N	Gehört laut Bechst. zu seiner Var. Sumpfweyhe.
Wassergeier	B	Wohl KN von A. Brehm.
Wasserweih	B	Von A. Brehm vereinfacht.
Wasserweihe	Do,Krü,N	
Wasserweyhe	Be2	Auch dieser N. ist biotopbezogener Ausdruck.
Weißkopf	B,Be,Do,N	Bechst.: „Jäger nennen diesen Vogel Weißkopf."

Rosaflamingo (Phoenicopterus ruber)

Bacharu	Buf	
Becharu	Buf	
Flamand	Buf	Bei den alten Ornithologen, aber ausgeartet.
Flamant	Buf,Be,Fri,N	Bei den alten Ornithologen, aber ausgeartet.
Flambant	Buf,GesH	Bei den alten Ornithologen.
Fläming	Buf	Für die folgenden Namen bis Flammingo gilt:
Flaminger	Buf	Name stammt aus dem Portugiesischen.
Fläminger	Buf	
Flamingo	Be,Buf,Krü,N	Name stammt aus dem Portugiesischen.
Flamman	Buf,GesH	
Flammant	Be,Buf,N	Flamant Name in Frankreich. Franz. flamband …
Flammant der Alten	N	… für flammend oder aus lat. flamma entstanden.
Flammenreiger	Buf	
Flammenreiher	Buf	
Flammenreiher mit rosenfarbenem Flügel	Buf	
Flammenvogel	Buf	
Flamming	B,O1	Vom flammenden, hochroten Gefieder.
Flamminger	Buf	
Flammingo	N	Vom flammenden, hochroten Gefieder.
Flugschnebel	Buf	
Gemeiner Flamingo	O2,V	
Karminpelikan	Buf	
Korkorre	Buf	
Pflugschnabel	N	Schlamm wird mit Schnabel durchgepflügt.
Pflugschnäbler	B	
Phönicopter	Buf	
Phönikopter	Buf	
Rosenfarbiger Flaming	N	
Rosenfarbiger Flamingo	H,O3	
Roter Flamant	N	
Roter Schartenschnäbler	H	
Rotfeck	GesS	Name von Gessner.
Rothe Gänse	Buf	
Rother Flamant	Be,K,N	
Rother Flaminger	Buf	
Rother Flamingo	Be,Buf,O1	
Rother Schartenschnäbler	N	
Rothflüglicher Flamant	Buf	
Rotuogel	GesS	Name von Gessner.

Scharfschnäbler	B	Unterschnabel m. scharfen Zähnen und Rand.
Scharschnabel	N	Schar- bedeutet Pflugschar. V. pflügt Schlamm.
Schartenschnabel	N	Sonderbarer Schnabel mit einer tiefen Scharte …
Schartenschnäbler	B,Buf,N	… oder Höhle an der Wurzel.
Weißer Flamant	Buf	
Weißer Flammenreiher	Buf	
Weißer Scharten Schnaebler	Fri	
Weißer Schartenschnäbler	N	
Weißer Schertenschnäbler	Buf	

Rosapelikan (Pelecanus onocrotalus)

Baumpelikan	K	
Beutelgans	B,Be1,Buf,Do,N	
Esel-schreyer	Kö	
Eselschreier	Do,GesSH,N	Schreit wie Esel, wenn Schnabel im Wasser.
Eselschreyer	Be1,Buf,GesS,…	…K,Krü;
Eselschryer	Suol	
Eselsschreier	V	
Eselsschreyer	Be	
Eselsschryer	Fri,Suol	Suol: Eselschryer, sonst ist Name richtig.
Eselvogel	Do	
Flußkamel	Buf	
Gemeine Kropfgans	O3	Bezugsvogel ist etwa gleich große Hausgans.
Gemeiner Pelekan	N	
Gemeiner Pelikan	Be2,Buf,Krü,O1,V	
Großer Pelekan	N	
Großer Pelikan	Be2	Bechstein, nach Pennants Great Pelicane.
Hochbeiniger Mauchler	K	
Kopffvogel	GesH	
Kropffuogel	Suol	
Krop-Gans	K	
Kropf-Gans	Fri	
Kropf-Ganß	Kö	
Kropffgans	Schwf	
Kropffvogel	Fri,Suol	
Kropfgans	B,Be1,Buf,Do,…	…Fri,K,Krü,N,O1,Suol; K: Frisch T. 186.
Kropfpelekan	N	
Kropfpelikan	Be1	Vogel hat zu Sack erweiterten Kropf.
Kropfschwan	Fri	Wegen der Größe und dem langen Hals.
Kropfvogel	B,Be2,Buf,GesS,N	
Kropgans	K	Bezugsvogel ist etwa gleich große Hausgans.
Löffelgans	B,Be2,Buf,Fri,…	…Krü,N; Oberer Kiefer ist einigermaßen …
Mechelen (brabant.)	GesS	… löffelicht (Krü).
Mechlin (brabant.)	GesS	
Meer-gans	Buf	
Meergans	B,Be2,Krü,N,Suol	Suolahti: „D. h. überseeische Gans.“
Meerganß	GesSH	
Nimmersatt	Be1,Buf,Fri,K,…	…Krü,N,Suol; Eindruck, wg. d. großen Kropfes.

Ohn-vogel	Buf	Von griech onos, Esel. S. Eselschreyer.
Ohnvogel	B,Be2,Buf,K,...	...Krü,N,Schwf,Suol,V; - K: Frisch T. 186.
Ohrvogel	Be1,Krü	Suol.: „Eselschryer" u. „Kropfvogel" sind ...
On-vogel	Kö	... gelehrte Bildungen der Ornithologen.
Onvogel	Be2,Buf,Fri,...	...GesSH,Krü,N,Suol; Aus Unvogel
		(u. a. Schwf).
Orvogel	Be	
Pelekan	B,N	Das griech. pelos bedeutet Sumpf. Also ...
Pelican	Buf,Fri	... Sumpfvogel. Oder von griech. pelike, ...
Pelikan	B,Be1,Buf,Krü,N,O1	... Schüssel, bezogen auf
		Kropf – möglich.
Riesenpelekan	Be1,Buf,N	Bechstein, nach Pennants Great Pelicane.
Sackgans	B,Be1,Buf,Do,Fri,...	...Krü,N,Schwf,Suol; Bez.vogel
		etwa so gr. ...
Sackganß	GesH	... wie H'gans. Wg. gr. Kropfes u. gansart. Gestalt.
Schnee-gans	Buf	Gessn.: Unpassend. Weißes Gef. reicht nicht.
Schneegans	Be1,Buf,Fri,K,...	...Krü,N,Schwf; - K: Frisch T. 186.
Schneeganß	GesH	Suolahti: Name wg. Mehrdeutigkeit unzweckm.
Schwanen Taucher	Fri	N. deutet darauf hin, daß V. nicht tauchen kann.
Schwanenkopftaucher	Fri	
Schwanentaucher	Be1,Buf,Do,Fri,...	...Krü,N; Fri wollte den Namen begründet.
Seegans	Be2,Krü,N	Suolahti: „D. h. überseeische Gans."
Unvogel	GesS,Suol	Name 1309 in der Steiermark „vnd vogel".
Vielfras	Schwf,Suol	Eindruck, wegen des großen Kropfes.
Vielfraß	Be1,Fri,K,N	K: Frisch T. 186.
Vogel Haine	N	
Vogel Hein	Suol	
Vogel Heine	Do	
Vogelhain	GesH,Suol,Tu	
Vogelheine	Be2,Buf,GesH,N,Suol	Nach zahmem Pel. Hein (Holl.).
		Wohl um 1500.
Wassercameel	O2	Kamele wurden mit Pelikanwasser getränkt ...(!).
Wasserschreier	Krü	
Wasserträger	Krü	
Wasserträger	Buf,Krü,O2	Er trage Wasser sehr weit zu den Jungen.
Wasservielfraß	Krü	
Wasservielfraß	Be1,Do,N,Suol	Kommt von dem riesigen Schöpfschnabel.

Rosengimpel (Carpodacus roseus)

Rosen-Gimpel	N	Männchen leuchtend rosa. Stirn und Kehle ...
Rosenfarbiger Fink	N	... leuchtend rosaweiß.
Rosenfarbiger Kernbeißer	O3	Name 1782 im Russ. – Deutsch – Franz. Lexikon.
Rosenfink	N	Meyer: Fringilla rosea (nach Pallas).
Rosengimpel	B,N	Name wohl von Naumann.

Rosenmöwe (Rhodostethia rosea)

Keilschwanzmöve	H	
Rosenfarbige Möve	H	Hocharktisch, Tundra von Sibir., Norw., Kanada.
Rosenmöve	B,H	Rosa überhauchte U-S. des Pk. Früher: rosenf.
Ross' Möve	H	Amerikanischer Name.

Rosenseeschwalbe (Sterna dougallii)

Dougall'sche Meerschwalbe	O3	Schottischer Naturforscher Peter Mac Dougall …
Dougalls Seeschwalbe	Do	… unterschied diesen Vogel 1812 erstmals von …
Dougalls tärne (schwed.)	H	… ähnlichen Fluß- und Küstenseeschwalben.
Dougalls Terne (dän.)	H	
Dougalls-Meerschwalbe	N	Naumanns Name für den Vogel. Im Brutkl. …
Dougallsche Meerschwalbe	N	… häufig rosa – rötl. Schimmer auf U-Seite.
Dougallsche Seeschwalbe	N	
Paradiesmeerschwalbe	N	Ähnlichkeiten im Pk mit Küstenseeschwalbe.
Paradiesseeschwalbe	B,Do	Brehms Leitname. Sonst Beinamen.
Rosentärne (schwed.)	H	

Rosenstar (Sturnus roseus)

Ackerdrossel	Ad,B,Be1,Buf,Do,N	„- So liegt er beständig im Miste der Äcker."
Fleischfarbige Amsel	Be2,Buf,N	„Fleischfarben", „rosenfarben" sind heute rosa.
Haarzopfige Drossel	Be1,K,N	Reygers Name für den Vogel (1760).
Haarzöpfigte Drossel	Buf	Buffon/Ottos Name für den Vogel (1760).
Heuschreckenvogel	Be1,Do,N,O2	„- eifrig hinter d. Heuschr. her ist." (Voigt).
Hirtenstar	Do	
Hirtenvogel	B,Do	Nach Temmincks „Pastor" 1815.
Meerstaar	V	
Neumodi-Vogel	H	
Neumodivogel	Do	
Rosendrossel	Do,H,O2,V	
Rosenfarbene Ackerdrossel	Be2	Der Leib ist rosenrot.
Rosenfarbene Amsel	Buf,O1	Den Begriff „rosa" gab es noch nicht.
Rosenfarbige Ackerdrossel	N	Der Vogel ist etwas kleiner als die Amsel.
Rosenfarbige Akkerdrossel	Halle,Krü	Leitname bei Halle 1760.
Rosenfarbige Amsel	Be,N	Buffon/Otto deutsch zu Turdus roseus.
Rosenfärbige Amsel	Buf	
Rosenfarbige Bruchweidendrossel	Be,N	
Rosenfarbige Drossel	Be1,Buf,K,N	Kleins Name für den Vogel (1760).
Rosenfarbige Drossel mit schwarzblauem	…Buf	… Kopfe u. hinterwärts geschmücktem Haarzopfe (langer Triv.n!!).
Rosenfarbige Staaramsel	N	Leitname bei Naumann.
Rosenfarbige Staramsel	H	
Rosenfarbiger Gryllenfresser	V	„Grylle" hier gleichwertig m. Heuschrecke.
Rosenfarbiger Hirtenvogel	H	
Rosenfarbiger Staar	N	Paßt besser, da der Star etwa gleichgroß ist.
Rosenfarbiger Star	H,V	
Rosenfarbiger Viehstaar	O3	
Rosenfarbiger Viehvogel	H	
Rosenfarbne Ackerdrossel	Buf	
Rosenkrametsvogel	Do	
Rosenroter Krammetsvogel	Be1,H	Bechsteins Name (1795) wurde nicht beachtet.
Rosenrothe Amsel	Buf	
Rosenrother Krammetsvogel	N	
Rosenstaar	B	
Rosenstar	Z	

Seestaar	Be2,N,O1	
Seestar	Be,Buf,Do,H,Krü	
Staramsel	Do	
Stuur-Amsel (helgol.)	H	
Triftling	Do,H	
Viehamsel	B,Do	
Viehstaar	B	Sucht wie Star Nähe zum Vieh.
Viehstar	Do	
Viehvogel	B,Do,V	

Rostflügeldrossel (Turdus eunomus)   (Früher **Naumanndrossel**)

Dunkelbraune Drossel	N	Rostflügeldrossel.
Rostflügeldrossel	B,N	Rostflügeldrossel.
Rostflügelige Drossel	N	Rostflügeldrossel.

Rostgans (Tadorna ferruginea)

Astrakanische Aente	Buf	
Astrakanische Ente	Be	
Braminengans (ind.)	B	Nach A. Brehm indischer Name des Vogels.
Casarca	O1	Name der systemat. „Sippe" d. Zimmetgänse.
Citrongans	B	Nach Kopfgefieder.
Kasarka (russ.)	B,Be,Buf,N	Bed.: Kleine Gans. Linné: Tadorna casarca.
Kleine wilde Gans	Be,Buf	
Krasnaja Utka (russ.)	Buf	
Krasnoi (russ.)	Buf	Nach Georgi.
Persianische Ente	Fri	
Persische Ente	Fri,N	Nach Überwinterungsort westlicher Iran.
Rost-Ente	N	Für Naumann war der Vogel eine Ente.
Rostente	N	
Rostfarbige Ente	N	
Rostgans	B	Brehm argumentierte heftig für „Gans".
Rote Ente	N	
Rote Gans	N	
Rote Höhlenente	H	
Rote Pfeifente	H	
Rothe Aente	Buf	
Rothe Ente	Be,N,O1	
Rothe Gans	Be,Buf,N	
Rothe Höhlenente	N	
Rothe Pfeifente	N	
So genannte rothe Aente	Buf	
Turpan (russ.)	B,Buf,H	In Rußland „klangbildlich" nach der Stimme.
Zimmetgans	B	
Zimmtente	N	Im 18. Jh. gab es system. „Sippe" Zimmetgänse.
Zimtente	H	Mit einem „m".
Zitronenente	N	Nach Kopfgefieder.

Rostschwanzdrossel (Turdus naumanni)   (Früher **Naumanndrossel**)

Bergdrossel	N	Rostschwanzdrossel, wie auch folgende Hügeldr.
Hügeldrossel	B	KN v. A. Brehm. Bedeutung etwa Erd-, Bergdr.?
Kleiner Krammetsvogel	N	Rostschwanzdrossel.

Kleiner Ziemer	N		Rostschwanzdrossel.
Naumannische Drossel	O3		V. hat Joh. Andreas Naum. (!) erstbeschrieben.
Naumanns-Drossel	N		Rostschwanzdr., wie Naumannische Drossel.
Zweideutige Drossel	N		Rostschwanzdrossel

Rotdrossel (Turdus iliacus)

Drossel allg. (nach Suolahti) bei Misteldrossel.

Ampelis	GesS	
Bäuerlein	Do	Wie „Ackermännchen" bei Bachstelze: Sie …
Bäuerling	B,Be1,N	… suchen in frischgepflügter Erde Nahrung.
Beehemle	GesS	Bezeichnungen wie „Boemerle", „Böhmer", …
Beemerlein	GesH	… „Boemerli" u. a. wurden für Vogelarten …
Beemerziemar	GesS,Suol	… verwendet, die unregelmäßig in großer …
Beemerziemer	Be,Buf,N	… Zahl eintrafen, neben Rotdrossel auch …
Behemle	Be1,GesS,N,Suol	… Seidenschwanz und Bergfink.
Beimchen	Suol	
Beimle	Do	
Bemer	Suol	
Berg Drossel	Schwf	Berg- ist hier Weinberg.
Bergdrossel	Ad,B,Be1,Do,Krü,N	
Bergtrostel	Be,Buf,GesSH,Suol	
Bergtrostl	Be2,N	
Bitter	B,Be1,Buf,Do,…	…GesSH,N,Suol; Angeblicher Geschmack …
Bitterfinke	Suol	… des Fleisches (Köln).
Blutdrossel	B,Be2,Do,N,V	Bechstein: Variation, nicht beschrieben.
Boemerle	GesS	
Boemerlein	Buf	
Boemerlin	GesS	
Bohemle	Buf	
Böhmerziemer	Do	
Böhmle	B,Do,N	
Bömerlein	GesH	
Bömerlin	Suol	
Bömerziemer	GesH	
Bormerle	Suol	
Buntdrossel	B,Be1,Do,N	Bechstein: Variation, heller und mehr weiß.
Droschel	P	
Drossel	Be,N,Tu	
Durstel	Tu	
Gerele	Be	
Gerer	O1	
Gererle	B,Be1,N	
Gernle	Do	
Gesangdrossel	Ad,Buf	
Gikawecz	GesS	
Girerle	Be,Buf,GesS	
Gißerle	Do	
Gixer	O1	
Gixerle	Be1,Buf,N,Schwf,Suol	Gessner: „… hieß zu Basel ein Gixerle."

Gixerlein	GesH	Gixen: In hohem Ton pfeifend.
Gizerle	Do	
Graue Drossel	Buf	
Güger (helv.)	H	
Halbvogel	Ad,Fri	
Heide Drossel	Schwf	Nahrung tierisch, im Herbst und Winter …
Heide Ziemer	Schwf	… pflanzlich.
Heide-Drossel	Suol	
Heidedrossel	B,Be1,Buf,Do,…	…N,V; Spezifisch schlesischer Ausdruck.
Heideziemer	Be1,Buf,Do,N	
Heudrossel	Do	
Klein Ziemer	Schwf	Adelung: „Vermutlich wegen ihrer Stimme."
Klein-Trostel	GesH	
Klein-Ziemer	Suol	
Kleiner Ziemer	Fri,GesH	
Kleinziemer	Be2,Do,N	
Krammersvogel	Ad	
Krammetsvogel	Ad,Krü	
Kramsvogel	Ad	
Leimdrossel	Suol	
Leimtrostel	GesH	
Pfeifdrossel	Be,Buf,Do,N	Da sie „nur zip zip pfeifet." (Bock 1782).
Pfeiff Drossel	Schwf	
Pfeiffdrossel	K,Suol	
Quitschel	Do	
Rebvogel (helv.)	H	
Reckholdervogel	Ad	
Rotdrossel	H	
Rotdröstle (helv.)	H	
Roth Drossel	Schwf	
Roth-Droschel	P,Z	Pernau 1707.
Roth-Drossel	N	Rostrote Unterflügel und Flanken.
Roth-Drostel	Fri	
Rothdroschel	Buf,P	
Rothdroschl	Be2,Be,N	
Rothdrossel	Ad,Be1,B,Buf,Krü,…	…O1,V,Z;
Rothe Droschel	P	
Rothe Drossel	K	K: Frisch T. 28.
Rothfittiger Krammetsvogel	Be2,N	Kram.vogel hat gesprenkelte, fleckige Brust.
Rothtrostel	GesSH	Ältester Namensnachweis.
Rothtrostl	Buf	
Rothziemer	B,H	
Rothzippe	B,H	
Rottrostel	Suol	
Rotziemer	Do	
Sangdrossel	Ad,Buf,K	K: Frisch T. 28.
Singdrossel	Be,K,N	Nach Auffassung von Klein.
Sippdrossel	Be2,N	
Uueingaerdsuogel (!)	Suol	

Wald-Trostel	GesH	Name nach Brutplatz: Laub-, Misch- und …
Walddröschel	Be1	… Nadelwälder, subalpine Birkenwälder, …
Walddröscherl	Be,Buf,N	… Pappel-, Erlen-, Weidenbestände.
Walddrossel	Be1,Krü,N	Name nach Brutplatz, -ort.
Wangertsdreischel	Suol	
Wangertsvull	Suol	
Wein Drossel	Schwf	
Wein-Droschel	Kö,Z	
Wein-Drossel	G,Suol	
Wein-Droßel	G	
Wein-Drostel	Fri	
Weinamsel (helv.)	H	
Weindrossel (helv.)	Ad,B,Be1,Buf,…	…Do,K,Krü,N,P,V; - K: Frisch T. 28.
Weindrostel	N	
Weindruschel	GesSH	In Sachsen, weil er … s. Weintrostel.
Weindrustel	N	
Weingaerdsdrossel	Tu	
Weingaerdsvogel	Tu	
Weingart	Do	
Weingartendrossel	Krü	
Weingartenvogel	Krü	
Weingartsvogel	Suol	
Weingartvogel	Be1,Buf,GesSH,N	Seit 1552 in Sachsen, weil er …
		s. Weintrostel.
Weintrostel	Be,GesH	„… weil er von den Trauben lebt." GesH, 1669.
Weintrostl	Be2	
Weinvogel	Do	
Weinvögelein	GesS	
Weinziepe	Be,N	Name von Bechstein wegen Stimme.
Weinzippe	Do	Aus „Weinziepe".
Weisdrossel	N	
Weisel	Be1,N,Suol	Seit 1560 bezeugt, aber unklar in Bedeutung.
Weißdrossel	Be,K,N	Wegen des weißen …
Weißlich	B,Do	… Überaugenstriches.
Weitzel	V	
Weizel	Be1,N	Seit 1560 bezeugt, aber unklar in Bedeutung.
Wiesel	Be97	
Winddrossel	Do	
Winesel	B	
Winfräter	Do	
Wingertsvogel	Do	
Winsel	Be1,Buf,Do,Fri,…	…GesSH,N,Schwf,Suol;
Winser	O1	
Winter-Droschel	Kö,P	
Winterdroschel	N	
Winterdroschl	Be,Buf	
Winterdrossel	Ad,Be1,Buf,Hö,Krü,…	…N,P,Suol,V; Name einiger
		zu Beg. d. Kälte …
		… kommender Drosselarten, bes. die Rotdrossel.

Wintze	Be,GesH,Suol	Von winseln – klagender Laut in der Stimme …
Wintzel	Buf	… oder: von Winsel, Wein (Schweiz) …
Winze	Be2,Do,GesS,N	… in der Schweiz heißt Winser mancherorts …
Winzer (helv.)	H	… auch Winzer.
Wisel	Suol	
Wyntrostel	GesS,Suol	Seit 1552 in „Saxen" belegt.
Ziemer (helv.)	GesS,H	Ziemer früher nur Wacholder-, Mistel-, Rotdr.
Ziepdrossel	Be,Buf,K	Wegen nach zip klingenden piependen Lautes, …
Ziepdruschel	GesH	… der aber bei d. Rotdr. schwer herauszuhören …
Zipdrossel	Buf	… wäre (nach Müller 1773).
Zippe	Be2,N	Lautmalend, wie beschrieben.

Rötelfalke (Falco naumanni)

Gelbklauiger Falke	Do,N	Farbe der Füße ist „schönes Gelb".
Italiänischer Thurmfalke	N	Vogel kommt nur und rel. häufig in Südeuropa …
Italienischer Thurmfalke	Do,H	… vor. Ähnelt dem Turmfalken.
Kleiner Rotfalk	Do	
Kleiner Turmfalke	Do	
Kleinster Rothfalke	N	Frisch (T. 89). „Der kleinste Rothe Falck."
Naumannsfalke	H	„Falco Naumanni" für Joh. Andreas Naumann.
Röthel-Falke	N	Rücken und innere Oberflügel des Männchens …
Röthelfalk	B	… sind leuchtend rotbraun.
Röthelfalke	O3	
Rötelfalke	H	
Sicilianischer Thurmfalke	N	Vogel kommt (rel. häufig) in Südeuropa vor.
Sizilianischer Turmfalke	H	

Rötelpelikan (Pelecanus rufescens)

Rosenfarbiger Pelikan	H	

Rötelschwalbe (Cecropis daurica)

Alpenschwalbe	B	Alpen: Hier Gebirge, Brut: Klippen Südeuropas.
Alpschwalbe	Krü	
Gestrichelte Felsen-Schwalbe	N	
Gibraltarschwalbe	Krü	
Große Mauerschwalbe mit weißem Bauche	Krü	
Höhlenschwalbe	B	Brütet auch in Höhlungen, Ruinen, Brücken.
Röthelschwalbe	B	Bürzel hellrostrot, Nackenband rostbraun.
Spanische Schwalbe	Krü	

Rotflügel-Brachschwalbe (Glareola pratincola)

Brachflughuhn	Do	
Brachschwalbe	B,Do,N	Bevorzugt trockene Randbereiche v. Feuchtgeb.
Brachvogel	Kramer(1756)	Brehm veränderte Namen in Brachschwalbe.
Braunringiges Sandhuhn	Be2	
Geflecktes Sandhuhn (juv.)	Be1,N	
Geflecktes Seerebhuhn (juv.)	Be,Do,N	„Huhn", „Repphuhn" sind beide unpassend.
Geflecktes Seerephuhn (juv.)	H	Hat geschupptes Rückengefieder.

Gemeine Schwalbenstelze	N	Wurde bes. Gruppe d. Stelzvögel zugeordnet.
Gemeiner Tulf	O1	Bechstein: Vogel soll nachts tull, tull rufen.
Gemeines Sandhuhn	Be2,N,O1	
Giarol	N,O1	
Giarole	Buf	
Giarolvogel	Be2,N	
Graues Meerhuhn	Buf	
Grieshuhn	Be,Krü,N	Allg. für Sand- u. Strandläufer, auch Glareola.
Halsband-Giarol	N	Name bei versch. Autoren, auch 1810 b. M/W.
Halsbandgiarol	Do,N	
Halsbandgrieshuhn	O3	Aufenthalt auf Sandböden an und in Flüssen.
Kobelregerlin	Be1,Buf,N,O1	Riegerle: Vogel immer in Bewegung.
Koppenriegerle	Be1,N	Kopp-, Koppen-, Kobel- sind identisch.
Koppriegerlein	Buf	Name bei Straßburg.
Meer-Schwalbe	GesH	Aldrovand: Hirundo marina.
Meerhuhn	Buf	„Meer-" bedeutet „Meer", nicht „Moor-".
Meerhuhn mit dem Halsbande	Buf	Kontakt zu Meer nur zur Zugzeit!
Meerrepphuhn	O1	„Repphuhn" ist unpassende Benennung.
Österreichischer Giarolvogel	Be2,N	„Giarol" wahrscheinlich von der Stimme.
Österreichisches Sandhuhn	Be1,Buf,N	War im Burgenland (Öst.) besonders häufig.
Praticola	Buf	Kramer.
Riegerle	Buf	
Riegerlein	Buf	
Rohtknussel	K	Name o.k.
Rothes Wasserhuhn mit schwarzen Füßen	Be,Buf	
Rothfüßiges Sandhuhn	Be2,N	Naumann: Rothfüßig stimmt eher nicht.
Rothknellis	O1	„-knellis" von knellen, schreien abzuleiten.
Rothknillis	Be1,Buf,Krü,N	„Entspricht Farbengrund seines Gefieders" …
Rothknussel	Be1,Buf,K,N,O1	… an Hals und Kopf (fuchsig, rötlich).
Rothknüssel	Krü	
Sandflughuhn	Do	
Sandhuhn	B,Krü,N	Sandige Lebensräume, Magersteppen.
Sandläufer	Krü	
Sandregerlein	Buf	
Sandreiher	Krü	
Sandvogel	Be,N	Name von Bechstein, (statt -huhn).
Sandvogel mit dem Halsbande	Be2	Bechsteins/Naumanns Name trifft zu, …
Sandvogel mit weißem Halsbande	H	… Hennickes „weiß" eher nicht.
Schwalbenschwänzige Steppenralle	Be2,Buf,N	Buf: Pallas nahm Verbindung zu Ralle an.
Schwalbenstelze	Do,N	Wurde bes. Gruppe der Stelzvögel zugeordnet.
Schwalbenwader	N	
Schwalbenwater	H	Brehm: Ähnlich verschiedenen Watvögel.
Schwarzfüßiges Meerhuhn	Buf	
Seerebhuhn	Buf	Buffon: Sonnerat.

Seeschwalbe	Buf,Hö	
Steppenralle	Do	
Steppenschwalbe	Do,N	Puszta ist noch treffender.
Strandläufer	Krü	
Tulf	O1	„Laufen am Wasserrand u. schreien Tull!"
Tulfis	Be2	Be: Vogel soll nachts tull, tull rufen.
Wadeschwalbe	Krü	
Wasserschnepfe	Krü	
Wiesen-Trachelia	Buf	Buffon: Scopoli.
Wiesenschwalbe	Be1,Buf,N	Lebensraum (Puszta) mit wenig Vegetation.

Rotfußfalke (Falco vespertinus)

Abendfalk	B,Do	Frühabendliche Aktivitätsphase bei schönem …
Abendfalke	N	… Wetter und Vollmond bis ca. 23 Uhr.
Ingriensischer Falke	N	Häufig in Ingermannland (nahe Ladogasee).
Kobetz	Goetze/Donndorf	Alter russischer Name des Vogels.
		Müller 1773.
Kobez	Do	
Road-futted Falk (helgol.)	H	
Rothfuß-Falke	N	Füße, Wachshaut u. Augenringe leuchten rot.
Rothfußfalk	B	
Rothfussfalke	H	
Rothfüßiger Falke	Be,N,O3	Deutscher Name von Bechst., wiss. von Linné.
Zullenfalk	Suol	
Zullengugger	H	= Maikäferkuckuck, da er gerne und viele …
		… Maikäfer frißt, wenn möglich.

Rothalsgans (Branta ruficollis)

Bunte Nordgans	Be2,Buf,N	
Gans mit dem Halsbande	Be2,Buf,N	Weißes Band wirkt wie tief sitzendes Halsband.
Gans mit rothem Halse	Buf	
Kasarka	Be2,N	
Kasnosobaja kasarca (russ.)	H	
Meernordgans	Be2,Krü,N	Übersetzung von russischem Morskaja Karsaka.
Möppel-Gans	Fri	Kurzer Hals, gedrungener Körper.
Möppelgans	B,Be2,Fri,N	
Mops-Gans	Fri	
Mopsgans	B,Be2,Fri,N	
Morskaja	Be2,N	
Morskaja Kasarka	Krü	
Nordgans	Be2,N	Gans brütet in nordischen Gebieten, Tundra.
Rothalsmeergans	H	Siehe unten.
Rothbrüstige Gans	Be2,N	
Rothhals	Be2,N	
Rothhals-Gans	N	Wangen, Vorderhals und Brust rostrot.
Rothhalsgans	B,Be2,Buf,H,…	…Krü,O3; Name von Pallas 1773.
Rothhalsmeergans	N	Keine Meergans, aber kommt von weit her.
Spiegelgans	B,N	In Jütland. Spiegel sind d. weißen Flügelbinden.
Tschakwoi	Be2,Krü,N	Russischer Name nach der Stimme.

Rothalstaucher (Podiceps grisegena)

Duckänte	Hö	
Duckerl	Hö	
Fürdüker	Suol	
Graubäckiger Taucher	Buf,Krü	
Grauer Taucher	N	
Graukehlige Taucherente	Be2	
Graukehliger Haubensteißfuß	N	Oberhalb rotem Hals graue Kehle und Wangen.
Graukehliger Haubentaucher	Be2,Buf,N	
Graukehliger Steißfuß	Be2,Do,N,O3	
Graukehliger Taucher	Be2,Do,Krü,N,V	
Großer Seeflutter	Suol	
Hengsttaucher	Do	
Kastanienhals	Do	
Kastanienhälsiger Taucher mit schwarzer ...	Be1,H	... Wirbelplatte und kurz abgestutztem Schopfe (langer Trivialn.) ... ... Bechstein gab diesen KN 1791 als einzigen Trivialn. an.
Kastanienhalsiger Taucher mit schwarzer ...	N	... Wirbelplatte und kurz abgestutztem Schopfe (langer Trivialn.). ... Für F. Naumann ungewöhnlich, solch einen Triv.namen ... ... unverändert zu übernehmen.
Kleiner Haubensteißfuß	N	Vogel ist kleiner als ähnlicher Haubentaucher.
Klutoors	Suol	
Kurzgeschopfter Haubensteißfuß	N	
Kurzköpfiger Taucher	Buf	
Kurzschopfiger Steißfuß	Do	
Kurzschopfiger Taucher	Be2,Do,N	Im PK kleine Federhörnchen, fehlen dem SK.
Pausbackenvogel	Do	
Rothalsiger Steissfuss	H	
Rothhals	Buf,Krü	
Rothhalsiger Lappentaucher	N	Vogel hat im PK rostroten Hals.
Rothhalsiger Steißfuß	N	
Rothhälsiger Steißfuß	O2	
Rothhalsiger Taucher	Krü	
Rothhälsiger Taucher	Buf	
Rothhalssteißfuß	B	
Ruch	Be2,N	Ruch vor allem in der Schweiz allg. „Taucher".
Ruchtaucher	Do	
Siedn (helgol.)	Do,H	

Rothalsziegenmelker (Caprimulgus ruficollis)

Rothals-Ziegenmelker	H	
Rothhalsige Nachtschwalbe	O3	Wegen rostroter Gefiederteile.

Rothuhn (Alectoris rufa)

Barbarisches Rothuhn	Be1
Berghuhn	Be1
Braunes Berghuhn	Hö
Cottorna (krain.)	Be1

Französisches Rothhuhn	Be2,N	Nach Vorkommen in Frankreich.
Griechisches Rebhuhn	Be1	
Griechisches Rothhuhn	Be1	
Großes Repphuhn	O1	Vogel ist etwas größer als das Rebhuhn.
Italiänisches Rebhuhn	Be1	Nach Vorkommen in Italien.
Italiänisches Rothhuhn	Be2	
Italienisches Rothhuhn	N	
Parniise	GesH	
Parnijsen	GesS	
Parnisse	Krü	
Perniise	GesH	
Pernise	Be1,Krü,O1	Bedeutet in Italien „Feld- oder Rebhuhn."
Pernisjen	GesS	
Pernyse	Fri	
Rot Räbhuhn	GesS	
Rot Rebhun	GesH	
Rotes Repphuhn	Krü	
Roth-Feldhuhn	N	
Rothes europäisches Rebhuhn	Buf	
Rothes Europäisches Rebhuhn	Be1	
Rothes Feldhuhn	Be2,N	
Rothes französisches Rephuhn	N	Nach Vorkommen in Frankreich ...
Rothes Italiaenisches Rebhuhn	Fri	... und Italien.
Rothes Rebhuhn	Be1,Fri,P	
Rothes Rephuhn	N	
Rothfeldhuhn	N,O3	Naumanns konsequenter Name.
Rothfüßiges Rebhuhn	Be1	
Rothhuhn	Krü,N	Augenringe, Schnabel und Füße rot.
Rothuhn	B,Be1,Fri,O1,V	
Rothun	GesSH	Name schon bei Gessner 1555 nachweisbar.
Schweizerisches Rebhuhn	Be	
Steinhuhn	Be1	
Wälsches Rebhuhn	Krü	
Weißbuntes Rothuhn (Var.)	Be1	
Welsch Rebhuhn	Fri	Hauptvorkommen in S-Frankreich, N-Italien ...
Welsch Rebhun	GesH	... und Iberische Halbinsel.
Welsches Rebhuhn	Be1	
Weltsch Räbhuhn	GesS	

Rotkehlchen (Erithacus rubecula)

Bachöfelchen	H	
Bruströteli	Suol	
Frühsinger	Do	
Gêlborstje	Suol	
Goss ross (helv.)	H	
Gülbük	Suol	
Hausrotelein	K	K: Frisch T. 19.
Kâlredchen	Suol	
Katel	Do	
Kätschrötele	Suol	

Kätschröthelein	GesH	
Kehlröthchen	B,Be1,N	
Kehlröthling	Be,Do	
Râdkelchen	Suol	
Râdkelken	Suol	
Rêkelti	Suol	
Rêkli	Suol	
Road-bresched (helgol.)	H	
Rôdborstje	Suol	
Rôdbörstken	Suol	
Rôdboss	Suol	
Rökle	Suol	
Rot-brüstle	Buf	
Rot-kehlein	Buf	
Rot-kelchyn	Buf	
Rot-Kropff	Buf	
Rotachelie (helv.)	H	
Rôtbosk	Suol	
Rôtböst	Suol	
Rotbrust	Suol	
Rôtbrüstchen	Ma,Suol	
Rotbrüsteli	Suol	
Rotbrüsterle	Suol	
Rotbrüstle	GesS,Suol	
Rotbrustlein	Suol	
Rotbrüstlein	Suol	
Rotbrüstli (helv.)	H	
Rotbüschen (hann.)	Do	
Rötel(e)	Do	
Rötele	Ma,GesS,Suol	Aus dem Alemannischen, von Gessner genannt.
Rötelein	N	Ohne th.
Rotgügger	Suol	
Roth-Brüstlein	Z	
Roth-brüstlin	Buf	
Roth-Kehle	G	
Roth-Kehlein	Z	
Rothälseli	Suol	
Rothbart	Ad,Be1,Do,Krü,N	Frisch: Name nicht angebracht.
Rothbärtchen	B	
Röthbrust	Tu	Name alt, schon bei Turner.
Rothbrüstchen	B,Be1,Do,Hö,…	…Krü,N,O1; Okens Leitname.
Rothbrüstel	Ad	
Rothbrüstiger Sänger	N,O3	
Rothbrüstlein	Ad,K,GesH	K: Frisch T. 19.
Röthelein	Be2,Do,GesH,N	Rötele entstand aus ahd. rotil, rotilo.
Rothkehlchen	Ad,B,Buf,Krü,…	…N,V; Leitname auch b. vielen alten Ornithol.
Rothkehlchen-Sänger	N	Name zeigt Naumanns konsequentes Vorgehen.
Rothkehlchensänger	H	Naumanns Vogelname, anders geschrieben.

Rothkehle	Be2,N	
Rothkehlein	Fri,K,Krü	K: Frisch T. 19.
Rothkehlgen	Krü	
Rothkehligen	P,Suol	
Rothkehliger Sänger	Be,N	
Rothkelgen	Buf	
Rothköpfchen	Be1	
Rothkropf	Hö	
Rothkröpfchen	Ad,B,Krü,N	
Rothkröpfel	Hö	
Rothkropff	GesH	
Rôtilo	Suol	
Rotkälinden	Suol	
Rotkätchen	Do,Ma,Suol	
Rotkatel	Do,Suol	
Rotkehlchenn	Be1	
Rotkehlchyn	GesS	
Rötkelchen	Tu	Name von Turner 1544.
Rotkelchin	Suol	
Rotkelchyn	Suol	
Rotkopf	Ma	
Rotkropf	H	
Rotkröpfel	Do,Suol	
Rotkropff	Suol	
Rotkröpfflin	GesS,Suol	
Rotkröpfle	H	
Rotkröpflein	Suol	
Rotkropp	GesS	
Rotprüstlin	Suol	
Rotschwänzchen	Suol	
Rott-kaelichen	Buf	
Rottbrüstlein	N	
Rottbrüstlin	Be2,Schwf	
Rottkählichen	Suol	
Rottkählichen	Schwf	
Rottkrop(p)lein	K	K: Frisch T. 19.
Rottkröpfflin	Schwf	
Rottkröpplein	Be2,N	
Routschatzla	Suol	
Schmarnza (krain.)	Be1	
Taschitza (krain.)	Be1	
Taschtza (krain.)	Be1	
Wald Rötelin	Schwf	
Wald-Röthelein	GesH	Hinweis auf Lebensraum.
Waldroetele	Buf	
Waldrötel	Do	
Waldrötele	GesS,Suol	
Waldröthchen	B,Be2,N	
Waldröthel	Hö	

Waldrothelein	K	K: Frisch T. 19.
Waldröthlein	Ad,Be1,K,Krü,N	
Waldrötli (helv.)	H	
Winter Rötele	Schwf	Zumindest Teilabzug zum Winter.
Winter-roetele	Buf	
Winter-Röthelein	GesH	
Winterrötchen	Do	
Winterrötele	GesS,Suol	
Winterrötelein	Be2,N	
Winterröthchen	B	

Rotkehldrossel (Turdus ruficollis)   (Früher: **Bechsteindrossel**)
Siehe Naumann – Nachträge Band 13/1860 Seite 316.

Rosthalsdrossel	B,N	13/316, statt Rothalsdrossel.
Rosthalsige Drossel	N	13/316, statt Rothalsige Drossel.
Rostkehlige Drossel	N	13/316 statt Rotkehlige Drossel.
Rothhals	N	
Rothhalsdrossel	B,N	An Gesicht und Kehle ziegelrot.
Rothhalsige Drossel	N	Trivialname in Originalausgabe.
Rothalsige Drossel	H	Trivialname in der Neuauflage.
Rothkehlige Drossel	Qu. unbek.	

Rotkehlpieper (Anthus cervinus)

Rotkehliger Wiesen-Pieper	H	In Größe und Gestalt ähnlich Wiesenpieper.
Rothkehlchenpieper	B	Im Sommer mit rötlichbrauner Kehle.

Rotkopfwürger (Lanius senator)
Würger allg. (nach Suolahti) siehe Neuntöter.

Alsterweigl	Do,H	
Brauner Dorndreher	O2	Farbangaben variieren zw. rotbraun und braun.
Dorndreher	Fri,Z	Dreht seine Beute auf spitze Dornen.
Dornelster	V	Liebt halboffene Landsch. mit Dornbüschen.
Dorngreul	Hö	
Dornreich	Fri	
Dorntreter	Fri	
Finkenbeißer	Be,Buf,Do,N,V	Vogel ist zänkisch, beißt auch mal Finken, …
Finkenwürger	Do	… „würgt" oder tötet aber keine, weshalb …
Finkenwürgvogel	Be1,N	er zu Unrecht zu Raubvögeln gezählt wurde.
Groschker	Fri	
Großer Dorndreher	O2	Von Oken. Größer als Neuntöter.
Großer Neuntöter	Be97	
Großer rother Neuntödter	Be1,Krü,N	
Grosskopf	Fri	
Kleiner rostiger Neuntödter	Be,Buf,K,N	Name schon bei Schwenckfeld 1603.
Kleiner roter Wankrengel	Schwf	Von Warkengel, Räuber, böser Geist.
Kleiner rother Wartengel	Be,N	
Kleinerer Neuntödter	Fri	
Kleinster bunter Würger	Hö	
Krickelster	Be,N	Nach Stimme, schreit wie Häher oder Elster.
Krossker	Fri	

Krückelster	Be1	
Mittler Neuntödter	Be	
Mittlerer Neuntöder	Be1	
Mittlerer Neuntödter	Buf,N,Z	Länge zwischen Raubwürger und Neuntöter.
Neunmörder	Fri,H	
Neuntöder	Fri	
Neuntödter	P	
Ochsenkopf	Fri	
Pomeraner	B,Be2	
Pommeraner	Do,N	
Pommerscher Würger	Be,Do,N	Mehr Zufallsbezeichnung von Sparrmann.
Road-hoaded Verwoahrfink (helgol.)	H	
Rohrspatz	Suol	Neuntöter und Rotkopfwürger.
Rohsperling	Suol	Neuntöter und Rotkopfwürger.
Rostnackenwürger	B	
Rostnackiger Neuntödter	N	
Rote Speralster (männl.)	Hö	
Roter Warkengel	Be,Do,N	
Roter Warkrengel	Schwf	
Rother Dorndreher	Hö	
Rother Warkengel	N	
Rothkopf	B,Buf,Krü,N,V	
Rothköpfige Krickelster	N	Nach Stimme, schreit wie Häher oder Elster.
Rothköpfige Steinelster	N	
Rothköpfiger Neuntödter	V	
Rothköpfiger Würger	Buf,Hö,N,O3,V	Rotbrauner Scheitel und Nacken.
Rothkopfwürger	B	
Rotkopf	Be1,Do,H,Suol	
Rotköpfiger Würger	Be1	
Schäckerdickkopf	Be2	Von Scheckungen im Gefieder.
Schäferdickkopf	N	Aus Schäckerdickkopf entstanden.
Schwarz sprenglicher Neuntödter	Z	
Schwarzöhriger Neuntödter	Be,N	Schwarze Maske, auch Stirn u. Mantel schwarz.
Spanischer Dornreiher	Do,H	
Sperralster	H	
Steinelster	Do,H	Nach Stimme, schreit wie Häher oder Elster.
Waldelster	Be,Do,N	Flugbild weiß-dunkel, daher Name in Thüringen.
Waldkater	B	
Waldkatze	B,Be,Buf,Do,N	„Weil er den Mäusen nachstellet" (Buffon).

Rotmilan (Milvus milvus)

Hier: Milane (Rot- und Schwarzmilan), Milane und Weihen

Aarweih	Ma	Aus Umstellung d. beiden Wortteile v. Weihaar.
Ahrwei	Suol	Milane und Weihen
Arwei	Suol	Milane und Weihen
Bott-uhl med üttkleptstert (helgol.)	H	
Bottühl	Do	
Braune Hühnerweyhe (juv.)	Be1	

Braune Weyhe	Be	
Brauner Geyer	Be,Hö	Höfer: Nach Kramer.
Brauner Hühnergeyer	Be2	
Brauner Milan	Be	
Brauner Milon	Hö	Höfer: Nach Kramer.
Brauner Oesterreicher	Be2	
Bunte Weihe	N	Wegen verschiedener Farben des Gefieders: …
Bunte Weyhe	Be	… Vogel ist rötlichbraun, Schwanz rostrot.
Curwy	Be,Suol	Milane und Weihen
Eigentlicher Weih	O1	
Furkelgîr	Suol	Milane (Rot- und Schwarzmilan).
Furkeli	Suol	Milane (Rot- und Schwarzmilan).
Gaaseören (dän.)	Krü	
Gäbelewî	Suol	Milane (Rot- und Schwarzmilan).
Gabelgeier	B,Do,N	
Gabelgeyer	Be1	Bechstein erkannte Ähnlichkeiten mit Geiern.
Gabelschwanz	B,Be2,N	
Gabelwei	Suol	Milane (Rot- und Schwarzmilan).
Gabelweih	B,O1	Gabelschwanz im Namen, weil auch andere …
Gabelweihe	Do,Krü,N,V	… Greifvögel Weihe genannt wurden.
Gabelweyhe	Be1	Name stammt von Bechstein.
Gabler	B,Be2,N,Suol,Z	Schon bei Zorn 1743.
Gänseaar	Krü	
Gänseadler	Krü	
Gänsehabicht	Krü	
Geel Tweelstart	Do	Übersetzt: Gelber (s. u. Naum.) Gabelschwanz.
Gemeine Milane	Be2,N	
Gemeine Weihe	N	
Gemeine Weyhe	Be	
Gemeiner Gabelweih	O2	
Gesselhabicht	Suol	Milane und Weihen
Gled	O1	Aus dem altnordischen gleda für gleiten.
Glent	O1	Läßt s. über glendern auf gleiten zurückführen.
Goosearend (ns.)	Krü	
Grauer Meuse Ahr	Schwf	Variation
Grimmer	Be1,Do,N,Schwf,Suol	Mhd. grimmen: „Klauen zum Fange krümmen."
Habelschwanz	Do	
Habler	Do	
Hak	Do	
Hanjüghar	Suol	Milane und Weihen
Harpa	GesS	
Härrweih	Suol	Milane und Weihen
Harweih	Ma,Suol	Aus Umstellung d. beiden Wortteile v. Weihaar.
Hauaar	H	
Hauahr	Be1,N	Schles., um 1600. Wie „Hüner Ahr", Hünerdieb.
Haw Ahr	Schwf,Suol	Siehe oben. – Milane und Weihen.
Haweih	Ma	Aus Umstellung d. beiden Wortteile v. Weihaar.
Haweihe	Do	s. o.

Hawk	Do	s. o.
Heuaar	Do	s. o.
Holeweih	B	Name in Sachsen-A., wo er vermutl. „eine …
Holeweihe	Do	… Weihe, die etwas wegholt" heißen soll. s. u.
Hornwieh	Do	
Howeihe	Do	
Howik	Do	
Hüehnerweih	Suol	Milane und Weihen
Huenerdieb	GesS	War allgemein als frecher Hühnerdieb bekannt.
Hühneraar	Be1,Do,H,Krü	
Hühnerahr	N	
Hühnerdieb	Be1,Do,Krü,N,O1	War landläufiger Ausdruck im 16. Jahrhundert.
Hühnergeier	B,Do,N	
Hühnergeyer	Be1,Krü	
Hühnerweih	Do	
Huhweh	Suol	Milane und Weihen
Hulewy	Be2,Do,Suol	Hulewyh bedeutet Gänseweihe (Hule = Gans), …
Hulewyh	N	… er jagt fliegende Gänse.
Hüner Ahr	Schwf	War im 16. Jahrhundert in Schlesien üblich.
Hüner-Dieb	Z	
Hünerarh (wohl -ahr)	GesH,Suol	Suol: Hünerahr.
Hünerdieb	Buf,GesH,Ma,… …Schwf,Suol;	Milane und Weihen.
Hünergeyer	Buf	
Hünerweihe	K	
Huwei	Suol	Milane und Weihen.
Iltis (griech.)	Buf	
Keuchleindieb	Suol	Milane und Weihen.
Kieckendief (holl.)	GesH,Suol	Milane und Weihen.
Kikendieb	Be2,N	Bedeutung Kückendieb.
Kit	O1	Vom englischen Kite, auch Red Kite (Rotmilan).
Königlicher Geier	N	Wurde als feige angesehen, vermied Streit mit …
Königlicher Geyer	Be2	… anderen Greifen, floh auch vor ihnen.
Königsweih	B,Do	Bei den Franzosen ist der Rotmilan der Milan …
Königsweihe	N,V	… royal. Name erinnert an Fürsten, die d. Milan
Königsweyhe	Be1	… mit Jagdfalken aus den Lüften holen ließen.
Krümmer	B,Do	Von Krimmer, ähnlich Grimmer.
Kückendieb	Do	„Kükewih" war im 16. Jh. in Norddtl. üblich.
Kükewieh	Be2,N	Bed. Kückenweihe, Hühnerdieb.
Kükewih	Suol	Milane und Weihen.
Kükewiw	Suol	Milane und Weihen.
Kürweih	B	Niederdt. kuren: dem Wild auflauernd, spähen.
Kurweihe	Krü	
Kürweihe	Do,N	
Kürweyhe	Be2	
Kurwy	Do,N,Suol	Alles s. o., (Kürweih).
Mälane	Be2,N	Begriff entstand Mitte 18. Jahrhundert.
Mauser	Suol	Milane: Rot- und Schwarzmilan.

Melane	Krü	
Milan	Be1,Ma,Krü,N,… …O1,Z;	
Milan royal	Krü	Mask. Begriff aus dem Franz., b. uns seit 18. Jh.
Milane	Be,Krü,N	Hier fem. Begriff, kommt auch aus lat. milvus.
Mülane	G,Krü,Suol	Von Göchhausen (1663–1733).
Österreichischer Milan	Be	
Rittelweyhe	Be2	
Roetelwy	GesS	
Rostige Weihe	N	
Rostige Weyhe	Be2	
Rötelweihe	Do	
Rötelweyh	GesH	
Roter Milan	Do	
Röthelweih	B	
Röthelweihe	N	
Röthelweyh	GesH	
Röthelweyhe	Be	
Rother Milan	Be1,N,O3,V	
Rother Milon	Hö	
Röthliche Weihe	N	
Röthliche Weyhe	Be1,N	
Rothmilan	B	
Ruettelweyh	GesS	
Ruettelwy	GesS	
Rüttelgeier	Do	
Rüttelweih	B	
Rüttelweihe	N	Kann rütteln ähnlich dem Turmfalken.
Rüttelweyh	GesH	
Schargeyer	Hö	
Schärgeyer	Hö	
Schärhabich	Hö	
Schawieh	Do	Entspricht Scherenweihe.
Scheerschwänzel	Be1,Buf,K,N,… …O1,Suol; Schwanz wie Schere gegabelt.	
Scherenschwanz	Hö	
Scherenweihe	Do	Entspricht Scherenweihe.
Scherschwanz	Suol	Milane (Rot- und Schwarzmilan).
Scherschwänzel	Do	
Schewieh	Do	
Schwalbenschwanz	B,Be1,Do,Krü,… …N,Suol; Milane: Rot- und Schwarzmilan.	
Schwalbenschwanzgeier	H	
Schweimer	Suol	Milane: Rot- und Schwarzmilan.
Schwemmer	Schwf	Vogel „schwimmt" mehr in der Luft, als …
Schwimmer	B,Be1,Do,N	… daß er, bei ruhigem Segelflug, fliegt.
Splanthaowk	Suol	Milane: Rot- und Schwarzmilan.
Steert	Be2,N	Von Sterz; hier ist Gabelschwanz gemeint.
Steingeier	B,Do,N	Alter Begriff für Steinadler, der auf größere …
Steingeyer	Be1	… Greifvögel übertragen wurde.
Stert	B,Do	Von Sterz; hier ist Gabelschwanz gemeint.

Stoßer	Buf	Alte Namen, die keine schnelle Jagd meinen, …
Stößer	Be1,N	… auch kein Herabstoßen auf Beutetiere: …
Stoßgeier	B,Do,N	… „Stoßvogel, weil er mit dem Schnabel in …
Stoßgeyer	Be1	… dem Raub bohret" (Müller 1773).
Stoßvogel	Be1,Do,N,O1	Beute wird mit Hieben auf den Kopf getötet.(??)
Twelsteert	H	Plattdeutsch für Gabelschwanz.
Twêlstêrt	Suol	Milane: Rot- und Schwarzmilan.
Twêlstêrtwih	Suol	Milane: Rot- und Schwarzmilan.
Twelstiert	Do	Plattdeutsch für Gabelschwanz.
Tyreel	Be2	
Tyrerl	N	„Tyv ist norwegisch und bedeutet Dieb."
Tyverl	B,Do	
Wasserfalke	Be2,Do,N	Angeblich Haut zwischen Zehen zum Fischfang.
Weichfalke	Be2,Do,N	Beide Namen von Bechstein, beziehen …
Weichmilane	Be1,N	… sich evtl. auf „Charakter" des Vogels.
Weier	Suol	Milane und Weihen.
Weih-ar	Suol	Milane und Weihen.
Weihaar	Buf,GesSH,Ma	
Weihe	Ma,N,Schwf	Aus lat. miluus, milvus, auch milio, für Weihe.
Weihe mit gablichtem Schwanz und …	Buf	… Fischerhosen (= lange Schenkelfedern, langer Trivialname).
Weihe mit gabligem Schwanz und …	N	… Fischerhosen (langer Trivialname).
Weihe mit gabligem Schwanz und …	H	… Federhosen (langer Trivialname).
Weiher	Buff,GesSH,Suol	Milane und Weihen.
Weißer Geyer (Var.)	K	
Weißer Hüner Ahr	Schwf	Rotmilan – Variation.
Weißer Hünerahr (Var.)	K	
Weye	Tu	Möglich: Weihe könnte Jäger sein, nach der …
Weyer	Suol	Milane und Weihen
Weyhe	Be1,Buf,GesH	… indogerm. Wurzel ueie für eilen, jagen.
Weyhe mit gelblichem Schwanz und …	Be2	… Fischerhosen (langer Trivialname).
Weyhfalk	Be1	
Wiehwieh	Do	
Wier	Suol	Milane und Weihen.
Wiherdieb	Suol	Milane und Weihen.
Wiwe	GesH	
Wouwe (holl.)	GesH	Vom holländischen „de rode Wouw".
Wuewe	GesS	
Wüw	Be2,Do,N	Vom holl. „de rode Wouw", s. o.
Wy	Be2,GesSH,N	Andere Deutg.: Name nach dem gedehnten Ruf.
Zwärtstart	Do	

Rotrücken-Spottdrossel (Toxostoma rufum)

Rote Spottdrossel	H	

Rotschenkel (Tringa totanus)

Blarrsnepp	Suol	
Blarrvagel	Suol	
Blühe	Do,H	
Chevalier	Buff,H	Viel Bein zu sehen, wie bei Reiter zu Pferde.
Dütchen	Be1,N,O2,Suol	„Sein Ruf ist ein Düten." (Oken).
Dütschnepfe	N,O1	
Düttchen	Do	
Gambetstrandläufer	Be1	Bechstein (1793): Tringa gambetta, s. u.
Gambett-Strandläufer	N	
Gambett-Wasserläufer	Do,N	
Gambette	B,Be1,Buf,Krü,N	„Welcher Name von seinen hohen Beinen …
Gambettstrandvogel	Be1	… hergenommen ist" (Buffon/Otto 1797).
Gambettwasserläufer	B,O2	
Gelbfüssler	H	
Gelw-Füeßler	Suol	
Gemeiner rothbeiniger Strandläufer	Krü	
Gemeiner Strandläufer	Buf	
Gesteifter Reuter	Buf	
Gestreifter Kibitz	Buf	
Gestreifter Kiebitz	Be	
Gestreifter Reuter	Be	
Gestreifter Sandläufer	Buf	
Gestreifter Strandläufer	Be,Buf	
Graues Wasserhuhn mit schwarzem …	Be2,N	… Schnabel u. gelben Füßen (langer Trivialname).
Grohes Rothbeinel	Suol	
Großer rothbeiniger Strandläufer	Krü	
Grôt Snipp	Suol	
Grôt Tülüt	Suol	
Kalier	H	
Kleer	Do,H	
Kleiner Brachvogel	Be1,N	
Kleiner grau- u. weiß-bunter Sandlaeufer …	Fri	… mit rothen Schnabel und Füssen (langer Trivialname).
Kleiner Rothschenkel	Be1,Krü,N	Kleiner als Dunkelwasserläufer.
Koppriegerlein	Fri,O2	Riegerlein, weil ständig in Bewegung, …
Kopriegerlein	N	… urspr. der Schwanz. Kopp = großer Kopf (?).
Kurierschnepfe	H	
Lütscher	Be	
Meer-Wasserläufer	N	C. L. Brehms Name für den Vogel.
Meerhuhn	H	
Meeruferläufer	B,H	Umbenennung v. C. L. Brehm 1831.
Pfeifer	Do,H	
Pfeifschnepfe	H	
Rödben (dän.)	H	

Rödbenet Sneppe (norw.)	H	
Rödbent snäppa (schwed.)	H	
Rotbein	Be1,Buf,Do,Suol	
Rotbeinige Strandschnepfe	H	
Rotbeiniger Kiebitz	Be2	
Rotbeiniger Strandläufer	Be2	
Rotbeiniger Wasserläufer	H	
Rotbeinle	H	
Rotbeinlein	Be2,Suol	Rotbeinlin in Straßb. Zunftv. des 15. Jh.
Rôtbênt Snep	Suol	
Rotfus	Be	
Rotfüsschen	H	
Rotfüßel	H,Suol	
Rotfüssige Schnepfe	Be1,H	Siehe unten.
Rotfüßiger Strandläufer	Be2	Name von Bechstein.
Rotfüßiger Wasserläufer	Do	Siehe unten.
Rothbein	B,GesSH,Krü,N,O1	
Rothbeinige Strandschnepfe	N	Gewisse Ähnlichkeiten mit einer Schnepfe.
Rothbeiniger Strandläufer	Buf	
Rothbeiniger Wasserläufer	N	Name von Naumann: – Bein –, nicht – fuß –.
Rothbeinlein	K,N,O2	K: Albin Band III, 87.
Rother Reiter	O1	Siehe oben bei Chevalier.
Rother Reuter	Be1,N	Siehe oben bei Chevalier.
Rothfuß	B,Be1,Krü,N	
Rothfüßel	K,Krü,Schwf	K: Albin Band III, 87.
Rothfüßige Schnepfe	Be1,N	Gewisse Ähnlichkeiten mit einer Schnepfe.
Rothfüßiger Wasserläufer	Be,N	Bechstein: Calidris mihi.
Rothfüsslein	Fri	
Rothfüßler	Hö	
Rothschenkel	B	
Rothschenkeliger Wasserläufer	N	Name von Naumann.
Rotschenkel	H	
Rottbein	Schwf,Suol	
Rotvogel	H	
Sandpfeifer	Suol	
Schnepfe	H	
Seetüte	H	
Stelk	O1	
Stelkur (fär.,isl.)	H	Auf Island wg. Stimme Stelkr, evtl. auch Stelkur.
Stolk (schwed.)	H	
Strandläufer	H	
Strandschnepfe	H	
Sumpfwasserläufer	B,H	Name von A. Brehm (1879).
Tinksmed	H	
Tüdick	H	
Tühlüht	H	
Turlur	O1	Holl. Turelur, sprich „Türelür", Lautmalung.
Tüt	H	
Tütlü	H	

Tütschnepfe	B,Be2,Buf,Do,… …Krü,N;	Name von Otto (1797).
Uferschnepfe	O1	„Werden v. d. Köchen zu d. Schnepfen gerechn."
Viertelsgrüel	H,O1,Suol	Jäger: Deutl. kleiner als Brachvogel.
Wasserhühnlein mit rothen Beinen	K	K: Albin Band III, 87.
Wasserhühnlein mit rothen Füßen	K	K: Albin Band III, 87.
Wasserhünlin mit Rotenbeinen	Schwf,Suol	
Wasserläufer	H	
Zitterschnepfe	Do,H	
Züger	B,Do,N,O2	Zuerst bei Naumann Lautmalung möglich.
Zürger	Do,H	

Rotschnabelalk (Aethia psittacula)

Papagei-Alk	H

Rotschnabel-Tropikvogel (Phaeton aethereus)

Fliegender Phaëton	Buf	
Fliegender Tropiker	Buf	Ausgezeichnete Flugfähigkeiten.
Großer Tropik-Vogel	Buf	
Phaëton	Buf	
Seefächer	Buf	
Tropikente	Buf	
Tropiker	Buf	
Tropikvogel	Buf,H	Brüten auf Inseln der Tropen und Subtropen.

Rotstirngirlitz (Serinus pusillus)

Rotköpfiger Girlitz	H
Rotkopfgirlitz	H
Zwergzeisig	H

Rüppellseeschwalbe (Sterna bengalis)

Mittelseeschwalbe	H	
Rüppellsche Seeschwalbe	H	Name n. dt. Afr.forscher Ed. Rüppell (19. Jh.).
Wandernde Seeschwalbe	O3	„Pendelt" viel zw. Überwintergsgeb. u. Brutgeb.

Rußseeschwalbe (Onychoprion fuscata)

Breitflügelige Seeschwalbe	Buf	
Eyvogel	Buf	
Rußbraune Seeschwalbe	H	Jugendkleid unterseits mehr braun.
Rußschwarze Meerschwalbe	Buf	OS des Pk einheitlich schwärzlich.
Rußseeschwalbe	B	

Saatgans (Anser fabalis)

Ackergans	N	Naumann: Anser arvensis, Ackergans.
Bohnengans	B,Be1,Buf,Do,N	Otto: Ackergans ist Variation der Graugans.
Buntschnabel	N	Naumann: Anser arvensis, Ackergans.
Buntschnäbelige Saatgans	N	Naumann: Anser arvensis, Ackergans.
Buntschnäblige Saatgans	H	Naumann: Anser arvensis, Ackergans.
Feldgans	B,Do,N	Naumann: Anser arvensis, Ackergans.
Feldsaatgans	B,N	Naumann Anser arvensis, Ackergans.

Geelfautgans	Do,H	Heißt Gelbfußgans
Gemeine wilde Gans	V	Spez. Ausdruck v. C. L. Brehm 1823.
Große Moorgans	N	Naumann: Anser arvensis, Ackergans.
Große Saatgans	N	Naumann: Anser arvensis, Ackergans.
Große Zuggans	N	Naumann: Anser arvensis, Ackergans.
Grü Guß	Do,H	Helgoländisch für Graue Gans.
Hagelgans	B,Do,Fri,GesH,…	…N,Suol; Hagal: etwa Schlecht-, Unwetter.
Halegans	Suol	Graugans, Saatgans
Halgans	Suol	Graugans, Saatgans
Holgans	Suol	Graugans, Saatgans
Kleine graue Gans	Be2,N	Kunstname von Bechstein.
Kleine Moorgans	N	Kunstname von Naumann.
Kleine Saatgans	N	Saatgans etwas kleiner als Graugans.
Kleine Schneegans	Be2,Krü,N,O2	
Kleine wilde Gans	Be2,Buf,N	Schon bei Klein/Reyger 1760.
Moorgans	B,Be2,Do,N	Brüten in Lappländischen Morästen.
Riesengans	Buf	Otto: Große Variation der Graugans.
Ringelschnäbelige Moorgans	H	Einige Saatgänse zeigen eine sehr …
Ringelschnäbelige Saatgans	H	… schmale weiße Linie um den …
Ringschnäblige Gans	Do	… Schnabelgrund. = Individuelle Variation.
Roggengans	B,Do,N	Verschmäht keine Getreideart, …
Roggenganß	Be2	… bevorzugt aber Gerste (!).
Rostgelbgraue Gans	N	Naumann: Anser arvensis, Ackergans.
Rothfußgans	B	„Anser obscurus".
Saat-Gans	N	Bei Durchzug auf Saatfeldern und Wiesen.
Saatgans	B,Be2,Buf,H,…	…Krü,O1,V; Otto 1806: Var. der Graugans!
Schlackergans	Do,H	
Schlackergaus	Suol	Graugans, Saatgans
Schleckergans	Do,H	
Schneegans	Be2,Do,N,O1	O1: „Versteht bei uns das Volk die Saatgans."
Schneeganß	GesSH,Suol	Trafen oft mit dem ersten Schnee ein.
Schwarze Gans	Do,H	
Sleckergâs	Suol	Graugans, Saatgans
Waldgans	H	Hennicke: Ackergans.
Wilde Gans	Be2,Fri,GesH,N	
Wilde Ganß	GesS	
Wildgans	H,Suol	Graugans, Saatgans
Wille Goos	H	
Wintergans	Do,H	Hennicke: Ackergans.
Zuggans	B,Be2,Do,N	Zugvogel, anders als ähnliche Zuchtgänse.

Saatkrähe (Corvus frugilegus)

Aaskroche	Do	
Ackerkrähe	Ad,B,Be1,Buf,Krü,N	Ahd. kraja, mhd. kra(w)e. Von der Stimme.
Altenburgischer Rabe	Be2,N	Kunstname, erstmals bei Bechstein (1805).
Blaurock	Do,H	
Dreckvogel	Do,H	

Feldkrähe	B,Be,Do,N	Nahrg: Würmer, Getreide, Mäuse, Aas (Oken).
Gaake	Do	
Gemeine wilde Gans	V	
Gesellschaftliche Krähe	Be2,N	Die Krähe fliegt oder nistet „in Schaaren, ...
Gesellschaftskrähe	Do,H	... nicht ohne ein großes Geschrey zu machen."
Grindrabe	Ad,Krü	
Grindschnabel	B,Be,Do,N	Wg. fehlender Federn am Schnabelgrund.
Groot swart Kauk	Do,H	
Haberkrah	Do,H	
Haberrickchen (juv.)	Do,H	
Hafer-Ricke	Suol	
Haferkrähe	B,Be2,Do,N	Wegen der Hafer-Nahrung.
Haferräcke	Do	
Haferricke (Meißen)	Ad,Krü	
Haferrucke	Do	
Haferrücke	Be,N	In Meißen üblich (Krünitz 1780).
Harstkrain	Do,H	
Hierschtkueb	Suol	
Hruoh	Ma	Aus dem Althochdeutschen.
Karachel	Be2,Do,H	Entspricht pommerschem Namen Karok.
Karaechel	Be1	
Karak	Ad	
Karechel	Ad,B,Be,Buf,Do,...	...K,Krü,N,O1,Suol; K: Frisch T. 64.
Kareck	N	
Kareichel	Suol	
Kareikel	Suol	
Karethel	Ad	
Karock	Be1,Buf	In mndt. Quellen für Saatkrähe belegt.
Karok (pom.)	Krü,Suol	
Kornkrähe	Krü	
Korrock	Do	In Pommern heißt sie Karock (Otto 1781).
Korroken	Do	
Krah	H	
Krähenreitel	Do	
Krahenveitel	B,Do	Krahen-, Kran- ist „Krähe", Veit ein männl. ...
Kranveitl	Be1,N	... Vorname, der die Krähe zur Saatkrähe macht.
Krauweitel	Do,H	
Kroa	H	
Kroe	Do,H	
Kronweil	Do	
Kurack	H	
Kurak	Do	
Kurock	B,Be2,N	
Nachtschnabel	Be1	
Nacktschnabel	B,Be,Do,Krü,N	Wegen fehlender Federn am Schnabelgrund.
Pommerischer Rabe	Be1	Kunstname, erstmals bei Bechstein 1791.
Pommerscher Rabe	Be,Do,N	
Rab	Do,H	
Räche	Do,H	

Racker	Ad,Krü	
Rake	Ad	
Rauce	Tu	
Rauch	Be1,Buf,Do,Krü,N	
Rauk	Suol	
Ricke	Krü	
Rithe	P	Pernau 1716.
Röch	Krü	
Roch	Do,H	
Roche	Ad,Krü	
Röck	Do,H	
Roeck	Be1,Buf,GesSH,H,… …Krü,Suol;	V. ahd. „hruoh",
		nach der …
Roek	Be,GesS,N … Stimme, was auch die ähnl. Namen betrifft.	
Rôk	Suol	
Rôke	Suol	
Roobe	Be	
Rooche	Be1,Buf,K,Krü,… …N,Schwf,Suol;	
Roocke	K,Suol	K: Frisch T. 64.
Rook	Ad,GesS	
Rooke	B,Be1,Buf,Do,… …Krü,N,Schwf;	
Rorka	H	
Rouch	Be1,Buf,K,Krü,… …N,Schwf;	K: Frisch T. 64.
Rouche	Be,N	Name bei Megenberg 14. Jahrhundert.
Rouck	Be1,Buf,H,Krü	Vermutung Buffons (1781):
		„Vielleicht wegen …
Rouk	N	… seines unebenen rauhen Schnabels".
Rûch	Ad,Do,GesS,Suol	
Ruche	H,Suol	
Ruchert	Ad,Suol	
Ruck	Be,Buf,Do,Krü,N	
Rück	Be1	
Rücke	Ad,Be,G,N,Suol	
Rückenrabe	Ad,Krü	
Ruech	GesS,O1	
Rügen	Do,H	
Saat-Rabe	N	
Saatgans	V	
Saatkrähe	Ad,B,Be1,Buf,GesS,… …Krü,N,O1;	
Saatkrei	Do	
Saatrabe	Be1,N	War Leitname bei Naumann.
Sächsischer Rabe	Be2,Do,N	KN, erstmals bei Bechstein (1805).
Sådkreige	Suol	
Sat Krei	H	
Schiebjäck	O1	Nur bei O1. Wg. Vermischg. m. Dohlen(-jäck).
Schoarze Krooh	H	
Schwartze Kraehe	Fri	Saatkrähe hat viele Namen mit -krey, kraye …
Schwartze Kraye	Schwf	… Rabenkrähe endet dagegen oft mit -rabe.
Schwarze Ackerkrähe	Be,N	Sucht auf Äckern, ist aber keine Aaskrähe.

Schwarze Feldkrähe	Be1	
Schwarze Krah	N	
Schwarze Krähe	Be2,Buf,N	
Schwarze Krau	Be2,N	
Schwarze Kraye	Be2	
Schwarze Kreye	Be,N	
Schwarze Saatkrähe	Be1,Krü	
Schwarzer Krau	Be	
Schwoarze Krooh	H	
Steinkrähe	N	Laut Tschudi 1851 falscher Ausdruck.
Tager	Do,H	
Touch	GesS	
Wanterkueb	Suol	
Winterkräe	GesS	
Winterkrähe	Suol	
Wurmkrähe	Do,H	

Säbelschnäbler (Recurvirostra arvosetta)

Avocetschnepfe	Buf	Ursprung von „Avosette" ungewiß. Stammt …
Avocette	Be,Buf	… aus Italien und war schon Gessner bekannt …
Avosett-Säbler	N	… Mögliche Bedeutung von „Avocetta" ist …
Avosettchen	Bc,Buf	… „Wassersäbler".
Avosette	Buf,Do,N	
Avosettschnepfe	Be,Buf	
Avozetschnepfe	Be2	
Avozettchen	Be2	
Avozette	Be1,Buf,N	
Avozettschnepfe	N	
Blaufüßiger Riemenfuß	Krü	
Blaufüßiger Strandreiter	Krü	
Blaufüßiger Strandreuter	O2	Strandreuter scheinen an Wasserkante zu reiten.
Blaufüßiger Wassersäbler	Be2,N	Hauptname Bechsteins (1809).
Canadischer Schnepf	Buf	
Europäischer Säbelschnäbler	O3	
Fremder Wasservogel	Buf	
Gemeiner Säbelschnäbler	Be2	KN soll vom Amerikan. Säbelschn. untersch.
Gemeiner Kremer	O1	
Gemeiner Säbelschnäbler	Buf,N	
Gemeiner Wassersäbler	Be1	
Hochbein	N	KN kennzeichnet lange Beine des Vogels.
Jelper	O1	To yelp: bellen. Kurze Alarmrufe d. Vogels.
Klüte	O1	Name durch Lautmalung entstanden.
Klyde (dän.)	Buf	
Krampfschnabel	Buf	
Kreiner	Be	
Kremer	Be1,Buf,N,O1	Pommersches Platt: … bewegt sich schnell.
Krummer Wassersäbel	Be2,N	Diese beiden Namen sind ebenfalls …
Krummschnabel	B,Do,N	… schnabelbezogen.
Lepelgreet	Be2,Buf,N	Pommersches Platt: Lepel ist Löffel. -greet s. u.

Lovogel	Do,N	Lo, Lohe kann Lache, Lake (Neusdl. See) sein.
Oberschnabel	GesH	
Pikschoster	H	
Platte	Krü	
Säbelschnabel	Be1,Buf,Do,Krü.N,O1	8 cm langer, aufwärts gebogener Schnabel.
Säbelschnäbler	B,Be1,Buf,K,Krü,N,V	K: Albin Band I, 101.
Säbler	Krü	
Schabbelschnabel	Be2,Buf,Do,K,N	K: Albin Band I, 101.
Schabel-Schnabel	Buf	Schapel ist „krummes Ding“.
Schäffelgreet	Do	Pomm. Platt: -greeten: Längere Schritte machen.
Schnabbelschnabel	Krü	
Schnäbler	Krü	
Schnepfe mit über sich krumm …	Buf	… gebogenem Schnabel (= 1 Trivialname!)
Schoper	O1	Pomm. Platt: Schoper ist Schaufel.
Schoster	H	
Schüffelgreet	Be2,Buf,N	Pommersches Platt: Schüffel ist Schaufel.
Schuhmacher	N	Aufw. gebogener, dünner, spitz auslaufender …
Schustervogel	B,Do,N	… Schnabel erinnert an eine Schuster-Ahle.
Schwarzgefleckter Säbelschnäbler	Be2,N	
Schwarzköpfiger Säbelschnäbler	N	
Schwimmfüßiger Säbelschnäbler	N	
Sichelschnäbler	Krü	
Sölwersnepp	H	
Spaltfüßiger Säbelschnäbler	N	
Spinzag	O1	Italien: Zur Unterscheidung v. Brachv.-Namen.
Stachelschnabel	Be2,Buf,N	S. Schustervogel
Steinpardel	G	
Überschnabel	Buf,N,Suol,V	Bezeichnung von Baldner 1666.
Verkehrtschnabel	B,Be2,Buf,Krü,N	
Wasserbeißer	Krü	
Wassersäbel	Buf	Dieser und folgende Namen sind schnabel- …
Wassersäbler	Be1,Buf,Do,Krü,O2	… bezogen.
Wasserschnabel	B	
Wasserschnäbler	Buf	
Weiße Avocette	Buf	
Weiße Schnepfe aus Canada	Buf	
Weiße Uferschnepfe	Buf	
Weißer Strandläufer	Buf	
Weißes Haselhuhn aus der Hudsonbay	Buf	
Weißschwarzer Krummschnabel	Be2,Buf,N	

Saharakragentrappe (Chlamydotis undulata)

Arabische Trappe	K	
Asiatische Kragentrappe	H	Von Sinai bis Mongolei.
Hubara	Krü,N	
Hubare	Be2	

Kleine gehäubte afrikanische Trappe …	Be2,N	… Ohne Halskrause (langer Trivialname).
Kleiner afrikanischer gehaubter …	Krü	… Trappe mit der Halskrause (langer Trivialname).
Kleiner afrikanischer gehäubter Trappe	Be2,N	
Kleiner gehäubter afrikanischer Trappe …	N	… Ohne Halskragen (langer Trivialname).
Kragentrappe	B,Be2,H,Krü,N,O1,V	Heute: Saharakragentrappe.
Paßgängertrappe (kirgis.)	B,H,N	Heute: Steppenkragentrappe.
Rhaad	Be2,N,O1	
Rhaad-Trappe	Be2	
Rhaadtrappe	N	
Saf-saf	N	
Saf-Saf	H,O1	
Saf-sas	Be2	
Sandhuhn	Be	
Steppenkragentrappe	H	Etwas größer als Haushahn; hat „Kragen".
Trappe mit dem Federbusche und …	Be2,N	… der Halskrause (langer Trivialname!).

Samtente (Melanitta fusca)

Braun-Spiegelmoor	N	
Braune Ente	Be2,Buf,Fri,K,N	K: Frisch T. Supplement 165.
Braune See-Ente	Buf	Brutkleid Weibchen: Braun.
Braune Seeänte	Buf	
Braune Seeente	Be1,Krü	
Breitschnäbelige Samttrauerente	H	
Breitschnablige Sammettrauerente	N	•
Fliegenente	Krü	
Fliegenente	Be2,Buf,Do,Krü,N	Jungvögel schnappen nach Insekten auf Wasser.
Groot Svart Dükker (helgol.)	H	
Große schwarze Aente	Buf	
Große schwarze Ente	Krü	
Großfüßige Samttrauerente	N	
Hornschuchs Sammettrauerente	N	
Hornschuchs Samttrauerente	H	
Kohlschwarze große Makreusen-Ente	Buf,Krü	
Lappmärkische Ente	Be2	
Moderente	Be1,Buf,Krü,N	
Mohrente	Be2,Buf,Krü,N	
Moorente	Be2,Buf,Krü,N	
Nordische braune Ente	Be2,N	
Nordische braune oder schwarze Ente	Buf	
Nordische Schwartze Ente	Fri	
Nordische schwarze Ente	Be2	

Nordische Schwarzendte	Buf	
Rußente	Do	
Rußfarbige Ente	Be2,N	Ente fast ganz schwarz.
Sammet-Ente	N	
Sammetente	B,Be1,Buf,Do,…	…H,Krü,O1; Gefieder so weich wie Samt.
Sammettauchente	N	
Sammettrauerente	N	KN v. C. L. B „-trauer-" Zusatz: Pk-Schwarz.
Samttauchente	H	KN von C. L. B (Zusatz „-tauch-").
Samttrauerente	H	
Schneckenfresser	Suol	
Schwartze Endte mit schwartzem, …	K	… rohten und gelben Schnabel (!) (langer Trivialname).
Schwarzbraune wilde Ente	Be2,Buf,Krü,N	
Schwarze Ente	Be,Buf,N	
Schwarze Ente mit schwarzem, rothem …	Buf	… und gelbem Schnabel (langer Trivialname).
Schwärzliche Ente	Buf	
See-Orre	Buf	
Seeorre	Krü	
Swart Ant mit Wit in de Flünken	H	
Topane	Do	
Trauerente	Do	
Turpan (russ.)	Buf	Russischer Name nach Gebiet in Zentralasien.
Turpane (russ.)	Be1,Buf,Do,Krü,N	
Wasserrab	Suol	
Wilde braune Ente	Be1,Buf,Krü,N	Häufig vorkommende Enten, die für die … … Ernährung eine Rolle spielten.

Samtkopfgrasmücke (Sylvia melanocephala)

Sammetköpfchen	B	
Schwarzköpfige Grasmücke	H	Schwarzer Kopf, weiße Kehle, rote Augen.
Schwarzkopfiger Sänger	O3	Mediterraner Vogel, zieht nicht nach Süden.

Sanderling (Calidris alba)

Dreizehiger Sandläufer	N	Hinterzehe ist rückgebildet, wohl als …
Dreyzehiger Sandläufer	Be2	… Anpassung an das Leben am Wasserrand.
Gemeiner Pitt	O1	„Schreyen pitt" (Oken 1816).
Gemeiner Sanderling	O2	1837 erstmals bei Oken so genannt.
Gemeiner Sandläufer	Be2,N	Von Bechstein eingeführter Ordnungsbegriff.
Grauer Sandläufer	Be2,N	Erstmals bei Bechstein 1809.
Kleinster Sandläufer	Be2,Krü,N	Er ist ein kleiner, nicht kleinster „Sandläufer".
Kleinster Strandläufer	Krü	
Sand-Regerlein	O2	
Sanderling	B,Buf,Krü,N,O1	Im Winterquartier häufig an sandigen Ufern.
Sandläufer	Be2,Buf,Do,N,O3	
Sandläuferlein	Be2,N	KN von Bechstein ohne neue Bedeutung.
Sandläuferlin	O1	Einzige Art in Okens „Gattung Pitt" (1816).
Sandling	N	KN von Naumann ohne neue Bedeutung.
Sandregerlein	Be2,Buf,Krü,N	Von Regenpfeifer auch auf Sanderling verallg.
Sonderling	N	C. L. B: Sonderl. sind dreizehige Strandläufer.

Strandläufer	Be2,Buf,N	KN ohne neue, besondere Bedeutung.
Ufer-Sanderling	N	KN von Naumann (1834).
Ufersanderling	H	Hennicke hat von Naumann übernommen.
Weißer Strandläufer	Do	
Witt Stennick (helgol.)	H	
Witt Stennik	Do	

Sandflughuhn (Pterocles orientalis)

Geschäcktes Waldhuhn	Krü,O2	Falsche Zuordnung von Pallas (um 1773).
Ringelflughuhn	H	
Ringelhuhn	Be,N	Name auf das Gefieder bezogen.
Ringelwaldhuhn	N	
Russisches Sandhuhn	Krü	
Russisches Steppenhuhn	Krü	
Sandberghuhn	Krü	
Sand-Flughuhn	N	Deutscher Name von Meyer 1822.
Sand-Steppenhuhn	N	
Sandflughuhn	B,H	Wissenschaftlicher Name 1758 von Linné.
Sandhuhn	Be,N	Fliegt oft sehr weit zur Wasserstelle.
Sandwaldhuhn	N	KN von Naumann; nahm Pallas-Fehler mit.
Steppenhuhn	Krü,N	Lebt in Wüstensteppen.

Sandregenpfeifer (Charadrius hiaticula)

Hier auch **Regenpfeifer allg.** nach Suolahti

Ägyptischer Strandpfeifer	Buf	
Baltischer Regenpfeifer	Buf	
Brachhuhn	Be2,Buf,N	Hier im Sinne v. Zugvogel, im Frühj. auf/nahe …
Brachvogel	Be2,Buf,N,O1	… Brachfeldern zu finden. – Buf: Pallas.
Buntschnabel	Do	„Der bunte Schnabel ist ihm alleine eigen und …
Buntschnäbeliger Regenpfeifer	N,V	… um deswillen schien es [die Namenswahl] …
Buntschnäbliger Regenpfeifer	Be2,Krü	… mir nothwendig …" (C. L. Brehm).
Ditgen	G	Auch Flußregenpfeifer so genannt?
Dittgen	Suol	Fluß- und Sandregenpfeifer.
Dütchen	Suol	Fluß- und Sandregenpfeifer.
Gesprengter Grillvogel	Buf	
Gewöhnlicher Regenpfeifer	Be97	
Griesgansl	Suol	Suolahti: Regenpfeifer allgemein.
Grieshenndel	Hö	Höfer: Nach Kramer.
Grieshenne	Do	
Grieshennel	Be2,N	Vögel halten sich an sandigen Ufern von …
Grieshuhn	Suol	Suolahti: Regenpfeifer allgemein.
Griesläufer	Be2,Do,N	… Flüssen, Seen und Meer auf.
Grieslein	Do	
Griesrüllerl	Hö	Nach Kramer., von rullen – rollen. Hö: 1/323.
Grießhemmel	Be	
Grieß Huhn	Suol	Suolahti: Regenpfeifer allgemein.
Grießhennl	Be1,Buf,Krü	
Grießhünlein	Suol	Suolahti: Regenpfeifer allgemein.
Grießläufer	Be	
Grillenvogel	Krü	

Große Seelerche	V	Im Englischen wurde V. als 1,5 mal so groß …
Großer Strandpfeifer	Be2,Buf,N	… wie Haubenlerche beschrieben.
Gryes Vogl	Suol	Suolahti: Regenpfeifer allgemein.
Halsbandregenpfeifer	B,Be2,Do,N,O2,V	Name v. Meyer wurde als ungenau kritisiert.
Kappenriegerlein	Be97	
Kleiner Kibitz	N	
Kleiner Kiebitz	Be2,H	
Kleiner Strandläufer	Be	
Kleines Riegerlein	Z	
Kleinster Kiewit	Buf,Fri	
Kobel Regerlein	Schwf,Suol	Sandregenpfeifer
Kobelregerlein	Be1,Do,Krü,N	
Kop Riegerle	Suol	Sandregenpfeifer
Kop Riegerlein	Schwf	„Kop-", „Kopp-" nach großem Rund-Kopf …
Köpp Riegerlin	Suol	Suol: Regenpfeifer allgemein.
Koppenriegerlein	Be1,Krü,N	… -regerlein nach ständiger Bewegung.
Koppriegerle	GesS,Suol	Suolahti: Regenpfeifer allgemein.
Koppriegerlein	GesH	
Kragendüte	O1	Name wegen des Gefieders u. d. Stimme.
Krägle	Be2,N	
Kräglein	Do,Krü,O2	Das Kräglein ist das Halsband, Okens …
Kräglin	O1	Kräglin eine mundartliche Veränderung (1816).
Küker (helgol.)	Do,H	
Lütt Tülüt	Suol	Regenpfeifer allgemein., kommt v. Rotschenkel.
Meerlerche	Krü	
Mösschke (fries.)	H	
Oostvogel	Be2,Do,N	Bedeutung war nicht zu ermitteln.
Ostvogel	Buf	
Pardel	Suol	Suolahti: Regenpfeifer allgemein.
Regenpfeifer mit dem Halsbande	Be	
Regenwilp	Suol	Suolahti: Regenpfeifer allgemein.
Reger	Suol	Suolahti: Regenpfeifer allgemein.
Regerlin	Suol	Suolahti: Regenpfeifer allgemein.
Rieger	Suol	Suolahti: Regenpfeifer allgemein.
Riegerle	Suol	Suolahti: Regenpfeifer allgemein.
Rintütar	Suol	Suolahti: Regenpfeifer allgemein.
Sand Vogel	Schwf	Schwenckfeld 1603.
Sand-Lauffer	Suol	Suolahti: Regenpfeifer allgemein.
Sand-Regenpfeifer	N	Name von Naumann 1834.
Sandemling	Buf	Druckfehler? = Sanderling?
Sandler	Do	
Sandregenpfeifer	B,Do,N,O3	KN von Naumann 1834.
Sandregerlein	Krü	
Sandregerlein	Be1,Buf,Do,Krü,N	Ursprünglich hieß der Flußregenpfeifer so.
Sanduferpfeifer	H	
Sandvogel	Be1,H,Krü,Schwf,Suol	Sandregenpfeifer
Seelerche	Be1,Buf,K,Krü,… …N,O1;	K: Frisch T. 214.
Seemornell	Be2,Buf,K,Krü,N	K: Frisch T. 214.

Sprenglichter Grillvogel	Be1	
Sprenglichter Grisivogel	Krü	
Sprenklicher Grillvogel	Be,Krü	
Sprenkliger Grillvogel	Be2,N	
Strandläufer	Buf	
Strandpfeifer	Be1,Buf,Do,Hö,...	...Krü,N,O1;
Strandpfeifer mit dem Halsbande	Be2,N	
Strandpfeiffer	Buf,Krü	
Tullfiß	Be1,Buf,Krü,N	Dicke Fußgelenke. Nach mhd. „tollfüesze".
Tüte	Suol	Suol: Regenpfeifer allg. und Goldregenpfeifer.
Tütewelle	Suol	Suolahti: Regenpfeifer allgemein.
Tütewelp	Suol	Suolahti: Regenpfeifer allgemein.
Uferkiebitz	Krü	
Uferlerche	Be1,Buf,Do,Krü,N	Alter nordischer Name für best. Strandläufer.
Uferstrandläufer	Krü	
Waterwolp	Suol	Suolahti: Regenpfeifer allgemein.

Sandstrandläufer (Tringa pusilla)

Amerikanischer Zwergstrandläufer	H	

Sardengrasmücke (Sylvia sarda)

Sardengrasmücke	B
Sardensänger	B
Sardischer Sänger	O3

Schafstelze (Motacilla flava) heute: **Wiesenschafstelze (Motacilla flava)**

Weitere neue Arten sind nicht berücksichtigt, da hier nur alte Namen vorkommen.

Ackermännchen	Ad,N	Name paßt nicht. Gehört Weißer Bachstelze.
Bachsteltze	G	
Blü-hoaded Gühlblabba (helgol.)	H	
Blühoaded Gühlblabber	Do	
Frühlingsbachstelze	Be2,N	Frühlingsbote, obwohl erst spät zurück.
Frühlingssticherling	Be2,Do,N	Bechst. gab diesen Namen auch Gebirgsstelze.
Geele Bachstelze	Schwf	
Geeler Ackermann	N	Schafstelze gemeint, aber nicht sehr passend.
Geeler Wippstärt	N	
Geeles Ackermännchen	Do	
Gel Quakstart	Do	
Gelbbrauige Schafstelze	H	U.-Art: Englische Schafstelze (M. F. flavissima).
Gelbbrüstige Bachstelze	Be,Fri,K,N	K: Frisch T. 23.
Gelbe Bachstelze	Be1,Buf,Do,Krü,...	...N,O1,Suol; Auch Gebirgsstelze?
Gelbe Grasmücke	N	Name von Naumann setzte sich nicht durch.
Gelbe Schafstelze	H	U.-Art: Sykesschafstelze (M. f. beema).
Gelbe Viehbachstelze	Be1,N	Wird in Gesellsch. v. Rindern u. Pferden angetr.
Gelber Ackermann	Be2,N	
Gelber Sticherling	Be,Buf,Do,N	Mit raschen stichartigen Schnabelbewegungen.
Gelber Wippsterz	Do,N	
Gickerlein	GesH	

Goldbäuchige Bachstelze	Be2,N	Damit könnte auch Gebirgsstelze gemeint sein.
Goldgelbe Bachstelze	Be2,N	
Grasmücke	Be2,N	
Grauköpfige Bachstelze	Do	
Große gelbe und grüne Bachstelze	V	Name von Voigt falsch. Ist kleinste heim. Stelze!
Kiesläufer	Suol	
Kiespullchen	Suol	
Kleine Bachstelze	Be1,N,Schwf	
Kohspinken	H	
Kuh Bachstelze	Schwf	
Kuhbachstelze	Be1,N	Wird in Gesellschaft von Rindern und Pferden … … angetroffen. Auch Kuhstelze, Mot. f. flava.
Kuhhalter	Suol	
Kuhherterl	Suol	
Kuhhiert	Ma	
Kuhhirt (pomm.)	Do	
Kuhscheiße	Be1,Do,N,Schwf	Sie verfolgt das Rindvieh, um da Stechfliegen …
Kuhspinken	Do	… zu suchen. – Spinke war/ist Sommersprosse.
Kuhstelze	Ad,B,Be,Buf,Do,…	…K,N,Suol,V; K: Fri T. 23. – Name i. Preußen.
Kurzschwänzige Bachstelze	Be2,Do,N	Schwanz kürzer als bei Geb.st. und Bachst.
Küscheißen	Suol	
Lämmerhirte	Buf	
Lämmerstelze	Do	
Laugenschläger	Buf	
Nordische Schafstelze	H	Heute: Nordische Schafstelze (M. f. thunbergi).
Quickstärz	Do	
Rieserlein	GesH	
Rinderschisser	H,Ma	Zusatz
Rinderschysser	GesS,Suol	
Rinderstelze	B,Be1,Do,N,V	
Roßdrecklin	Suol	
Ryserle	GesS,Suol	Ungeklärter Name.
Sämann	Suol	
Sauhalterl	Suol	
Sauherterl	Suol	
Sauhirt	Ma	
Schafhalterl	Suol	
Schafstelze	B,V	
Schwanzklofer	Buf	
Triftstelze	B,Be2,Do,N	Trift ist Weide, vor allem Schafweide.
Viehhirt	Suol	
Viehstelze	Be,Do,N,Suol,V	Wird in Gesellsch. v. Rindern u. Pferden angetr.
Wasserbachstelze	Krü	
Weidenstelze	Do	
Wepstart	Do	

Wepstiert	Do	
Wiesenstelze	B,Be2,Do,N	Lange kaum beachtet, heute immer üblicher.

Scheckente (Polysticta stelleri)

Kamtschatka-Ente	N	Name wahrsch. von Reisenden.
Ostrogothische Ente	N	Betr. Umgebg. um Schwarzes Meer. Unpassend.
Prachteiderente	B	A. Brehm gab den Namen in 2. Aufl.
Scheck-Ente	N	„Die Abweichung in d. Färbung des Gefieders …
Scheckente	H	… beider Geschlechter, wovon diese Art die …
Scheckige Ente	N	… Namen bekommen hat …" (Naumann).
Stellers Ente	N	Steller (1709–46) starb als Forscher in Sibirien.
Ungleiche Ente	N	KN von Naumann. Bezieht sich auf Pk.
Verschiedenfarbige Ente	N	Auch hier KN v. N., der Pk meint.

Schelladler (Aquila clanga)

Für Naumann – Namen siehe Naumann – Nachträge (Bd. 13) S. 40.

Bunter Adler	N	Betrifft das Gefieder des Jugendkleides.
Entenadler	Buf,O2	Fängt gerne Enten: Auch „Äntenhabicht" u. a.
Gänseadler	Buf	
Gefleckter Adler	N	Betrifft das Gefieder des Jugendkleides.
Gescheckter Adler	N	Betrifft das Gefieder des Jugendkleides.
Großer gefleckter Adler	N	13/040.
Großer Schreiadler	Do,N	13/040.
Hochbeiniger Adler	N	Beine erscheinen lang, wirken „hochbeinig".
Klagender Adler	Buf	
Kleiner Adler	Buf	
Klingender Schellentenadler	Buf	
Prachtadler	Do,H	Variation fulvecens.
Rauchfußadler	N	Hat rauhe, aber keine befederten Füße/Beine.
Russischer Adler	N	Wegen des Verbreitungsgebietes.
Schalladler	Do	
Schelladler	B,Buf,N	Klein übersetzte Gessners „Aquila clanga".
Scheller	N	Name kommt von der schallenden Stimme.
Schreiadler	O1	
Schreyender Adler	Buf	
Steinadler	Buf	

Schellente (Bucephala clanga)

Backelmann	Do	Name für die in Baum-Höhlen …
Bakelmann	Krü	… brütenden Schellenten.
Baumente	Be2,Buf,Do,Krü,N	Nistet in vorhandenen Baumhöhlen.
Birkenente	Do	
Birkente	H	
Braunkopf (das Weibchen)	Do,H	
Braunköpfiger Ententaucher	Be,N	
Brillenente	Be2,Buf,N	Leuchtende Augen: Eindruck kleiner Brillen.
Clangula	GesS	
Dickkopf	Be1,Buf,Do,N	Großer Kopf mit buschigem Gefieder …
Eisänte	Hö	
Eisente	Be2,Krü,N	Adelung (1793): A. clangula auch „Eisente".

Garrot	Buf,O1	Seit vor 1800 franz. Name d. Schellente.
Gemeine Schellente	V	
Glaucion	O1	Fehlbenennung, keine blau-blaugraue Augen.
Goldäugige Aente	Buf	Iris bei adulten Erpeln leuchtend goldgelb.
Goldäugige Ente	Buf,Krü	
Goldäuglein (weibl.)	Be2,Buf,Do,N	
Golden Aeuglein	Buf,K	K: Frisch T. 181.
Golden Auglein	K	
Großer weiser Drittvogel	Suol	
Hohlente	B,Be1,Buf,Do,N	
Hütten-Ente	o.Qu.	Aufenthalt in Hütten für Schafe (Island).
Klangente	B,Be1,Buf,Do,N	Nach lateinisch clangula (im wiss. Namen).
Klapperente	Be1,Buf,Do,N	Aus Klang entstanden.
Klingelente	B,Do,N	Aus Klang entstanden.
Klinger	Be2,Buf,Do,...	...GesSH,N,Suol;
Klingerduker	H	
Knobbe	B,Do,N	Ist schön u. fällt ins Auge (Grimm – Grimm).
Knöllje	B	Findet man nur bei Brehm. Fehler?
Kobel Endte	Schwf,Suol	Großer Kopf mit buschigem Gefieder ...
Kobelente	B,Be1,Buf,Do,N	... vermittelt Eindruck einer Haube.
Köllge-Quene (weibl.)	Be	Plattdeutscher Name für Schellente: ...
Köllje (männl.)	Be1,Buf,Do,N	... Weißer Wangenfleck.
Köllje Quene	N	
Köllje-Quene (weibl.)	Be1	
Koppenvogel	Hö	... Sie frißt gerne Koppen (best. Fische), Hö 3/85.
Kurzschnäbelige Schellente	N	CLB, für Vogel d. Fam. d. Aechten Schellenten.
Lügen-vog (helgol.)	H	
Quackente	Be1,Buf	„Sie quakt beständig und verdient den Namen ...
Quacker-Ente	Buf	... mit recht" (Müller 1773).
Quackerente	Be1,Buf	
Quakente	Do,N	
Quaker	B,N	
Quakeränte	Buf	
Rothköpfiger Enten Taucher	Fri	Frisch 1763 für die Schellente.
Rusgen	GesS	
Schallente	B,Do,N	Name, den Boie der Ente 1822 gab.
Scharbe	Krü	
Schecke	H	
Scheckente	N	Naum.: Eindruck v. Schwarz-Weiß-Scheckung.
Schell-Ent	GesH	„Flügelklingeln" durch umgeformte Hand- ...
Schell-Ente	N,O2	... Schwinge des männl. Pk.
Schellaria	GesS	
Schellen	O1	
Schellent	GesS	„Den Namen Schellente giebt Herr A. Naum ...
Schellente	B,Be2,Krü,N,O3	... diesem Vogel mit recht, da sie schellendes ...
Schelltauchente	N	... Getöse macht, aber nicht quakt." (Bechst.)
Schild-Ent	GesH	
Schildente	Krü	

Schildvogel	Hö	
Schiltent	GesS	
Schreier	B,Do,N	„Clango" kann auch heißen: Ich schreie.
Schreyer	Be2,Buf	
Schwartzkopfiger Enten-Taucher	Fri	Frisch 1763 für die Schellente.
Schwarz und braunköpfiger Ententaucher	Be2	
Schwarzbunte Schellente	N	CLB, für Vogel d. Fam. d. Aechten Schellenten.
Schwarzköpfiger Ententaucher	Be,N	
Spatel	O1	Schell- u. Spatelente wegen Wangenflecken.
Straus Endte	Schwf,Suol	Großer Kopf mit buschigem Gefieder …
Strausendte	Buf	… vermittelt Eindruck von Strauß (Haube).
Straußente	Be2,Buf,N	
Tauchente	Be2,N	
Vier Aeuglein	K	Fast runder weißer Fleck hinter dem Schnabel.
Vieräuglein (weibl.)	Be1,Buf,Do,K,N	K: Frisch T. 181.
Vierogen	H	
Wander-Schellente	N	CLB, für Vogel d. Fam. d. Aechten Schellenten.
Weißbunte Ente	Do	
Weißbunte Schellente	N	CLB, für Vogel d. Fam. d. Aechten Schellenten.
Weißer Drittvogel	Buf,GesSH	Größenbezeichnng für den Marktgebrauch.
Wisssited Quaker	Do	
Witt-sitted (helgol.)	H	

Schieferdrossel (Zoothera sibirica)

Naumann – Namen aus Naumann – Nachträgen, Band 13/1860. Hier S. 348.

Gelbliche Drossel	N	13/348, weibl. Gefieder ockerf., gelbl., weiß.
Mondfleckige Drossel	N	13/348, junge Männchen: besonderes Gefieder.
Schwarzblaue Drossel	N	13/348, Pk dunkelschiefergrau.
Sibirische Drossel	N	13/348, brütet in Taiga von Mittelsibirien.
Wechseldrossel	B	Wegen starker Änderung bei Gefiederwechsel.

Schilfrohrsänger (Acrocephalus schoenobaenus)

Bruchweißkehlchen	N	Bruch = Sumpf, Kehle ist hell (weißlich ??).
Bunter Weiderich	Be2,N	Name häufiger alter Name; nach Vorkommen.
Gefleckter Rohrsänger	N	Bechstein (1802) zum Gefieder.
Gefleckter Weiderich	Be2,Do,N	Name häufiger alter Name; nach Vorkommen.
Kleiner Rohrschirf	Do	Schirfen tonmalend.
Kleiner Rohrsperling	Do	
Kleiner Weidenzeisig	Do	
Kleinster Rohrschirf	Be2,N	KN; Schirfen tonmalend vom Gezwitscher.
Kleinster Rohrvogel	O2	Neben Seggenrohrs. kleinster heim. Rohrsänger.
Olivenbrauner Spitzkopf	N	Kopf und Schnabel erscheinen zugespitzt.
Rohrgrasmücke	Hö	
Rohrsänger	Be2,Krü,N,O1	
Rohrschmätzer	Be2,Do,N	Name von J. A. Naumann für Sumpfrohrsänger.
Rohrsperling	Ad,Be2,N	Auch er erhielt den Namen (sonst Rohrammer).
Salbeyvogel	Hö	
Schilf-Dornreich	P,Z	
Schilf-Rohrsänger	N	Der Vogel ist nicht ans Schilf gebunden, …

Schilf-Schmätzer	Z	… weshalb sein Name unglücklich gewählt ist.
Schilff-Dornreich	P	
Schilfdornreich	Ad	
Schilfgrasmücke	Do	
Schilfrohrsänger	H	Schilfsänger früher häufiger Name. Von …
Schilfsänger	Be2,Krü,N,O1	… Naumann auf Schilfrohrsänger erweitert.
Schilfvögelein	Z	
Schlaren-Vögelein	Z	
Schlatenvögelein	Z	
Schwirl	O1	
Seegrasmücke	Do	
Seggenschilfsänger	B	Beiname, der von A. Brehm stammt.
Spitzkopf	Do	
Spottvogel	Hö	Höfer 3/165.
Uferschilfsänger	B,Do,N	KN von C. L. Brehm.
Wasser-Weißkehlchen	O1	KN von Bechstein, betrifft Lebensraum.
Wasserweißkehlchen	Be2,Do,N	
Weidengucker	Hö	
Weiderich	Be2,N	Häufiger alter Name; nach Vorkommen.
Weidrich	Krü	
Zinkzankvogel	Hö	Erklärung bei Höfer 3/333.

Schlagschwirl (Locustella fluviatilis)

Fluß-Rohrsänger	N	Zusatz -rohr- von Naumann.
Fluß-Sänger	Be	Gesang „bemerkensw. maschinenartig wetzend".
Flußrohrsänger	B,Do,N	Naumann brachte auch diesen Namen (s. o.).
Flußsänger	N,O3	Meyer – Wolf (1810): Sylvia fluviatilis.
Flußschwirl	Do,H	
Großer Schwirl	N	
Grünlichgrauer Spitzkopf	N	„Spitzkopf" stammt von Bechstein.
Leirer	Do	
Rohrsänger mit gefleckter Kehle	N	Nach MW (1810) und nach dem Gefieder.
Rohrschirf	Do	Oken nannte Rohrsänger „Schirfe", die …
Rohrschirf mit gefleckter Kehle	N	… kaum einmal das „Gezwitscher" unterbrechen.
Schlagschwirl	B,H	Liebe (1878) traf ihn oft auf Holzschlägen.
Spitzkopf mit gefleckter Kehle	N	N nannte alle Rohrsänger Sp.K. (nach Bechst.)

Schlangenadler (Circaetus gallicus)

Adler mit dem weißen Augenkreiße	Be2	Kurze weiße Dunen um die Augen, praktisch …
Adler mit weißen Augenkreisen	Be05,N	… in natura nicht sichtbar.
Blaufuß	Do	
Blaufüßiger Adler	N	Beine u. Zehen blaß hellblau, Krallen schwarz.
Bussard-Adler	N	Bussardähnlich beim Flug.
Heteropus	GesH	
Kurzzehiger Adler	Be	
Lerchengeier	Do,N	Verwechslg. m. weibl. Kornweihe (= Lercheng.).
Natterbussard	B	
Natternadler	Be,Do,N	Frißt Reptilien, außer Echsen, kaum Amph.
Schlangenadler	H,O3	Name nach der Hauptnahrg., frißt auch Insekten.

Schlangenbussard	B,Do	Aussehehn zwischen Adler und Bussard.
Schwanadler	G	
Weißbauch	Be2	
Weißer Hanns	N	
Weißer Hans	Do	
Weißer Lanus	H	Übersetzt: Weißer Schlachter.

Schlegelsturmvogel (Pterodroma incerta)

Unsicherer Sturmvogel	H	

Schleiereule (Tyto alba)

Eule allg., nach Suolahti siehe Waldohreule

Buscheule	Be,Buf,N	
Buschkautz	N	
Eule	N	
Feuereule	B,Be2,Do,N	Volksglaube: V. verkündet mit Ruf auch Feuer, …
Feurige Nachteule	Be2,Buf,N	… deshalb kam bis ins 20. Jh. eine Schl. eule …
Flammeneule	B,Be2,Do,N	… mit ausgebreiteten Flügeln ans Scheunentor.
Geflammte Eule	Be2,N	Brehm nannte gelb-orange „rostfarbg., rotgelb".
Gelbe Schleiereule	Be,N	U. A. Tyto alba guttata m. gelb-oranger Unters.
Gemeine Aule	Be2,N	Daraus entstand Aulnspiegel für Eulenspiegel.
Gemeine Nachteule	O1	
Goldeule	B,Be2,Do,N	Wie „Gelbe" Schleiereule (s. d.).
Harül	Suol	
Herzeule	B,Be,Do,N	Das Gesicht kann man als herzförmig ansehen.
Husuhl	Do,H	
Kattuhl	Do,H	
Katzeneule	Do	
Kautz	N	
Kautzeule	Buf,Krü,N	
Käutzlein	N	
Kauzeule	Be,N	
Käuzlein	Be2,H	
Kilchül	Suol	
Kindereule	Do	
Kirch Eule	Schwf	
Kircheneule	B,Do,N	Name im Elsaß, seit 1545 bekannt.
Kircheul	GesH	
Kircheule	Be,Buf,K,Krü,…	…Suol,V; K: Frisch T. 97, Albin III, 7 + 8.
Kirchkäuzlein	Suol	
Kirchul	GesS	
Kirchül	Suol	
Klageule	B,Do,N	Wg. Feuers (s. o.) fingen Menschen an zu klagen.
Kohleule	Be,N	
Kohlkautz	N	
Locken	K	K: Albin Band III, 7 + 8.
Nachteule	Be2,Do,N,O1	Alle Eulen waren um 1500 Nachteulen.
Nonneneule	Do	
Pählule	Suol	

Perl-Eule	Fri,Suol		
Perleule	B,Be,Buf,Do,…	…N,V;	Kleine weiße Flecken auf d. Federkleid.
Perlkauz	Do		
Perrückeneule	B		
Peruckeneule	Be2,Do,N	Schl.-eule hat einmal nachts Perrücke geraubt.	
Ranseul	Suol		
Ransuyle (holl.)	Buf		
Ranswle	Suol		
Rantz Eule	Schwf,Suol	Name laut Suolahti nicht sicher deutbar.	
Ranzeule	Be,Do,N		
Rautzeule	K	K: Albin Band III, 7 + 8.	
Rerückeneule	N		
Rothe Schleiereule	N		
Rothe Schleuer Eule	Fri	J. L. Frisch zur „Gelben" Schleiereule (s. d.).	
Rothe Schleyer Eule	Fri		
Rothe Schleyereule	Be2		
Routzeule	K	Ist Rautzeule gemeint?	
Schäfer-Eule	O1		
Schäfereule	Be2	Name führte bei Erscheinen 1795 zu Rätseln.	
Schlaerule	Suol		
Schläfereule	B,Do,N	Reaktion von Naumann auf Schäfereule?	
Schlafeule	Do	Eule, die tagsüber tief schlafen kann.	
Schlayreul	Suol		
Schleier Eule	Schwf		
Schleier-Kautz	N		
Schleier-ühl (helgol.)	H		
Schleierauffe	Be,Buf,Do,N	Ein Auf(f) ist ein Uhu oder eine große Eule.	
Schleiereul	Suol		
Schleiereule	B,Be,Buf,Krü,…	…N,O1,V;	Vom Gesichts – „Schleier".
Schleierkautz	N,V		
Schleierkauz	B,Be,Do	Ohreulen mit „Ohren", Kauz ohne „Ohren".	
Schleuereule	Fri,K	Kein Druckfehler; K: Albin Band III, 7 + 8.	
Schleyer-Eule	Kö,P,Z		
Schleyerauffe	Be2		
Schleyereul	GesSH		
Schleyereule	Be2,K,Krü	K: Frisch T. 97, Albin III, 7 + 8.	
Schleyerkauz	Be2		
Schnarcheule	B,Do	Laute einer wachen Schleiereule.	
Schnarchkautz	N	Eine schlafende Schleiereule schnarcht nicht.	
Schnarchkauz	Be2,Do,H,Suol	Jungvögel betteln mit „Bettelschnarchen".	
Schünenuhl	Do		
Schwarzbraune Perleule	Be2,Buf,N		
Seideneil	Suol		
Steinkûz	Suol		
Thurmeule	B,Be,Buf,Do,…	…Krü,N,V;	Name in Preußen.
Todteneule	Be2,N	Ankündigung von Tod und Unglück.	
Totenkopf	Do		
Tschungel	Suol		

Tschunkel	Suol	
Turmeule	Suol	
Uluhl	Do	
Une Dame (franz.)	GesH	
Waldkautz	Buf,N	
Waldkauz	Be,H	
Weiße Eule	Be2,Buf,N	U. A. Tyto alba alba mit weißer Unterseite.
Weiße geflammte Eule	Be	

Schmarotzerraubmöwe (Stercorarius parasiticus)

Arktische Meve	N	KN von Bechstein.
Arktische Mewe	Buf	
Arktische Möve	H	
Gemeine Raubmöve	O2	
Gemeiner Labb	O1	
Gestreifter Strandjäger	Buf	
Jo-Fugl (norw.)	Buf	Stimme soll „io, jo" sein, daraus entstand der …
Jo-Tyv (norw.)	Buf	… norweg. N. „Tyvjo", wobei Tyv „Dieb" heißt.
Jodieb	Do,N	
Joen (lappl.)	Buf	
Johan	Buf	
Johann	N	Man könnte den Namen aus der Stimme hören.
Kion	Buf	
Kioven (isl.)	Buf	Kjoi: Nach der Stimme.
Kirve (norw.)	Buf	
Kive (isl.)	Buf	
Kothjäger	O1	Ausgespienes wurde für Kot (Strunt) gehalten.
Labbe	Buf,Do,N,O2	Lautmalend. Name bei den Fischern.
Langschwänziger Strandjäger	Buf,N	
Mevenbüttel	N	Pommern: Name für diese Möwe.
Mewenbüttel	Krü	
Mewe mit schwarzen Zehen	Buf	
Mewenbüttel	Buf	
Mövenbüttel	Do,H	
Nordvogel	Be2,Buf,Do,N,O1	KN von Bechstein.
Polarmeve	N	
Polarmewe	Buf	
Polarmöve	H	
Polmeve	K,N	K: Edwards T. 148.
Polmewe	Buf	
Polmöve	Do,N	
Räuber	Buf	
Richardson'sche Raubmöve (var.)	O3	
Scheißfalk	Krü	
Scheißfalke	Buf,Do,K,N	Ausgespienes wurde für Kot (Strunt) gehalten.
Scheißvogel	Do	
Schmarotzer-Raubmeve	N	
Schmarotzer-Raubmöve	V	
Schmarotzermeve	N	Alle Raubmöwen sind auch Schmarotzer. …

Schmarotzermewe	Buf,Krü	... Als Linné 1758 den Vogel beschrieb, ...
Schmarotzermöve	H,O1	... kannte er nur diese Raubmöwe, deren ...
Schmarotzerraubmöve	B,O3	... Verhalten er als etwas Besonderes sah.
Schwarzzehige Mewe	Buf	
Schyt Valck	K	
Skeetenjoager (helgol.)	Do,H	
Spitzschwänziger Strandjäger	N	
Strand-Hog	Buf	Jütisch: Strandfalk.
Strandjager	Buf	
Strandjäger	Buf,Do,N	Aus Struntjäger entstanden. Strund-, Strantjäger.
Strantjäger	Buf	
Strontjagger (holl.)	Krü	
Strundjäger	Buf	Ausgespienes wurde für Kot (Strunt) gehalten.
Strunt-jagger	Buf	
Struntjäger	Buf,Krü,N,O1,V	
Struntmeve	N	
Struntmöve	Do,H	
Tiov	o.Qu.	Name auf den Färöern.
Tyvjo (norw.)	H	In norweg. Namen „Tyvjo" heißt Tyv „Dieb".
Tyvmaage (dän.)	H	

Schmutzgeier (Neophron percnopterus)

Aasgeier	V	Er frißt Abfälle und Unrat aller Art, die ...
Aasgeyer	Krü	
Aasvogel	V	... widerlichsten Dinge eingeschlossen.
Achbobba	Buf	
Adlergeyer	K	Naumann 1820.
Aegyptischer Geyer	O2	
Ägyptischer Aasgeier	N	
Ägyptischer Aasgeyer	Be2	Der Vogel war früher in Ägypten häufig.
Ägyptischer Bergfalke	Be2	
Ägyptischer Erdgeier	N	Naumann (1820): „In Ägyten bei ...
Ägyptischer Erdgeier	Be2,Krü	... den Pyramiden ist er sehr häufig."
Ägyptischer Geier	V	
Alimoche	N	Spanischer Name des Vogels.
Alpengeyer	Be2	
Arabischer Geier	N	
Aschgrauer Aasgeyer	Be2	
Aschgrauer Geier	N	
Aschgrauer Geyer	Be	
Bastardadler	Be2,Buf,K	
Bastardgeyer	Krü	
Berg-Storch	GesH	
Bergstorch	Be2,Buf	
Bergstorck	Suol	
Brauner Dunggeier	N	„Dung-" entspricht „Schmutz-". Jungvogel.
Brauner Erdgeier	N	
Brauner Geyer	Buf,Krü	Gefiederfarben d. Jungen.
Dunggeier	N	„Dung-" entspricht „Schmutz-".
Dunggeyer	Be2	

Egyptischer Bergfalke	Buf	
Egyptischer Erdgeyer	Buf	
Egyptischer Geyer	Buf	
Egyptischer Sperber	Buf	
Erdgeier	N	Nach Aufenthalt.
Fischgeyer	Be,GesS	
Geheiligter Vogel der Egypter	Buf	
Geyer aus Norwegen	Be	
Geyer-Adler	GesH	
Geyeradler	Be2,Buf,K,Krü	
Grimmer	Be2,Buf	
Heiliger ägyptischer Geyer	Krü	
Heiliger Geier	O2	Sie spielen große Rolle in ägypt. Mythologie.
Henne der Pharaonen	o.Qu.	Ägyp.-Glaube: Nur Weibch., v. Ostwind begattet.
Hühnergeier	N	
Hühnergeyer	Be,Krü	
Hühnerweihe	K	
Hünerweihe	Buf	
Kleiner Geyer	Be2,Buf	Kleinster europ. Geier in Europa sehr selten.
Kleiner weißer Geyer	Buf	
Kleiner weißer Geyer der Alten	Be2,N	
Kleiner weißköpfiger Geyer	Buf	
Kothgeier	N	Wahrsch. d. einzige wirkl. Kotfresser d. Vögel.
Mahomeds-Capaun	O2	Kapaun ist kastr. gemäst. Hahn. Mah.: Moham.
Maltheser Geyer	Krü	
Malthesergeier	N	Als Brutvogel auch auf Malta.
Malthesergeyer	Buf	
Mistgeier	N	„Dung-" entspricht „Schmutz-".
Norwegischer Geier	N	Flug bis Norwegen ist unwahrscheinlich.
Norwegischer Geyer	Be2,Buf	
Percnopterus	Tu	
Pferd des Kuckucks	o.Qu.	Kommt früher als Kuckuck, ... den er schleppt?
Pharaons-Capaun	O2	Alte franz. Bezeichng. Kapaun ist gemäst. Hahn.
Pyrenäengeier	N	Pyrenäen sind Verbreitungsnordgrenze.
Rachamach	N	Viell. aus hebräischem Schimpfwort entstanden.
Rotbrauner Geyeradler	Buf	Buffon Band 1/190.
Roßgeyer	Krü	
Schmutzgeier	B	Name nach der Lebensweise.
Schmutziger Aasgeier	O3	
Schmutziger Aasvogel	N	
Schwarzer Erdgeier	N	Bodengeier, hat Schwarz an Flügeln.
Subaquila	Tu	
Unter-Adler	GesH	
Urigurap	N,O1	Alter franz. Name. Le Vaillant benutzte ihn viel.
Vißgeir	GesS	
Weißer Aasfresser	N	
Weißer Fischgeier	N	
Weißer Fischgeyer	Be2	
Weißer Geier	Be,Buf,K,N	

Weißer Geyer	Krü	
Weißer Hühneraar	Be,K,Krü,N	
Weißer Hühnergeier	N	
Weißer Hüneraar	Buf	
Weißköpfiger Geier	N	Sitzender adulter Vogel fast weiß.
Weißköpfiger Geyer	Be	

Schnatterente (Anas strepera)

Braune Ente	Be1,Do,N	Das Schlichtkleid ist bräunlich.
Breinente	Do,H	
Brogvogel	GesS,Suol	Brachvogel, bei Entenjägern, Baldner.
Doppelkricke	H	
Ente Kekuschka	Buf	
Fliegen-Ent	GesH	
Fliegenente	K	Gessner: Anas muscaria ist Schnatterente.
Graue Ente	Be1,N	Vogel wirkt wie kleinere graue Stockente.
Graue und braune Ente	Be2,Buf	
Kekuschka Ente	Buf	
Kekuschka-Aente	Buf	
Kleine Mittelente	N	
Kleine Mittelente bei hiesigen Jägern	N	
Kleine Stockente	H	
Knarand	Buf	Pontoppidan
Knarrant	Do,H	
Knarrente	Krü	
Lämer	N	Ist „Lärmer" gemeint?
Lärmente	B,Be2,Buf,Do,N	Auch hier: Lärmente lockte andere an …
Leiner	Be2,Buf,Do,…	…GesSH,N,O1,Schwf,Suol; … angeleint.
Locker	Do,N	War gut als Lockvogel zu gebrauchen.
Mackente	K	Ges: Anas muscaria ist Schnatterente.
Mittel-Ente	N	Größe zwischen Stock- u. Krickente.
Mittelente	B,Be2,Do,GesS,…	…K,Krü,N,O1,Suol; - K: Frisch T. 168. …
		… Klein: M-ente – zehnte wilde Ente d. Schwf.
Morente	K	Gessner: Anas muscaria ist Schnatterente.
Mücken-Ent	GesH	
Muggent	GesS	
Muggente	K	Gessner: Anas muscaria ist Schnatterente.
Murente	K	Gessner: Anas muscaria ist Schnatterente.
Nesselente	B,Be2,Do,N	Nessel mundartl. f. unruhig, lebh., munter.
Polka	Do,H	
Polnische Ente	H	
Ratsch-Anten	Hö	
Reidente	Do,H	
Roßente	Do,H	
Scherrendtlin	Be2	Name nur b. Bechstein u. Naumann zu finden.
Scherrente	Do	
Scherrentlin	N	
Schnarr Endte	Schwf,Suol	
Schnarr-Endte	K	

Schnarr-ente	Buf	
Schnarränte	Buf	
Schnarrente	B,Be1,Buf,Do,...	...K,Krü,N; Name bei Buf/Otto.
Schnatter Endte	Schwf,Suol	Name gebührt dem Weibchen: „Eine Entenart ...
Schnatter-Endte	K	... kann ... den Schnabel nicht halten. Man ...
Schnatter-ente	Buf	... vernimmt ... kräg ... ga ... gag, quäk und hohe ...
Schnatter-Ente	Buf	... pfeifende piep. Daher d. N. Schnatterente."
Schnatterente	B,Be1,Buf,K,...	...Krü,N,O1,V; - K: Frisch T. 168.
Schnerr Endtlin	Schwf,Suol	
Schnerr-ente	Buf	
Schnerrentlin	H	
Weißspiegel	Be2,Do,N	Weißer Spiegel macht sie kenntlich.

Schneeammer (Plectrophenax nivalis)

Bergammer	Be1,Do,N,O1	Wegen sehr nördl. Heimat bis Nord-Grönland.
Bergspornammer	N	Eine von 3 Arten bei C. L. Brehm.
Eisammer	B,Be,Do,N	Wegen sehr nördlicher Heimat.
Gefleckte Ammer	Hö	
Geschäckter Emmerling	Be1,N	Syn. ist „weißfleckige Ammer" (b. K 1760).
Gescheckter Emmerling	Do,K,Krü,H,Schwf	K: Frisch T. 6; schon bei Schwf. 1603.
Geschickter Emmerling	Buf	
Ijskletter (helgol.)	H	
Lerchenammer	B,N	A. Brehm: Mittelglied zw. Lerche u. Ammer.
Lohgelbe Ammer	Be1	
Lohgelber Ammer	Be,N	Sehr altes Männchen.
Lohgelber Ammerfink	H	
Meerstieglitz (österr.)	Be1,Buf,Do,N	
Meerstiglitz	Hö	
Neuvogel	Ad,B,Be1,Buf,Do,...	...K,Krü,N,Schwf; - Kommt b. frischem Schnee.
Nordische Lerchenammer	Be2	
Nordischer Lerchenammer	Be,Buf,N	Name von Halle 1760.
Ortolan	Be97	
Rossolan	Buf	
Schäckiger Emmerling	Be1	
Scheckter Emmerling	Buf	
Schnee-Ammer	Buf,N	„Schneeammer" schon bei Frisch 1734.
Schnee-Ortolan	Buf	Name bei Buffon/Otto 1790.
Schnee-Spornammer	N	Hat eine Art Lerchensporn.
Schneeammer	Ad,B,Be1,Buf,Fri,...	...K,Krü,N,O1,V; - K: Frisch T. 6.
Schneeammerling	B,Be1,Do	
Schneeemmerling	Buf,N	Leitname bei Scopoli 1770 (Ember. nivalis).
Schneefink	Be2,Do,N	
Schneefinke	Be1	
Schneeflocke	N	Mengen kommen zu Fär., wie Schneeschauer.
Schneelerche	Be1,Buf,Do,Krü,...	...N,O1; - Krü 1827: Läuft wie eine Lerche.
Schneeortolan	B,Be2,Do,Krü,N	Wurde wegen guten Geschmackes gefangen.
Schneesperling	Ad,Be1,Buf,Krü,N	Da in einigen Wintern sehr häufig.
Schneespornammer	N	

Schneesporner	Do,O3	
Schneevogel	Ad,B,Be1,Buf,Do,…	…Fri,K,Krü,N,Schwf; K: Frisch T. 6.
Schneevogel aus der Hudsonsbay	Buf	
Schwarzköpfiger Spornammer	N	Starke Gefieder-Variationen.
Seelerche	Be2,Do,N	
Seiling	Do	
Sporenammer	B,Do	
Streitvogel	Do	
Strietvagel	Be1	
Strietvogel	Be,N	Kein Streitvogel, aber unruhig, wild, scheu.
Weiße Ammer	GesS	
Weißer Bergfink	Ad	
Weißer Emmeritz	GesH	
Weißfleckige Ammer	Buf,K	K: Frisch T. 6.
Winterling	Ad,B,Be1,Buf,Do,…	…K,Krü,N,Schwf; K: Frisch T. 6.
Wintersperling	Ad,Be1,Buf,Do,…	…K,Krü,N; Buf (1790):
		„Passer hibernus.“
Wintervogel	Be1,N	Müller (1773): Eig. Art neben Schneeammer.
Wysse Emmeritz	GesS	
Zweiammer	Do	

Schnee-Eule (Bubo scandiacus)

Blinzeleule	Do,H	
Fischuhl	Do	
Fleckige Eule	Be,N	Betrifft adultes Weibchen.
Fleckige Nachteule	Be2,N	War Leitname bei Be, Naumann oder Gmelin.
Große Tageule	N	Buffon: „Weil sie den Tag über herumfliegt.“
Große weiße Eule	Be1,N	Siehe unten Weiße Eule
Große weiße nordische Eule	Be1,N	
Große weiße und einzeln …	Be1	… schwarzgedüpfelte Eule. KN v. Bechstein.
Große weiße und einzeln …	N	… schwarzgetüpfelte Eule. KN v. Naumann.
Haffuhl	Do	
Härfäng	H	
Harfang	O1,V	Übersetzt: Hasenfänger. Der opportunistische …
Harfäng	Do	… Jäger nimmt, was er schlagen kann, …
Hasfang	O1	… auch bis 800g schwere Säuger (Bisam, Hase).
Isländische weiße Eule	Be1,N	Lange war Vorkommen in Island umstritten.
Kanadische Tageule	N	
Kleinere Canadensische Tageule	Be2	Müller (1773) meinte evtl. die Sperbereule.
Schnee-Eule	N	Siehe Schneekauz.
Schnee-Kauz	O2	
Schneeeule	B,Be1,O1,V	Sie ist die einzige weiße Eule.
Schneekautz	N	Fast „ohrlos“, knapp uhugroß, Vorkommen …
Schneekauz	Be,Do,HN	… zirkumpolar. Optimale Anpassung an Tundra.
Snee-ühl (helgol.)	H	
Sperbereule	Be2,N	
Tagadler	Be	
Tageule	Be1,N	Buffon: „Weil sie den Tag über herumfliegt.“

Weißbunte schlichte Eule	Be1,K,N	Name von Klein.
Weißbunte Eule	Be1,N	Vor Pennants „snowy owl", führte …
Weiße Eule	Be1,N,V	… Buffon sie als (Große) Weiße Eule.
Weiße Tageule	Be2,Do,N	Vogel ist tag- und dämmerungsaktiv.

Schneegans (Anser caerulescens)

Hagel Gans	Schwf	
Hagelgans	Be1,Buf,K,Krü,…	…N,O2; Bedeutet Hagel, Unwetter, Unglück u. a.
Nordische Gans	Be2,Buf,O1,N	Brütet n. ausschließl. in nördlichsten Gebieten.
Polargans	N	N meinte kalte Gebiete von Kan. u. Ostsibirien.
Sahlgans	Krü	
Schleckergans	Be2,Buf,N	„Slackern" bedeutet schneien. – S. Hagelgans.
Schnee Gans	Schwf	
Schnee-Gans	N	Weiße Morphe weiß bis auf schwarze Handschw.
Schneegans	B,Be1,Buf,H,…	…K,Krü,O1; Brütet in Tundren bis NW-Grönl.
Schneegansente	N	
Weiße Gans	Krü	

Schneehuhn (Lagopus lagopus + Lagopus mutus + Lagopus lagopus scoticus)

Begründung der Mischliste: Taxonomische Unklarheiten bis ins 19. Jahrhundert. Oft wurde für eine oder mehr Schneehuhn-Arten nur „Schneehuhn" angeboten.

Siehe auch **Alpenschneehuhn (Lagopus mutus)**
Siehe auch **Moorschneehuhn (Lagopus lagopus)**
Siehe auch **Schottisches Moorschneehuhn (Lagopus lagopus scoticus)**

Einige dieser Trivialnamen findet man jeweils auch bei den 3 obigen Schneehühnern.
Es erschien nicht sinnvoll, sie herauszukürzen.

Alpen-Schneehuhn	N	„Alpen": Bed. „alpine Zone", im N bis Tundra …
Alpenschneehuhn	B,H,O3	… wo alpine Zone auf Meereshöhe sinken kann.
Berg-Huhn	Fri	
Berghuhn	Fri,Krü,N	
Bergschneehuhn	B,N	Alpen: Von echten Alpen bis äußerstem Norden.
Dal-rype (norw.)	H	
Dalripa (schwed.)	H	Name in Schweden.
Ellernhuhn	Do	
Europäisches Schneehuhn	Be2	
Felsenschneehuhn	B,N	
Field-Rype (norw.)	H	
Fjäll-Ripa (schwed.)	H	Moderne Bezeichnung des Alpenschneehuhns.
Gebirgrebhuhn	Hö	Ptarmigan, List of species of British … 9/1852.
Griegelhahn	Fri,Krü	
Griegelhenne	Krü	
Griegelhuhn	Krü	
Grouse (engl.)	B,Do	
Haselhuhn	Be1	
Hasenfuß	K	Frisch T. 110–111.
Hasenfüßiges Waldhuhn	N	Wegen der befiederten Füße.
Holzhuhn	K	K: Albin Band I, 23 + 24.

Isländisches Schneehuhn	Krü,O2,V	Faber (1822): Neue Art neben Norw. Schn.
Küsuna (finn.)	H	
Moor-Schneehuhn	N	Vogel lebt in Tundra Skandiv., N-Asiens mit …
Moorhahn	Buf	Moorhuhn: Vorschl. von Brehm, heute unüblich.
Moorhuhn	B	… Sümpfen, Mooren, off. Waldgeb., Heidefl.
Moorschneehuhn	H,Krü,O2	Sumpfige Tundra ist lange verschneit.
Morasthuhn	B,O1,V	
Morastschneehuhn	Do,N	
Morastwaldhuhn	N	
Murhan	Buf,GesH	
Ptarmigan	Be1,N,O1	Alte engl. Bezeichnung mit vielen Synonymen.
Rebhuhn	Be1	
Riepe	B,O1	Aus norw. Namen Ryper.
Rohtes Hasel-Hun	K	K: Albin Band I, 23 + 24.
Rohtes Holtz-Hun	K	K: Albin Band I, 23 + 24.
Rothes Haselhuhn	K	K: Albin Band I, 23 + 24.
Rypen	Be1	
Schnee Huhn	Fri	
Schnee-Hun	Kö	
Schnee-vogel	Kö	
Schneehase	Be1	
Schneehenndel	Hö	Tetrao lagopus.
Schneehuhn	B,Be1,Fri,K,…	…Krü,N,O1,V;
Schneehun	P	Schneehuhn: K: Frisch T. 110–111.
Schneevogel	Fri,Krü	
Schottenhuhn	B,Do	Vorschlag von A. Brehm, heute unüblich.
Schottisches Haselhuhn	Buf	
Schottisches Schneehuhn	Krü,O2,V	Lebt in England und Irland.
Schottisches Waldhuhn	O3	
Schottländischer Vogel	GesH	
Schrathuhn	Fri,Krü	
Schwartzhan	GesH	
Skov-rype (norw.)	H	
Snöripa (schwed.)	H	
Stein Huhn	Fri	
Steinhuhn (helv.)	Be2,Fri,Krü,N,…	…O1,V;
Steinkräe	GesS	
Steinrahen	GesS	
Taha	GesS	
Talschneehuhn	Do	„Dieses Schneehuhn ist kein Gebirgsvogel.“
Thalhuhn	o.Qu.	
Thalschneehuhn	B,N	„Dal-rype“ übersetzt ist „Talschneehuhn“.
Vennhuhn	Do	
Weidenhuhn	B	
Weidenschneehuhn	Do,N	
Weiß Haselhuhn	Fri	
Weiß-Hun	Kö	
Weißes Berghuhn	Fri	

Weißes Birkhuhn	Do,N	Weißes Birkhuhn größer? Variation?
Weißes Haselhuhn	Do,K,Krü,N	Hasel- u. Moor – Schneeh. etwa gleich groß.
Weißes Hasselhuhn	Suol	
Weißes Morasthuhn	Be2,N	
Weißes Rebhuhn	Be,Do,Hö	
Weißes Rephuhn	N	
Weißes Repphuhn	Krü	
Weißes Waldhuhn	Be1,Do,N	
Weißes wildes Huhn	Krü	
Weißes Wildhuhn	Krü	
Weißhuhn	B,Be1,Krü,N,O1,V	
Wild-Hun	Kö	
Wildes Rebhuhn	Be2	
Wildes Rephuhn	N	Lebt weit weg vom Menschen, entg. Rebhuhn.

Schneekranich (Grus leucogeranus)

Mönchskranich	H
Schneekranich	H
Silberkranich	H
Weißer Krahn	K
Weisser Kranich	H

Schneesperling (Montifringilla nivalis)

Alpenfink	Do,N
Schnee-Fink	N
Schneefink	B,Be1,Buf,H,O1
Schneevogel	Do,N
Steinfink	B,Do,N

Schottisches Moorschneehuhn (Lagopus lagopus scoticus)

Keine eigene Art, sondern Geographische Varietät des Moorschneehuhns.

Siehe auch **Schneehuhn (Lagopus lagopus + Lagopus mutus + Lagopus lagopus scoticus)**

Begründung der Mischliste: Taxonomische Unklarheiten bis ins 19. Jahrhundert.

Siehe auch **Alpenschneehuhn (Lagopus mutus)**

Siehe auch **Moorschneehuhn (Lagopus lagopus)**

Grouse (engl.)	B	
Holzhuhn	K	K: Albin Band I, 23 + 24.
Moorhahn	Buf	
Murhahn	Buf	
Murhan	GesH	
Rohtes Hasel-Hun	K	K: Albin Band I, 23 + 24.
Rohtes Holtz-Hun	K	K: Albin Band I, 23 + 24.
Rothes Haselhuhn	K	K: Albin Band I, 23 + 24.
Schottenhuhn	B	
Schottisches Haselhuhn	Buf	
Schottisches Schneehuhn	O2,V	
Schottisches Waldhuhn	O3	
Schottländischer Vogel	GesH	
Schwartzhan	GesH	

Schreiadler (Aquila pomarina)

Bunter Adler	Be,N	
Clanga	Be1	
Des Morphnos Kollege	Be2	
Endtenadler	K	
Entenadler	B,Be1,Do,N	Neben Schell- auch Schreiadler. Uneinigkeiten.
Entenstössel	Suol	Suolahti hätte mit ß schreiben können, …
Entenstösser	Suol	… er bevorzugte aber ss.
Entenstößer	Be1,N	
Froschadler	Do	
Gänseadler	Be1,N	Wahrscheinlich ist größerer Adler gemeint.
Gefleckter Adler	Be1,N	
Gelpher	Suol	
Geschäckter Adler	Be1	
Gescheckter Adler	Do,N	
Großer Bussard	Do	
Hasengeier	GesS	
Hasenstößer	GesS	
Hochbeiniger Adler	Be,Do,N	
Kaffeeadler	Do	
Kleiner	Be2	
Kleiner Adler	Be1,K,N	Braun und hahngroß: Evtl. junger Vogel.
Kleiner Schreiadler	N	Nachträge 1860: Großer und Kleiner Schreiadler.
Klingender Adler	Be,K,N	Rufe eines zahmen Schreiadl. (Klein/Reyger).
Klingender Schellenadler	Be2,N	
Klingender Schellentenadler	Be1	
Mäuseaar	Krü	
Mäusefalk	Krü	
Morphnoskollege	N	
Planga	Be1	
Pommerscher Adler	O3	
Rauchfuß	B,N	
Rauchfußadler	Be	
Rauhfuß	Be2	
Rauhfußadler	Do,N	
Röthlicher Mäuseaar	Be1,N	
Rötlichter Meuse Ahr	Schwf,Suol	
Russischer Adler	Be,N	
Schelladler	Be1,K	S. Stresemann, J. f. O. 89, Sonderh. 1941/87.
Schellenadler	Be,N	
Schrei-Adler	N	Pennant 1785: „Crying Eagle".
Schreiadler	B,H,V	
Schreier	N	
Schreyadler	Be,O2	Bechstein 1793 aus „Schreyer".
Schreyer	Be1,Krü	Zimmermann übersetzte 1787 Crying Eagle.
Steinadler	Be1,N	
Weißgefleckter Adler	Be2	

Schwalbenmöwe (Xema sabinii)

Gabelschwänzige Möve	H	Hocharkt. Brutvogel Nord-Sibir. u. -Amerikas.
Schwalbenmöve	B,H,O3	Lange Flügel, eingekerbter Schwanz.
Schwalbenschwanzmöve	H	

Schwanzmeise (Aegithalos caudatus)

Aschmeise	Ad	
Backofendrescher	Be2,Buf,Do,Krü,N	
Balanziermeise	Do	
Bauren-Pfannenstiel	Kö	
Belzmaise	Buf	
Belzmeise	Be2,Buf,Krü,N	Belz- wohl aus Bolz für langen Schwanz.
Berckmeißle	GesS,Suol	„Dieweil es seine Wohnung gern auff den ...
Berg Meißlin	Schwf	... Bergen hat." – Bis 1000 m, manchmal höher.
Bergmaise	Buf,Fri	
Bergmeise	Ad,B,Be2,Buf,GesH,...	...Krü,N;
Bergmeislein	Do	
Binderschlägel	Do	
Binderschlegel	H	
Bolzmeise	Suol	
Brâm-Môs	Suol	
Brôm-Môs	Suol	
Buntköpfige Schwanzmeise	Buf,K	K: Frisch T. 14.
Elstermeise	Do	
Holzmeise	Krü	
Kreichen	Suol	
Langgeschwänzte Meise	Ad,Be2,K,Krü,N	Leitname bei Klein (1760). Frisch T. 14.
Langschwanz	Ad,Do,Krü	
Lângschwänzchen	Suol	
Langschwänzige Maise	Fri	
Langschwänzige Meise	Buf	
Lappmesen	Buf	
Löffelmeise	Do,H	
Longschwanz	H	
Mehlmeise	Ad,B,Be2,Buf,Do,...	...Krü,N; Weil Gefieder z. T. weiß(lich) ist.
Mohrmeise	Ad,B,Be2,Do,...	...Krü,N;
Mohrvögelchen	Krü	
Moormeise	Ad,B,Be2,Krü,N	
Mormaise	Buf,Fri	„Gern an sumpfigen Oertern." Frisch 1763.
Müller	H	
Müllerbursch	Do,H	
Müllermeise	Do,H	
Pelzmaise	Hö	Sträubt Federn, macht Pelz, Hö 2/313.
Pelzmeise	Do,Suol	
Pfânastiel	Suol	
Pfannenstieglitz	Ad,Be2,Buf,Do,...	...K,Krü,N; K: Frisch T. 14.
Pfannenstiel	Ad,B,Be2,Buf,Do,...	...Fri,Krü,N,O1,P,V;

Pfannenstielchen	Be2,N,Suol	In Straßburger Vogelbuch 1554.
Pfannenstielein	GesH	
Pfannenstiglitz	GesSH,Schwf	Eber/Peucer (16. Jh.) wegen Gefiederfärbung.
Pfannenstil	GesS,Suol	Schon vor Gessners Zeiten in der Schweiz.
Pfannenstößer	Do	
Pfannestiglitz	Suol	
Querrelmeise	Do,H	
Riedmeise	B,Do,N	
Riethmeise	Krü	
Rietmaise	Buf,Fri	Siehe Mormaise.
Rietmeise	Ad,Be2	
Rührlöffelschwanz	Do,H	
Schapensteel (nieders.)	Ad	
Schleiermeise	B,Do	Schleier; Weißer Kopf oder weißer Scheitel.
Schneamoas	Suol	
Schnee-Meise	P	U-Arten waren Schnee- und Spiegelmeise.
Schnee-Meiße	P	Seit 1720 belegt, meint weißköpfige U.-Art.
Schneeguckerl	Suol	
Schneemaise	Buf,Fri,Hö	
Schneemasn	Suol	
Schneemeise	Ad,B,Be2,Buf,...	...Do,Krü,P,Suol,V;
Schwantz-Meise	P	
Schwantz-Meisse	G,P	
Schwantzmeise	P	Vogel ist 14 cm lang, davon 8 cm Schwanz.
Schwantzmeißlein	GesSH	
Schwantzmeißlin	Suol	
Schwanz Meise	Schwf	Nicht näher mit den „echten" Meisen verwandt.
Schwanz-Meisse	N,Z	
Schwanzmaise	Fri	
Schwanzmeise	Ad,B,Be1,Buf,...	...Krü,N,O1,V;
Schwarzbrauige Schwanzmeise	H	
Schwarzzügelige Schwanzmeise	H	
Schweifmeise	Do,H	
Seegestert	Do	
Spiegelmeise	B,Be2,N	Der weiße Scheitel ist hier der Spiegel.
Stangenmeise	Do,H	
Steermeeske (nieders.)	Ad	
Stertmeseke	Suol	
Stirtmeeschen	Do	
Styärtmêse	Suol	
Südliche Schwanzmeise	H	
Teufelbolzen	Be	
Teufelsbelzchen	Be,Krü	
Teufelsbolzen	B,Be2,Do,N,Suol	Teufel = ? Bolz ist langer Schwanz.
Teufelspelz	Do,N	„Pelz" aus „Bolz" entstanden?.
Teufelspelzchen	N,Suol	
Weinzapfer	B,Be2,Buf,Do,...	...Krü,N;
Weißer Pfannenstiel	N	
Weißköpfige Schwanzmeise	H	Nördliche Unterart.

Westliche Schwanzmeise	H	
Zagelmaise	Fri	
Zagelmeise	Ad,B,Buf,Do	Ahd. (um 1000) zagal, mhd. zagel (Schwanz).
Zagelmeiß	GesSH	
Zagelmys	Suol	
Zaglmaiß	Suol	
Zahl Meise	Schwf	Ihr „Thüringischer Name." Krünitz 1773.
Zahl-Meise	Suol	
Zahlmeise	Ad,B,Be2,Buf,K,…	…Krü,N; Klein (1750), Frisch T. 14.
Zahlmeislein	Do	
Zogel-Meise	Kö	
Zogelmeise	Ad,Be2,Krü,N	

Schwarzbrauenalbatros (Thalassarche melanophris)

Schwarzzügeliger Albatros	H	
Sulkonge (fär.)	H	Auf den Färöern lebender Vogel …
		… wurde so genannt (= Tölpelkönig).

Schwarzflügel-Brachschwalbe (Glareola nordmanni)

Braunringiges Sandhuhn	Be2	
Riegerle	Be1	
Riegerlein	Be	
Sandhuhn mit dem Halsbande	Be1	
Sandregerlein	Be1	
Schwarzflügeliger Giarol	H	Der Vogel hat schwarze Unterflügeldecken.
Schwarzköpfiges Sandhuhn	Be	
Steppenbrachschwalbe	B	Leben in Steppen und nahe Feuchtgebieten.
Tulfis	Be2	Oken: „Laufen am Wasserrand u. schreien Tull."
Tullfiss	Be	Auch Regenpfeifer wurden so genannt.
Wiesenschwalbe mit dem Halsbande	Be	

Schwarzhalsschwan (Cygnus melancoryphus)

Schwarzhalsiger Schwan	Krü
Schwarzköpfiger Schwan	Krü

Schwarzhalstaucher (Podiceps nigricollis)

Dachentlein	Be,N	Wurde mit tauchenden Enten verglichen, …
Duchente	Do	… obwohl viel kleiner als eine Ente.
Duchentlein	Be,N	
Gehörnter Steißfuß	Be,O3	
Geöhrter Lappentaucher	Do,N	
Geöhrter Steißfuß	N	
Geöhrter Taucher	Be,N,V	
Goldohr	Do,N	„Ohr" – Federbüschel können leuchtend wirken.
Großöhrige Taucherente	Be,N	
Horntaucher	O2	
Käferente	Be,N	Frißt bevorzugt Wasserinsekten, kaum Fische.
Käferentle	Do	
Kleiner gehörnter Taucher	N	

Meerdrehhals	Be	
Ohren-Steißfuß	N	
Ohrensteißfuß	B,Be	
Ohrentaucher	Be,N	
Ötzer	H	
Rohrhacker	Do,H	
Schwarzhalsiger Lappentaucher	H	Viel kl. als Haubent., aber größer als Zwergt.
Schwarzhalsiger Steißfuß	H	
Schwarzhalsiger Taucher	H	
Schwarzhalssteißfuß	H	
Schwarzhalstaucher	H	
Schwarzlappentaucher	H	
Schwarztaucherle	Do	
Schwarztaucherlein	H	
Schwarztäucherlein	Be,N	V. ist, bis auf Federbüschel am Kopf, schwarz.
Stock-Entlein (Sk?)	Z	
Südlicher Ohrentaucher	Krü,O2	Verbreitgs.geb. wurde früher südlicher gesehen.

Schwarzkehlchen (Saxicola torquatus)

Braunkehlchen	Be1,Buf,Krü,N	Bechstein wollte diesen N. nicht akzeptieren.
Brombeervogel	Buf	
Buntflügelichte Nachtigal	Buf	
Christöffel	Do	
Christöffelchen	Krü	
Christöffl	Be1,N	Siehe Text im Buch (2/197).
Christöphel	Hö	
Englische Bachstelze	Buf	
Englisches Weißkehlchen	Buf	
Grasrägg	Suol	
Heidefink	Suol	
Heideschmätzer	Do	
Klappervogel	Buf	
Klein Brachvogelchen	Tu	
Kleine Steinklatsche	Be1,Krü,N	Es wurde nur mit größerem Steinschmätzer …
Kleiner Steinschmätzer	V	… die Größe, nicht die Stimme verglichen.
Krautfletsche	Do	
Schollenhüpfer	B,Be2,Do,Krü,N	Fortbewg. von Steinschm. fälschl. übernommen.
Schwarz- und weißer Fliegenschnäpper	Be1,N	
Schwarzbrüstli	Suol	
Schwarzer Fliegenschnäpper	N	
Schwarzer Fliegenstecher mit weißem …	Be2,Krü,N	… Halsring. Deutl. weißer Halsfleck, -ring.
Schwarzer und weißer Fliegenschnäpper	Krü	
Schwarzfuß	Buf	
Schwarzkehlchen	B,Be1,Krü,N,O1	Name stimmt: Kehle ist schwarz.
Schwarzkehlige Grasmücke	N	Grasmücken: früher fast alle kl. Insekt.fresser.
Schwarzkehliger Steinsänger	N	Zu Steinsänger s. u.

Schwarzkehliger Steinschmätzer	Be1,Krü,N,V	Bechstein: Steinschm., Naum.: Wiesenschm. ...
Schwarzkehliger Wiesenschmätzer	N,O3,Suol	... Manche Leute hörten b. Gesang Schmatzen.
Stauden-Röthling	P	
Staudenschnapper	P	
Staudenschnapperlein	P	
Steinpicker	Be1,Krü,N	
Steinschmatzer	Be,Hö,Krü	Ein Steinsänger ist in der Regel der ...
Steinschmätzer	Be2,N	... Steinschmätzer, nicht das Schwarzkehlchen.
Steinschmetzer	Krü	
Strauchschmätzer	Do	
Swart hoaded Kapper (helgol.)	H	
Weißer Fliegenschnäpper	N	
Weißkehlchen	Be1,Buf,Krü;N	N. von Buffon/Otto, gegen den sich Be wehrte.
Witkeleken	Suol	

Schwarzkehldrossel (Turdus atrogularis) (Früher: Bechsteindrossel)

Siehe Naumann – Nachträge Band 13/1860 Seite 316.

Bechsteins Drossel	N	Alter Name, den Naumann 1822 ...
Schwarzkehlige Drossel	N,O3	... in Schwarzkehlige Drossel änderte.
Kleiner Krammetsvogel	Be,N	V. Jägern gefangen u. so genannt (Ende 18. Jh.).
Schwarzkehldrossel	B	Früher Unterart der Bechsteindrossel
Schwarzkehliger Ziemer	N	Männchen: Gesicht, Kehle, Brust schwarz.
Zweideutige Drossel	N	Wohl sehr ähnlich d. Wacholderdrossel, ...
Zweydeutige Drossel	Be1	... die sie aber (u. a. da kleiner) nicht war/ist.

Schwarzkopfmöwe (Larus melanocephalus)

Hutmöve	B	
Kapuzinermöve	B	
Schwarzkopf-Meve	N	Im Pk völlig schwarzer Kopf, deutlich zu ...
Schwarzköpfige Meve	N	unterscheiden von der Lachmöwe.
Schwarzköpfige Möve	N	Schwarze Kappe verschwindet im Sk fast völlig.
Schwarzkopfige Möve	O3	
Schwarzkopfmeve	H	

Schwarzmilan (Milvus migrans)

Aar	Buf	
Aetolischer Hühnergeier	N	Angeblich in griech. Landschaft Aetolien.
Aetolischer Hühnergeyer	Be2,Buf	
Braune Gabelweihe	N	Be hielt ihn lange für jungen Rotmilan.
Braune und schwarze Weyhe	Be2	
Braune Weihe	Do,N	Es kann passieren, daß er Habichten, Wander-
Brauner Milan	N	oder Turmfalken die Nahrung abjagt.
Brauner Milon	Hö	
Brauner Waldgeier	N	Name in Österreich.
Brauner Waldgeyer	Be,Hö	Höfer: Nach Kramer.
Buysart	GesS	
Gabelgeier	Do,N	Be hatte Ähnlichkeiten mit Geiern festgestellt.

Geyer von Carolin	Hö	
Hak	Do	
Hawk	Do	
Howiehe	Do	
Howik	Do	
Hühnerdieb	B,N	
Hühnerweihe	Do	
Kleine braune Gabelweyhe	Be2	
Kleine Gabelweihe	N	
Kleiner Milan	N	Deutlich kleiner als Rotmilan.
Kleiner Schwalbenschwanz	N	
Kleiner und brauner Waldgeyer	Be2	
Kleiner Waldgeier	N	
Kuiken-Dief (holl.)	Buf	Kükendieb.
Lachwy	GesS	Von englisch lake.
Maßwy	GesS	Maß = Moos, Moor.
Mäuseaar	Be,Do,N	Naumann: -aar ist richtig.
Mäuseadler	Be2,Buf,N	
Mäusefalke	Be	Be sah auch Ähnlichkeiten zu Mäusebussard.
Meus Ahr	Schwf	
Milan	B,Do	Schwarzm., von Brehm ungeliebt: Gabelweih.
Räuber junger Hüner	Buf	
Schwart Tweelstartwieh	Do	
Schwarzbrauner Milan	N,V	
Schwarze Gabelweihe	Do,N	Schwanz deutl. weniger gegabelt als bei Rotm.
Schwarze Gabelweyhe	Be	
Schwarze Hühnerweihe	N	Auf Hühner bezogene Namen waren teilweise …
Schwarze Hühnerweyhe	Be1	… berechtigt. Hauptnahrg ist aber Fisch, Aas.
Schwarze Weihe	N	Aus der Ferne wirkt der braune Vogel schwarz.
Schwarzer Falke	Be1,N	
Schwarzer Gabelweih	O2	
Schwarzer Geyer	Hö	
Schwarzer Hühnerdieb	Be2,Do	
Schwarzer Hühnergeier	N	
Schwarzer Hühnergeyer	Be2	
Schwarzer Hünergeyer	Buf	
Schwarzer Milan	Be,Do,N,O3,V	Vogel nicht schwarz, sondern braun.
Schwemmer	GesS	
Schwimmer	Schwf	
Waldgeier	B,Do	Brütet gerne in lichten Wäldern, auch Auen.
Wieh	Do	
Wye	G	
Zwartbrun Wieh	Do	

Schwarzschnabel-Sturmtaucher (Puffinus puffinus)   **Neu:** Atlantiksturmtaucher

Arctischer Sturmtaucher	N
Arctischer Sturmvogel	N
Arktischer Sturmtaucher	H
Arktischer Sturmvogel	H
Aschgrauer Sturmvogel	Buf

Englischer Sturmtaucher	N	
Englischer Sturmvogel	N,O3	
Erdmöve	Buf	
Gemeiner Sturmtaucher	N	
Gemeiner Sturmvogel	Buf,N	
Gewöhnlich großer Sturmvogel	Buf	
Haffhest	Buf	
Hav-hest	Buf	
Mallemucke	Buf	
Marmuck (helgol.)	Do,H	
Mittler Puffin	N	
Mittler Sturmtaucher	N	
Mittler Sturmtaucher	N	
Mittler Sturmvogel	N	
Mittlerer Puffin	H	
Nordischer Schrappvogel	O2	Schrapper, Scharrer bei Höhlenbau.
Nordischer Sturmtaucher	N	
Nordischer Sturmvogel	N	Sturmvogel Procellaria keine Schutzsuche.
Nordischer Tauchersturmvogel	N	Naumanns Name für den Vogel.
Puffin	Buf,Do,N	Puffinus: Schutzsuche bei Unwettern.
Puffinmeve	Buf	
Puffinmöve	Buf,H	
Puffintaucher	N	
Puffinvogel	Buf	
Pupin	Buf,K	The Puffin of the Isle of Man.
Schwarzrückiger Sturmtaucher	N	Name von Meyer 1822.
Schwarzrückiger Sturmvogel	N	Schwarzer Rücken, helle Unterseite.
Seepferd	Buf	
Skraapur	o.Qu.	
Skrabe (dän.)	Buf	Schrapper, Scharrer bei Höhlenbau.
Skrofa	o.Qu.	Isländisch für scharren (Höhlenbau).
Sturmtaucher	B	Puffinus: Schutzsuche bei Unwettern.
Sturmverkündiger	Buf	
Tauchersturmvogel	Do	
Wasserscheerer	Buf	Gesenkte Schwingenspitzen scheinen …
Wasserscherer	Do,N	… Wasser zu berühren, zu scheren.

Schwarzspecht (Dryocopus martius)
Hier auch Specht allgemein nach Suolahti

Advokatenspecht	Do	
Bambeckl	H	
Bambickl	H	
Bauhecker	Suol	Specht allgemein.
Baumbicker	Suol	Specht allgemein.
Baumhackel	Suol	Specht allgemein.
Baumhacker	Be,N	Halles Name bei Bechstein ohne Zusatz (Adj.).
Baumjürgel	Suol	Specht allgemein.
Baumkatze	Suol	
Baumkrähe	Do,H	
Baumnirgel	Suol	

Baumpicker	Suol	Specht allgemein.
Baumreiter	Suol	Specht allgemein.
Baumroller	Do	
Baumrutscher	Suol	Specht allgemein.
Berg-Chräj	Suol	
Bergspecht	B,Do,N	In Tannenwäldern der Gebirge schon lange übl.
Bombicker	Suol	Specht allgemein.
Boumheckel	Suol	Specht allgemein.
Budenspecht	Do	
Craspecht	Suol,Tu	Späterer Krähenspecht 1544 b. Turner belegt.
Deutsche Holzkrähe	Krü	
Forenbicker	Suol	
Fouselier	Buf	
Füselier	Be1,Do,N	Römer: Sp. war heiliger V. d. Kriegsgottes Mars.
Gemeiner Specht	Be1,K	K: Frisch T. 34.
Gießvogel	Do,H	
Goissvogel	H	
Gott vom Dorf Wangen	Do,H	
Griesvogel	H	
Großer gemeiner Specht	N	
Großer schwartzer Spech	GesH	
Großer schwarzer Baumhacker	H	
Großer schwarzer gemeiner Specht	Be	
Großer schwarzer Specht	GesS	
Großer Schwarzspecht	Be1,N	
Großer Specht	Be2,Buf,Krü,N,Schwf	
Größter europäischer Baumhacker	Buf	
Größter europäischer schwarzer ...	Be,N	... Baumhacker (Name von Halle, 1760, langer Trivialname).
Hoh Grohe	Do	
Hohl-Krähe	G	
Hohlenkra	H	
Hohlkra	P	
Hohlkragn	H	
Hohlkrah	H,P	
Hohlkrahe	N,P	Geht auf ahd. holacrâ zurück, hierher auch ...
Hohlkrähe	B,Be1,Do,Fri,Suol,Z	... Hollkrähe. Brütet in Höhlen.
Hohlkran	Suol	
Hohlkrehe	H	
Hohlkroh	Suol	
Hohlkrohe	H	
Hohlkron	H	
Hohlrabe	Do,H	
Hol-Chräj	Suol	
Holderkrâ	H,Suol	
Holderkrah	Do	
Holkrae	Suol	

Holkräe	Suol	
Holkräe	GesSH	
Holkrähe	GesH	Anzinger: „Hohl"- u. „Holler"- gehen auf …
Holkrahe	Suol	
Holkrahe	Schwf	… schwarze Beeren zurück, wie Holunder-, …
Hollakragen	Do,H	… Wacholder-, Heidel-, Brombeeren.
Hollakrogn	H	
Hollekrôge	Suol	
Hollkraa	H	
Hollkrah	H	
Hollkrähe	B	Siehe Hohlkrahe.
Hollkro	Suol	
Holtbecker	Suol	Specht allgemein.
Holtz Hun	Schwf	
Holtz Krahe	Schwf	
Holtzchra	Suol	
Holtzhûn	Suol	
Holtzkräe	GesS,Suol	
Holtzkrähe	GesH	
Holz-Chräj	Suol	
Holzgans	H	
Holzganz	Do	
Holzgieker	Do,H	
Holzgöcker	Hö,Suol	
Holzgüggel	B,Do,H,Suol	War in der Schweiz üblich. Güggel ist ein Hahn.
Holzhahn	Hö,H	
Holzhenne	H	
Holzhuen	GesS	
Holzhuhn	Be1,Buf,Krü,N	
Holzhun	K	K: Frisch T. 34.
Holzhuse	Do,H	
Holzkrâ	Suol	
Holzkraa	H	
Holzkräe	GesS	Holzkrähe wurde auch als Waldkrähe übersetzt.
Holzkrahe	Be1,Do,K,N	K: Frisch T. 34.
Holzkrähe	B,Be1,Buf,Do,Krü	Wg. Größe u. Farbe: V. wurde Krähe genannt.
Holzkrahn	H	
Holzpäppel	Do	
Holztrahe	K	K: Frisch T. 34.
Holztrahekrahe	K	
Holzvogel	Do	
Huhlkrohe	Do,H	
Hutzkrah	H	
Kraespecht	GesS	
Krah Specht	Schwf	
Krähe	Suol	
Krähenspecht	B,Be1,Do,Krü,N	Dieser Name ist snonym zu Spechtkrähe.
Krähespecht	Buf	

Krahspecht	Do,H,K	K: Frisch T. 34.
Krappenspecht	Do,H	
Kräspecht	GesH	
Kriegsheld	Do,N	Schwarzspecht war Wappenvogel des Mars.
Krohspecht	H	
Lochkrahe	N	
Lochkrähe	B,Be,Do,H	Ähnlich zu deuten wie Hohl-, Holzkrähe.
Lochschnitzer	GesS	
Luderkrahe	N	… Aas, auch „Luder" genannt.
Luderkrähe	Be,Buf,Krü	Angeblich fressen die krähenähnlichen …
Luderspecht	B,Be2,Do,N	… Schwarzspechte auch Aas.
Märzefühele	Do,H	
Müllers Advokatenspecht	H	
Nirgel	Do	
Pämhachkel	Suol	Specht allgemein.
Paumheckel	Suol	Specht allgemein.
Regenvogel	Do	
Rindenpicker	Suol	Specht allgemein.
Rittelweibl	H	
Rüttelweibel	Do	
Schouna (krain.)	Be1	
Schwartz-Specht	Fri,G	
Schwartzer Specht	Buf	
Schwartzspecht	Fri	Name schon 1554 im Straßburger Vogelbuch.
Schwarz-Specht	N,Z	
Schwarzer Bamhackl	H	
Schwarzer Baumhacker	Do,Hö	
Schwarzer Baumhackl	H	
Schwarzer großer Specht	K	K: Frisch T. 34.
Schwarzer Specht	Be2,Buf,N,Schwf	
Schwarzhahnl	Do,H	
Schwarzspecht	B,Be1,Buf,Fri,… …H,K,Krü,O1,V; -	K: Frisch T. 34.
Spechtgrähe	Suol	
Spechtkrähe	Be1,H,Krü	Name zuerst 1760 bei Halle erschienen.
Speffzk	Do	
Swartspecht	Do	
Tannbicker	Suol	
Tannenhuhn	B,Do,H	
Tannenroller	B,Do,H	Namen leiten sich vom weithin hörbaren …
Tannroller	N	… schallenden Ruf ab (Gatt./Gatt.).
Tapferer Specht	Be1,Do,N	Vogel sollte stark und beherzt sein.
Totenvogel	Do,H	
Tscherna (krain.)	Be1	
Tül-Chräj	Suol	
Waldhahn	B,H	
Waldhahnl	H	
Waldhähnle	Do,H	
Waldhuhn	Do,N	
Waldpferd	Do,H	

Wangerer	Do,H	Siehe Trivialnamen „Gott vom Dorf Wangen".
Wetterhansl	Do,H	
Zimmermann	Do,H,Suol	Specht allgemein.
Zimmermeister	Do,H	
Zwartspecht	Do	

Schwarzstirnwürger (Lanius minor)

Würger allg. nach Suolahti siehe Neuntöter

Bergelster	Do	Elster wegen schwankenden Fluges.
Blauer Neutöter	Do	
Blaukopf	Do,H	
Dickkopf	Do,H	
Dorndreher	Be2	
Dorntraher	K	K: Frisch T. 60.
Dornträher	Schwf	
Dorntreter	Be2	
Drillelster	B,Do	Name schon in 18. Jh., nicht sehr verbreitet.
Finkenbeißer	Be05	
Gefleckter Würger	H	
Gemeiner aschgrauer Würger	Be2,N	
Grauer Schäckerdickkopf	Be2,N	
Grauer Würger	Be,Krü,N	
Grauwürger	Do,B	
Italiänischer Würger	Be	
Italienischer Dorndreher	Do	
Italienischer Würger	N,V	Bechstein aus Lathams Lanius Italicus.
Klein Wahnkrengel	Schwf	
Kleine Bergelster	Be1,N	Vögel sind meist Flachlandbewohner.
Kleine Kriekelster	N	
Kleine Scheckelster	N	Meint Jugendkleid. Elstername von der Stimme.
Kleine Steinelster	Do,N	
Kleiner aschgrauer Dorndreher	N	Jagt oft von Warte aus, frißt Beute am Boden.
Kleiner aschgrauer Dorntreter	N	
Kleiner aschgrauer Neuntöder	Be1	
Kleiner aschgrauer Neuntödter	Be,N	
Kleiner aschgrauer Neuntöter	H	
Kleiner Bergelster	Be	
Kleiner bundter Wankrengel	Schwf	Vogel frißt überwiegend Insekten.
Kleiner bunter Wankrengel	K	K: Frisch T. 60.
Kleiner Dorndreher	Do	
Kleiner grauer Dorndreher	N	Beute wird nur äußerst selten aufgespießt.
Kleiner grauer Dorntreter	N	
Kleiner grauer Neuntödter	Be2,K,N,O2	K: Frisch T. 60
Kleiner grauer Neuntöter	N	
Kleiner grauer Würger	Be1,N,V	Vogel erscheint als verkl. Nachbildg. d. Raubw.
Kleiner Krickelster	Be	
Kleiner Würger	Be,N,O3	
Kriekelster	Do	
Meisenkönig	Suol	

Meisenwolf	Suol	
Mittlerer Neuntödter	Fri	
Mönch	Suol	
Quarkringel	Do	
Radbrecher	Do,H	
Rosenwürger	B,Do	CLB: Kleiner rosenbrüst. Würger.
Schäckelster	Be2,Do	
Schäferdickkopf	B,Do	
Schwarzstirniger Würger	N,V	Nachweis f. Köln lt. Ges aus d. Zeit um 1544.
Schwarzstirnwürger	B	Für B gehörte er zu den schönsten der Familie.
Sommer-Kriekelster	N	
Sommerkrickelster	Be2,Do	Schon im 16. Jh., nach der Stimme.
Sommerkriekelster	B	Färbung elsterähnlich, streitsüchtig (Oken).
Spanischer Dorndreher	Do,H,Suol	
Speeralster	H	
Steinelster	Be2	Nicht vom Vorkommen in Steinzonen.
Swart-hoaded Verwoahrfink (helgol.)	H	
Welsche Agelaster	Do	
Wierga	Do,H	

Schwarzstorch (Ciconia nigra)

Aist	Be2,Do,N	Mögl.: Aist: Flußsyst. im östl. Mühlv. O-österr.
Blauer Storch	Be2	
Brandstorch	Do	
Brauner Storch	Buf,Do,N	Gefiederteile schwarz oder schwarzbraun.
Feuerstorch	Do	
Kleiner Storch	Be2,Do,N	105 cm lang, Weißstorch 110 cm lang.
Onschwal (dän.)	GesS	
Schwartzer Reyger	K	
Schwartzer Storch	Fri,G,GesH,Schwf	
Schwartzer Storck	GesS	
Schwarzblauer Reiher	Be2	
Schwarzer Adebar	Do,H	
Schwarzer Klapperstorch	Do,N	Klappert selten. Aber er klappert.
Schwarzer Reiher	Be2,Buf,Do,N	Ruhehaltung reiherähnlich.
Schwarzer Reyger	Buf	
Schwarzer Storch	Be1,Buf,K,Krü,... ...N,O1,V;	K: Frisch T. 197.
Schwarzstorch	B,G	Je nach Beleuchtg. m. grünl. o. viol. Metallglanz.
Unschwalbe	GesS	
Waldstorch	B,Do,H	Brütet gerne in alten ruhigen Wäldern.
Wilder Storch	Be2,Do,N	Lebt einsam, in entlegenen Gegenden.

Seeadler (Haliaeetus albicilla)

Aasgeyer	Be1
Adler	Tu
Adler mit dem glatten Kopfe	Be2
Adler mit dem weißen Kopfe	Be2
Ärn	Tu

Aschgrauer Adler	Be1,N	
Assa (isl.)	B	A. Brehm: Name in Island.
Bartiger Adler	Be1,Buf	Vom Knie herabhängender Federbart.
Bärtiger Adler	Be,N	
Beinbrecher	B,Be1,Buf,Krü,…	…N,Schwf,Suol;
		Soll Knochen (Gebeine) …
		… zum Brechen auf Steine fallen lassen.
Beinbrecheradler	Be2,N	Übersetzung des lat. ossifragus.
Benbrüchel	Suol	Name ist mindestens seit 1495 bekannt.
Braunfahler Adler	Be,Buf,Fri,N	
Braunfalber Geyer mit weißem Schwanze	Hö	
Erna	GesS	Friesland, vom angelsächischen earn.
Erne	Tu	
Erngries	Suol	
Fahler Adler	Be2,N	
Fischaar	Krü	
Fischadler	Be,Buf,GesH,Krü,…	…N,O1; Weil er sich von Fischen ernährt.
Fischarn	GesH	
Fischgeier	B,Do,N	
Fischgeyer	Be1	Müller hielt ihn 1773 für kleinsten Geier.
Fischjäger	Be2,Do,N	
Fischrabe	GesH	
Gamßgeyer	Hö	Kramer: An der österreichischen Ens.
Gänseaar	Be1,Do,Krü,N	
Gänseadler	B.Be1,Buf,Do,N	Soll auch Gänse erbeuten.
Gänsear	Suol	
Gelbschnabel	Be1,Buf,K,Krü,N	Altvogel hat kräftig gelben Schnabel.
Gemeiner Fischadler	Be2,N	Weil er sich von Fischen ernährt.
Gemsenadler	Be1,N	
Glattkopffiger Adler	K	
Gôsaornd	Suol	
Großer Fischadler	Be1,Buf,Krü,N	Weil er sich von Fischen ernährt.
Großer Haasenadler	Be2,N	
Großer Hasen Ahr	Schwf,Suol	
Großer Hasenadler	Be1,Buf	
Großer Hosenadler	N	Hosen: Halbbefiederte Beine.
Großer Meeradler	Be1,Buf	
Großer Pygarg	Be2	
Großer schwarzer Adler	Be2,N	Jungvögel sind dunkler braun als ältere.
Großer Seeadler	Be2,N	Größter Adler der Fluß- und Seenregion.
Gusaarn	Suol	
Gußaar	Do	
Guusaar	H	
Haasenaar	Be2,N	Jagt auch Hasen, junge Rehe und Füchse.
Hafenadler	B	
Hafsöre (schwed.)	B	A. Brehm: Name in Schweden.

Hasenaar	Be1,Do	
Hasengeier	Do	
Hasengeyer	Be1,Krü	
Hasenstößer	Be,Krü	
Hosenaar	H	Von Haasenaar? – Hosen: Halbbefiederte Beine.
Josor	Do,H	
Kibgeyer	Be1	
Kleiner Fischadler	Buf	
Kleiner Pygarg	Be2	
Meeradler	Be1,Buf,G,GesH,...	...Krü,N,O2; Name b. Ritter Michaelis, Ad 1796.
Merikotka (finn.)	B	A. Brehm: Name in Finnland.
Oadlear (helgol.)	H	
Oere (dän.)	B	A. Brehm: Name in Dänemark.
Orel (russ.)	B	A. Brehm: Name in Rußland.
Postoina (krain.)	Be1	
Pygarg	N	Pygargus bedeutet Weißbürzel.
Rossadler	Be05	
Rossgeyer	Be1	
Schometa (arab.)	B	A. Brehm: Name in Arabien.
Schwalbengeyer	Be1	
Schwarzbrauner Adler	Be2,N	
Schwarzer Adler	Be2,N	Bechstein: Es gibt auch Farbvariationen.
See-Adler	N	
Seeadler	B,Be1,H,Krü,O1	Vogel lebt in Wassernähe, Hauptnahrg. ist Fisch.
Skast	Be1,Buf,Schwf,Suol	Buffon: Schlesisch.
Soker	GesH	
Steinadler	Be1,N	Bechstein: Viele Jäger hielten ihn für Steinadler.
Steinbrecher	B,Be,Do,N	Geht zurück auf Gessner: Ossifraga.
Steinbrüchel	Suol	
Steingeier	B,Do,N	
Steingeyer	Be1,Buf	
Stoßadler	Krü	
Stoßgeyer	Krü	
Vißhärn	GesH	Turner.
Vogelgeyer	Be	
Weißgeschwänzter Adler	Be1,Buf	
Weißkopf	Be1,Buf,Krü	
Weißkopff	K	
Weißköpfiger Adler (juv.)	Be2	
Weißköpfiger Adler mit glattem Kopf	Buf	
Weißköpfiger Adler mit halbweißem ...	Buf	... Schwanze (langer Trivialname).
Weißköpfiger Fischadler	Be2,Buf	
Weißschwanz	Be,Do,K,Krü,N	Weißer Schwanz ist Kennzeichen des Adlers.
Weißschwänziger Adler	Be2,Krü,N	„Albicilla" im wiss. Namen: „Weißschwanz".
Weißschwänziger Seeadler	V	V.: Alter N.: Falco albicilla, = Weißschwanz.

Seeregenpfeifer (Charadrius alexandrinus)

Alexandrinischer Regenpfeifer	Be2,Buf,N	Müller 1773: „Herr Hasselquist fand diesen
Alexandrinischer Strandpfeifer	Be2,Buf	... am Canal des Nilstroms bey Alexandrien."
Dunkelbrüstiger Regenpfeifer	Be2,N	Mißverständlicher Bechstein – Name.
Grank (fries.)	H	
Kleiner Strandpfeifer	Buf	
Möösk (fries.)	H	
Road-hoaded Küker (helgol.)	H	Name auf Helgoland.
See-Regenpfeifer	N	Name von Naumann 1834.
Seeregenpfeifer	B,H,O3	Richtiger Name: Brütet in Nordsee – Küstennähe.
Strandpfeifer	Be,N,O2	Name der 3 Arten vor der Artentrennung.
Weißstirniger Regenpfeifer	Be2,N	Name von Meyer/Wolf 1810.

Seggenrohrsänger (Acrocephalus paludicola)

Binsen-Rohrsänger	N	Naum. erweiterte Meyer/Wolf – Namen.
Binsenrohrsänger	B,Do,H	
Binsensänger	Do,O3	Name von Meyer/Wolf (1810).
Gelber Schwirl	N	
Gelbgestreifter Rohrschirf	Be2	Gelb u. gestreift beziehen sich auf das Gefieder.
Gelbschwirl	Do	
Gestreifter Rohrschirf	Do,N	
Gestreifter Spitzkopf	N	
Rohrgrasmücke	Be2,N	Auch dieser N. weit verbreitet, daher unspezif.
Rohrsänger	Be2,N	Neu bei Bechstein 1807.
Rohrschirf	N	Schirf ist ein Vogel, der wie Spatz zwitschert.
Rohrschliefer	Be2,Do,N	Schliefer sind Schlüpfer, wie Grasmücken.
Rohrsperling	Be2,N	Verbreiteter Name, daher nicht artspezifisch.
Rohrvogel	Be2,N	
Schilfschmätzer	Do	
Schwirl	Be2	Schwirl kommt von schwirren. Vogel unruhig.
Seggen-Rohrsänger	N	Brütet nur in weiten nassen Seggenwiesen.
Seggensänger	Do,O3	Oken: Seggen-Rohrsänger zu Seggensänger.
Seltener Weidenzeisig	Be2,H	Soll ausdrücken: Selten im Norden ...
Seltner Weidenzeisig	N	... häufiger im Süden
Weidensänger	Be2	Vögel sind gerne in Weiden.
Weidenzeisig	Be2,N	
Weiderich	Be2,Do,N	

Seidenreiher (Egretta garzetta)

Aigrette	Buf	
Europäischer kleiner Silberreiher	O2	
Garzette	H	Garzetta heißt Seidenreiher. Von Gessner.
Gazette	Do	
Gelbzehiger Reiher	N	Kontrastr. wirkende gelbe Z. – bei schw. Beinen.
Kleine Aigrette	Do,N	
Kleine Zilverreiger (holl.)	H	
Kleiner Buschreiher	O1	
Kleiner Silberreiher	Be1,Buf,Do,Krü,...	...N,O1,V;
Kleiner weißer Reiger	Buf	
Kleiner weißer Reiher	Be1,Buf,N	

Seiden-Reiher	N	
Seidenreiher	B,H,O3	Wegen der beiden langen Schmuckfedern.
Straußreiher	Be,Do,N,V	
Weißer Reiher	Buf,N	Schon bei Aldrovand so genannt.
Weißer Zwergreiher	N	Nur bei Naumann. Übertrieben, da es noch kleinere Reiher gibt.

Seidensänger (Cettia cetti)

Breitschwänzchen	H	
Cetti's Rohrsänger	H	
Cettischer Sänger	O3	Cetti (1726–1778) hat sardin. Natur erforscht.
Seidenartiger Schilfsänger	H	
Seidenrohrsänger	B,H	
Seidensänger	O3	Gefieder vermittelt seidenartigen Eindruck.

Seidenschwanz (Bombycilla garrulus)

Beemerle	Buf,GesS,Suol	
Behemle	Do,GesSH,Schwf,Suol	
Behme	Suol	
Bêmer	Suol	
Bemlein	Suol	
Boheimle	Ad	
Böheimle	Fri	Grund d. Namens ist unbegründete Meinung, …
Boheimlein	Be1	… daß dieser fremde Vogel aus Böhmen …
Böhembli	Suol	
Bohemlein	Be,N,Suol	… kommen solle (Zorn 1743).
Böhmer	Ad,B,Be1,Buf,Do,…	…Fri,Krü,N,O1,V;
Böhmerl	Be,N	
Böhmerle	GesH	
Böhmerlein	Ad,Buf,Kö,Krü	
Böhmische Drossel	Ad,Buf,Krü	
Böhmische Drostel	Fri	
Böhmische Haubendrossel	Be1,K,N	K: Frisch T. 32.
Böhmlein	Ad,Be1,Buf,Krü,…	…P,Suol,Z;
Europäischer gemeiner Seidenschwanz	Krü	
Europäischer Seidenschwanz	Be,N	Bechstein Namenskorrektur (s. u. Gem. S.).
Franzosenvogel	Hö	Erkl. Höfer 3/135–136.
Frefe	Do	
Fries	Do	
Frieser	Do	
Frieslich	Do	
Friser	H	
Gemeiner Seidenschwanz	Be1,N,O2,V	Bechstein schloß „Amerikan. Seidenschw." ein.
Goldhähnel	Do,Krü	
Goldhahnl	Be1,Buf,N	Wohl absichtliche Falschbenennung.
Graubauchiger Seidenschwanz	H	Name von Meyer 1822.
Graubäuchiger Seidenschwanz	N	
Haubendrossel	Ad	
Haubendrossel	Be,Buf,Do,Fri,…	…Krü,N,O1,V; Nach Klein: Turdus cristatus.

Horndrossel	Do		
Kreutzvogel	N	Vom Vogel „angekündigtes" Menschenschicksal.	
Kreuzvogel	B,Be,Do,H		
Kriegvogel	Be1,Buf,Do,H,…	…Krü,Suol;	Anflug in Scharen: Krieg und Tod.
Paßvogel	Do		
Pestilenzvogel	Do,H		
Pestvogel	B,Be1,Buf,Do,	Krü,N,O1Suol;	Anflug in Scharen: Krieg, Tod.
Pestvugel	Suol		
Pfefferfraß	Krü		
Pfeffervogel	B,Be,Buf,Do,…	…Krü,N;	Fleisch schmeckt „lieblich gewürzt."
Pfeffervögelchen	Be,N	Das Fleisch hat fein gewürzten, etwas bitteren G.	
Pfeffervöglein	Krü,Suol		
Quitschenfräter	Do		
Röthlichgrauer Seidenschwanz	N	Naumanns Leitname, subjektiv nach Gefiederf.	
Schnee Leschke	Schwf,Suol	Heißt übers. Schnee-Kernbeißer Schwf (1603).	
Schneeleschke	B,Be,Do,N		
Schneevogel	Be1,Buf,Do,Krü,…		…N,Schwf,Suol;
Schopfdrossel	Ad		
Schupfdrossel	Krü		
Schuppdrossel	Ad,Krü		
Schuppendrossel	Ad		
Schwätzer	Be1,Buf,Do,Krü,N	War in Frankreich verbreitet.	
Seiden-Schwantz	Fri,G	„Wenn sie durch Sachsen fliegen, nennt man …	
Seiden-Schwäntzlein	P	… sie daselbst Seidenschwanz" (Frisch 1763).	
Seiden-Schwänzlein	Z		
Seidenschwantz	Fri,GesSH	„… sein sanftes seidenartiges Gefieder …"	
Seidenschwäntzel	Suol		
Seidenschwäntzlein	P	„… die Einfassung des Schweifes …" (Naum.)	
Seidenschwanz	Ad,B,Be,Buf,Fri,…	…K,N,O1;	K: Frisch T. 32.
Seidenschwanz aus Europa	Buf	Klein kannte auch „Grauen S. aus Karolina".	
Scidcnschwänzchen	Be,N	Erstmals 1802 bei Bechstein.	
Seidenschwanzdrossel	Krü		
Seidenschweif	B,Be1,Do,N		
Seidenschweifel	Krü,N		
Seidenschweiferl	Hö		
Seidenschweiffl	Be	Zuerst 1756 bei Kramer erschienen.	
Seidenschweifl	Be2,Buf		
Seidenschwentzken	Suol		
Seidenschwentzlein	Suol		
Seidenvogel	Do,H		
Seideschwantz	Suol		
Seideschwanz	Schwf		
Seyden-Schwäntzlein	P	Seydenschwantz wurde zuerst 1552 in …	
Seydenschwantz	Suol	… Sachsen belegt.	
Sidenswans	H		
Sidenswenke	Do	Helgoländisch. Rückübersetzt S'schwänzchen.	
Siebenschwanz	Ad,Krü		

Sirenswanz	Do	
Sterbevogel	B,Be,Buf,Do,.. ...Krü,N;	Anflug in Scharen: Krieg u. Tod.
Sterbvogel	P	
Todtenvogel	Suol	
Winterdrossel	B,Be,Do,N	Kommen zu Beginn der Kälte.
Wintervogel	Do	
Wippsterz	Be	
Wipstertz	Schwf	Schwf. konnte nicht bestätigt werden ...
Wipsterz	Be1,Buf,Krü,N	... kein Schwanzwippen gefunden.
Ziecerelle	Be,N	
Zieser	Do	
Zieserl	N	
Zinzerelle	GesSH,Suol	Buf: „Wegen seines gewöhnl. Geschreies Ziziri."
Zinzerle	GesS	... Nach Bezzel Stimmfühlungsrufe srii, sirr ...
Zinzirelle	Be1,Buf,Do,Krü,N	
Zizirelle	H	
Zuser	B,Do,O1	Österreichische Bezeichnung der Gattung.
Zuserl	Be1,Krü,N,Suol	Zinzerelle und Zuserl sind synonym (Suol.).
Zuserle	Ad	

Sibirien-Zilpzalp (Phylloscopus tristis)

Sibirischer Laubvogel	H

Sichelente (Anas falcata)

Sichelflügelige Ente	H

Sichelstrandläufer (Calidris ferruginea)

Bogenschnabeliger Strandläufer	O3	Name, der von Oken übernommen wurde.
Bogenschnabeliger Strandläufer	H	Name von C. L. Brehm: Bogenf. Schnabel.
Bogenschnäbliger Strandläufer	Do,Krü,N	Naumanns Benennung.
Dethardingische Schnepfe	Be2,N	Deth. ab 1733 Medizin – Lehrstuhl in Rostock.
Großer Gropper	Do	Bei Oken Hauptname für den Vogel.
Großer Gropperle	N	Groppen heißt fangen, s. Alpenstrandläufer.
Großer Grüel	O1	Am Bodensee f. Brachv. – Möglw. lautmalend.
Herbstschnepflein	Be2,N	Zugvogel Sumpfläufer ist v. Bechst. gemeint.
Isländischer Strandläufer	Be2	
Kleine Strandschnepfe	Be2,N	Zugvogel Sumpfläufer ist v. Bechst. gemeint.
Kleiner Rothbauch	N	Zur Untersch. v. Knutt: Großer rotbauch. Strl.
Langschnäbliger Strandläufer	N	Hat längsten Schnabel aller Strandläufer.
Langschnäbeliger Strandläufer	H	CLB hatte Probleme mit jungem Sichelstrandl.
Lerchenschnepfe	Be1,Do,N,O2	Skandinav.: Best. Strandläufer heißen Lerche.
Road Stennek (helgol.)	H	
Rotbauch	Do	
Rostbauchige Schnepfe	H	
Rostrother Strandläufer	N	
Rotbäuchige Schnepfe	Be1	
Rotbrüstiger Strandläufer	Do	Rote Färbung führte zu vielen Namen.
Rotbrustschnepfe	Do	
Rothbauch	Be2	Rote Färbung führte zu vielen Namen.

Rothbauchige Schnepfe	N	
Rothbäuchiger Bracher	Be2,N	
Rothbäuchiger Brachvogel	Be2,N	Wegen des gebogenen Schnabels galt er bei …
		… vielen Ornithologen als Brachvogel.
Rothbrüstige Schnepfe	Be2,N	
Rothbrüstiger Krummschnabel	N	
Rother Bracher	Be2,N	
Rother Grüel	O1	Am Bodensee f. Brachv. – Möglw. lautmalend.
Rother Strandläufer	Be2	Rote Färbung führte zu vielen Namen.
Rothknillis	GesSH	Gegenstück zu Mattknillis.
Rozbäuchiger Brachvogel	N	
Schwartzbein	GesH	
Schwartzfuß	GesH	
Sichlerstrandläufer	B	A. Brehm verkürzte 1879 den Namen (s. o.).
Zwerchbrachvogel	Be	
Zwerchschnepfe	Be	
Zwergbrachvogel	B,Be2,Do,N	Bechstein Numenius pygmeus ist Sumpfläufer …
Zwergschnepfe	Be2,N	… Zwergschnepfe (N. pusillus) auch.

Sichler (Plegadis falcinellus)

Brauner Brachvogel	Do	
Brauner Ibis	Do,N,O3	CLB entsch. sich f. braune, statt schwarze Farbe.
Brauner Nimmersatt	N	
Brauner Sichler	N	
Braungrüner Brachvogel	Be2,Buf,N	
Braunroter Bracher	Be2,N	
Braunroter Brachvogel	Be2,N	
Braunrother Braacher	K	
Braunrother Bracher	Buf	
Domschnepfe	Buf	Pontoppidan
Donauer	Buf	
Dunkelbrauner Braacher	K	
Dunkelbrauner Brachvogel	Be2,Buf,N	
Dunkelfarbiger Sichler	N	Klein/Reyger hatten sehr verschiedene Farben.
Gemeiner Nimmersatt	Be2,N	Hat seinen Namen von der „Gefrässigkeit".
Gemeiner Triel	O1	Nur bei Oken. Wohl identisch mit Grüel.
Goiser	O1	Als Sichler noch zu Brachvögeln „gehörten".
Grüner Braacher	K	Bechstein
Grüner Bracher	Be2,Buf,N	
Grüner Brachvogel	Be2,N	
Grüner Ibis	V	
Grüner Sichler	O2	
Italiänischer Bracher	Buf	
Kastanienbrauner Brachvogel	Be,N	
Kleiner Brachvogel	Be,Buf	
Nimmersatt	Be2,Do,N	
Rothbrauner Brachvogel mit grünen …	Buf	… Flügeln (langer Trivialname).
Sagiser	Buf	

Sägyser	Be2,Buf,GesSH,N	„Sägeisen", in der Schweiz für Schnabel (Sense).
Schwarzer Bracher	N	Dunkle Gefiederfarben erscheinen auch schwarz.
Schwarzer Brachvogel	Do,N	
Schwarzer Keilhaken	Do,N	
Schwarzer Louis	Be2,N	Schweiz: Lautmalend.
Schwarzer Sichler	O2	
Schwarzschnepfe	B,Do,N	Dunkle Gefiederfarben erscheinen auch schwarz.
Sichelreiher	B,Do,GesH,N	In Größe u. Gestalt den Reihern ähnlich …
Sichelschnabel	B,Be2,Buf,Krü,N	
Sichelschnäblein	Be	
Sichelschnäbler	Be1,Do,N,O1	Bis 18. Jh. unspez. Name für rel. viele Vögel.
Sichelschnäbliger Ibis	Be2,N	Leben in tropischen, subtropischen Zonen.
Sichelschnäbliger Nimmersatt	Be2,N	Bechstein in Ausgabe von 1809.
Sichler	B,Buf,GesH	Im 18. Jh. unspez. Name für rel. viele Vögel.
Storchschnepfe	Do,H	
Türkische Schnepfe	Do	
Türkischer Goisar	N	Was fremd war, war türkisch, indisch u. a.
Türkischer Goiser	Be2	Als Sichler noch zu Brachvögeln „gehörten".
Türkischer Goisser	Be,Hö	
Türkischer Keilhaken	N	
Türkischer Schnepf	Be2,N	
Welscher Vogel	Be2,Buf,GesH,N	Gessner hatte Vogel in Italien gesehen.

Silberfasan (Lophura nycthemera)

Silberfasan	O3	Ostasien

Silbermöwe (Larus argentatus)

Blaumantel	B,Do,N	Silbergrau kann auch aschblau genannt werden.
Blaumöve	O1	
Buttlaken	Do,H	
Große bunte Meve (juv.)	N	
Große gefleckte Meve (juv.)	N	
Große graurückige Meve	N	Silbermöwe ähnlich vergrößerter Sturmmöwe.
Große Silbermöve	N	CLB unterschied 3, dann 4 verschiedene Arten.
Große Sturmmöve	Do,N	Gefieder ähnl. denen der kleineren Sturmmöwen.
Grü Kubb (helgol.)	H	
Haffmöve	H	
Häringsmöve	O1	Herings- und Silberm. sind ähnlich, außer Farbe.
Kleine Silbermöve	O3	CLB's 4. Art (s. o.), v. Naumann heftig kritisiert.
Kobbe	Do	
Raukallenbeck	B,Do,Suol,N	Evtl. Jungvogel. Sonstige Deutg. nicht möglich.
Silber-Meve	N	Hat ihren Namen vom silbrigen Rückengefieder.
Silberblaugraue Meve	N	Die Vierjahresmöwe ist durch bedeutende …
Silbergraue Meve	N,V	… Körpergröße gekennzeichnet.
Silbermewe	Buf	Ihre Körpergröße, roter Schnabelfleck und …
Silbermöve	B,H,O2,V	… die fleischfarbenen machen sie praktisch …
Silberweiße Mewe	Buf	… unverwechselbar.
Sömmerkubb (helgol.)	H	
Weißgraue Meve	N	

Silberreiher (Egretta alba)

Aigrettenähnlicher Reiher (Var.)	Be2	
Aigrettreiher	N	
Buschreiher	B	
Edelreiher	B,Do,H	
Europäischer großer Silberreiher	O2	
Federbuschreiher	Be2,Do,N,V	Bechstein: Reiher m. verlängerten Kopf-Federn.
Gelbzehiger Reiher	Be2	
Groote Zilverreiger (holl.)	H	
Große Aigrette	Be2,Do,N	
Großer Buschreiher	O1	
Großer Silberreiher	Be1,Krü,N,O1,V	
Großer weißer Rager	Be2	
Großer weißer Reiher	Be1,Buf,Krü,N	
Großer weißer Reiher ohne Federbusch	Be2,Buf,N	
Guiratinga	O1	Be hielt Brasilien für Heimat des Silber-Reihers.
Indischer Reiher	Be1,N	Indisch sind üblicherweise fremde Arten.
Schneereiher	B,Be2,Do,N	
Schneeweißer Reiher	Be2,N	
Silber-Reiher	N	
Silberreiher	B,Be2,H,O3	
Türkischer Reiher	Be1,N	Türkisch sind üblicherweise fremde Arten.
Weißer Gelbschnabel	Be2,Buf,Krü,N	Schnabel im Sk gelb, im Pk schwarz.
Weißer Reger	Buf,Schwf	
Weißer Reigel	Be2,Buf,Do,K,...	...N,Schwf;
Weißer Reiger	Buf,GesH,Kö	
Weißer Reiher	Be2,Buf,Krü,N,V	Bechstein: Reiher ohne verl. Kopf-Federn, Sk.
Weißer Reyger	Fri,K	K: Frisch T. 204.

Singdrossel (Turdus philomelos)

Drossel allg. vonSuolahti bei Misteldrossel

Bergdrossel	B,Be,Do,N	Berge sind hier Weinberge.
Buschrådel	Suol	
Davidzippe	Do	
Drescherl	Do,H	
Droessel	GesS	
Drosch (krain.)	Be,N	Alter Name, von Bechstein wiederentdeckt.
Droschel	Ad,Do,GesH,N,O1,...	...P,Z; Ausdruck älter, schon 1774 bei Adelung.
Dröschel	Be,N	Alter Name, oder KN von Bechstein?
Droschele	GesS	
Dröscherl	Suol	
Dröschling	Suol	
Drossel	Ad,Be1,Buf,GesS,...	...N,Schwf,Suol,Tu,V;
Droßel	G	
Drossig (krain.)	Be2,Do,N	Alter Name, von Bechstein wiederentdeckt.

Drostel	Ad,Be1,Buf,Do,Kö,...	...N,O1; Kö: Turdus albus, Turdela
Drosthel	Be1,N	Älterer Ausdruck, schon 1774 bei Adelung.
Drustel	Do,N,Suol	Stammt aus anhaltinischem Dialekt.
Durstel	Be,N,GesSH,Tu	Alter Name, von Bechstein wiederentdeckt.
Eigentlich so genannte Droschel	Be,N	Name bei Zorn (1743).
Eigentliche Drossel	Buf	
Gesangdrossel	Be1,Buf,Do,Krü,N	Name ist wegen des schönen Gesanges verdient.
Graagdrossel	Be1,N	Dieser Name und der folgende bed. Graudrossel.
Gragdrossel	Do	
Graudrossel	H	Verbreiteter anderer Name der Singdrossel ...
Graue Drossel	Be2,Buf,N	... möglicherw. nach subj. Eindruck v. Gefieder.
Großes Rotschwänzchen	Be97	
Grü-Troossel(helgol.)	H	
Halbvogel	Ad	
Herrenvogel	o.Qu.	Kommen auf die Tafeln großer Herren.
Holtdrossel	Do,H	
Klein Zimmer	GesS	
Kleine Misteldrossel	Be,N	Länge 21/27 cm. Vögel scheinen bisw. ähnl.
Kleine Schnarre	Fri	
Kleiner Mistler	Buf,Do	
Kleintrostel	GesS	
Klyster	Suol	
Kobeldrossel: 1599 von Schwenckfeld gefunden, sonst nicht und von keinem mehr. Singdrossel-Artefakt?		
Kragdrossel	B	Hat sich verlierende Andeutg. eines Halsringes.
Krammersvogel	Ad	
Krammetsvogel	Ad,Be97,Krü	
Kramsvogel	Ad	
Kranwetsvogel	Be97	
Krapdrossel	Do	
Lijstere	Suoll	
Lîster	Suol	
Lyster	Suol	
Mueramstel	Suol	
Nachtigall des Nordens	B	Name in Norwegen.
Pfeifdrossel	Ad,Be1,Do,K,Krü,N	K: Frisch T. 27; Name vom flötenden Gesang.
Rotdrossel	Be,H	Name entstand durch Verwechslung.
Reckholdervogel	Ad	
Rothdrossel	N	Name entstand durch Verwechslung.
Sang Drossel	Schwf	
Sang-Droschel	Z	
Sangdroschel	Buf	
Sangdrossel	Be1,K,Krü,N	
Sangdruschel	Be,GesSH,N,Suol	
Schmelche	Suol	
Sing-Drossel	N	K: Frisch T. 27
Sing-Drostel	Fri	

Singdrossel	B,Be1,Buf,H,...	...K,Krü,O1,V; Name v. Eber – Peucer (1552).
Singdröstle (helv.)	H	
Singdrossel	Ad	
Singedrossel	Ad,Krü	
Sippe	Suol	
Sommer-Droschel	P	Singdrosseln sind im ganzen Sommer hier.
Sommerdroschel	Be,Kö	
Sommerdroschl	Be2,Buf,N	
Sommerdrossel	Ad,B,Be1,Do,Krü,N	
Steinamsel	Be97	
Steinmerle	Be97	
Steinrötel	Be97	
Troestler (helv.)	H	
Trossel	GesS	
Trostel	GesSH,Suol	Kommen auf Tafeln gr. Herren (Drost – Herr).
Walddrossel	Do,Hö	
Waldnachtigall	B	Name in Norwegen.
Waldtrostel	GesS	
Weckholtervogel	Schwf	Schwenckfeld: Drossel allgemein.
Weindroschel	Be,Buf	
Weindroschl	Be2,N	
Weindrossel	Be1,Buf,Do,N,...	...O1,Suol; Frißt im Herbst gerne Trauben.
Weindröstle (helv.)	H	
Weingaerdsdrossel	Tu	
Weingaerdsvogel	Tu	
Weinrothe Drossel	Be,N,K	Name entstand durch Verwechslung.
Weiß-Droschel	P,Z	
Weiß-Drostel	Fri	
Weißamsel	Do	
Weißdroschel	Be,Buf,P	
Weißdroschl	Be2,N	
Weißdrossel	Ad,B,Be1,Buf,Do,...	...K,Krü,N,P,V; K: Frisch T. 27.
Weißdrostel	Be2,N	
Weißdrostell	Fri	Fri: Ist unter Flügeln nicht rot wie Rotdrossel.
Weiße Droschel	Kö,P	
Weiße Drossel	Schwf	
Weißtrostel	GesH	T. albus sollte Gegenst. zur Rotdrossel sein.
Wiendrossel	Be,N	
Winterdrossel	Be,N	Nur wenige S.dr. überwintern in Deutschland.
Wyßtrostel	GesS	
Wyßtrostel	Suol	
Zeumer	Be97	
Zib	Suol	
Zibdrossel	Suol	
Zickdröscherl	Suol	
Ziemer	Be97	
Ziepdrossel	Ad,Be,Do,Krü,N	
Ziepdruschel	GesS,Suol	Name war schon Gessner aus Sachsen bekannt.

Ziepe	Krü	
Zier Drossel	Schwf	Laut singende Drossel – nach „zerren" …
Zierdrossel	B,Be,Do,Krü,N	… laut schreien.
Zipdrossel	Buf,K,Suol	K: Frisch T. 27.
Zipp	Suol	
Zipp-Drossel	G,Suol	„Dsibb, dsibb" sind Lock- aber auch Warnrufe.
Zippdraussel	Suol	
Zippdrossel	Ad,Be1,N,V	Oken: „Sie locken zipp …"
Zippdrostel	Fri	
Zippdrustel	N	
Zippe	Ad,Be1,Buf,Do,Fri,…	…G,Krü,N,O1,Suol,V;
Zippedrossel	B	
Zipperin	G	
Zitdrossel	Suol	
Zweierley weiße Drostel (Var.)	Fri	

Singschwan (Cygnus cygnus)

Eigentlicher Singschwan	Krü	
Gelbnasiger Schwan	Do,N	Naumanns Leitname.
Gelbschnabel-Schwan	N	
Gelbschnäbeliger Schwan	Do	
Glattschnäbliger Schwan	Be2,N	
Großer Singschwan	N	
Isländischer Schwan	Do,O3	Ganzjährig auf Island, Nordeurasien: Brutvogel.
Nordischer Schwan	Do,V	… Er brütet in Gewässern von Tundra und Taiga.
Schnabelschwan	Be2	
Schwaan	G	
Schwan	Be2	
Schwarzschnabel-Schwan	N	
Schwarzschnabeliger Schwan	V	Name stammt von Meyer/Wolf 1810.
Schwarzschnäbeliger Schwan	H	
Schwarzschnäbliger Schwan	N	
Singschwan	B,Be1,Buf,Krü,…	…N,O1,V; Zusatz „Sing-" kam 1791 v. Bechst.
Swoan (helgol.)	H	
Wilder Schwan	Be1,Buf,G,Krü,…	…N,O1,Z; Als Parkvogel völlig ungeeignet.
Wildschwan	Do,N	

Skua (Stercorarius skua)

Braune Mewe	Buf	Dieser und die folgenden Namen aus der 1. …
Braune Möve	Krü	… Hälfte des 19. Jh. kennzeichnen das Gefieder.
Braune Raubmöve	O2	
Braune Stosmöve	Buf	Abjagen der Beute auf dem Meer bei …
Braune Stoßmöve	Buf	… Sturmmöwen, und Alken und Möwen, …
Braune und geschuppte Meve	Buf	… Stoßmöve: Skua fängt auch selber Fische.
Braungeschuppte Meve	Buf	
Catarractes	Buf	
Egmonts-Henne	Do	
Gestreifter Strandjäger	Buf	

Gestreifter Struntjäger	Buf,Krü	
Groot Skeetenjoager (helgol.)	Do,H	
Große nördliche Meve	Buf	
Große Raubmeve	N	
Große Raubmöve	Do,O3,V	Lange üblicher Name (auch -meve).
Größte Raubmeve	N	
Größte Raubmöve	H	
Nordvogel	Buf	
Port-Egmonts-Henne	N	Pennants Name für die Skua. Engl. Port …
Porthenne	Do	… „Egmont hen": Hafen v. Egmont/Falklands.
Riesenraubmöve	B,Do	
Skua	B,Buf,GesH,H,…	…N,O1,V;
Skua-Meve	Buf,N	Skua (ohne Meve) ist erst heute gebräuchlich.
Skua-Mewe	Krü	
Skua-Möve	N	
Skua-Raubmeve	N	
Skua-Raubmöve	H	
Skualabb (schwed.)	H	
Skue (dän.)	H	
Skuir (fär.)	H	

Sommergoldhähnchen (Regulus ignicapilla)   Siehe bei **Goldhähnchen**.

Spatelente (Bucephala islandica)

Barrow's-Ente	N	Sir John Barrow (1764–1848) organisierte …
Barrows-Ente	H	… zahlreiche Entdeckungsreisen in den Norden.
Blauauge	Be1	
Blauäugige Ente	Be2	
Breitschnabel	Be1	
Breitschnäblige Ente	Be1	
Breitschwänzige Raubmöve	O3	
Eisengraue Ente	Be	
Gelbfüßige isländische Aente	Buf	
Graue Ente	Be2	
Grauköpfige Ente	Be2	
Große Schellente	N	Selbst Faber untersch. die beiden Arten nicht.
Isländische Ente	N,O3	Brütet in Eur. außer in Grönland nur auf Island.
Isländische Schellente	N	Es gibt Verwechslgg. mit der ähnl. Schellente.
Leppelschnute	Be1	
Löffelente	Be1	
Schallente	Be1	
Schellente	Be1	
Spatel-Ente	N	Vor jedem Auge weißer Halbmond, der …
Spatelente	B,Be1,H	… spatelförmig aussieht.

Spatelraubmöwe (Stercocarius pomarinus)

Breitschwänzige Raubmöve	N	Auch dieser Name stammt von CLB.
Großer Struntjäger	N	Die Skua zählte eine Zeitlang nicht zur Gattung.
Jo (norw.)	H	
Kjoi (isl.)	H	
Kugelschwänzige Raubmeve	N	CLB verwendete den Namen 1824 o. Begründg.

Kugelschwänzige Raubmöve	H	
Mittlere Raubmeve	N	Länge liegt mit 46 cm zwischen Skua (55 cm) …
		… und Falkenraubmöwe (38 cm).
Mittlere Struntmeve	N	Strunt ist Kot, Dreck, den die Möwen …
Mittlere Struntmöve	H	… scheinbar erbeuten.
Pommersche Raubmeve	N	Wurde selten, aber regelmäßig an der …
Pommersche Raubmöve	H	… Pommerschen Küste gesehen.
Schyt-Valck	K	
Spatel-Raubmöve	H	Die beiden mittleren Schwanzfedern sind …
Spatelraubmöve	B	… am Ende spatelartig verbreitert.
Strontjager	K	
Struntjaeger (dän.)	H	
Tjoi (fär.)	H	
Tyvjo (norw.)	H	
Tyvmaage (dän.)	H	
Uhrgrootst Skeetenjoager (helgol.)	H	

Sperber (Accipiter nisus)

Bergfalke	Be2,N	Eigentlich ein Name des Wanderfalken.
Bergstößer	B,Do	Alb.Magn. schrieb von einem Falco montanus.
Blaubäckchen (männl.)	Be1,Do,N	Name des kleineren Männchens.
Dauwesteisser	Suol	
Der Vogel	Do	
Falkel	Suol	
Finken-Habicht	N	
Finkenfalk	Do,K	
Finkenfalke	Be1,Buf,N	
Finkenhabicht	B,Be1,Do,N,O1	„Bey den Alten wird er Finkenhabicht genennet."
Finkensperber	Be1,Buf,Krü,N	„… weil besonders den Finken nachstellet."
Finkenstößer	Do,V	
Finkfalk	Krü	
Finkfalke	Buf	
Gemeiner Sperber	Krü	
Goldfuß	Do	
Goldfuß mit schwartzem Schnabel	K	Name paßt auch zum Habicht.
Goldfuß mit schwarzem Schnabel	Be1,N	
Großer Sperber	N	
Großer Weißsperber	Be2,N	Weibchen haben weißgesperberte Vorderseite.
Häfk	Do	
Isländer (weibl.)	Be1,N	Durch Verwechslg. m. Gerfalk entst. u. gepflegt.
Kleine Stôthâk	Suol	
Kleiner Finkenhabicht (männl.)	N	Männchen etwa 1/3 leichter als Weibchen.
Kleiner Geier	Suol	
Kleiner Sperber (männl.)	N	
Kleiner Sperberfalk (männl.)	H	
Kleiner Stockfalke	Be1,N	„Stock-" bedeutet den Lebensraum Wald.
Kleiner Stoessert	Do	

Kleiner Stößer	Do	
Kleiner Stoßfalke	Be,Buf	
Langschwanz	Suol	
Lerchenfalke	Be1,Buf,N	Kann auf Lerchenfang abgerichtet werden.
Lerchenfälkel (männl.)	Hö	
Lerchenfänger	Be2	
Lerchenstößer	Be1,N	
Luftschiff	Be2,Buf	
Luftschiffer	Be1,Do,N	Kann ganz ruhig in der Luft „schwimmen".
Lütjhoafk (helgol.)	H	
Lütt Hawke	Do	
Mustet	Suol	
Rötelgeier	N	Der Sprinz hat hellrostrote Brustsperberung.
Rotelgeyer	GesH	
Rötelgeyer	Be	
Röthelgeier	N	
Röthlicher Geyer	GesH	
Schmerl	G,Suol	Handelt es sich um nur für Sprinz geschaffene …
Schmierl (männl.)	Be2,N	… Kunstwörter (u. a. auch von Bechstein)?
Schmirn	B,Do	
Schwalbenfalke	Be1,N	Schwalbenf. mögl., aber Beuteanteil unter 10 %.
Schwalbengeier	Do,N	
Schwalbengeyer	Be1	
Schwalbenstößer	B,Do	
Schwimmer	Be1,Buf,Krü,N	Kann ganz ruhig in der Luft „schwimmen".
Sparhauca (fries.)	GesS	
Smierlein	Krü	
Sparhauke (fries.)	GesS	
Spatzenstecher	Do	
Sper	Ma	Bedeutet Sperlings – Aar.
Sperber	B,Be1,Buf,Fri,…	…GesSH,G,N,O2,Schwf,V,Z;
		Bechstein: weibl.
Sperber mit braungepfeilter Brust	Fri	
Sperber mit gesäumten Pfeil-Flecken	Fri	
Sperber mit gestreifter Brust	Fri	Mhd. „sparw-aro" bed. Sperlinge fressender Aar.
Sperberfalk	N	
Sperberfalke	Be1	
Sperlingsfalk	Do	
Sperlingsstößer	B,Do,Ma,N,Suol	Abgerichtete Sp. fingen Sperlinge zum Essen.
Sperwer	GesS,Schwf	
Spitzhabch	Suol	
Sprentzgen	Suol	
Sprenz	Be97	
Sprenzchen (männl.)	Be1,Do,N	
Sprintz (männl.)	Fri,GesSH,Schwf,Suol	Männl. Sperber, der über 1/3 leichter ist.
Sprintzel (männl.)	GesSH,Suol,Schwf	

Sprintzle	GesS	
Sprintzling (männl.)	GesS,Schwf,Suol	
Sprinz (männl.)	B,Be1,Buf,Do,...	...GesS,Krü,N,O1,Z;
Sprinze	Ma	Hinweis auf gesprenkeltes Gefieder.
Sprinzel (männl.)	Be2,K,N	
Sprinzlein	P,Suol	
Spuervull	Suol	
Starker Weißsperber	Be2,N	Weibchen haben weißgesperberte Vorderseite.
Steinfalke (männl.)	Be1,N	Um 1800 wurden 2 Sperberarten diskutiert.
Stiesser	Suol	
Stockstößer	B,Do	Der Zugriff, das Stoßen, erfolgt aus raschem ...
Stößer	Be1	... Vorbeiflug, wobei d. Beute mitgen. wird.
Stoßfalk	Krü	
Stoßfalke	N	
Stoßvogel	Ma	
Stoussvull	Suol	
Taubenfalke	Be2,GesH,N	Geschlagene Tauben können von d. Weibchen ...
Taubengeyer	Krü	
Taubenhabicht	Suol	
Taubenstößer	Be1,Do,Ma,N	... nur vor Ort verzehrt werden (zu schwer).
Tûbenstössel	Suol	
Vogelfalk	Krü	
Vogelfalke	Be	Jagdart entspricht der des Habichts (Brüll).
Vögelfalke	Be2,N	
Vogelgeier	Do	
Vogelhabicht	Do,Suol	
Vogelstessel	Suol	
Vogelstößer	B,Do	Über 90 % der Beute sind Vögel.
Vugelhawk	Suol	
Wachtelhabicht	Krü	
Wachtelhabicht (männl.)	Be1,Do,N	Kann zur Wachtel-Beize abgerichtet werden.
Waldgeier	Suol	
Weißgesperberter Finkenhabicht	H	Weibchen haben weißgesperberte Vorderseite.
Weißgesperberter Habicht (weibl.)	Be1	
Windwacherl (männl.)	Hö	Bisweilen so genannt.

Sperbereule (Surnia ulula)

Buscheule	Be1	
Caspische Eule	Be2	
Eulenfalk	Do	
Eulenfalke	N	
Europäische Habichtseule	Be2,N	Lebt nur in Mittel- u. Nordskandinavien.
Falkeneule	Be2,Do,N	Soll falkenähnlichste aller Eule sein.
Geiereule	Do,N	
Geyereule	Be1	Halle (1760): Geiereule „Ulula vultarina".
Große braune Eule	Be1	
Großer Kautz	Be1	
Habichteule	Be1,Do,N	Habicht als Vergleichsvogel nicht gut geeignet.
Heulende Eule	Be1	
Hudsonische Eule	Be2	Nordamerik. Unterart „Surnia ulula caparoch".

Hudsonsche Eule	N	
Kautz	Be2	
Käutzchen	Be2	
Kircheneule	N	
Kircheule	Be1,H	
Klageule	Be2	
Klagmutter	Be2	
Kleine Falkeneule	Be1,N	Soll falkenähnlichste aller Eule sein.
Kleine Habichtseule	Be	Habicht als Vergleichsvogel nicht gut geeignet.
Leicheneule	Be2,N	
Sperber-Eule	N	
Sperbereule	B,Be1,N,O3	Ähnelt im Verhalten Taggreifvögeln.
Steinauffe	Be1	
Steineule	Be1,N,O1	
Steinkautz	Be1	
Trauereule	Do,N	Kam früher zahlreicher vor schweren Wintern.

Sperbergrasmücke (Sylvia nisoria)

Grasmücke allg. (nach Suolahti) bei Mönchsgrasmücke

Blaue Grasmücke	Be,N	O-Seite d. männl. Pk erscheint dunkel-blaugrau.
Brillengrasmücke	Do	
Bürstner	GesSH	
Edelgrasmücke	Do	
Edelmücke	H	
Erzgebirgische Nachtigall	H	
Feigenfresser	Do	
Gesperberte Grasmücke	Be1,N	Bauch mit aschgrauen Querwellen.
Gesperberte graue	Krü	
geschwätzige Grasmücke		
Gesperberte Nachtigall	N	
Gesperberter Sänger	Be,N,O3,V	Steigt singend bis 6 m hoch.
Große gesperberte Grasmücke	Be,N	
Große Grasmücke	N	Auch (hellkehliger) Steinschmätzer ist kleiner.
Große Weißkehle	Be2,N	Vogel m. grauweißer Kehle gr. als andere d. Art.
Großer Dornreich	N	Vogel lebt auch in Dornengebüsch.
Großer Feigenfresser	Be1,N	Dazu zählten um 1800 etliche Arten.
Grosser Fliegenfresser	Be	
Größte Grasmücke	Be1,N	Mit 16 cm Länge deutlich die größte Grasm.
Kat-Ünger (helgol.)	H	Bedeutet: Katzengrasmücke
Mönch	H	
Schuppische Grasmücke	Do	
Spanier	B,Do	Vogel war selten, daher fremd, „spanisch".
Spanische Grasmücke	Do,N	Name hat mit Spanien nichts zu tun
Sperber-Grasmücke	N	
Sperbergrasmücke	B,Be,N,O1,V	Die größte Grasm. ist ein schön singender Vogel.
Sperbernachtigall	Do	
Wälsche Grasmücke	H	Vogel war selten, daher fremd, „welsch".
Weißkehle	Krü	
Welsche Grasmücke	Do	

Sperlingskauz (Glaucidium passerinum)
Kauz allg. nach Suolahti siehe Waldkauz.

Aeuferl	Hö	
Akadische Eule	N	
Arkadische Eule	Do	
Auffelein	Suol	
Gemeine Kautzeule	Be2	
Hauseule	Be97	
Käutzchen	Be1,Hö,Krü	
Käuzchen	Be	
Kleine Eule	Be1	
Kleine Hauseule	Be,Krü	
Kleine Scheuneneule	Krü	
Kleine Scheuneule	Be2	
Kleine Waldeule	Be2,Krü	
Kleiner Kautz	O1	
Kleiner Kauz	Be1	Er ist ein erfolgreicher Kleinvogeljäger.
Kleines Käutzchen	Be2	Nahrungsspektrum umfaßt ca 50 Vogelarten …
Kleines Käutzlern	Be2	… bis Buntspecht. Etwa 50 % sind Kleinsäuger …
Kleinste Eule	Be2	… Amphibien und Reptilien.
Kleinstes Käutzlein ohne Ohren	Fri	
Leicheneule	Be1,Krü	
Leichenhühnchen	Be1	
Leichvogel	Be1	
Lercheneule	Be2	
Lerchenkäutzchen	Be1	
Lerchenkäuzchen	Be	
Niderlendisch kutzen	Suol	
Scheuneneule	Be	
Scheuneule	Be1	
Spatzeneule	Be1	Der Vogel ist nur 2 cm größer als ein Sperling.
Sperlings-Eule	N	Naumann zog den Namen z. B. Zwergeule vor.
Sperlingseule	B,Be2,Do,H	
Sperlingskautz	Krü	
Sperlingskauz	Meyer	Der Name „Sperlingskauz" kam von Meyer.
Steinauffe	Be1	
Steinkäutzchen	Be2	
Stockeule	Be2,Krü	
Tagkäutzchen	N	
Tagkäuzchen	Do,H	Der Vogel jagt vor allem in der Dämmerung.
Tannenkäutzchen	N	
Tannenkäuzchen	Be05,Do,H	Lebensraum: Vor allem nördliche Nadelwälder.
Todeneule	Be1	
Todenhühnchen	Be97	
Todenvogel	Be1	
Todteneule	Be2,Krü,O1	Alle Eulenrufe alamieren Menschen.
Todtenvogel	Hö,Krü	
Totenvogel	Be	
Waldeule	Be1	

Waldkäutzchen	N	Lebensraum: Vor allem nördliche Nadelwälder.
Waldkäuzchen	Do,H	
Wehklage	Krü	
Wichtel	Hö	Bei Kramer + Popowitsch.
Zwercheule	Be	
Zwergeule	B,Be1,Do,Krü,O2	
Zwergkautz	N,V	
Zwergkauz	Be2,Do,H,O1	

Spießente (Anas acuta)

Brandente	H	
Draak	O1	Name des Weibchens, nach der Stimme.
Dreiviertelsente	Do,H	
Fasan Ente	Fri	Langer Schwanz hat in der Jägersprache …
Fasan-endte	Buf	… zur „Fasanenente" geführt.
Fasanenente	Fri,N,V	Noch um 1840 war im Englischen …
Fasanente	B,Be2,Buf,Fri,…	…Do,Suol; … „Sea-Pheasant" üblich.
Gräfägl	H	
Graue Mittelänte	Buf	
Graue Mittelente (weibl.)	Be2,Buf,Do,Fri,N	Größer als die andere Mittelente, Schnatterente.
Grauer Spitzschwanz (weibl.)	Be2	
Grauvagel	H	
Grauvogel	Do	
Große Mittelente	Do,N,Suol	
Isländische Ente	Buf	
Lang-und spitzschwänzige Ente	Be2	
Langhals	Be1,Do,N,Suol	
Langhalsige Strichente	N	Hals und Gefieder.
Langhälsige Strichente	Be2	
Langschwänzige Ente	N	
Lerchenente	B,Do,N	Schweiz: Junge u. Weibchen wurden so genannt.
Meer-ent	Buf	
Mittelente	Buf	
Nadelschwanz	B,Be1,Buf,Do,N	Pennant
Perlente	Do,H	
Pfeifänte	Krü	
Pfeifente	Be1,Buf,N	Die Spießente kann kurz und klar pfeifen.
Pfeilente	Be2,V	
Pfeilschwanz	B,Be1,Buf,Do,…	…Krü,N,O2,Suol;
Pfriemenente	B,Be2,Buf,Do,N	Bedeutung: Körper mit spitzem Schwanz.
Pihwäne	Be2	Wahrsch. Bedeutung: Pfeifente – Pihw-äne.
Pijlsteert	Suol	
Piwähne	N	
Pylsteert	Be1,N	Diese 4 niederdeutschen Ausdrücke …
Pylstertz	N	… bedeuten „Pfeilschwanz".
Pylsterz	Do	
Pylwähne	Do	
Rackhals	Suol	
Raghals	Suol	

Schnepfente	B,Do,N	Knöpfli (CH): Entf. Ähnlichk. mit Uferschn.
Schwalbenente	B,Do,N,Suol	Wg. d. schwalbenartig verlängerten Schwanzes.
Schwalmente	N	Wg. d. schwalbenartig verlängerten Schwanzes.
Schwelmente	Do	
Seevogel	Krü	
See-vogel	Buf	
Spies Endte	Schwf	Die folgenden Namen lassen sich aus dem ...
Spies-Endte	K	... Gefieder erklären.
Spies-Ente	Buf	
Spiesendte	Buf	
Spiesente	Buf,K	
Spießente	B,Be1,K,Krü,...	...N,O1,V; K: Frisch T. 160.
Spießschwanz	Do,Schwf	
Spitz-Ente	N	
Spietzschwantz	Suol	
Spitzackel	Do	
Spitzänte	Buf	
Spitzente	B,Be2,Do,Krü,N,V	
Spitzschwantz	GesSH	
Spitzschwanz	B,Be1,Buf,Fri,...	...Do,K,N,Suol; K: Frisch T. 160.
Spitzschwänzige Ente	Be,Buf,N	
Spitzzackel	H	
Strichente	Do	
Weißbauch	Buf	
Wilde Ente mit einem weißen Bauche	Buf	
Winterand	Buf	

Spießflughuhn (Pterocles alchata)

Alchata	GesH	
Arabisches Alchata	Krü	
Arabisches Rebhuhn	K,Krü	
Arabisches Repphuhn	O2	
Chata-Flughuhn	H	
Khata (arab.)	B	A. Brehms Name in der Erstausgabe 1867.
Langgeschwänztes Berghuhn	Krü	
Langschwänziges Flughuhn	O3	Hat lange dünne Schwanzspieße.
Pyrenäisches Haselhuhn	Krü	
Spießflughuhn	B,H	Dieser Name erst 1879 bei A. Brehm.

Spitzschwanzstrandläufer (Calidris acuminata)

Gefleckter Strandläufer	H	

Spornammer (Calcarius lapponicus)

Ammerfink	B,N	Kaum beachtetes Konstrukt von Naumann.
Berg-Sniiling (helgol.)	H	
Gespornter Fink	Be,Buf,N	Seit Mitte d. 18. Jh. immer wieder „Fringilla".
Grauer Sporner	Be2,N	Dieser N. + Lerchenfink in Überschr. b. Be 1809.
Großer Bergfink	Be,Buf,Krü,N	Otto übersetzte Buffons Namen.
Großer Tannenfink	Krü	

Lappenammer	B	KN von A. Brehm.
Lappländer	Be2,N	KN von Naumann, hat sich nicht durchgesetzt.
Lappländische Ammer	O3	Nilsson (DK) um 1820: Emberiza lapponica.
Lappländischer Distelfink	Be,N	
Lappländischer Fink	Be,Buf,Krü,N	
Lerchen-Spornammer	N	Langer Hinterzehen-Na. gebogen wie b. Lerche.
Lerchenammer	B,N	„Sie laufen schrittweise … ganz wie d. Lerchen."
Lerchenfarbiger Sporner	N	Name wohl von Meyer 1822.
Lerchenfink	B,Be1,N,O1,V	
Lerchengraue Spornammer	V	
Lerchenspornammer	H	
Lerchensporner	O3	
Schwarzköpfige Gelbammer	Krü	
Schwarzköpfige Goldammer	Be,Krü	KN, die schwarze Haube betreffend.
Schwarzköpfiger Gelbammer	Buf	KN, die schwarze Haube betreffend.
Schwarzköpfiger Goldammer	Be2,Buf,N	
Sporenammer	B	Hat lange gerade Hinterkralle (10–18 mm).
Sporenfink	B	
Spornfink	Be,N	Seit Mitte des 18. Jh. immer wieder „Fringilla".

Spornkiebitz (Vanellus spinosus)

Dorn-Regenpfeifer	Buf	
Dornflügel	Buf	
Schwarzbrüstiger Kibitz	Krü	
Sporenkiebitz	B	Am Bug der Flügel ist kleiner Sporn (Waffe).
Spornflügeliger Regenpfeifer	Buf	

Spornpieper (Anthus richardi)

Brüüf (helgol.)	H	
Richard'scher Piper	O3	Nach d. Nat.for. Richard de Lunéville v. Vieillot.
Sporenpieper	B	
Spornpieper	H	Name von Gloger. Hinterzehe m. langem Sporn.
Stelzenpieper	H	

Sprosser (Luscinia luscinia)

Au vogel	Buf	Der Österr. Kramer hat 1756 die Auen- …
Auen-nachtigal	Buf	… von der Waldnachtigall als eigene Arten …
Auennachtigall	N	… abgetrennt.
Aunachtigall	B,Do,V	
Auvogel	H	
Bastardnachtigall	V	Paaren sich nicht, aber Mischungen im Gesang.
Davidschläger	Suol	Name nach Rufen, Stimme
Davidsvogel	Suol	
Graue Nachtigall	Do,H	
Große Nachtigal	Buf,K,O1	K: Frisch T. 21
Große Nachtigall	Be1,Do,Krü,N	
Große Nachtigalle	Schwf,Suol	
Großer Wiener	V	
Nachtgalle	Schwf	
Nachtigal	Buf	

Nachtphilomele	Be,Do,N	Name von Halle 1760, wegen Nachtgesanges.
Nachtsänger	Be,N	Frisch stellt Rotvogel vor (Nacht.) und …
Nachtschläger	Ad,Be,K,Krü,N,Suol	… den Nachtschläger, Sprosser.
Polnische Nachtigall	Be,Krü,N	Da, wo Sprosser u. Nachtigall nebeneinander …
Polnische Sumpfnachtigall	Do	… vorkamen, erhielt Sprossername Zusatz.
Rohtvogel	K	
Rotvogel	Do	
Sächsiche Nachtigall	Krü	
Schläger	Be	
Schmetternde Grasmücke	Be2,N	Starke Stimme, wird verschieden verglichen.
Spros-Vogel	K	
Sproß-Vogel	Buf	Die Brust ist gesprenkelt, hat „Sprossen".
Sprosser	Ad,B,Be1,Buf,Fri,…	…K,Krü,N,O1,P,V;
Sprosser-Sänger	N	Alle Erdsänger erhielten b. Naumann – „sänger".
Sprossergrasmücke	V	N. v. Meyer/Wolf nach Bechstein.
Sprossersänger	H,O3	
Sproßvogel	Ad,Be,Do,Fri,K,…	…Krü,N,P,Suol; Pernau 1720, K: Frisch T. 21.
Ungarische Nachtigall	Do,H,V	S. o. Nachtigall neben Sprosser: Zusatz „Ungar."
Wiener Nachtigall	Be,H,Krü,O2	Bedeutet immer Sprosser, nie Nachtigall.
Wienernachtigall	Be2,N	
Zweischaller	B	Sprosser-Nachtigall-Hybrid-Gesang.

Stachelschwanzsegler (Hirundapus caudacutus)

Nadelschwänziger Segler	H

Star (Sturnus vulgaris)

Blutter	Suol	
Bunter Staar	Be2,N	KN von Bechstein. Naumann übernahm.
Elster Staar	Schwf	Mutat.: „Schwarz u. weißer Staar" (Briss., Buf).
Feldstar	Suol	
Felstar	Suol	
Gemeine Sprehe	Be2,N	
Gemeiner Staar	Be1,Buf,Krü,N,…	…O3,V; KN von Bechst. Naumann übernahm.
Gemeiner Wiesenstaar	Be2,K,N	Gleichbedeutend mit Rinderstaar.
Gespree	Suol	
Kštor	Suol	
Pfersichklepfer	Suol	
Prutter	Suol	
Quatter	Suol	
Rinder Star	Schwf	
Rinderstaar	Be1,Buf,GesSH,…	…K,Krü,N,Suol; K: Frisch T. 217.
Rinderstahr	Ad	
Rinderstar	Do	Star frißt Ungeziefer in der Nähe d. Weideviehs.
Rinderstral	N,Suol	Name von Naumann.
Spottvogel	H	
Sprache	Be2,N	Name deutet auf das „Sprachvermögen" hin.
Sprägn	Suol	
Sprah	Do,Suol	

Sprahe	Be2,N	
Sprahl	Suol	
Språle	Suol	
Spränke	Suol	
Spraol	Suol	
Språwe	Suol	
Sprê	Suol	
Spreche	Ad	
Spreche	Buf,K,Krü,Schwf	
Spree	Be,Do,K,N,Suol	
Spreele	Suol	
Spreh	O1,Suol	„Sprehe", die gewöhnliche frühere Form …
Sprehe	Ad	
Sprehe	B,Be1,Buf,Do,…	…GesSH,K,Krü,N,Suol; … für den Star …
Sprehm	Be1,Do,N	… Man findet sie zuerst 1381.
Sprei	Suol	
Spreie	Suol	
Sprejer	Suol	
Sprên	Ad,Be1,Buf,Krü,Suol	
Spreu	B,Be2,N	
Spreune	Be1	
Spreuwe	Be2,GesS,N	
Sprewe	Ad	
Sprien (helgol.)	H,Suol	
Sprin	Suol	
Sprinne	Ad	
Sproh	Suol	
Sprue	Be1,N	
Sprutter	Suol	
Sreche	Be1	
Staar	Ad	
Staar	Ad,B,Be1,Buf,…	…Fri,GesH,G,Kö,Krü,N,Schwf,Suol;
Staare (fem.)	N	Nach getupftem Gefieder. Ahd. stara und spra.
Staarl	Be2,N	
Staarmatz	Be1,N,Suol	Wie noch heute: Kosename.
Staer	Buf,GesS,Krü	
Stahr	Ad,Be1,Krü,N,P	
Stär	Be2,N,Tu	„… Staar ist die alte gemeingermanische …
Star	Ad,Ma,Z	… Bezeichnung des Vogels." (Suolahti).
Starl	Be1,Do,N	
Stärl	Hö	
Stärlein	Be2,Do,N	
Starmatz	Do,N	
Starn	GesS	
Stirren	H	
Stoar	H	
Stoer	GesS	
Stör	Tu	
Stormatz	H	

Strahl	B,Suol	Kurzer, veränderter Rinderstral von A. Brehm.
Sturnellus	GesS	
Weißer Staar	Schwf	Star-Mutation. Otto: 1775 bei Greifswald
Wiesenstaar	Be2,N	Gleichbedeutend mit Rinderstaar.
Wiesenstar	Do	
Wiltelen	GesS	
Zimmermann	Suol	

Steinadler (Aquila chrysaetus)

Aar	Buf,Do,GesS	Adler wurde früher v. Ältesten nur Aar genannt.
Adelar	GesS	Größte, stärkste Raubvögel. Daraus wurde Adler.
Adler	Buf,G,GesH,Kö,K	
Adler mit schwarzem Rücken	Be2,N	Gesamteindruck ist dunkelbraun.
Aernt	GesS	
Ar	GesS	
Arent	GesS	
Arn	GesS	
Beinbrecher	GesH	
Bergadler	B,Do,N	„Slag-Oern" in Norwegen. Sollte Variation sein.
Berggîr	Suol	
Brauner Adler	B,Be,Do,N	Wegen gewöhnl. bräunlich-schwärzl. Färbung.
Brauner Adler mit ganz rauhen Füßen	Be2,N	Klein/R.: „Rauche, wollichte, haarichte Füße."
Brauner Bergadler	Be2	
Brauner Goldadler	Be2	
Brauner Haasenadler	Be2	
Brauner Steinadler	N	Wegen gewöhnl. bräunlich-schwärzl. Färbung.
Brauner Stockadler	Be2	
Gamsgeier	Suol	
Gemeiner Adler	B,Be1,Buf,Krü,… …N,O1;	Name nur f. d. Steinadler (Mül. 1773).
Gemeiner Bergadler	Be2	
Gemeiner brauner Adler	Be1,N	Wegen gewöhnl. bräunlich-schwärzl. Färbung.
Gemeiner brauner Bergadler	Be2	
Gemeiner brauner Goldadler	Be2	
Gemeiner brauner Haasenadler	Be2	
Gemeiner brauner Stockadler	Be2	
Gemeiner Goldadler	Be2	
Gemeiner Haasenadler	Be2	
Gemeiner schwarzbrauner Adler	V	Wegen gewöhnl. bräunlich-schwärzl. Färbung.
Gemeiner schwarzer Adler	N	Wegen gewöhnl. bräunlich-schwärzl. Färbung.
Gemeiner Stockadler	Be2	
Gold-Adler	Suol	
Goldadler	B,Be1,Buf,Do,… …GesS,K,Krü,N,O1,V;	Aldrovandi um 1600.
Goldadler des Linné	N	Linné: 2 Spezies – F. fulvus u. F. chrysaëtus.
Goldsteinadler	Be2	
Großer Adler	Be1,Buf,Krü	

Großer Goldadler	N	N. wg. d. Gefieders: „Chrysaëtos". S. 13/008.
Großer Steinadler	Be2,Krü	
Großer wahrer Adler	Be	
Hasen Ahr	Schwf,Suol	
Hasen Geyer	Schwf	
Hasen-Geyer	Suol	
Hasenaar	N	
Hasenadler	B,Be1,Buf,Do,… …N,GesH;	Hasen: „Vorzüglichstes Wildpret".
Hasengeyer	Krü	
Hasenstoßer	Krü	
Himmelsvogel	Krü	
Hosenaar	H	
Hosenadler	Do,H	Hosen sind bei Adlern das Schenkelgefieder.
Kaiseradler	V	So u. Königsadler nannte CLB seinen Goldadler.
König der Vögel	Be2,Buf	
Königsadler	Be2,Buf,Krü,V	So u. Kaiseradler nannte CLB seinen Goldadler.
Kurzschwanz	Be2,Do,N	Svensson (2011): Typ. langer Schwanz. …
Kurzschwanz mit weißem Ringe	Be1,Buf,K,N	… Dagegen liest man bei Gessner: „Alle …
Kurzschwänziger Adler	Be	… Adler haben kurtze Schwäntz."
Kurzschwänziger Bergadler	Be2	
Kurzschwänziger Goldadler	Be2	
Kurzschwänziger Haasenadler	Be2	
Kurzschwänziger Steinadler	Be1,Buf,N	
Kurzschwänziger Steinadler mit …	Krü	… weißem Ringe am Schwanze (langer Trivialname).
Kurzschwänziger Stockadler	Be2	
Kurzschwänziger und brauner Steinadler	Be2	
Landadler	Be1,Buf,Krü	
Leporaria	GesH	
Milion	Buf	
Nordischer Goldadler	N	Naum. Bd. 13/008. Art bei C. L. Brehm.
Ossifraga	GesH	
Pollnscher Adler (Var.)	K	„Sehr seltener Adler", ausgestorb. Gab's ihn je?
Rauchfußadler	B,N	Unterfam. Aquilinae: Die Beine sind bis zu …
Rauhfußadler	Be2,Do	… den sehr kräftigen gelben Zehen befiedert.
Ringelschwanz	Be2,N	Adler (5.–7. Jahr) im Adultkleid.
Ringelschwanzadler	Be2,Do,Krü,N	
Ringelschwänziger Adler	N	
Ringelschwänziger Bergadler	Be2	
Ringelschwänziger Goldadler	Be2	
Ringelschwänziger Haasenadler	Be2	
Ringelschwänziger Stockadler	Be2	
Schwartzer Adeler	Schwf,Suol	
Schwartzer Adler	GesH	Wegen gewöhnl. bräunlich-schwärzl. Färbung.
Schwartzer Ahr	Schwf	

Schwarzbrauner Adler	Be1,Buf,Do,N	Wegen gewöhnl. bräunlich-schwärzl. Färbung.
Schwarzbrauner Bergadler	Be2	
Schwarzbrauner Goldadler	Be2	
Schwarzbrauner Haasenadler	Be2	
Schwarzbrauner Stockadler	Be2	
Schwarzer Adler	B,Be,Buf,N,O1,V	Wegen gewöhnl. bräunlich-schwärzl. Färbung.
Schwarzer Bergadler	Be2	
Schwarzer Goldadler	Be2	
Schwarzer Haasenadler	Be2	
Schwarzer Stockadler	Be2	
Schwärzlicher Adler	Buf	
Sonnenvogel	Krü	
Steinadler	B,Be1,G,K,…	…Krü,N,O1,V;
Steinbrecher	GesH	
Steingeyer	Krü	
Steingîr	Suol	
Sternadler	Be1,Buf,GesH,Krü	Horstet mit Vorliebe an Felswänden.
Stock-Adler	GesH	Albertus Magnus: Stockaar wg. der Vorliebe …
Stockadler	B,Be1,Do,N	… für den einzeln stehenden Stock im …
Stock-Ahr	Suol	
Stockahrn	Suol	
Stockarn	GesH,Suol	… Gebirge als Ausguckgelegenheit.
Stoßgeyer	Krü	
Vogel Jupiters	Be	
Weißer Adler (Var.)	K	„Sehr seltener Adler", ausgestorb. Gab's ihn je?
Weißer Steinadler	Be2	
Weißgeschwänzter Adler	Be1,Buf,Krü	
Weißring	Be2,N	
Weißschwanz	Be2,N	
Weißschwänzel	Be2,K,N	
Weißschwänziger Adler	Be2,N	
Weißschwänziger Bergadler	Be2	
Weißschwänziger Goldadler	Be2	
Weißschwänziger Stockadler	Be2	

Steinhuhn (Alectoris graeca)

Attagen	GesS	
Bartanelle	H	
Bartavelle	Buf,H	Naumann: Akt. franz. Bezeich. Perdix bartavelle.
Berghuhn	Be2,Buf,N	Brütet oberh. Baumgrenze an steinigen Hängen.
Cottorna (krain.)	Be2	
Feldhuhn aus der Barbarey (juv.)	Be2	
Feuerrothes Rebhuhn aus Griechenland	Buf	
Grâwi Wildhenne	Suol	
Griechisch Rebhuhn	K	Frisch T. 116
Griechisches Feldhuhn	Buf,V	„Alectoris graeca" wurde übersetzt.

Griechisches Rebhuhn	Be2,N	
Griechisches Rothuhn	Be,Krü	Erster Name Bechstein für diesen Vogel.
Italiänisches Rebhuhn	Be2,Buf	
Italienisches Rebhuhn	N	
Mittleres Repphuhn	O1	
Parnijsse	Suol	
Pernijse	Suol	
Pernise	Be2,Buf,N	Bedeutet im Ital. Feldhuhn, Rebhuhn.
Roithon	Suol	
Rot Räbhůn	Suol	
Rothes europäisches Rebhuhn	Be2,N	
Rothes Feldhuhn	Be,N	Zweiter Name Bechsteins für den Vogel (1802).
Rothes Rebhuhn	Be2,Buf,N	
Rothfüßiges Rebhuhn	Be2,Buf,N	
Rothhuhn	Be2,Buf,N	Dritter Name Bechsteins f. diesen Vogel (1802).
Rothůn	Suol	
Schweizerisches Rebhuhn	Be2,N	
Stein-Feldhuhn	N	
Stein-hünlein	Kö	
Steinfeldhuhn	Be2,H,O3,V	Endgült. (4.) Name Bechsteins f. d. V. (1812).
Steinhähnl	Suol	
Steinhuhn	B,Be2,Buf,Krü,…	…N,O2,V; Lebt im südl. Osteuropa.
Tschukar	B	Als Stein- u. Chukarhuhn noch 1 Art waren.
Welsches Rebhuhn	Be2,Buf,N	
Weltsch Räbhůn	Suol	

Steinkauz (Athene noctua)

Kauz allg. nach Suolahti siehe Waldkauz.

Bilweiße	Suol	
Buscheule	Be,Buf,Hö,Krü	
Das kleinste Käutzchen ohne Ohren	Buf	
Fausthobel	Hö	Wegen der kurzen dicken Gestalt, Hö 1/202.
Fausthöberl	Hö	Wegen der kurzen dicken Gestalt, Hö 1/202.
Gelber Kautz ohne Federohren	Fri	
Gemeine Eule	Buf	
Gemeine Kautzeule	N	Der nicht seltene Vogel der Streuobstwiesen …
Gemeine Kauzeule	H	… war allg. bekannt, desh. „Gemeine K."
Große braune Eule	Be,Buf,Krü	
Hauseule	K	K: Frisch T. 98. + 100, Albin I, 9.
Hauskauz	B,Do	War allg. gut bekannt, da gute Brutmöglichk.
Heulende Eule	Be	
Hugerl	Hö	Bei Kramer. Erkl. Hö 2/73. + Hö 3/176.
Jochimcken	Suol	
Kautz	GesH,Hö,Schwf,V	
Käutzchen	Buf,N	
Käutzlein	Buf,GesS,K,Z	K: Frisch T. 98. + 100, Albin I, 9.
Kauz	Be	Name möglicherweise aus der Stimme.

Käuzchen	Be,Do	
Käuzlein	Krü	
Kircheneule	Buf	
Kirchenhuhn	Suol	
Kircheule	Be	
Kiwitt-Huhn	Fri,Suol	
Klagemutter	B,Do,N	Im Volk entstanden (VN). Klagemuoter: 15. Jh.
Klawit	Suol	
Klawitchen	Suol	
Kleiderweiß	Suol	
Klein Käutzlein	K	K: Albin Band I, 9.
Klein Keutzlin	Schwf	
Kleine Eule	Buf	
Kleine Hauseule	Buf,Krü,N	
Kleine Scheuereule	Buf	
Kleine Wald Eule	Schwf	
Kleine Waldeule	Buf,K	K: Frisch T. 98. + 100, Albin Band I, 9.
Kleiner Kautz	N,O2,V	Bei dem Namen wußte jeder, wer gemeint war …
Kleiner Kauz	Krü	
Kleiner Stein-Kautz	G	… Siehe unten bei Stein-Kauz.
Kleines Käutzchen	N	KN von Naumann.
Kleines Käutzlein	N	War allg. gut bekannt, da gute Brutmöglichkeit.
Kleinstes Käutzlein ohne Ohren	Fri	
Klewitt	Suol	
Kliwitken	Suol	
Kliwitt-Huhn	Fri,Suol	
Kommit	Suol	
Kommittchen	Do	
Kridewißchen	Suol	
Leicheneule	B,Buf,Do,N	Alle diese Namen, wie Todten- … Sie sind VN.
Leichenhuhn	Suol	
Leichenhühnchen	B,Do,N	
Leichenvogel	B,Do,N	
Leichhuhn	Fri	„-Huhn" entstammt z. B. Uhu-Ruf „hu-hu".
Lerchenkäutzchen	N	Tagaktiver Vogel fängt auch Lerchen, aber …
Lerchenkauz	B,Do	… Mäuse bleiben die Hauptnahrung.
Liekenuhl	Do	
Liekhôn	Suol	
Liekhön	Do	
Liekhönken	Suol	
Lîkhaun	Suol	
Lütt Nachtuhl	Do	
Menscheneule	Do	
Mittel Eule	Schwf,Suol	
Nacht Eule	Schwf	
Nachteule	Buf	
Nachtkauz	Do	
Nachtmännle	Suol	
Nachtvogel	Do	

Pilweissen	Suol	
Quäckerle	Suol	
Quickli	Suol	
Scheuereule	K	K: Frisch T. 98. + 100, Albin Band I, 9.
Scheunenkauz	B,Do	War allg. gut bekannt, da gute Brutmöglichkeit.
Scheuneule	N	Siehe Scheunenkauz.
Schrättele	Suol	
Schretzlin	Suol	
Spatzeneule	Do,N	
Sperlingseule	N,O3	War schon länger bekannt, aber unter anderem …
Sperlingskautz	N,V	… Namen. Er bekam 1758 von Linné „Strix …
Sperlingskauz	B,Do	… passerina" u. 1815 von Meyer den dt. Namen.
Stainewl	HaSa,Suol	
Stein-Kautz	G,N	Galt als ausgespr. Unglücksv. u. Todesverkünder.
Steinauf	Hö	Bei Kramer. Höfer 3/176.
Steinauffe	Be,Buf	
Steinäul	Suol	
Steineul	GesSH	
Steineule	Be,Buf,Do,Hö,…	…Krü,N,Suol; Als „Stainewl" 1531 b. H. Sachs.
Steinkautz	Buf,GesSH,Hö,…	…Krü,N,V;
Steinkäutzchen	N	Brütet auch an Felsen, Gebäuden, sonst in …
Steinkäutzlein	Krü	
Steinkauz	B,Be,O2	… offenen grünlandreichen Landschaften.
Steinkutz	Suol	
Sterbehuhn	Fri,Suol	
Sterbekauz	Suol	
Sterbevogel	Fri,Suol	
Stock Eule	Schwf	„Stock" hat auch hier die Bedeutung von Wald.
Stockeule	Do,K,N	K: Frisch T. 98. + 100, Albin Band I, 9.
Stockkauz	B,Do	
Thurmeule	Buf	
Todteneule	B,N	Im Volk entstanden (VN).
Todtenhuhn	Fri,Suol	
Todtenvogel	B,Buf,N,Suol,V	Im Volk entstanden (VN).
Toteneule	Do	
Totenuhr	Ad	Im Volk entstanden (VN).
Totenvogel	Do	
Unglücksvogel	Do	
Wäckerle	Suol	
Waldeule	Do,N	Alternativ: Kirch- oder Steineule.
Wehklage	B,N,V	Im Volk entstanden (VN).
Wehklager	Do	
Wichtel	Do	
Wichtl (österr.)	B	Ein Wicht(e)l ist ein Kobolt, Zwerg.
Wickerle	Suol	
Wigla	Suol	
Zwergeule	Buf,N	

Steinrötel (Monticola saxatilis)

Bergamsel	Do,K		K: Albin Band III, 55.
Bergdrossel	Hö		
Birglerch	Suol		
Birglerche	Hö		
Blaue Drossel	Be1,Buf,K,Krü		K: Albin Band III, 55.
Blaukehlein mit rother Brust	K		K: Albin Band III, 55.
Blauköpfige rothe Amsel	Be1,Fri,Hö,Krü,N		
Blauköpfige rothe Drossel	Fri,K	Name von Frisch. -	K: Frisch T. 32.
Blauköpfigte rothe Amsel	Buf		
Blauvogel	Ad,Be1,GesH,K,Krü		K: Albin Band III, 55.
Blauziemer	Be1,Krü		
Blaw Stein Amsel	Schwf		
Blaw Stein-Amsel	Suol		
Blaw Vogel	Schwf		
Blawvogel	GesSH		
Brachvogel	GesH		
Chlän	GesH		
Feldschmätzer	Do		
Gebirgsamsel	B,Be1,Krü,N	Vogel brütet auf hochgelegenen Matten.	
Goldamsel	Buf		
Großer roter Spötter	Do		
Großer Rothwüstling	Be1,Do,Fri,Krü,N		
Großer Wüstlich	Fri	Ähnliche „Geberden" wie Gartenrotschwanz.	
Großer (!) Rotschwänzchen	Be		
Großes Rothschwänzchen	Krü,N		
Großes Rothschwänzel	O1		
Großes Rotschwänzchen	Be1		
Großrotschwanz	Do		
Grousse Rothschwänzchen	Suol		
Hochamsel	B,Do,N	Brütet im Gebirge bis 1500 m Höhe.	
Hogamsel	Be1		
Holzamsel	Krü		
Klein Blaw Zimmer	Schwf		
Klein Blaw-Ziemer	Suol		
Kleiner Unglücksvogel	Be,Krü,N		
Kleiner Ziemer	GesH		
Klener	Ad		
Rotbauchiger Steinschmätzer	Do		
Rothbäuchiger Steinschmätzer	N		KN von Naumann.
Rothschwanz	Ad		
Rothschwänzchen	Krü		
Slegur	Be1	Slowenisch für Steinrötel.	
Stainridel	Suol		
Stainrötlein	Suol	Bei Hans Sachs (1531).	
Stein Drossel	Schwf		
Stein Rötel	Schwf	Bergvogel mit typischem, blaurotem Prachtkleid.	
Stein-Amßel	G		
Stein-Drossel	Suol		

Stein-Merle	N		Naumann aus „Steinamsel".
Stein-Röthling	P		
Stein-Trostel	GesH		
Steinamasel	N		
Steinamsel	Ad,Be1,Buf,Do,...	...GesH,Krü,O1;	Otto: „Le petit Merle de roche".
Steindrossel	B,Be1,Buf,Do,Krü,...	...N,O3	Früher gehörte Vogel zu den Drosseln.
Steinmerle	Be1,Buf,Do,H,...		...Krü,Suol;
Steinreitling	B,Be1,Buf,Krü,N		Zuerst (?) bei Bechstein 1795.
Steinreutling	Do		
Steinrödel	Krü		
Steinrotele	K		K: Albin Band III, 55.
Steinrötele	Suol		
Steinröthel	Ad,B,Be1,Buf,Krü,N		
Steinröthele	Fri,GesS		
Steinröthelein	GesH		
Steinröthling	Ad,Krü		
Steintrostel	GesS		Daraus soll „Steindrossel" entstanden sein.
Steintröstel	GesH,Suol		
Unglücksvogel	B,Do,Krü,N,O1		Nach Buffon in Schweden.

Steinschmätzer (Oenanthe oenanthe)

Aschgrauer Weißschwanz (Var.)	Buf	
Bachstelze	Buf	
Bergnachtigall (helv.)	H	Name nach Lebensr. Gesang nicht wie Nachtig.
Blackstiärt	Suol	
Brechvogel	Tu	
Brôchschösser	Suol	
Fahle Grasmücke	Be2,Krü	
Gelbbrüstige u. weißkehlige Steinfletsche	K	K: Frisch T. 22.
Gelbbrüstiger Fliegenschnäpper	Be2,Krü,N	Zuerst bei Bechstein, aber: siehe Frisch.
Gelbbrüstiger Fliegenvogel mit oberhalb ...	K,N	... weißem Schwanze (Langer Trivialname).
Gelbbrüstiger Fliegenvogel mit oberhalb ...	Fri	... Weißen Schwantz (Langer Trivialname).
Gelbbrüstiger Vogel mit oberhalb ...	Be2	... weißem Schwanze (Langer Trivialname).
Gelber Sticherling	K	K: Frisch T. 22.
Gelbes schwartz Kehlein mit ...	K	... schwartzem Kopf (Langer Trivialname)..
Gelbschwarzkehlein	K	K: Frisch T. 22
Grasmücke mit schwarzem Rücken	Be2	
Grauer Steinschmätzer	Krü,N	Leitname von Naumann.
Grauer Weißschwanz	Buf	
Graurückiger schwarzkehliger ...	Krü	... Steinschmätzer (Langer Trivialname). Variation.
Graurückiger Steinschmätzer	N,V	
Großer Steinfletscker	Be2,N	Wegen schmatzender, fletschender Laute.

Großer Steinpicker	Be1,Krü	
Großer Steinschmätzer	Be1,Krü,N,O1,Z	Leitname v. Bechstein 1795:
		Größte d. 3 Arten.
Größerer Stein-Schmätzer	Z	
Größerer Steinschmätzer	Be2,Buf,Krü,N	
Härdvögeli (helv.)	H	
Hitiker	Do	
Kletsch	O1	Entwickelt aus Steinfletscher.
Kothlerche	P	
Kussektak	Buf	
Kyssektak (grönl)	Buf	
Picha sassa (helv.)	H	
Schollenhüpfer	Suol	
Schwacker	O1	
Schwaker	Do	
Sommervogel	B	Name paßt auf alle Zugvögel. Wozu entstanden?
Stainschmatz	Suol	
Steinämmerling	Krü	
Steinartsche	Suol	
Steinätschke	Do	
Steinbeiser	P	Pernau: Name falsch, aber alt u. bekannt.
Steinbeißer	B,Be1,Buf,Do,…	…Hö,Krü,N,P,Suol;
Steinelster	B	Name (KN) vom Lebensraum u. Gefieder.
Steinemmerling	Krü	
Steinfletsche	Ad,Do,Schwf	
Steinfletscher	B,Do	Wegen schmatzender, fletschender Laute.
Steinfletschker	Do,N,Suol	
Steinklatsche	Be1,G,Krü,N,Suol	Name seit 1746 bekannt.
Steinklatscher	Do	Entwickelt aus Steinfletscher.
Steinkletsche	Be1,Do,Krü,N	
Steinklitsch	B,Be1,Krü,N	Entwickelt aus Steinfletscher.
Steinklitsche	Be97	
Steinklitscher	Do	
Steinpatsche	Be2,N	
Steinpicker	B,Be2,Do,N,Suol	Aus kurzen harten
		tök – tök – Rufen erklärbar.
Steinpletsche	Do	
Steinquäcker	Be2	
Steinquaker	B,Do	Startet u. landet beim Gesang auf einem Stein.
Steinquäker	Do,Krü,N	
Steinrutsche	Suol	
Steinrutscher	Be97,Suol	
Steinsänger	B,Do,V	Startet u. landet beim Gesang auf einem Stein.
Steinschäker	Do	
Steinschmack	Krü	
Steinschmacker	Be,Buf,Hö,Krü	
Steinschmatze	Suol	
Steinschmatzen	Suol	

Steinschmatzer	Be1,N,P	Als Stainschmatz schon 1531 bei H. Sachs.
Steinschmätzer	B,Be,O1	Fliegt schmatzend von Stein zu Stein.
Steinschnapperl	Hö	Bei Kramer.
Steinschwacker	Be1,N	Teilweise „explodierende", schnelle Gesangteile.
Steinschwatzer	Hö	Bei Kramer.
Steinwipper	Do	
Stênbicker	Suol	
Stênpicker	Suol	
Todtenvogel	B	Nur bei A. Brehm, ab 2. Aufl. Name paßt nicht.
Walhäkster	Suol	
Weinblüthen – Vogel	Buf	Übers.: Griech. oinos, Wein u. anthos, Blüte.
Weißbürzel	B,Be2,Do,N	Bürzel und Schwanzbasis weiß.
Weißgeschwänzte Bachstelze	Be2,Krü,N	18. Jh.: Steinschm. gehörten zu d. Motacillidae.
Weißkehlchen	Be1,Buf,Do,Hö,... ...Krü,N,O1;	Kehle eher gelb-beige als weiß.
Weißkehlchen mit schwarzen Backen	Krü,N	Schwarze Backen sind schwarze Augenmasken.
Weißkehle	Krü	
Weißkehlein mit schwarzen Backen	Be1	
Weißschwanz	B,Be1,Buf,Do,... ...H,Krü,N,O1;	Bürzel und Schwanzbasis weiß.
Weißschwänziger Steinsänger	N	
Weißschwanziger Steinschmätzer	O3	
Weißschwänziger Steinschmätzer	Be2,N	Leitname bei Bechstein 1807.
Wissbrüstli	Suol	
Witkeleken	Suol	

Steinsperling (Petronia petronia)

Baumfink	Be2,N	KN von Bechstein (1807).
Baumsperling	Krü,N	KN von Naumann (1824).
Bergfink	Be2	Er meidet zusammenhängende Waldungen.
Bergsperling	B,Do,K,N	Bevorzugt gebirgige Gegenden.
Felsensperling	Do	
Gelbkehliger Sperling	H	
Gelbkehlsperling	Do	
Graubrauner Fink	Be,N	Nach Gefieder-Eindruck.
Graubrauner Fink mit gelben Flecken ...	Buf	... auf der Brust (langer Trivialname).
Grauer Hänfling	Be,N	
Graufink	Ad,Be1,Buf,Do,... ...Fri,K,Krü,N,O1,V; -	K: Frisch T. 3.
Graufink mit gelben Flecken auf der ...	Buf	... Brust und schwarzer Kappe (langer Trivialname).
Notmusch (holl.)	H	
Nußsperling	Be2,Krü,N	„Weil er sich oft auf hohe Nußbäume setzt."
Pirgspatz	Suol	
Ringelspatz	Do,O2	
Ringsperling	Be1,Do,Krü,N,O1	Name bei Bechstein: Hellere Halsbinde.
Sperling mit dem Halsbande	Be2,Krü,N	

Stein-Sperling	N	Brut in vegetationsarmen Bereichen.
Steinfink	B,Do,N,V	Linné 1767: „Fringilla petronia".
Steinspatz	Do	
Steinsperling	B,H,Krü,O3,V	C. L. Brehm fand um 1820 Nest in Thüringen.
Tiegersperling	Krü	
Waldfink	Be1,N	Müller, Buffon: Lebt nur in Wäldern, ...
Waldsperling	N	... was nicht stimmt (heutige Kenntnisse).
Weidenfink	Be2	
Weidensperling	N	KN von Naumann, galt bisher für Feldsperl.
Wilder Sperling	Be,N	CLB: Vogel ist äußerst scheu, rasch und schnell.

Steinwälzer (Arenaria interpres)

Dollmetschender Strandvogel	Be1	Lat. interpres (s. Name) bedeutet Dolmetscher, ...
Dollmetscher	Buf,O1	... denn der Vogel schaut hinter, unter Steine. ...
Dolmetschender Strandvogel	N	... Der Dolmetscher „dreht um" ...
Dolmetscher	B,Be2,Do,N	
Gemeiner Steinwälzer	O2	
Grauer Kibitz	N	Vogel hat m. Kiebitz nichts gemein. Höchstens ...
Grauer Kiebitz	Be2,H	... das auffällige Gefieder.
Grauer Kiwitz	Buf	Name v. Linné, wahrscheinl. für Schlichtkleid.
Grünschnäbler	Suol	
Halsband-Steinwälzer	N	
Halsbandsteindreher	N	KN von Naumann.
Halsbandsteinwälzer	O3	KN von Naumann.
Hebridischer Strandläufer	Be1,N	Übersetzg. v. Pennants Hebridal Sandpiper.
Hebridischer Strandpfeifer	Buf	
Italiänischer Kourier	Be1	Steinwälzer, künstl. verändert.
Morinelle (weibl.)	Be1	
Mornell	Be2,N	Ähnlich in auffälligem Gefieder. Das ...
Mornell-Steinwälzer	N	... betrifft auch die folgenden Namen. ...
Mornellkibitz	N	... Keine Verhaltenssgemeinsamkeiten.
Mornellkiebitz	H	
Mornellstrandläufer	Be1,N	Schon 1793 bei Bechstein.
Rothbein	Be2,N	Von Müller 1773. Wenig aussagekräftig.
Rothgefiederte Schnepfe	Be2,N	Sollte Kurzkennzeichng. v. Lepechin sein.
Scharik	Do	
Schwarzschnabel	Be1,Buf,Do,N	Müller (1773) meinte weiblichen Steinwälzer?
Seelerche	Be2,Do,N	Willghby zum Steinwälzer.
Seemannche	Do,H	
Seemornell	Be1,Buf,Do,N	Übersetzung des englischen Sea-Dotterel.
Sonderling	Krü	
Steindrehender Strandläufer	Be,N	Bechstein (1803): Dieser N. aus „Steindreher".
Steindreher	B,Be1,Buf,Do,...	...N,Z;
Steinwälzer	B,Be2,Krü,N,Z	Erschien zuerst(?) als „Steinwälzer" b. Zorn, ...
Steinweltzer	Buf	... nach dem engl. „Turn-stone" v. Catesby 1731.
Tildra	N	Name des Steinwälzers auf Island.
Tolk	O1	Dänisch, norwegisch für „Dolmetscher".
Zitronschnepfe	Buf	

Stelzenläufer (Himantopus himantopus)

Dünnbein	Be1,Buf,K,Krü,N	
Europäischer Strandreiter	V	
Fremder Vogel	Be1,Buf,Krü	
Gemeiner Jelper	O1	Von engl. to yelp, bellen. Alarmruf des Vogels.
Gemeiner Strandreuter	Be2,N	
Grauschwänziger Stelzenläufer	N	„Schwanz licht aschgrau" mit weißen Rändern.
Grillvogel	Buf	
Hochbeinige Schnepfe	Be2,Buf,N	
Hochbeiniger Kranich	Be2,N	Gemeinsames Merkmal: Die langen Beine.
Langbein	Be1,Do,Krü,N,O2	
Langbeiniger Regenläufer	N	Der Stelzenläufer ist kein Wettervogel.
Langbeiniger Regenpfeifer	Be2	
Langfuß	Be1,Buf,Krü,N	Name von Otto, wegen der langen Beine.
Langfüßiger Strandreuter	N	
Langschenkel	N	
Meerelster	K	Falsch ist: Meerelster – Pica marina belonii.
Riemenbein	Be1,Buf,K,Krü,… …N,V;	„Riemen" bedeutet „lang, schmal".
Riemenfuß	B,Be1,Do,Krü,…	…N,O1;
Riemling	GesS	
Rothfüßiger Riemenfuß	Be2,Krü,N	
Rothfüßiger Strandreiter	Krü	
Rothfüßiger Strandreuter	N,O2	
Schwarzflügeliger Strandreuter	N	
Stelzenläufer	B,Be1,Krü,N,… …O1,V;	Vogel hat enorm lange Beine.
Stelzer	N	
Stilt	O2	
Storchschnepfe	B,Do,N	Name in Ungarn: Schwarz-weißes Gefieder.
Strandläufer	Be2,N	Viele Limikolen heißen so. Sinn bleibt unbek.
Strandreiter	B,Do,N,O1	Viele Limikolen sind „Reiter" oder „Reuter".
Strandreuter	Be1,Buf,Krü,N	Vogel „reitet" scheinbar auf seinen Beinen.
Tild	O2	
Türkische Schnepfe	Do,N	Türkisch bedeutet hier: Nicht einheimisch.

Steppenadler (Aquila nipalensis)

Steppenadler	B,H	Charaktervogel asiat. Steppen und Halbwüsten.

Steppenflughuhn (Syrrhaptes paradoxus)

Fausthuhn	H	
Rottfutted (helgol.)	H	Bedeutet rattenfüßig.
Steppenhuhn	H	

Steppenkiebitz (Chettusia gregaria)

Geselliger	Buf	
Geselliger Regenpfeifer	Buf	
Geselliger Regenpfeiferkiebitz	H	
Herden-Kiebitz	H	
Keptuschka	Buf	Name von Otto.
Keptuschke Strandpfeifer	Buf	Name von Otto, nach Latham.

Pischik	Buf	Pallas.
Steppenkiebitz	B,H	In eurasischen Steppen und Trockensteppen.
Wilder Kybitz	Buf	

Steppenmöwe (Larus cachinnans)

Graumantel-Möve	H	A. Brehm und Hennicke: Name für den Vogel.
Südliche Silbermöve	H	Gefieder etwas dunkler als bei Silbermöwe.
Weißkopfmöwe	H	

Steppenweihe (Circus macrourus)   Siehe Nachträge Naumann Band 13.

Blasse Weihe	N	13/154, KN von Naumann.
Blaßgraue Weihe	N	13/154, KN von Naumann.
Blaßweihe	B,Do	KN, Bedeut.: helleres Gefieder als and. Weihen.
Dalmatische Weihe	N	13/154, war in Dalmatien rel. häufig.
Grauweiße Weihe	N	13/154, KN von Naumann.
Mittelweihe	Do,N	Naum.: Art steht zw. Korn- und Wiesenweihe.
Steppen-Weihe	N	Naumann Nachträge Bd. 13/154.
Steppenweih	B	Leben in in trockenen offenen Landsch. Asiens.
Steppenweihe	B,H	

Sterntaucher (Gavia stellata)

Aalscholver	Buf	Gattung Phalacrocorax wegen Aaljagd.
Aalscholwer (juv. o. Sokl.)	Buf,N	
Aalschorwel	H	
Aalschrowel	Do	
Aelscholwer	Be1	
Dritte Halbente (PK)	K	K: Edwards T. 97.
Ententaucher	B,Do	
Erste Halbente (SK)	K	K: Albin Band I, 82. Willughby T. 62.
Fluder	Suol	
Gahn	O1	
Gefleckte Taucherente (juv. o. Sokl.)	N	
Gesprenkelte Taucherente (juv. o. Sokl.)	N	Soll Entenähnlichkeit d. Tauchers ausdrücken.
Gesprenkelter Seetaucher (juv. o. Sokl.)	Be,Do,N	Sternartig gesprenkelt ist das Rückengefieder.
Gesprenkelter Taucher (juv .o. Sokl.)	Be1,Buf,Krü,N	Hauptname bei Bechstein 1793.
Gestreifter Meertaucher	Buf	
Gestreifter Taucher	Buf	
Gösling	Tu	Turner: Allgemein Hochseetaucher.
Grauer Ententaucher	Be2	
Grosse Halbente	Fri	Seetaucher waren im 18. Jh. allg. Halbenten.
Größte gefleckte Tauchente	Krü	
Größte gefleckte Taucheränte	Buf	
Größte gefleckte Taucherente	Be	
Größte Halbente (juv. o. Sokl.)	Be,N	Bezug: Haubentaucher.
Größte Taucherente (juv. o. Sokl.)	N	Unsaubere Namensverkürzg. v. Naumann.
Größter gestirnter Taucher	K	K: Willughby.

Halbente mit schwarzem Schnabel	Be2,K,N	K: Redthroated Ducker.
Halbente, dritte – Sterntaucher (PK)	K	Bei Klein/Reyger. Edwards, T. 97.
Halbente, erste – Sterntaucher (SK)	K	Bei Klein/Reyger. Albin I, 82, Will. T. 62.
Hinkende Halbente (juv. o. Sokl.)	Buf,N	Wankender Gang des Vogels an Land.
Jan van Gent	Suol	
Kleiner Meertaucher	Krü	
Kleiner Meertaucher (juv. o. Sokl.)	Buf,N	Meertaucher sind dasselbe wie Seetaucher.
Lom	B,Be2,N	
Loom (SK)	K	K: Loom: „Bey dem Gehen hinken."
Loon	Krü	
Loon (PK)	K	K: Dritte Halbente.
Lumm	N	
Lumme	Be2,O1	
Meer-Nöring	Fri	
Meerkatztaucher	Buf	
Meertaucher	H	
Mitternächtlicher Taucher	Be2,N	Mitternächtlich bedeutet nördlich.
Nord-Seetaucher	N	Nicht: Nordsee-Taucher; Name v. Naumann.
Nördlicher Taucher	Be2,Buf,KrüN	
Nordseetaucher	Do	Sprich: Nord – Seetaucher
Road-halssed Skwarmer (helgol.)	H	
Rothalsige Lumme	Do	Gilt für die 9 Folgenden: …
Rothhälsiger Lumme	Be2,N	… Kennzeichen: Braunroter Vorderhalsfleck.
Rothhalsiger Seetaucher	N	
Rothhalsiger Taucher	H	Nahrungserwerb ausschließlich tauchend.
Rothhälsiger Taucher	Be2,N	
Rothkehliger Ententaucher	Be2,N	
Rothkehliger Meertaucher	Krü	
Rothkehliger Seetaucher	Be2,Krü,N	
Rothkehliger Taucher	N,O2,V	
Rothkehltaucher	B,Suol	
Rotkehliger Taucher	Be2,Do,N	
Schremd	H	
Schremel	Do	
Seekatze	Buf	Cat-marin
Seerothkehlchen	B,Be2,N	
Sinkende Halbänte	Buf	
Spießgans (juv. o. Sokl.)	B,Be1,N	Spitzer dünner Schnabel.
Spießganz	Buf	
Sternlumme (juv. o. Sokl.)	B,Do,N	Allg. Name des Vogels im 19. Jahrhundert.
Taucherrothkehlchen	Be2,N	

Stieglitz (Carduelis carduelis)

Aurivittis	GesH,Tu	Turner
Diestelfink	Buf,Krü	
Diestelzeisig	Krü	

Dischel	Suol	Kurzform, aus dem Elsaß.
Dischelfink	Suol	
Dissele	Suol	Kurzform aus dem Elsaß.
Disserle	Suol	
Distel	Suol	Kurzform aus der Schweiz.
Distel Finck	Kö,Schwf	
Distel-Fink	Z	
Distel-Zeisig	N	
Distelein	O1	
Distelfinck	GesSH,Tu	„… weil er auff den Disteln zu sitzen pflegt.“
Distelfink	Ad,Be1,Buf,Fri,K,… …Krü,N,O1,Suol,V;	Name bei Meyer/Wolf.
Disteli	Suol	
Disteli (helv.)	Do	
Distelvincke (holl.)	GesH	
Distelvincken	Suol	
Distelvogel	Ad,Be1,Buf,Do,GesH… …Krü,N,Schwf,Suol; -	Name bezeugt v. 13. Jh.
Distelzeisig	B,Be2,Do,H… …Krü,O3;	War bei Bechstein (um 1800) üblich.
Distelzweig	Suol	
Distelzweiglein	Suol	
Distelzwig	Suol	
Distelzwinglein	Suol	
Distler	N	
Fistelfink	Be1,Buf,Krü,N	Teilw. hohe Stimme wie b. Menschen d. Fisteln.
Gelbflügel	B,Do	
Gemeiner Stieglitz	Be2,N	„Der Gesang lautet stichlick, stichlick …“
Goldfink	B,Be2,Buf,Hö… …Krü,N;	Goldgelbes Band am Flügel.
Goldschmatt	Suol	
Goldvilchen	Suol	
Goldvogel	Do	Goldgelbes Band am Flügel.
Großer Stieglitz	Be97	
Jupiterfink	Do	
Jupitersfink	B,Be1,Buf,Krü,N	Klein: „Fringilla Jovis, Fink des Jupiter.“
Kleiner Stieglitz	Be97	
Klettenklauber	Do	
Klettenvogel	Do	„Weil er auch auf die großen Kletten fliegt, u. …
Kletter	Be1,Buf,Fri,GesS… …Krü,N:	… d. Saamen heraus frißt, heißen ihn …
Kletterhals	Do	… einige in Ost-Frießland Kletter.“ (Frisch).
Kletterrothvogel	B	
Kummulis (lett.)	Buf	
Petter (holl.)	GesH,Suol	
Pütterke	Suol	
Rohtvogel	K	
Rothvogel	Ad,Buf,Krü,N	Wegen des roten Gesichtes.
Rothvögelchen	Be,Buf,Krü	

Rothvögelein	Be2,N	
Rotkoegelken	GesS,Suol	
Rottkogel	Be1,Schwf	
Rottvogel	Ad	
Rotvogel	Be1,Do	
Schwarzer Stieglitz	Be97	
Sdeleze	Suol	
Siblitschvink	Suol	
Siskin	Buf	
Stachlick	B,Be2,Do,N	
Stachlitz	B	Aus Stieglitz entstanden.
Stechlick	Be,Fri	
Stechlik	Z	… Aus Sprachschatz d. Wenden u. Böhmen.
Stechlitz	Be1,Buf,Do,Fri,… …Krü,N;	Entstehung durch Lautmalung.
Stegelisse	Suol	
Stegelitze	Suol	
Steglick	GesS	
Steglitze	Suol	
Stehlik (böhm.)	Ad	
Steilitsch	Suol	
Sterlitz	B,Do	19. Jh. Anhalt: Üblich war Sterlitz statt Stieglitz.
Sterlitze	N	
Stichlitz	Be1,Buf,Do,Fri,… …Krü,N,O1;	Entstehung durch Lautmalung.
Stiegelitz	Buf	
Stiegellitsch	Suol	
Stieglitsch	Do,H,Suol	
Stieglitz	Ad,B,Be1,Buf,Fri,… …G,K,Krü,N,O1,P,Schwf,V,Z;	K: Frisch T. 1.
Stieglitz mit gelber Brust	Be97	
Stieglitzke	Do	
Stieglizk	Suol	
Stielitze	Do	
Stigalitsch	Do	
Stigelhitz	Suol	
Stigelitz	Kö,Suol,Tu	Stieglitz im 12. Jh. aus dem Sloven. entlehnt?
Stiglitz	Buf,Fri,Krü,P	Seit 1258 als „stygelicz" b. Alb. Magn. belegt.
Stiglitzen	Suol	
Stillitz	Be,Buf,Do,Krü	
Stirlitz	Suol	
Tannenstieglitz	Be97	
Tiglitz	Hö	Bei den Letten und Esten.
Trun	B,Be2,N,O1	
Truns	Be1,Buf,Do,… …GesS,Krü;	
Turns	Suol	
Weißer Stieglitz	Be97	
Weißköpfiger Stieglitz	Be97	
Ziebelitsch (helgol.)	H	
Ziglis (lett.)	Buf,Hö	Bei den Letten und Esten.

Stock-/vor allem Hausente (Anas platyrhynchos)

Aante	H,Krü	Krü: Ente.
Aen (Sprich a-en)	H	
Aente	Buf	
Ahnk	Krü	Krü: Ente.
Andrake	Suol	Suol: Ente (männlich).
Andtrach (männl.)	Be2	
Ant (weibl.)	Buf,GesS,H	
Änte	Krü	Krü: Ente.
Anter	Krü	Krü: Ente.
Änterich	Krü	Krü: Ente.
Antrech	Suol	Suol: Ente (männlich).
Äntrecht	Suol	Suol: Ente (männlich).
Antrich (männl.)	H,Krü	Krü: Ente.
Antvogel	Buf,Do,GesS,H,Krü	Krü: Ente.
Biele	Be2	Hausente
Bilentchen	Suol	Suol: Ente (zahm)
Blas Endte	Schwf	Bed. Ente mit Blässe, die Stockente nicht hat, ...
Blas-Endte	K	... sie hat aber einen Flügelspiegel – und sie ...
Blasente	N	... hat einen weißen Halsring (s. Gessner).
Blaß-Änte	Buf	
Blaßente	Buf	Bodensee
Blaß-Ente	O2	
Blaßänte	Buf	
Blassent	GesSH,Suol	H: Blaß-Ent. Suol: Stockente.
Blaßente	Be,Fri,K,Krü	Krü: Stockente.
Blau-Ente	O2	
Blauänte	Buff,Krü	Krü: Stockente
Blauente	Be2,Fri,Do,K,N	K: Fri T. 158–159.
Blaukopf (männl.)	Do,H	
Blauspiegel	N	
Blauspiegelente	Fri	
Blumenente	B,Be2,Do	Wegen der schönen Gefiederfarbe.
Blumente	Be1,N	
Buschente	Do	
Drache	Suol	Suol: Ente (männlich).
Drâke	Krü,Suol	Suol: Ente (männlich).
Drôk	Suol	Suol: Ente (männlich).
End-Trach (mask.)	K	Hausente
Endert	Suol	Suol: Ente (männlich).
Endt	Buf,GesS	
Endte	Buf,Schwf	Hausente (weiblich).
Endtrach	Schwf	Hausente (männlich).
Endträch (männl.)	Be2	
Enerk	Suol	Suol: Ente (männlich).
Ent	Buf,GesS	
Entdrach (männl.)	O1	
Ente	Be,Buf	
Entenrätscher	Suol	Suol: Ente (männlich).

Entrach	Buf,GesS	
Entrich (männl.)	Be2,Buf,GesS,O1	
Entvogel	Be2	
Erpe	Krü	Krü: Ente.
Erpel (männl.)	Be2,O1	
Flußvogel	Krü	Krü: Stockente.
Gehäubte wilde Aente	Buf	
Gemeine Aente	Buf	
Gemeine Ente	Be1,O1,V	
Gemeine große wilde Endte	G	Göchhausens Bezeichnung für die Stockente.
Gemeine Wilde	Z	
Gemeine wilde Aente	Buf,Krü	Krü: Stockente
Gemeine wilde Ente	Be1,Fri,K,N,Z	K: Fri T. 158–159.
Gemeine zahme Ente	Be2	Hausente.
Goßent	Buf	
Grab-Ent	Suol	Suol: Stockente.
Grabe (männl.)	H	
Grabente	Be2	
Grasente	B,Be2,Do,N	Ente frißt u. a. Gras. S. Stoßente.
Graute wille Pille	H	
Grâw-Ent	Suol	Suol: Stockente
Grobe wilde Maschente	Be2	
Gros Endte	Schwf	
Gros-endte	Buf	… nannte die Stockente Großente, weil sie den …
Gros-Endte	K	Gessner verglich Stock- u. Hausente. Er …
Grosentte	Suol	Suol: Stockente
Groß-Änte	Buf	… zahmen Enten zwar ähnlich wären, aber …
Groß-Ente	O2	… etwas größer.
Große	N,Suol	Suol: Stockente
Grosse Ente	H	
Grosse Spiegelente	Fri	
Grosse Wild Endte	Schwf	
Große Wild-Endte	Buf	
Grosse Wildant'n	H	
Große wilde blaue Ente	Be2	
Große wilde Endte	Schwf,N	
Große wilde Maschente	Be1	
Großendt	GesSH	H: Groß-Ent.
Großente	Do,Fri,GesS,H,Krü	GesS: Nach Eber & Peucer.
		Krü: Stockente.
Größere wilde blaue Ente	Buf	Gessner zu Stockente.
Grünkopfente	Do	
Guârd	Suol	Suol: Ente (männlich).
Hag-Ent	GesH	
Hag-Ente	O2	„… weil sie im Wasser gern bei den Hägen sitzt."
Hagent	Buf,Suol	Häge sind Buschgruppen u. bewachsene Gräben.
Hagente	Be2,Do,Fri,GesS,…	…Krü,N; Krü: Stockente.
Hatsche (schles.)	Be1,Buf,K,Krü,…	…Schwf,Suol; Hausente
Haus Endte	Schwf	Hausente

Haus-Ente	Fri		
Hausänte	Buf		
Hausente	Be1,Buf,Fri,K	K: Frisch T. 177 + 178.	Hausente
Hauß-Endte	K		Hausente
Hay-ent	Buf		
Hollige Hausänte	Buf		
Ilmetritsch	Suol		Suol: Stockente.
Intert	Suol		Suol: Ente (männlich).
Kätsche	Krü		Krü: Ente.
Kleine wilde blaue Ente	Be2		
Kleinere wilde blaue Änte	Buf		
Kleinere wilde blaue Ente	Be		
Krummschnabel	Be2		Hausente.
Krummschnabelente	Be2		Hausente.
Krummschnabliche Haus Ente	Fri		Hausentenrasse.
Krummschnäblige Ente	Be2		Hausente
Krummschnablige Ente	Be1		Stock(Haus-)ente, Variation.
Krummschnablige Hausente	Be2		Hausente.
Lockaant (männl.)	H		
Löffelente	N		
Mackänte	Krü		Krü: Stockente.
Marschente	Do,H		
März-Ente	N	Brutbeginn – wenn möglich – schon im März, ...	
Märzänte	Buf,Krü	... da Paarbindung schon im Herbst zuvor.	
Märzente	B,Be1,Do,H,...	...K,Suol;	K: Frisch T. 158–159.
Maschänte	Buf,Krü		Krü: Stockente.
Maschente	Be97,H		
Mertz Endte	Buf,K,Schwf		
Mertz-Ent	GesH		
Mertzendte	Schwf		
Mertzente	Buf		
Mertzentte	Suol		Suol: Stockente.
Merzent	Buf		
Merzente	Fri,GesS		Ges: Nach Eber & Peucer.
Mohränte	Krü		Krü: Stockente.
Mönchente	Be		Bastard der Stockente.
Moosente	B,Do,N,O1	Regelmäßig auch auf kleinen Moorteichen.	
Ondrach	Suol		Suol: Ente (männlich).
Persische Aente	Buf		
Pillente	Suol		Suol: Zahme Ente.
Raetsch-endte	Buf		
Ratsch	Suol		Suol: Ente (männlich).
Rätsch	Be2,O1,Suol		Suol: Ente (männlich).
Rätsch Endte	Schwf		
Rätsch-Ent	GesH		
Rätsch-Ente	O2		Nach Stimme des Erpels.
Rätsche	Be1,Buf,K,Schwf,Suol		Hausente
Rätschenente	Be		
Rätschent	Suol		Suol: Stockente.

Rätschente	Be2,Krü,N	Naum.: Laute klingen wie Rähtsch oder Rääb.
Rech	Suol	Suol: Ente (männlich).
Reinint	Suol	Suol: Stockente.
Retsche (männl.)	Fri,GesS	
Retschendt	GesS	
Retschente	Fri	
Roß-Ente	Buf	Variation der Stockente. Bechst.: Spiegelente.
Roßänte	Buf	
Rossendte	Schwf	
Roßente	Be1,O1	Stockente, Variation.
Rütschente	Do	
Schaufelente	N	Eigentl. Bergente, aber N übertrug auf Stockente.
Schildänte	Buf	Oken hält Bastardierung für möglich.
Schildente	Be1,Buf,O1	Stockente wegen des breiten schildf. Schnabels.
Schmäl-Endte	Buf	
Schmalente	Be1,O1	Graue, kleinere Variation der Stockente.
Schmelichen	Buf	
Schmil-Ent	GesH	
Schmilänte	Buf	
Schmilendte	Buf	
Schmilent	Buf	
Schnäderent	Suol	Suol: Ente (männlich).
Schnatterer	Be1,Buf	Hausente.
Schwartze Wilde Ente (Var.)	Fri	
Schwarze wilde Ente	Fri	
Schwarznackige Ente	Be2	Bastard Moschusente x Stockente.
Spiegel Endte	Schwf	Variation d. Stockente. Auch Roßente (Be).
Spiegel-endt	Buf	
Spiegel-Ent	GesH	Wegen des Flügelspiegels.
Spiegelänt	Buf	
Spiegelänte	Buf,Krü	Wegen des Flügelspiegels. Krü: Stockente.
Spiegelent	GesS,Suol	Suol: Stockente.
Spiegelente	Be1,Do,Fri,K,…	…Krü,N,O1; K: Frisch T. 158–159.
Stackint	Suol	Suol: Stockente.
Stenzente	Buf	= Sterzente?
Stertzendte	Schwf	
Stertzente	Be1,K	
Sterzente	Be1,Do,H	Sterz von Stor: Stor heißt im Skandinav. groß.
Stockaant (männl.)	H	
Stockant	H	
Stockant'n	H	
Stockantl	H	
Stocke	H	Brütet bisweilen auf Bäumen m. Stockausschlag.
Stockente	B,Be2,GesS,Krü,…	…N,O1,V; Stocke (oben) ist Stockente.
Stocker	H,Suol	Suol: Stockente.
Stohr-Ent	GesH	
Stor-Endte	K	Stor heißt im Skaninavischen groß.
Stor-Ennte	Buf	

Storänte	Buf	
Storendte	Schwf	
Storent	GesS,Suol	Nach Albertus Magnus.
Storente	Be1,H,K,O1	
Störente	Be1	Stör von Stor: Stor heißt im Skandinav. groß.
Stortz-Ent	GesH	
Stortz-Ente	Buf	
Störtzente	Fri	Gründeln wurde Stürzen, Störzen genannt.
Storzent	GesS,Suol	Nach Albertus Magnus.
Stoßente	B,Do,N	Stoß ist best. Wiesenfl., auf der Ente frißt.
Stürtzente	Fri	Gründelente. Gründeln wurde Stürzen genannt.
Sturzente	B,Do,N	
Stutzente	N	
Trech	Suol	Suol: Ente (männlich).
Unterich	Suol	Suol: Ente (männlich).
Untert	Suol	Suol: Ente (männlich).
Wahrte	Be	
Warte (männl.)	Be2,O1,Suol	Bedeutung viell. „Führer", Leittier.
Wederik	Suol	Suol: Ente (männlich).
Weiße Ente	Be2	Hausente.
Weiße Wildente	O1	Seltene, 5. Variation d. Stockente. Albino?
Weißstirnige Ente	Be2	Bastard Moschusente x Stockente(?).
Welle Ente (männl.)	H	
Wetik	Suol	Suol: Ente (männlich).
Wild blauw Ent	Suol	Suol: Stockente.
Wild blaw Enten	GesS	
Wild Endte	Schwf	Wildente.
Wild Hatsche	Schwf	Wildente.
Wild-Ente	O2	
Wildantn	H	
Wildblau	Fri	
Wilde Ant	H	
Wilde Ante	H	
Wilde blaue Ente	Be2,GesH	
Wilde blaw Endte	Schwf	
Wilde Ent (männl.)	H	
Wilde Ente (weibl.)	Be1,Buf,Fri,G,...	...N,O1,V;
Wilde Entin (weibl.)	Be2	
Wilde gemeine Ente	N	
Wilde Pille	H	
Wildente	B,Do,Krü,N	War und ist der gebräuchlichste Name der Ente.
Wildfang	Krü	Krü: Stockente.
Wildling	Krü	Krü: Stockente.
Wildt ente	Buf	
Wille Aant	H	
Wille Ahnt	H	
Wirk (männl.)	H	
Wöbke	Krü	Krü: Stockente.

Wörd	Suol	Suol: Ente (männlich).
Wôrte	Suol	Suol: Ente (männlich).
Wyk	Krü	Krü: Ente.
Zahme Ente	Be1,Fri,K,O1	K: Frisch T. 177 + 178. Hausente
Zahme Hausente	Buf	
Zam Endte	Schwf	
Zam-ente	Buf	
Zorn	K	
Zweyte wilde Aente	Buf	

Strandpieper (Anthus petrosus)   Siehe **Bergpieper**.

Streifengans (Anser indicus)

Indische Gans	H	

Streifenschwirl (Locustella certhiola)

Dicker Sänger	O3	Name von Schinz (1840), dick = …
Gestreifter Rohrsänger	H	… aufgeplustert wirkend, trifft zu.
Streifenschwirl	B	Pallas 1811. Vogel wirkt gestreift.

Strichelschwirl (Locustella lanceolata)

Gestrichelter Heuschreckenrohrsänger	H	Oberseite kräftig schwarz gestreift.
Lanzenfleckiger Sänger	O3	Unterseite, Brust u. Flanken gestrichelt.
Striemenschwirl	H	

Stummellerche (Calandrella rufescens)

Pallas' kurzzehige Lerche	H	Etwas kleiner als Kurzzehenlerche.
Pallas' Stummellerche	H	Stummel- bedeutet kurzzehig.
Stummel-Lerche	H	Name nur bei A. Brehm.

Sturmmöwe (Larus canus)

Allenböcke	O1	Oken verwendete Lachmöwen-Namen.
Aschgraue Meve	Be2,N	Bechstein „sah" diese Möwe aschgrau.
Aschgraue Möve	H	
Blaue Möve	Do	
Blaufüßige Meve (juv.)	Bc	
Blaufüßige Möve	V	Gelbgrüne Beine wirkten wie bläulich.
Blaufüßige Wintermeve	N	
Blaufüßige Wintermöve	H	
Blauschnäblige Meve (juv.)	Be	
Buhr (helgol.)	H	
Elfenbein-Meve	Be	
Fischer	Be1,Krü	
Fischmeve	Be1	
Fischmewe	Krü	
Gefleckte Mewe (juv.)	K	Larus maculatus.
Gemeine graue Meve	K	
Gemeine graue Mewe	Krü	
Gemeine Meve	Be1	
Gemeine Mewe	Krü	

Graue Meve	Be1,Buf,N	Name von Bechstein.
Graue Mewe	Krü	
Graue Möve	N,O2	
Graufüßige Möve	Do	
Graumöve	O1	Oken verkürzte Bechsteins Graue Möve.
Grönländische Serchvack	Be2	
Große graue Meve	Be2,N	
Große graue Mewe	Buf	Meinung v. Buf/Otto. Größer als Dreizehenm.
Große graue Möve	H	
Große Seekrähe	Be1,Krü	
Kleine graue Mewe	Krü	
Nordische Meve	Be2,N	Nahezu zirkumpolares Brutareal der Möwe.
Nordische Möve	H	
Piepmöve	Do,H	
Rathsherr	Be	
Ringelmeve (juv.)	Krü	
Ringelmewe	K	
Seemeve	Be1	
Seemewe	Krü	
Stromvogel	B,Be2,Do,N	Nahrungserw. bevorz. in Strömg., Spülsaum.
Sturm-Meve	N	
Sturmmeve	Be2	Bechsteins Name wenig aussagekräftig.
Sturmmöve	B,H,O3,V	
Sturmvogel	Be2,N	
Tschaika (russ.)	Buf	
Weiße Meve	Be	
Weißgraue Meve	Be1	
Weißgraue Mewe	Buf,Krü	
Wintermeve	N	Nordische V. kommen zum Überwintern.
Wintermöve	B,Do,H,O1	
Wyss mewe	Tu	Marine Möwe. Sturmmöwe?

Sturmschwalbe (Hylobates pelagicus)

Drudi (isl.)	H	
Drunnkviti (fär.)	H	Name auf Färöern, wegen weißen Bürzels.
Gemeiner Sturmvogel	Be2,Buf,Krü,N,O2	Setzt sich auf Schiffe, wenn Sturm kommt.
Geschäckter Sturmvogel	Be2,N	Hauptname von Bechstein.
Gescheckter Sturmvogel	H	
Gewittervogel	B	
Gewöhnlicher kleiner Sturmvogel	Be2,Buf	
Kleine Sturmschwalbe	Do,N	KN von Naumann.
Kleiner Petrell	N	
Kleiner Schwalbensturmvogel	N	KN von Naumann.
Kleiner schwartzer Sturmvogel	K	K: Albin Band III, 92.
Kleiner schwarzer Sturmvogel	Be2,Buf,Krü,N	Leitname von Scopoli 1770.
Kleiner Sturmvogel	Buf,Krü,N,V	Setzt sich auf Schiffe, wenn Sturm kommt.

Kleiner Ungewittervogel	Buf	
Kleineste Meve, mit röhrenförmigen …	Buf	… Nasenlöchern.(Zur Meersalzausscheidung. Langer Triv.name).
Kleinste Meve mit röhrenförmigen …	Be2,N	… Nasenlöchern. (Sinn: s. o. - Langer Trivialname).
Kleinste Möve mit röhrenförmigen …	H	… Nasenlöchern. (Sinn: s. o. - Langer Trivialname).
Lütj stoarmswoalk	Do	
Lütj Storm-Swoalk (helgol.)	N	
Meerpetersvogel	N	CLB teilte in Färöischen und Meerpetersvogel.
Mutter Cary's Hühnchen	Buf	Mother Cary's chicken.
Mutter Kareys Henne	Do	
Orkanmännchen	Buf,Krü	
Orkanmevchen	Be2,N	
Orkanmövchen	Do,H	
Peterel	O1	Wegen des scheinbaren Laufens auf dem Wasser.
Peters Läufer	Do	
Petersfugl (dän.)	H	
Petersläufer	B	Wegen des scheinbaren Laufens auf dem Wasser.
Petersvogel	Do,Krü	
Petrell	Be2,Buf,Do,K,…	…Krü,N; K: Albin Band III, 92.
Puffin	O1	Name: Einsame Entscheidung Okens (1816).
Rotje	Buf	
Schwalbensturmvogel	O3	KN von Oken.
Schwarzer Sturmvogel	Be2,N	Beiname von Bechstein für Sturmschalbe.
See-Sturmvogel	Buf	
Seesturmvogel	Be2,Krü,N	
Sörön-Pedder (norw.)	H	
St. Peters-Vogel	Buf	
St. Petersvogel	Be2,Buf,Krü,N	Wegen des scheinbaren Laufens auf dem Wasser.
Stormfinck	K	K: Albin III, 92; kleinster V. m. Schwimmhäuten.
Sturmfink	Be,Buf,Do,K,…	…Krü,N; K: Albin III, 92 Klein/R. 1760.
Sturmmeve	Be,Buf,K,Krü,N	K: Albin III, 92, bei Klein/Reyger 1760.
Sturmmöve	H	
Sturmschwalbe	B,Be2,Buf,Krü,N	Name in Pennants „Arctic Zoology" (um 1785).
Sturmverkünder	Be2,Buf,Do,N	Setzt sich auf Schiffe, wenn Sturm kommt.
Sturmverkündiger	Krü	
Sturmvogel	Be2,Buf,K,N,O1	Name schon alt, bei Klein/Reyger 1760.
Ungewittervogel	Krü	
Ungewittervogel	Be2,Buf,Do,Krü,N	Vor Unwetter schwarzer Vogel aus d. Nichts …!
Volmar	Suol	
Weltmeermövchen	B	Auf der Nordhalbkugel sehr weit verbreitet.
Zwergsturmvogel	Do,N	KN von Naumann.

Südlicher Raubwürger (Lanius meridionalis) ist heute, ab 2018, der **Iberienraubwürger.** Komplizierte, ab 2018 neue Systematik. Iberienraubwürger hat etwa 10 Unterarten. Weil es das alles in der Vergangenheit nicht gab, stehen die alten Namen unter **Raubwürger**, siehe dort.

Sumpfläufer (Limicola falcinellus)

Bastardbecassine	Be2	
Bastardbekassine	Do,N	Wegen Schnepfen-Ähnlichkeit. Name v. Be2.
Becassinenstrandläufer	Be2	
Bekassinensandläufer	N	Wegen Schnepfen-Ähnlichkeit. Name v. Be2.
Bogenschnäbliger Strandläufer	Krü	
Herbstschnepflin	O1	Kl. schnepfenähnl. V. im Herbst aus Norden.
Kleiner Sumpfläufer	N	KN von Naumann speziell für diese Art.
Kleinste Schnepfe	Be	
Kleinster Brachvogel	Be2,N	
Kleinster krummschnäbliger Strandläufer	Be	
Lerchenschnepfe	Be2,Do,N,O1	Größe und Gefiederfarbe ähnlich Feldlerche.
Plattschnabeliger Strandläufer	O3	Oken übernahm CLB-Namen.
Schnepfenstrandläufer	B,Be2,Do,N	
Sumpfläufer	B	Ähnlichk. mit Alpen-, Zwergstrdl., Zwergschn.
Zwerg-Brachvogel	O2	Oberschnabel leicht bogenförmig, deshalb …
Zwergbrachvogel	Be2,N	… systemat. Zuordnung zu den Brachvögeln.
Zwerggrüel	O1	Grüel bedeutet Brachvogel.
Zwergschnepfe	Be2,Do,N	Naumann: Ähnlichkeit mit Zwergschnepfe.

Sumpf-/[Weidenmeise] (Poecile palustris + P. montanus) Siehe **Weidenmeise.** Viele der nachfolgenden Begriffe gelten für beide Meisenarten.

Aeschmeißle	Buf,GesS,Suol	Gilt auch für folgende (Asch-)Begriffe: …
Asch Meise	Schwf	… Grauer aschenfarbener Rücken.
Asch-Maise	Fri	
Aschemeise	Buf	
Aschenmeise	Be1,Buf,N	
Aschgraue Nonnenmeise	Be2,Buf,N	
Aschmaise	Fri	
Aschmaislein	Buf	
Aschmäuslein	K	
Aschmeise	Ad,B,Be2,Do,K,… …Krü,N;	K: Frisch T. 13.
Aschmeißlein	GesH	
Bergmeise	Ad	
Bienmeise	Buf	
Blechmeise	Be2,Do,N	Von anord. „blik". Kopf glänzt bei Beleuchtung.
Bleimeise	Do	
Bymeise	Be1,Buf,Do	
Chôtmâse	Suol	
Dornreich	Be1,Buf,Krü,N	In (Dorn-)Hecken und dichten Gebüschen.
Gartenmeise	Ad,B,Be1,Buf,Do,… …Krü,N;	Name unspez. Mehr M. heißen so.
Gemeine Nonnenmeise	N	England: Vergleich mit verschleierter Nonne.
Glattmeise	B,Do	Kopf soll metallisch glatt glänzen.

Grasmeise	Do,H	
Graue Meise	Be1,Krü,N	S. Asch Meise: Grauer aschenfarbener Rücken.
Grauemeise	Buf	
Graumaise	Buf	
Graumaislein	Buf	
Graumäuslein	K	
Graumeischen	Ad	
Graumeise	B,Be1,Buf,Do,... ...K,Krü,N;	K: Frisch T. 13.
Graumeise	Ad	
Graumeißchen	Buf	
Graw Meißlin	Schwf	
GrawMeißlin	Suol	
Hanf-Meise	P2	Insektenfresser findet Insekten bei Hanf-Abfall.
Hanf-Meisse	Z	
Hanff-Meiße	P	
Hanfmaise	Fri	Frisch lehnte den Namen für Sumpfmeise ab.
Hanfmeise	B,Be1,Buf,Do,... ...Hö,Krü,N,P;	
Hausmeise	Buf	
Holzmeise	Be	
Hundsmaise	Hö S. 2/77	Wegen ihrer Geringschätzigkeit, unedle Art.
Hundsmeise	Be1,Buf,Do,Krü,N	Verächtlich, abfällig.
Junker	Buf	... Des Aristoteles.
Kaatmeißle	Buf,Suol	
Keatnerle	Suol	
Kehlmeise	Be2,Do,N	Wegen schwarzem Kehlfleck.
Klemesel	Do	
Kohlmeißle	Buf	
Kohtmeißlein	GesH	
Kolmeiß	GesSH,Suol	Nach Färbung.
Kothmaislein	Buf	
Kothmeise	Ad,B,Krü,N	Gemeint sind sumpfige Stellen.
Kotmaiß	Suol	
Kotmeise	Be1,Buf,Do	
Kott Meise	Schwf	
Kottmäuslein	K	
Kottmeise	Buf	
Lahnmeise	Suol	
Mauermeise	Be2,Do,N	
Meelmeise	Fri	
Meelmeyse	Tu	
Mehlmeise	Ad,B,Buf,N	Auch Mehl ist weißlich-grau ... s. o.
Meise mit der Platte	Buf	
Meisekönig	Buf,K	Über „Meuß-König" zu „Meisenkönig". Aus ...
Meisen-Mönch	Kö	
Meisenkönig	Ad,Be1,Do,Krü,N	... „Mäusekönig" (Zaunkönig).
		K: Frisch T. 13.
Meisenmönch	Krü	
Meister Hämmerlein	Do	

Mohrmeise	Ad,Krü	
Mohrvögelchen	Ad,Krü	
Mönch	Do	
Mönchmaise	Fri	Wegen der dunklen Kappe. Heute findet man …
Mönchmeise	Ad,Be2,Buf,K,… …Krü,N;	… Mönchmeise auch f. d. Weidenm.
Mönchsmeise	Do	
Moorvogel	Ad	
Muhmlein	Ad	
Müllermeise	Do	
Münchmeise	Be1,Buf,K,Krü,N	K: Frisch T. 13.
Mur Meise	Schwf	
Murmaislein	Buf	Muer, Sumpf, Mur, Muor: alles Sumpf, Moor.
Murmäuslein	K	
Murmeise	Buf	
Mûrmeiß	Buf.GesSH,Suol	
Murmeyse	Suol	
Murrmeise	B,Be1,Buf,Do,N	
Nebelmeise	Be	
Nonn-Meisse	Z	
Nonne	Do	
Nonnenmeise	Ad,B,Be1,Buf,Krü,… …N,O2;	Schwarzfärbung führte zu „Nonne".
Nonnmeise	Buf	
Penmaise	Hö	Hö 2/315. Wg. hastigem Geschrey: zizi, pen.
Pfützmeise	Be2,Buf,Do,N	Gemeint sind sumpfige Stellen.
Pfannenstiel	Ad	
Pimpelmaise	Fri	
Pimpelmeise	Ad,Buf	
Platten-Meisse	Z	
Plattenmaise	Buf	
Plattenmeise	Be1,Buf,Do,Krü,N	Kleinschmidt: Kopf glänzt metallisch glatt.
Plattmeise	Be2,Buf,N	
Reitlünk	Suol	
Reitmeeske	Suol	
Reitmeise	B,Be2,Do,H	
Reitmeiß	Buf,GesSH	Gessner: Entspricht Riedmeise.
Reitnüsker	Suol	
Ried Meißlin	Schwf	
Riedmeislein	Buf	
Riethmeise	Ad,Krü	
Rietmeise	Be1,Buf,N	
Rietmeiß	Buf,GesSH	
Rindmäuslein	K	
Rindmeise	Ad,Be1,Buf,Do,Krü	
Rindsmaislein	Buf	
Rindsmeise	N	Inhaltlich wie Hundsmeise.
Rohrmeise	Be1,Buf,Do,N	

Rothmeise	Ad	
Schaukler	Buf	... Des Aristoteles.
Schilfsperling	Be1,Buf,Krü,N	
Schleiermeise	Krü	
Schleyer-Meise	Suol	
Schneemeise	Ad	
Schwanzmeise	Ad	
Schwarzgekappte Meise	K	K: Albin Band III, 58.
Schwarzköpfige Meise	Buf	
Schwarzköpfiger Dornreich	K,Krü	K: Frisch T. 13.
Schwarzkopfmeise	Do	Wegen schwarzer Kopfbedeckung.
Schwarzmeise	B,Be2,Buf,Do,...	...Krü,N;
Speckmeise (thür.)	B,Be1,Krü,N	Winter: Futterstellen mit Speckresten.
Sumpf-Meise	N	Sumpf- u. Weidenm. galten lange Zeit als 1 Art.
Sumpfmeise	B,Be1,Buf,Krü,N,...	...O1,V; Von Baldenstein 1827: Wohl 2 Arten.
Swattkoppmêse	Suol	
Tümpelmeisk	Do	
Waldmeise	Be	
Zahlmeise	Ad	
Zizigäg	Do	

Sumpfohreule (Asio flammeus)

Bracheule	Do	
Brandeule	B,Do,N	
Brucheule	B,Be2,Do,N	KN von Bechstein.
Dreifederiger Kauz	Bc2,II	Federohren aus 3 (2–4) Federn.
Dreifedriger Kauz	N	
Eule mit kurzen Ohren	Be,N	Kurze, nur bei Erregung sichtbare Federohren.
Feemeule	Do	
Feldeule	Do	
Gehörnte Eule	Do	
Gehörnte Sumpfeule	Be2,N	Kurze, nur bei Erregung sichtbare Federohren.
Gelbe Eule	N	KN von Naumann, zur Gefiederbeschreibung.
Gelber Kautz	N,O2	Wie Gelbe Eule.
Gelber Kautz ohne Federhörner	Fri	
Gelber Kautz ohne Federohren	Fri,N	Dieser Name bei Frisch, T. 98, 1763.
Kohleule	B,Be2,Do,N	Sitzt gerne in Kohlfeldern.
Kurzöhrige Eule	Be,Do,N,O1,V	KN von Bechstein, siehe Wiesen- u. Brucheule.
Kurzöhrige Ohreule	Be,N	Kurze, nur bei Erregung sichtbare Federohren.
Kurzohrige Ohreule	H	
Lohgelbe Eule	N	KN von Naumann, zur Gefiederbeschreibung.
Meereule	Be2	
Mooreule	B,Be1,Do,N	... Bauen ihr Nest im sumpfigen Torfmoore ...
Mooruhl	Be2	
Rohreule	B,Be2,Do,N	Vogel fühlt sich auch in Röhricht u. Schilf wohl.
Schnepfeneule	B,Be,Do,N	Vogelzug an Schnepfenzug gebunden.

Steineule	Do,Fri,N	Dieser Name bei Frisch, T. 98, 1763.
Sumpf-Eule	O2	1763 Pontoppidan: Nur Strix flammea ....
Sumpf-Ohreule	N	Sumpfeule und Sumpfohreule: KN v. Bechstein.
Sumpfeule	B,Be1	... Bechstein 1791 gab deutschen Namen (KN).
Sumpfohreule	Be,H,O3,V	Latham: Short Eared Owl.
Ühl (helgol.)	H	
Wiesen-Eule	O1	
Wieseneule	B,Be2,Do,N	KN von Bechstein. Auch juv. gemeint.
Wiesenuhu	Do	
Wischenuhl	Do	

Sumpfrohrsänger (Acrocephalus palustris)

Grauer Rohrschirf	Do	Schirfen tonmalend für Dauer-Gezwitscher.
Hiddemecher	Suol	
Himbeersänger	Do	
Leisdragge	Suol	
Nachtsänger (böhm.)	Do,H	
Nachtschläger	H	Singt gerne in Abend- und Morgendämmerung.
Olivengrauer Rohrschirf	Be2,N	
Olivengrauer Spitzkopf	N	Nach Gefiederfarbe u nicht so runde Kopfform.
Reidmese	Suol	
Rohrgrasmücke	Be2,Do,N,O1	Siehe Rohrsänger. Aus agerm. grâw-smyge.
Rohrplattel	Do	
Rohrsänger	Be2,N	So könnte jeder kl. Insektenfr. im Rohr heißen.
Rohrschmätzer	Be2,Do,N	
Rohrspotter (Wien)	Do,H	Vogel ahmt andere Vogelstimmen nach.
Rohrspottvogel	Do	
Rohrsprachmeister	Do	Name wegen großer stimmlicher Begabung.
Rohrzeisig (schles.)	Do,H	
Schilf-Schmätzer	Z	
Schwarzblättel	H	
Schwarzstirniger Laubvogel	Be2	
Schwarzstirniger Sänger	Be2	
Seenachtigall	Do	
Sprachmeister	H	Name wegen großer stimmlicher Begabung.
Strauch-Rohrsänger	N(13/453)	Naum.: Acroceph. palustris frutic. (Buschr.s.?).
Sumpf-Rohrsänger	N	Diesen N. machte Naumann aus Sumpfsänger.
Sumpfrohrsänger	B,H	
Sumpfsänger	B,Be2,N,O1	Name von Bechstein aus Latham-Übersetzung.
Sumpfschilfsänger	B,N	CLB fand diesen Namen noch aussagekräftiger.
Sumpfspötter	Do	
Wâssergrâtsch	Do,Suol	
Weidennachtigall	Krü	Wegen der Gesänge in Dämmerung und Nacht.
Weidenpfeiferchen	Do	
Weidenzeisig	Be2,N	Schlüpft gerne durch Weiden und -gebüsche.
Weidepfeiferchen	Suol	Name ist richtig geschrieben.
Weiderich	Do,N	Name aller heimischer Rohrsänger.
Weideschlöfferchen	Suol	
Weidrich	Be2	

Tafelente (Aythya ferina)

Aente mit rothgelbem Kopfe	Buf	Bei Belon.
Afrikanische Aente	Buf	
Afrikanische Ente	Be2,Fri,N	Frisch: Ente auf T. 165 heißt „Anas Africana".
Antgössel (juv.)	Do	
Antrick	Do	
Aschgraue Ente	Be1	Tafelente (?)
Bile (hess.)	Do	
Brand-Endte	K	
Brandänte	Buf	
Brandente	Be1,Buf,Do,K,…	…Krü,N; Bechst. 1791: Ab 2. Aufl. Moorente.
Braun Endte	Suol	
Braun endte	Buf	
Braun Endte	K,Schwf	
Braun Köpfichte Endte	Schwf	
Braune Ente	Be1,Buf,Fri,K,N	K: Frisch T. 182.
Braune wilde Ente	Buf	
Braunkopf	Be1,Do,N	Bechstein 1791: Ab 2. Auflage: Moorente.
Braunköpfige Aente	Buf	
Braunköpfige Anten	Hö	
Braunköpfige ente	Buf	
Braunköpfige Ente	Be2,Buf,Krü,N	Leitname bei Buffon/Otto (1808).
Braunköpfige Mittelente	Be1,K	K: Frisch T. 182.
Brunnacke (dän.)	Buf	
Drake (hann.)	Do	
Düker	H	
Eigentlicher Rothhals	Be2,N	
Ente mit rothem Hals	Be2,N	
Ente mit rothem Halse	Buf	
Enterich	Do	
Erpel	Do	
Geit (bayr.)	Do	
Graue wilde Ente	Buf	
Grosser Rotbraunkopf	H	
Grosser Rothhals	Suol	
Größere und kleinere wilde Ente mit …	K	… Etwas röthlichem Kopf (Langer Trivialname).
Katsch (pomm.)	Do	
Knollente	Do,H	
Kohltüchel	Do,H	
Millouin	Buf	Siehe Milouin.
Millwin	O1	Milouin eingedeutscht.
Milouin	Buf	Französischer Name der Tafelente um 1800.
Mittel Endte	Schwf,Suol	
Mittel-Endte	K	
Mittel-ent	Buf	
Mittel-Ent	GesH	
Mittel-Ente	Buf	
Mittelente	Buf,Krü,Z	Zorn: Hinweis auf Gessner.

Mohränte	Buf		
Moß-Kolben	Z		Zorn: Hinweis auf Gessner.
Penelope	GesSH		
Pochard	Tu		Turner: Nyroca ferina.
Quellje	B,Be1,Do,Krü,…	…N,O1;	Bechstein brachte nur den Namen.
Rätsche (schles.)	Do		
Road-hoaded Slabb-Enn (helgol.)	H		
Rohte Endte	K		Gilt für die über 20 folgenden Namen: …
Rot-ent	Buf		… Kopf und -hals sind im PK kastanienbraun.
Rot-hals	Buf		
Rote Endte	Schwf,Suol		
Rote Mittelente	Be1,Do		
Rotent	GesS		
Rothals	Be1		
Rothalsente	Do		
Rothalß	GesS		
Rothe Mittelente	K,N		K: Frisch T. 182.
Rothhals	Buf,GesH,K,Krü,…		…N,O1;
Rothhalsente	B,Be2,N		
Rothhälsige Aente	Buf		
Rothhälsige Ente	Buf		
Rothkopf	Buf,K,Krü,N		
Rothkopfente	B		
Rothköpfige Ente	Buf,N		
Rothköpfige graue Ente	N		
Rothmohr	N,O1		Verbreitet am Bodensee und in der Schweiz.
Rothmoorente	B		
Rotkopf	Be1,Do		
Rotköpfige Ente	Be1		Variation, die Be 1809 nicht mehr erwähnte.
Rotmoor	Do		Verbreitet am Bodensee und in der Schweiz.
Rotthals	K		
Rottkopff	K		
Sumpfente	Be1,N		Bechst. (1809): Frisch gemausertes Männchen?
Tafel-Ente	N		Sie hat „von allen Tauchenten das wohl- …
Tafelente	B,Be1,Krü,N,…	…O1,V;	schmeckendste Fleisch". Oft auf Tafeln.
Tafelmoorente	B,N		Von Naumann. Er verkürzte CLB – Namen.
Wedick (preuß.)	Do		
Weißauge	Be1		
Wik (westf.)	Do		
Wilde braune Ente	Be2,Buf,K,Krü,N		Achte wilde Ente des Schwenckfeld.
Wilde Grau-Endte	K		
Wilde graue ent	Buf		
Wilde graue Ent	GesH		
Wilde graue Ente	Be2,Buf,K,N		K: Frisch T. 182.
Wilde graw Endte	Schwf		
Wilde grawe Ent	GesS,Suol		
Wildente	Be1,Do,Krü,N		Stockenten am stärksten bejagt, desh. Name ok.

Tannenhäher (Nucifraga caryocatactes)

Afrikanischer Heher	Fri	
Afrikanischer Holtzschreyer	Fri	Weil er zu wenig bekannt war.
Afrikanischer Vogel	Be2,N	
Berghäher	Do,H,N	Für die folgenden Namen: Nach dem ...
Bergheher	B	... Lebensraum im Gebirge.
Bergjäck	B,Do,N	
Bergkrähe	Ad	
Bergzück	Do	
Birghäher	Suol	
Birgheher	Hö	
Birkhäher	Do,H,N	
Birkheher	B	
Chlän	Be2	
Doppelstar	Do	
Eichelhabicht	Ad	
Eichenhäher	Ad	
Gefleckter Häher	Do	
Gefleckter Spechtrabe	O3	Wie ein Specht hängt er sich an Stämme u. a.
Gemeiner Nußknacker	V	
Grauamaschel	Suol	
Harrusch	Ad,Krü	
Haselnussvogel	Suol	
Herrehusch	Ad,Krü	
Holzkrähe	Suol	
Holzscheer	Suol	
Italiänischer Heher	Fri	
Italiänischer Holtzschreyer	Fri	Weil er zu wenig bekannt war.
Italiänischer Vogel	Be2,N	
Italienischer Vogel	H	Weil er zu wenig bekannt war.
Kläm	O1	Name meint das Geschrei des Vogels.
Kretscher	O1,V	Krätschen bedeutet grell schreien.
Kreuzmeise	Hö	Erklärung Höfer 3/158.
Marcolph	Ad,Be1	Nach dem Spötter Markolf der Heldensage ...
Markolph	Ad,Krü,N	... geschickter Nachahmer v. Stimmen (Spötter).
Nötebicker (nieders.)	Ad,Krü	
Nöthäher	Do	
Nötknacker	Do	
Nousbrecher	Tu	
Nushaer	Suol	
Nuß-Heher	Z	Die Vögel fressen Haselnüsse, Bucheckern, ...
Nußacker	Ad	
Nussbeißer (1)	Suol (hier lassen)	Suol. führt neben d. Nussbeißer den Nußbeißer.
Nußbeißer (2)	Ad,B,Be1,Buf,Do,...	...Krü,N,Suol;
Nußbicker	Ad,Buf,GesS,Krü,...	...Schwf,Suol;
Nußbrecher	Ad,Be1,Buf,Do,...	...GesS,K,Krü,N,Schwf,Suol; - K: Frisch T. 56.
Nußbreischer	Be,K	

Nußbretscher	Buf,GesS,Krü,Suol	
Nussenkracher	Suol	
Nusserl	Suol	
Nussert	Do,Suol	
Nussgraggl	Suol	
Nussgrankel	Suol	
Nussgratscher	Suol	
Nußhacker	Ad,Be1,Buf,Do,Krü,...	...N,Schwf;
Nusshackl	Suol	
Nusshäher	Ad,Suol	Suol. führt neben Nußhäher auch Nusshäher.
Nußhäher	Do,GesS,H,Krü,...	...P,Suol,V;
Nußhart	Do	
Nußhecker	Do	
Nußheer	Suol	
Nußheher	Be1,Buf,K,N,O1	K: Frisch T. 56; Leitname bei Buffon/Otto.
Nußjäägg	B,Do	Nußjäk (Schweiz) bedeutet Nußhäher.
Nußjäk	Suol	
Nußknacker	B,Be1,Krü,N,Suol	
Nußknaker	Buf	
Nußkragel	Suol	
Nußkrahe	Schwf,Suol	
Nußkrähe	Ad,B,Be1,Buf,Do,...	...K,Krü,N; K: Frisch T. 56.
Nußkrelchen	Do	
Nusskretscher (1)	Suol	
Nußkretscher (2)	Be1,Krü,N	Krätschen bedeutet laut schreien.
Nußpicker	B,Be1,Do,K,...	...Krü,N;
Nußprangl	B,Do	Bedeutet Nußknacker, -brecher.
Nußrabe	B,Do,N	
Nußtschagele	Suol	
Nusstschargel	Suol	
Räggi	Suol	
Rägher	Suol	
Rothbrauner Nußheher	Buf	
Russischer Holzschreier	Do	
Russischer Markward	Do	
Schwart Holtschrage	Do	
Schwarzbrauner Tannenheher	Buf	
Schwarzer Holzschreier	Do,N	Ein Holzschreier ist auch der Eichelhäher ...
Schwarzer Holzschreyer	Be2	... Holz bedeutet Wald.
Schwarzer Markolf	Do	
Schwarzer Markvard	H	
Schwarzer Markward	Be1,Buf,Krü,N	
Schwarzer Nußhäher	H	
Schwarzer Nußheher	Be2,N	
Schwarzhäher	Do	„Die Farbe ist schwarzbraun. ...
Schwarzheher	B	... weiß getröpft."
Spechtrabe	B,Do	... scheint halb Rabe, halb Specht zu sein ...
Spermaise	Hö	
Staarhäher	Suol	

Staarheher	Hö	
Steinhäher	Do,H	Nach dem Lebensraum im Gebirge.
Steinheher	B,Be1,N	
Tannen-Elster	Buf	Ähnlichkeiten mit Elster und Eichelhäher.
Tannen-Heher	G,N	Gibt sich m. Samen Tannen- u. Fichtenzapfen …
Tannen-Heyer	G	… zufrieden, bevorzugt aber z. B. Haselnüsse.
Tannenälster	Krü	
Tannenbaumhacker	Krü	
Tannenelster	Be1,Do,N	Wegen der Stimme, s. Naum-Henn. Bd. 4, S. 59.
Tannenhäher	Ad,Krü,N,V	
Tannenhacker	Krü	
Tannenhak	Krü	
Tannenheger	H	
Tannenheher	B,Be1,Buf,Fri,…	…K,H,O2; K: Frisch T. 56.
Tannenheyer	Be,N	
Tannenkrähe	Ad,K,Krü	
Tschak	Suol	
Tschank	Suol	
Türkischer Häher	Do	
Türkischer Holtz-Schreyer	Fri	
Türkischer Holtzheher	Fri	Weil er zu wenig bekannt war.
Türkischer Holzschreier	Do,N	
Türkischer Holzschreyer	Be1,Buf,Krü	
Türkischer Markward	Do	
Türkischer Vogel	Be2,N	Weil er zu wenig bekannt war.
Waldstaarl	Hö	
Waldstael	Be1,Buf,Krü	
Waldstarl	Do	
Zannenheher	K	Wohl Druckfehler.
Zäpfenräggi	Suol	
Zirbelhäher	Do	Er ernährt sich auch von Zirbelnüssen.
Zirbelkrach	B,Do	Bedeutet Zirbelkrähe.
Zirbelkrähe	B,Do	Heimat sind geschlossene Hochgebirgswälder.
Zirbenheher	Suol	
Zirbentschoi	Suol	
Zirmgratsch	Suol	
Zirmgratschen	B,Do	Zirm ist Zirbel, Gratsch ist von der Stimme.
Zirmkråge	Suol	

Tannenmeise (Parus ater)

Buschmeise	Do	
Dannenmees	Do	
Deutsch Kohlmeis	Buf	
Graumeise	Do	
Hanfmeise	Ad	
Hannesmieschen	Suol	
Harzmeise	B,Be1,Do,Krü,N	Hinweis auf Lebensraum.
Holtz-Meise	P	Pernau 1720. Hol(t)z ist auch Wald.
Holtzmeise	P,Suol	

Holzmeise	Ad,B,Be1,Buf,Do,…	…Krü,N;	
Holzmeisli	Suol		
Hunds-Meise	Suol		
Hundsmeise	Ad,Krü		
HundsMeise	Schwf	Ausdruck der Geringschätzigkeit.	
Hundsmeise	B,Be1,Buf,Do,..	…K,N;	K: Frisch T. 13.
Kleine Kohlmaise	Fri		
Kleine Kohlmeise	Ad,Be1,Buf,Do,K,…	…Krü,N,O1,V; -	Frisch T. 13
Kleine KolMeise	Schwf	Kohlmeise war allg. bekannt, desh. dieser Name.	
Kleine Meise	Be1,Krü,N	Auch hier: Bezugstier war die Kohlmeise.	
Kleine Schwarzmeise	V	Schwarzmeise aus Übersetzung v. „Parus ater".	
Klemesel	Do		
Kohlmeise	Suol		
Kolmeiß	GesSH		
Kreutzmeise	N,Krü		
Kreuzmaise	Suol		
Kreuzmeise	B,Be1,Buf,Do,H		
Meelmeyse	Tu		
Pechmeise	B,Be1,Do,Krü,N	Wegen des schwarzen Kopfes und Halses.	
Schwartz-Meisse	G		
Schwarze Meise	Buf		
Schwarzemeise	N		
Schwarzkopf	Buf		
Schwarzmeise	Ad,Be1,Do,H,Krü,…	…O1,Suol;	Name aus Übers. von „Parus ater".
Sichelschmied	Do		
Sparmeise	B,Do	Weil sie angeblich Vorratskammern anlegt.	
Speermeise	Be1,Buf,N	„Sper": Trocken, mager. Sie wiegt nur 10 g.	
Spermeise	Do,Suol		
Sperrmeise	Krü		
Stockmeise	Do,H		
Summerkränzle	Suol		
Tann-Meise	Z	Brütet in Nadelwäldern, bes. Fichtenwäldern.	
Tannen Meisle	GesS	Erstbeschr. Linné 1758, wiss. N. sehr viel älter.	
Tannen-Meise	N		
Tannenmaise	Fri		
Tannenmeise	Ad,B,Be1,Buf,K,…	…H,Krü,O3,V; -	Frisch T. 13.
Tannmeise	O1	Ein Tann ist eine Tanne oder ein weiter Wald.	
Thannmeißle	Suol		
Thonmaiß	Suol		
Tonmeise	Do		
Tonmese	H		
Tschätschmeise	Do		
Tschitsch	Do		
Tschitschmeese	H		
Wald-Meise	P		
Wald-Meiße	P		
Waldmaise	Fri		
Waldmeise	Ad,Be1,Buf,Do,K,…	…Krü,N;	Frisch T. 13

Waldmeißle	Suol	
Waldmoas	H	
Waldt Meisle	GesS	Gessner: Parus sylvaticus.
Waldzinßle	Suol	
Wantermes	Suol	
Wasser-Amsel (ital.)	GesH	
Zilzelperle	Suol	

Teichralle (Gallinula chloropus)   Alt: Teichhuhn

Bläsenerk	Buf	
Blaßhuhn	Buf	
Bläßlein mit rothen Kappen	P	
Bläßling	Buf	
Braunes dünschnäblich Wasser-Hun (juv.)	K	
Braunes Meerhuhn (juv.)	Be1,Buf,N	Be beschrieb es erst als Art, dann juv.
Braunes Moorhuhn	N	Be beschrieb es erst als Art, dann juv.
Braunes Wasserhuhn (juv.)	Be,Buf	
Ducherle	Suol	
Duckantl (steierm.)	H	
Dunkelbraunes großes Wasserhuhn	Be	
Dunkelbraunes großes Wasserhuhn mit …	Be2	… rother Stirn und Knieen (langer Trivialname).
Dunkelbraunes großes Wasserhuhn mit …	Buf	… nackter rother Stirn und Knie, Halle 1760 (langer Trivialname).
Dunkelbraunes Wasserhuhn	Buf,N	
Gäsche (das G., bayer.)	H	
Gemeine Wasserhenne	Be2,N	
Gemeines Meerhuhn	Be1,N	Pennant „The Common Water-hen".
Gemeines Moorhuhn	N	Pennant „The Common Morehen".
Gemeines Teichhuhn	N	
Glutt (juv.)	Be2,O1	Villicht von seiner langen zungen här genennt.
Glutt-Meerhuhn (juv.)	Be	
Glutthuhn (juv.)	Be1	
Gluttmeerhuhn	Be2	
Gröön-futtet Wäterhennick (helgol.)	H	Bedeutet Grünfüßiges Wasserhuhn.
Große Wasserhenne	Be,N	Im Vergleich zu anderen Rallenvögeln.
Großes braunes Meerhuhn	Be1	
Großes schwärzliches aschgraues …	Buf	… Wasserhuhn (langer Trivialname).
Großes Wasserhuhn	Buf,N,Z	Bechstein: Falsch präpariert und interpretiert.
Grünfuß	Be1,Buf,O1	Bei Müller 1773.
Grünfüßiges Meerhuhn	Be2,Buf,N	KN von Bechstein 1793. Meer = Moor.
Grünfüßiges Moorhuhn	N	KN von Naumann, 1838.
Grünfüßiges Rohrhuhn	Krü,N,O3,V	KN von C. L. Brehm.
Grünfüßiges Teichhuhn	N	KN von C. L. Brehm.
Grünfüßiges Wasserhuhn	Be2,Buf,Hö,N	KN von Scopoli (Mitte-Ende 18. Jahrhundert).

Kleines Rohrhenndl	Hö	Bei Kramer 1756.
Kleines Rohrhennel	Be2,N	Im Vergleich zum Bläßhuhn.
Kleines Rohrhennl	Buf	
Kleines Wasserhuhn	Be2,Buf,N	
Kreschere (Mark)	H	
Lorch (Ruppin)	H	
Macroule	Buf	
Meerhuhn	O1	
Meerhůn	Suol	
Meerteufel	Buf,K	K: Frisch T. 209.
Mohrvogel	Krü	
Mohrvögelchen	Krü	
Mooshuhn (Posen)	H	
Oliven Wasserhuhn (juv.)	Buf,Fri	= Kleines Wasserhuhn. Otto: Es ist das Teichh.
Oliven-Wasserhuhn (juv.)	Be	
Pfeifendes Meerhuhn	Be2	
Rohrhenndl	Hö	
Rohrhenne	O2	Oken bildete aus Wasserhenne die Rohrhenne.
Rohrhenne mit rothem Blässel	Be2,N	
Rohrhennl mit rothem Blaßl	Buf	Bei Kramer 1756, später auch bei Buffon.
Rohrhuhn	O1	Oken veränderte Bechsteins Rohrhühnlein.
Rohrhühnlein	Be1,N	Bechstein 1793: Für Teichhuhn ungewöhnl.
Rohrhünlein	Suol	
Rotbläß	Be2	
Rotbläßchen	Be1,Suol	Rote Stirnplatte.
Rotes Blaßhuhn	Be1	
Rothbläschen	Buf	
Rothbläß	O1	
Rothbläßchen	B,N,V	
Rothblässiges kleines Wasserhuhn	Fri	Rote Stirnplatte.
Rothblässiges Wasserhuhn	Be2,N	
Rothes Bläßhuhn	N,O2	Rote Stirnplatte. Sie ist bei Bläßhun weiß.
Rothplettel	Suol	
Rotnasen (steierm.)	H	
Rottplatten (steierm.)	H	
Rußfarbenes Blaßhuhn	Buf	
Schnarre	Krü	
Schwarze Ralle	N	„Ralle" wegen des „Geschreyes" oder Schrittes.
Schwarzer Ralle	Be2	Schnarrender Ton: Franz. râler = röcheln.
Schwarzer Wassertreter	Be2,N	Wassertretend beim Auffliegen.
Schwarzes Flußteufelchen	Buf	
Schwarzes Wasserhuhn	Buf	
Schwarzes Wasserhuhn mit grünen Beinen	Be2,Buf,N	Naumann zog hier langen (!) N. kürzerem vor.
Sumpfhuhn	Buf	
Taucher (Teplitz)	H	
Tauschnarre	Be2	Vor allem der Wachtelkönig hatte den Namen.

Teichhuhn	B,V	N. v. CLB, 1824: Neben-, 1831: Hauptname.
Teichhühnchen	B	
Thauschnarre	Krü,N	
Wasserhenn	GesH	
Wasserhenne	Be1,Buf,Krü,N	Gatterer 1782: Übergang zu Hausvogel.
Wasserhennel	N	
Wasserhennl	Be2,Buf	
Wasserhüenli	Suol	
Wasserhuhn	Be97,Buf,Krü,N	Otto aus Buffons Fulica chloropus.
Wasserhuhn mit grünen Füßen	Be2,N	
Wasserhuhn mit roter Stirn und Knieen	N	Naumann zog hier langen Namen kürzerem vor.
Wasserhühnchen	Be2,Buf,N,O1	Name bei den Jägern.
Wasserhünel	Suol	
Wasserläufer	Be2,N	Wassertretend beim Auffliegen.
Wasserteufel	Buf,K	K: Frisch T. 209.
Wâterhöhnken	Suol	
Weißbauchiges Wasserhuhn	Buf	
Weißbäuchiges Wasserhuhn (juv.)	Be	
Welsches Wasserhuhn (juv.)	Be1,Buf	

Teichrohrsänger (Acrocephalus scirpaceus)

Brauner Rohrschirf	Be2,N	
Garten-Rohrsänger (Teichrohrsänger)	N	Sylvia (Calamoherpe) horticola, 13/444.
Gemeiner Rohrvogel	O2	Man findet ihn, wo Schilf wächst.
Ixel (schles.)	Do,H	
Kleine braungelbe Grasmücke	Be1,Krü,N	Halle (1760) meinte evtl. der Schilfrohrsänger.
Kleine graugelbe Grasmücke	K	Klein 1760 für Teichrohrs.
Kleiner Rohrsänger	V	War einer der schimpfenden „Rohrspatzen".
Kleiner Rohrsperling	B,N,O2	„Rohrspatzen": Rohrammer, Teichr., Drosselr. s.
Kleiner Schilfsänger	V	Überall da, wo senkrechtes Schilf steht.
Olivenbrauner (?) Rohrschirf	Be2,N	Das Fragezeichen (?) stammt von Naumann.
Reitpieper	Do,H	
Rohrgrasmücke	Be1,Buf,Krü,N	
Rohrsänger	B,Be1,Buf,Krü,… …N,O3;	Man findet ihn, wo Schilf wächst.
Rohrschirf	O1	Lautmal. – „Schirf" kommt vom „Gezwitscher".
Rohrschleifer	Campe 1809	
Rohrschliefer	Be1,Do,N	Schliefer sind Schlüpfer.
Rohrschlüpfer	Do	
Rohrschmätzer	B,Do,N	
Rohrspatz	Do	
Rohrsperling	Be1,Do	
Rohrwrangel	Suol	
Rohrzeisig	B,Be2,Do,N	KN von Bechstein, Naumann übernahm.
Rostgrauer Spitzkopf	N	
Salbeyvogel	Buf	Buffon: Nach Albin.

Schilfdornreich	B,Be1,Krü,N	„Dornreich" braucht Hecken. Aber Schilf?
Schilfsänger	B,Krü	
Schilfschmätzer	B,Be1,Krü,N	Überall da, wo Schilf steht. Er singt viel.
Seegrasmücke	Do	
Spitzkopf	Be1,N	
Spitzkopf mit der Schwanzbinde	Be1,N	Naumann: Merkwürdige „Spielart".
Sumpfsänger	Krü	
Teich-Rohrsänger	N	Teichsänger erhielt von Naum. „-rohr-" Zusatz.
Teichlaubvogel	Be2,Do,N,V	Nicht an Teiche gebunden. Er brütet in hohen …
Teichrohrsänger	B,H	… dichten, im Wasser stehenden Schilfbeständen.
Teichsänger	B,Be2,N,V	Von Bechstein 1802 so benannt, (s. 3 nach oben:)
Wasserdornreich	B,Do,N	Name von Bechstein wohl nicht glückl. gewählt.
Wasserweißkehlchen	Do	
Wasserweißkehle	N	Unterseite ist beige-weiß.
Wasserzeisig	B,Be2,N	In der Bedeutung: Rohrsänger.
Weiden-Nachtigal	Buf	
Weidengrasmücke	Campe 1809	
Weidengucker	Be1,Do,H,Krü	An Schilfufern stehen viele Weiden.
Weidenguker	N	Name richtig abgeschrieben.
Weidenmücke	Be1,Do,N	KN von Bechstein, Bedeutung: Weidenschlüpfer.
Weidennachtigall	Krü	
Weidenzeisig	Campe 1809	
Weidenzinker	Do	
Weiderich	Be97,Buf,Do	
Weidrich	Krü	
Wydengückerlin	Buf	
Wydenguekerle	Buf	
Wydengükerlin	Buf	
Wyderle	Be1,Buf,N	Bededeutung: Er bewegt sich viel im Röhricht.
Zepste	Be1,Buf,Do,N,O1	

Teichwasserläufer (Tringa stagnatilis)

Gambetton	H	„Gambetto" (ital.): Beinchen. Vogel hat lange B.
Gidio	H	
Hemick	Be	
Hennik	Be2	
Kleine Pfuhlschnepfe	Be2,N,O2	
Kleiner Hemeick	Be	
Kleiner Hennik	Be2,N	Großer Hennik ist der Grünschenkel. Bed. s. u.
Kleiner Züger	N	
Kleines Grünbein	N	Wegen Ähnlichkeiten mit dem Grünschenkel.
Sandschnepfe	Be2,N,O2	Name für Grünschenkel und Teichwasserläufer.
Sandschnepflin	O1	Synonym zu Sand-, Strandläufer o. Grieshuhn.
Teich-Wasserläufer	N	Nahrung aus etwas tieferem Wasser.
Teichschnepfe	H,O2	Name war häufig, wegen des langen Schnabels.
Teichwasserläufer	B,Be2,N,O3	Name 1803 von Bechstein.

Temminckrennvogel (Cursorius temminckii)

Temmincks Rennvogel	N	„Sie finden ihre Nahrung in schnellem Lauf."

Temminckstrandläufer (Calidris temminckii)

Grauer Raßler	N	
Graues Sandläuferchen	H	Name entstammt der Zeit, als der Vogel mit ...
Graues Sandläuferlein	N	... dem Zwergstrandläufer noch als eine Art ...
Graues Strandläuferchen	Do,H	... galten, (obw. „Temminck" – PK grauer ist).
Graues Strandläuferlein	N	
Kleinste Meerlerche	Do,N	Übersetzung eines franz. Namens.
Kleinster Zwergstrandläufer	N	13,5–15 cm gegen Zw.str.l. mit 14–15,5 cm.
Lerchenstrandläufer	Do	
Lütj grü Stennick (helgol.)	H	
Raßler	Do	Name wg. großer Beweglichkeit (Umhertollen).
Sandläuferchen	B	Name enstammt gemeinsamer Zeit der 2 Arten.
Temminck's Strandläufer	N	Rel. leicht zu untersch. von Zwergstrandläufer.
Temminck's-Strandläufer	H	
Temminckischer Strandläufer	N	Name bei Erstbeschreibung von Leisler 1812.
Temminkischer Strandläufer	O3	

Terekwasserläufer (Xenus cinereus)

Graue Ufer-Schnepfe	H	
Kuwitri (russ.)	B	Alter russischer Name.
Morodunka	Int.	Internet 4/2016: Heutiger russischer Name.
Terek-Wasserläufer	H	Terek ist aus Kaukasus ins Kasp. Meer. ...
Terekwasserläufer	B	Der Vogel überwintert dort. Brut: Tropen Asiens.

Teufelssturmvogel (Pterodroma hasitata)

Teufels-Sturmvogel	H	

Theklalerche (Galerida theklae)

Lorbeerlerche	B	Umbenennung von A. Brehm wg. Lebensraum.

Thorshühnchen (Phalaropus fulicarius)

Aschgrauer Strandläufer mit belappten ...	N	... Zehen (langer Trivialname).
Brauner Wassertreter	O3	
Braunschwarzer Palaropus	Buf	
Breitschnäbeliger Wassertreter	H	
Breitschnäbliger Wassertreter	N	
Buntes Wasserhuhn	K	K: Edwards T. 142.
Einfarbiges Bastardwasserhuhn	Buf	
Eisphalaropus	Buf	
Eisstrandläufer	Buf	
Grauer Kiewitz	Buf	
Groot Swummer-Stennik (helgol.)	H	
Großer Wassertreter	N	
Pfuhlwassertreter	B	Brütet in der Nähe offenen Wassers (Pfuhlen).
Plattschnäbeliger Wassertreter	H	
Plattschnäbliger Wassertreter	N	
Rothbäuchiger Wassertreter	Be2,N	
Rothe Wasserdrossel	Be2,Buf,N,O1	

Rother Wassertreter	N,O2	
Rothes Bastardwasserhuhn	Be2,Buf,N	
Röthlicher Phalarope	Buf	
Röthlicher Phalaropus	Buf	
Tirck (fries.)	GesH	
Wasserdrossel	Be2,Krü,N	
Wasserhuhn ähnlicher Strandläufer	Buf	

Tordalk (Alca torda)

Albatros	Do	
Alike	Be2,Do,N	
Alk	Be1,Krü,N	17. Jh.: Altnorw. „älka".
Allike	Be1,Krü	Soviel wie der Vogelname Alk.
Auck	Krü	Name in England. Auch Auk. Krünitz 1807.
Auk	O1	Name in England (Alcidae).
Baltischer Alk (juv.)	Be1	
Baltischer Papagaitaucher	N	Naumann aus C. L. Behms Alca baltica.
Baltischer Papageitaucher	H	
Dogger (Wikl.,helgol.)	Do,H	
Eigentlicher Alk	O1	Der Alk bei Oken (1816).
Einfurchiger Alk	N	2 weiße Schnabellinien im Pk, im Sk nur 1.
Eis-Papagaitaucher	N	
Eisalk	B,Do,N	
Elster-Alk(juv.)	N	Bechst. beschr. d. Art Elsteralk, wußte aber, …
Elsteralk (juv.)	B,Be1,Krü	… daß es ein Junges oder das Weibchen war.
Heister-Alk (juv.)	N	Heister ist Elster.
Heisteralk	Do	Linné: A. pica (Elster) wg. d. langen Schnabels.
Hollännisch Duw	Suol	
Klub-Alk	O2	Name früher häufiger als Tordalk.
Klubalk	B,Be1,Krü,N	„Klub" wg. des massenh., gesell. Vorkommens.
Klubulk(!)	Do,H	„Klubalk" wäre wohl richtig.
Korrid (Sokl., helgol.)	Do,H	
Krummschnäbelige Polarente	H	
Krummschnäblige Polarente	Be2,N	Schnabel nicht krumm, die Furchen täuschen.
Murre	O1	Name in Cornwall.
Nordischer Papagaitaucher	N	CLB's „Nordischer P." wurde 1831 „Östl. P."
Nordischer Papageitaucher	H	
Papagaitaucher	N	
Papageitaucher	H,O1	Goeze 1797: Sammeln. für Papageit. Tordalk, …
Papageytaucher	Be2	… Riesenalk und Krabbentaucher.
Pinguin	O1	Pinguis heißt fett. Docht – anzünden. Fettgans.
Razor-Bill	Krünitz 1807	Name in Westengland.
Scheermesserschnabel	Krü	
Scheermesserschnäbler	Be1,K,Krü	K: Albin Band III, 95.
Scheermesserschnäbliger Papageytaucher	Be2	
Scheerschnabel	Be1	

Schermesserschnäbler	Do,N	
Schermesserschnäbliger Papageitaucher	N	Schnabel messerklingenähnlich scharf.
Scherschnabel	Krü,N	
Scherschnäbler	Do	
Schwarzschnabel (juv.)	Be1,Krü	
Tord	O1	Name aus der Stimme erklärbar: Dunkel „tord".
Tord-Alk	N,V	
Tord-Papagaitaucher	N	
Tord-Papageitaucher	H	
Tordalk	B,Be1,Krü,N,O3	
Wasserschnabel	Be1,Krü,N	Aus der Arkt. Zoologie von Pennant (um 1786).

Trauerente (Melanitta nigra)

Andere schwarze Ente	Buf	Bei Klein.
Breithöckerige Trauerente	N	CLB: Nr. 1 seiner 4 Arten „Aecht. Trauerenten".
Bührn (weibl.)	Do,H	
Enten-Weißkehlchen	N	
Entenweißkehlchen	Be2	Bechstein 1809: Junge männl. Enten.
Grisette (weibl.)	Buf	
Großschwänzige Trauerente	N	CLB: Hier die 2. Trauerenten – „Art".
Kleine Ruderente	Be2,N	„Klein" aus Vergleich mit größerer Samtente.
Knobbed (männl.)	H	Auf Helgoland.
Knobbet	Do	
Korrakus	Do	
Mohrenente	B,Do,N	Name vom schwarzen Erpelgefieder.
Mohrente	Be2,Buf,Krü,N,O1	
Nachtvagel	H	
Nachtvogel	Do	
Rabenente	Do	Noch heute auf Island: Hrafnsönd – Rabenente.
Schmalschwänzige Trauerente	N	CLB: Die 3. Art. Naumann übernahm lediglich.
Schwarze Aente	Buf	
Schwarze Ente	Be1,Buf,Do,Krü,N	Name vom schwarzen Erpelgefieder.
Schwarze See-Ente	Buf,H	
Schwarze See-Ente mit dem schwarzen ...	Buf	... Schnabelgeschwulste.
Schwarze Seeente	N	
Schwarzfüßige Trauerente	N	CLB 4: Art Nr. 4. Keine Akzeptanz bei Naum.
Seerabe	Do	
Swantant	Do	
Swart Ant mit en Knust	H	Bei den Entenfängern der Ostsee.
Trauer-Ente	N	
Trauerente	B,Be1,Buf,H,...	...Krü,O2,V; Name v. schwarzen Erpelgefieder.
Trauertauchente	N	
Vageln	H	Bei den Entenfängern der Ostsee.
Weißbackenente	Be2,N	Bechstein 1809: Junge männl. Enten.
Zwergente	Be2,N	N: Zwergente? Bei Naumann mit Fragezeichen.

Trauermeise (Poecile lugubris)   Siehe **Balkanmeise.**

Trauerschnäpper (Ficedula hypoleuca)

Bamfink	Do,H	
Bamschwache	Do	
Bamschwoche	H	
Baumgrasmücke	Do	
Baumschnabl	Be1	
Baumschwälbchen	B,H	
Baumschwalbe	Do	
Baumschwälberl	Hö	
Baumschwalbl	Be,Buf,N	Schneller gewandter Flug bei Insektenjagd.
Beccafige	Be,N,O1	
Beccafigo (ital.)	Buf	
Beckfige	Be2,N	
Bekkafige	Do	
Braune Curruke mit weißem Flügelfleck	Be2,N	18. Jh. Name kl. „Sangvögel" (Fliegenstecher).
Braunelchen	K	
Braunellchen	Be,Fri,N	
Brauner Fliegen-Schnäpper mit einem …	Fri	… Weißen Flügel Flecken (langer Trivialname).
Brauner Fliegen-Schnepper mit einem …	K	… weißem Flügel-Flecken (langer Trivialname).
Brauner Fliegenfänger	Be,N	-Fänger, -schnäpper, -schnapper entspr. sich.
Brauner Fliegenschnapper	N	Name der Weibchen oder Männchen im Sk.
Brauner Fliegenschnäpper	Be1,N	
Brauner Fliegenschnäpper mit einem …	Be2,N	… weißen Flügelfleck (langer Trivialname).
Bunter Fliegenfänger	Be,N	
Bunter Fliegenschnapper	N	
Bunter Fliegenschnäpper	N	
Cypervogel	Buf	
Distelfink	Be1,N	
Dompfaff	Hö	Erkl. Dompfaff/Gimpel bei Höfer S. 1/160.
Dornfink	B,Be,Do,N	Sucht im Gestrüpp nach Insekten.
Feigenesser	N	
Feigenfresser	Be1,Buf,Do,N,O1	Keine kurze Erklärung möglich.
Finkengrasmücke	Do	
Fleiefänker	Suol	
Fliegenfresser	Be	
Fliegenschnäpper	Be	
Flügenstecherlin	GesS,Suol	
Gartenschäck	Be,N	Lebt in aufgelockerten (gescheckten) Gärten.
Gartenscheck	Do,H	
Gemeiner Feigenfresser	Be2,Buf,N	
Gemeiner Fliegenfänger	Be,N	Der Trauerschnäpper war früher d. „gemeinere".
Gemeiner Fliegenfresser	Be	
Gemeiner Fliegenschnapper	Be,N	Auch Trauerschnäpper, nicht Grauschnäpper.
Gemeiner Fliegenschnäpper	N,O1	

Grasmüch	Buf	Nach Gessner.
Graurückiger Fliegenfänger	O3	
Kleine Grasmücke	Be,N	Wg. Ähnlichkeit mit größerer Gartengrasmücke.
Kleiner Fliegenfänger	Be2,N	Trauerschnäpper ist mit 12–13,5 cm etwas …
Kleiner Fliegenschnapper	N	… kleiner als d. Grauschnäpper m. 13,5–15 cm.
Kleiner Fliegenschnäpper	Be,N	
Kleiner Holzbuchfink	Buf	
Kleiner Holzfink	Be2,Do,N	Otto „übersetzte" Motacilla ficedula.
Lochfink	B,Be,Do,N	Höhlenbrütender Trauerschnäpper.
Lothringischer Fliegenfänger	N	„In dieser Provinz z. erstenmal recht gesehen …
Lothringischer Fliegenschnapper	Be,N	… und gut beschrieben ist."
Lothringischer Fliegenschnäpper	Buf,N	„Dieser Vogel kommt Mitte April nach Lothr."
Meerschwarzblättchen	B	
Meerschwarzblattl	Be1,N	Die nördlichen Zugvögel kamen von …
Meerschwarzplättchen	Be,Do,N	… irgendwoher, „über's Meer".
Meerschwarzplättel	Hö	
Meerschwarzplattl	Buf	
Mohren	B	
Mohrenköpfchen	Be2,Do,N	Wegen schwarzer Kopfoberseite d. Männchens.
Nösselfincke	Schwf,Suol	
Nösselfink	Do	
Ringkragen	Buf	
Rotauge	Do	
Rothauge	Be2,N	Keine Deutung des Bechstein – Namens.
Schäckiger Fliegenfänger	N	Scheckig: Verteilg. d. Farben an O- u. Unterseite.
Schäckiger Fliegenschnapper	N	
Schäckiger Fliegenschnäpper	N	
Scheckiger Fliegenfänger	Be,H	
Scheckiger Fliegenschnapper	H	
Scheckiger Fliegenschnäpper	H	
Schlappfittich	Do,H	
Schmätzender Fliegenvogel	Be1	
Schwalbengrasmücke	B,Do	Schneller gewandter Flug bei Insektenjagd.
Schwarz- und weiß-scheckigter …	Buf,Z	… schmätzender Fliegen-Vogel (langer Trivialname).
Schwarz- u. weißschäckiger Fliegenvogel	Be1	
Schwarz- u. weißscheckigter Fliegenvogel	Z	
Schwarz- und weißschäckiger …	Be2	… schmatzender Fliegenvogel (langer Trivialname).
Schwarzblättel	Hö	
Schwarzblattiger Fliegenschnapper	Be	
Schwarze Grasmücke mit bunten Flügeln	Be,N	
Schwarzer Fliegenfänger	Be1,Buf,N,Suol	
Schwarzer Fliegenschnapfer	Do	

Schwarzer Fliegenschnapper	Be,N	
Schwarzer Fliegenschnäpper	N,O2	
Schwarzer Fliegenstecher	Be1,Buf,Do,N	Name versch. kleiner Insektenfr. „im Grase".
Schwarzgrauer Fliegenfänger	Be1,N	Naumanns Leitname für diese Art.
Schwarzplattiger Fliegenfänger	N	Eine Platte ist eine rel. große Gefiederfläche, ...
Schwarzplattiger Fliegenschnapper	N	... z. B. der Rücken, auch schwarzrückig.
Schwarzplattigter Fliegenschnäpper	Buf,N	Otto (1788): „Die zwote unter den beiden ..."
Schwarzrückige Grasmücke	Fri,K	K: Frisch T. 24.
Schwarzrückiger Fliegenfänger	Be1,Buf,Krü,N,...	...O3,V; Bechstein Leitname für diese Art.
Schwarzrückiger Fliegenschnapper	N	S. schwarzplattig.
Schwarzrückiger Fliegenschnäpper	N	
Schwarz- und weissscheckiger ...	H	... schmätzender Fliegenvogel (langer Trivialname).
Schwarz- und weißschäckiger ...	N	... schmätzender Fliegenvogel (langer Trivialname).
Swart Besküts (helgol.)	Do,H	
Swart Fleigensnäpper	Do	
Todenköpfchen	Be1	
Todenvogel	Be1	Wohl wegen Schwarz-Weiß-Gefieder. ...
Todten Vogel	Schwf	... Heusslin um 1555: „Villicht darumb/ ...
Todtenköpfchen	B,Be,N	... daß er zü zeyt der pestilentz nach bey der ...
Todtenvogel	Be2,N	... statt gesähen wirt."
Todtenvögele	GesS,Suol	
Todtenvögelein	GesH	
Totenköpfchen	Do	Viel Kopfschwarz bei jungen Männchen.
Todtenuögele	Suol	
Totenvogel	Do	
Tôte-Vögeli	Suol	
Trauerammer	Be1,Buf	
Trauerfliegenfänger	B	KN v. CLB, da Pk d. Männch. schwarz-weiß ist.
Trauerfliegenschnäpper	Do	Name entstand rel. spät, heute Trauerschnäpper.
Trauervogel	B,Be1,Buf,Do,...	...Krü,N;
Waldschäck	Be,N	Lebt in aufgelockerten (gescheckten) Wäldern.
Waldscheck	Do,H	
Weißkehlein mit schwarzen Backen	K	K: Frisch T. 24.
Weißling	Be2,Do,N	Keine solch helle Unters. bei der Gartengrasm.
Wustling	Buf	So nach Rzaczynski.
Wüstling	Be2,Do,N	Könnte über die Stimme erklärt werden.

Trauerseeschwalbe (Chlidonias niger)

Aftermeve	Buf	
Aftermewe (juv.)	K	K: Frisch T. 220.
Amselmeeve	Buf	
Amselmeve	Be1,N	Amsel 26 cm, Trauerseeschwalbe 24 cm.
Amselmewe	Krü	
Amselmöve	B,Do,H	

Astermeve (juv.)	K	Fehler?: Aftermeve?
Bellhine	GesH	
Blaubacker	Do,H	
Bömerlin	Suol	
Brandvogel	B,Be1,Buf,Do,...	...GesSH,K,Krü,N,Suol; -K: Frisch T. 220.
		„Brand-" wegen der Schwarzfärbung.
Bunte Meerschwalbe (juv.)	Be2,Buf,H	Bechstein hielt diese juv. für eigene Art.
Bunte Seeschwalbe (juv.)	H	Bechstein hielt diese juv. für eigene Art.
Dunkle Wasserschwalbe	N	CLB: Heim. Seeschw. nannte er Wasserschw.
Gefleckte Meerschwalbe (juv.)	Be1,Buf,H	
Gefleckte Meerschwalbe	Krü	
Gefleckte Seeschwalbe (juv.)	Be2,Buf,H	Bechstein hielt diese juv. für eigene Art.
Girrmeve (juv.)	Be1,N	
Girrmewe	Krü	
Girrmöve (juv.)	B,Do,H	Girren u. kirren sind schallnachahmende Wörter.
Graue Meerschwalbe	Be1,Krü	
Graue Rall	Buf	
Graue Ralle (juv.)	Be2,Buf,K,H	K: Frisch T. 220. - Bei Klein 1750.
Graue Seeschwalbe	Be2	
Haarchenmöwe	Suol	
Halbmeve (juv.)	Be2,Buf	Halb- galt früher auch als Größenangabe.
Halbmöve (juv.)	H	
Kamtschatkische Meerschwalbe	Buf	
Kessler	Suol	
Kirrmeewe	Krü	
Kirrmeve (juv.)	Be1,Buf	Girren u. kirren sind schallnachahmende Wörter.
Kirrmöve (juv.)	Buf,H	
Klein Mübeßlin	Be,N,Schwf,Suol	
Klein schwartzer Seeschwalbe	Suol	
Klein schwarze seeschwalbe	Buf	
Klein schwarzer Seeschwalbe	Schwf	
Kleine Mübeßlin	Buf	Gessner: Synonym zu Meb, Mew.
Kleine schwarze Seeschwalbe	Be1,Buf,K,Krü,N	K: Frisch T. 220; Leitname bei
		Halle (1760).
Kleinere Meve	P	
Kleinmevchen	Be1,N	Trffender Beiname von Bechstein 1791.
Kleinmewchen	Krü	
Kleinmövchen	Do,H	
Kleinste Meve	Be2,N	
Kleinste Möve	Buf,H	
Kleinste Möwe	Fri	Sie ist tatsächlich der kleinste Möwenvogel.
Lüttj swart Kerr (helgol.)	Do,H	
Maimöve	Do	
Maivogel	B,Be1,Do,N,Suol	Kommt um 1. Mai zurück (Straßburg).
Maivögelchen	N	
Mayvogel	Krü	
Mayvögelein	Be2,Buf	
Mevenartige Ralle	Be2	
Mevenförmige Ralle (juv.)	Be	

Mewe mit gespaltenen Füßen	Buf	Buffon: Albin.
Meyvagel (els.)	Buf	
Meyvogel	Buf,K,Schwf,Suol	K: Frisch T. 220.
Meyvögelein	GesH	
Meyvögelin	GesS	
Mieß	Suol	
Mövenartige Ralle (juv.)	H	Scopoli: Zw. Wasserralle und Kleinem Sumpfh.
Mübeß	Suol	
Mübeßlin	Be2,Do	
Ralle (bei Linné)	Buf	
Scheerke (juv.)	Be1,H,Krü	Langsamer Flug: Flügel scheren, kreuzen sich.
Scheusal	Buf	
Schwarte Bicker	Do	
Schwartze Mebe	GesH	Als „schwartzer meb" bei Gessner.
Schwartze Wewe	K	wohl Fehler: Mewe?
Schwartzer Mewe	Suol	
Schwarze Meerschwalbe	Be1,Krü,N,O2	Müller 1763: „Sterna nigra".
Schwarze Meve	Be1,Buf,K,N	K: Frisch T. 220.
Schwarze Mewe	Krü	
Schwarze Möve	H	
Schwarze Schwalbenmeve	Be2,N	KN von Bechstein.
Schwarze Seeschwalbe	Be2,Buf,Do,N,V	Naumanns Leitname.
Schwarze Wasserschwalbe	N	CLB: Heim. Seeschw. nannte er Wasserschw.
Schwarzer mew	Buf	
Schwarzgraue Seeschwalbe	CLB1,2	Schweizer nahmen diesen Namen an.
Schwarzkehlige Meerschwalbe	Be2,N	Bechstein erkannte sie nicht als Tr.seeschw.
Schwarzköpfiger Fischvogel	Be2	
Schwärzliche Wasserschwalbe	N	
Schwarzmöve	Do	
Sehschwalm	Suol	
Spaltfuß	Be1,Buf,Do,Krü,N	Schwimmhaut ist etwas „eingespalten".
Spaltfüßige Meerschwalbe	Be1,Krü,N	
Spaltfüßige Seeschwalbe	Buf	
Spießmöwe	Suol	
Swarte Bicker	H	
Trauerseeschwalbe	B	Gefiederfarben schwarz-weiß-dunkelgrau.

Trauersteinschmätzer (Oenanthe leucura)

Lachender Steinschmätzer	O3	OKEN: Lachelemente i. Gesang zuhören. (?)
Trauersteinschmätzer	B,H	Gefieder fast ganz schwarz.

Triel (Burhinus oedicnemus)

Brachhuhn	B,Do,H	… Ton, der dem würkl. Geschrey d. Brachvögel …
Dick-Kule	Do	
Dickbeinige Trappe	Do	
Dickbeiniger Trappe	Be2,N,O1	„Seine dicken Füße haben eine unter dem Knie …
Dickfuß	B,Be2,Do,Krü,…	…N,Suol,V; … eine merkbare Erhöhung, …
Dickknie	N,Suol	… wie angeschwollen."
Dickknieiger Regenpfeifer	Be97	

Dickknieiger Trappe	Buf	Belon: Ähnlichkeiten mit Zwergtrappe.
Erdbracher	Be2,Buf,Do,N	
Erdbrachvogel	O1	Vogel ist Ödlandbrüter.
Eulenkopf	Be2,Do,N	Naum.: Großer Kopf mit Eulen-, Glotzaugen.
Europäischer Dickfuß	O3	
Europäischer Triel	N	
Fastenschlyer	Do,H	
Gemeiner Griel	O1	
Glotzauge	Do	
Gluth	Be1,Buf,Fri,Krü,N	Vogel hat kreischende „Sylbe" Gluut.
Gluut	N	
Griel (holl.)	Be1,Buf,Do,GesSH,...	...Krü,N,O1,Suol; Noch aktuell in Holland.
Grillvogel	Suol	
Großer Brachläufer	Fri	
Großer Brachvogel	Be1,Buf,Fri,Krü,N	... Ton, der dem würkl. Geschrey d. Brachvögel ...
Großer Regenpfeifer	Be2,Buf,N	Ähnlichkeiten mit „vielen" Regenpfeifern.
Grüner Kibitz	Suol	
Grünschnabeliger Pardel	Krü	Bechstein: Schnabel grünlichgelb. ...
Grünschnäbler	Be1,Buf,Do,K,...	...Krü,N; ... Zur Spitze schwarz.
Grünschnäblicher Pardal	Be	
Grünschnäblichter Pardel	Buf,K	„Gelehrte Bildung aus mittellatein. pardalus ...
Grünschnäbliger Pardel	Be2,N	... für Regenpfeifer."
Italiänischer Kourier	Be2	
Kehlhaken	O1	Wohl durch Lautmalung, ähnlich dem ...
Keilhaaken	Bc2	... Keilhaken bei Brachvögeln. (Schm.-Göbel).
Keilhaken	N	
Kleiner Trappe	Fri	
Klut	B,Do,H	Vogel hat kreischende „Sylbe" Gluut (Klut).
Krillvogel	Suol	
Lerchenfarbiger Regenpfeifer	N	Ähnlichkeiten mit „vielen" Regenpfeifern.
Lerchengrauer Dickfuss	H	
Lerchengrauer Regenpfeifer	Be2,N	Leitname bei Bechstein 1809.
Lerchengrauer Triel	N	
Mustela	GesS	
Nachttrappe	Do	
Polierer	Be2	
Polurer	Be,N	
Regenvogel	Fri	
Sandhuhn	Suol	
Schmirring	GesS	
Steingnodel	Do	
Steinpardel	B,Be1,Buf,K,...	...Krü,N;
Steinwälzer	Be1,Buf,K,Krü,...	...N,O1,V; Klein (1750): Stone ...
Steinwelzer	K	... Curlew (Stein-wälzer, -dreher).
Thikkeneed Bustard	Buf	Belon, Pennant für jungen Vogel.
Thriehl	Suol	

Triehl	Baldn	Baldner 1666.
Triel	B,Be1,Buf,...	...GesH,Krü,N,O1.
Weicker	GesS	
Weiker	O1	

Trottellumme (Uria aalge)

Dumme Lumbe	Krü	
Dumme Lumme	Do,N	Harml., vertrauenss., achten kaum auf Menschen.
Dummer Alk	Krü,O2	Oken: „Außerordentlich phlegmatisch".
Dummer Lumme	Be2	
Dummes Taucherhuhn	Be,Krü	
Dummes Täucherhuhn	Be1,N	Bereits bei Pennant (Arctische Zool. 1785–87).
Dummes Tauchhuhn	Do	
Gemeine Lumme	Do,N	Hauptrolle im Ernährungshaush. nord. Völker.
Gemeiner Gilm	O1	Französich „Guillemot" ist die Lumme.
Gemeiner Lumme	Be2,N	
Grauer Alk	Krü,O2	Gefieder fast, aber nicht ganz schwarz.
Grauer Lumme	Be2,N	Das Fleisch ist für grönl. Gaumen delikat.
Hringvia (isl.)	H	„Uria rhingvia", bei Naumann die Ringellumme,
		... (eine Variation der Trottellumme) hat einen ...
Kringelt Skütt (helgol.)	H	... dünnen weißen Augenring u. Strich am Auge.
		Sonst: Wie Hringvia: B. Naum. d. Ringellumme.
Langnefja (isl.)	H	
Langvia (norw.)	H	
Lohme	Ad,Krü	Nordischer Name einer Art Patschfüße.
Lom	Be2,Krü	
Lomb	Do	
Lombe	Be2,K,N	Lombe: Klein 1750.
Lomme	Be2,K,Krü,N	Lomme: Klein/Reyger 1760.
Lomvia (fär.)	H,Krü	Auf den Färöern sagte man Lomvie, Lomvia.
Lomvie (norw.)	H	
Loom	Be1,N	Loom ist der englische Name.
Lorm	Do	
Lum	Be2,N	
Lumbe	Martens 1675	Aus der „Spitzbergischen Reisebeschreibung".
Lumer	Be1,N	
Lumm	Krü	
Lumme	Be1,Krü,N	Lumme = Tauchvogel, Scopoli 1760.
Lumme m. weißen Augenl. u. Schläfestrich	N	Uria rhingvia: Naum. Ringell. = Var. d. Trottell.
Lummer	Be97	
Mallemuk	Do	
Meer-Ent	GesH	
Meerschnäbler	Do,H	
Mevenschnabel	Be1,N	Schnabel erinnert eher an Seeschwalben.
Mewenschnabel	Krü	
Mövenschnabel	Do,H	
Polarlumme	B,N	Dickschnabellumme, damals Ur. polaris, Brehm.
Ringäugige Lumme	N	Uria rhingvia: Naum. Ringell. = Var. d. Trottell.

Ringel-Lumme	N	
Ringellumme	B	Uria rhingvia: Naum. Ringell. = Var. d. Trottell.
Ringvia	Krü	
Schmalschnabel-Lumme	N	Artname bei Naumann, heute: Trottellumme.
Schmalschnäbelige Lumme	Do	
Schwarz und weißer Taucher	Be2,N	
Schwarz und weißes Taucherhuhn	H	Scheinbar plumper Körper mit Torpedoform.
Skütt (Sokl., Helgold.)	H	
Spitzk-Dogger (Wikl., Helgold.)	H	
Taucherhuhn	Be2,N	Müllers Name für diese Lumme (1773).
Täucherhuhn	Be1,N	Lummen hervorragend angepaßte Tauchvögel.
Täucherlein	GesH	
Tauchermeve	N	
Tauchermöve	Be2,Do,H	
Täuchermöwe	Be1	Bechstein 1791.
Tauchertaube	Krü	
Troil-Lumme	V	
Troillumme	Do,Krü,N,O3	Nach italien. Naturforscher Domenico Troili.
Troiltaucher	Krü	
Troiltaucher	Be1,Do,N	
Trottellumme	B	„Klanganpassung" aus Troillumme.
Weißgeringelte Lumme	N,O3	Uria rhingvia: Naum. Ringell. = Var. d. Trottell.

Truthuhn (Meleagris gallopavo)

Amerikanisches Bronze-Trutwild	H
Amerikanisches Trutwild	H
Biber	Suol
Bibgöckel	Suol
Bockerl	Hö,Suol
Bronze-Puter	H
Bul	Suol
Buli	Suol
Calecuter	K,Suol
Calecutisch Hahn/Huhn	K
Calecutisch Huhn	Fri
Calecutisch Hun	Schwf
Calecutischer Hahn	Fri,G
Calkoensche Henne	Suol
Consistorialvogel	Suol
Dindon	O1
Gauder	Suol
Gauderhahn	Suol
Gemeiner Kalekut	Be1,Buf
Gemeiner Puter	O1
Gemeiner Truthahn	O3
Gemeines Truthuhn	Be1,Krü,O2
Gluder	Suol
Gratschhahn	Suol

Grutte	Suol	
Gulli	Suol	
Gulligû	Suol	
Indian	Hö,Suol,V	
Indianisch Hun	GesS,K,Schwf	
Indianischer Hahn	Be1,Buf,Fri,Hö,… …K,Krü;	Klein: Auch „indianisch-welsch".
Indianischer Han	GesH	
Indianischer Welschhuhn	K	
Indisches Huhn	Krü,Suol	
Janisch	Suol	
Janischer Hahn	Hö	
Janischhuhn	Suol	
Kalakutischer Hahn	Buf	
Kalekuter	Be1,K,Krü	K: Frisch T. 122.
Kalekutischer Hahn	Be1,Buf,K,Suol	
Kalekutischer Han	GesH	
Kalekutisches Huhn	Buf,K,Krü	
Kalekutschhuhn	Suol	
Kalekuttisch Hun	GesS	
Kalekuttisches Hun	Suol	
Kalkaun	Suol	
Kalkon	Buf	
Kalkun	Be1,Buf,K	K: Frisch T. 122.
Kalkuter	O1	
Kartschhuhn	Suol	
Kauderhahn	V	
Knurre	Be1,O1	
Kuder	Suol	
Kuerhenne	Suol	
Kuhner	Krü	
Kuhnhahn	Be1	
Kullerhaon	Suol	
Kûn	Suol	
Kûnhahn	Suol	
Kurre	Buf,K,Suol	Klein: „Von seiner Stimme her".
Kurrhahn	Suol	
Kûter	Suol	
Kutschuhn	Hö,Suol	
Kutter	Suol	
Mierhong	Suol	
Pipe	Be1,Suol	
Piper	Hö,Suol	Höfer: In Schwaben.
Piphun	Suol	
Puder	Be1	
Pudhuhn	Suol	
Puran	Suol	
Purhan	Suol	
Putchen	Be1	

Pute	Suol	
Puter	B,Be1,Buf,Krü	
Puterhahn	Buf,Fri	
Puterhuhn	Be1,Krü	
Puthe	Be1	
Schrunthahn	Suol	
Schrute	Suol	
Schruuthahn	Suol	
Schustervogel	Suol	
Trut	Krü	
Trute	Krü	
Truthahn	Be1,Buf,K,Krü,V	K: Frisch T. 122.
Truthenne	Krü	
Truthuhn	B,O1	
Trutwild	H	
Trutzbock	Suol	
Türkische Henne	Suol	
Türkischer Hahn	Be1,Buf	
Türkisches Huhn	Krü	
Wälscher Hahn	Be1,Krü	
Wälsches Huhn	Krü,Z	
Weinzerl	Suol	
Weinzierl	Suol	
Welchhun	GesS	
Welsch	V	
Welsch Hun	K,Schwf	
Welscher Hahn	Buf,Fri,K,O1	K: Frisch T. 122.
Welscher Han	GesH	
Welsches Huhn	Krü,Suol	
Welschguller	Suol	
Welschhuhn	Suol	
Westindischer Pfau	Buf	
Wilder Pfau aus Neuengland	Buf	
Wilder Puter	H	
Wilder Truthahn	H	
Wildpute	H	
Wildtrute	H	
Windischspatz	Suol	
Zitränissch	Suol	

Tüpfelsumpfhuhn (Porzana porzana)

Blätterhendl (steierm.)	Do,H	
Blätterhuhn	Suol	
Bundt Wasser Hünlin	Schwf,Suol	Schwenckfeld: Nicht sicher.
Bunt Motthünlein	K	Schwenckfeld: Glareola VIII, nicht gesichert.
Buntes Motthühnlein	K	Schwenckfeld: Glareola VIII, nicht gesichert. Glarea (lat.) Grober Sand, hier also Sandläufer.
Eggascher	B	Aus Wachtelkönig – Namen entstanden. ...
Eggescher	N	... Absichtl. oder unabsichtl. Verwechslungen.

Gefleckte Ralle	Buf	
Geflecktes Meerhuhn	Be1,Buf	
Geflecktes Rohrhuhn	Do,N	1824 änderte CLB den ersten Namen (s. u.).
Geflecktes Sumpfhuhn	Do	
Geflecktes Wasserhuhn	Be2,N	
Gescheckt Mott Hünle	Schwf,Suol	Mott = Sumpf, Schlamm.
Gescheckt Motthünlein	K	Schwenckfeld: Glareola VIII, nicht gesichert.
Gesprenkeltes Meerhuhn	Be2	
Gesprenkeltes Rohrhuhn	Do,O3	CLB's dritter Name 1831, nicht b. Naumann.
Gesprenkeltes Sumpfhuhn	Do,N	Bevorzugter N. Naumanns, „gegen" CLB.
Gesprenkeltes Wasserhuhn	Be2,N	Rallenv. o. Fußlappen, war ab 19. Jh. Wasserh.
Getüpfeltes Meerhuhn	Be2	Bis Ende 18. Jh. Meerhuhn, da o. Fußlappen.
Getüpfeltes Wasserhuhn	Be2,N	
Grashennel	N	
Grashuhn	B,Be2,Krü,N	Hält sich gerne im (auch feuchten) Gras auf.
Graßhuhn	Be1	
Heckenschnarre	B,N	War VN für W'könig, Naumann: Tüpfelsumpfh.
Kernell	GesH	
Kleine europäische Wasserralle	Be2,Krü,N	
Kleine Wasserralle	Buf,Krü,O1	Oken übernahm den Namen von Müller 1773.
Kleine Waterküken (pomm.)	H	
Kleiner Brachvogel	Be2	
Kleiner Europäischer Wasserralle	Be1	
Kleinere Wasserralle	Be2,Buf,N	Name bei Buffon.
Kleines gesprenkeltes Wasserhuhn	Be2,Buf,Fri	Frühe Benennung durch Frisch.
Kleines Rohrhuhn	O2	Kannte Oken noch kleinere R. pusillus nicht?
Kleines Sumpfhuhn	Scopoli	Scopoli Erstbeschr. 1769 v. „Porzana parva".
Kleines Wasserhuhn	N	
Kleines Wasserhühnchen	Do,N	Als Kleines/Zwergsumpfhuhn bei Be1,Be2,Be.
Lütj-bonted akkerhennick (helgol.)	H	
Maknetzel	B	
Makosch	B,Be1,Do,Krü,N	Slaw. Gott kleinerer Haustiere (Schafe, Ziegen).
Marouette	Buf	
Matkern	B,Be1,Do,N	Knerren ist knarrende Stimme. Matte, Wiese.
Matkneltzl	Be1	
Matknelzel	Be2,N	
Mittlere Wasserralle	Be2,Krü,N	
Mittlerer Wasserralle	Be1	
Mittleres Rohrhuhn	N	CLB war 1820 bei Namenssuche erfolgreich.
Muthühnchen	B,N	Von Mott: Schlamm, Sumpf.
Perlenralle	Do,H	
Perlfarbenes Wasserhuhn	Buf	
Perlralle	Buf	
Porzellanhühnchen (thür.)	Do,H	
Punctirtes Rohrhuhn	Krü	

Punktiertes Meerhuhn	N	
Punktiertes Rohrhuhn	H	
Punktiertes Wasserhuhn	H	
Punktirte Ralle	Krü	
Punktirtes Meerhuhn	Be2	Bechsteins Name von 1809 war Fortschritt.
Punktirtes Rohrhuhn	N	Meyer/Wolf wg. allg. „Rohrhuhn" für Ralle.
Punktirtes Wasserhuhn	N	
Rheinvogel	Be1	
Rohrhänl	Suol	
Rohrhennel	Be2	
Rotes Wasserhuhn	Be2	
Seestar (böhm.)	H	
Tüpfelsumpfhühnchen	B,Suol	NameTüpfelsumpfhuhn zuerst bei Bechst. 1803.
Wasserralle	Krü	
Waterküken	Do	
Weinkernel	Suol	
Weinkernell	GesH,N	
Wiesenschnarre	Be2,Buf,Krü,N,O3	
Wilde Ente	GesH	
Win-Kernel	O1	
Winkerneil (els.)	Buf	
Winkernel	B,Buf	
Winkernell	Be1,Do,Krü,N	
Wynkernell	Be,GesS	
Wynkernnel	Be2	
Wynkernnell	N,Suol	

Türkenammer (Emberiza cinerea)

Gelbkehlige Ammer	H	
Graue Ammer	H	
Kleinasiatischer grauer Ammer	H	

Türkentaube (Streptopelia decaocto)

Kichertaube	B	
Lachtaube	Suol	
Kleine türkische Taube	Suol	
[Türken-Taube	Z]	Meinte Zorn eine Haustaubenrasse?

Turmfalke (Falco tinnunculus)

Bergfalk	Krü	
Birkfalk	Krü	
Braunrother Falke	Be,N	Bechstein 1802: „Falco brunneus mihi"(!).
Graubart	Krü	
Graukopf	B,Be1,Buf,Do,…	…K,Krü,N; Meint Kopf des Männchens.
Hennen-Vogel	Suol	
Hennenvogel	Suol	Wegen der Rufe zur Zeit der Jungenaufzucht.
Kirchenfalk	Buf,Do,Hö,Krü,Suol	… weil er in den Türmen von Kirchen nistet.
Kirchenfalke	Be1,Buf	Er sucht alte Mauern, Schlösser, Kirchen, …
Kirchfalk	B	… aber auch gebirgige Gegenden, Felsen.

Kirchfalke	Be,N	
Krechel	Suol	
Krechelek	Suol	
Kribbe	Suol	
Kriechelen	Suol	
Lachweihe	Schwf,Suol	
Lachweyhe	Be1	
Lerchenfalk	Krü	
Lerchenfalke	Buf	Der Turmfalke schlägt kaum Vögel.
Lerchenhabicht	Be,N	Überflüssiger KN, stammt von Bechstein.
Lerchenhacht	Be2,N	Überflüssiger KN, stammt von Bechstein.
Lerchensperber	Be,Buf,Krü,N	„Sperber“: Name vieler kleiner Falken (Klein).
Mannewächter	Suol	
Mauerfalck	K	Klein/Reyger vermuteten eigene Art, beim …
Mauerfalk	B,Do,K	… „Mauerfalk“, waren sie aber nicht sicher.
Mauerfalke	Be,Buf,N	
Mäuse Falck	Fri	
Mausefalck	Fri	
Mäusefalck	Fri	
Mäusefalk	B,Do	
Mäusefalke	Be,N	Hauptnahrung sind Mäuse.
Mûsehawk	Suol	
Oplinza (krain.)	Be1	
Postoka (krain.)	Be1	
Rittel-Geyer	G	
Rittelfalk	V	
Rittelgeier	V	
Rittelgeyer	Krü,Suol	
Rittelgeyer	Be1,G	
Rittelweiher	N	
Rittelweyer	Be	
Rittlweyer	Be1,Buf	
Rödelgeyer	P,Suol	
Rotelgeyer	Suol	
Rötelgeyer	Suol	
Rötelhuhn	Do	
Rötelweib	Suol	
Rötelweibchen	Do	
Rötelweih	Schwf,Suol	
Rotelweihe	N	Naumann: Ohne th.
Rötelweihe	Krü	
Roter Sperber	Be1,H	
Rotfalk	Do	
Röthel-Geyer	Fri	Aus „rôtelwîe“ entstand Rüttelweihe oder …
Röthel-Geyerlein	Z	… die Beschreibung der Gefiederfarbe.
Röthelfalk	V	
Röthelfalke	Be1,N	Ritteln, röttel, rötheln bedeuten rütteln.
Röthelgeier	N	
Röthelgeierlein	N	

Röthelgeyer	Be,Buf,Fri,Krü,O2	1531 bei Hans Sachs.
Röthelgeyer mit aschgrauem Schwantz	Fri	
Röthelgeyerlein	Be	
Rothelhuhn	Fri	
Röthelhuhn	Be,N	Weibchen wg. Rufen b. Jungenaufz. (Be 1802).
Röthelweib	Be1,N,Schwf	Röttelweib entstand in Schlesien aus Rötelweih.
Röthelweibchen	Be,Fri,N	Bechstein: Name aus Röttelweibl (Popow.).
Röthelweihe	N	
Röthelweyh	Buf	
Rothelweyhe	Be2,N	Kein Druckfehler.
Röthelweyhe	Be	
Rother Falck	Fri,GesH	
Rother Falke	Be2,N	
Rother Sperber	N	
Rothfalk	B	
Rothfalke	N	Wg. des Gefieders: „Rother Falke" bei Thür. Jäg.
Röttelgeyer	Be1	
Röttelweibel	Suol	
Rüddelgeier	N	
Rüttelfalk	B,Do	Hängt in der Luft flügelschlagend, nach Beute …
Rüttelfalke	N	… spähend lange auf einem Flecken.
Rüttelgeier	B,Do,N	Vogel mal Falke, mal Geyer, Habicht, Sperber.
Rüttelgeyer	Suol	
Rüttelweib	Do	
Rüttelweih	Suol	
Rüttelweihe	Do,N	
Rüttelwy	Suol	
Schwemmer	Buf	
Schwimmer	Be,Do,N	In der Luft schwimmen bedeutet gleiten.
Scoarenkoaterhoafk (helgol.)	H	
Skoltsch (krain.)	Be1	
Sperber	Be1	
Sperlingshabicht	Be,Buf,Do,Krü,N	KN, stammt von Bechstein, nicht sehr passend.
Steengall	Be1,Buf,K	
Steinfalk	Krü	
Steingall	GesSH,Krü,Tu	
Steinschmack	Be1,Buf,Do,Krü,N	Wegen Aufenthalts in felsigen Gegenden.
Steinschmaltz	GesH	
Steinschmatz	Be,Do,GesS,K,N	Macht wohl auch Laute wie Steinschmätzer.
Steinschmätzer	Be,N	
Steinschmetzer	Be1,Buf	
Sterengall	B,Be2,Do,N	„Steren-" von „Stern-" und meint Gefieder.
Steyngall	GesS	„-Gall" von galan, singen, auch schreien.
Stoothawk	Do	
Thurm-Falke	N	… Weil er auf den Türmen alter Schlösser nistet.
Thurmfalk	B,Buf,Krü,O1,V	
Thurmfalke	Buf,O3	

Tormhawk	Do	
Trillerfalk	Do	
Trillerhawk	Do	
Turmfalke	Be1,H	
Turnweih	Suol	
Wandtwehe	K	
Wandwäher	Be1,GesS,Schwf,Suol	
Wandwehe	Be1,Buf	
Wandweher	Be,Do,GesH,N	
Wannaber	Suol	
Wannen Wäher	Schwf	
Wannen wyh	Suol	
Wannenwädel	Kö	
Wannenwäher	GesSH,Suol	Im Straßb. Vogelbuch 1554: „Wannen wyh".
Wannenwehe	Be2	Er rüttelt, „weht" also mit den Wannen (Flügel).
Wannenweher	Be1,Buf,Do,…	…GesH,K,Krü,N,O1;
Wannenwey	Suol	
Wannenweyher	O2	
Wannenwier	Suol	
Wanntwehen	GesSH,Suol	
Weis Rötelweib	Schwf	Turmfalke-Variation.
Weis Wannenwäher	Schwf	Turmfalke-Variation.
Wiegwehe	B,Be2,Do,N	
Wiegwehen	Be1,Buf,GesSH,K,Suol	
Windwächel	Suol	
Windwachel	Hö	
Windwachl	Be,Buf,Do,Hö,N	
Windwahl	Be1,Buf,Do,N	
Windwehe	B,N	
Windweher	Do	
Windwehl	Be2,N	

Turteltaube (Streptopelia turtur)

Brutäubl	Hö	Ruft bru, tru.
Dûrteldauf	Suol	
Frauentaube	Krü	
Gemeine Turteltaube	Be2,N	1766 bei Schäfer „Onomatologia hist. natur.".
Gürteltaube	Suol	
Hirsetäubchen	Do,H	
Hirsttaube	H	
Kleine Holtaube	H	
Kränzletube	Suol	
Liebestäubchen	Krü	
Lütt Wilduw	Do	
Ohrtaube	K	K: Frisch T. 140.
Rheintaube	Do	
Ringeltaube	Fri	
Roller	Do	
Rothbrust	Krü	

Rothbrusttaube	Krü	
Ruckes	Do	
Stubentäubchen	Krü	
Tümmler	Do	
Turtel	B,Do,Schwf,Suol	
Turtel Taube	Fri,Schwf	
Turtel-Daube	Kö	
Turtel-Taub	H	
Turtel-Taube	N	Der Name ist lautmalend, aus Gurren entstanden.
Turteldüwe	Do	Niederdt. -düwe ist -taube.
Turteltaub	GesH	
Türteltaub	Suol	
Turteltäubchen	N	Beiname, der von C. L. Brehm stammt.
Turteltaube	B,Be1,Fri,G,K,…	…Krü,N,O1P,V,Z; - K: Frisch T. 140.
Turteltûb	Suol	
Turtul-Taube	K	
Turtur	Tu	Bei Aristoteles.
Tutteltube	Suol	
Urteldauf	Suol	
Wagtäubchen	H	
Wegtaube	Be2,Do,Krü,N	Auf Wegen, weil dort oft Pfützen (Wasser) sind.
Wilde Lachtaube	Do,N	Galt als südostasiat. Stammrasse der Lachtaube.
Wilde Turteltaube	Be2,N	1757 bei Kramer.

Uferschnepfe (Limosa limosa)

Bellende Uferschnepfe (Var.)	Krü	
Deffyt	GesSH,Suol	VN, vermutlich lautmalend. Sanderling??
Defyt	Suol	Sanderling??
Dunkelfüßiger Wasserläufer	Be2,N	
Fuchsschnepfe	Do	Bei Flöricke Pfuhlschnepfe.
Geiskopf	Be97	
Geiskopfschnepfe	Be1,N	
Geiskopfwasserläufer	Be2,N	
Geißkopf	Buf	
Geißkopfschnepfe	Buf,Do	
Gelbnase	Buf,K,Krü	
Gemeine Pfuhlschnepfe	Be1,Buf,N	Adelung: … Welche sich gerne an Pfühlen …
Gemeine Uferschnepfe	Be,Buf,Krü	
Grêta	Do,H,Suol	
Gretav	Suol	
Greto	Suol	
Grîta	Suol	
Gritto	Suol	
Groot Marling (helgol.)	Do,H	
Große Limose	Do,N	
Grosse Ostdüte	N	Düte ist lautmalend. Zugvogel aus dem Osten.
Große rostgelbe Uferschnepfe	Be2	

Große rothgelbe Uferschnepfe	Be,Buf,Krü	
Große Uferschnepfe	N,O2	Über den Namen „Schnepfe" nur Vermutungen.
Großer Barker	O1	„Bellende U.Schn." bei Buffon. Barker: Beller.
Größte Pfuhlschnepfe	N	Adelung: … Welche auch Riethschnepfen …
Gruette	GesS,Suol	
Grütta	Do,H	
Grütto	Suol	
Jadreka	Be2,O1	
Jardreka	Be,Buf	Isländischer Name des Vogels.
Kleine Limose	Do	Bei Flöricke Pfuhlschnepfe.
Kleine Pfuhlschnepfe	Be2	
Kleine Pfulschnepfe	Buf	
Kreuzschnepfe	O2	Flug, von unten: Weißes Kreuz Flügel u. Leib.
Leppländische Schnepfe	Do	Bei Flöricke Pfuhlschnepfe.
Limose	B	
Lodjoschnepfe	Do,N	Angeblich ruft der Vogel „lodjo, lodjo …"
Meerhünlein	GesH	
Mohrschnepfe	Krü	
Moorschnepfe	Be2	
Osttüte	Do	
Pfuhlschnepfe	Be2,Do,Krü,N,O1	
Pudelschnepfe	Be	
Riedschnepfe	Be2	
Riethschnepfe	Krü	
Rostrote Schnepfe	Do	Bei Flöricke Pfuhlschnepfe.
Rostrote Uferschnepfe	Do	Bei Flöricke Pfuhlschnepfe.
Roter Geiskopf (juv.)	Be1	
Rothe Pfuhlschnepfe	N	
Rother Geißkopf	Krü	
Rother Wasserläufer	N	
Rothhals	Buf,K	
Rothhalsiger Sumpftreter	N	Rostbrauner Hals, Brust im Pk.
Schwarzschwänzige Limose	N	Uferschnepfen haben schwarze Schwanzbinde.
Schwarzschwänzige Ufer-Schnepfe	H	
Schwarzschwänzige Uferschnepfe	Do,N	Uferschnepfen haben schwarze Schwanzbinde.
Schwarzschwänziger Sumpfläufer	O3	Uferschnepfen haben schwarze Schwanzbinde.
Schwarzschwänziger Sumpfwader	N	
Schwarzschwänziger Sumpfwater	H	
Schwarzschwanzschnepfe	Do	
Seeschnepfe	Do,N	
Stockschnepf	Hö	
Storchschnepfe	Do,H	
Strandschnepfe	Buf,Krü	
Sumpfschnepfe	Krü	

Sumpfwater	Do	
Uferschnepfe	B,Be1,Buf,Krü,O1	
Wasserschnepfe	Be	
Wasserschwalbe	Krü	
Wiesenschnepf	Hö	
Wuelp	GesS	VN

Uferschwalbe (Riparia riparia)

Bergschwalbe	Do	
Braune Schwalbe	Do,V	Beiname, den C. L. Brehm dem Vogel gab.
Dreckschwalbe	Be1,Do,N	
Erd-Schwalbe	Fri,Z	Synonym zu Uferschwalbe. Frisch 1736.
Erdschwalbe	Ad,B,Be1,Buf,Do,...	...Fri,K,Krü,N,Suol,V;
		- K: Frisch T. 18/1736.
Feel-swalme	Buf	In der Gegend von Straßburg.
Feelschwalm	GesS,Suol	
Fehlschwalb	GesH	
Felsenschwalbe	Be1,Krü,N	Suol leitete den Namen aus Feelschwalm ab.
Felsschwalm	Suol	
Gestättenschwalbe	Suol	
Gestetten-schwalbe (österr.)	Buf	Popowitsch, 1780 aus Österreich eingeführt.
Gestettenschwalbe	Be1,Hö,N	Gest. sind Ufer, oft künstl. befestigt (Gestade).
Graue Schwalbe	Be1,Krü,N	Die Oberseite ist graubraun.
Gstettenschwalbe	Do	
Ihrzvälk	Do	
Irdswälk	Do	
Irdswölk	Do	
Koth-Schwalbe	P	
Kothschwalbe	B,Do,Hö,Krü....	...N,P; Koth ist „Matsch", zum Nestbau.
Kotschwalbe	Be1	
Lochschwalbe	Do	
Mauerschwalbe	P	
Meerschwalbe	Be1,Do,Krü,N,O1	Meer ist hier Meer, nicht Moor.
Ragel	O1	
Rainschwalbe	Ad,Do,O1	Rain- (von Rhein-) steht hier für Bäche, Flüsse.
Reinschwalb	Be,GesH,K,H	K: Frisch T. 18.
Reinschwalbe	N	
Reinschwalben	Suol	
Rheinschwalb	GesH	Rhein- steht hier für Bäche, Flüsse.
Rheinschwalbe	Ad,Be2,Buf,Krü,N,...	...O2,Suol,V;
Rheinschwalmen	Suol	
Rheinvogel	Be2,Do,GesH,N	
Rheinvögelein	GesH	„Nistet an den holen Gestaden des Rheins."
Rhyn-schwalbe	Buf	In der Gegend von Straßburg.
Rhyn-vogel	Buf	In der Gegend von Straßburg.
Rhynvogel	Suol	
Rhynvögele	GesS	
Rynschwalme	GesS	
Sandschwalbe	Ad,B,Be1,Buf,Do,...	...K,Krü,N; K (1750): The
		Sand – Martin – Bird.

Sandswälk	Do	
Sandswölk	Do	
Speiren (niederdt.)	Buf,GesS,Suol,Tu	Wahrsch. Dendrocopus major!
Speirschwalb	Suol	
Spirschwalben	Suol	
Steinschwalbe	Krü	
Strandschwalbe	B,Be1,Buf,Do,... ...Krü,N;	Pallas 1777 nannte Vogel nur so.
Über Swalbe	Tu	
Überschwalbe	Suol	
Uberschwalbe	GesSH	
Ufer-Schwalbe	N,Z	Nistet in Lehmuferwänden.
Uferschwalbe	Ad,B,Be1,Buf,Fri,... ...K,Krü,N,O1,V;	-K: Frisch T. 18.
Vberschwalben	Suol	
Wasser-Schwalbe	Kö,P,Z	„... Weil sie sich gerne am Wasser aufhält."
Wasser-schwalme	Buf	In der Gegend von Straßburg.
Wasserschwalbe	Ad,B,Be1,Buf,Do,...	...K,Krü,N,P,Suol,V;
Wasserschwalm	Suol	
Wasserschwalme	Be2,GesS	
Wetterswälk	Do	
Wetterswölk	Do	

Uhu (Bubo bubo)

Eule allg. nach Suolahti bei Waldohreule

Adlereule	Be1,Buf,Do,Hö,... ...Krü,N;	Höfer: Wegen der Größe, ...
Aeufin (weibl.)	Hö	Forts. ... auch: Adler der Nacht.
Auf	B,Be2,Buf,Do,... ...Krü,N;	Schon 1432 als „auff" nachweisbar.
Auff	Suol	
Auffenvogel	Suol	
Aufvogl	Suol	
Auvogl	Suol	
Bauhau	Suol	
Bekghu	Buf	War Berghu gemeint? K: Frisch T. 93.
Bergeule	Be,Buf,Do,Krü,N	In den Bergen lebender Uhu.
Berghu	Be,Buf,K,N,... ...Schwf,Suol;	In den Bergen lebender Uhu.
Berghuhn	Krü	
Berghuw	GesH,Suol	
Berguw	GesS	
Bhu	Be1,Buf,N	
Bubo	GesS	
Buchhahn	Hö	Erklärung bei Höfer 1/128.
Buho	GesS,Hö	Seit etwa 1600 nachweisbar, aus Österreich.
Buhu	B,Be1,Buf,N,Suol	
Buhueule	Do	
Buhuo	B,Do	
Buuchhahn	Hö	
Bûvogel	Suol	
Chutz	Suol	

Faulenzer	Ma	In der Schweiz, da „Tagverschläfer".
Fûlenz	Suol	
Gauch	Krü	
Gauf	B,Be1,Buf,Krü,… …N,O1;	Wie „Auf": Bayer. Dialektwort.
Gnuf	Do	
Groß Huhu	GesS	Großhuhu seit 1581 (aus Gros Huhu) bekannt.
Große gelbbraune Ohreneule	Be1	
Große gelbbraune Ohreule	Buf,N	
Große Horneule	Be1,Do,N	
Große Ohreule	B,Buf,Do,Krü,… …N,O3,V;	Lange, gut sichtbare Federohren.
Große weiße Ohreule	Buf	Variation in Lappland.
Großer Schuhu	V	
Großer Uhu	O1,V	
Großherzog	Be1,Buf,Do,Hö,… …Krü,N;	Höfer 1/128: Soll Wachteln anführen.
Großhuhu	Suol	
Hauri	Suol	
Haw	Ma	
Hertzog	Suol	
Heun	Do,V	Bekannt aus der Schweiz (Kanton Bern).
Horneule	Buf,Krü	
Hou	N	
Hû	Suol	
Hub	Be,Buf,N	Aus Luxemburg, franz. Einfluß.
Hûe	Suol	
Huf	Hö	
Huhay	Buf,K,Suol	Klein 1750, K: Frisch T. 93 (auch 1750 fertig).
Huheler	Suol	
Huho	Suol	Schon aus 13. Jahrhundert bekannt.
Huhu	Buf,Fri,GesH,Krü,Suol	1545 in Ryffs Tierbuch Alberti.
Huhui	N,Suol	Kommt aus der Schweiz.
Huhuy	Be1,Buf,Schwf	
Huivogel	Suol	
Huo	Be,Buf	
Huoru	GesS	
Hûri	Suol	
Huru	O1	Aus dem Französischen stammend.
Hüru	Be,N,Suol	Aus dem Französischen stammend.
Huruw	GesH	
Hüruw	Suol	
Huw	GesS,Suol	
Hûwe	Suol	
Huwo	Hö,Ma	
Juchetzäugel	Suol	
Juchetzerl	Suol	
Jutzerl	Suol	
Jutzeule	Suol	
Kahlfüssiger Uhu	Buf	Variation Aldrvandi.

Kautz	GesS,Tu		
Leichenhuhn	Krü		
Nachteule	Suol		
Nachthauri	Suol		
Nachthûri	Suol		
Ohreule	Be		
Ohu	GesS,Schwf		
Oruwhertzog	GesS		
Poihoi	Suol		
Puhi	Be,Buf,N		
Pûhin	Suol		
Puhu	Buf,Suol		
Puhuy	Be1,Buf,Do,K,...	...N,Schwf,Suol;	- Seit ca. 1600 nachweisbar.
Puivogel	Suol		
Roper	Buf		
Rufer	Buf		
Schaufeule	Krü		
Schauffant	Krü		
Schubuf	Krü		
Schûbût	Be1,N,Suol,V	Lautmalend aus Westfalen, bekannt seit 1750.	
Schubut-Eule	Suol		
Schubuteule	Be1,Buf,K,N	K: Frisch T. 93. Lautmal., auch aus Westfalen.	
Schufer	Be97		
Schufeul	Fri		
Schuffans	Suol		
Schuffaus	Fri,Tu		
Schuffauß	GesSH,Suol		
Schüffel	Fri,GesS,Suol,Tu		
Schuffeul	GesSH		
Schuffut	Be,Buf,Fri,Ma,...	...Krü,N;	Ein Gelehrter des 18. Jahrhundert. ...
Schufut	Be1,Do,Fri,Hö,Krü	... leitete daraus „Schuft" ab.	
Schuhetzer	Suol		
Schuhu	B,Be1,Buf,G,Krü,...	...N,O1,P,Suol,Z;	- 1720 b. Pernau, 1743 b. Zorn.
Schuhueule	Do		
Schûwût	Suol		
Schwarzgeflügelter Uhu	Buf	Variation Aldrovandi.	
Steinauff	GesSH,Suol		
Steineule	Krü		
Steineule	Be,Buf,N	In den Bergen lebender Uhu.	
Sterbehuhn	Krü		
Tschudderlehu	Suol		
Tschuderihu	Suol		
Tschuhu	Suol		
U	Suol		
Uhu	B,Be1,Buf,Fri,...	...GesSH,K,Krü,N,O2,Z;	- K: Frisch T. 93.
Uhu-Ohreule	N	KN von Naumann, wurde relativ oft benutzt.	

Uhueule	Be1,N
Ule	Buf
Uva	Suol
Uvilo	Suol
Uvo	Hö,Ma,Suol
Uw	Suol

Unglückshäher (Perisoreus infaustus)
Siehe Nachträge Naumann Band 13/214. – „Häher oder Heher".

Bergamsel	Buf	
Flechtenhäher	Do,H	
Gemeiner Meisenhäher	H	
Gertrautsvogel	Ad,Buf	
Gertraudsvogel	Krü	
Gertrudsvogel	Ad	
Meisenhäher	Do	
Nordlandshäher	H	Leben in den Wäldern Skandinaviens.
Nordlandsheher	N	13/214.
Rothes Unterfutter	N	13/214.
(bei den Lappen)		
Rothschwänziger Häher	N	13/214. „Häher oder Heher".
Rothschwänziger Heher	N	13/214. „Häher oder Heher".
Rotschwanzhäher	Do,H	
Schreihäher	H	Häher von „heigaro", rauhes Schreien.
Schreiheher	N	13/214; hat über 25 versch. Warnrufe für Tiere.
Sibirischer Häher	H	Auch in der Taiga Asiens ist er zu finden.
Sibirischer Heher	N	13/214.
Steinröttele	Buf	
Unglücks-Heher	N	13/214.
Unglückshäher	H,O3	„Häher" für O3 korrekt.
Unglücksheher	B	Im Mittelalter in M-Europa bed. Pest, Krieg.
Unglücksrabe	Do,N	13/214. Bei d. Samis („Lappen"): Glücksvogel.
Unglücksvogel	Ad,Buf,Do,Krü,N,O2	13/214.

Wacholderdrossel **(Turdus pilaris)**
Drosseln allg. nach Suolahti bei Misteldrossel

Beinauka	Do,N	
Birckamßel	GesS	
Birkendrossel	Do	
Biscard (helv.)	H	
Blau-Zimmer	Buf	
Blaudrossel	H	Schiefer-aschgrau erschien einigen als blau.
Blauziemer	Ad,Be1,Buf,Do,Krü,… …N,K,Suol;	K: Frisch T. 26.
Blauzimmer	K	
Blaw Ziemer	Schwf,Suol	
Blawziemer	Be,N	
Brinauka (krain.)	Be2	„In Krain (heute Slowenien) Brinauka genannt."
Brinauke (krain.)	Be1	
Chrammisvogel	Suol	

Crammesvogel	Tu	
Dreckdrossel	Do	
Dresh (helv.)	H	
Eigentlicher Krammetsvogel	Be2,N	
Ganzvogel	Ad,Krü	
Gemeiner Krammetsvogel	Be,N	
Gros Ziemer	Schwf,Suol	Schlesischer Ausdruck.
Gros-Zimmer	K	
Groß-Zimmer	Buf	
Großblauziemer	Be1,Krü	„… Weil der Rücken bleyfarbig."
Großer Blauziemer	Be2,N	Schiefer-aschgrau erschien einigen als blau.
Großziemer	Be,Do,N	
Hagamßel	GesS	
Halb-vogel	Kö	
Halbvogel	Suol	
Kanabit	Do	
Kramatsvogel	Ma,Suol	Ahd. kranawitu – Wacholder
Kramatvogel	Suol	
Krameßvogel	GesS,Suol	
Kråmesvuogel	Suol	
Krametdrossel	K	
Kramets-vogel	Kö	
Krametsvogel	Krü,Schwf,Suol	Nach Mundart verschieden, hier Schlesien.
Krametvogel	GesS,K,Schwf,Suol	Schwf: Auch Drossel allg.
		K: Frisch T. 26.
Krammersvogel	Ad	
Krammeßvogel	GesH	
Krammesuogel	Suol	
Krammesvogel	Ad	
Krammets-Vogel	G,Z	Krammetsbeeren sind Wacholderbeeren.
Krammetsdrossel	Be,N	Auch: Alle gesprenk. Drosseln, keine Amseln.
Krammetsvogel	Ad,B,Be1,Buf,Do,…	…Fri,GesH,Krü,N,O1,Suol,Tu,V;
		Elsaß, Steierm.
Krammetsvogeldrossel	Ad	
Krammetvogel	Buf	
Krammis	Suol	
Krammitz	Suol	
Krammser	Suol	
Krammsvogel	Be1,N,Suol	Mecklenb., Schleswig-Holstein, Steiermark.
Krammutzer	Suol	
Kramsfogel (schwed., norw.)	K,Krü	
Kramsvogel	Ad,Be,Buf,Krü	
Kråmsvuogel	Suol	
Kramtsvogel	Be	
Kranabeter	Buf,Do,Krü,Suol	
Kranabetsvogel	Buf	
Kranakervogel	Be1	
Kranawetsvogel	Suol	
Kranevitsvogel	N	

Kranewitevogel	Suol		
Krannabet	Be1,Krü,N		
Krannabet-Vogel	Krü		
Krannabeter	Be2,N		
Krannabetvogel	Be,N		
Kransföggel	Suol		
Kransvogel	V		
Kranvitvogel	Be1,Buf,Do,GesS,...		...Krü,N;
Kranwets-Vogel	P		
Kranwetsvogel	Be,N,P,Suol		
Kranwetzvogel	Be2		
Krennebet-Vogel	G		
Kromawetter	H		
Krometvogel	Suol		
Kromtvogel	Suol		
Kronawetter	Do		
Lansknecht (helgol.)	Suol	Name richtig geschrieben.	
Rechtholtervogel	Suol		
Reckholdervogel	Ad,Be,Do,Krü,N	Üblicher schweizer Name. Schon	
		Ges bekannt.	
Reckholter-Vogel	GesH		
Reckoltervogel	GesS,Suol		
Schacher	Suol		
Schachtdraussel	Suol		
Schacke	Suol		
Schacker	B,Be1,Do,Krü,...	...N,O1,Suol;	Lockruf: Scharfes
			tschak, tschak ...
Schnagezer	Suol		
Schnärre	Do		
Schneevogel	Suol		
Schnurre	Do		
Schomer	O1	Alter Name, zuerst bei Buffon 1782 gefunden.	
Schomerlin	Buf	„Im deutschen Lothringen Schomerlin."	
Schomerling	Be1,Do,Krü,N		
Schrîck	Suol		
Throstel	Ad	Drossel allgemein.	
Wachholder Drossel	K	K: Frisch T. 26.	
Wachholder-Droschel	Z	Ihre große Zahl machte sie, wie schon im ...	
Wachholder-Drossel	N	... ganzen Mittelalter, zu einem wichtigen ...	
Wachholder-Vogel	GesH	... Volksnahrungsmittel (!)	
Wachholderdrossel	Ad,Be1,Buf,H,Krü,...	...O2,V;	
		Sie lieben Wacholder-, Vogel-, ...	
		... Weißdorn- und Berberitzenbeeren.	
Wachholderziemer	GesH		
Wachholtervogel	Suol,Tu		
Wacholder-Drostel	Fri		
Wacholderdrossel	B		
Wacholter-Ziemer	Suol		
Wacholtervogel	GesS		

Wechholderziemer	GesH	
Wecholterziemer	GesS	
Weckholdervogel	Do	
Weckolderziemer	Suol	
Weißer Ziemer (var.)	Fri	
Zämel	Ad	
Zämer	Ad	
Zämmel	Ad	
Zäumer	Do	
Zeimer	V	Zeimer, Ziemer durch langen Lockruf „zieh".
Zemer	Ad	
Zeumer	Be1,Buf,Krü,N	Alte sächs. Bezeichnung.
Zeuner	Do	
Ziemer	B,Be1,Buf,Fri,...	...GesH,Kö,Krü,N;
Ziemer	Ad	
Zierling	Do,H	
Zimmel	Ad	
Zimmer	Krü	
Zimmer	Ad,Be1,Buf,Krü,N	Schon seit 1502 bezeugt.
Zimmerdrossel	Do	
Zymmer	Be	

Wacholderlaubsänger (Phylloscopus nitidus)

Gelber Laubvogel	H	

Wachtel (Coturnix coturnix)

Aschgraue Wachtel	Be1	
Attagen	GesS	
Bück den Rück	Suol	
Bunte Wachtel	Be1	
Currelius	Buf	
Dic-cur-hic-Vogel	Be2,N	Name aus Wachtelschlag.
Dreckvogel	Suol	
Flick de Büchs	H	Plattdeutscher Name, aus Wachtelschlag.
Flick de Bücks	Suol	
Gemeine Wachtel	Be2,Fri,K,N,V	K: Frisch T. 117.
Große polnische Wachtel (var.)	Buf	
Große Wachtel	Be1	
Gûtjenblik	Suol	
Kleines Feldhuhn	Be2,Krü,O3,N	Gehörte zu Feldhuhn – Gattung bei Bechstein.
Kleinstes Rebhun	Fri	
Kornmutter	Suol	
Kupferwachtel	Do	
Kûtjenblik	Suol	
Kwabbelfett	Suol	
Mohrenwachtel	Be1,Do,N	Sehr alte Wachtel mit dunklem Gefieder.
Perpelitz (krain.)	Be2	
Perpelitza (krain.)	Be1	
Perpelitze	Suol	
Polnische Wachtel	Be1	

Putpurlut	Suol	
Quacara	Buf	
Quackel – Wachtel	Schwf	So steht es bei Schwenckfeld.
Quackel (holl.)	Be2,Fri,GesSH	
Quakel	Be1,Buf	
Quakel – Wachtel	K	So steht es bei Klein.
Quattel	Suol	
Qvackel – Wachtel	K	So steht es bei Klein.
Sandwachtel	B,Be1,Do,N	„Zweyjährige W.", mit braunem Unterkehlfleck.
Scharrwachtel	Do	
Schlag-Wachtel	N	
Schlagwachtel	B,Be1,Do,H	Ruf ist ein „Schlagen": pickwerwick.
Schnarrwachtel	B,Be2,N	Adelung: Wohl eher Wachtelkönig gemeint.
Seewachtel	Krü	
Wachtel	B,Be1,Buf,Fri,...	...G,GesSH,Kö,Krü,N,O1,P,Schwf,Tu,Z;
Wachtelfeldhuhn	N	Aus westgerman. wahtala, Bedeutg. unbekannt.
Wahtala	Ma	Sprich: Wachtala.
Weck den Knecht	Suol	
Zwergrebhuhn	Buf	

Wachtelkönig (Crex crex)

Akkerhennick (helgol.)	Do,H	
Alte Knechte	Schwf	Verschwindet immer gleich wieder im Gras.
Alte Mäd (österr.)	H	Wegen des andauernden Verschwundenseins ...
Alte Magd (sächs.)	H	... hält man sie (Magd)/ihn (Knecht) für faul.
Alter Knecht	Be1,Buf,Do,Fri,...	...K,Krü,N,Suol;
Arpschnarp	Be1,Do,Krü,N	Lautmalend nach krey! krey! arp! schnarp! ...
Arpschnarr	B	... unangen. scharf, schnarrend abends, nachts.
Brachamsel	GesS	
Brachvogel	GesS	
Bruchhammel (bayer.)	H	
Corncreck	Buf	
Crex	Krü	
Dhauschnarre	Suol	
Eggenschär	Be1,Do,GesSH,K,Krü...	...N,Suol; - Nach Ges.-Zeit in CH f. Wasserralle.
Eggscheer	Suol	Nach Ges.-Zeit in Schwaben für Wasserralle.
Erdhünlein	GesH	
Faule Magd	Be2,Do,N,Suol	Siehe oben – Alter Knecht.
Feldwächter	B,Be1,Do,Krü,N	Wegen der Art des nächtlichen Rufens.
G'hackschneider (steierm.)	Do,H	
Gemeine Ralle	Be2,N,O1	
Gerstenratzer (sächs.)	Do,H,Suol	
Gespenst	Suol	Ein Gespenst „huscht" vorüber (ins Gras).
Ginsterralle	Do	
Ginstralle	Buf	
Gras-Meher	Suol	
Grashenndl	Hö	
Grashuhn	Krü	
Graslaufer	Be	

Grasläufer	Be1,K,Krü,N,Suol	Vogel lebt in offenem Gelände, naß bis trocken.
Grasmäher	K	
Grasnark (schlesw.)	H	
Grasräcker	N	Siehe Arpschnarp.
Grasräker	N	
Grasrätsch	Suol	
Grasrätsche	Do	
Grasrätscher	B,Be1,Fri,K,… …Krü,N;	Siehe Arpschnarp.
Grasrutscher	B,Do,N	Vogel lebt in offenem Gelände, naß bis trocken.
Grasschnarcher	Be2,N,Suol	Siehe Arpschnarp.
Grasschnepf (bayer.)	Do,H	
Graßläufer	Buf	
Grasweher	Krü	
Graue Ralle	N	Übersetzg. von „Rallus cinereus" bei Klein 1750.
Grauer Kaspar	Do	
Grauer Kasper	N	
Grösel	P	
Groß Wasserhünle	GesS	
Groß Wasserhünlein	GesH	
Grossel	O1	Grossel ist synonym zu Kreßler.
Grössel	B,Be1,N,O1,P	Grössel ist synonym zu Kreßler.
Grotschneider	Suol	
Häbe	H	
Hapesnart (oldbg.)	H	
Heckenschär	B,GesH,N	„Dieweil er schaarweis bey den Hecken …
Heckenschnarre	Krü	
Heckeschär	GesH	… umbher laufft." Name auch für Wasserralle.
Heckschnarr	Be97,P,Suol	
Heckschnärr	Be1,Do,Krü,N	
Heckschnarre	Krü	
Hegeschaer	GesS	
Heggeschär	GesS,Suol	
Heggschär	GesS	
Klein Brachvogel	K,Schwf	
Kleiner Brachvogel	K,Krü	
Knarrendes Rohrhuhn	Do,N	KN, Leitname von C. L. Brehm.
Knarrer	B,Be2,Do,N,O1	Ralle: Vogel m. schnarrendem, knarrendem Ton.
Knecht mähl	Do	
Knechtmäh (bayer.)	H	
Korn-knaer	Buf	
Kornhühnchen (sächs.)	H,Suol	
Kornhühnel (sächs.)	Do,H	
Kornschnarre	Do	
Krätzer (mähr.)	H	
Kreßler	B,Be1,Do,Krü,… …N,O1;	„Wie Geschrey des Laubfrosches."
Landralle	O1	Name grenzt gegen Wasserralle ab.
Langbein (bayer.)	H	

Mähderhex	Do	
Mähdervogel (bayer.)	H	
Matkneltzell	K	
Mattkern	GesSH,K,Krü,Schwf	
Nachtschreier (bayer.)	Do,H	
Ortygometra	GesH	
Ralle	Be1,Buf,Ma,Krü,N	Ralle: Vogel mit schnarrendem Ton.
Rätschvogel	Suol	
Reinvogel	GesH	
Sansknittel (österr.)	H	
Scharp	Suol	
Scharpvogel	Suol	
Schars	Be1,Krü,N,O1	
Schärs	Be	
Schecke	K	
Scherp	Suol	
Schnäkäker (Braunschw.)	H	
Schnarcher (hess.)	H	
Schnarf	B,Be1,Krü,N,O1	
Schnarker	B,Be1,Krü,N,O1	
Schnarp	O1,Suol	Lautmalend nach krey! krey! arp! schnarp! ...
Schnarper	B	... unangen. scharf, schnarrend abends, nachts.
Schnärper	Be,N	Siehe Schnarp.
Schnarre	Buf,K,Krü,Suol,Z	
Schnarrer	Be	
Schnarrhuhn	Suol	
Schnarrhühnchen (sächs.)	H	
Schnarrichen	B,Be1,Krü,N	Siehe Schnarp.
Schnarrwach	Suol	
Schnarrwachtel	Be1,Do,Krü,N,Suol	
Schnärz	B,Be1,Do,N,O1,V	Siehe Schnarp.
Schneedsgern (bayer.)	H	
Schnerck	Buf	
Schnercker	Schwf,Suol	
Schnerf	Be97,Krü,P,Suol	
Schnerff	P	
Schnerffe	P	
Schnerffen	Suol	
Schnerker	Be2,Buf,N	
Schnerper	B,Be2,Do,N	Siehe Schnarp.
Schnerpf	Suol	
Schnerps	N	Siehe Schnarp.
Schnerr	G	
Schnertz	G,Suol	
Schnerz	Krü	
Schoyk	Do	
Schreck	Hö	Erkl. Höfer 3/114 unter schricken, schreien.
Schrecke	B,Be1,Fri,K,...	...N,Suol,Tu; Naum.: Schrecke = lokaler Name.
Schrecker Brachvogel	Suol	

Schrich	Suol	
Schrick	GesH,Hö,Krü	Erklärung Höfer 3/114 unter schricken.
Schriek	Tu	
Schritz	O1	Aus englisch „to shriek" für schreien.
Schryck	Buf,GesH,Suol	Aus englisch „to shriek" für schreien.
Schrye	Buf	
Schryk	B,Be2,K,N,… …O1,Tu;	Turner: Crex pratensis.
Schwarzer Caspar	K	Name entstammt einer Zeit, als man den …
Schwarzer Casper	Krü	
Schwarzer Kaspar	Be2,N	… Wachtelkönig und die Wasserralle noch zu …
Schwarzer Kasper	N	… einer Art zählte, beide mit denselben Namen.
Screcke	Suol	
Screek	Suol	
Scrica	Tu	
Sensenwetzer (bayer.)	Do,H	
Snark	Suol	
Snarr	Suol	
Snarredart (oldbg.)	H	
Snarrendart	Do	
Snartendart	Suol	
Stosch (opreuss.)	Do,H	
Strohschneider	Suol	
Strohschneider (steierm.)	Do,H	
Tauschnarre	Do,Fri	
Thauschnarre (Mark)	H,Krü,Suol	
Wachtel König	Fri	„… Daß er der wachtlen fürer ist, so sie von …
Wachtel-könig	Buf	… hinnen fliegen wöllend." (Heuszlin 1557).
Wachtel-König	G, GesH	
Wachtelkini (österr.)	H	
Wachtelknecht (böhm.)	H,Suol	
Wachtelkönig	B,Be1,Buf,Fri,… …GesH,K,Krü,N,O1,P,Schwf,V;	
Wachtelköniginn	Krü	
Wachtelkönning	Be	
Wachtelmutter (russ.)	Krü	
Wiesen-Grössel	P	
Wiesen-Sumpfhuhn	N	
Wiesencasper	Suol	
Wiesenknarrer	B,Be1,Buf,Krü,… …N,Suol,V;	
Wiesenkrätzer	Suol	
Wiesenlaufer	Be	
Wiesenläufer	Be1,Buf,Do,K,… …Krü,N,Suol;	
Wiesenmahder	Suol	
Wiesenralle	Do,N,O3	Vogel lebt in offenem Gelände, naß bis trocken.
Wiesenratscher (österr.)	H	
Wiesenschnake (sächs.)	H	
Wiesenschnarcher	B,Be1,Do,N,Suol	
Wiesenschnärper	B,N	
Wiesenschnarre	Buf,Do,Suol	Ralle: Vogel mit schnarrend-knarrendem Ton.
Wiesenschnurrer	H	

Wiesensumpfhuhn	Do,H	Vogel lebt in offenem Gelände, naß bis trocken.
Wiesenzätsch (sächs.)	H	
Wîschenknarker	Suol	
Wisekrîps	Suol	
Wisenhünlin	Suol	
Zatsch (sächs.)	H	
Zschätsche (sächs.)	H	
Zütsche	Do	

Waldammer (Emberiza rustica)

Bauernammer	Buf	
Nordische Ammer	O3	Lebt in Taiga- und Waldtundrengürtel Eurasiens.
Road-sträked Nirper (helgol.)	H	Übersetzt: Rothstreifiger Rohrammer.
Waldammer	B,H	Brut in feuchten Nadelw., Sümpfen, H-Mooren.

Waldbaumläufer (Certhia familiaris)   Siehe Baumläufer.

Waldkauz (Strix aluco)

Hier Kauz allgemein nach Suolahti.

Andere Eule	Z	
Baumeule	B,Do,N,V	Beiname zu Baumkauz bei C. L. Brehm.
Baumkautz	V	Lebt und brütet in Laubwäldern.
Baumkauz	B,Do,Krü	Baumkauz: C. L. Brehm für „Strix aluco".
Brandeule	Be,Buf,Do,Fri,…	…Krü,N,O1,V; Beiname zu Baumkauz (CLB).
Brandkautz	N	Beiname zu Baumkauz bei C. L. Brehm.
Brandkauz	B,Be,H,Krü	Be: Neben Waldk. noch Strix stridula, Rostfarbe.
Braune Eule	Be1,Fri,K,Krü,N	Name schon 1760 bei Klein/ Reyger: Farbvar.
Braune gemeine Eule	Buf	
Braunschwarze Eule	N	KN zu Farbvariation von Naumann.
Braunschwarze Nachteule	Be1,Buf	
Buscheule	B,Buf,Do,K,…	…N,Suol; K: Frisch T. 94–96.
Dame	Buf	
Echel	Suol	Kauz allgemein.
Eul	GesSH,Suol,Tu	Tu: Strix stridula = Variation Brandeule.
Eule	K,Schwf	K: Frisch T. 94–96.
Fuchseule	B,Do,N	Fuchs- wegen Gefiederfarbe. Schon bei Naum.
Fuchskauz	B,Do	A. Brehm machte aus F. – Eule den Fuchskauz.
Geiereule	B,Do,N	Schnabel gleicht dem d. Geier. Auch: Sperbereu.
Gelbe Eule	Be1,Buf	
Gelbliche Eule	Fri,N	Es gibt viele Farbvar., aber wohl keine gelben.
Gemeine Eule	Be1,Buf,K,N,O2	Ahd. uwila für Eule bedeutet Schreierin.
Gemeine graue Buscheule	Buf,Krü	
Gemeine graue Waldeule	Krü	
Gemeine Nachteule	Buf,Fri	
Gemeiner Auf	Hö	
Geyereule	Be	Siehe Geiereule.
Graag und gris Uhl	Do	
Grabeule	B,Be1,Do,N	Bukowina: Eulengeschrei zeigt Tod eines M. an.

Graue Baumeule	O1		Vor 1800 häufige Namen.
Graue Buscheule	Be1,N		
Graue Eule	Be1,Buf,Fri,K,…	…Krü,N,O2;	Fri: „Abänd." d. Großen Baumeule.
Graue gemeine Eule	Buf,Krü		
Graue Nachteule	Be		
Graveule	N		
Graw Eule	Schwf,Suol		Erstmalig bei Schwenckfeld 1603, Farbvar.
Große Baumeule	Be1,Buf,Krü,N		Vor 1800 häufige Namen.
Große Eule	N		Dieser KN ist nur bei Naumann zu finden.
Großer Kautz	O1		Dieser KN ist nur bei Oken zu finden.
Großköpfige Eule	CLB2		Name Strix macrocephala hielt sich eine Zeit.
Grote Kattuhl	H		
Gwiggli	Suol		Kauz allgemein.
Hellbraune Eule	Be1,N		Bechstein 1791 für diese Farbvar.
Heulende Eule	N		„Sie schreit Hu, u, u …" wie heulender Wolf.
Heuleule	B,Do		
Hibou (franz.)	Krü		
Holtuhl	Do		
Holzeule	Be1,Do		
Hu Hu	Buf		
Huheule	Do,N		Uhu-Ähnlichkeit wegen Größe und Ruf.
Huhneule	B,Do		Huhn- wahrscheinlich aus Huhu „verderbt."
Huhu	Be1,Buf,N		
Hürru	Krü		
Juchetzäugle	Suol		Kauz allgemein.
Juchetzerl	Suol		Kauz allgemein.
Jutzerl	Suol		Kauz allgemein.
Jutzeule	Suol		Kauz allgemein.
Kadül	Suol		
Kattuhl	Do		
Katûl	Suol		
Kâtzekapp	Suol		
Katzenauff	Suol		
Katzenäugel	Suol		
Kautz	G		
Käutzlein	Z		
Keutzlein	Suol		Kauz allgemein.
Kieder	B,Be1,Buf,Do,…	…N,O1;	„Kiden" laut tönen, … … durchdringend schallen.
Kirreule	B,Be1,Do,N		Lautmalend. Kirren ist/war ein Schallwort.
Kiwitt-Huhn	Ma		
Klagefrau	Suol		Kauz allgemein.
Klagemutter	Suol		Kauz allgemein.
Knapp-Eule	Suol		„Knacken" mit dem Schnabel, gilt für alle Eulen.
Knappeule	B,Be1,Buf,Do,…		…Fri,N;
Knappûle	Suol		
Knarreule	B,Be,Buf,Do,…	…Krü,N;	Synonym zu Kirreule.
Knorreule	Be1		

Korneule	Be97	
Kulpeule	Do	
Kuly	Do	
Kutz	Suol	Kauz allgemein.
Kutzen	Suol	Kauz allgemein.
Kützlin	Suol	Kauz allgemein.
Leichenhuhn	Ma,Krü	
Leichhuhn	Krü	
Liikhoon	Krü	
Lohgelbe Eule	Be	
Maßhuw	GesS	
Mäuseeule	Krü	
Mauseule	B,Be1,Buf,Do,N	Vogel schlägt vor allem Mäuse – so die Meinung.
Melker	Be1,Buf,Do,N	Alter Aberglaube von milchsaugendem Kauz.
Milchsauger	Be1,Do,N	Wie Melker.
Milchsäuger	Buf	Wie Melker.
Nachteul	GesSH,Suol	
Nachteule	Be1,Buf,Do,...	...Krü,N,O1,V; - Leitname bei Otto (1787).
Nachtheujel	Suol	
Nachtkautz	N	
Nachtkauz	B,Be,Do,H,Krü	Beiname zu Baumkauz bei C. L. Brehm.
Nachtrabe	Buf,Krü	Buffon: Bei den Griechen.
Nachtrapp	B,Do,N	Sind Nachtvögel mit widriger Stimme.
Nahtwigglen	Suol	Kauz allgemein.
Pauscheule	B,Do	
Puheule	Do	
Punsch	Do	
Punscheule	N	
Pusch Eule	Schwf,Suol	Gleichbedeutend mit Stockeule. Stock ist Wald.
Pûscheule	Suol	
Rote Eule	Be1	Bechstein 1791 für diese Farbvariation.
Rothe Eule	N	
Säuser	Ma	Von Konrad von Megenberg.
Schleiereule	N	Schleier zum Hören vorhanden, Name nicht gut.
Schleyereule	Be	
Schwarze Eule	Buf	
Steineule	Fri	
Stock Eule	Fri	
Stockauf	Hö,Suol	
Stockeul	GesSH	Ges-Ausdruck als Stockewl 1531 bei H. Sachs.
Stockeule	B,Be1,Buf,...	...Do,Fri,N,Suol;
Stockewl	Suol	
Toteneule	Do	
Totenvogel	Ma	
Uhl	Buf	
Uhu	N	Uhu-Ähnlichkeit wegen Größe und Ruf.
Ul	GesH	
Ül	Suol	

Üle	Tu	Englisch Owl, Howlet.
Uol	GesS	
Uule	Krü	
Uwel	GesSH	
Vwel	Suol	
Wald-Eule	O2	
Wald-Kautz	N	Waldeul entspricht Waldkutzen: Str. Vb. 1554.
Waldäuffel	N	Meint „Kleiner Uhu", der im Wald lebt.
Waldäuffl	Be1	Verkleinerungsform von Auf (Uhu) für W.-Kauz.
Waldäufl	B,Do	
Waldeul	Suol	
Waldeule	Do,N,O3	
Waldkauz	B,H	Kunstname von Naumann 1820.
Waldkutzen	Suol	
Weideneule	B,Do,Krü,N	Weiden gehören zu Kauz-Biotop.
Weißbauchige Eule	Be1	
Wickele	Suol	Kauz allgemein.
Wigger	Suol	Kauz allgemein.
Wiggle	Suol	Kauz allgemein.
Wigweg	Suol	Kauz allgemein.
Wilde Eule	Be1	
Zandklaffer	Ma	Von K. von Megenberg. Rufe: Als klappere …
		… jemand mit den Zähnen.
Zischende Eule	Buf	„Im Affekt läßt V. dumpfes Fauchen hören, …
Zischeule	B,Be1,Do,Krü,N	… und knappt dazu mit dem Schnabel."

Waldlaubsänger (Phylloscopus sibilatrix)

Backöfchen	Do	
Backöfel (schles.)	H	
Bièrfilchen (luxemb.)	H	
Blätterkönig	Do	
Bliederfilchen (luxemb.)	Do,H	
Bliedervilchen	Suol	
Buchenlaubvogel	Do	
Gemeiner Laubvogel	O1	Der Name ist von Oken gebildet worden.
Grüner Laubvogel	Be2,Do,N,O1,V	Wegen der Ähnlichkeit mit Laub der Bäume.
Grüner Spötterling	Do	
Gühl Fliegenbitter (helgol.)	Do,H	
Kleiner Spötterling	Be1,N	Gelbspötterähnlich. Singt mehrere Gesänge.
Laubsänger	Be2,N	Be 1802: Laubvögelchen zu Laubsänger.
Laubvögelchen	Be1,N	Alter Volksname aus Thüringen.
Sänger	Be2,N	Singt auch im Herbst noch.
Schmiedel (Wien)	Do,H	
Schwirrender Laubvogel	Do	
Schwirrlaubvogel	B,Do	
Schwirrvogel	o.Qu.	Name wegen langen schwirrenden Schlußtons.
Seidenvögelchen	B,Be1,Do,N	Seidiger Glanz des Gefieders.
Sibchen (luxemb.)	Do,H	
Siebenstimmer	Do	

Spaliervögelchen	B,Do	Vorkommen in gartenrandständigen Bäumen.
Spalliervögelchen	N	Von N. benutzter Name, stammt nicht von ihm.
Wald-Laubvogel	N	Name ist eine Konstruktion Naumanns.
Waldlaubsänger	B,O3	
Waldlaubvogel	H,Suol	Brut in unterholzarmen Laub- u. Mischwäldern.
Waldvöglein	Do	
Walpert	Do,H	
Weidenzeisig	Be1,Krü,N,O1	Ausdruck zuerst 1710 bei Göchhausen.
Wifezer (bayer.)	Do,H	
Wisperlein	Suol	
Wisperl	Suol	
Zirpender Laubvogel	Do	

Waldohreule (Asio otus)

Hier Eule allg. nach Suolahti

Aubel	Suol	Eule allgemein.
Auf	H	
Auwel	Suol	Eule allgemein.
Bubert	Suol	
Eiwel	Suol	Eule allgemein.
Fuchs-Eule	Suol,Z	Wegen rostbrauner Farbe des Gefieders.
Fuchseule	B,Be1,Do,N	
Gehörntes Käutzlein	Be2,K,N	K: Frisch T. 99.
Gelbes Käutzlein mit Feder-Hörnern	Fri	
Gelbgrauer Schubut mit bunter Brust	K	K: Albin Band III, 6.
Gemeine Ohreule	Be1,N	
Gemeiner kleiner Schuhu	Be2,N	Wahrscheinlich KN von Bechstein.
Gemeiner kleinerer Schuhu	Be	
Goldeule	Do	
Große Horneule von Athen	K	K: Albin Band III, 6.
Habergeis	H	
Hârechel	Suol	
Hârnûle	Suol	
Harül	Suol	
Hauseule	H	
Heujel	Suol	Eule allg. Eule allg.
Horn-Eule	G,O2	
Hörnereule	Be1,Do,N	Bei Bechstein, aus Horneule.
Hörnerül	Suol	
Horneule	B,Be1,Buf,Do,...	...Krü,N,V; Name war lange Zeit verbreitet.
Hörnlekutz	Suol	
Höüel	Suol	Eule allgemein.
Huerechel	Suol	
Huereil	Suol	
Hurn-ühl (helgol.)	H	
Hüwel	Suol	Eule allgemein.

Hûwel	Suol	Eule allgemein.
Kappeule	B	Nur bei Brehm in versch. Auflagen. Fehler?
Katzeneule	B,Be1,Do,N	Wegen runden, katzenartigen Kopfes.
Kautzeule	Be2,Hö,Krü,N	KN für mehrere Käuze und Eulen.
Käutzlein	Be1,Buf,Krü	
Kauzeule	Be,Buf,H,Krü	
Kirntelauf	Hö	
Kleine Horneule	Be,Buf,N	Wahrscheinlich KN von Bechstein.
Kleine Ohreule	Be2,N	Wahrscheinlich KN von Bechstein.
Kleine rotgelbe Ohreule	Be1	
Kleine rothgelbe Ohreule	N	
Kleiner Auf	Do	
Kleiner rothgelber Schubut	Be	
Kleiner Schubhut	Buf	
Kleiner Schubhut mit kurzen Ohren	Buf	
Kleiner Schubut	Be2,Buf,K,N	K: Albin Band III, 6. 1760 bei Klein/Reyger.
Kleiner Schuffut	Krü	
Kleiner Schuhu	Be1,Do	Wie Schubut durch Lautmalung entstanden.
Kleiner Uhu	Be,N,O1,V	Wahrscheinlich KN von Bechstein.
Kleinere rohtgelbe Ohreule	Buf	
Kleinere rothgelbe Ohreule	Be2	
Knappeule	Be,Do,N	Knappen: Schnabelgeräusch bei Eulen.
Langohrige Eule	N	Name findet sich zuerst bei Naumann.
Langöhrige Eule	Be2	
Leichenhuhn	Krü	
Leichhuhn	Krü	
Lucifa	Suol	Nachteule allgemein.
Mittle Ohreule	O1	Kleiner als Uhu, aber größer als Zwergohreule.
Mittlere Ohreule	Be1,Buf,Krü,N,V	Name war, wie Ohreule, lange Zeit verbreitet.
Nachteule	Suol	Eule allgemein.
Ohr Eule	Schwf	
Ohr kautz	Suol	
Ohr Kutz	Schwf,Suol	
Ohr-Eule	Z	
Ohrenheüjel	Suol	
Ohreule	B,Be,Buf,N	
Ohrkautz	Be1,N,V,GesH	Schon vor dem 15. Jh. ein Name für die Eule.
Ohrkauz	Do	
Ohrreutz	Buf	
Orhüwel	Suol	
Orkutz	Suol	
Ranseul	Tu	
Rantz Eule	Schwf	
Ranzeule	B,Be1,Do,N	Nicht sicher deutbar. Niederl. für Schleiereule.
Rotgelbeule	Do	
Rother Kauz	O2	Farben braun, gelb-beige bis rotgelb, nicht rot.
Rothes Käutzlein mit Federohren	Fri	

Rothgelbe Ohreule	Be2,N	Farben braun, gelb-beige bis rotgelb.
Rothgelber Schubhut	Be1,Buf,K	K: Albin Band III, 6.
Schleier Eul	Tu	
Tschusch	Do,H	
Uhreule	B,Do	Aus „Ohreule" entstanden.
Ul	Suol	Eule allgemein.
Ule	Suol	Eule allgemein.
Ureule	Be2,N	Aus „Ohreule" entstanden.
Vhr Eule	Suol	
Wald-Ohreule	N	Kunstname von Naumann 1820.
Waldohreule	B,H,Krü,O3	Federohren sind keine Ohren.

Waldrapp (Geronticus eremita)

Alpenrabe	Be1,Krü,O1	
Alprabe	Buf	
Alprappe	Schwf,Suol	
Bergeinsiedler	K,Suol	K: Albin Band III, 16.
Bergeremit	Be1,Krü,N	
Bergscheller	Krü	
Bergzopf	Buf	
Claußrapp	GesS,Suol	
Einsiedler	Krü	
Eremit	Be1,Buf,Krü,N	Eremit bewohnt Klause, Klosterzelle.
Eremitrabe	Be1,Krü,N	
Fauser	Suol	
Gemeiner Waldrabe	o.Qu.	
Kahlibis	H	Wegen der unbefiederten Gesichtsteile.
Klausrapp	Be1,Krü,N	Klausen waren auch Felsspalten (Brut).
Klaußrab	GesH	Von den engen Klausen, worin er sein Nest baut.
Leffeler	Suol	
Lepler	Suol	
Löffel Gans	Suol	
Löffel gäß	Suol	
Löffelgenß	Suol	
Löffer	Suol	
Mähnenibis	H	Verlängerte Federn am Hinterkopf.
Meer-Rab	GesH	„In Lothringen wird er ein Meer-Rab genennet."
Meerrapp	H	Wurde mit Kormoran (Wasser, Meer) verglichen.
Nachtrabe	Be1,Krü,Schwf,Suol	
Scheller	Be1,Buf,GesSH,O1	„Stimme wie Kuhschelle," (Oken 1816).
Schopfibis	H	Verlängerte Federn am Hinterkopf.
Schweitzereremit	Krü	
Schweizer Bergeremit	K	K: Albin Band III, 16.
Schweizereinsiedler	K,Suol	K: Albin Band III, 16.
Schweizereremit	Be1,Buf,N	
Stein-Raab	Kö	König: Corvus silvaticus.
Steindohle	O1	
Steinkrähe	Krü	
Steinrab	GesH	
Steinrabe	Be1,Krü,Schwf,Suol	

Steinrap	GesS	Ges: Von den Felsen, worin er sein Nest macht.
Steinrapp	Be1,Buf,K,Krü,Suol	K: Albin Band III, 16.
Steinrappe	Buf,K	K: Albin Band III, 16.
Thurmwiedehopf	Be1,Buf,Krü,N	Linné: Zu Wiedehopfen wegen Albin-Abb.
Wald rappe	Schwf	
Wald-Raab	Kö	
Wald-Rapp	Buf	
Waldhof	Krü	
Waldhoff	K,Suol	K: Albin Band III, 16.
Waldrab	GesH	Gessners Name für „Corvus sylvaticus".
Waldrabe	Be1,Buf,Krü,O1,Suol	
Waldrap	Tu	
Waldrapp	Be1,K,O2	K: Albin III, 16. „Rapp" in der Schweiz „Rabe".
Waldrappe	Buf,K,Suol	K: Albin Band III, 16.
Waldtrapp	GesS	
Walt-rapp	Tu	
Waltrap	Tu	Engl. Red-cheeked Ibis.

Waldschnepfe (Scolopax rusticula)

Schnepfe (Sumpfschnepfe) allg. nach Suolahti bei Bekassine.

Becasse	Be2	Französisch bécasse bedeutet Waldschnepfe.
Becassine	Krü	
Bekasse	Do,N	
Berg Schneppe	Schwf,Suol	
Bergschnepf	Fri	„Berg-" ist übertrieben.
Bergschnepfe	B,Be2,Buf,...	...Do,K,Krü,N; - Alpen bis 1700 m.
Bergschneppe	Be1,N	
Blaufuß	Do	
Buschschnepfe	B,Be1,Buf,...	...Do,K,Krü,N; - Name nach Lebensraum.
Dornschnepfe	B,Do	Name bei den früheren Jägern.
Eulenkopf	Do,Krü	
Eulenkopfschnepfe	Be2,N	Fälschlich für größer gehaltene Waldschnepfe.
Europäische Waldschnepfe	Be2,Buf,N	Vogel brütet auch außerhalb von Europa (Asien).
Gemeine Schnepfe	N	
Gemeine gewöhnliche Waldschnepfe	Be	
Gemeine Pfulschnepfe	Buf	
Gemeine Schnepfe	Be1,Krü,O1	
Gemeine Waldschnepfe	Be2,Fri,Krü,N,O2	
Geschäckte Schnepfe (Var.)	Be1	
Gewöhnliche Waldschnepfe	Be2,N	
Grasschnepfe	Do	
Graßschnepfe	Krü	
Groß-Schnepfe	N	
Große Schnepfe	Be2,Buf,N,V	War auch Name der Doppelschnepfe.
Grosse Schnepff	GesH	
Große Waldschnepfe	V	
Großer Schnepff	GesS	
Größere Schnepfe	Be2,N	

Grössere Schnepffe	GesH	
Großschnepfe	Be2,Buf,Do,Krü	
Herrenschnepfe	Krü	
Holdtsnepff	Suol	
Holtz Snepff	Tu	
Holtz-Schnepff	Kö	
Holtzschnepff	GesH,Suol	
Holtzsnepff	Suol,Tu	Wurde auch getrennt geschrieben.
Holzschnepf	Fri	Name nach Lebensraum. Holz ist kleiner Wald.
Holzschnepfe	B,Be1,Buf,…	…Do,K,Krü,N;
Holzschnepff	GesS	
Kleine Pfulschnepfe	Buf	
Kronschnepfe	Buf	
Langbeinige Schnepfe	Buf	
Mohrschnepfe	Krü	
Moorschnepfe	Buf	„Namen der Haarschnepfe".
Pfulschnepfe	Buf	
Pfulschnepfe mit rother Brust	Buf	
Pudelschnepfe	Buf	
Pusch Schneppe	Schwf,Suol	
Pusch-Schnepße	K	
Ried-Schnepff	Kö	
Riedschnepfe	Be2,Do,N	Name nach Lebensraum. Ried ist sumpfig.
Rietschnepf	GesH	
Rietschnepfe	Be	
Rietschnepff	GesS	
Schnep Hun	Schwf,Suol	
Schnepf	P	
Schnepfe	B,Be2,Buf,N	Damit war Waldschnepfe gemeint.
Schnepff	GesH,P	
Schnepffe	Schwf,Suol	
Schnepffhun	GesSH	
Schnepfhuhn	Buf,Do,Krü	… Wilden Hühnern nicht unähnlich …
Schnephuhn	Krü	
Schnephun	K	
Schneppe	Be1,Do,Krü,N	Alter lokaler Ausdruck.
Schnepphahn	Be	
Schnepphuhn	Be1,N	
Steinschnepfe	B,Do	Name bei den früheren Jägern.
Stockschnepfe	Suol	
Strohgelbe Schnepfe (Var.)	Be1	
Totenkopf	Suol	
Wald Schneppe	Schwf,Suol	
Wald-Schnepf	P	
Wald-Schnepfe	Z	In Europa brütet nur die Waldschnepfe im Wald.
Wald-Schnepff	Kö,P	
Wald-Schnepffe	G	Vogel lebt in krautigen feuchten Wäldern.
Waldschnepf	Fri	
Waldschnepfe	B,Be1,Buf,Fri,…	…K,Krü,N,O1;

Waldschnepff	GesSH,Suol	
Wasserrebhuhn	Be1,Krü,N	Plinius verglich Lauf des Vogels mit Rebhuhn.
Wasserschnepfe	Buf	
Weiße Schnepfe (Var.)	Be1	
Weisser Schnepf (Var.)	Fri	

Waldwasserläufer (Tringa ochropus)
Siehe Beitrag in „Die Bedeutung historischer Vogelnamen".

Bachwasserläufer	B	B verkürzte „Punktiert. Waldw.l." zu Bachw.l.
Becaßeau	Buf	
Braunes Matquilis	Krü	
Braunes Wasserhuhn mit schwarzem …	Be2,Buf,N	… Schnabel und grünen Füßen (Langer Triv.n.). Halle 1760.
Bruchwasserläufer (siehe „Hist. Vogeln.")	B	Bachw.l. wurde durch Druckfehler zu Bruchw.l.
Bunt Motthünlein	Buf	
Bunt und geschäcktes Motthühnlein	Be	
Buntes Motthühnlein	Be2,Buf,K,Krü,N	Name schon bei Klein 1760. Bunt: Mehrfarbig.
Buntes Wasserhühnlein	Be2,N	Wasserhühnlein unspezif. f. Rallen, kl. Limik.
Castanien-brauner, weiß-punctirter …	Fri	… Sandlaeufer (Langer Trivialname), Tafel 239.
Castanien-brauner, weißpunctirter …	Fri	… Sandlaeufer, mit braunen Füßen (Langer Trivialname).
Dluit	N	KN, Erregungs- und Warnrufe.
Gelbbein, Gelbbeinchen	Krü	
Gelbfuß	Buf	Otto, siehe folgende Zeile.
Gelbfuß, Schmiering	Krü	
Gelbfüßiger Strandläufer	Be2,Buf,Krü,N	Otto: Vogel hat angeblich „gelb"-grüne Beine.
Gemeiner Strandläufer	Krü	
Gemeiner Wasserläufer	H	
Geschäcktes Motthühnlein	Be2	„Mott" ist aus Moder (Schlamm) entstanden.
Gescheckt Motthünlein	Buf	
Geschecktes Motthühnlein	Krü,N	
Getüpfelter Wasserläufer	Do,N	Name von C. L. Brehm.
Giff	B	
Grieshuhn	Krü	
Große Becassine	Be2	
Große Bekassine	N	
Großer Sandläufer	Be2,N	Größer als andere „Sandläufer" genannte Vögel.
Großer Wasserläufer	O2	2–3 cm größer als Bruchwasserläufer.
Größter Strandläufer	Be2,N	Bechstein verglich „Strandläufer"-Arten.
Größter Sandläufer	Krü	
Größter Sandläufer	Be1,Krü,N	Größter der v. Be „Sandläufer" genannten Vögel.
Grünbeinlein	Be2,Buf,K,N,O2	Name schon bei Klein (1760).
Grüner Strandläufer	Be1,Buf,N	Wegen olivbraunen Rückens.
Grünfuß	O1	
Grünfüssel	Buf,Do,K,H,Schwf	Name schon bei Schwenckfeldt (1603).

Grünfüßel	N	
Grünfüßiger Strandläufer	N	
Grünfüßiger Wasserläufer	Do	
Grünfüßl	Be2	
Kastanienbrauner Strandläufer	Be2,Krü,N	
Kastanienbrauner weißpunktirter …	Buf	… Strandläufer (Langer Trivialname).
Kleiner Grünschenkel	Do	
Kleiner Ritter	Buf	Petit chevalier.
Matkuillis	Buf,K	Gessner: „Matknillis".
Mattenhühnlein	Krü	
Mattenknäller	O2	Lautmalend. Kerren ist knarrende Stimme, …
Mattenknelle	O1	… aber Suolahti: Über knillis und knüllis …
Mattknillis	Be2,GesH,N,Schwf	… zu knellen, schreien. Wwl.
		Ochropus medius.
Mattkrillis	Be	Matt- von Matte, Mott, was Wiese bedeutet.
Mattkuillis	Buf	Gessner: „Matknillis".
Moorschnepfe	H	
Mottenhühnlein	Krü	
Motthühnlein	Krü	
Punctierter Wasserläufer	O2	Weiße Flecken an Teilen des Körpers.
Punktierter Strandläufer	H	Name von Müller (1773).
Punktierter Wasserläufer	Do,H,Suol	
Punktirte Schnepfe (juv.)	Be1	
Punktirter Strandläufer	Be1,Buf,Krü,N	Name 1793 von Bechstein, bei …
Punktirter Wasserläufer	N,O3	… Naumann war der Name geändert worden.
Rothes Wasserhuhn	Buf	
Sandläufer	Krü	
Sandpfeifer	Buf,Krü	
Schnepfenschwalbe	H	
Schwalbenschnepfe	Be2,Do,N,O1	Otto, war bei Zuordnung eines V. unsicher.
Schwarzer Sandläufer	Be2,Do,N	Bechstein (1809) fand schwarze …
Schwarzer Strandläufer	Be2,N	… Gefiederteile.
Schwarzflügel	Do,H,O1	Schwungfedern haben Schwarz.
Sievenwiewelken	Do,H	
Steingal	O2	Germ. galan ist singen, gellen. (s. Nachtigall).
Steingall	Suol	
Steingallel	Buf	Urspr. alle Tringa-Arten, die beim Abfliegen …
Steingällel	Be1,Do,Krü,N	… auffallende Laute von sich geben.
Steingällyl	Buf,Suol	
Steingellel	Suol	
Steingellelin	Suol	
Storchschnepfe	H	
Tluit	Do	
Tüpfelwasserläufer	B,H	A. Brehm verkürzte Namensvorgaben d. Vaters.
Uferstrandläufer	Be1	
Waldjäger	B,Buf,Krü	Pennant: Tringa glareola.
Waldwasserläufer (siehe Beitrag, s. o.)	B	Namenstausch in 3. Brehm-Auflage (1891).

Wasserbecassine	Be2	Jäger: Wasser-Bec. und Schwalbenschnepfe (!).
Wasserbeccassine	O1	
Wasserbekassine	Do,Krü,N	Die Sand-Strandläufer werden gemeiniglich …
Wasserschnepfe	H	… m. Schnepfen und Heerschnepfen verwechselt.
Weißarsch	Be1,Do,Krü,N,O1	Wegen der weißen Steißfedern.
Weißbürzel	Do,H	
Weißpunktirter Strandläufer	Be2,Krü,N	
Weißsteiß	Be2,Do,N	
Wittediewel	Do,H	

Wanderalbatros (Diomedea exulans)

Albatros	BB	Albatrosse sind Hochseevögel südlicher Meere.
Gemeiner Albatros	H	1833 wurde ein Exemplar bei Antwerpen erlegt.
Großer Albatros	H	Größter der mögl. Ausnahmegäste in Europa.
Kapschaf	H	
Wandernder Albatros	H	Wurde außerdem zweimal in Deutschl. gesehen.

Wanderdrossel (Turdus migratorius)   ausgestorben
Alle Namen **in Naumanns Nachträgen** von 1860, Bd. 13. S. 336

Amerikanische Wanderdrossel	N
Amerikanischer Rothvogel	N
Robin	N
Rothbrüstige Drossel	N
Wander-Drossel	N
Wanderdrossel	B,N

Wanderfalke (Falco peregrinus)

Amerikanischer Wanderfalke	Be1	
Ausländischer Falke	Be,N	Synonym zu Fremdlingsfalke.
Baitzfalk	V	Stand im M.A. als Beizvogel in hohen Ehren.
Baizfalk	B	
Baizfalke	Be	Wegen „seltener Gelehrigkeit".
Bartfalke	Do	
Beizfalke	N	Stand im M.A. als Beizvogel in hohen Ehren.
Belzfalke	Do	
Berg Falck	Schwf	
Bergfalck	GesH	Wohl habichtsgroße, aber kürzere Variation.
Bergfalk	B,K,Krü	
Bergfalke	Be1,Do,N	
Birck Falck	Schwf	Kinzelbach, Springer.
Birgfalck	GesS	
Birkfalk	K	
Blau-Fuß	G	
Blaufalk	B	
Blaufalke	Be2,Do,N	Synonym zu Blaufuß.
Blaufuß	Be2,N	Name etlicher Falkenarten.
Blawfuß	Schwf	Auch der Würgfalke hatte den Namen …
		… blauot seit 12. Jh. belegt, Blafuos seit 13. Jh.
Bleifalke	Do	
Duwenhawk	Do	
Edelfalke	Be2,Do,N	Kaiser Friedr.: Edelfalke, da gut abzurichten.

Edler Falk	K,Krü	
Edler Falke	Be,N	
Eine Art Habicht	Be2	
Frembder Falck	GesH	
Frembdling	Suol	
Frembdling Falck	Schwf,Suol	Übersetzung aus lateinisch „peregrinus".
Fremder Falk	Krü	
Fremdling	K	
Fremdlingsfalke	Be1,Buf,N	Siehe Schwenckfelds Übersetzung.
Gefleckter Falk	Be1,Hö	Höfer: Abart.
Gefleckter Falke	Be1,N	Geringe Abweichung: Flecken an Flügelfedern.
Gefleckter Habicht	Be	
Gemeiner deutscher Falk	Krü	
Gemeiner Falck	Schwf,Suol	Falkoniere: „Der Falk."
Gemeiner Falk	Hö,V	
Gemeiner Falke	O2	
Großer Baum-Falke	N	
Großer Baumfalke	Be1,H	Bechst. schwankte zw. Baum- und Wanderfalke.
Großer Schwarzbacken	Be1	Variation, siehe Schwarzbacken.
Habicht	Be1	
Hagar	GesS	
Hagerfalck	GesS,Suol	Großer, alter Falke (Wanderfalke?).
Hagerfalk	Hö	
Hockerfalck	GesH	
Höckerfalke	GesS	
Hogerfalck	GesS,Suol	Großer, alter Falke (Wanderfalke?).
Hogerfalk	Hö	
Hokerfalk	Suol	Großer, alter Falke (Wanderfalke?).
Hoverfalk	Suol	Großer, alter Falke (Wanderfalke?).
Hühnerfalke	Be2,Do,N	
Italiänischer Falk	Hö	Höfer: Abart.
Klemmer	Do	
Kohlenfalk	Krü	
Kohlfalck	GesH	
Kohlfalcke	Schwf	Nicht: Gerfalke (Kinzelbach, Springer).
Kohlfalk	B,Be1	
Kohlfalke	Do,N	Aus „Falco niger" des Albertus Magnus.
Kolfalck	Suol	Nach Gessner 1555.
Mittelfalke	Suol	Bastard aus „edler" x „unedler" Falke.
Pilgerfalke	Suol	
Pilgrimfalke	Be,Buf	
Pilgrimsfalke	Do,N	Entwickelte sich aus lat. „peregrinus".
Reigerfalke	Buf	
Scharzbrauner Falk	Krü	
Schlechtfalk	O1	Weil sie den Menschen schaden können.
Schmerl	Z	
Schwartzbrauner Falck	Fri	
Schwartzer Falck	GesH	
Schwarzbacken	B,Be,Do,N	Thür. Jäger zu Be's Wanderfalkenvariation.
Schwarzblauer Falke	Be2,N	Bechstein aus Buffons „Blew-backt Falcon".

Schwarzbrauner Falk	Hö	
Schwarzbrauner Falke	Be2,N	Wohl dunklere Variation des Wanderfalken.
Schwarzbrauner Habicht	Be1,N	Siehe oben.
Schwarzer Falk	Hö,Krü	Höfer: Abart
Schwarzer Falke	Be1,N	
Schwarzer Habicht	H	Siehe oben.
Snepp-Falk (helgol.)	H	
Sneppfalke	Do	
Spitzflügel	Do	
Stainfalck	Suol	Bastard Wanderfalke x „Hoverfalke".
Steinfalck	Suol	Bastard Wanderfalke x „Hoverfalke".
Steinfalk	B	
Steinfalke	Be,Do,N	Wander- u. a. Falken, die Felsen bevorzugen.
Sternfalk	Krü	
Tannenfalk	B	
Tannenfalke	Be,Do,N	Bechstein meinte wohl nicht den Wanderfalken?
Tauben-Falke	N	Naumann bevorzugte diesen Namen.
Taubenfalke	Do,H,O2	
Taubenstoßer	B,Be2,N	Die W.-Falken sind Späh- und Stoßfluggreifer.
Taubenstößer	Do,N	Tauben und Rebhühner sind Hauptnahrung.
Teutscher Falk	K	
Vermischter Falk	Suol	Bastard aus „edler" x „unedler" Falke.
Waldfalk	B	
Waldfalke	Be2,Do,N,Suol	Synonym zu Wander-, nicht zu Tannenfalke …
		… Falke allgemein, undressiert.
Wander Falck	Schwf,Suol	Schwenckfeld 1603.: „wander Falck".
Wanderfalk	B,K,Krü,O1,V	Wegen herumstreichender Lebensart.
Wanderfalke	Be1,Buf,N,O3	
Weißbacken	Be2	
Weißköpfiger Falk	Hö	Höfer: Abart. Sonst nichts in Literatur.
Wildfalke	Suol	Falke allgemein (undressiert).

Wanderlaubsänger (Phylloscopus borealis)

Dickschnäbeliger Laubsänger	H	
Nordischer Laubvogel	H	
Wanderlaubvogel	Blasius	1858 von Blasius (nach Naumann) beschrieben.

Wasseramsel (Cinclus cinclus)

Alpenwasserschwätzer (var.)	B	
Bach Amsel	Schwf	
Bach-amsel	Buf	
Bachamsel	Ad,B,Be1,Buf,…	….GesSH,Krü,N,Suol; - War N. bei Ges 1555.
Bachdrossel	B	
Bâchmierel	Suol	
Bachspreche	Be	
Bachsprehe	Be2,Buf,Do,N	Wurde zeitweise zu Staren geordnet.
Bachvogel	Ad	
Braunbäuchiger Wasserschwätzer	N	Eine von 2 C. L. Brehm-Arten.
Brauner Wasserstar	N	

Bruströteli	Suol	
Fossekal (norw.)	H	
Gemeine Wasseramsel	O2	
Gemeiner Wasserschwätzer	Be2,N,V	
Gemeiner Wasserstar	N	
Isfugl (dän.)	H	
Kâlredchen	Suol	
Kelwitte	Suol	
Kerderle	GesS	Zürich.
Lyssklicker	Tu	Bei Turner, unsicher.
Meerkrähe	GesH	Gessner/Horst, Vogelbuch Seite 321.
Quecksterz	Do	
Schildamsel	Do	
Schwarzbäuchiger nordischer Wasserstar	N	
Schwarzbauchwasserschwätzer (var.)	B	Eine von 2 C. L. Brehm-Arten, v. B verändert.
Schwarze Wasseramsel	Buf	
Schwarzer Blauspecht	Buf	
Schwätzer	V	
See Amsel	Schwf	
Seeamsel	Ad,B,Be1,Buf,...	...Do,GesS,N. - War gängiger Name.
Seedrossel	B	
Seewasseramsel	Krü	
Sehamsel	GesS	
Steinbeisser	Tu	
Stromamsel	B,Be2,Do,N	Aus norwegischem Stromstaer.
Stromdrossel	B,Do	Auch norwegischem Stromstaer.
Stromstaer (dän.)	H	
Strömstaer (norw.)	H	Auch wegen angeblicher Ähnl. zum Star.
Vandstaer (dän.)	H	
Vattenstare (schwed.)	H	
Wasser Amsel	Schwf	
Wasser-amsel	Buf	
Wasser-Amsel	GesH,Z	Name geht auf Gessner 1555 zurück.
Wasser-Amßel	G	
Wasser-Drossel	K	Klein 1760.
Wasser-Schwätzer	N	Wegen des „Gesangseifers".
Wasser-Staar	Buf	
Wasser-Trostel	GesH	
Wasseramsel	Ad,B,Be1,Buf,...	...GesSH,Krü,N,O1,P,V;
Wasserdrossel	Ad,B,Be2,Buf,Do,N	
Wasserkrähe	GesH	Gessner/Horst, Vogelbuch Seite 321.
Wâssermêrel	Suol	
Wassermerle	Ad,Be2,Do,Krü,N	Häufiger alter Name der Wasseramsel.
Wassersänger	Krü	
Wasserschmätzer	B,Be2,Do,Krü,O2	Wegen Pechuel-Lösche und Reichenow.
Wasserschwätzer	Krü	
Wâssersprôn	Suol	

Wasserstaar	B,Be1,Buf,Krü,…	…N,O1;	„Nun aber soll er Wasserstaar, holl. …
Wasserstar	Do,H	… Waater-Spreeuw heißen." Müller 1773.	
Wasserstahr	Ad		
Wasserstelze	Do		
Wassertrostle	Buf,GesS		
Wâtergaidling	Suol		
Waterspreen	Do		
Wätertroosel	Do		
Weißbauchwasserschwätzer (var.)	B		
Weißbrustiger Wasserschmätzer	O3	Von Oken benannte Variation.	
Weißstois	Hö		

Wasserpieper (Anthus spinoletta)   Siehe **Bergpieper**.

heute **Berg-** (A. spin.) u. **Strand**pieper (A. petrosus)

Wasserralle (Rallus aquaticus)

Aesch Hünlin	Schwf		
Aeschhennlin	Buf		
Aeschhünlin	GesS	Wegen der aschgrauen Brust – und …	
Aschhuhn	B,Be2,Buf,Do,…	…Krü,N;	… „Huhn": Hat relativ lange Beine.
Bengalsche Rall	Suol		
Blü Ackerhennick (helgol.)	Do,H		
Blutschnepfe (Mark)	Do,H		
Braune Rall	Suol		
Deutsche Ralle	N	Auch dieser Name erschien erst relativ spät.	
Eggenschär	Suol		
Eggeschär	Fri		
Eggschär	Suol		
Europäische Ralle	N	Name erschien erst relativ spät: 1836.	
Europäische Wasserralle	o.Qu.	1837 bei Schinz (auch relativ spät).	
Gemeiner Ralle	N	Bekannt deutlich länger: Seit 1780.	
Gemeiner Wasserrralle	N		
Gemeines Rohrhuhn	O2	C. L. Brehm trennte Rohrhühner und Rallen.	
Gespenst	Suol		
Grassmäher	Fri		
Graue Rall	Suol		
Grauer Wiesenknarrer	Be2,Buf,N	Verwechslung mit Wachtelkönig.	
Große Ralle	Be2,O1	Siehe Große Wasserralle.	
Große schwarze Wasserralle	Buf		
Große Wasserralle	Be,Buf,Krü	Größte der sog. Schilfrallen (dazu Sumpfhuhn).	
Großer Wasserralle	Be1,N		
Größere Wasserralle	Buf		
Größeres Wasserhuhn	Buf		
Großes Wasserhuhn	Be97		
Kasper	Do		
Kleines Langschnablichtes Wasserhuhn	Fri		
Kleines Wasserhühnchen	Krü		

Kleines Wasserhühnchen	Be1,Krü,N	War so gegen größeres Bläßhuhn abzugrenzen.
Langschnäbliger Wasserkönig	N	Meinte Naum. Gegenstück zu Wachtel-„könig"?
Langschnäbliges Wasserhuhn	Be2,Do,N	
Miethuhn	Be1,Do,Krü,O1	Miete ist aus Schilfrohr zu bauen (Schutz).
Mithuhn	Be,N	Wie Miethuhn.
Mott Hünlin	Schwf	
Mott-Hünlin	Suol	
Rall	Suol	
Ralle	Fri,N,Suol	Siehe Wasserralle.
Riedhuhn	B	Vorgezogener Aufenthaltsort.
Rohrhennele	Be2,N	
Rohrhuhn	Krü	
Rohrhühnlein	Be2,N,O2	Häufig vergebener Name an versch. Arten.
Rohrhühnlin	O1	Auch hier: Vorgezogener Aufenthaltsort.
Rohrhunel	Suol	
Rohrhünlin	Suol	
Rorhänlin	Suol	
Samet Hünle	Schwf,Suol	
Sammet-Hüenli	Suol	
Sammet-Huhnlein	Buf	
Sammet-Hünlein	Z	
Sammethounle	Buf	
Sammethuhn	Be2,Do,Hö,Krü,N	Weiches, seidenartiges Gefieder.
Sammethühnlein	Be2,Buf,N	Hofmann: Gefieder sieht wie Samt aus,
Sammethünlein	GesH	
Sammthuhn	Be1,Buf	
Sandhuhn	B	Name einiger Vögel. Nur bei A. Brehm.
Schnarre	Krü	
Schnepferl	Do	
Schnepferl (o-österr.)	Do,H	
Schwartz Wasser Hünle	Suol	
Schwartz Wasser Hünle	Schwf	
Schwarz-Wasser heunle	Buf	
Schwarze Ralle	Be2,Buf,K,Suol	K: Frisch T. 212. – Name bei Klein/Reyger.
Schwarze Wasserstelze	Krü	
Schwarze Wasserstelze	Be1,Buf,Do,Krü,N	Sie durchwatet das Wasser. Halle 1760.
Schwarzer Caspar	Be1	Name tief ins Volksleben eingewachsen.
Schwarzer Casper	Krü,Suol	
Schwarzer Kasper	N	Bedeutung Teufel? Kobolt?, Spaßmacher?
Schwarzer Ralle	N	
Schwarzer Wassertreter	Be1,Buf,Do,K,Krü,N	K: Frisch T. 212. – Name bei Klein/Reyger.
Schwarzer Wiesenknarrer	Do,N	Verwechslung mit Wachtelkönig.
Seiden-Wasserhuhn	Buf	
Stelzenläufer	Krü	
Sträb (oldbg.)	H	
Tauschnarre	Suol	
Teermann	Do	
Thauschnarre	B,Be2,Buf,…	…Fri,K,Krü,N; - K: Frisch T. 212.

Thauschnärz	O1	Ähnlich altem Namen für Wachtelkönig.
Theermann (sächs.)	H	
Wachtelkönig	Buf	Buffon: „Falsche Benennung".
Wachtelmutter	Buf	Buffon: „Falsche Benennung".
Wasser-Ralle	N	
Wasserhendel	Suol	
Wasserhenndel	Hö	
Wasserhüendel	Suol	
Wasserhuhn	Be2,Buf,Krü,N,Z	Bechstein: Name gilt auch für Bläßhuhn.
Wasserhuhn am Wasser	Fri	Frischs Name für die Ralle.
Wasserhühnlin	O1	
Wasserkönig	Do	
Wasserlaufer	Buf	
Wasserlauffer	K	
Wasserrall	Buf	
Wasserralle	B,Be2,Buf,H,O2	Ralle, die am Wasser lebt, entg. Wachtelkönig.
Wasserstelze	Krü	
Wassertreter	Fri	
Wasserwisekrîps	Suol	
Wiesenknarrer	Buf	

Weidenammer (Emberiza aureola)

Ammer von Karlsruh	Buf	Weidenammer?: Bechstein 1, 3/349.
Gelbhals	Buf	
Goldkehlige Ammer	O3	Nach dem Prachtkleid des Männchens.
Kragenammer	H	
Sibirische Goldammer	Buf	
Weidenammer	B,H	Ist gerne in Büschen, Weiden, am Wasser.

Weidenmeise (Poecile montana)

Siehe **Sumpf-/Weidenmeise,** die lange als eine Art galten.

Alpenmeise	B,H	Bailly 1853: Parus alpinus.
Bergmeise	B	A. Brehm zog den Namen der „Alpenmeise" vor.
Berg-Mönchs-Meise	Studer/Fatio	Von von Baldenstein 1827 benannt als …
Bergmönchsmeise	Do	… Parus cinereus communis.
Erlkönigsmeise	Do	Vorschlag für die Sumpfform.
Gebirgssumpfmeise	Do	Vorschlag für die Gebirgsform.
Nordische Sumpfmeise	H	
Weidenmeise	H	

Weidensperling (Passer hispaniolensis)

Halsbandsperling	B	Eher dunkles als helles Halsband (A. Brehm).
Spanischer Sperling	O2	Meyer/Wolf (1810): Fringilla hispaniolensis.
Sumpfsperling	B	A. Brehm (1866) trat ein f. „Passer salicicolus".
Weidensperling	B	Name 1879 von A. Brehm, vorher „Halsb.sperl."

Weißaugenmöwe (Larus leucophthalmus)

Weissaugenmöve	H	Schwarze Kapuze m. weißen Halbmondflecken.
Weißaugige Möve	O3	Oken (1843) hat die Möwe nur erwähnt.

Weißbart-Seeschwalbe (Chlidonias hybrida)

Bartseeschwalbe	B,Do	Produkt der Namensverkürzung durch A. Brehm.
Bleigraue Seeschwalbe	Do,N	Auch dieser Name von Naumann.
Schnurrbärtige Meerschwalbe	N	Konstrukt von Naumann.
Schnurrbärtige Seeschwalbe	N	KN von C. L. Brehm.
Schnurrbärtige Wasserschwalbe	N	Umbenennung durch C. L. Brehm selbst.
Schnurrbartseeschwalbe	Do	Weißer Streifen an Kopf wie Schnurrbart.
Weißbartige Meerschwalbe	O3	Name von Meyer.
Weissbärtige Seeschwalbe	N	Naumann änderte in „Seeschwalbe".

Weißbartgrasmücke (Sylvia cantillans)

Bachstelze	Buf	
Bartgrasmücke	B,H	Bartstreifen vom U-Schnabel bis Ohrregion.
Kleine Grasmücke	Buf	
Passerinette	Buf	
Rötelgrasmücke	H	
Röthelgrasmücke	B	Rötlich gefärbte Kehle und obere Brust.
Sperlingsgrasmücke	B,H	C. L. Brehm: Sylvia passerina. A. Brehm: o.k.
Unteralpensänger	O3	Oken: Eigene Art, nicht Rasse: S. subalpina.
Weißbärtchen	B,H	
Weißbärtiger Sänger	O3	Oken (1843): Sylvia leucopogon (weißbärtig).
Weißbärtiger Strauchsänger	H	

Weißbrauendrossel (Turdus obscurus)

Blaßbauchige Drossel	N	Körper gelblich aschgrau.
Blaßdrossel	B	Kopf blaugrau mit Augenmaske.
Blasse Drossel	N	N, Bd. 13/289. – Ausnahmegast in W-Europa.
Ungefleckte Drossel	N	
Weindrossel mit ungefleckter Brust	N	Weil sie sich Rotdrosselschwärmen anschlossen.

Weißbürzel-Strandläufer (Calidris fuscicollis)

Bonapartes Strandläufer	H	

Weißflügel-Seeschwalbe (Chlidonias leucopterus)

Graue Meerschwalbe	Krü	
Schildseeschwalbe	B	„Schild": Bunte (auch schw.weiße) Gefied.farbe.
Schwarze Meerschwalbe	N	KN von Naumann, passend für Trauerseeschw.
Schwarze Seeschwalbe	N	Kopf und Unterflügeldecken sind pechschwarz.
Schwarzrückige Meerschwalbe	N	Siehe „Schwarze Meerschwalbe".
Schwarzrückige Seeschwalbe	N	Siehe „Schwarze Meerschwalbe".
Weißflügelichte Meerschwalbe	N	1811 von Pallas als St. fissipes erstbeschrieben.
Weißflügelichte schwarze Meerschwalbe	H	
Weißflügelichte schwarze Seeschwalbe	H	
Weißflügelichte Seeschwalbe	N	Flügel vorne weiß, dann mehr silbergrau.
Weißflügelige Meerschwalbe	O3	N. 1822 von Meyer, weiterhin Sterna leucoptera.
Weißflügelige Seeschwalbe	N	Naumanns Leitname.
Weißflügelseeschwalbe	B	Name von A. Brehm, vorher gekürzt.
Weißschwingichte Seeschwalbe	Schinz	Naum. 1815 v. Meisner/Schinz: St. leucoptera.

Weißschwingige Meerschwalbe	N	KN von Naumann.
Weißschwingige schwarze Meerschwalbe	H	
Weißschwingige schwarze Seeschwalbe	H	
Weißschwingige Seeschwalbe	N	Name 1822 von C. L. Brehm.
Weißschwingige Wasserschwalbe	Do,N	Umbenennung 1831 von C. L. Brehm.

Weißflügellerche (Melanocorypha leucoptera)

Sibirische Lerche	H	Brütet in der Steppenzone Zentralasiens.
Spiegellerche	B,H	Hat auffällig weiße Armschwingen.
Steppenlerche	H	
Weißflügel-Lerche	H	
Weißflügelige Lerche	H	Hat auffällig weiße Armschwingen.

Weißgesicht-Sturmschwalbe (Pelagodroma marina)

Fregatten-Sturmvogel	H	
Meersturmvogel	Buf	

Weißkopf-Ruderente (Oxyura leucocephala)

Blauschnablige Ente	N	
Blauschnäblige Ente	Be2,H	Im Pk, auch im Sk ist Schnabel blau.
Dornente	B	Siehe Fasanenente.
Dornschwanzente	N	
Fasanenente	O1	Wie Dorn aussehender, 10 cm langer Schwanz.
Fasanente	B,Be2,N	Siehe Fasanenente.
Kupferente	B,Be2,N	Das Gefieder sieht etwa kupferfarben aus.
Ruder-Ente	N	KN, den Müller der Ente 1789 gab, ...
Ruderänte	Buf	... nach d. Erstbeschr. 1769 durch Scopoli.
Ruderente	B,Be2,H,Krü,O1	Name wegen großer Tauchfertigkeit.
See-Ente	H	
Seeente	Be2,N	Bevorzugt schwach brackiges Wasser.
Uralische Ente	Be2,N	Pallas fand die Ente in ihrer Heimat.
Weißkopf	Krü	
Weißkopfente	B	
Weißköpfige Aente	Buf	Kopf hat sehr viel auffallendes Weiß.
Weißköpfige Ente	O3	
Weißköpfige Ente	Be2,N	

Weißkopf-Seeadler (Haliaeetus leucocephalus)
Siehe Band 13/1860: Nachträge 13/072

Amerikanischer Seeadler	N	Europäische Fundmeldungen meist falsch.
Fischadler	N	Siehe Strandadler.
Nordamerikanischer weißköpfiger Seeadler	V	Filmische Adlerkulte verfälschen Realitäten.
Strandadler	N	Vogel lebt an Seen, Flüssen usw.
Weißköpfiger Adler	O3	
Weißköpfiger Adler	N	Der reinweiße Kopf ist scharf gegen ...
Weißköpfiger Meeradler	N	... dunkelbraune Brust abgegrenzt.
Weißköpfiger Seeadler	N	
Weißkopfseeadler	B	

Weißkopfsturmvogel (Pterodroma lessonii)

Lessonische Raubmöve   O3

Weißrückenspecht (Dendrocopus leuconotus)
Specht allg. nach Suolahti siehe Schwarzspecht.

Aelsterspecht	O2	Wegen des schwarz-weißen Gefieders.
Elsterspecht	B,Be2,Do,N,V	Bechstein führte Vogel als Elsterspecht.
Größter Buntspecht	B,N	Der Vogel ähnelt dem Buntspecht relativ stark.
Rotspecht	Ma	Farben schwarz-weiß-rot.
Schildamsel	Ma	Farben schwarz-weiß-rot.
Schildhahn	Ma	Farben schwarz-weiß-rot.
Schildkrähe	Ma	Farben schwarz-weiß-rot.
Weiß-Specht	N	Farben schwarz-weiß-rot.
Weißrückiger Buntspecht	B	Weißer Rücken manchmal schwer zu sehen, …
Weißrückiger Specht	N,O3,V	… eher der weiße Bürzel im Flug.
Weißspecht	B,Do,N	Naumanns Name für den Vogel.
		Farben schwarz-weiß-rot.

Weißstorch (Ciconia ciconia)

Aarbar	Suol	
Aatjebar	Krü	
Ächbähr	Be97	
Adebar	B,Be1,Do,GesH,…	…Ma,Krü,N,Suol; Ahd. odoboro …
		… Glücksbringer, Kindersegen.
Aehbähr	Be1,Do,N	
Aehbar	N	
Aelzbähr	Be	
Aiber	Suol	
Aodabar	Suol	
Arrebarre	Suol	
Auber	Suol	
Bunter Storch	Be,Buf,G,K,N	K: Frisch T. 96. Bunt wg. Weiß, Schwarz, Rot.
Bunter weißer gemeiner Storch	Krü	
Busel	O1	Wort entstammt dem Russ., meint den Storch.
Chasida	O1	Persisch für den Storch.
Dürrbein	Do	
Earrebarre	Suol	
Ebeer	Suol	
Ebeher	B,Be1,GesH,Krü,…	…N,Suol,Tu; Bremisch: Auch Eber. …
		… Bedeutung von Ebeher: Zugvogel.
Eber	Krü	
Ebiger	Be1,N	
Ebinger	Be2,N,O1	
Edebaor	Suol	
Eiber	O1,Suol	Niederdeutsch aus Groningen.
Eiger	O1	
Elbiger	O1,Schwf,Suol	
Elbinger	Do	
Fisch-Reiger	Z	

Gant	O1	Alter span. Name: Ganta. Gant ist wohl Storch.
Gemeiner Storch	Be1,Buf,K,Krü,…	…N,O1; K: Frisch T. 96.
Gemeiner und bunter Storch	Be2	
Gewöhnlicher Storch	Buf	
Hailebart	Do,H	
Hannotter	Suol	
Hartbar	H	
Hausstorch	B,Do,H	Üblich: Weißer Storch. A. Brehm: Hausstorch.
Heilebaor	Suol	
Heilebar	Do	
Heilebârt	Krü,Suol	
Heiluiver	Suol	
Heinotter	Suol	
Hemnotter	Be97	
Honneter	Do	
Honnotter	Be2,N	Aus Heinotter: -otter, von Adebar. Hein-: Heinr.
Honoter	B	
Houare (fland.)	GesH	
Iwwerch	Suol	
Iwwerich	Suol	
Klapperbein	Be2,Do,N	
Klapperstorch	B,Be2,Do,Krü,…	…N,Suol; Der Storch hat keine …
Klapperstork	Be2,N	… eigene Stimme: Klappern.
Kleppner	Fri,Krü,Suol	
Knackawer	Suol	
Knäckerbeen	Ma	Deutet auf Gangart.
Knacknowie	Suol	
Knackosbot	Suol	
Knäkerbên	Suol	
Knepner	Suol	
Knepper	Suol	
Kneppner	Krü	
Kurg	O1	Estnische Benennung: Storch ist „tone kurg".
Langbeen	Be2,N	Störche hatten die längsten Beine der …
Langbein	Be2,Do,N	… bekannten Vögel. (Flam., Silberr. noch unbek.)
Odebär	Do,N	
Odebarr	Suol	
Odeboer	Be2,GesH,N,Suol	In ahd. Glossen „Odeboro", „Odebero".
Odeheer	Be1	
Otber	Suol	
Otjebâr	Suol	
Ottebar	Suol	
Oyevaer (holl.)	GesH,K	
Reinike	Krü	
Schubber	O1	Oken-Begriff (hier lett.) für Storch.
Schugger	O1	Siehe bei Schubber. Lett. Wort: „schugguris".
Schwetz	O1	Bed. „Vogel, Storch", Herkunftssprache unbek.
Storch	Be2,Buf,Fri,N,P,…	…Schwf,Suol,V,Z; Ahd. „storah" für
		starr, stark.

Stork	Be1,GesH,Kö,N,…	…Schwf,Suol,Tu; … Im mittelneudeutsch
		… und mittelniederländisch zu finden.
Stuhrk	Be2,N	Fisch mit auch langem Schnabel: Hornfisch.
Sturk	Do	Mittelneudeutsch: Stork, vom steifen Gang.
Udeahr	Suol	
Uiver	Suol	
Ulwer	Suol	
Urwel	Suol	
Weißer Storch	Be1,Buf,Do,K,…	…Ma,Krü,N,O3,V; Frisch T. 96.
Zapel	O1	Mundartlich für Storch?
Zetz	O1	Abgeleitet von Schwetz. Siehe dort.

Weißwangengans (Branta leucopsis)

Mit Namen der Ringelgans (Branta bernicla): Sehr lange galten beide Gänsearten als eine Art.

Baum Endtle	Schwf	Weißwangen- und Ringelgans.
Baum Gans	Schwf	Weißwangen- und Ringelgans.
Baum-Ganß	GesH	
Baumgans	Be2,Buf,Do,…	…GesS,Krü,N,Suol;
Bernache	Be2,Buf,Do,N	Französisch für Nonnengans.
Bernakel	O1	
Bernakel-Gans	Buf	
Bernakelgans	Be1,N	
Berndgander	Tu	
Bernicla	GesS	
Bernikelgans	B	
Bernikla	Be2,Buf,N	
Brandgans	Buf,N,O1	Buffon: Fälschlich.
Brant	Tu	Bernicla leucopsis.
Branta	GesS	
Brenta	Buf,Fri	
Clakis	GesSH	In Schottland.
Cravat	Buf	Buffon: Fälschlich.
Fremde Gans	GesS	
Gelbfüßige canadische Gans	Buf	
Gemeine rothfüßige Kasarka	Buf	
Gemeine rothfüßige Norgans	Buf	Wohl: Nordgans.
Helsing (isl.)	Buf	Isländ. Name der Gans ist Helsíngi, Helsing.
Kasarka	Be2,Buf,N	Pallas: Dazu auch Zwerg- und Bläßgans.
Mittle Karsaka	O1	Kasarka (russ.): Kleine Gans (Rothals-, Rostg.).
Muschelgans	Do	
Nonnengans	B,Be2,Do,N,…	…O1,Suol;
		Schwarzweiße Gefiederfärbung …
		… erinnern an eine Nonnentracht.
Nordgans	B,Be2,Buf,N	Wegen der nordischen Brutgebiete.
Rheinganß	Suol	Weißwangen- und Ringelgans.
Rietganß	Suol	Weißwangen- und Ringelgans.
Rorganß	Suol	Weißwangen- und Ringelgans.
Rotfußgans	Be1	
Rothfußgans	Buf	

Rothgans	Krü	
Schottische Gans	Be1,Fri,GesS,N	
Schottische Nordgans	Do	
Seegans	B,Be2,Do,N	Unspezif. Name für Schwimmvogel vom Meer.
Seeganß	Suol	Weißwangen- und Ringelgans.
Wasserganß	Suol	Weißwangen- und Ringelgans.
Weißköpfige Gans	N	
Weißköpfige kleine Gans	Be2,Buf,N	
Weißwangengans	N	Wangenbereich weiß.
Weißwangige Gans	Be2,Krü,N,O1,V	Wangenbereich weiß.
Weißwangige Meergans	N	Wangenbereich weiß, hier: Keine Ringelgans.
Weydenganß	Suol	Weißwangen- und Ringelgans.
Wilder Rothfuß	Buf	

Wellenläufer (Oceanodroma leucorrhoa)

Drunquiti (fär.)	H	
Englischer Sturmvogel	o.Qu.	Mitteleurop. Brutgebiete: Westk. Britanniens.
Gabelschwänzige Sturmschwalbe	N	
Gabelschwänziger Petrell	N	Vogel „läuft" nicht über's Wasser, kein Petrell!
Gabelschwänziger Schwalbensturmvogel	N	KN, 1840 von Naumann ersonnen.
Gabelschwänziger Sturmvogel	Buf	Vogel ist etwa so groß wie eine Rauchschwalbe.
Gemeiner Drehhals	O1	
Gemeiner Wendehals	O3	
Gemeiner Wendhals	O2	
Leachischer Sturmvogel	O3	Name von Meyer (1822).
Leachs Stormsvale (dän.)	H	
Leachs-Petrell	N	W. E. Leach war britischer Meeresbiologe.
Leachs-Sturmschwalbe	N	Auch dieser Name stammt von Naumann.
Leachscher Sturmvogel	N	
Storm-Swoalk med üttklept Stjert (helgol.)	H	
Sturmsegler	B	A. Brehms gekürzter Name, vergl. Zeile 4.
Wendel	O1	

Wendehals (Jynx torquilla)

Berlhans	Do	
Bunter Wendehals	N	Mehrere Gefiederfarben ergeben „bunt".
Drägehals (Zerbst)	Do	
Drâiervink	Suol	
Dräjhälsel	Suol	
Dreh-Hals	Fri	
Drehals	Be1,Buf	
Drehhals	B,Be,Buf,Do,...	...Fri,K,Krü,N,Suol,V; -K: Frisch T. 38.
Drehschlunk	Do	
Drehvogel	B,Be1,Do,N	
Dreierfink	Do,H	
Erdspecht	Be2,Do,N	Der Vogel sucht Nahrung am Boden.
Fratzenzieher	Do,H	

Frutille	Hö	Erklärung Höfer 1/249–250.
Gemeiner Wendehals	Be,Buf,N,V	
Gewittervogel	Krü	
Gießvogel	Krü	
Glottis	GesH	
Grauer Wendehals	N	Nach dem Gefieder. Leitname bei Naumann.
Grauspecht	Be1,N	Wendeh. wurde lange zu den Spechten gezählt.
Grünspecht	Be2	
Halsdreher	B,Be1,Buf,Do,N	
Halswinder	B,Be1,Do,N	
Holzdreher	Do	
Jammervogel	Do	
Langzüngler	Do,N	Über 10 cm lange klebrige Zunge.
Leirenbendel	Do,H	
Märzenfülle	Do,N	Marsfülle weist auf Pferd von Kriegsgott Mars.
Matterwendel	Suol	
Myrenjäger	Suol	
Nackenwindel	B,Do,Fri	Entstand aus Natterwindel.
Nadlenwindel	Do	
Naterhalß	GesSH,Suol	
Naterwendel	GesSH,Schwf,Suol	
Naterwindel	Fri,P	
Naterzwang	Suol	
Naterzwang	Do,GesSH	
Natterhals	B,Be1,Buf,K,…	…Krü,N,V; K: Frisch T. 38.
Natternwendel	Do	
Natternwindel	P	
Nattervogel	N	
Natterwendel	B,Be,Buf,K,…	…Krü,N,Suol; K: Frisch T. 38.
Natterwidel	Suol	
Natterwinde	Suol	
Natterwindel	B,Be1,Buf,Krü,…	…N,Suol,Z;
Natterwindtel	Z	Bekannt seit 17. Jahrhundert.
Natterzange	B,Do	Wohl aus Natternzwang entstanden.
Natterzwang	Be,Buf,K,Krü,N	K: Frisch T. 38.
Oderbengel	H	
Osteren-Pfiffer	Suol	
Otterfink	Suol	
Otternwendel	Do	
Otterwendel	V	
Otterwindel	B,Be1,N,Z	
Perlhans	H	
Regenbitter	Suol	
Regenspatz	Do	
Regenvogel	Do,Krü	Auch Wendeh. wurde für Wettervogel gehalten.
Regenvögele	H	
Regenwolf	Krü	
Renkhälsle	Suol	
Rittelweib	Do	

Traehals	GesS,Suol	
Trähehalß	GesH	
Trayhals	Be2,N,Schwf	
Verdrehtes Wagenrad	Do	
Wachtelkönig	Buf	Auf Malta.
Wangehals	Do	
Wasserwolf	Krü	
Weibermann	Do	
Weidweidweid	Suol	
Wendehals	Krü	
Wendehals	B,Be1,Buf,Fri,…	…Krü,N,Schwf; 1603 bei Schwenckfeld.
Wendehalß	G	Erstaunliche Halsverrenkungen …
Wendel	Krü	
Wendhals	K	K: Frisch T. 38.
Wengehals	N	
Wettervogel	Do	
Wid-Wid	Suol	
Wihals	Do,H	
Wilhälsle	Suol	
Windehals	B,Be2,Krü	Wendel, Windel kommt von enden.
Windhals	Buf,Do,Fri,N,…	…Schwf,Suol; Im 16. Jh. mehrfach bezeugt.
Windhalß	GesH	
Windthalß	GesS	
Winthals	Suol	
Wrukhals	Do	

Wespenbussard (Pernis apivorus)

Bienenfalk	B,Be1,Do	Siehe bei „Bienenfresser".
Bienenfalke	Be,N	
Bienenfresser	B,Buf,Do,Krü,…	…N,V; Trotz „Honey-Buzzard": Bienen und Honig spielen für die Ernährung keine Rolle.
Bienengeier	B,Do,N	
Bienengeyer	Be2	
Europäischer Wespenfalk	V	
Froschgeier	Do,N,V	Wespenbussarde verfüttern regelmäßig …
Froschgeyer	Be1,Buf	… Amphibien. Frösche bevorzugt.
Grauschnäbliger Bussard	Be2,N	Eine Beschreibung Bechsteins. War Wes.-B.
Honigbussard	B,Be,Do,N	= Wespenb. Siehe bei „Bienenfresser".
Honigbußhard	Krü	
Honigbußhart	Be1,Buf	
Honigfalk	B	
Honigfalke	Be2,Do,N	
Honiggeier	B	Siehe bei „Bienenfresser".
Insektengeier	N	Er frißt auch Heuschrecken oder Käfer.
Insektengeyer	Be2	
Krähengeier	Do,N	Kann auf andere Beute ausweichen.
Läuferfalk	B,Be1,Buf,Do,N	Vogel unternimmt auch längere Beutezüge …
Läuferfalke	N	… zu Fuß, die über 500 m lang sein können.

Mausefalk	Buf	Die folgenden Namen passen besser zum …
Mäusefalk	Be1,Buf,Krü	- … Mäusebussard: Wespenbussard fängt …
Mäusefalke	Be,Krü,N	… Kleinsäuger (Mäuse, Maulwürfe, …
Mäusegeyer	Be2	… Mauswiesel) nur ausnahmsweise.
Mäusehabicht	Be1,Buf,N	
Mauser	Be2	
Mäusewächter	Be1,Buf,Do,N	
Sommermauser	B,Be2,Do,N	Vogel nur im Sommer hier, aber keine Mauser.
Veränderlicher Adler	N	Naumann: Variable Gefieder üblich.
Vogelgeier	N	Bei erbeuteten Vögeln handelt es sich um …
Vogelgeierle	Do,N	… Nestlinge oder noch nicht ganz flügge Vögel …
Vögelgeyer	Be	… bis zur Größe von junger Rebhühner …
Vögelgeyerla	Be1	
Vögelgeyerle	Be2	
Wespen-Aar	O2	
Wespenaar	Krü	
Wespen-Bussard	N	Er trägt auch Wespennester zu den Jungen.
Wespenbussard	B,Be,H,Krü,…	…O1,V; Er verfolgt Hornissen und Wespen.
Wespenfalk	B,Be2,Buf,Do,Krü	Wesentliche Suchstrategie: Ausdauerndes Sitzen.
Wespenfalke	Be1,N	
Wespenfresser	Be2,Buf,Do,N	Er scharrt Wespennester aus.
Wespengeier	B,Do	
Wespenweihe	Do	

Wiedehopf (Upupa epops)

Baumschnepfe	Be1,Do,N	Schnabel gleicht kleinem Schnepfenschnabel.
Böschbuppert	Suol	
Boutbout	H	
Bubbelhahn	Do,H	
Bunter Widehopf	N	Der Vogel ist nicht einfarbig.
Butbut	Do,Suol	
Chothan	Suol	
Coq bois	H	
Deutscher Haubenpapagei	H	
Deutscher Kakadu	Do,H	
Dreckhahn	Be1,Buf,Do,N	
Dreckhenne	Do	
Dreckkrämer	Be2,N	
Dreckvogel	Do,H,Suol	
Dröckstöchar	Suol	
Europäischer Wiedehopf	Be2,N,O3	
Fuhlhup	H	
Fuhrmann	Ma,Suol	Sucht auf Fahrwegen nach Insekten, Larven.
Fulhup	Do,H	
Fuppert	Suol	
Gänsehirt	Be1,Buf,Do,Ma,…	…N,Suol; Zur Nahrungssuche gerne auf … … Viehweiden: Sucht am Kot nach Insekten.
Gebänderter Wiedehopf	N	Der schwarze Schwanz hat eine weiße Binde.

Gemeiner Widhopf	K	K: Frisch T. 43.
Gemeiner Wiedehopf	Be2,Buf,Krü,N,V	
Gemeiner Wiedhopf	Be1,O2	
Gewothân	Suol	
Giggas-Gåggas	Suol	
Guckguckskäfer	Buf	
Halvermann	Ad	Im Hannoverschen.
Heervogel	B,Be1,Buf,Do,... ...N,Suol;	
		Das Wort stammt aus ahd. horu, ...
		... mhd. hor. – Bedeutung: Kot.
Herdenvogel	Do,H	
Hirschenkuckuck	H	
Hirschkuckuck	Do	
Hod-Hod	Suol	
Höfferich	Suol	
Hop	Suol	
Hoppe	Suol	
Hopwîweken	Suol	
Horfogel	Suol	
Houp	Tu	
Hupac	H	
Hupak	Do,H	
Hupatz	Do,H	
Hupetup (holl.)	GesH	
Hupha	Buf	Bei den Kassuben. Slaw. Volk westl. Pommern.
Huphup	H	
Hupke	Suol	
Hupke	H	
Hupmatz	H	
Huppe	H,Krü,Suol	
Hupper	Do,H	
Hupphupp	Do,Suol	
Huppk	H	
Huppke	Suol	
Huppmatz	Do	
Huppupp	Suol	
Huppuppergeselle	Suol	
Hupup	H,Suol	
Huypen (holl.)	GesH	
Kaathan	GesH	
Kaathane	Suol	
Kackhahn	Ad	Name in Holland.
Kathaan	GesS,H,Suol	
Kathan	Suol	
Kohthahn	K	Ausdruck erschien schon 1512 in einem Glossar.
Kothan	Suol	
Kothan	Ad,Buf,H,Schwf,Suol	Ad 1796: „Wegen seiner Unreinlichkeit, weil ...
Kothhahn	Be1,Buf,Fri,K,... ...Krü,V;	... er Menschen- u. Tierkoth frisset."

Kothkrämer	B	
Kothüenel	Suol	
Kothvogel	B,Be2,N	
Kotkrämer	H	
Kotvogel	Do	
Kuckuck sin Köster	H	Wiedehopf erscheint gewöhnlich 14 früher …
Kuckucksbote	Do,H	… als der Kuckuck und kündigt durch seinen …
Kuckucksknecht	Do,H	… Ruf die Ankunft dieses Vogels an. Diese …
Kuckucksköster	H,Suol	… Erklärung gab schon Colerus um 1600.
Kuckucksküster	Be,Do,H,Ma,Suol	Weil er pünktl. 14 Tage vor Kuckuck kam.
Kuckuckslakai	Do,H	
Kuckuckslaquay	Be	
Kuckucksroß	Do,H	
Kuckuksknecht	Be2,N	
Kuckuksküster	N	
Kuckukslakai	N	
Kuckukslaquai	Be2	
Kuhhirt	Do,H	Up! Up! Up!-Rufe: Kühe sollten aufstehen.
Kukucksköster	Be1	
Kukuksknecht	B	
Küster	Do	
Küsterknecht	B,H	Altes Wort, keine Erfindung A. Brehms.
Leaph	Do,H	
Luppe	Do,H	
Mistfink	H	
Misthahn	Do,H,Suol	
Mistvogel	H	
Mitok	Suol	
Ocksenpuper	Do	
Ossepupa	Do	
Ossepûper	Suol	
Pugvogel	Do,H	
Pupelhahn	Suol	
Puphahn	Do,Suol	
Puphopp	H	
Pupoß (hann.)	Ad,Do	Name auch in Bremen: Pup-oß.
Puppergesell	Do,H	
Puppes	H	
Pupphahn	H	
Pupu	Do,H	
Quôthan	Suol	
Riffer	Suol	
Rotschopf	Do	
Saulacka	H	
Saulocker	Do,H	
Scheißdreckskrämer	Do	
Schiesshöfferich	Suol	
Schissdreckvogel	Suol	
Schisshöfferich	Suol	
Schmähknecht	Do,H	

Schmutzhahn	Do,H	
Schuithäpek	Do	
Schuithüppek	H	
Stingerwitz	H	
Stinker	Do,H	
Stinkerwitz	Do	
Stinkhahn	B,Be1,Buf,Do,...	...N,Suol; Der Unrat der Jungen bleibt ...
		... am Nestrand liegen.
Stinkhenne	Do	Während Brut kann Weibchen ein stinkendes ...
Stinkvogel	B,Do,N	... Bürzeldrüsensekret entwickeln.
Stolhüppi	Do,H	
Toppelwerhopp	Do	
Udeb	Do	
Udep	H	
Vogel Wud-Wud	H	
Wachmeister	Do,Suol	
Wählhopp	Do	
Waldhopf	Ad	
Wedehappe	H	
Wedehoppe	Buf,GesS	
Wedehoppen	H	
Wedehupp	Do	
Wedehuppe	H,N	
Weghob	Do	
Weidenhopf	Do	
Weidenhüpfer	Do,H	
Werhahn	Do	
Widehopf	Z	
Widehopfe	Be2,Buf,H,N	
Widehopffe	GesS	
Widehoppe	N	
Widehup	H	
Widehuppe	Do	
Widehuppfe	H	
Widekoppf	H	
Widhopf	Hö,Krü,P	
Widhopff	P,Tu	
Widhopffen	GesH	
Widhoppf	H	
Wie-up	H	
Wiede Hopffe	Schwf	
Wiedehopf	B,Be1,Buf,...	...Fri,K,N,Z; - „Vogel m. weithin hörbarem ...
Wiedehopfe	Buf	... Ruf" sei besser als „Holzhüpfer"-Deutung.
Wiedehopff	G	
Wiedehoppe	Be1,N	
Wiedehöppe	Be2,N	
Wiedehuppe	H	
Wiedhoff	Be2,K,N	Andere Deutung, verbreitet: „Weidenhüpfer".
Wiedhopf	Fri,O1,Z	

Wiedhopp	H
Wiesenhopf	Do
Wiesenhopp	Be2,N
Wieshopf	H
Wîhoppe	Suol
Wildhoff	Do
Withupf	H
Witthupf	H
Witu-hopfa (ahd.)	H
Wud-Wud	Suol
Wuddwudd	Suol
Wuderer	Suol
Wuderich	Suol
Wudhup	Suol
Wudhupf	Suol
Wudi	Suol
Wüdwud	Do
Wupkam	Suol
Wuppert	Suol
Wuppwupp	Suol
Wupup	H
Wute	H
Wutte	H
Wutthahn	Suol
Wutwut	Hö
Wydhopf	Buf
Wydhopff	H
Wydhpff	GesS

Wiesenpieper (Anthus pratensis)

Pieper allg. von Suolahti bei Baumpieper

Bastardlerche	Buf	
Brachlerche	K	K: Frisch T. 15.
Breinvogel (österr.)	Buf,Krü	
Bretonnier Lerche	Buf	
Bruchlerche (sächs.)	Do,H	
Buschlerche	Buf	
Diester	N,Suol	Gerufen wird mit weit geöffnetem Schnabel.
Gartenlerche	Be2,Buf,N	
Gickser	Do	
Gimser (sächs.)	H	
Gixer	B,N	Wie Guckerlein.
Grashupper (Borkum)	Do,H	
Greinerlein	Be1,N	Alter lautm. Begr. aus d. Zeit, als Pieper Lerchen
Greinvögelchen	Be1,Do,N	… waren u. Baum- u. Wiesenp. nicht trennte.
Grillenlerche	B,Be2,Buf,Do,N	Nach der Stimme. Name v. Willughby.
Guckerlein	Be1,N	Von lautmalend „gicken" (= piepen).
Gückerli	Do	
Heidelerche	Buf	

Hiester	N,Suol	Naumann: Stimme heiseres, feines Hist, Ist.
Himser	Do	
Hisser	Do	
Hister	Be2,N	Lautmalend hisd oder histid, histististististisd.
Holzlerche	Buf	
Hüster	B,Be2,Do,N	
Isperle	Be2,Do,N	Bechsteins Name wird in Literat. nicht geführt,
Isperling	Do,N	… dieser nur vereinzelt.
Isserling	Be1,N	Bechstein u. Naum. sahen best. Gefiederfarben.
Ißtvögelein	Do	
Isterling	Do	
Istvögelein (sächs.)	H	Nach der Stimme, s. Hister.
Kleine Lerche	Be2,Buf,N	
Kleine Spießlerche	Be2	
Kleine Spitzlerche	Be2,Do,N	
Kleine Wiesen-Lerch	GesH	
Kleinste Lerche	Be2,N	
Kohlwistlich (böhm.,sächs.)	Do,H	
Krautfieper (sächs.)	Do,H	
Krautfießper (sächs.)	Do,H	
Krautlerche	B,Be1,N	„Kraut-" entstand aus Gereut. Namen deshalb …
Krautvogel (Nürnb.)	Buf,Krü	… besser zum Baumpieper.
Krautvögelchen	Be2,N	
Krautwistlich (böhm.,sächs.)	Do,H	
Kreutlerche	Do	
Kurze Genfer Lerche	Buf	Buffon 14, S. 204.
Lerchenheuschrecke	Buf	
Löwerke	Buf	
Lütt Wischepieper	Do	
Lüttj Harrofs	Do	
Morastlerche	Be2	
Mosellerche	Be2	
Pasperling	Do	Auch pasperling stammt von ital. pispola.
Pfeiflerche	K	K: Frisch T. 16.
Piep Lerche	Fri	Name nach der Stimme.
Pieper	Be2,N	Den ganzen Sommer in Brüchen und Mooren.
Pieplerche	B,Be1,N	Bis 18. Jh. Sammelbegr. für Pieper und Lerchen.
Pip-Lerche	Z	
Piper	Be	
Piplerche	K,Suol	K: Frisch T. 16.
Pisperling	B,Be1,Do,N,O1	Von ital. N. pispola wurden dt. N. abgeleitet.
Rindgimser (sächs.)	Do,H	
Schaflerche	Be2,Do,N,O2	Fressen Schafen Bremsen und Zecken weg.
Schmelvogel (Steierm.)	Be1,Buf,Krü	Auch Baumpieper möglich.
Schnitzerlein (sächs.)	Do,H	
Spießlerche	B,N	Wurden spießweise (8 St.) am Spieß gebraten.
Spitzlerche	Be2	Aus best. Gründen Name bei Vogelhaltern.
Steinlerche	B,Be2,Do,N	Eigentl. Alpenbraunelle. Be behielt N. f. Pieper.
Stöpling	Do	

Stoppelvogel	Do	
Sumpflerche	B,Be2,Do,N	Der Pieper hält sich gerne auf nassen Wiesen, …
Wasserlerche	B,Do,N	… Sümpfen, auf Mooren u. Heideflächen auf.
Weidenlerche	Buf	
Wiesenlerch	GesH	
Wiesenlerche	B,Be1,Buf,Do,..	…Fri,K,KrüN,O1,Z; - K: Frisch T. 15.
Wiesenpieper	B,Be2,Krü,N,V	Name entstand aus den Lockrufen d. Vogels.
Wiesenpiper	O3	
Wiesenspitzlerche	Do	
Winterlerche	Be1,Buf	Auch Baumpieper möglich.
Wintzerlein	P	
Wiseschnipsert	Suol	
Wisperle	Be2,Do,N	Auch Wisperle stammt von ital. pispola.
Wisperlin	O1	Auch Wisperlin stammt von ital. pispola.
Wisperling	Do	
Ziplerche	Be2,Do,N	Auch diese beiden Begriffe sind …
Zwitscherlerche	Krü	
Zwitschlerche	Be2,Do,N	… lautmalend.

Wiesenschafstelze (Motacilla flava)   Siehe **Schafstelze**.

Wiesenweihe (Circus pygargus)

Aschgraue Weihe	V	Vogel oben grau, bis auf schw. Flügelspitzen u. …
Bandweih	B	… unten an Flügel 2 schwarze Bänder, oben 1.
Bandweihe	B,Do,N	
Blaurote Weihe	H	
Blaurothe Weihe	N	Rötlichbraune Streifen an Flanken u. U-Flügeln.
Bleifalk	Do	
Hanjücker	Do,H	
Kleine Weihe	N	Kleinste heimische Weihe, …
Kleiner Kornvogel	N	… die gerne über Agrarland jagt. Dort auch Brut.
Wiesen-Weihe	N	Lebt in intensiv genutzten Kulturlandschaften.
Wiesenweih	B	A. Brehm verkürzte den Namen.
Wiesenweihe	B,N,O3,V	Naumann schuf den Namen.

Wilsondrossel (Catharus fuscescens)

Kleine Drossel	H	Klein. Etwa so groß wie die Feldlerche.
Wilsonsdrossel	H	Nach A. Wilson, „Vater d. amerikan. Ornithol."

Wintergoldhähnchen (Regulus regulus)   Siehe **Goldhähnchen**.

Würgfalke (Falco cherrug)

Aschfarbener Bergfalck	K	
Aschfarbener Bergfalk	Be2	
Aschfarbiger Bergfalk	K	
Bergfalke	N	Wurden hier Wander- und Würgf. verwechselt?
Blaufuß	B,Be,Do,GesH,…	…Hö,K,Krü,N,O2;
Blaufüßiger Falke	N	Junge haben blaugraue Füße, ad haben gelbe F.
Blawfuß	GesS	
Britannischer Falke	Buf	
Britischer Falke	Buf,Do,N	
Brittischer Falk	Be2,Krü	

Brittischer Falke	Be1,Buf,N	
Brittischer Falke mit Bohnenförmigen …	Buf	… Flecken (langer Trivialname).
Falck	GesH	
Französischer Würger	N	Weil in Frankreich zur Jagd abgerichtet.
Gros Falcke	Schwf	
Großer Merlin	Do	
Großer Schlachter	Be1	
Großfalk	B,Be1,Krü	Kleiner als der Gerfalke, größer als andere …
Großfalke	Do,N	… Falken.
Großheiliger	Be2	
Heilger Falck	K	
Heiliger Falk	Be1,K,Krü	
Heiliger Falke	Buf,N	
Heiliger Geierfalke	N	
Heiliger Geyerfalke	Be2	
Heiliger Sakerfalk	Be2	Keine Verbindg. zu heilig, weil caqr aber ähnl.
Heiliger Sakerfalke	Be1,Buf,N	… klingt wie sacer, entstanden diese Namen.
Köppel	Be1,Schwf	
Kuppel	GesSH,Suol	
Kuppelfalke	GesS	
Lanette	Be1,Do,Krü,N	
Lanner	Do	Würgfalke bürgerte sich über damals geltende …
Lannerfalk	B	… Bez. Falco lanarius ein, Zerfleischen, würgen.
Mausadler	Be1	
Neuntödter	N	Ein bizarrer KN offensichtlich von Naumann.
Raro	Do	
Raroh	H	Tschechischer Name des Würgfalken.
Reigerfalck	GesS	
Sacker	Be1,Buf,GesSH,…	…N,Schwf,Suol;
Sackeradler	Be2,N	
Sackerfalk	K	„Saker" leitet sich ab von arabisch „caqr", …
		… „Edler Falke".
Sackerfalke	Be2,Buf,Do,Suol	
Sacrefalk	K,Krü	Zum lat. „sacer", heilig, besteht keine Verbindg.
Sakerfalk	Krü	
Sakerfalke	Be1,N	„Saker" schon im Falkenbuch Friedr. II.
Sakerheiliger	Be2	
Sakhrfalk	B	
Sakrefalk	Krü	
Schlachter	Do,Krü,N	
Schlachtfalk	B	
Schlachtfalke	Do,N,O2	Falco lanarius, von lat. laniare, schlachten.
Schlagfalk	B	Von Schlachtfalke. Bedeutet nicht „schlagen".
Schlechtfalk	Krü,V	Schlecht- aus Schlagfalke. Schlecht ist schlagen.
Schweimer	O2	Der Ausdruck bedeutet „Schwimmer".
Schwimmer	Be1	Vogel schwimmt in der Luft, bewegt sich kaum.
Schwymer	Be1	
Socker Falck	Schwf	

Sockerfalck	GesS,Suol	
Sockerfalk	K,Krü	
Sockerfalke	Buf	
Sokerfalk	Be1	Russ. Sokol bedeutet allg. Falke. Das liegt …
Sokerfalke	N	… wohl Soker-, Socker zugrunde.
Sokerheiliger	Be2	
Sprintz	K	
Sprinz	Be2,Krü	
Stakerfalk	Krü	
Sternfalk	B	
Sternfalke	Be,Do,Hö,N	Naum: Sternf. (Gerf.?) synonym zu Würgf.
Stockahrn	GesH	
Stocker Falcke	Schwf	
Stockerfalk	Be1,K	
Stockerfalke	Buf,N	
Stockerheiliger	Be2	
Stockfalk	Be1,Krü	
Stockfalke	Buf	
Stockheiliger	Be2	
Stoßfalk	Be1	
Stoßfalke	Buf,N	Würgfalke ist Stoßflugfänger.
Stoßheiliger	Be2	
Swimern	Be1	
Wolliger Falke	Be1	
Würg-Falke	N	Name kam erst im späten 18. Jh., paßt aber …
Würger	B,N	nicht, da dieser Falke Biß-, nicht Grifftöter ist.
Würger mit dem langen Schwanze	Be1	
Würgfalk	B,V	
Würgfalke	N,O3	
Zwitterfalck	K	

Wüstensteinschmätzer (Oenanthe deserti)

Wüsten-Steinschmätzer	II	Brütet in wechselnden Höhenlagen in Tiefland-
Wüstensteinschmätzer	B	… und Hochgeb.-Halbwüsten, Sahara bis China.

Zaunammer (Emberiza cirlus)

Ammer mit olivengrüner Brust	Be1,N	Be zur Kennzeichenverstärkung bei Männchen.
Baadensche olivenfarbige Ammer	Buf	Oder Ortolan (juv)?
Badenscher Ammer	Be2	Ortolan (juv)?, Zaunammer (weibl.)?
Braunfalbe Ammer	Buf	Leitname bei HALLE (1760).
Braunfalbe Ammer mit gelben Unterleibe	Buf	
Braunfalber Ammer	Be1,N	
Cirlus	Be1,Buf,Do,N	
Fettammer	Be2,Buf,K,N	KLEIN (1760): Beim FRISCH, Fettammer.
Frühlingsammer	B,Do,N	Zugvogel, kommt im April zurück.
Gefleckte Ammer	Buf	Die Ammer, Leitname bei MÜLLER (1773).

Gefleckter Ammer	Be1,N	
Grauköpfiger Wiesenammer	Be	
Grauköpfiger Wiesenammering	Be1,N	Be-Name wurde auch für Zipammer verwendet.
Hagspatz	Do	
Heckenammer	B,Be1,Buf,Do,N,V	Brütet gern in Hecken u. Sträuchern an Wegen.
Moosbüry	Be	
Moosbürz	B,N	Bürzel ist schmutzig olivgrün.
Mooßbürz	Be2	
Mossbürz	Do	
Pfeifammer	B,Be1,Buf,Do,N,V	Es gibt keine Beschr. einer pfeifenden Stimme.
Steinämmerling	Be	
Steinemmerling	Be1,Do,N	Österr., wg. Aufenthaltes in Gebirgen.
Tsitsi	O1	Name wegen Goldammerähnlicher Stimme.
Waldemmeritze	Do	
Waldemmeriz	N	Emmeriz bedeutet Ammer wie Emmerling.
Waldemmerling	B	Wurde schon 1741 von FRISCH genutzt.
Weißfleckige Ammer	Buf	
Weißfleckiger Ammer	Be,Fri	Fri-T.6. BECHSTEIN: Männl. Goldammer, …
Weißgefleckter Ammer	N	… BUFFON/OTTO u. HALLE: Zaunammer.
Wiesenammerling	Do	
Wiesenemmerling	Do	
Winteremmerling	Buf	
Zaun-Ammer	N	
Zaun-Emmeritze	Buf	
Zaunammer	B,Be1,Buf,H,O1,V	Brütet gern in Hecken u. Sträuchern an Wegen.
Zaunemmeritze	Be1,N	Emmeritze bedeutet Ammer wie Emmerling.
Zaunemmerling	B,Do	Emmerling bedeutet Ammer.
Zaungilberig	Do,N	Im 19. Jh. in der Schweizer Literatur.
Zirbammer	B,Do	
Zirl	O1	Cirlus: Ält. ital. Wort für Ammer.
Zirlammer	Be1,Buf,Do,K,N,V	KLEINS Name für die Zaunammer, von zi! zi!
Zirlus	Be	
Zizi	B,Be1,Buf,Do,N	

Zaunkönig (Troglodytes troglodytes)

Backöfelchen	Do	
Baumschlüpfer	Do,O2	Sucht an „hohlen" Bäumen Ritzen ab.
Dornkönig	B,Be1,Buf,Do,K,N	K: Frisch T. 24
Dornkriecher	Do	
Dumeling	GesS	
Gemeiner Zaunkönig	V	
Groht Jochen (nieders.)	Be1,Buf,N	Dasselbe wie „Grotjohann": Prahlhans.
Grotjochen	Do	
Grotjohann	Do	
Heckenschlüpfer	Do	

Kinigerl (Linz)	H	
Konickerl	Do	Der Name König gehört ihm nicht, sondern …
Königlein	Be1,GesH,N,P	… vielmehr dem Goldhähnchen
		(FRISCH 1763).
Konikerl	Be1,N	Konikerl bedeutet „Kleiner König".
Krup dörch'n Tun	Do	
Künige	Do	
Künigel (o-österr.)	H	
Künigevögerl	Do	
Kuningsen (fland.)	GesS	
Kuningsgen	Tu	
Künivögerl (steierm.)	H	
Lütt Musbuck	Do	
Mäusekönig	Buf,Do	
Mauskönig	Do	
Mäußkönig	GesH	
Mausvogel	Do	
Meisekönig	Buf,K	K: Frisch T. 24
Meisenkönig	B,Be1,Do,N	Aus Mäusekönig entstanden.
Meuse König	Schwf	Der Vogel ist so klein, daß er auch …
Meusekönig (schles.)	H	… in Mäuselöcher schlüpfen kann, so daß …
Meußkönig	GesS	… eine Verwechslung mit Mäusen möglich ist.
Nesselkönig	B,Be1,Buf,Do,…	…GesH,K,N K: Frisch T. 24
Nesselkünig	GesS	
Nettelkönning (nieders.)	Be2,N	Schlüpft zwischen Kräutern, auch Brennesseln.
Nettelkönig (meckl.)	o.Qu.	
Nössel König	Schwf	
Nößelkönig	Buf	
Ochse	Buf	
Pfutschekönig	Do,H	
Pfutschekönig (kärnt.)	H	
Pfutschepfeil (kärnt.)	H	
Roitelet	Buf	
Schlupfkönig	B,Be2,Buf,Do,N	
Schmetz	Do	
Schnee-König	Fri	Der Vogel bleibt auch strengsten Wintern …
Schneekiniger (Sudeten)	Do	… „und pfeift munter trotz Eis und Schnee".
Schneekinigerl (Linz)	H	
Schneekönig	B,Be1,Buf,Do,Fri,…	…GesH,Hö,K,N,Schwf,V.
Schnerz	Do	
Schniekinch (böhm.)	H	
Schniggerkönig	Do	
Schnikinch	Do	
Schnurz	O1	Best. Laute wurden als Schnurren gedeutet.
Schnykünig	GesS	
Schupkönig	Be2,K,N	Weil er fortges. ruckartige Bewegungen macht.
Schuppenkönig	Do	
Störschek (krain.)	Be1	
Stresch (krain.)	Be1	

Tannenkönig	Do	
Tannkönning (nieders.)	Be2,N	Märchenfigur, über die STORM Gedicht schrieb.
Thomas im Zaun	Buf	
Thomas im Zaune	B,Be2,Do,N	Schlüpft in Hecken u. Gebüsch:
Thurnkönick	GesS	
Thurnkönig	Buf,GesH	
Tomlingen	Be2	
Troglodit	Be1	
Troglodyt	Buf,Do,N	Bedeutet Bewohner v. Löchern u. Höhlen.
Tschürrn (helgol.)	Do,H	
Tunkönig	Do	
Tunkrüper	Do	
Vogelkönig	Do	
Winter König	Schwf	Siehe Schneekönig.
Winter-Zaunkönig	Buf,Fri,	
Winterkönig	B,Be1,Buf,Do,Fri,...	...GesH,K,N K: Frisch T. 24
Winterlüninck	GesS	
Winterzaunkönig	Be1,N,O2	
Zaun König	Schwf	Schon bei ARISTOTELES „König" genannt.
Zaun-König	G,Z	In ahd. „wrendo" oder „wrendilo" ist alter ...
Zaun-Königlein	P	... Name des Zaunkönigs. Engl. heißt er „wren".
Zaun-Schlüpfer	N	„Zaun-" im Namen bedeuten Hecken, Sträucher.
Zaunkönig	B,Be1,Buf,GesH,...	...K,N,O1. Auch in Kräutern hält er sich auf.
Zaunköniglein	P	
Zaunküningk	Tu	
Zaunrutscher	V	
Zaunsänger	B,Be2,Do,N,V	Er hat eine starke, angenehme Stimme.
Zaunschliefer (Innsbr.)	Be1,Buf,Do,N	„Schliefen" ist schlüpfen, gleiten.
Zaunschlieffer	Z	
Zaunschlipfflin	Schwf	
Zaunschlipfle	GesS	
Zaunschlipflein	Be1,Do,K	K: Frisch T. 24
Zaunschlupfer	Be,Buf,Fri,Z	
Zaunschlüpfer	B,Be1,Buf,Do,H,O2	Sie „kriechen" zur Nahrungssuche in ...
Zaunschlüpferli	V	... Hecken umher.
Zaunschlüpfferlein	GesH	Zaunschlüpfer als „Zunsluphe" schon ...
Zaunschlüpflein	Be2,Buf,N	... seit dem 13. Jh. bekannt.
Zaunschnerz	B,N	
Zaunschnurz	Be2,Do,N	Siehe Schnurz.
Zunkünog (sächs.)	GesS	

Ziegenmelker (Caprimulgus europaeus)

Bärtige Schwalbe	Be2,N	Hat am Schnabel Haare.
Bartschwalbe	Do	
Brillennase	B,Be2,Do,Krü,N	Nasenlöcher erinnern Buffon an Brille.
Dagschlap	Be	
Dagschlop	Do	
Dagslap	Be2,N	Siehe Tagschläfer.
Dagzlap	Do	

Dhauschnarre	Do	
Doudevull	Suol	
Europäische Nachtschwalbe	Be1,N,O3	Siehe „Nacht Schwalbe".
Europäische Nachtwanderer	Krü	
Europäischer Tagschläfer	Be2,N	Siehe Tagschläfer.
Europäischer Ziegenmelker	Be2,N	Siehe Ziegenmelker.
Fleimouk	Suol	
Fliegende Kröte	Buf	
Gaissmolch	Suol	
Gaizmelk	Suol	
Geismelcker	Buf	
Geismelker	B,Buf,N,O1,V	Siehe Ziegenmelker.
Geissmelcher	Suol	
Geißmelcker	GesH	
Geißmelker	Be1,Do,Krü	
Gemeiner Geismelker	O2	
Gemeiner Geißmelker	Buf	
Gemeiner Tagschläfer	N	Man geht vom vollkommenen Nachtvogel aus.
Gemeiner Ziegenmelker	Krü	
Getüpfelter Tagschläfer	N	Siehe Tagschläfer.
Getüpfelter Ziegenmelker	N	Tarngefieder sieht getüpfelt aus.
Großbärtige Schwalbe	Be2,Buf,K,Krü,N	K: Frisch T. 101. Siehe „Bärtige Schwalbe".
Große Amsel	Buf	Otto: „Sehr unschickliche" Übersetzung.
Große Nachtschwalbe	Be2,N	Siehe „Nacht Schwalbe".
Großmaul	Do,Suol	
Hawerzäg (pomm.)	Do	
Hexe	B,Be1,Buf,Do,K,...	...Krü,Ma,N,Suol; K: Frisch T. 101.
Hexer	Be97	Nächtliche Lebensweise, geräuschloser Flug.
Himmelsziege	Do	
Kalfater	Be2,Do,Krü,N	Wie Klabautermann, im guten Sinne (Pommern).
Kinder Melcker	Schwf	Name wird schon um 1600 gebraucht.
Kinder-Melcker	Suol	
Kindermelker	B,Be1,Buf,Do,...	...K,Krü,N;
Kuatutlar	Suol	
Kuhdutter	Hö	
Kühdutter	Hö	
Kuhmelker	Suol	
Kuhsauger	B,Be2,Buf,Do,...	...Krü,N; In Tirol soll Vogel an Kühen saugen.
Kühsauger	Krü	
Läpsch (altdt.)	Do,H	
Meckerzieg	Do	
Milchsauger	B,Be2,Buf,Do,...	...K,Krü,N,Schwf,Suol; K: Frisch T. 101.
Milchsäuger	Be1	
Mückenstecher	Be1,Buf,Hö,...	...Krü,Suol:
Mulkedieb	Do	
Nacht Rabe	Fri	
Nacht Räblin	Schwf	

Nacht Schwalbe	Fri	„In der Lebensart gleichen sie den Schwalben."
Nacht-Rab	GesH	
Nacht-Rabe	GesH	
Nachtrab	Ma	
Nachtrabe	B,Be1,Buf,Do,... ...Krü,N,Suol;	Name seit Mitte 16. Jh. bek.
Nachtrabl	N	
Nachträblein	N	
Nachträblin	Buf	
Nachtram	Krü	
Nachtrap	Fri	
Nachtrücklin	Do	
Nachtschade	Be,Buf,K,Krü,... ...Ma,N,Schwf,Suol;	
		– Nächtl. Übeltäter wegen ...
		... angebl. Schäden an Tieren. VN
Nachtschaden	O1	
Nachtschatten	B,Be1,Do,Krü,... ...N,Suol,V;	
		Vogel erscheint abends/nachts ...
		... wie Schatten (Übeltäter).
Nachtschotte	Suol	
Nachtschwalbe	B,Be2,Buf,Do,K,Krü... ...Ma,N,O1,Suol,V;	Hat m. Schw.
		nichts zu tun.
Nachtschwälk	Do	
Nachtsspade	Be1,Krü,Suol	
Nachtviole	Do	
Nachtvogel	Be1,Buf,K,Krü,... ...N,Schwf,Suol;	K: Frisch T. 101.
Nachtwanderer	B,Be1,Buf,Do,N	
Naghtrauen	Suol	
Nuetsmouk	Suol	
Pfaff	Buf,Do,GesH,Ma,... ...Schwf,Suol;	Aus Reise-Erzähl.
		v. Turner.
Pfaffe	B,Be1,Buf,K,... ...Krü,N;	K: Frisch T. 101.
Rindermelker	Buf	
Schlucker	Buf	
Schwalbe mit gleichlangen		
Schwanzfedern Buf		
Tages-Schlaffe	G,Suol	
Tageschläfer	Buf,Fri,Krü,N	
Tageschläffer	Schwf,Suol	
Tagesschlaffe	G	
Tagschlaf	Be1,Do,N,Suol	Siehe Tagschläfer.
Tagschläfer	B,Be1,Krü,N,... Suol,V;	Man geht vom
		Nur-Nachtvogel aus.
Tagschlaffe	Be2,N	
Tagschläffer	Fri,K	
Waldschäde	Do	
Weheklage (altdt.)	Do,H	
Zêgenmelker	Suol	
Ziegenmelcker	Fri	Sammelt an Eutern höchstens Insekten ab.

Ziegenmelker	B,Be2,Buf,K,...	...Krü,Ma,N,V;
		Man sagte: Vogel schleicht ...
		... in Ställe und saugt Milch.
Ziegensauger	B,Be1,Buf,Do,...	...K,Krü,N,Suol;
		Wirklichk.: Vogel jagt ...
		... abends auf feuchten Wiesen Insekten.

Zilpzalp (Phylloscopus collybita) Siehe **Fitis** (hat eigene Liste).

Liste ist **Zilpzalp/Fitis** – Gemisch

Ardzeisel	Do,H	
Backhäusken	Do	
Backöfel	Do,H	
Brauner Fitis	Be2,Do,N	
Brauner Weidensänger	N	
Braunfüßiger Laubvogel	N	KN von Naumann.
Eigentliche Grasmücke	Be1,Buf,Krü	Zorn: Es ist kein anderer V. dieses N. bekannt.
Eigentliche rothe Grasmücke	N	Naumanns KN ist schwer zu verstehen.
Erdzeisig	B,Be2,Do,N	Nest in Kraut- oder niedrige Strauchschicht.
Feigenbicker	Krü	
Feigendrossel	Krü	
Feigenesser	Krü	
Feigenschnepfe	Krü	
Fifetzer	Do,H	
Fleigensnäpper	Do	
Flinderling	Do	
Flinderling	Suol	
Gelbrothe Grasmücke	Be2,N	
Gemeine Grasmücke	Krü	
Goldhähnchen	Be2	
Graesmusch	Tu	
Grasmücke	N	
Grassmusch	Tu	
Grauer Laubvogel	Do	
Grauer Weidensänger	Do	
Grauer Zaunkönig	Do	
Grüner König	Be1,Do,N	Oberleib schillert etwas ins Grünliche.
Hainsänger	Do	
Hecken-Schmätzer	Z	
Kleine gelbrothe Grasmücke	Be1,Buf,N	Leitname bei (Buffon) – Otto. (Be1: -rot).
Kleine Grasmücke	Be2,N	Be 1802. Nicht sehr aussagekräftig.
Kleine graugelbe Grasemücke	K	Bei Klein gemeinsame Bez. f. Fitis u. Zilpzalp.
Kleiner Heckenschmätzer	Z	
Kleiner Weidensänger	N	Zilpzalp nach der Artentrennung.
Kleiner Weidenzeisig	Be1,N,O2	Auch hier: Zilpzalp nach der Artentrennung.
Kleiner Wistling	H	
Kleines Weidenblättchen	N	Naumann zu Bechstein Weidenblättchen f. Fitis.
Kleinste Grasmücke	Be1,Buf,F,N	Bei Frisch gemeins. Bez. für Fitis und Zilpzalp.
Kleinstes Laubvögelchen	Be1,N	Von Bechstein für damals kleinsten bek. Laubs.

Läufer	Be1,Do,N	Be 1807: Schnelles Laufen ist „erdichtet".
Läufervogel	CAMPE	Von Vogelstellern abgerichtet zum Singen.
Lütj swart-futted Fliegenbitter (helgol.)	H	
Mitwaldlein	B,Be1,Do,N	
Muckenschnapperle	Do	
Mückenvogel	Suol	
Mückenvögelein	H	
Rote Grasmücke	Be2	
Schilpschalp	Do	
Schmiedel (Wien)	Do,H,Suol	
Schmittl	Be1,Do,N,Suol	Gesang wie Hämmern in der Schmiede.
Schnittl	Be1	
Seidenvögelchen	CAMPE	
Sommerkönig	Do,H	
Stotterer	Do	
Tannenlaubvogel	Do	
Timtam	Do	
Troglodytin	Buf	Von Belon, fälschlich.
Tschilgtschalg	Do	
Tschiltshalg (böhm.)	H	
Tschim-Tscham (österr. Schlesien)	H	
Tschimtscham	Do	
Tyrannchen	Be1,Do,N	Weil er viele Fliegen frißt/tötet.
Waldsänger	O3	
Waldsperling	Do,H	
Weiden Zeisig	Fri	
Weiden-Laubvogel	N	
Weiden-Zeisig	Buf,Fri,G	Auch Laubsänger allgemein.
Weidenblättchen	B,Be1,Do	
Weidengückerlein	GesH	
Weidenlaubsänger	B,Do,O3,Suol	Gemeinsame Bezeichnung für Fitis u. Zilpzalp.
Weidenlaubvogel	Do,N	Naumann 1823 laut Stresemann
Weidenmücke	B,Do,K,Krü,N	K: Frisch T. 24. Gemeins. Bez. für F. und Z.
Weidensänger	B,Be2,Krü,N,O1	KN Bechstein 1802 für Phyll. collybita.
Weidenzeisig	B,Be1,Buf,Do,K,...	...Krü,N,O1; Göchh. 1710 für alle Laubs., VN
Weidenzeislein	Be1,Buf,N	Niedenthal für alle Laubsänger, VN.
Weidenzeiszeln	Be	
Weidenzesk	H	
Weiderlein	GesH	Daraus entstand wohl Wyderle für Zilzalp.
Weißbauchiger Heckenschmätzer	Z	
Wittwaldlein	P	
Wittwäldlein	Z	
Wittwer	P	
Wittwerlein	P,Z	Zorn: Oder Klappergrasmücke?
Witwaldlein	Be,P	Zilpz. – Von d. kurzen u. traurig lauten Gesang.
Witwäldlein	P	
Witwer	P	

Wüstling	Suol		
Wyderle	Ges,Suol	VN,	Gessner 1555 für alle Laubsänger.
Ziegenmelker	H		
Zillzäppchen	Suol		
Zilpzalp (preuss. Schlesien)	H		
Zilzel	Suol		
Zilzelterle (bayer.)	H		
Zilzepfflein	GesH		„Von der oft wiederholten Stimm zilzel" (Ges).
Zilzepfle	Suol		
Zim-zel	H		
Zimzel	Do		
Zinszahler	Do,H		
Zippzapp	Do,H		
Zirper	Pennant		Wäre ein Fünftel leichter als der Fitis.
Zizelterle	Do		

Zippammer (Emberiza cia)

Aschgrauer Goldammer	Be1,N		Kopf aschgrau. Sonst etwas goldammerähnlich.
Bartammer	B,Be1,Do,N,V		Scop.: „Emb. Barbata" könnte Zippammer sein.
Ceppa	Be		
Dummer Zirl	Be2,Do,N		Siehe Narr.
Emmerling mit schwarzen Bart	Buf		
Geel-Göschen	Buf		
Geelgöschen	Be2,Do,N		
Gluszek (poln.)	Buf		Auch Auerhahn-N., wg. knipsendem Geräusch.
Grauköpfiger Wiesenammering	N		
Grauköpfiger Wiesenammerling	Be1,Buf,H		Bei Kramer (1756), Kopffarbe, Lebensraum.
Knipper	Be1,Buf,Do,N		Siehe Gluszek.
Narr	Be2,Do,N		Vogelfänger: Narr, weil er in alle Schlingen geht.
Närrische Ammer	Buf		Siehe Narr.
Rotammer	Do		Wegen des …
Rothammer	B,N		… rostbraunen Körpergefieders.
Steinamering	Hö		
Steinemmerling	B,Be1,Buf,Do,N		Bei Kramer: Vogel brütet an steinigen Orten.
Wiesenammer	Ad,Be1,Buf,Do,N,…		…O2,V;
Wiesenemeriz	H		
Wiesenemmeritz	Be1,Buf,Do		Siehe Wisemmeritz
Wiesenemmerling	Do,N		
Wiesenmertz	GesH		Horst veränderte Wisemmerz von Gessner.
Wiesenmerz	Be1,Do,N		
Wise Emmeritz	Buf		
Wisemmeritz	Ges/Milt		Wis-emmeritz, „v. d. Wisen, darinn sy wonend."
Wisemmertz	Buf,GesS,Suol		
Zäppa	Do		
Zeppa	N		
Ziepammer	Ad,Be1,Buf,N		
Zip-Ammer	N		Beginnt den Gesang m. kurzem scharfem „tsi".
Zipammer	Be1,Buf,N,O1		
Zippammer	B,V		

Zistensänger (Cisticola juncidis)

Cistenrohrsänger	H	Cistaceen zu Malvengewächsen.
Cistensänger	B,H,O3	Südvogel, Gegend warm, offen, trocken.
Schneidervogel	O2	Kann Blätter für Nest zus.-„nähen".

Zitronenstelze (Motacilla citreola)

Citronenstelze	O3	Verbreitung Mittelrußland nach Osten.
Gelbköpfige Bachstelze	H	Zitronengelber Kopf .
Sporenstelze	B	Wg. Nagel der H.-zehe: Sporn ist längste Zehe.
Zitrongelbe Bachstelze	Buf	Zitronengelber Kopf und gelbe U-Seite im Pk.

Zitronenzeisig (Carduelis citrinella)

Canarienzeischen	Krü	Die Schreibweisen mit C sind meist veraltet.
Canarienzeisig	Be,Krü	
Cini	Be	
Cinit	Be	
Ciprinchen	N	Naumann aus „Zyprinchen".
Ciprinlein	Do,N	
Citril	Be1,Buf,N	
Citrill	Do	
Citrinchen	Be,Krü,O1	
Citrinella	Buf,GesH	Linné: Fringilla citrinella.
Citrinelle	Be2,N	
Citrinichen	Suol	
Citrinigen	P,Suol	Pernau: Auch Girlitz ist Citrinigen.
Citrinlein	Be1,Buf,GesH,N,Suol	Name bei Gessner.
Citronenfink	Be,Buf,N,O1	Meyer/Wolf 1810.
Citronenzeisig	Be2,O3	Die Schreibweisen mit C sind meist veraltet.
Citronfink	B	
Citrongelber Fink	Be	
Citrönli	H	
Citronzeisig	B	
Citrynlin	Suol	
Eigentlicher Grünfink	Be	
Fädemlein	Be	
Gelbgrüner Dickschnabel	Be	
Girlein	GesH	
Girlitz	Be	Anfang des 13. Jh. dem Tschech. entlehnt.
Grüner Hänfling	Be2,N	KN von Bechstein, von Naumann übernommen.
Grünfinck	GesH	
Grünfink	Be	
Grünling	Be2,N	Auch KN von Bechstein, wegen des Gefieders.
Herbstammer	Be2,N	
Herbstfink	Be2,Do,N	KN von Bechstein bedeutet Schneevögelein.
Hirngrill	Be	
Italiänischer Canarienvogel	Be,N	Citr.zeisig in südl. Ländern verbreitet. Gesang …
Italiänischer Kanarienvogel	Buf	… u. Aussehen sind dem Kanarienvogel ähnlich.
Italienischer gelber Zeisig	Krü	
Italienischer Kanarienvogel	Do,N	Für Naumann: „Italienisch" ist o.k.
Königszeisig	H	Naumann – Henn.: Chrysomitris corsicana.

Schneevogel	Suol	
Schneevögelein	O2	Eigentliche Heimat sind die Alpen. Kommt …
Schneevögeli	Be2,Do,N	… bei erstem Schnee in die Täler.
Schwäderlein	Be	
Tannenzeisig	Do	
Venturon	Be2,Buf,Do,N	Buffons Name für den Zitronenzeisig.
Venturon alpin (franz.)	H	
Winterammer	Be2,N	
Zeißlein	GesH	
Ziprinchen	B	A. Brehm aus „Zyprinchen".
Zisele	GesS	
Zitreinle	Do	
Zitrênl	Suol	
Zitrill	Do	
Zitrillerl	Hö	
Zitrinchen	B,Be1,Buf,Do,N	Entstand aus italienisch „citrinello".
Zitrinelle	Do	Entstand auch aus italienisch „citrinello".
Zitrinlein	Suol	
Zitronen-Zeisig	N	
Zitronenfink	Be1,Do,N,Suol	
Zitronengelber Fink	Be1	
Zitronengirlitz	o.Qu.	„Zitronenzeisig" löste „Zitronengirlitz" ab.
Zitronenvogel	Do	
Zitronenzeisig	N	Vogel ist vorherrschend gelbgrün.
Zitrongelber Fink	N	
Zitrönli	Do	
Zitrynle	GesS,Suol	
Zyprinchen	Be2,N	Name von Bechstein.

Zwergadler (Hieraaetus pennatus) Siehe Nachträge Bd. 13/1860, S. 058
(Alle Ausdrücke mit N).

Bussardadler	N	Kleinster Adler der Westpaläarktis, bussardgroß.
Gestiefelter Adler	H,O3,V	„Pennatus" im N. bed. befiedert bis zu Zehen.
Gestrichelter Adler	N	Strichelung an Hals und Kopf.
Kleinster Adler	N	Hat mit 50 cm Größe fast die eines Bussards.
Zwergadler	B,N,V	Siehe Bussardadler.

Zwergammer (Emberiza pusilla)

Französ Nieper (helgol.)	H	
Kleiner Ammer	Buf	Mit 12–13,5 cm kleinste Ammern Europas.
Lesbische Ammer	O3	„Emberiza lesbia" stammt von Gmelin.
Zwergammer	B,H	Pallas 1776: Emberiza pusilla.

Zwergdommel (Ixobrychus minutus)

Blongios	O1	Vogel heute „Blongios nain", „Butor blongios".
Braungestreifter Rohrdommel	Be2,Buf	Ardea danubialis
Donaureiher	Be2	
Europäischer Krabbenfresser	Be2,Buf,Krü	
Gescheckter Reiher	N	
Gestrichelter Reiher	Be1,Krü,N	Bechstein: Wohl Jungvogel.
Gestrichelter Rohrdommel	Be2	

Gestrichelter und geschäckter Reiher	Be2	
Groch	Suol	
Grock	Suol	
Grüngelber Reiher	Be1,Krü	
Kleine braune Rohrdommel	N	Für Buffon Variation: „Butor brun rayé".
Kleine Dommel	O1	
Kleine Mooskuh	Be1,Buf,Krü,N	
Kleine Rohrdommel	Be1,Fri,N,O2	
Kleine Rohrdommel aus der Barbarey	K	
Kleiner brauner Rohrdommel	Be2,Buf,N	
Kleiner gestirnter Reiher aus der Barabarey	Be2	
Kleiner Reiher	Be2,N	
Kleiner Rohrdommel	Be2,Buf,N	
Kleiner Rohrdommel aus der Barbarey	Be2	
Kleiner Rohrdommel der Barberei	Buf	
Kleiner Rohrdommel der Levante	Buf	Brisson
Kleiner Rohrreiher	N	
Kleiner Rohrtump	Do,N	
Kotreiher	Do	
Mooskuh	Do	
Quackreiher	H	
Quartanreiher	N	Hat ein Viertel des Volumens der Rohrdommel.
Rohrdommelein	N	
Rohrdommlein	Be2	
Rohrdommlin	Be	
Rohrreiger	O1	
Rohrreiher	Be2,Do	
Rohrtump	Be2,O1	
Rothgelber Rohrdommel	Buf	Ardea soloniensis.
Schwäbischer Reiher	Be1,Krü,N	Bewohnt Ufer d. Donau, kleiner als Rohrdomm.
Stauden Regerl	Buf	
Stauden-Ragerl	Be1	
Staudenragel	O1	Schwaben, Schweiz: Ragel war ein Reiher, …
Staudenragerle	Be2	… Staude steht für Rohr-. Also „Rohrreiher".
Staudenregerle	Be	
Staudenreiher	Do,H	Siehe Staudenragel.
Woffer	O1	Literatur beschreibt Rufe auch als „woff-woff".
Zwergreiher	Do,H	Siehe Zwergrohrdommel.
Zwergrohrdommel	B,Do,N	Kleinster Vertreter der Reiher in Europa.

Zwergdrossel (Catharus ustulatus)

Einsame Drossel	Ad	
Graue Drossel	Ad	
Pomeranzenschnäbler	Ad	
Sängerdrossel	B	Gesang anfangs schwach, später sehr schön.
Swainsons-Drossel	H	Auch heute noch Name im Englischen.

Zwerggans (Anser erythropus)

Kleine Blässengans	N	Siehe unten.
Kleine Bläßgans	N	Namen (KN) wohl von Naumann.
Kleinschnäbelige Gans	N	Bezugsgans ist die Bläßgans: Schnabel der…
Kurzschnäbelige Gans	N	Zwerggans ist deutlich kleiner, kürzer.
Schwalbengans	N	Flügel länger, schmaler, spitzer, mit Bläßgans …
Zwerg-Blässengans	N	… zu verwechseln, wenn man von Bläßg. die …
Zwerg-Gans	N	… kleinsten u. von Zwerggans d. größten nimmt.
Zwerggans	B,N	Nicht kleinste, sondern kleinste graue Gans.

Zwergmöwe (Hydrocoloeus minutus)

Blaufüßige Möve	Do	
Graue Möve	Do	
Kleine Meve	Be,N	
Kleine Mewe	Buf	
Kleine Möve	Do,H	
Piepmöve	Do	
Sibirische Mewe	Buf	Brutgebiet reicht bis Mittelsibirien.
Stenn-poahl (helgol.)	H	
Stromvogel	Do	
Sturmmöve	Do	
Sturmvogel	Do	
Wintermöve	Do	
Zwerg-Meve	N	Art ist kleinste der Gattung und deshalb nicht …
Zwergmöve	B,O2	…leicht mit anderen zu verwechseln.
Zwergschwalbenmöve	N	

Zwergohreule (Otus scops)

Eule allg., nach Suolahti siehe Waldohreule

Aeuffel	O1	Ihre Rufe haben sich aus Uhu-Rufen entwickelt.
Aeuflein	O2	
Aschfarbiges Käutzchen	Be1	
Aschfarbiges Käuzchen	Be,Buf,N	O-Seite: Durch Aschgrau gedämpftes Rothbraun.
Auferl	H	
Baumeule	Be2,Buf,Krü,N	Brütet in Bäumen, nicht in Steinritzen.
Duhdefujel	Suol	
Frembdes Käutzlein	GesH	
Gehörntes aschfärbiges Käutzchen	Buf	
Gehörntes Käutzchen	Krü	
Gehörntes Käutzchen	Be1,Buf,Krü,N	Otto will es bei Klein gef. haben, dort: s. u.
Jauchzender Auf	Hö	Erklärung Höfer 2/136 nach Ruf.
Kautz mit Ohren	N	Eule und Kauz begrifflich noch wenig getrennt.
Kauz mit Ohren	Be	Diese Ohreule hat erkennbare Federohren.
Kleine Baumeule	Be,N,O1	Brütet in Bäumen, nicht in Steinritzen.
Kleine Eule	K	
Kleine Ohr-Eule	O2	
Kleine Ohreule	Be,N,V	Leitname bei Bechstein.
Kleine Waldeule	Be2,N	Siehe Waldeule und Waldauffel.
Kleiner Gauf	O1	Siehe Aeuffel.
Kleines Käutzlein	GesH	

Kleinste Ohreule	Be1,Buf,Krü,N	
Kleinstes gehörntes Käutzlein	K	Name schon älter. Klein-Literatur ab 1750.
Köpple	Suol	
Köpplein	GesH	
Krainische Eule	Do,N	In Krain (Slowenien) regelmäßiger Brutvogel.
Krainische Ohreule	Krü,N	
Kraynische Eule	Be2	
Kraynische Ohreule	Be2	
Kützle	Suol	
Lütj Käuken-Ühl (helgol.)	H	
Ohrenkautz	N,O1	Siehe „Kautz mit Ohren".
Ohrenkäuzchen	Do	
Ohrkauz	B,Do	Aus 16. Jh. mehrfach belegt. S. Kautz m. Ohren.
Posseneule	B,Be1,Do,N,O1	Der gezähmte Vogel ergötzt: Drolligste Figuren.
Schaffickel	Suol	
Schafitle	Suol	
Schmelcherl	Suol	
Schoffittl	Suol	
Stein-Eule	G	
Steinauf	Hö	Strix scops.
Steinäuferl	Hö	Strix scops.
Steineule	Be2,N	Paßt eher nicht zu diesem Vogel.
Stockeule	Be1,Buf,Krü,N	War eher der Waldkauz. N. 1531 bei H. Sachs.
Todtenwichtel	Suol	
Tschafit	Suol	
Tschafittel	Suol	
Tschauytle	GesS,Suol	
Tschuck (krain.)	Be1	
Tschuk	Do,H,Suol	
Waldauf	Hö	Bei Kramer.
Waldäuferl	Do	
Waldauffel	Be1	Bevorzugt offene Laub- und Mischwälder.
Waldäuffel	Be,N	
Waldauffl	Buf	
Waldeufel	B	Brehm machte Waldeufel aus Waldäuffel.
Waldeule	Be1,Buf,Hö,Krü,N	Kein Vogel geschlossener Wälder.
Waldteufel	Do	
Waldteufelchen	B	
Welches Käutzlein	GesH	
Wicht	Suol	
Wichtel	Suol	
Zwerg-Ohreule	N	Sperlingskauz noch kürzer und leichter:
Zwergohreule	B,H,O3,V	19–21 cm bzw. 15–19 cm.

Zwergsäger (Mergus albellus)

Creuzente	Suol	
Creuzenter	Fri	
Duchente	GesS	
Duckerl	Hö	Bei Kramer.

Eisänte	Buf	
Eisente	Be2,N	Im Winter z. B. in der Schweiz.
Eisentli	N	
Eiskönig	Do	
Eistaucher	B,Be,N	
Elster	Do	Siehe Elstertaucher.
Elster Endtlin	Schwf,Suol	
Elsterentchen	B,Be2,N	
Elstersäger	H	
Elstertaucher	B,N	Schwarzw. Gefieder oft verglichen mit Elster.
Eys Endte	Schwf	
Eyß Endtlin	Schwf	
Fischerhalbente	Be2	
Gefleckte Tauchente	Be2,N	
Geschäcktes Entlin	Be2,N	
Geschecktes Endtlin	Schwf	
Geschecktes Entlin	N	
Grauwe Nunn	GesS	
Grawe Nunn	Suol	
Große weiße Nunn	Suol	
Großer weißer Säger	CLB	
Isentle	GesS	
Kernell	GesH	
Kleine Tauch-Ente	O2	
Kleine Tauchänte	Buf	
Kleine Tauchente	Be2,N	Hat die Größe einer kleinen Ente.
Kleine und weiße Tauchente	Be2	
Kleiner Meeracher	Hö	Höfer 2/245, lokal an der Traun.
Kleiner Merch	Hö	Höfer 2/245.
Kleiner Mercher	Be2,N	Zwergtaucher, war Mergus minutus.
Kleiner Merrer	Be	
Kleiner Merrich	Hö	Höfer 2/245.
Kleiner Mirch	Hö	Höfer 2/245.
Kleiner Säger	Be2,Do,N,O1	Bechstein-Variation, neben Wieselkopf.
Kleiner Sägetaucher	Be2,Buf,N	Kleinster heimischer Säger, der auch taucht.
Kleiner weisköpffiger Säger	K	K: Albin Band I, 89.
Kleiner weißer Säger	N	Kl. u. Gr. w. S. stammen von C. L. Brehm.
Kleiner weißköpfiger Säger	Be2,Buf	
Kleinster Säger	Buf	
Kreutz-Ente	Fri	
Kreuzänte	Buf	
Kreuzente	B,Be2,Do,N	Rückengefieder vermittelt Kreuzform.
Merch	Be2,GesH,N,O1	Stammt vom latein. Mergus, Taucher.
		Seit 1555.
Merchänte	Krü	
Merchänte	Buf	
Merchente	Be2,N	
Mercherkönig	Do	
Merg	B	

Merg-Ente (weibl.)	Z	
Mergentlein (weibl.)	Z	
Merglein (weibl.)	Z	
Mevendücker	Be2,N	Plattdeutsch. Vogel weiß wie Möwe und taucht.
Meventaucher	Be2,N	Vogel ist weiß wie Möwe und taucht.
Mewendüker	Krü	
Mewentaucher	Buf	
Mittlerer Meeracher	Hö	Zwergtaucher Mergus albbellus …
Mittlerer Merch	Hö	… Höfer 2/245.
Mittlerer Merrich	Hö	Höfer 2/245.
Mittlerer Mirch	Hö	Höfer 2/245.
Möventaucher	B,Do	
Niderlendisch Endtlin	Suol	
Niederländisches Endtlin	Be	
Niederländisches Entchen	Be2,N	
Niederlendisch Endtlin	Schwf	Überwintert in Holland u. auch in Norddeutschl.
Nonn Endte	Schwf	Wg. des schwarzweißen Gefieders des Männch.
Nonn Endtlin	Schwf	
Nonne	GesH,Krü,O1	Als „nünnel" 1449, in Straßb. Stadtordnung.
Nonneli	N	
Nonnenänte	Krü	
Nonnenentchen	B,Be2,N	
Nonnenente	Do	
Nonnensäger	Buf	
Nörks	Buf	
Nünnlin	Suol	
Pfeilschwanz	Be2,Buf,N,O1	Be wollte Verwechsl. mit Eisente verhindern.
Pfrillenvögerl	Hö	Pfrillen: Ellritze, Höfer 2/245.
Piet	O1	Von altfranz. „piette" Weiße Nonne.
Rhein-Ent	GesH	
Rhein-Ente	O1	
Rheinänte	Buf	
Rheinente	Be2,N	
Rheinentli	N	
Rheintaucher	Be2,Buf,Do,N	
Rhynent	Suol	
Rhynente	GesS	Name bei Gessner. Nach dem Rhein.
Schäckente	Be2	
Scheck-Ente (männl.)	Z	
Scheckänte	Buf	
Scheckente	Be,N	
Schmeu	O1	Aus englisch smew, alter Name für den Vogel.
Schwarzhälsiger Säger	Be2	
Sternänte	Buf	Kleineres Weibchen hielt man teilw. für eigene …
Sternente (weibl.)	B,Be2,Do,K,…	…Krü,N; … Art: Sterntaucher – Mergus stellatus.
Straßburger Taucher	Be2,N	Im Winter z. B. bei Straßburg.
Tauchente	Krü	

Taucherlein	Buf			
Ungarische Tauchänte	Buf	Bechst. 1791 „Mergus Pannonicus", Bereich …		
Ungarische Tauchente	Be2,N	… Neus. See. Rasse „Ungarischer Säger".		
Wasserentchen	Be2,N	Bechstein-Name, sehr allgemein.		
Weiß Nunn	Suol			
Weiße Nonne	Be2,Buf,GesH,N,…	…O2,V;	Bechst. Name 1809, statt	
			Weißer Säger.	
Weiße Tauchänte	Buf			
Weiße Tauchente	Be,Krü,N			
Weißente	Do			
Weißer Harl	O1	Harl kommt vom französischen Harle, Säger.		
Weißer Säger	Be2,Do,N,O3,V	Allg. Name vor C. L. Brehms Umbenennung.		
Weißer Sägetaucher	Be2,Buf,Krü,N			
Weißköpfiger Säger	N			
Weißlicher Taucher	Be2,Buf			
Weißzopf (preuß.)	Be2,Buf,K,N,…	…O1,Suol;	K: Albin I, 89. Name	
			v. Gefieder.	
Wieselchen	Schwf,Suol	Name kommt von Weiß… (Schwenckf. 1603).		
Wieselent	GesH			
Wieselentchen	B,N	Bechstein (1809) verglich mit Wiesel! …		
Wieselente	Do	… Aber Name kommt von Weiß.		
Wieselkopf	Be2,N	Eine Bechstein-Variation, neben Kl. Säger.		
Wilde Tauchente	Krü			
Winteränte mit	Buf	… Federbusch (langer Trivialname).		
herabhängendem …				
Winterente	Be2,N			
Wiselgen	GesS,Suol	Name kommt von Weiß… (Gessner 1555).		
Wysse Merch	GesS,Suol			
Wysse Nonn	GesS			
Wysse Tuchent	Suol			
Ysentle	GesS,Suol			
Yßent	Suol			
Yßente	GesS	Name bei Gessner. Im Winter in der Schweiz.		
Zwergsäger	B	Name 1867 von A. Brehm.		

Zwergscharbe (Phalacrocorax pygmeus)

Europäische Zwergscharbe	N	Kleinster europ. Vertreter der Kormorane.
Kleine Scharbe	N	s. o.
Zwerg-Scharbe	N	Name erstmals bei Meyer (1822).
Zwerg-Wasserrabe	N	Seit Aristoteles, wegen tiefer Stimme.
Zwergkormoran	B,N	
Zwergscharbe	B,H,O3	Als Pelecanus pygmaeus 1773 bei Pallas.

Zwergschnäpper (Ficedula parva)

Kleiner Feigenfresser	Do,N	Vogel hat mit Feigen nichts zu tun.
Kleiner Fliegenfänger	Be1,Do,N	Bechsteins Name und Beschreibung 1792.
Kleiner Fliegenschnäpper	N	Orangerotkehliger Vogel ist kleinster d. Gruppe.
Lütj Beskütsk	Do	
Polnisches Rotkehlchen	Do	

Rotkröpsel	Do	
Spanisches Rotkehlchen	Do	Hat kräftige Stimme mit schönem Gesang.
Zwergfliegenfänger	B,H	Strsemann: KN von A. Brehm.
Zwergfliegenschnäpper	Do	

Zwergschnepfe (Lymnocryptes minimus)

Schnepfe (Sumpfschnepfe) allg. nach Suolahti bei Bekassine.

Bekassine	N	
Bocker	Suol	
Bockerl	Hö	Bocken bedeutet: Beim gehen zu Boden …
Böckerle	B	… gerichteter Kopf.
Bockerle	Do,N	
Bockerlein	Suol	
Filzlaus	B,Do,Suol	Lebt versteckt, liegt fest am Boden.
Fledermaus	Be2,N,Suol	Flug ist dem der Fledermäuse ähnlich.
Fledermausschnepfe	B,Do,N	
Graß-Schnepfflein	Kö	Grasschnepfe entspricht Sumpfschnepfe.
Haar Pudel	Fri	
Haar-Schnepffe	G	Federn sind weich, zart, haarfein.
Haarbull	Be2,Buff,Krü,N	Ahd. horwil(a) bedeutet Schlamm, Sumpf.
Haarpudel (fem.)	B,Be2,Buf,Do,…	…Fri,Krü,N; Stammt v. Pfudel – Pfütze, Sumpf.
Haarschnepfe	Be1,Buf,Do,Fri,…	…K,Krü,O1,Suol,V;
Haarschnepff	Suol	
Halbschnepfe	B,Be1,Buf,Do,Krü,…	…N,O1,Suol; Halb- im Namen: Wegen des … … kleinen Schnabels. Bezug: Bekassine.
Hårbull	Suol	
Harrschnepf	Hö	Popowitsch, Erklärung bei Höfer 2/5.
Harrschnepfe	Suol	
Harschnepff	Suol	
Härsnepff	Suol	
Heer Schnepff	Suol	
Heerschnepfe	Be2,Buf,Krü,Suol	
Hehrschnepfe	Suol	
Herrschnepff	Suol	
Himmelsziege	Be97	
Kleine Becassine	Be2,Krü	
Kleine Bekassine	N	Wegen der Ähnlichkeit d. Gefieders mit Bekass.
Kleine Grasschnepfe	N	Grasschnepfe entspricht Sumpfschnepfe.
Kleine Haarschnepfe	N	
Kleine Heerschnepfe	N	„Heerschnepfe" ist Bekassine.
Kleine Mittelschnepfe	Be2,N	
Kleine Moorschnepfe	N	
Kleine Rohrschnepfe	N	
Kleine Schnepfe	Be2,N,Suol,V	Zwergschn. ist kleinste der heim. Schnepfen.
Kleine stumme Schnepfe	Be2,Buf,Krü,N	
Kleine Sumpfschnepfe	Krü,N,O2	
Kleine Wasserschnepfe	N	War verbreiteter Name für Zwergschnepfe.

Kleiner Gräser	N	Grasschn./Gräser entspricht Sumpfschnepfe.
Kleinste Schnepfe	Be2,Buf,Fri,K,...	...Krü,N;
Mausschnepfe	B,Be2,Buf,Do,...	...Krü,N; Weil die Zwergschnepfe
		so klein ist.
Meerschnepfe	O3	Nur bei Oken. Meinte er Wasser?
Mittelschnepfe	Be2	Bekass. und Doppelschn. waren „Mittelschn."
		... nach Bechstein kam dazu auch dieser Vogel.
Mohrschnepfe	Krü	
Moorschnepfe	B,Be2,Do,Krü,...	...O1,V; So heißen alle Schnepfen,
		die sich in ...
Moosschnepfe	Be2	... Mooren od. Sümpfen aufhalten. Moos-, Mos-
Mosschnepfe	Hö	... ist Moor-. Die Waldschn. zählt nicht dazu.
Müsken	Suol	
Muusbekassin	Do,H	Muus ist plattdeutsch für Maus.
Pfeiferschnepfe	Suol	
Pfuhlschnepfe	Fri	
Pohlsneppe	Suol	
Pudel-Schnepffe	Suol	
Pudelschnepfe	Be2,Buf,Do,...	...Fri,K,Krü,N;
Riedschnepf	Hö	Ried- bedeutet Sumpf-, Moor-.
Rohrschnepf	Be1,Fri,Hö	Kein Reet, sondern Schilf und Riedgras.
Rohrschnepfe	Krü,Suol	
Sacherschnepfe	Suol	
Stumme	Do,Krü,N,O2	Sie fliegt ohne Geschrei auf.
Stumme Bekassine	Do,Krü,N	Sie ist weder taub noch stumm, hat aber eine ...
Stumme Schnepfe	B,Be2,Do,N,O1	... (selten zu hörende) nur schwache Stimme.
Stummschnepfe	Suol	
Stumpfschnepfe	Suol	
Taube	Buf	Von taub.
Taube Schnepfe	N	So wurde sie in Frankreich genannt.
Wasserhühnchen	Be1,Buf,Krü,N	Schon im 16. Jh. bei Gessner bekannt.
Wasserschnepfe	Be1,Krü	Name für Bekassine und Doppelschnepfe.
Wasserschnepflein	Be2,N,O2	
Zwey für eine	Buf	

Zwergschwan (Cygnus columbianus)

Isländischer Singschwan	N	Vor Artentrennung: Singschw. immer auf Island.
Kleiner Schwan	N	Zwergschwan kommt dort nicht vor.
Kleiner Singschwan	N	Ähnelt Singschw., lebt in russischer Tundra.
Lütj Svoan (helgol.)	H	
Schwarznasiger Schwan	N	Cygnus col. Bewickii (Yarrell.) ist Unterart.
Zwergschwan	B,H	Ca 125 cm lang, Singschwan 150 cm.

Zwergseeschwalbe (Sternula albifrons)

Dänische Zwergseeschwalbe	N	1. Art in C. L. Brehms Sippe Zwergseeschw.
Fel	GesH	
Fischer	Suol	
Fischerlein	Be1,Buf,GesH,...	...K,Krü,Suol; K: Larus piscator
Fischerlin (els.)	Buf,GesS,Schwf,Suol	Kleins Name, neben Kleinste Mewe.
Klein see Schwalbe	Buf	

Klein Seeschwalbe	Schwf,Suol	Wohl frühester Hinweis auf die Zwergseeschw.
Kleine Fischmöve	Do	
Kleine Meerschwalbe	Be1,Buf,Krü,N	Bechsteins Name ab 1791.
Kleine Möve	Buf	
Kleine Schwalbenmeve	Be2,N	KN von Bechst. 1803. Sonst nur bei Naumann.
Kleine Schwalbenmöve	Do,H	
Kleine Seeschwalbe	Be1,Buf,Krü,N,V	Name im 19. Jahrhundert häufig benutzt.
Kleiner Fischer	Be1,Buf,Krü,N	Beute nur teilw. aus Fischen: Wasserinsekten.
Kleinere Meerschwalbe	Buf,O2	Oken: Sterna minuta.
Kleines Fischerlein	Be2,Do,N	Baldner 1666: „Ein klein Fischerlen."
Kleinste Fischermöve	Suol	
Kleinste Fischmeve	Be1,N	
Kleinste Fischmewe	Krü	
Kleinste Fischmöve	Buf,H	Halle 1760: Larus piscator (pisc. ist Fischer).
Kleinste Meve	Be2,Buf,K,N	Auch Klein (1760): Larus piscator.
Kleinste Mewe	K	
Kleinste Möve	H	
Kleinste zweifarbige Meve	N	
Kleinste zweifarbige Möve	H	
Lütj Kerr (helgol.)	Do,H	
Lütje Backer	Do,H	
Mebe – Fischerlein genannt	Buf	
Meerschwalbe	Buf	
Piscator	GesS	In Straßburg. K: Larus piscator
Plitik	Do,H	
Pommersche Zwergseeschwalbe	N	2. Art in C. L. Brehms Sippe Zwergseeschw.
Rohrschwalm	K,Schwf,Suol	
Schirtmöve	Do,H	
Spaltfüßige Zwergseeschwalbe	N	3. Art in C. L. Brehms Sippe Zwergseeschw.
Steenbicker	Do,H	
Zwerg-Meerschwalbe	N	Leitname bei Naumann.
Zwergmeerschwalbe	H,O3	
Zwergseeschwalbe	B	Kleinste heimische Seeschwalbe, selten.
Zwergsternvogel	Be2	
Zweyfarbige Meve	Be1	
Zweyfarbige Mewe	Krü	

Zwergstrandläufer (Calidris minuta)

Gezügelter Strandläufer	N	KN von Naumann: Jugendkleid hat Zügel.
Graues Sandläuferchen	Be1,N	Grau ist das Sk des Vogels.
Hochbeiniger Zwergstrandläufer	N	Leisler bezeichnete ihn als hochbeinig.
Kleine Meerlerche	Do,N	Franz. damals: „Le petite alouette de mer."
Kleine Meerlerche von St. Domingo	Be2	
Kleiner Stint	O2	
Kleiner Strandläufer	Be1,N,O3,Suol	Leisler nannte ihn Temminckstrandläufer.
Kleinste Becassine	Be2	Hier wollte Bechst. Schnepfenähnlichkeit ...
Kleinste Bekassine	N	... ausdrücken. Naum. übernahm d. Namen.
Kleinster Sandläufer	Be1,N	Leisler: Tringa minuta u. Tr. Temminckii.

Kleinster Strandläufer	Be2,N	Dieser u. Temminckst.l. galten lange als 1 Art.
Raßler	B,Do,N,O2	Ein Raßler trollt umher.
Sandlauferl	Suol	
Sandläuferchen	Be1,Do,N	KN von Bechstein 1793.
Wasserschnepfchen	Suol	
Zwerchreuter	Be2	Bewegt sich an der Wasserkante (s. u.).
Zwerchstrandläufer	Be	
Zwergreuter	Be1,Do,N	„Reitet" auf Wasser der Wasserkante.
Zwergstrandläufer	B,Be2,N,O1	Mit 12–14 cm der kleinste Strandläufer.

Zwergsumpfhuhn (Porzana pusilla)

Genaueres in: Die Bedeutung historischer Vogelnamen, Band 1, ab Seite 365

Aeschhühnlein	K	Folg.u. a. aus Be-Namen
Aschhühnlein	K	Folg.u. a. aus Be-Namen
Baillonisches Rohrhuhn	N	Zwergsumpfhuhn bei NAUMANN
Bruchhühnchen	B,Do,H	
Kleine Ralle	Buf	
Kleine Sumpfschnerze	Be1,Buf	
Kleine Wasserralle	Be97,H	
Kleinstes Wasserhühnchen	N	Zwergsumpfhuhn bei NAUMANN
Mondhühnchen	Do,H	
Zwergrohrhuhn	N,O3	Zwergsumpfhuhn bei NAUMANN
Zwergrohrhühnchen	B	
Zwergsumpfhuhn	H	
Zwergsumpfhühnchen	B	
Zwerg-Sumpfhuhn	N	Zwergsumpfhuhn bei NAUMANN

Zwergtaucher (Tachybaptus ruficollis)

Lappentaucher (allg.) von Suolahti bei Haubentaucher

Bümpelein	Suol	
Butt-Ars	H	
Buttarsch	Do	
Dachentlein	K	
Doucker	Be2,N	Ducken u. ähnl. N. bed. tauchen, untertauchen.
Duch Endtlin	Schwf	Schwenckfeld 1603.
Duch-Endtlin	Suol	
Duchele	Fri	
Duchentle	GesS	
Dûcher	Be2,N,Tu	
Duckante	H	
Duckantl	H	
Duckchen	B,Be1,Krü,N	
Duckeken	Fri	
Ducker	B,Do	Siehe Doucker.
Dücker	Be2,H,N	
Duecchelin	GesS	
Eisente	Be1	
Eistaucher	Be1	
Elsterentchen	Be1	

Flußtaucher	B,Be2,Buf,Do,N	Man gewahrte d. Taucher im Winter auf Flüssen.
Gemeines Taucherchen	Be1	
Gemeines Taucherentchen	Krü	
Grundruch	B,Do,N	Ruech lautm. aus schweizer Mundarten.
Grundruech	O1,Suol	Grundruech holt Nahrung vom Seeboden.
Haarentchen	B,Do,N	Haar- v. ahd. horu, Koth, Sumpf, Lehm.
Halbgrebe	Suol	
Huerchele	GesS	
Hürchele	Fri,Suol	
Hürchelein	GesH	
Kaeferentli	GesS	Alter Name in der Schweiz.
Käfer Endtle	Schwf	
Käfer-Endte	K	
Käfer-Entlein	GesH	
Käferentchen	B,Be1,Do,Krü,N	Taucht nach Insekten u. -larven.
Käferente	K,O1	
Käferentle	Suol	
Kastaniensteißfuß	N	
Kastanientaucher	Be2,Buf,Do,Krü	
Keferentlein	Fri	
Klein schwartz Teucherlin	Schwf	
Kleine Tauchente	Be1	
Kleiner Fluß-Taucher	V	
Kleiner Flußtaucher	Krü	
Kleiner Lappentaucher	Do,N	
Kleiner schwärzlicher Taucher	H	PK auf Kopf und Rücken schwarz.
Kleiner See-Hahn	Fri	
Kleiner Steißfuß	Be2,Krü,N,O2,V	
Kleiner Taucher	Be1,Buf,Krü,N	
Kleiner und schwärzlicher Taucher	Be2	
Kleines Duch Entel	Suol	
Kleines Rohrhenndl	Hö	
Kreutzente	Be1	
Lounam	Be2	
Lunam	O1	Zieht nachts. Lunambulismus: Nachtwandler.
Lütj Siede	Do	
Merchente	Be1	
Mergulus	GesS	
Mevendücker	Be1	
Meventaucher	Be1	
Mewendüker	Krü	
Mirgigel	GesH	
Mirgigeln	GesS	
Müderich	Suol	
Müderli	Do,N,Suol	Siehe Pömpelin.
Niederländisches Entchen	Be1	
Nonnenentchen	Be1	

Nöricke	Fri	
Onkefeissjen	Suol	
Ötzer	H	
Pänzelein	Suol	
Pärkädel	H	
Pflümple	N	Siehe Pömpelin.
Pfurtzi	GesSH,Suol	
Plümple	Do	
Pömpeli	N	Siehe Pömpelin.
Pömpelin	O1	Wegen des kleinem gedrungenen Körpers.
Pürkügel	Do	
Rheintaucher	Be1,Krü	
Ruchel	Fri	
Rüchen	GesH	
Ruchen	GesS	
Ruggelen	GesS	
Rüggelen	GesH	
Scheckente	Be1	
Schrotbeutel	Do,Suol	
Schrottbeutel	H	
Schwartz Teucherlein	K	
Schwartz Teucherlin	Schwf	
Schwarz Täucherlein	K	K: Frisch T. 184.
Schwarzer Taucher	Do	
Schwärzlicher Taucher	Be1,Krü,N	
Schwarztäucherlein	K	
Straßburger-Taucher	Be1	
Sumpftaucher	B,Be2,Do,N	Wäre die Übersetzung von Haarentlin.
Tauch-Entlein	GesH	
Tauchentchen	B,Be1,Krü,N	Ein kleiner Taucher kann auch für ein …
		… Entenküken gehalten werden.
Tauchente mit braun und weißem Kopfe	Be1	
Tauchentlein	Do	
Taucherchen	Buf	
Taucherle	Fri	
Taucherlein	Fri	
Täucherlein	GesH	
Tücheli	N	Name um Zürich herum.
Tüchterli	Suol	
Tuechterli	GesS	GesH: Tüchterli.
Tunkentli	Do,N	Alter Schweizer Name für Entenküken.
Ungarische Tauchente	Be1	
Wasserentchen	Krü	
Wâsserhengchen	Suol	
Weiße Nonne	Be1	
Weiße Tauchente	Be1	
Weißer Sägetaucher	Be1	
Weißzopf	Be1	

Wieselkopf	Be1	
Winterente	Be1	
Zerrbein	Suol	
Zwerchtaucher	Be	
Zwergpierkenküken	Do,H	
Zwergsteißfuß	B,Do,N	
Zwergtaucher	B,Be2,N,O1	Kleinster Lappentaucher und gut identifizierbar.

Zwergtrappe (Tetrax tetrax)

Feld-Ente	N	
Feldänte	Hö	
Feldente	Buf	Sehr konstruierter KN. Weil Großtr. -gans war.
Geieltrappe	N	soll wohl Grieltrappe heißen. Naum.-Fehler.
Grieltrappe	Be1,Buf,K,Krü,Suol	So wurde totes Weibchen 1737 genannt. S. u.
Grielträpple	H	
Grieshenn	Hö	
Haidhenn	Hö	
Keilhacken	G	
Kleine Trappe	Buf,K,Krü,Suol	
Kleiner Trappe	Be1,Buf,N,O3	Erreicht mit 45 cm nicht mal Brachvogel 55 cm.
Kleintrappe	Do	
Land-Ente	N	Wie Feldente sehr konstruierter KN.
Pitarra	o.Qu.	Name der Zwergtrappe auf Sardinien.
Trappenzwerg	Be1,Buf,Do,Krü,N	
Träpple	H	
Trieltrappe	Be1,Buf,K,Krü,…	…N,Suol; Name für 1 totes Weibchen 1737.
Wiesenänte	Hö	
Zwerg-Trappe	N	
Zwergtrappe	B,Be1,H,Krü,…	…O1,V; Verglichen mit Großtrappe: Ein Zwerg.